AutoCAD 2015 循序渐进教程

李 波 编著

- 边学习，边操作，快速上手
- 循序渐进，由浅入深，以AutoCAD 2015版本为范本进行介绍
- 技术全面，突出重点，结合实例讲解，手把手带领读者操作
- 赠送1CD，内含本书用到的部分素材和实例文件，方便读者自学

Step by Step

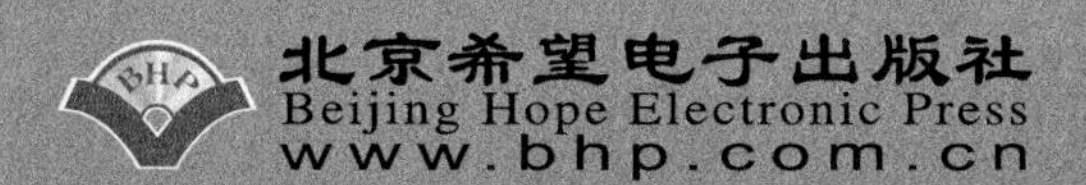
北京希望电子出版社
Beijing Hope Electronic Press
www.bhp.com.cn

内 容 简 介

尽管目前用于机械、建筑绘图的软件越来越多，但 AutoCAD 仍是使用最多的机械制图软件，特别是在平面绘图方面更是如此。

本书结合 AutoCAD 2015 中文版的功能与机械制图的特点，详细介绍了使用 AutoCAD 2015 中文版绘制各种机械图形的方法，其内容涉及 AutoCAD 2015 基本操作，点线绘图命令，基本图形绘制命令，辅助绘图功能，图像编辑，块、文字与表格制作和使用，尺寸标注方法，机械剖面图和剖视图的绘制，机械零件图和装配图的绘制，轴测图的绘制，三维绘图基础，实体模型的创建，输出图纸等。

本书实例丰富、典型，内容繁简得当、由浅入深。同时，为了便于教师讲解和学生练习，本书还给出了大量的上机练习和思考练习题。本书不仅适合作为各大、中专院校及 AutoCAD 培训班的教材，也可供从事计算机辅助设计及相关工作的人员学习和参考。

本书配套 1 张 CD 光盘，其中包括书中使用的部分素材和实例文件。

图书在版编目（CIP）数据

AutoCAD 2015 循序渐进教程 / 李波编著. —北京：北京希望电子出版社，2015.1

ISBN 978-7-83002-170-2

Ⅰ. ①A… Ⅱ. ①李… Ⅲ. ①AutoCAD 软件－教材 Ⅳ. ①TP391.72

中国版本图书馆 CIP 数据核字（2014）第 253891 号

出版：北京希望电子出版社
地址：北京市海淀区上地 3 街 9 号
金隅嘉华大厦 C 座 611
邮编：100085
网址：www.bhp.com.cn
电话：010-62978181（总机）转发行部
010-82702675（邮购）
传真：010-82702698
经销：各地新华书店

封面：深度文化
编辑：刘秀青
校对：刘　伟
开本：787mm×1092mm　1/16
印张：23
印数：1-2500
字数：545 千字
印刷：北京昌联印刷有限公司
版次：2015 年 1 月 1 版 1 次印刷

定价：49.80 元（配 1 张 CD 光盘）

Preface 前　言

背景知识

随着科学技术的不断发展，其计算机辅助设计（Computer Aided Design，CAD）也得到了飞速发展，而最为出色的CAD设计软件之一就是美国的Autodesk公司的AutoCAD。在20多年的发展中，AutoCAD相继进行了20多次的升级，每次升级都带来了功能的大幅提升，目前的最新版本AutoCAD 2015简体中文版也于2014年3月正式面世。

CAD技术与传统的人工设计和绘图相比具有不可比拟的优势。据测算，CAD技术能提高设计效率8～12倍。使用CAD技术，可以方便地绘图并迅速地编辑、修改，成图质量更是令人工设计望尘莫及。运用这项技术，我们还可以建立设计产品的三维模型，从不同的角度观察它，方便地对各种不同构思方案进行比较和验证，从而在产品变为实物前，实现产品的最优化设计。

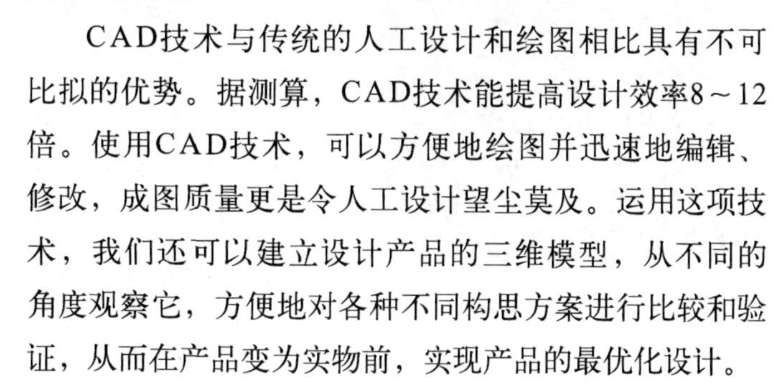

CAD技术与CAM（Computer Aided Manufacture，计算机辅助制造）技术相结合，还可以将设计成果直接传送至生产单位而无须借助图纸等媒介，实现“无纸制造”。这不仅简化了产品制造过程，同时还可以避免许多人为的错误。

AutoCAD是诸多CAD应用软件中的优秀代表，它从最初简易的二维绘图发展到现在，已成为集三维设计、真实感显示及通用数据库管理、Internet通信为一体的通用微机辅助绘图设计软件包。目前，AutoCAD不仅在机械、建筑、电子、石油、化工、冶金等部门得到了大规模应用，还被广泛用于绘制地理、气象、航海、拓扑、乐谱、灯光、幻灯、广告等特殊图形。

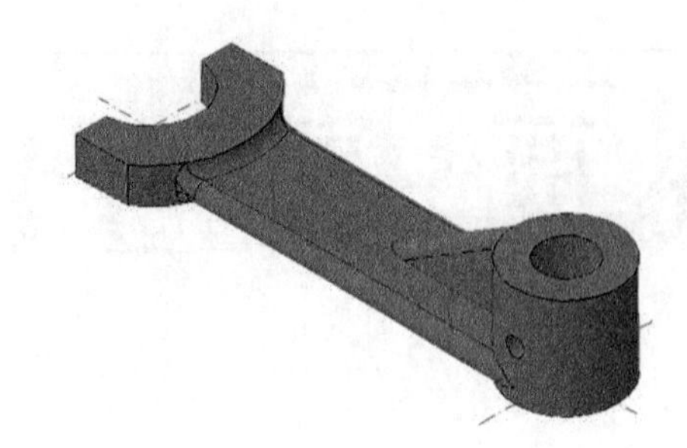

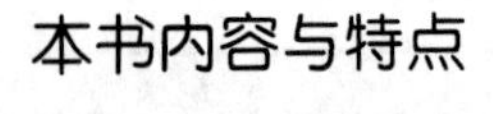

本书内容与特点

本书结合AutoCAD 2015中文版的功能与机械制图的特点，详细介绍了使用AutoCAD 2015中文版绘制各种机械图形的方法，其内容涉及AutoCAD 2015基本操作，点线绘图命令，基本图形绘制命令，辅助绘图功能，图像编辑，块、文字与表格制作和使用，尺寸标注方法，机械剖面图和剖视图的绘制，机械零件图和装配图的绘制，轴测图的绘制，三维绘图基础，实体模型的创建，输出图纸等。

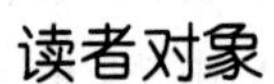

读者对象

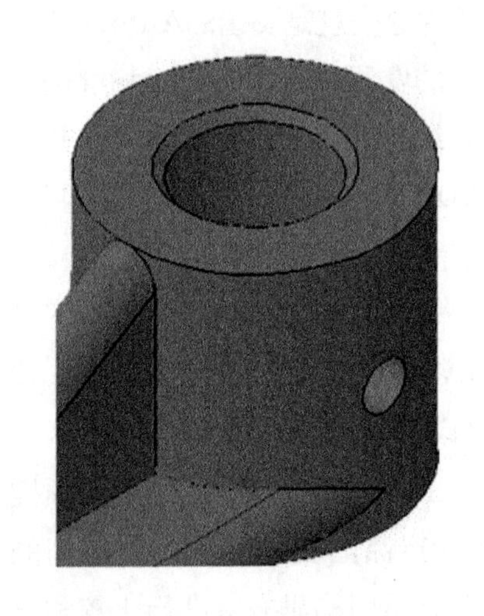

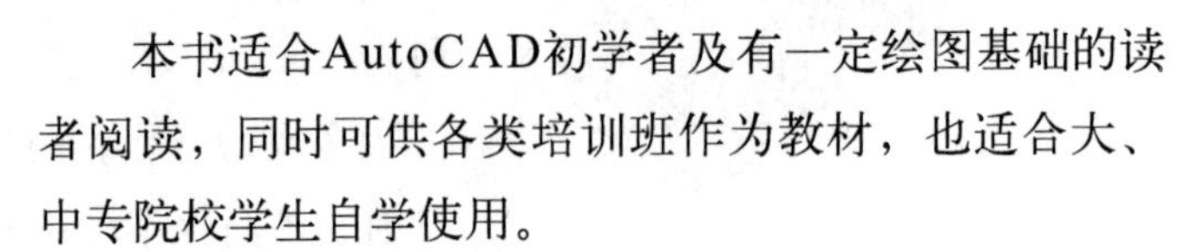

本书适合AutoCAD初学者及有一定绘图基础的读者阅读，同时可供各类培训班作为教材，也适合大、中专院校学生自学使用。

本书由李波编写，其他参与编写的人员有冯燕、汪玲、袁琴、刘晓红、陈本春、刘升婷、郝德全、王利、汪琴、刘冰、王敬艳、王洪令、姜先菊、李友、李松林等。由于水平有限，书中难免存在疏漏与不妥之处，欢迎广大读者咨询指正，联系邮箱：bhpbangzhu@163.com。

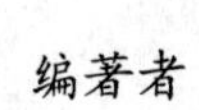

编著者

Contents 目 录

第1章 初识AutoCAD 2015

第2章 点线绘图命令

第3章 基本图形绘图命令

第4章 辅助绘图功能

第5章 图形对象编辑（上）

第6章 图形对象编辑（下）

第7章 块的使用

第8章 使用文字与表格

第9章　图形尺寸标注（上）

第10章　图形尺寸标注（下）

第11章 机械剖视图和剖面图的绘制

第12章 机械零件图与装配图的绘制

第13章 轴测图的绘制

第14章 三维绘图基础

第15章　实体模型的创建

第16章　输出图纸

AutoCAD 2015

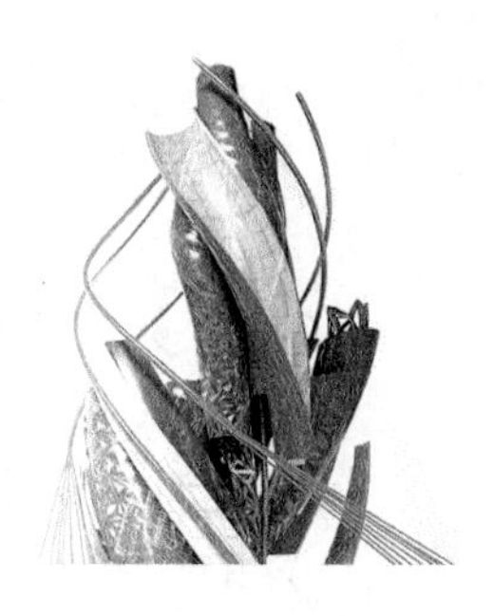

第1章 初识AutoCAD 2015

课前导读

AutoCAD作为当前最流行的图形辅助设计软件，以其强大的功能、简便快捷的操作在各领域得到了广泛的应用，越来越多的用户在学习和研究它。通过本章对AutoCAD的界面、基础操作命令等内容的介绍，希望用户能够对AutoCAD有一个全面的认识，为后面的学习打下良好的基础。

本章要点

- AutoCAD 的概述
- 了解 AutoCAD 在机械设计中的主要应用
- 熟悉 AutoCAD 2015 的界面
- 掌握 AutoCAD 2015 的基本操作

1.1 AutoCAD的概述

AutoCAD（Auto Computer Aided Design）是Autodesk（欧特克）公司首次于1982年开发的计算机辅助设计软件，用于二维绘图、详细绘制、设计文档和基本三维设计。对于AutoCAD软件，可从以下几个方面来认识。

1. 发展方向

对于AutoCAD软件的发展，将向智能化、多元化方向发展，如云计算三维核心技术将是未来发展趋势。

2. 软件格式

AutoCAD的文件格式主要有：①dwg格式，AutoCAD的标准格式；②dxf格式，AutoCAD的交换格式；③dwt格式，AutoCAD的样板文件。

3. 应用领域

广泛应用于土木建筑、装饰装潢、城市规划、园林设计、电子电路、机械设计、服装鞋帽、航空航天、轻工化工等诸多领域。

- 工程制图：建筑工程、装饰设计、环境艺术设计、水电工程、土木施工等。
- 工业制图：精密零件、模具、设备等。
- 服装加工：服装制版。
- 电子工业：印刷电路板设计。

4. 不同版本

在不同的行业中，Autodesk（欧特克）开发了行业专用的版本和插件。

- 在机械设计与制造行业中发行了 AutoCAD Mechanical 版本。
- 在电子电路设计行业中发行了 AutoCAD Electrical 版本。
- 在勘测、土方工程与道路设计发行了 Autodesk Civil 3D 版本。
- 而学校里教学、培训中所用的一般都是 AutoCAD Simplified 版本。

注 意

一般没有特殊说明，都是用的AutoCAD Simplified 版本。所以AutoCAD Simplified基本上算是通用版本。而对于机械，也有相应的AutoCAD Mechanical（机械版）。

5. 基本特点

AutoCAD软件如此强大，其主要绘图特点如下。

- 具有完善的图形绘制功能。
- 有强大的图形编辑功能。
- 可以采用多种方式进行二次开发或用户定制。
- 可以进行多种图形格式的转换，具有较强的数据交换能力。
- 支持多种硬件设备和多种操作平台。
- 具有通用性、易用性，适用于各类用户，此外，从 AutoCAD 2000 开始，该系统又增添了许多强大的功能，如 AutoCAD 设计中心（ADC）、多文档设计环境（MDE）、

Internet驱动、新的对象捕捉功能、增强的标注功能以及局部打开和局部加载的功能。

1.2 AutoCAD在机械设计中的主要应用

在机械设计领域中，利用AutoCAD可方便地绘制机械图形中的工程图、轴测图和三维图形，也可以方便地对图形进行注释、尺寸标注、输出以及对三维图形进行渲染等。

1.2.1 绘制工程图

在AutoCAD软件中，系统提供了丰富的绘图工具，利用它们可以绘制直线、多段线、圆、矩形、多边形、椭圆等基本图形，再借助修改工具，对其图形对象进行复制、移动、修剪、镜像、偏移等，便可以绘制出各种各样的工程图形，如图1-1所示。

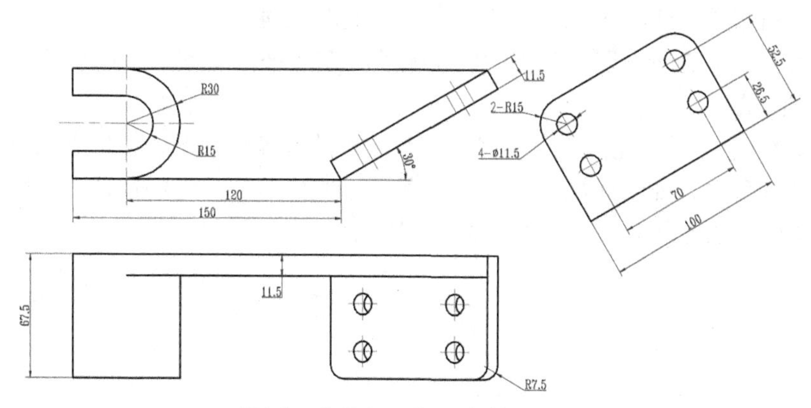

图1-1　使用AutoCAD绘制工程图

1.2.2 绘制轴测图

使用AutoCAD也可以绘制轴测图，如图1-2所示。轴测投影属于单面平行投影，它能同时反映立体的正面、侧面和水平面的形状，因而立体感较强，在工程设计和工业生产中常用做辅助图样。

但它实际上是二维图形，是采用了一种二维绘图技术来模拟三维对象沿特定视点产生的三维平行投影效果，但在绘制方法上不同于一般平面图形的绘制。

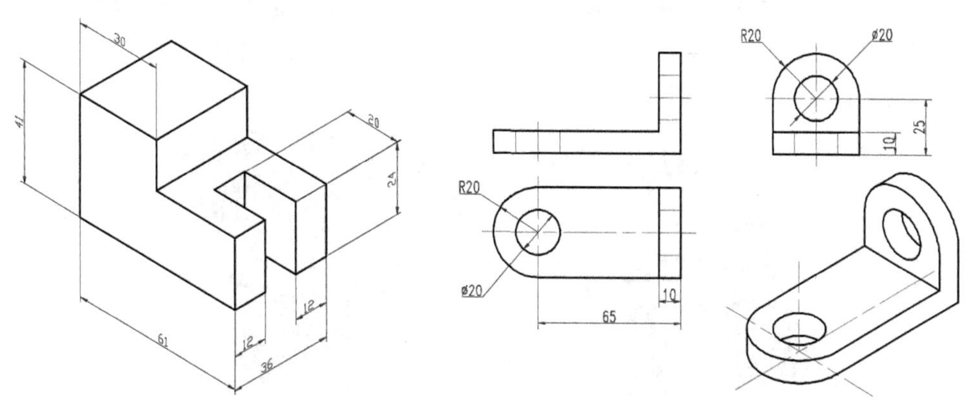

图1-2　使用AutoCAD绘制轴测图

1.2.3 绘制三维图形

在AutoCAD中，不仅可以直接绘制长方体、球体、圆柱体等基本实体，还可以将一些平面图形通过拉伸、旋转等方法转换为三维图形。借助各种三维修改命令，就可以绘制出各种复杂的三维图形，以及进行三维模型的装配与分解操作，如图1-3所示。

图1-3 使用AutoCAD绘制三维图形

1.2.4 注释和尺寸标注

对绘制的图形进行注释和尺寸标注，是整个绘图过程中不可缺少的一步。通过为图形加上注释，可对图形进行说明，如零件的粗糙度、加工注意事项等，以便相关工程技术人员了解更多详细的内容。

在AutoCAD中，系统提供了一套完整的尺寸标注和编辑命令，使用它们可以方便地标注图形上的各种尺寸，如线性尺寸、角度、直径、半径、坐标、公差等，并且标注的对象可以是二维图形，也可以是三维图形，如图1-4所示。

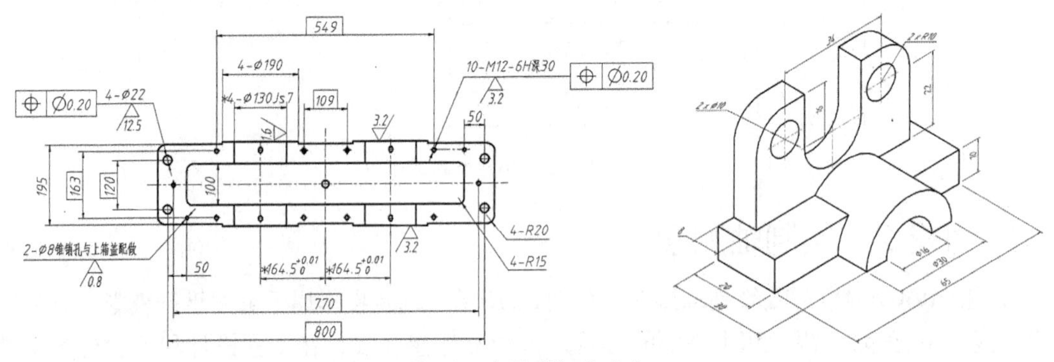

图1-4 为图形标注尺寸

1.2.5 渲染图形

与线框图形或着色图形相比，渲染的图形使人更容易想象3D对象的形状与大小。在AutoCAD中，不仅可以对图形进行简单的着色处理，还可以为图形指定光源、场景、材质，并进行高级渲染，如图1-5所示。

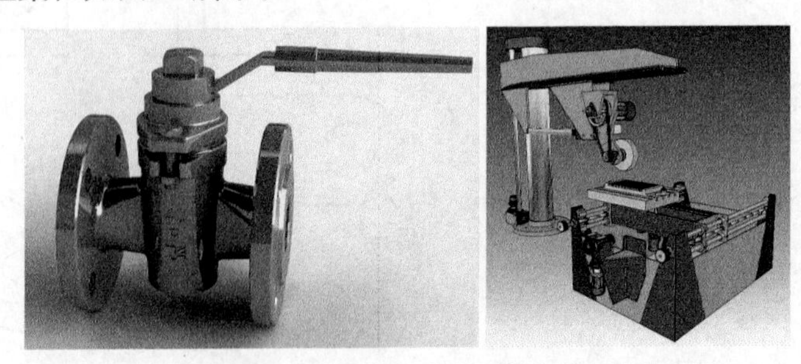

图1-5 机械模型的渲染效果

1.2.6 输出图形

AutoCAD提供了两种绘图模式：一种是在“模型”模式中绘制图形，用户大部分的绘图工作都在该模式完成；另一种被称为“布局”模式，当用户在“模型”中绘制好图形后，可在“布局”中设置图纸规格、安排图纸布局，以及为图形加上标题块等信息，然后以此进行布局来打印输出，如图1-6所示。

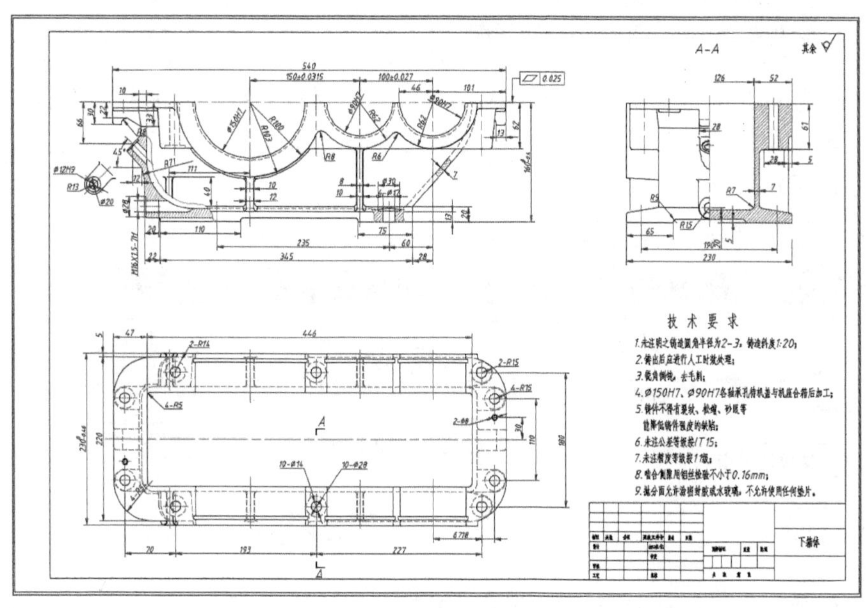

图1-6 CAD图形的输出效果

1.3 熟悉AutoCAD 2015的界面

当用户在电脑上成功安装好AutoCAD 2015软件过后，一般情况下在桌面上会创建一个快捷图标，双击将启动AutoCAD 2015软件。

首次启动AutoCAD 2015，将弹出如图1-7所示的“新选项卡”，从而可快速选择新样板文件、最近使用的文档，以及可登录到Autodesk 360，这是AutoCAD 2015的新增功能。

图1-7 AutoCAD 2015的“新选项卡”

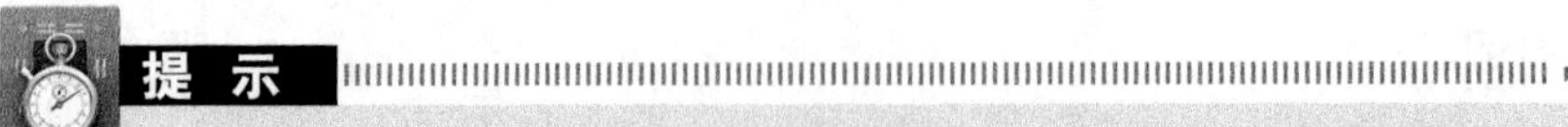

提 示

用户可以关闭软件启动时的新选项卡，以提高启动速度。在AutoCAD 2015的命令行中输入命令NewtabMode，并设置值为0即可关闭。关闭后，软件启动为空页面。当然，这不影响多文件选项卡的使用，只是去掉启动页面。

- 0，禁用新选项卡。
- 1，启用新选项卡 (默认值=1)。
- 2，启用新选项卡，添加为快速样板。

当用户单击左上角的“开始绘制”框后，即可打开绘图界面，如图1-8所示。它主要包括菜单浏览器、快速访问工具栏、标题栏、信息中心、选项卡、面板、文件选项卡、命令行、状态栏等部分。

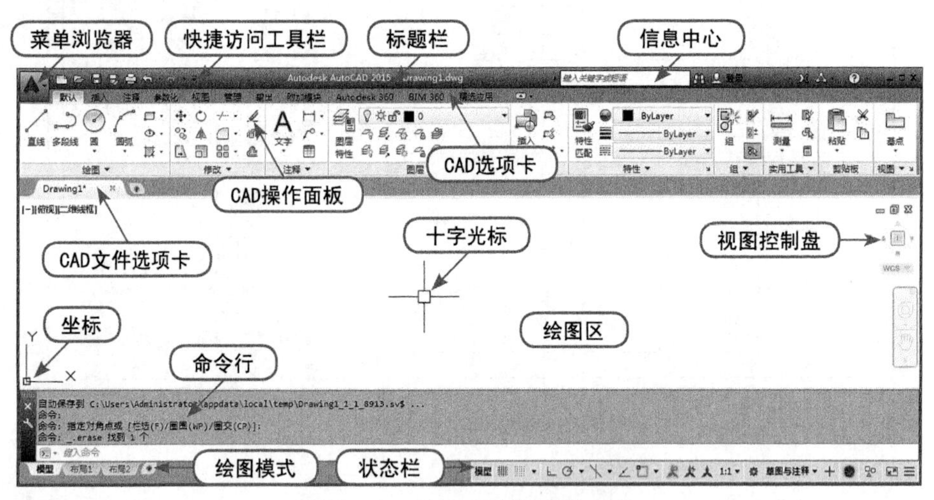

图1-8 AutoCAD 2015的操作界面

提 示

用户可以设置启动时自动打开样板方法。在AutoCAD 2015的命令行中输入命令StartUp，并设置值为0，即可自动打开预设的快速新建样板；如果未设样板，则打开空白样板。NewtabMode 与 StartUp 命令所设值是相互作用的，能够搭配出你需要的各种方案。

- 0，启动与新建为快速样板/空白样板。
- 1，启动与新建为提示创建图形。
- 2，启动与新建为新选项卡，不加载功能区（如果新选项卡被禁用，则软件启动时不打开文件）。
- 3，启动与新建为新选项卡，预加载功能区（如果新选项卡被禁用，则软件启动时不打开文件）(默认值=3）。

1.3.1 菜单浏览器与快捷菜单

在界面的最左上角A按钮为“菜单浏览器”按钮，单击该按钮会出现下拉菜单，如“新建”、“打开”、“保存”、“另存为”、“输出”、“打印”、“发布”等，另外还新增加了很多新的项目，如“最近使用的文档”、“打开文档”、“选项”和“退出Autodesk AutoCAD 2015”按钮，如图1-9所示。

AutoCAD 2015的快捷菜单通常会出现在绘图区、状态栏、工具栏、模型或布局选项卡上。右击操作时，系统会弹出一个快捷菜单，该菜单中显示的命令与右击对象及当前状态相关，会根据不同的情况出现不同的快捷菜单命令，如图1-10所示。

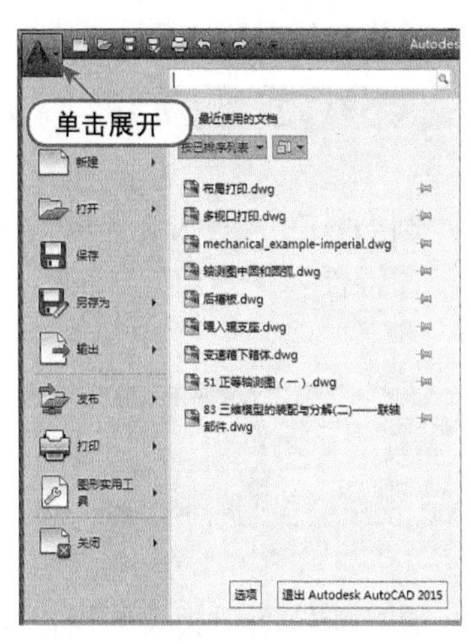

图1-9　菜单浏览器

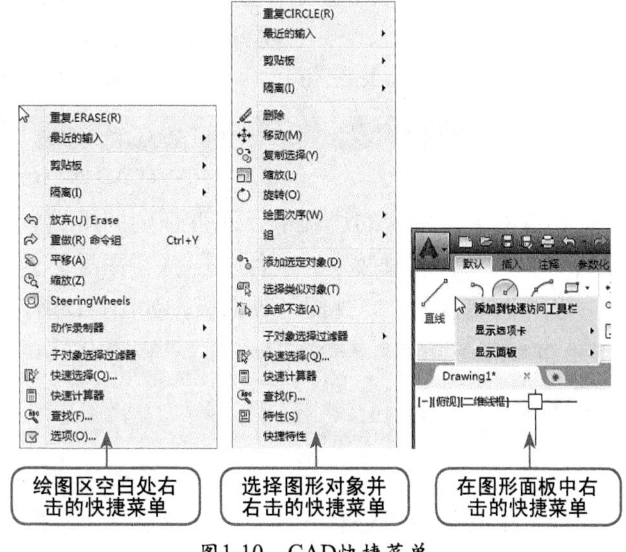

图1-10　CAD快捷菜单

1.3.2　快速访问工具栏

在窗口的最上端如图1-11所示位置，为快速访问工具栏，用户可以更加快捷地操作图形，如图形的新建、打开、保存、打印、撤销与返回等操作。

图1-11　快速访问工具栏

1.3.3　标题栏与菜单栏

在快速访问工具栏的右侧为标题栏，如图1-12所示，用于显示当前正在运行的程序名及文件名。

图1-12　标题栏

在AutoCAD 2015版本中，由于默认情况下菜单栏并没有显示出来，这时在快速访问工具栏的右侧，有一个倒三角按钮，单击它可以设置定义快速访问的命令按钮，以及显示或隐藏ACAD的菜单栏，如图1-13所示。

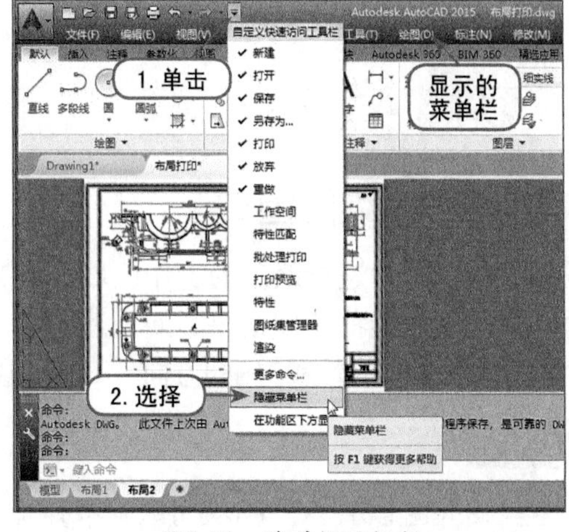

图1-13　菜单栏的控制

1.3.4 选项卡和面板

AutoCAD从2009版本开始，主要以选项卡和面板方式来进行操作了。系统默认的选项卡有“默认”、“插入”、“注释”、“参数化”、“视图”、“管理”、“输出”、“附加模块”、“Autodesk 360”、“BIM 360”和“精选应用”等，如图1-14所示。

默认 插入 注释 参数化 视图 管理 输出 附加模块 Autodesk 360 BIM 360 精选应用

图1-14 AutoCAD 2015的选项卡

使用鼠标单击相应的选项卡，即可分别调用相应的命令。例如，在“默认”选项卡下包括有“绘图”、“修改”、“注释”、“图层”、“块”、“特性”、“组”、“实用工具”和“剪贴板”、“视图”等面板，如图1-15所示。

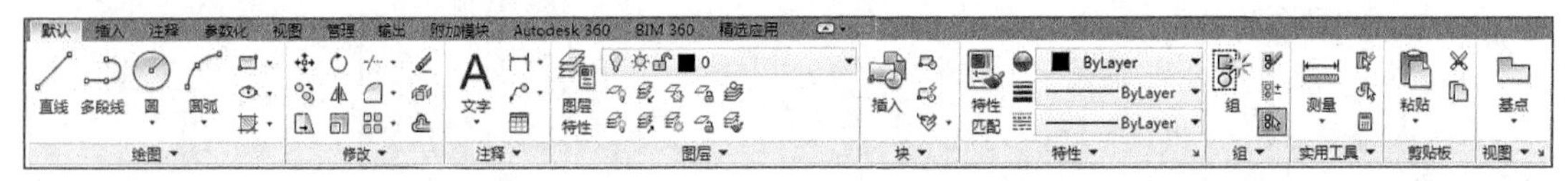

图1-15 “默认”选项卡

在面板中有的按钮处有一个倒三角按钮▾，单击该按钮会展开所该面板相关的操作命令，如单击“修改”面板右侧的倒三角按钮▾，会展开其他相关的命令，如图1-16所示。

提 示

用户可以自定义面板，使用鼠标在面板上右击，从弹出的快捷菜单中选择“显示选项卡”和“显示面板”选项，然后在子菜单中勾选所需要的子菜单，即可显示或隐藏相应的选项卡或面板，如图1-17所示。

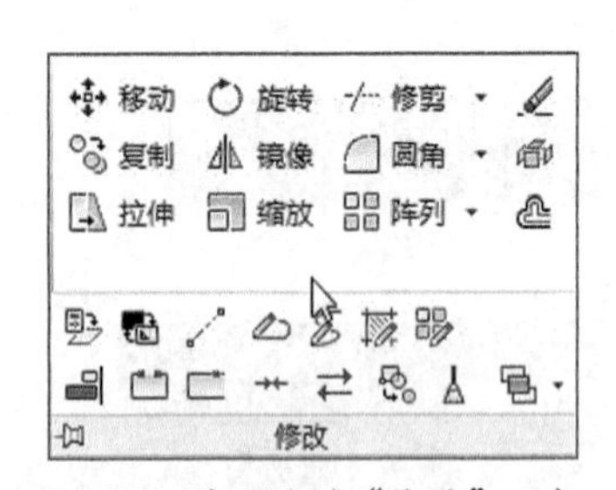

图1-16 展开后的“修改”面板

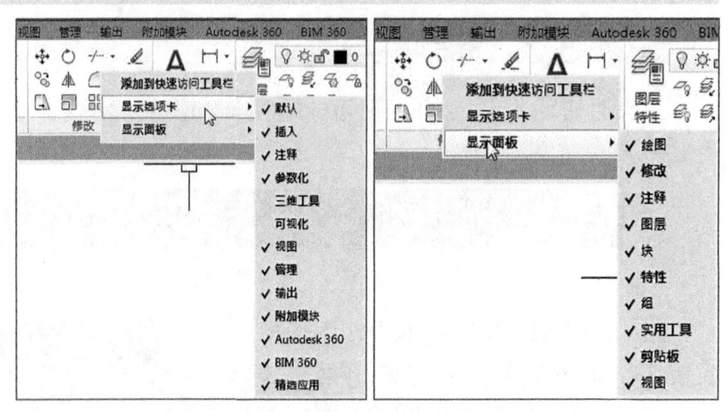

图1-17 自定义选项卡或面板

1.3.5 绘图窗口

绘图窗口是用户进行绘图的工作区域，所有的绘图结果都反映在这个窗口中。在绘图窗口中不仅显示当前的绘图结果，而且还显示了用户当前使用的坐标系图标，绘出了该坐标系的类型和原点、X轴和Z轴的方向，如图1-18所示。

提 示

绘制二维图形时，X、Y平面与屏幕平行，而Z轴垂直于屏幕（方向向外），故看不到Z轴。

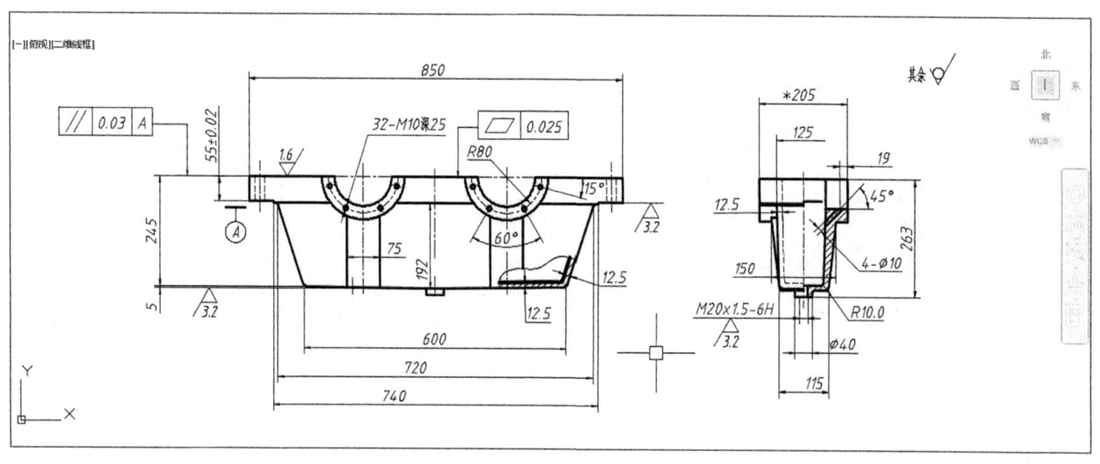

图1-18 绘图窗口

在AutoCAD 2015中，若将绘图区域分成多个视口，用户可以根据需要来调整各个视口的大小，以满足用户的需求，如图1-19所示。

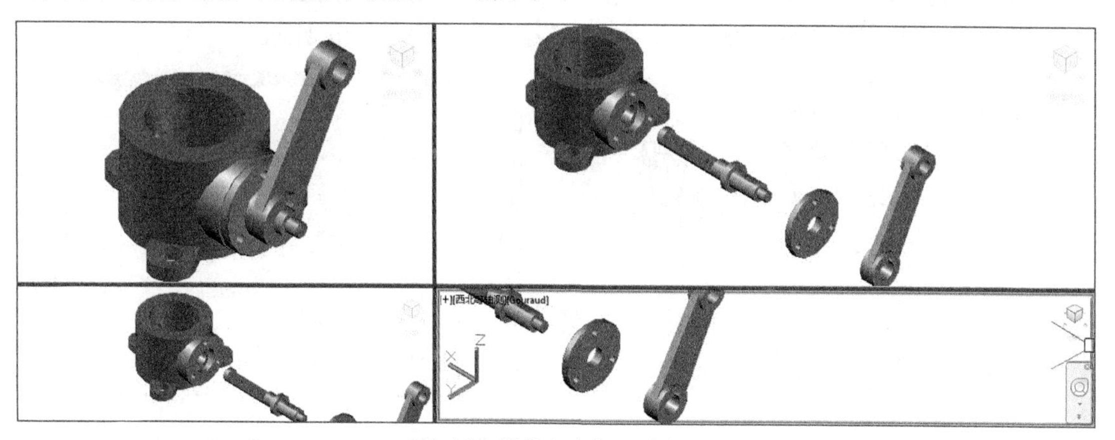

图1-19 调整各个视口的大小

1.3.6 命令行与文本窗口

默认情况下，命令行位于绘图区的下方，用于输入系统命令或显示命令的提示信息。用户在面板区、菜单栏或工具栏中选择某个命令时，也会在命令行中显示提示信息，如图1-20所示。

图1-20 命令行

在键盘上按F2键，会显示出“AutoCAD文本窗口”窗口，此文本窗口也称专业命令窗口，是用于记录在窗口中操作的所有命令。若在此窗口中输入命令，按Enter键可以执行相应的命令。用户可以根据需要改变其窗口的大小，也可以将其拖动为浮动窗口，如图1-21所示。

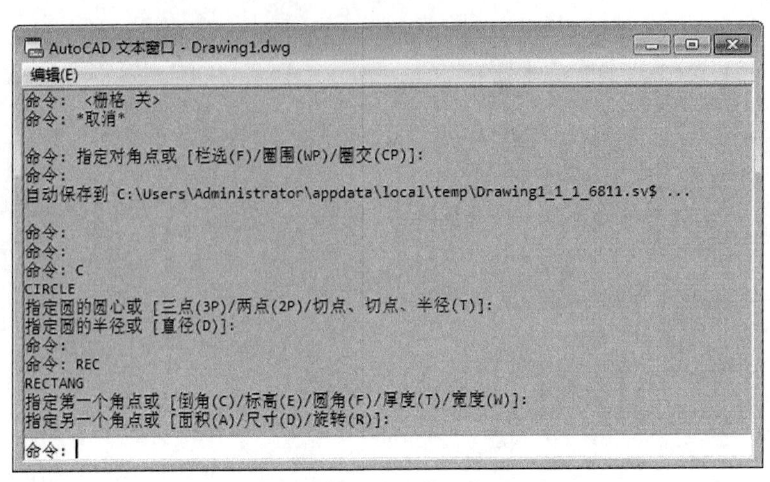

图1-21　文本窗口

在AutoCAD 2015中，其命令行的左下方为“模型”或“布局”选项卡，可以在模型空间或图纸空间之间切换。通常情况下，用户总是先在模型空间中绘制图形，绘图结束后再转至图纸空间安排图纸的输出及打印。如图1-22所示为两种空间的比较。

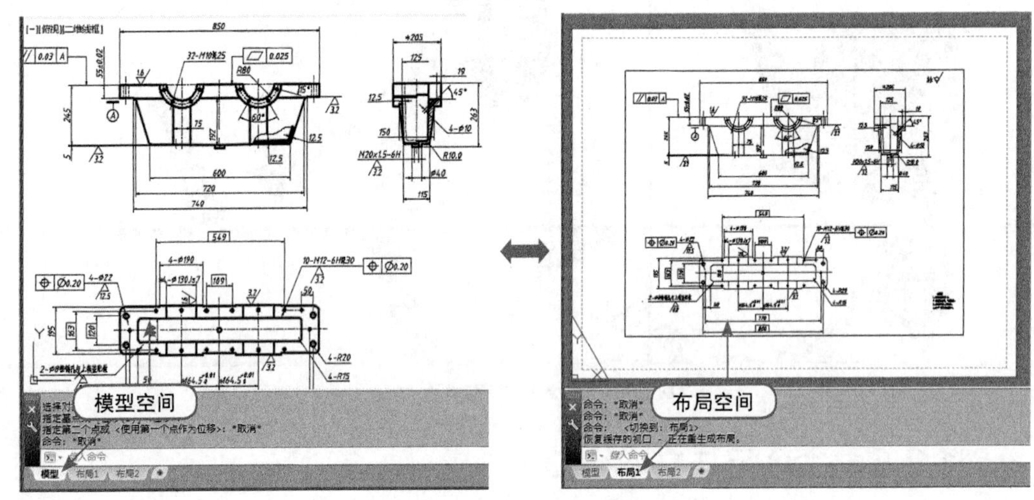

图1-22　模型与布局空间

1.3.7　状态栏

状态栏位于用户界面下端的右下侧，主要用于进行当前绘图环境的状态设置，包括捕捉、栅格、正交、极轴、对象捕捉、对象追踪、工作空间的切换、硬件加快等开关，如图1-23所示。

图1-23　状态栏

而状态栏的各种状态，提供了下拉式菜单选项，方便快速设置相应参数；同样，用户可以单击最右侧的“自定义”按钮≡，从弹出的菜单中显示或隐藏其他状态栏，如图1-24所示。

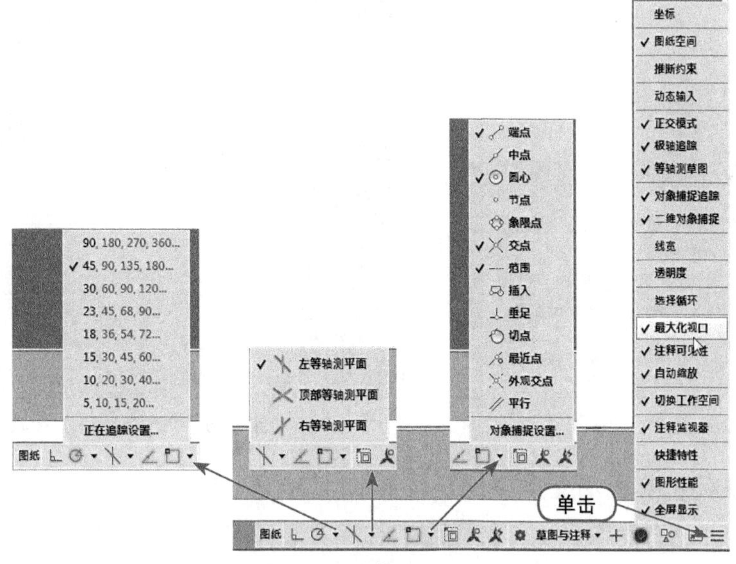

图1-24　状态栏的设置

1.4　AutoCAD 2015基本操作

为了便于讲解后面的内容，本节首先简要介绍一下AutoCAD的基本操作，如文件管理、命令输入方式、坐标输入方式、快捷键与鼠标的使用，以及AutoCAD中的绘图单位等。

1.4.1　文件管理

在AutoCAD中对文件的管理主要包括新建图形文件、打开与关闭已有图形文件、保存文件及输出文件，下面分别予以介绍。

1. 新建图形文件

启动AutoCAD 2015后，将自动创建一个新图形文件，其名称为Drawing1.dwg。当然，用户也可以重新创建新的图形文件，其操作方法如下。

- 在快速访问工具栏中单击“新建”按钮。
- 单击“菜单浏览器”按钮，从弹出的子菜单中选择“新建”|“图形”命令，如图 1-25 所示。
- 在命令行中输入命令 new，其快捷键为 Ctrl+N。

执行“新建图形”命令过后，将弹出“选择样板”对话框，用户可以根据需要选择相应的模板文件，然后单击“打开”按钮即可，即可创建一个新的图形文件，如图1-26所示。

提 示

当然，用户也可创建自己的样板文件。样板文件主要定义了图形的输出布局、图纸边框和标题栏，以及单位、图层、尺寸标注样式和线型设置等。

在AutoCAD 2015中，系统提供了多种样板文件。对于英制图形，假设单位是英寸，可使用 acad.dwt 或 acadlt.dwt；对于公制单位，假设单位是毫米，使用 acadiso.dwt 或 acadltiso.dwt。其中符合我国国标的图框和标题栏样板，有Gb_a3 -Named Plot Styles等样板文件。

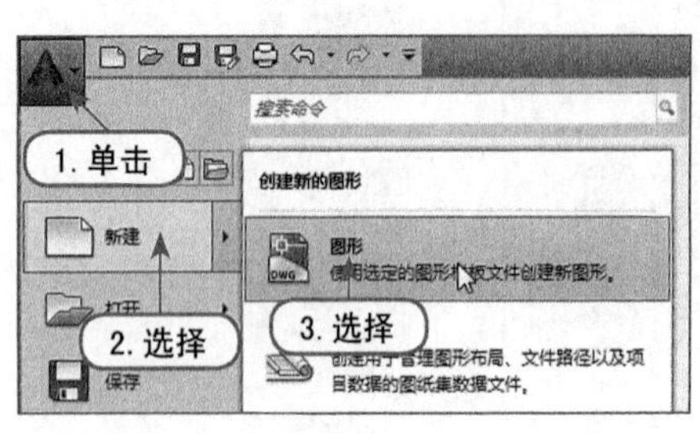

图1-25 新建文件

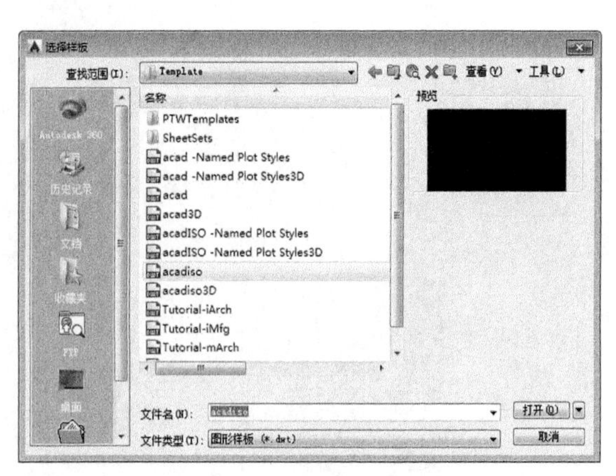

图1-26 “选择样板”对话框

2. 打开与关闭已有图形文件

如果需要打开已有的图形文件，或者是打开其他样板文件，可以按照以下方法来执行“打开”命令。

- 在快速访问工具栏中单击“打开”按钮。
- 单击“菜单浏览器”按钮，从“打开”子菜单中选择相应的打开命令即可，如图 1-27 所示。
- 在命令行中输入命令 Open，其快捷键为 Ctrl+O。

执行“打开图形”命令过后，将弹出“选择文件”对话框，用户可以根据需要选择需要打开的文件，然后单击“打开”按钮，即可打开一个图形文件，如图1-28所示。

图1-27 打开文件

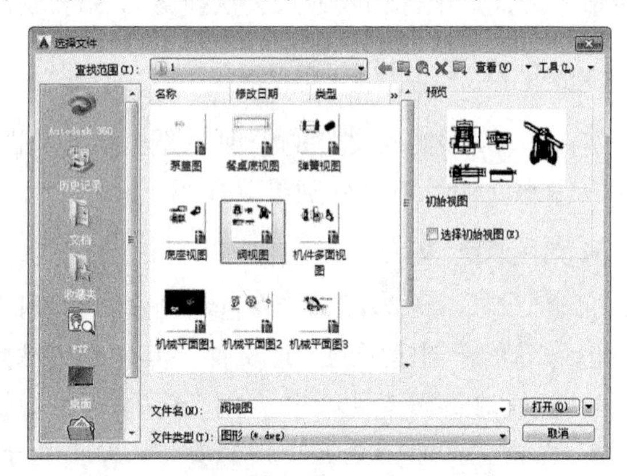

图1-28 “选择文件”对话框

对于需要关闭的图形文件，用户可以单击窗口右上角的“关闭”按钮；而对于当前关闭的图形文件，若未得到全新的保存，系统会弹出一个提示窗口，询问是否对当前的文件进行保存：单击“是”按钮保存退出，单击“否”按钮不保存退出，单击“取消”按钮不关闭文件，如图1-29所示。

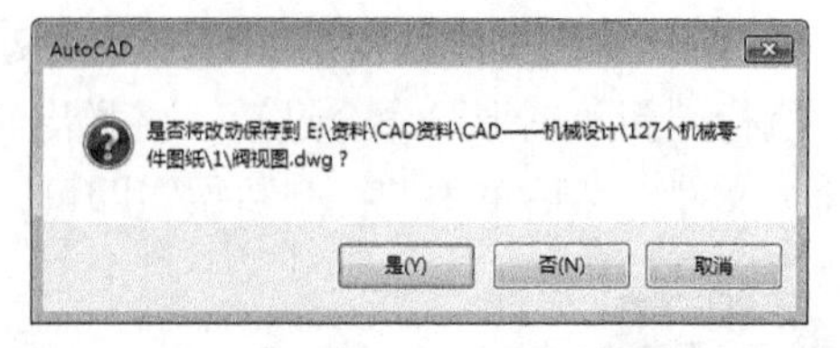

图1-29 关闭文件的提示窗口

3. 保存文件

在绘图的过程中，需要随时对所绘图形文件进行保存，否则绘制出来的图形文件很可能因为一些突发事件（比如停电）而丢失。用户可以按照以下方法来执行“保存”命令。

- 在快速访问工具栏中单击“保存”按钮。
- 单击“菜单浏览器”按钮，从弹出的子菜单中选择“保存”命令。
- 在命令行中输入命令 Save，其快捷键为 Ctrl+S。

用户在保存文件时，若当前文件未命名，则弹出一个“图形另存为”对话框，在其中选择保存的路径及名称，然后单击“保存”按钮即可，如图1-30所示。

提 示

如果用户需要将当前图形文件保存为样板文件，那么在“图形另存为”对话框的“文件类型”列表中，选择“图形样板(*.dwt)”即可，如图1-31所示。

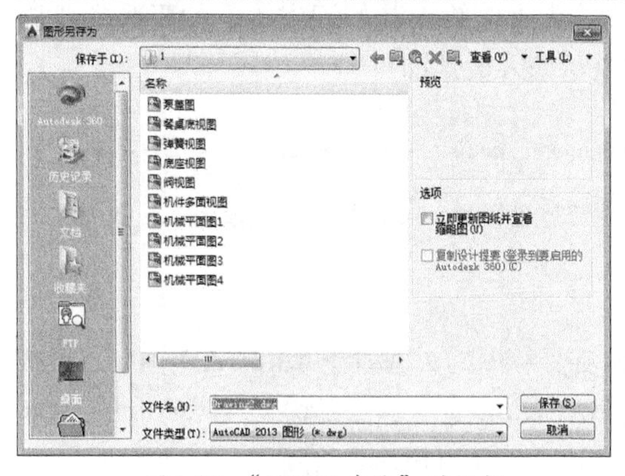

图1-30 “图形另存为”对话框

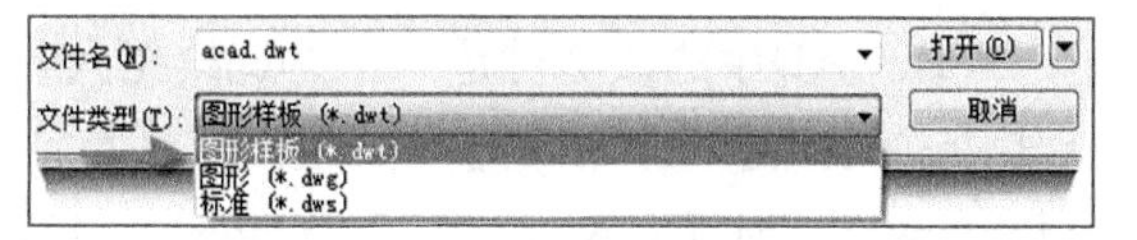

图1-31 图形样板的保存

4. 图形文件的输出

有时在AutoCAD中绘图的目的并不是要打印出来，而是要将绘图结果用于其他程序中去。单击“菜单浏览器”按钮，在“输出”子菜单中选择输出相关命令，即可弹出相应的输出对话框，然后输入名称并单击“保存”按钮即可，如图1-32所示。

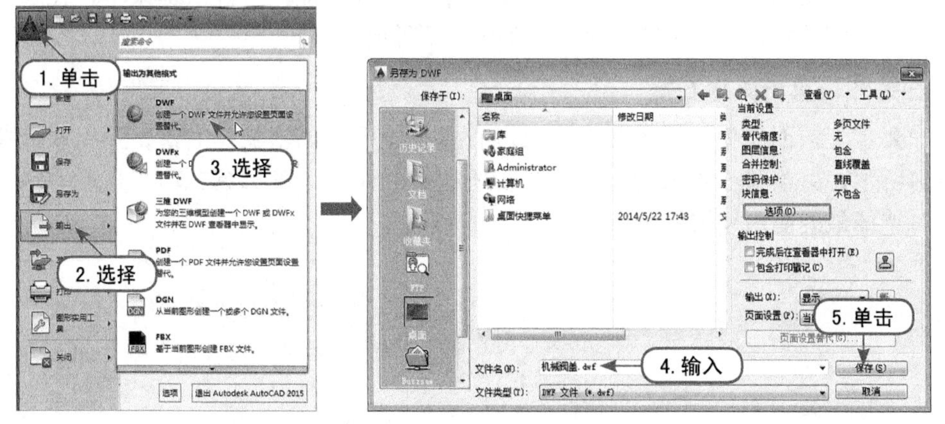

图1-32 图形文件的输出

1.4.2 命令的输入方式

在AutoCAD中，用户选择某个菜单项或单击某个按钮，都相当于执行一个带选项的命

令。因此，命令是AutoCAD的核心。AutoCAD命令的执行有多种输入方式，下面来分别讲解命令的输入方式。

1. 在命令窗口输入命令名

输入命令名字符不分大小写。例如，在命令窗口中输入“直线”命令LINE，则命令行中将提示如下信息：

```
命令：LINE
指定第一点：（在屏幕上至一点或输入一点的坐标）
指定下一点或[放弃（U）]：
```

命令提示行中没有带括号的选项为默认选项，所以可以直接输入直线段的起点坐标或在屏幕指定一点。如果要选择其他选项，则应该首先直接输入其标识字符，如要选择“放弃”，则应该输入其标识字符U，然后按系统的提示输入数据即可。

提 示

有些命令行中，提示命令选项内容后面有时会带有尖括号，尖括号内的数值为默认数值。

2. 在命令窗口中输入命令缩写

AutoCAD中的快捷键是一个熟练绘图人员必须要掌握的，基本上AutoCAD中的命令都有相应的快捷键，即命令缩写，如：L（Line）、C（Circle）、A（Arc）、Z（Zoom）、R（Redraw）、M（Move）、CO（Copy）、PL（Pline）、E（Erase）等。

3. 在面板中选取相应的命令

用户可以直接使用鼠标在相应标签下面板中单击相应的按钮，同样会在命令窗口中给出相应的提示选项。

4. 在命令行打开右键快捷菜单

要使用前面使用过的命令，可以在命令行单击鼠标右键，打开快捷菜单，在“最近使用的命令”子菜单中选择所需要的命令，如图1-33所示。

5. 在绘图区单击鼠标右键

用户要重复前面所使用过的命令，可以直接在绘图区单击鼠标右键，弹出快捷菜单，如图1-34所示，菜单第一项就是重复前一步所执行的命令，菜单第二项“最近的输入”子菜单内可选择最近使用过的多步命令。

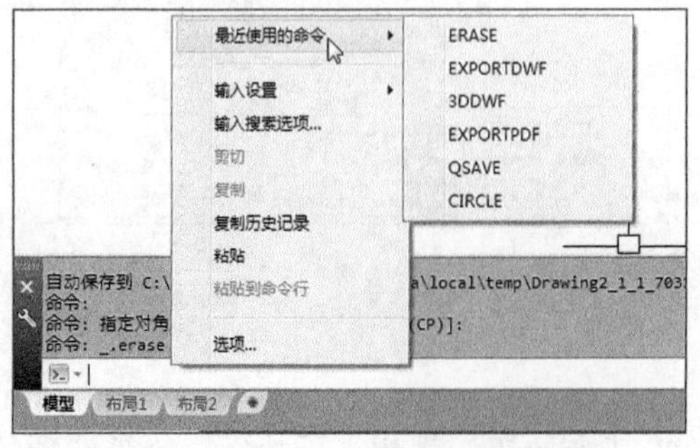

图1-33　在命令行中右击鼠标的菜单

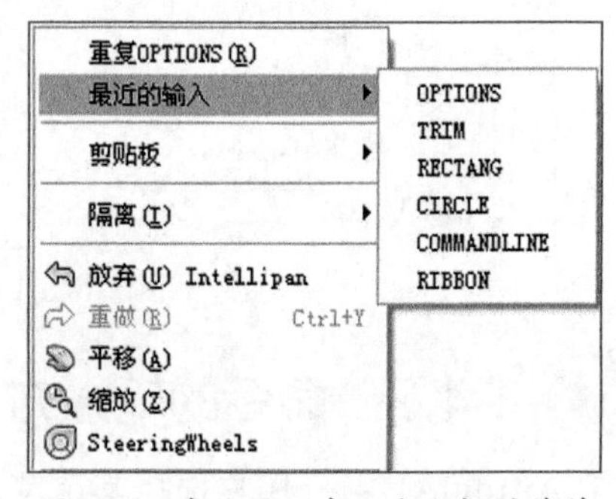

图1-34　在绘图区中右击鼠标的菜单

在命令执行过程中，随时可以按Esc键终止执行命令。

1.4.3 坐标输入方式

在AutoCAD中，用户可以通过输入点的坐标值来精确定位点的位置。点的坐标可以使用绝对直角坐标、绝对极坐标、相对直角坐标和相对极坐标表示。

- 绝对直角坐标：是目标点从（0,0）出发的位移，可以使用分数、小数或科学记数等形式表示点的X、Y坐标值，坐标间用逗号隔开，如（5.0,5.7）、（10.5,5.5）等。
- 绝对极坐标：是目标点从（0,0）出发的位移，以及目标点与坐标原点连线（虚拟）与X轴之间的夹角。其中，距离和角度用“<”分开，且规定X轴正向为0°，Y轴正向为90°，如14<60、10<45等都是合法的极坐标。
- 相对直角坐标和相对极坐标：是指目标点相对于上一点的X轴和Y轴位移，或距离和角度。它的输入方法是在绝对坐标表达式前加“@”符号，如@3,8和@15<45。

例如，使用不同的坐标输入方式，绘制边长为200mm的等边三角形ABC，具体操作步骤如下。

01 单击面板或“绘图”工具栏中的“直线”工具⁄，输入点A的绝对直角坐标（0,0），按Enter键。

02 输入点B的相对坐标（@200,0），按Enter键。

03 输入点C的相对极坐标（@200<120），按Enter键。

04 输入C并按Enter键，封闭图形。结果如图1-35所示。

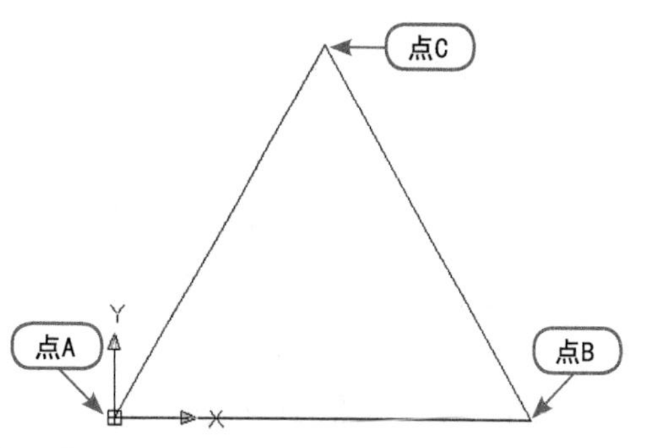

图1-35 使用坐标输入方式绘制三角形

1.4.4 快捷键与鼠标的使用

在AutoCAD中，虽然可以利用菜单、面板或者直接在命令行中输入命令来启动命令，但如果能灵活地运用软件提供的一些快捷键，将可以更好地提高工作效率。

1. 快捷键的使用

快捷键大致可以分为两类：一类是各种命令的缩写形式，例如，输入L（代表LINE命令）画直线，输入C（代表CIRCLE命令）画圆等；另一类是一些功能键（F1～F12）和快捷键，在AutoCAD 2015中，按F1键打开帮助窗口，然后在搜索框中输入“快捷键参考”来进行搜索，即可看到相关的快捷键列表，如图1-36所示。

2. 鼠标的使用

鼠标是用户和Windows应用程序进行信息交互的最主要工具。对于AutoCAD来说，鼠标操作是进行画图、编辑和执行命令的最重要操作。

在AutoCAD中，鼠标左右键的基本功能如下。

- 左键：用于选择菜单、工具、对象，以及在绘图过程中确定点的位置。
- 右键：在除菜单栏以外的任意区域单击鼠标右键，可打开快捷菜单；在执行编辑命令时，如果系统提示选择对象，则此时单击可选择对象，单击鼠标右键可结束对象选择。
- 中键：用于绘图视口的缩放与平移操作等。

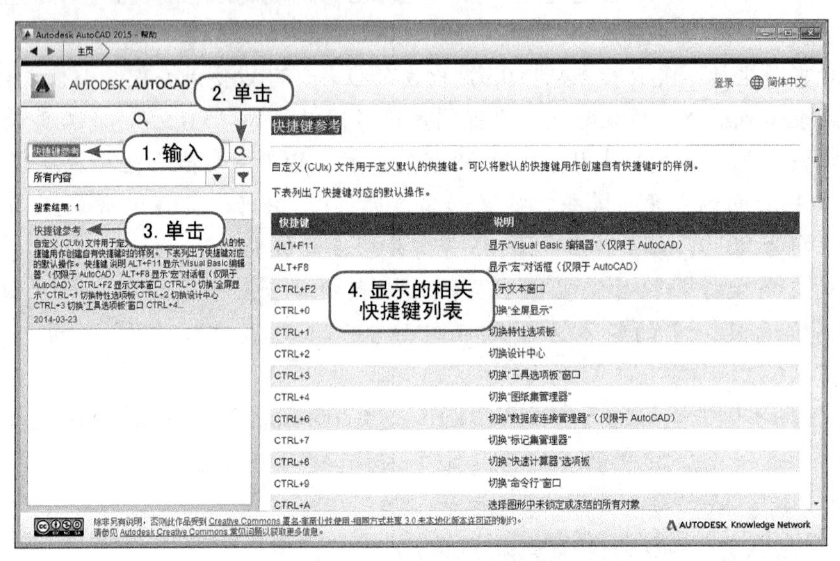

图1-36 AutoCAD快捷键参考

1.4.5 AutoCAD中的绘图单位及界限

在AutoCAD中，图形是按绘图单位来画的，一个绘图单位就是在图上画1的长度。一般的，在出图时有一个打印尺寸和绘图单位的比值关系，打印尺寸按毫米计。如果打印时按1：1出图，则一个绘图单位将打印出来1毫米。

在规划图中，如果使用1：1000的比例，则可以在绘图时用1表示1米，打印时用1：1出图就行了。实际上，为了数据便于操作，往往用1个绘图单位来表示用户使用的主单位。比如，规划图主单位是米，机械、建筑和结构图主单位为毫米，仅仅在打印时需要注意。因此，绘图时应先确定主单位，一般按1：1的比例，出图时再换算一下。

在AutoCAD中，要设置图形单位格式与精度，可在命令行中输入命令UNITS（快捷键为UN），此时将弹出“图形单位”对话框，即可根据绘图要求来设置绘图的长度、精度、单位等，如图1-37所示。

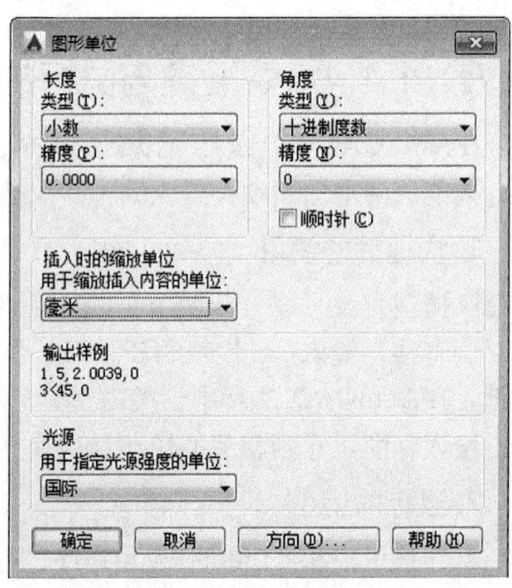

图1-37 “图形单位”对话框

默认情况下，在绘图区域中有一个不可见的图形边界（A4尺寸：< 420.0000,297.0000>），当然，用户也可以根据需要重新设置图形界限。在命令行中输入LIMITS命令后，按照如下命令行提示，来设置空间界限的左下角点和右上角点的坐标：

```
命令: _limits                                          // 执行“图形界限”命令
重新设置模型空间界限:
指定左下角点或 [开(ON)/关(OFF)] <0.0000,0.0000>:0, 0// 设置绘图区域左下角坐标
指定右上角点 <420.0000,297.0000>:42000,29700           // 输入图纸大小
```

执行“图形界限”命令时，其命令行中各选项含义如下。

- 指定左下角点：设置图形界限左下角的坐标。
- 开 (ON)：打开图形界限检查以防拾取点超出图形界限。
- 关 (OFF)：关闭图形界限检查（默认设置），可以在图形界限之外拾取点。
- 指定右上角点：设置图形界限右上角的坐标。

1.4.6 操作的撤销与恢复

如果AutoCAD绘图过程中出错，可以方便地撤销已执行的操作（包括绘图、显示调整、编辑等绝大部分操作），其具体方法如下。

- 单击快速访问工具栏中的撤销操作按钮，可撤销最近执行的一步操作。
- 要一次撤销多步操作，可单击撤销操作按钮右侧的按钮，然后在弹出的操作列表中上下移动光标选择多步操作，最后单击确认，如图 1-38 所示。
- 选择“编辑”菜单中的第一个菜单项（其内容随前面的操作而变化，如图 1-39 所示），或者按 Ctrl+Z 快捷键。

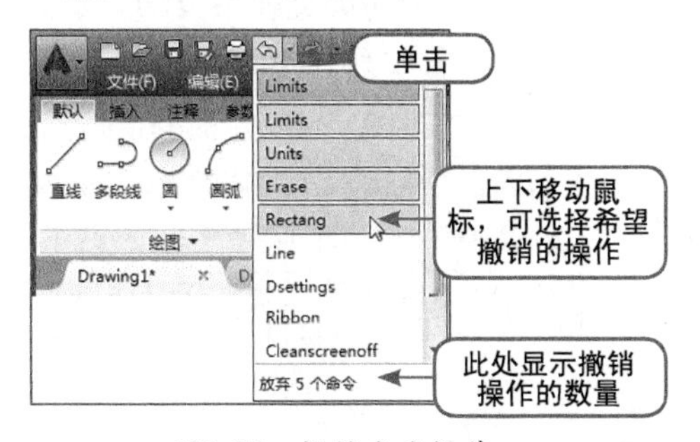

图1-38 撤销多步操作

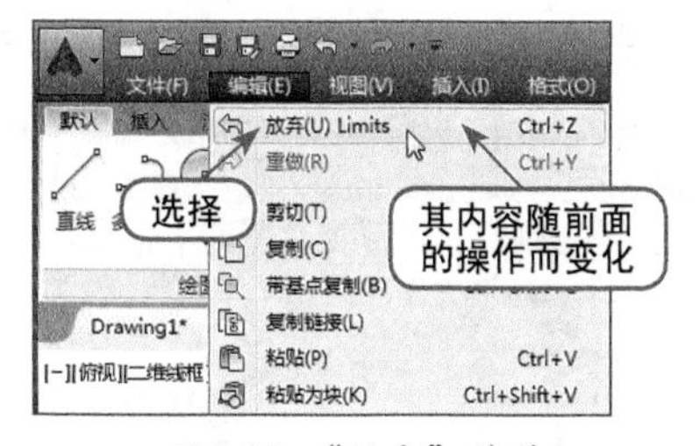

图1-39 “放弃”菜单

如果在撤销操作后未执行其他操作，还可恢复被撤销的操作，其方法如下。

- 单击快速访问工具栏中的恢复操作按钮，可恢复被撤销的一步操作。
- 要一次恢复多步被撤销的操作，可单击恢复操作按钮右侧的按钮，然后在弹出的操作列表中上下移动光标，选择希望恢复的多步操作，最后单击确认，如图 1-40 所示。

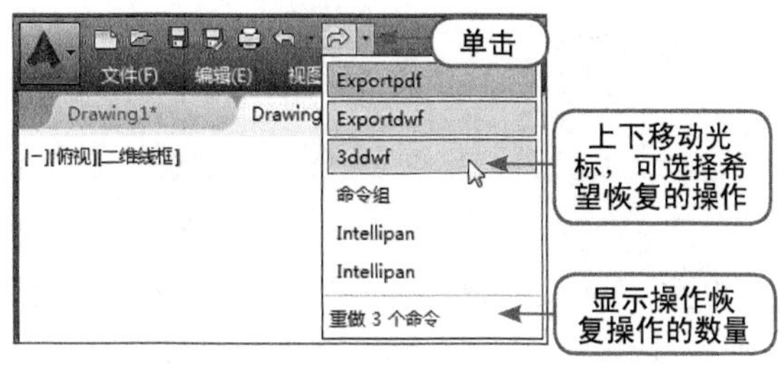

图1-40 恢复多步被撤销的操作

注 意

如果在撤销操作后又执行了其他操作，则撤销的操作就不能恢复了。

上机练习 设置个性化绘图界面

启动AutoCAD之后，即可开始绘图。但有时可能会感到当前的绘图环境并不是那么令人满意，这时可以设置个性化绘图界面，如图1-41所示。其操作步骤如下。

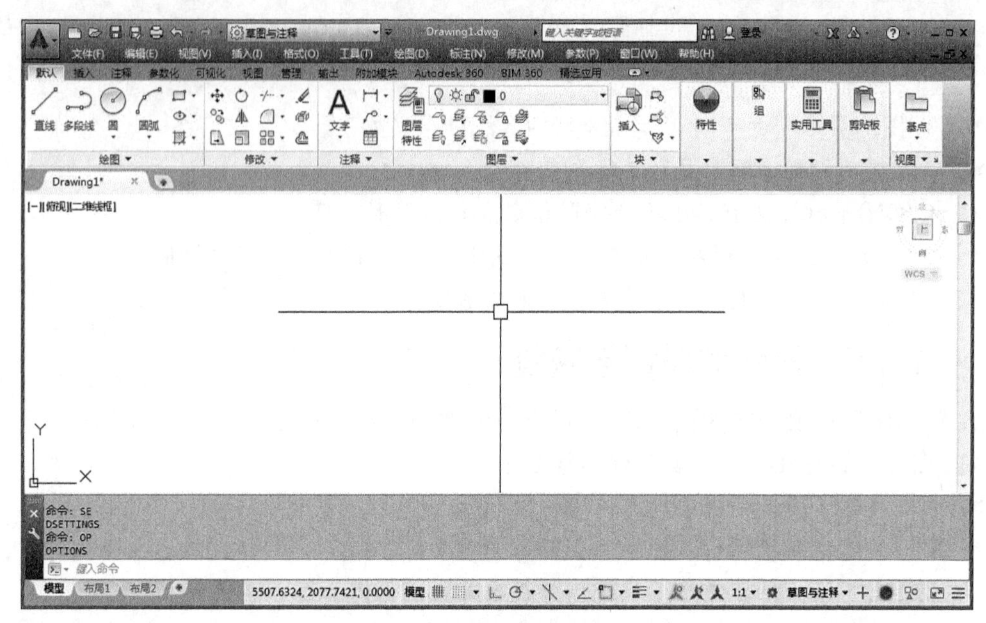

图1-41 个性化绘图界面

01 单击“菜单浏览器”按钮，从弹出的菜单中单击选项（快捷键为OP）按钮，打开“选项”对话框。打开“显示”选项卡，在“配色方案”下拉列表中选择“明”；再单击“颜色”按钮，然后按照如图1-42所示来将屏幕背景颜色为白色。

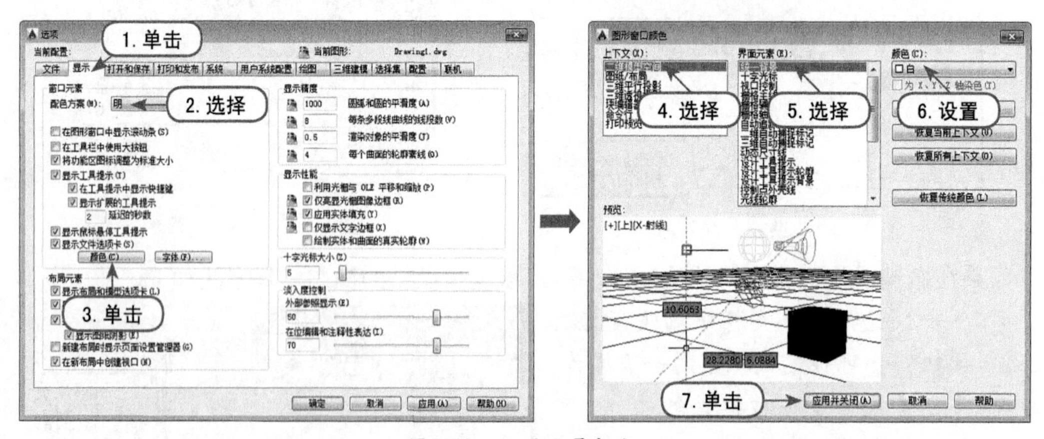

图1-42 设置背景颜色

02 再勾选相应的复选框，并设置十字光标的大小，然后单击“确定”按钮，如图1-43所示。

提 示

若针对不同的需求在“选项”对话框中进行了设置，可通过“配置”选项卡将其保存为不同的设置文件。以后如要改变设置，只要调用不同的设置文件即可。

03 在快速访问工具栏中单击右侧的倒三角按钮，从弹出的菜单中选择“工作空间”和“显示菜单栏”项，如图1-44所示。

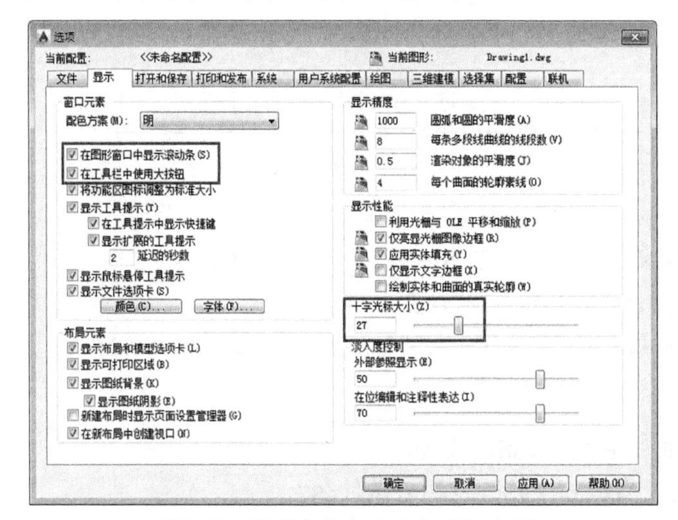

图1-43 设置大按钮及十字光标大小

图1-44 设置快速访问工具

04 右击面板，在“显示选项卡”子菜单下勾选“可视化”项，如图1-45所示。

05 右击绘图区右侧的导航栏，从弹出的快捷菜单中选择“关闭导航栏”选项，如图1-46所示。

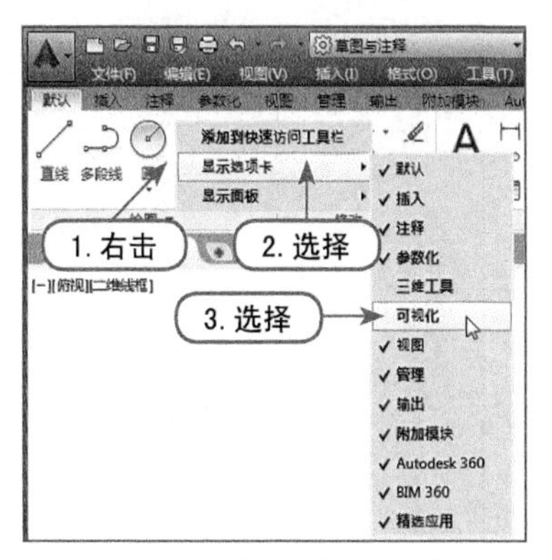

图1-45 勾选“可视化”

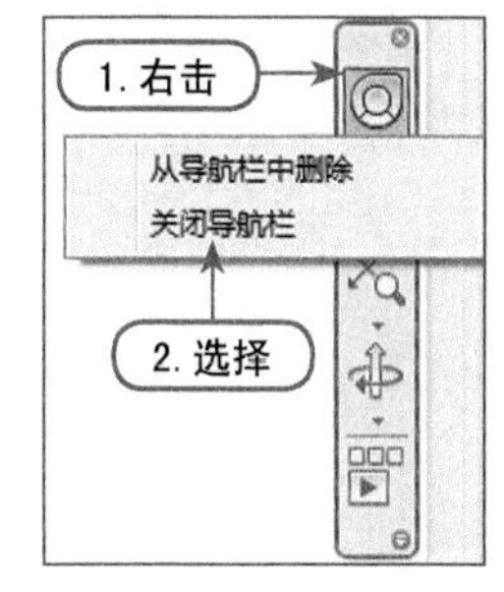

图1-46 关闭导航栏

本章小结

通过本章的学习，应了解AutoCAD 2015的概述，熟悉AutoCAD 2015的操作界面及组成元素，熟练掌握AutoCAD 2015的基本操作。

思考与练习

1. 填空题

（1）AutoCAD在机械设计中的应用包括_________、_________、_________、_________、_________与_________。

（2）AutoCAD的主要界面元素包括________、________、________、________、________、________和________。

（3）命令输入方式可以有__________、__________、__________、__________和__________等5种方式。

（4）坐标输入方式主要有__________、__________、__________、_________4种。

2. 选择题

（1）以下（　）命令可以打开已有的图形文件。

A. NEW　　B. OPEN　　C. SAVE　　D. QSAVE

（2）以下坐标（　）的输入方式是绝对坐标输入方式。

A.（@15,50,0）　　B.（20,40,0）　　C.（@80<30）　　D.（60<90,3）

3. 思考题

（1）简述AutoCAD 2015用户界面中各组成元素的功能。

（2）在AutoCAD中，鼠标的左键、右键和滚轮分别用来做什么？

（3）简述AutoCAD 2015状态栏中各按钮的功能。

（4）如果希望一次撤销多步操作，可以怎么做？

AutoCAD 2015

第2章 点线绘图命令

课前导读

由于所有图形都是由基本图形元素组成的，因此，要使用AutoCAD绘图，应首先利用绘图命令绘制一些基本图形元素，然后再通过编辑这些元素获得所需图形。本章将介绍在AutoCAD中绘制点、直线、辅助线、样条曲线、多段线的方法。同时，为了用户能更方便地观察图形，还要掌握AutoCAD提供的多种观察图形的方法，如视图缩放、窗口的平移、使用鸟瞰视图等。

本章要点

- 绘制点、直线及辅助线的方法
- 绘制样条曲线和多段线的方法
- 应用图层
- 调整视图的方法

2.1 绘制点

在AutoCAD中，点可以作为对象。作为对象的点与其他对象相比没有任何区别，同样具有各种对象属性，而且也可以被编辑。

手工绘图时，通常用点来辅助绘图，在AutoCAD中也一样。下面介绍在AutoCAD中绘制点的几种方法。

2.1.1 点样式的设置

在AutoCAD中，点的默认样式为小圆点“· ”，其大小和形状可以由PDMODE或PDSIZE系统变量来控制。要设置点的样式，其操作步骤如下。

01 选择“格式”｜“点样式”菜单命令，或者在命令行中输入DDPTYPE命令。

02 此时将弹出“点样式”对放框，在上部点样式区域中，根据需要选择一种点样式；在“点大小”文本框中，输入需要绘制点的大小为6。⊙相对于屏幕设置大小(R)和○按绝对单位设置大小(A)决定了点大小的控制方法，一般情况下保持默认设置即可，如图2-1所示。

03 单击“确定”按钮，即可完成点样式及大小的设置。若当前图形中有点对象，点的样式立即按上一步的设置来进行改变，如图2-2所示。

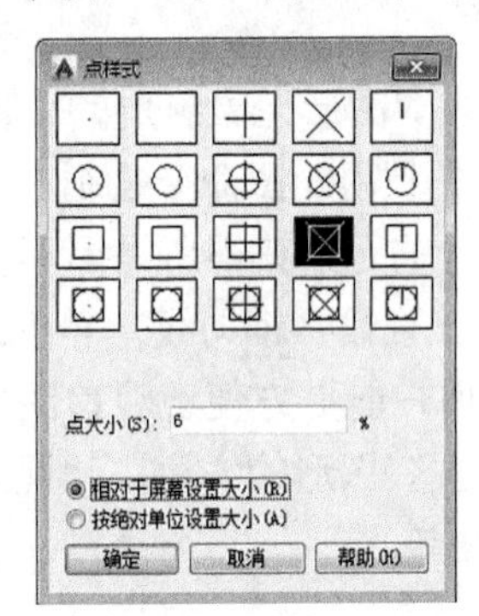

图2-1 “点样式”对话框

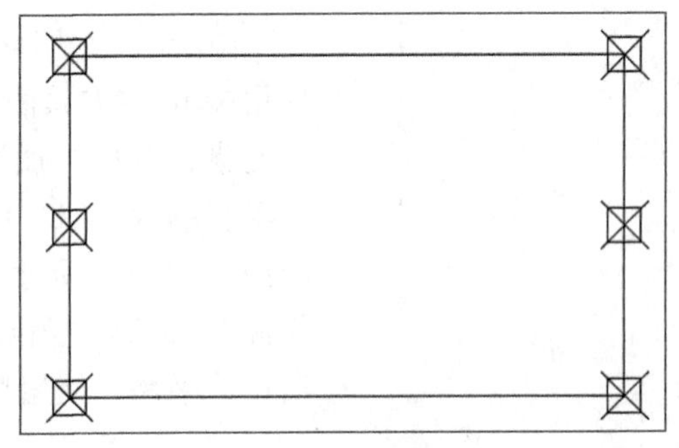
图2-2 设置点样式后的效果

2.1.2 绘制点

点是组成线的基本单位，绘制点包括设置点样式、绘制单个点、绘制多个点、定数等分点和定距等分点。用户可以通过以下任意一种方式来执行绘制点命令。

- 在“默认”选项卡下的“绘图”面板中单击“点”按钮·。
- 在命令行中输入 POINT（其快捷键为 PO)。

例如，以2.1.1小节中所设置的点样式和大小，对其圆的四象限点及圆心点进行点的标注，其操作操作步骤如下。

01 在命令行中输入SE，在弹出的“草图设置”对话框中设置“对象捕捉”选项卡，其设置的效果如图2-3所示。

02 在“默认”标签下的“绘图”面板中单击“点”按钮·，如图2-4所示。

03 使用鼠标，分别捕捉圆的上下、左右象限点并单击，再捕捉圆的中心圆并单击，则当前图形的效果如图2-5所示。

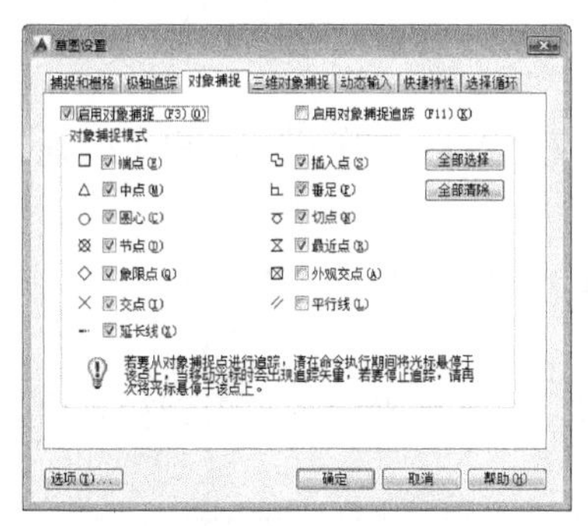

图2-3　对象捕捉的设置

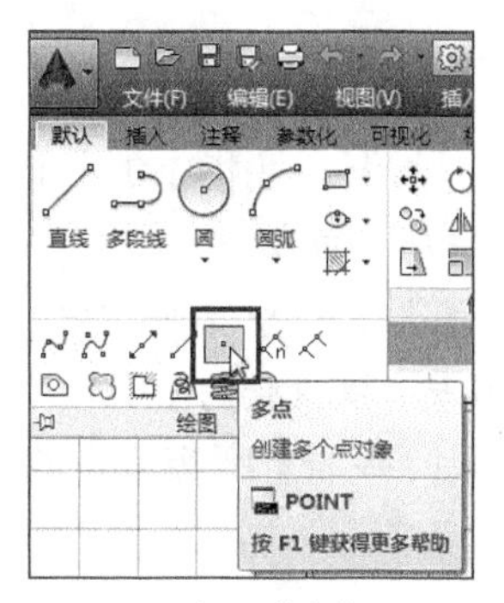

图2-4　单击“点”按钮

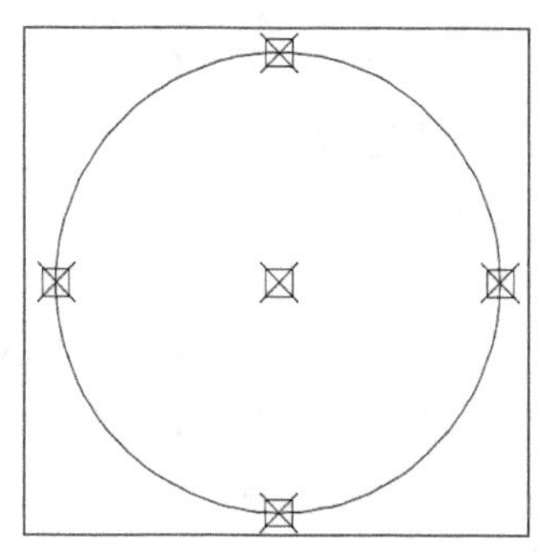

图2-5　点的绘制

注 意

执行某个命令后，按Enter键可再次执行该命令。

2.1.3　定数等分点

定数等分点，可把选定的直线或圆等对象等分成指定的份数，这些点之间的距离均匀分布。用户可以通过以下任意一种方式来执行“定数等分”命令。

- 在“默认”选项卡的“绘图”面板中单击“定数等分”按钮。
- 在命令行中输入 DIVIDE 命令（快捷键为 DIV）。

例如，要将圆对象定数等分成8等分，其操作步骤如下。

01 在“默认”选项卡的“绘图”面板中单击“定数等分”按钮，如图2-6所示。

02 根据命令行或动态提示，选择如图2-5所示的圆对象，如图2-7所示。

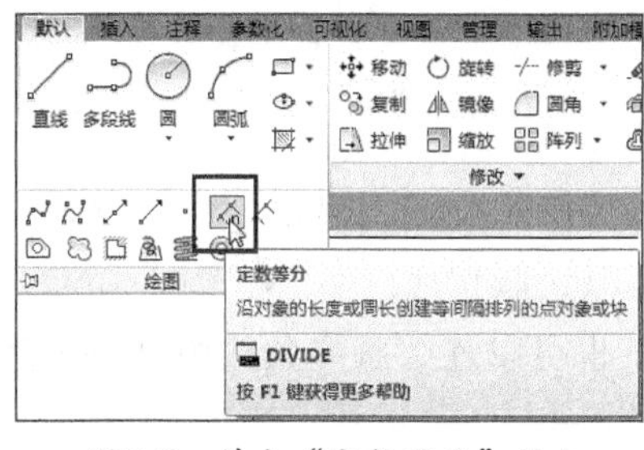

图2-6　单击“定数等分”按钮

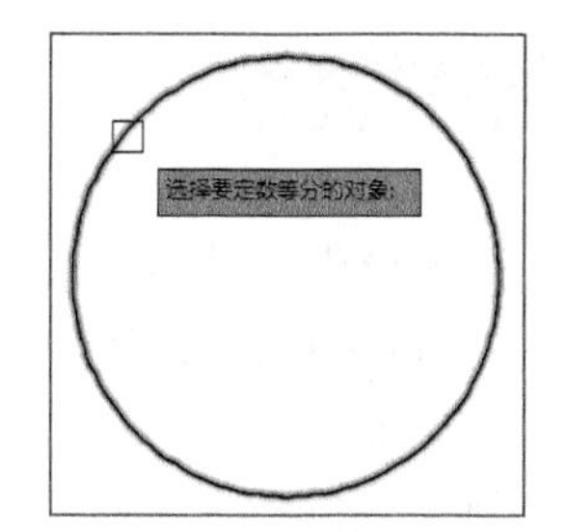

图2-7　选择圆对象

03 根据命令行或动态提示，输入8并按Enter键，如图2-8所示。

04 此时整个圆对象即可按照8等分均匀布点，如图2-9所示。

图2-8　输入等分数目

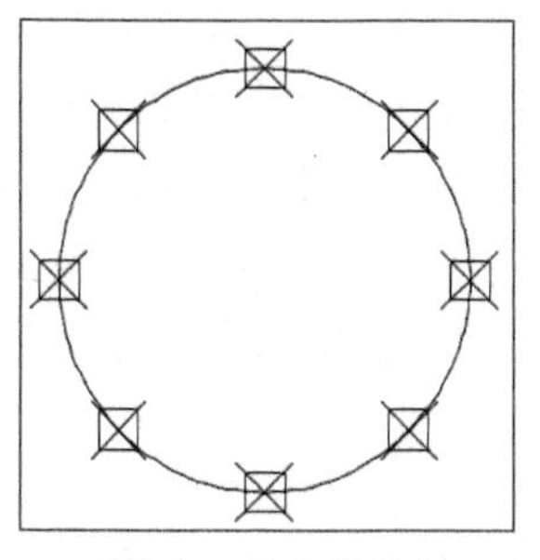

图2-9　等分的效果

2.1.4 定距等分点

定距等分点，是指在选定的对象上，按指定的长度放置点的标记符号。用户可以通过以下任意一种方式来执行“定数等分”命令。

- 在“默认”选项卡的“绘图”面板中单击“定距等分”按钮，如图 2-10 所示。
- 在命令行中输入 MEASURE（快捷键为 ME）。

例如，针对160mm的垂直线段，按照定距等分点的方式，以30mm的长度来进行等分，其效果如图2-11所示。

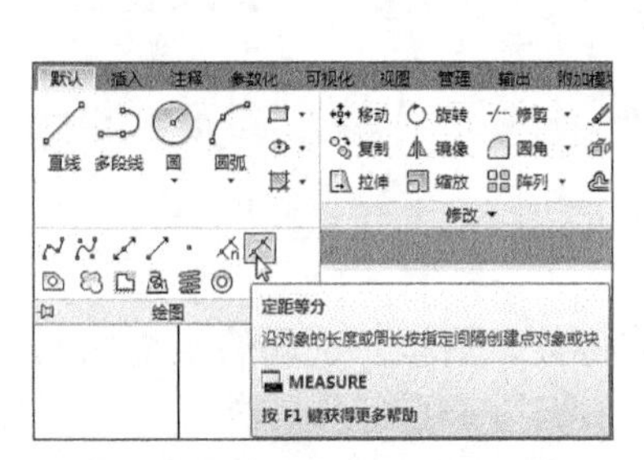

图2-10 单击“定距等分”按钮

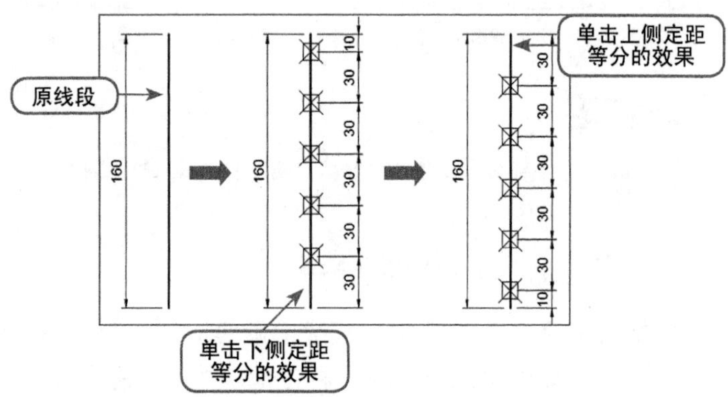

图2-11 定距等分线段效果

注 意

MEASURE和DIVIDE命令的使用方法相似，只是MEASURE命令将点的位置放置在离拾取对象最近的端点处，从此端点开始以相等的距离计算度量点，直到余下部分不足一个间距为止。

2.2 绘制直线

直线是各种图形中最常用、最简单的一类图形对象，只要指定了起点和终点，即可绘制一条直线。在AutoCAD中，使用LINE命令可以绘制直线。

执行LINE命令时，可以一次画一条线段，也可以连续画多条线段（每一条线段都是独立对象）。绘制直线的要点如下。

- 绘制单独对象时，在执行 LINE 命令后指定第一点，再指定下一点，然后按 Enter 键结束。
- 绘制连续折线时，在执行 LINE 命令后指定第一点，然后连续指定多个点，最后按 Enter 键结束。此外，如果在“指定下一点”提示下输入 U 并按 Enter 键，可删除上一条直线。
- 绘制封闭折线时，在最后一个“指定下一点”提示下输入 C 并按 Enter 键即可。

用户可以通过以下任意一种方式来执行“直线”命令。

- 在“默认”选项卡的“绘图”面板中单击“直线”按钮。
- 在命令行中输入 LINE（快捷键为 L）。

例如，使用“直线”命令来绘制200×100mm的矩形对象，如图2-12所示，其命令行提示如下：

```
命令：LINE                          // 执行“直线”命令
指定第一点：0,0                      // 指定第一点A（原点0,0）
```

```
指定下一点或 [放弃 (U)] : 200            // 按F8键切换到正交模式，鼠标指向右，
                                          // 并输入200，从而确定端点B
指定下一点或 [放弃 (U)] : 100            // 鼠标指向上，输入100，确定端点C
指定下一点或 [闭合(C)/放弃(U)]: 200      // 鼠标指向左，输入200，确定端点D
指定下一点或 [闭合(C)/放弃(U)]: c        // 输入C，与第一点A闭合
```

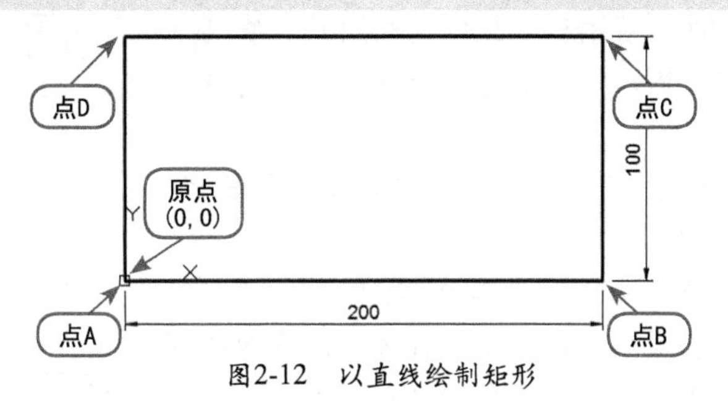

图2-12　以直线绘制矩形

2.3　绘制辅助线

在AutoCAD中，射线和构造线一般用做绘图过程中的辅助线。其中，射线（RAY）是只有起点，并延伸至无穷远的直线；构造线（XLINE）是一条没有起点和终点的无限长直线，又称参照线。

2.3.1　绘制射线

绘制射线，即创建始于一点并无限延伸的线性对象。用户可以通过以下任意一种方式来执行“射线”命令。

- 在“默认”选项卡的“绘图”面板中单击“射线”按钮，如图 2-13 所示。
- 在命令行中输入 RAY。

例如，接前面所绘制的矩形对象，以原点(0,0)为起点，来绘制两条射线，如图2-14所示，其命令行如下：

```
命令: _ray                    // 执行“射线”命令
指定起点: 0,0                 // 确定起点A (原点0,0)
指定通过点:                   // 确定点X，绘制AX射线
指定通过点:                   // 确定点Y，绘制AY射线
指定通过点:                   // 按Enter键结束命令
```

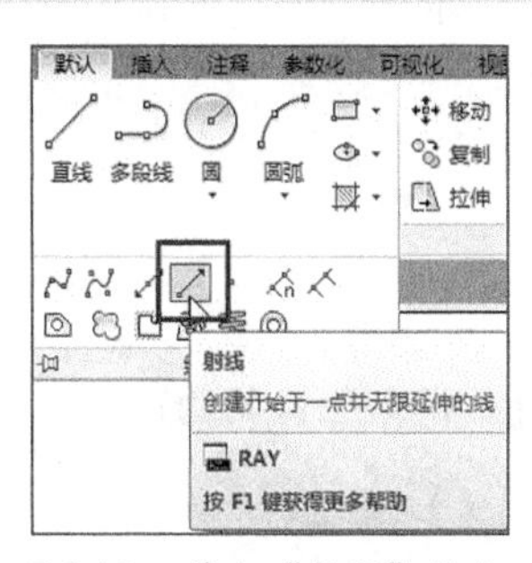

图2-13　单击“射线”按钮

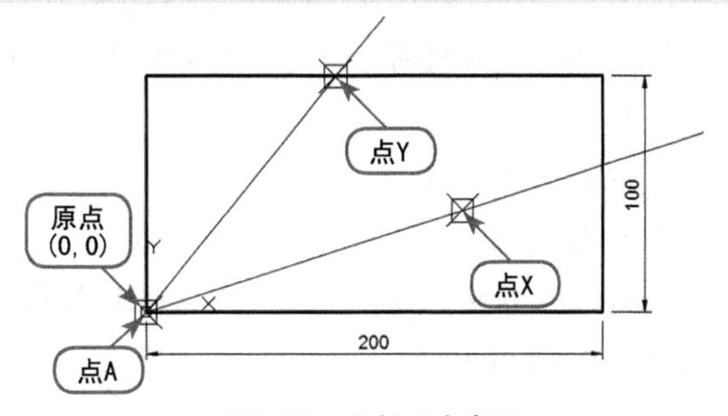

图2-14　绘制两条射线

2.3.2 绘制构造线

构造线是两端无限长的直线，没有起点和终点，可以放置在三维空间的任何地方。它不像直线、圆、圆弧、椭圆、正多边形等作为图形的构成元素，而是仅仅作为绘图过程中的辅助参考线。

在绘制机械三视图时，常用构造线作为长对正、宽相等和高平齐的辅助作图线。用户可以通过以下任意一种方式来执行“构造线”命令。

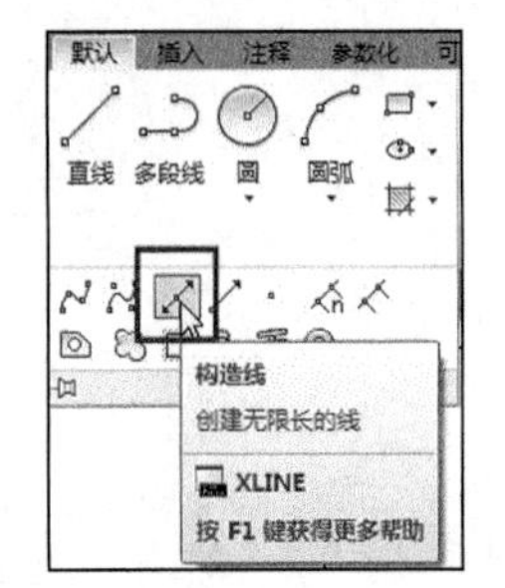

图2-15 单击“构造线”按钮

- 在“默认”选项卡的“绘图”面板中单击“构造线”按钮，如图 2-15 所示。
- 在命令行中输入 XLINE（快捷键为 XL）。

执行“构造线”命令（XLINE）后，在如下的命令提示中，提供了6种绘制构造线的方法，具体说明如下。

指定点或[水平(H)/垂直(V)/角度(A)/二等分(B)/偏移(O)]：

各选项含义如下。

- 指定点：通过两点指定构造线。

01 指定构造线上的一点A。

02 指定构造线的另一点B，绘制第一条构造线。

03 指定构造线的另一点C，绘制第二条构造线。

04 按Enter键，结束绘制，结果如图2-16（a）所示。

- 水平(H)：该选项用于绘制通过指定点的水平构造线。

01 输入H并按Enter键，以选择水平方式。

02 输入点B，绘制第一条水平构造线。

03 输入点C，绘制第二条水平构造线。

04 按Enter键，结束绘制，结果如图2-16（b）所示。

- 垂直(V)：该选项用于绘制通过指定点的垂直构造线，如图 2-16（c）所示。
- 角度(A)：该选项用于绘制与 X 轴正向成指定角度的构造线。

01 输入A并按Enter键，以选择角度方式绘制构造线。

02 输入60并按Enter键，设置构造线的倾斜角为60°。

03 输入点B，绘制第一条构造线。

04 输入点C，绘制第二条构造线，结果如图2-16（d）所示。

- 二等分(B)：该选项用于绘制平分指定角度的构造线。

01 输入B并按Enter键。

02 依次拾取点O、A和B。

03 按Enter键，结束命令，结果如图2-16（e）所示。

- 偏移(O)：偏移构造线，该选项用于绘制与指定线相距指定距离的构造线。

01 输入O并按Enter键。

02 输入10并按Enter键，指定偏移距离为10。

03 选择直线AB。

04 指定偏移方向，生成构造线C。

05 按Enter键，结束命令，结果如图2-16（f）所示。

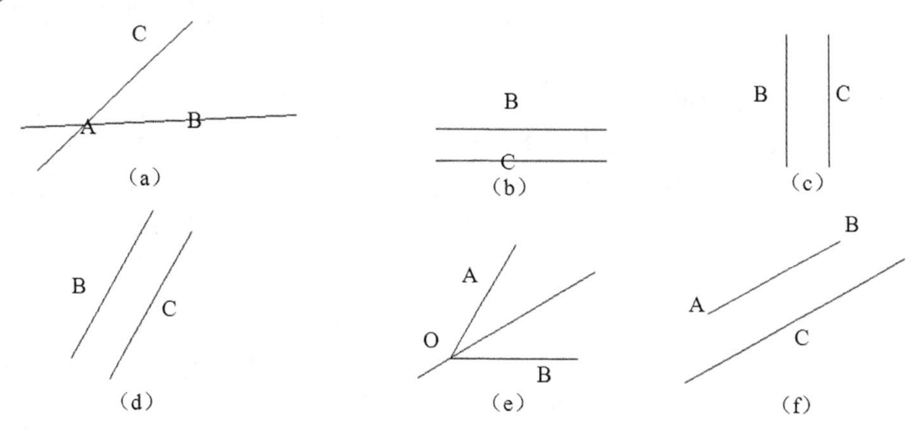

图2-16 绘制构造线

构造线主要用做绘图辅助线，图形绘制完成后，应将其删除，或通过修剪使其成为图形的一部分。

2.4 绘制样条曲线

在AutoCAD中，样条（SPLINE）是一种称为非一致有理B样条（NURBS）的特殊曲线。在机械图形中，样条曲线主要用来绘制断面线、零件的三维示意图、汽车设计或地理信息系统（GIS）所涉及的曲线，如图2-17所示。

用户可以通过以下任意一种方式来执行“样条曲线”命令。

- 在“默认”选项卡的“绘图”面板中单击“样条曲线拟合”按钮～，如图 2-18 所示。
- 在命令行中输入 SPLINE（快捷键为 SPL）。

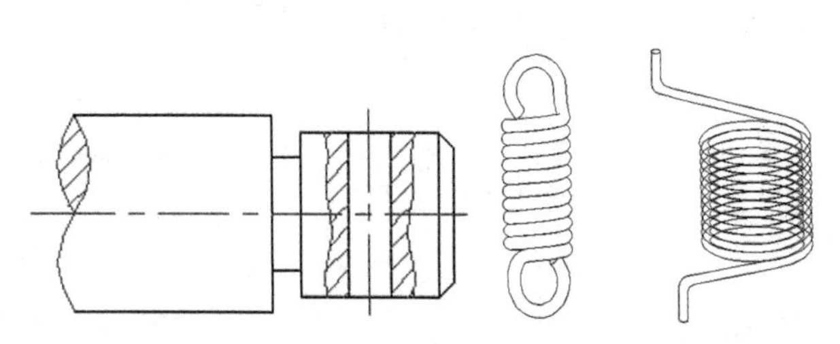

图2-17 利用样条绘制断的面线及三维示意图

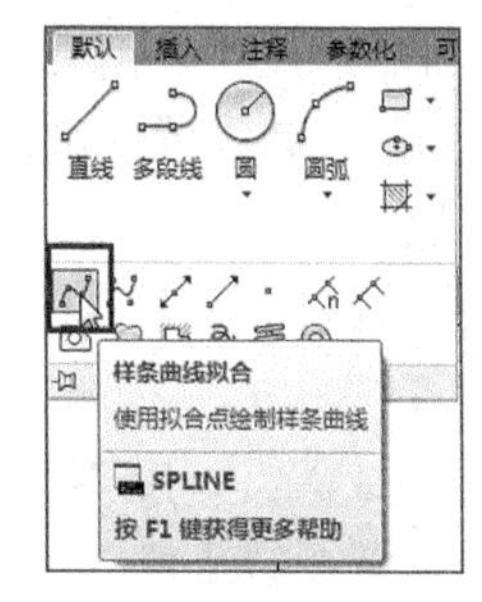

图2-18 单击“样条曲线”按钮

执行“样条曲线”命令（SPLINE）后，其命令提示行如下。

```
指定第一个点或 [对象(O)]:
指定下一点或 [闭合(C)/拟合公差(F)] <起点切向>:
```

各选项的含义如下。

- 指定第一个点：该默认选项提示用户指定样条曲线的起始点。确定起始点后，AutoCAD 提示用户指定第二点。在一条样条曲线中，至少应包括 3 个点。
- 对象：可以将已存在的由多段线生成的拟合曲线转换为等价样条曲线。选定此选项后，AutoCAD 提示用户选取一个拟合曲线。
- 指定下一点：继续确定其他数据点。
- 闭合 (C)：使样条曲线起始点、结束点重合，并使它在连接处相切。
- 拟合公差 (F)：控制样条曲线对数据点的接近程度。公差越小，样条曲线就越接近拟合点。如为 0，则表明样条曲线精确通过拟合点，如图 2-19 所示。

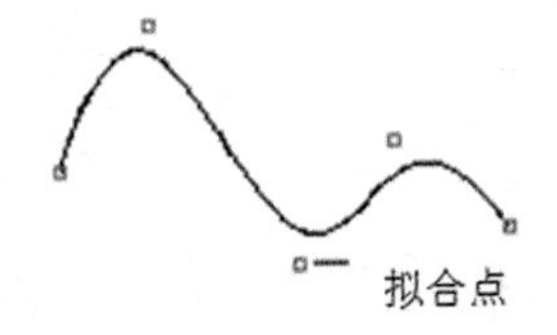

(a) 拟合公差为0.5的样条曲线

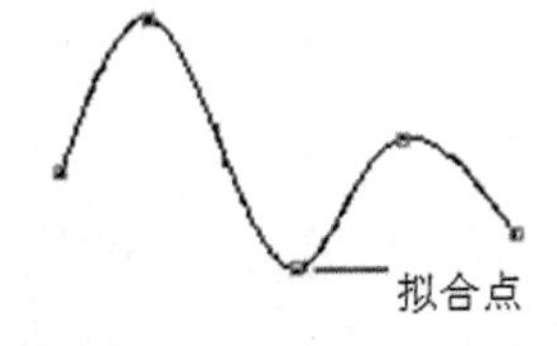

(b) 拟合公差为0的样条曲线

图2-19　拟合公差效果

- 起点切向：按 Enter 键，AutoCAD 将提示用户确定样条曲线起点和端点的切向，然后结束该命令。
- 放弃 (U)：该选项不在提示区中出现，但用户可在选取任何点后输入 U 并按 Enter 键，以取消前一段刚绘制的样条曲线。

2.5　绘制多段线

多段线（PLINE）是AutoCAD中最常用且功能较强的对象之一，它由一系列首尾相连的直线和圆弧组成，可以具有宽度，并可绘制封闭区域。因此，多段线可以替代一些AutoCAD对象，如直线、圆弧、实心体等。

多段线的特点主要有两个：首先，多段线在AutoCAD中被作为一个对象。因此，绘制三维图形时，常利用封闭多段线绘制三维图形的截面图形，然后再利用拉伸方法将其拉伸为三维图形；其次，由于多段线中每段直线或弧线的起始和终止宽度可以任意设置，因此，可使用多段线绘制一些特殊符号或轮廓线。

用户可以通过以下任意一种方式来执行“多段线”命令。

- 在“默认”选项卡的“绘图”面板中单击“多段线”按钮，如图 2-20 所示。
- 在命令行中输入 PLINE（快捷键为 PL）。

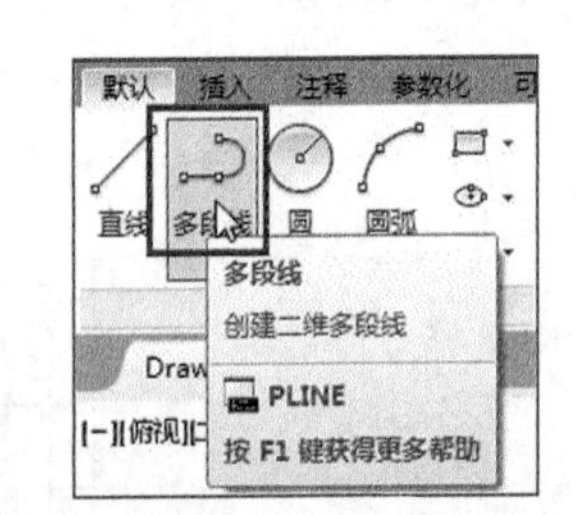

图2-20　单击“多段线”按钮

在执行“多段线”命令（PLINE）后，其命令行提示如下。

```
指定下一个点或 [圆弧(A)/半宽(H)/长度(L)/放弃(U)/宽度(W)]:
```

各主要选项的含义如下。

- 圆弧 (A)：用于从直多段线切换到圆弧多段线，如图 2-21 所示。

- 半宽 (H)：设置多段线的半宽，如图 2-22 所示。

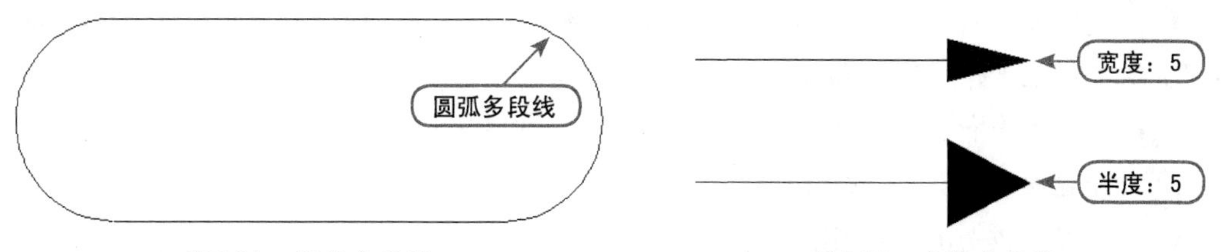

图2-21　圆弧多段线　　　　图2-22　半宽多段线

- 长度 (L)：用于设定新多段线的长度，如果前一段是直线，延长方向与该线相同；如果前一段是圆弧，延长方向为端点处圆弧的切线方向。
- 放弃 (U)：用于取消前面刚绘制的一段多段线，可逐次回溯。
- 宽度 (W)：用于设定多段线线宽，默认值为 0。多段线初始宽度和结束宽度可分别设置不同的值，从而绘制出诸如箭头之类的图形，如图 2-23 所示。

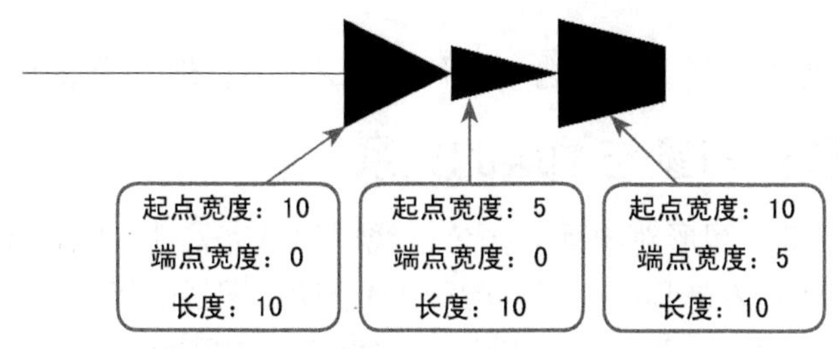

图2-23　绘制不同宽度的多段线

- 闭合：用于封闭多段线（用直线或圆弧）并结束 PLINE 命令，该选项从指定第三点时才开始出现。

在执行PLINE命令，若选择A项以绘制圆弧时，则命令行提示如下，从而可以根据需要来设置圆弧多段线的相关参数。

指定圆弧的端点或[角度(A)/圆心(CE)/闭合(CL)/方向(D)/半宽(H)/直线(L)/半径(R)/第二个点(S)/放弃(U)/宽度(W)]：

注　意

当用户设置了多段线的宽度时，可通过FILL变量来设置是否对多段线进行填充。如果设置为“开（ON）”，则表示填充；若设置为“关（OFF），则表示不填充，如图2-24所示。

例如，要绘制如图2-25所示的箭头图形对象，其操作步骤如下。

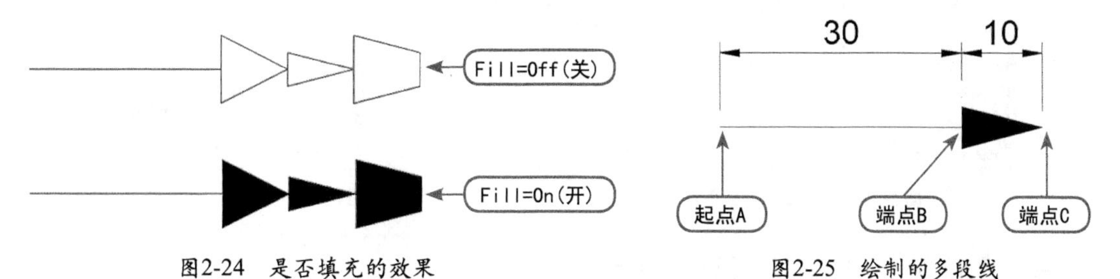

图2-24　是否填充的效果　　　　图2-25　绘制的多段线

01 单击“绘图”面板中的“多段线”工具。

02 在绘图区任意位置处单击，以指定多段线的起点A，当前线宽为0。

03 按F8键打开“正交”模式，水平向右移动鼠标，并输入长度为30后按Enter键，以确定点B，从而绘制长度为30mm的多段线。

04 根据命令行提示，选择“宽度(W)”项，并按Enter键。

05 设置起点为5，并按Enter键。

06 设置终点为0，并按Enter键。

07 水平向右移动鼠标，并输入长度为10后按Enter键，以确定点C，从而绘制长度为10mm的多段线。

08 按Enter键，结束多段线命令。

2.6 应用图层

图层是AutoCAD提供的强大功能之一，利用图层可方便地对图形进行统一管理。

2.6.1 图形对象与图层的关系

在AutoCAD中，每个图形对象都有颜色、线型和线宽属性。默认情况下，图形对象的颜色、线型和线宽属性均为ByLayer，表示采用对象所在图层的颜色、线型和线宽。例如，在绘图时通常会将辅助线、图形及尺寸标注分别放置在不同的图层上，可通过改变图层的线型、颜色、线宽等属性，统一调整该图层上所有对象的颜色与线型；还可通过隐藏、冻结图层等，统一隐藏、冻结该图层中的图形对象，从而为绘图提供方便。

2.6.2 图层特性管理器

在AutoCAD中，提供了一个“图层特性管理器”面板，用户可以在此面板来创建或删除图层对象，并以此来设置图层的名称、颜色、线宽，以及控制图层各种状态。

用户可以通过以下方法来打“图层特性管理器”面板，打开的“图层特性管理器”面板如图2-26所示。

- 在“默认”选项卡的“图层”面板单击“图层特性”按钮，如图 2-27 所示。
- 在命令行输入“Layer”(快捷键为 LA)。

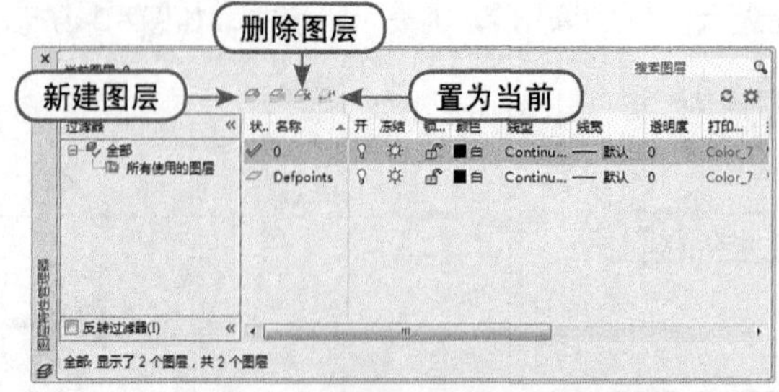

图2-26 “图层特性管理器”面板

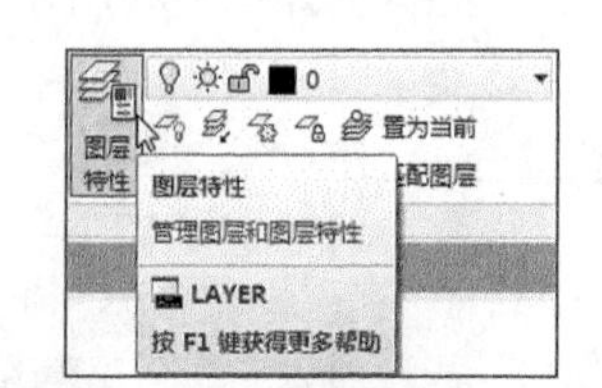

图2-27 单击“图层特性”按钮

2.6.3 新建并设置图层

在绘图过程中，如果要使用更多的图层来组织图形，就需要先创建新的图层。

注 意

默认情况下，图层0将被指定使用7号颜色（白色或黑色，由背景色决定）、CONTINUOUS线型、“默认”线宽及NORMAL打印样式。

下面使用LAYER命令设置机械制图中常用的3个图层，即基线层：红色、ACAD-ISO08W100线型、线宽为0.18mm；轮廓线层：白色、Continuous线型、线宽为0.5mm；标注层：蓝色、Continuous线型、线宽为0.2mm，具体操作步骤如下。

01 单击“默认”面板中的“图层特性”按钮，打开“图层特性管理器”面板。默认情况下，AutoCAD自动创建一个图层0和Defpoints，如图2-28所示。

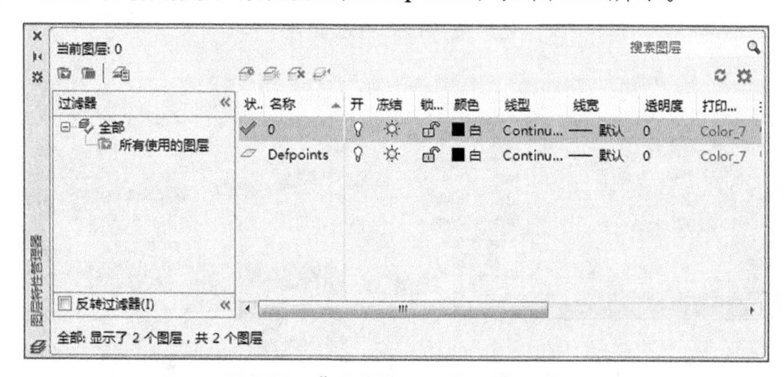

图2-28 “图层特性管理器”面板

02 单击“新建图层”按钮，在图层列表中将出现名称为“图层1”的新图层，并且在位编辑状态；这时用户输入新的图层名“基线层”，以标志将要在该图层上绘制的图形元素的特性，如图2-29所示。

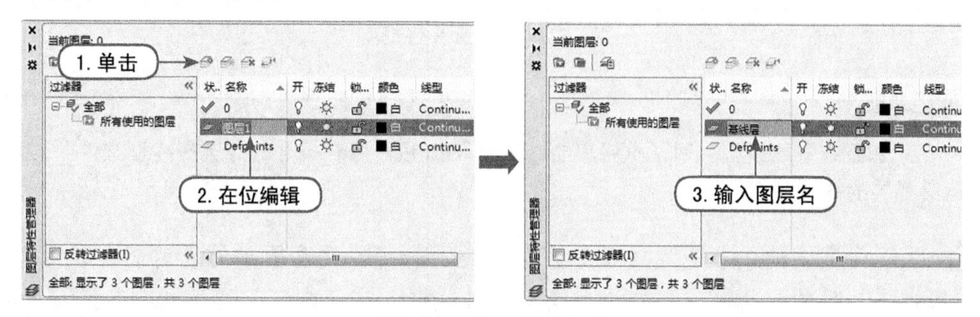

图2-29 输入图层名称

注 意

选中图层后，单击“删除图层”按钮×，可删除该层。但是，当前层、0层、定义点层（对图形标注尺寸时，系统自动生成的层）和包含图形对象的层不会被删除。

03 单击图层列表中“基线层”所在行的颜色块，打开“选择颜色”对话框，在该对话框中选择“红色”，并单击“确定”按钮返回“图层特性管理器”面板，如图2-30所示。

04 线型用于区分图形中的不同元素，例如基准线、虚线等。默认情况下，图层的线型为Continuous（连续线型）。单击“基线层”后的Contin...项，打开“选择线型”对话框，单击“加载”按钮，打开“加载或重载线型”对话框，从当前线型库中选择ACAD-ISO08W100线型，然后依次单击“确定”按钮返回，如图2-31所示。

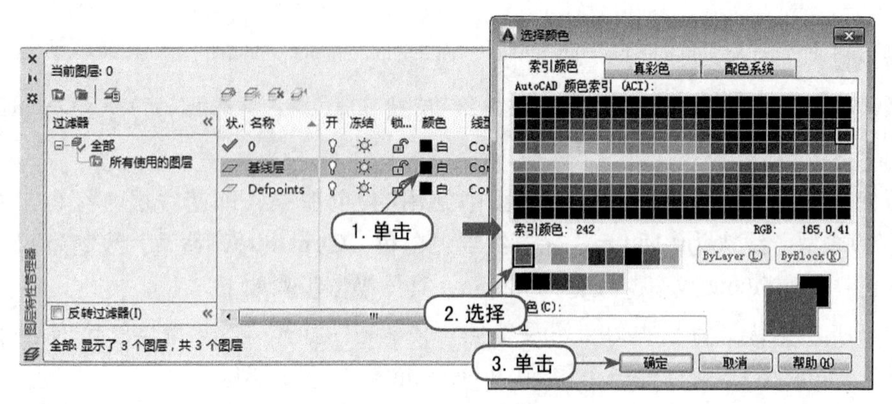

图2-30　设置图层颜色

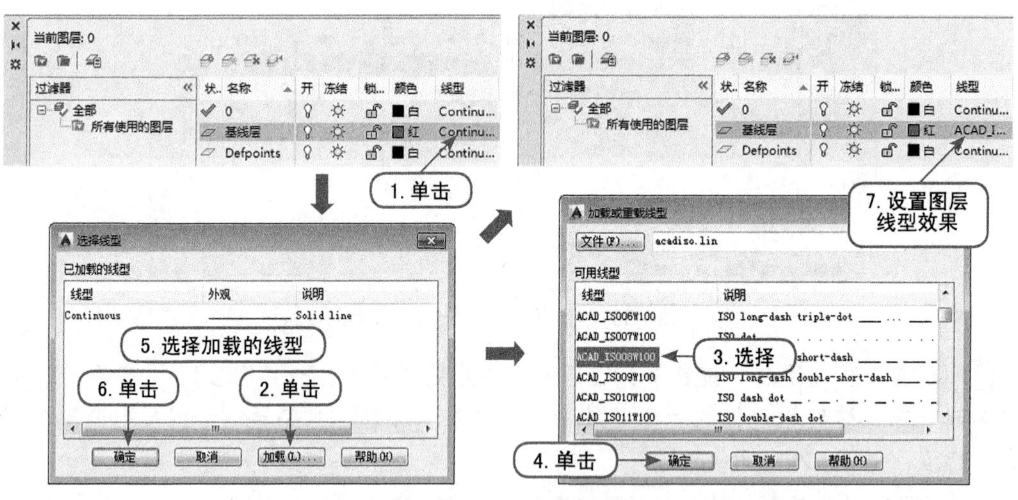

图2-31　设置图层线型

注　意

在“加载或重载线型”对话框中单击“文件”按钮，可在打开的“选择线型文件”对话框中选择不同的线型库文件。

05 用不同宽度的线条表现对象的大小或类型，可以提高图形的表达能力和可读性。单击“基线层”后的—— 默认项，打开“线宽”对话框，在“线宽”列表框中选择0.18mm，然后单击“确定”按钮，如图2-32所示。

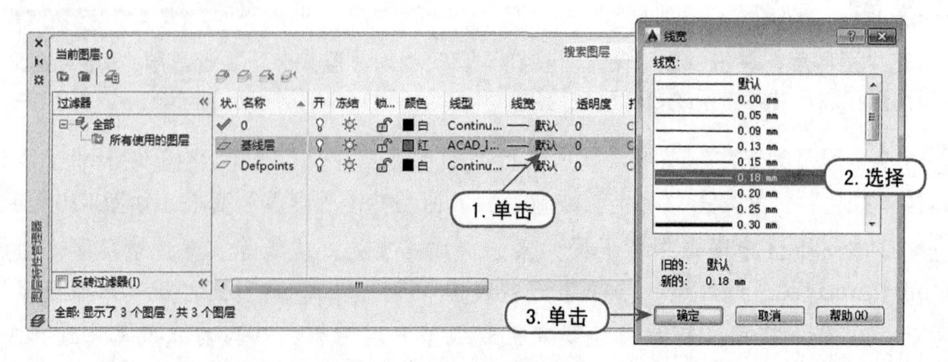

图2-32　设置图层线宽

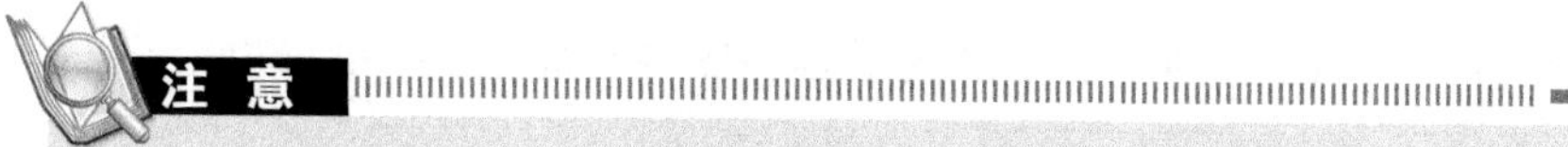

选择“格式”|“线宽”菜单命令（命令为lweight），可打开如图2-33所示的“线宽设置”对话框。如果选中 复选框，则系统将在屏幕上显示线宽设置效果；通过调节“调整显示比例”滑块，还可以调整线宽显示效果。

06 单击“基线层”后的 图标，可关闭当前所选中的图层，即在当前图形中不显示基线层上绘制的图形，此时该图标呈 状态。一般情况下，可在图形绘制完成后，关闭“基线层”，需要修改图形时再将其打开。

07 参考以上操作步骤，设置其余2个图层及属性，如图2-34所示。设置完毕后单击“关闭”按钮 退出。

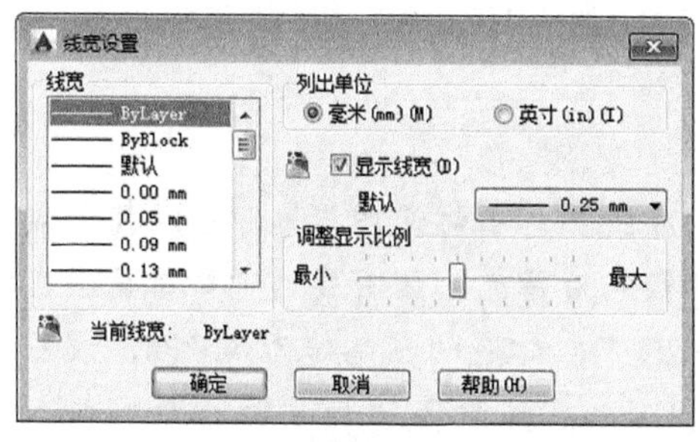

图2-33 “线宽设置”对话框

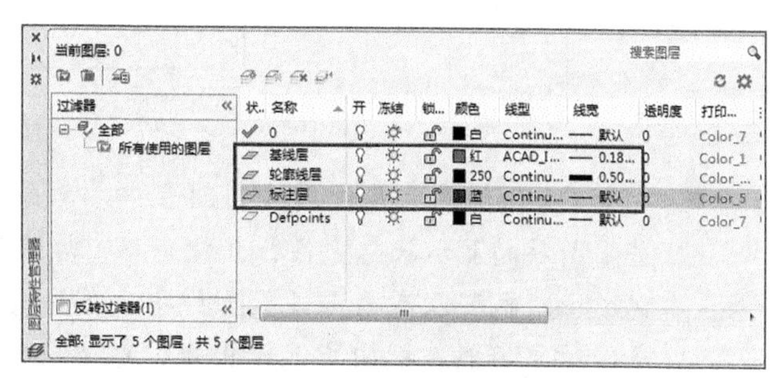

图2-34 设置好的图层

2.6.4 设置当前图层

在AutoCAD中绘制图形对象，都是在当前图层中进行的，且所绘制图形对象的属性也将继承当前图层的属性。在“图层特性管理器”面板中选择一个图层，并单击“置为当前”按钮，即可将该图层置为当前图层，且在前面显示 标记，如图2-35所示。

在“图层”面板中单击 按钮，然后使用鼠标选择指定的对象，即可将选择的图形对象置为当前图层，如图2-36所示。

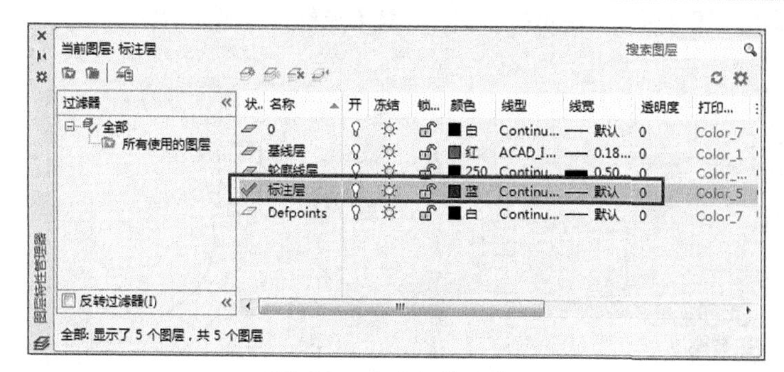

图2-35 设置当前图层

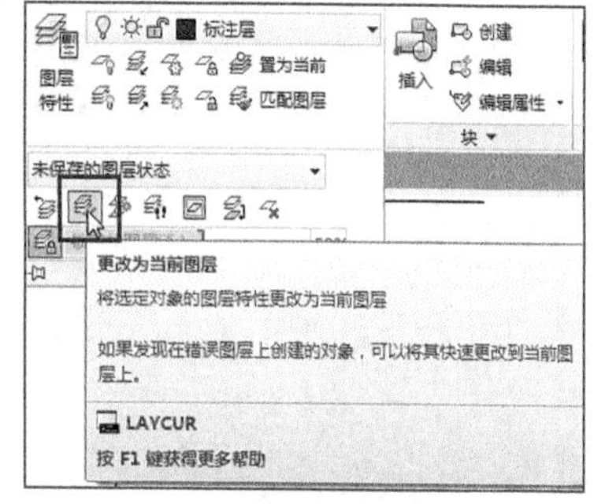

图2-36 更改为当前图层

2.6.5 控制图层的状态

在“图层特性管理器”面板中，其图层状态包括图层的打开/关闭、冻结/解冻、锁定/解

锁等；同样，在图层控制列表中，用户也可能够设置并管理各图层的特性，如图2-37所示。

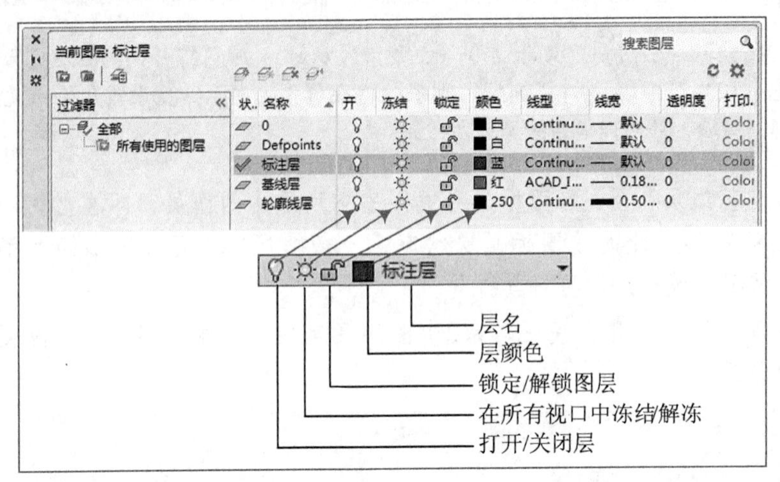

图2-37　图层状态

- 打开 / 关闭图层：在图层控制列表中，单击相应图层的小灯泡图标，可以打开或关闭图层的显示状态。在打开状态下，灯泡的颜色为黄色，该图层的对象将显示在视图中，也可以在输出设置上打印；在关闭状态下，灯泡的颜色转为灰色，该图层的对象不能在视图中显示出来，也不能打印出来。如图 2-38 所示为打开或关闭图层的对比效果。
- 冻结 / 解冻图层：在图层控制列表中，单击相应图层的太阳或雪花图标，可以冻结或解冻图层。在图层被冻结时，显示为雪花图标，其图层的图形对象不能被显示和打印出来，也不能编辑或修改图层上的图形对象；在图层被解冻时，显示为太阳图标，此时的图层上的对象可以被编辑。
- 锁定 / 解锁图层：在图层控制列表中，单击相应图层的小锁图标，可以锁定或解锁图层。在图层被锁定时，显示为图标，此时不能编辑锁定图层上的对象，但仍然可以在锁定的图层上绘制新的图形对象。

注 意

在“图层特性管理器”面板中，还可以通过单击打印图标设置图层能否打印。

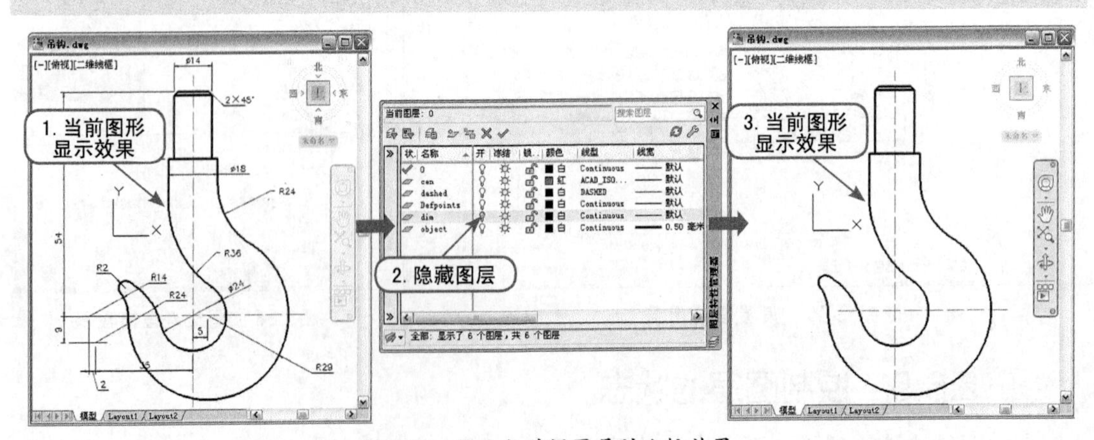

图2-38　显示与关闭图层的比较效果

用户还可以通过选择“格式”｜“图层工具”菜单下的各个选项，如图2-39所示，来对图形进行图层编辑。

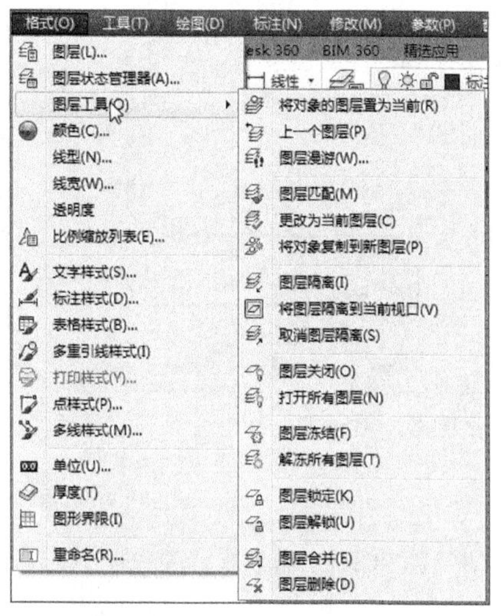

图2-39 “图层工具”菜单

2.6.6 非连续线型的使用

在AutoCAD中，系统提供了大量的非连续线型，如虚线、点划线和中心线等。但是，非连续线型和实线线型不同，其外观受线型比例的影响，如图2-40所示。

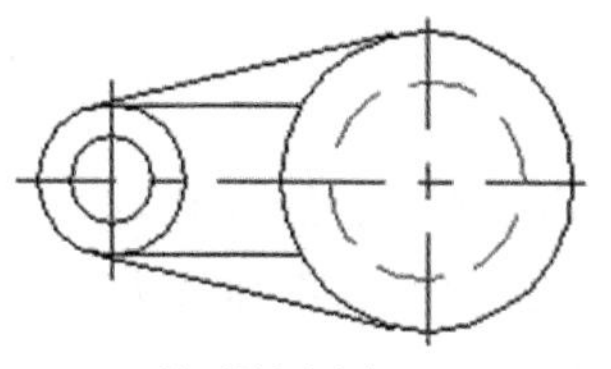

线型比例为 1.2

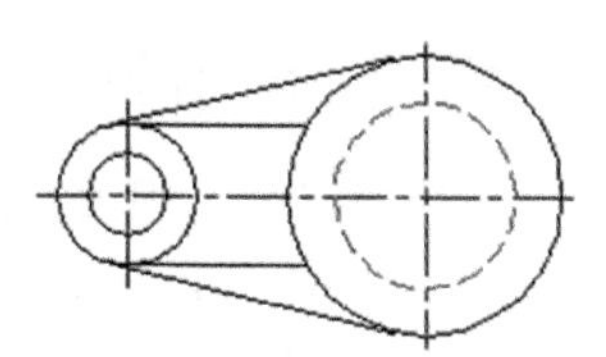

线型比例为 0.6

图2-40 非连续线型的外观受线型比例的影响

1. 利用全局比例因子修改全部非连续线型外观

要改变非连续线型的外观，可为图形设置线型比例。为此，可选择“格式”｜“线型”菜单命令，打开“线型管理器”对话框，单击对话框中的显示细节(D)按钮，可展开对话框，如图2-41所示。利用“详细信息”选项组中的“全局比例因子”文本框，可设置图形中所有非连续线型的线型比例（包括已有对象和新建对象）。

2. 修改现有对象的非连续线型的线型比例

要修改现有对象的线型比例，应首先选中对象，然后按Ctrl+1快捷键打开“特性”面板，修改其中的“线型比例”，如图2-42所示。此时所选对象的线型比例将等于“全局比例因子”与此处所设“线型比例”的乘积。

3. 设置新建对象的非连续线型的线型比例

在“线型管理器”对话框中，利用“当前对象缩放比例”文本框可以设置要新建对象的线型比例（默认为1）。因此，新建对象的线型比例为“全局比例因子”与“当前对象缩放比例”的乘积。

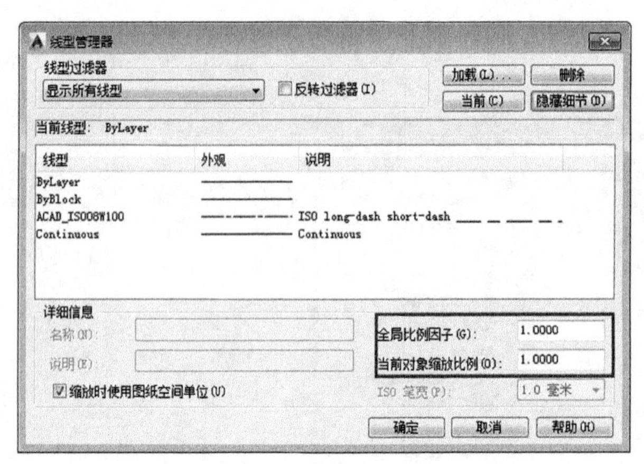

图2-41 “线型管理器”对话框

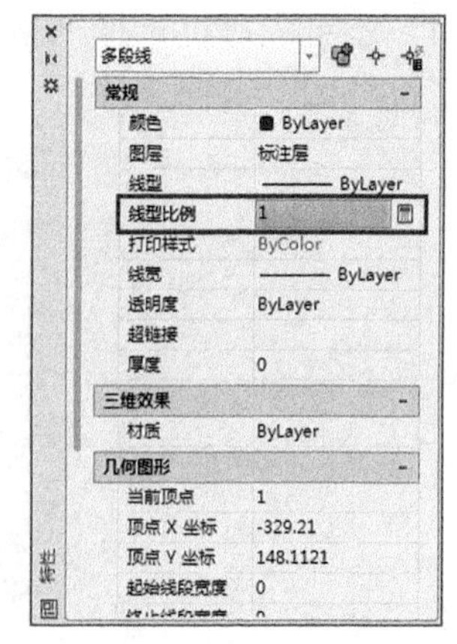

图2-42 “特性”面板

在AutoCAD中，也可以使用LTSCALE命令来设置全局线型比例，CELTSCALE命令来设置当前对象缩放比例。

2.7 调整视图的方法

在AutoCAD中绘图时，经常需要对图形进行缩放和平移，以便能够准确绘图。

2.7.1 关于视图和视口

在AutoCAD中，将绘图区称为视口，而把绘图区中的显示内容称为视图。如果图形比较复杂，可以在绘图区开辟多个视口，从而便于观察图形的不同效果。

例如，要显示多个视口，其具体操作步骤如下。

01 切换至“视图”选项卡，在“模型视口”面板中单击“视口配置”按钮，从弹出的子菜单中选择“三个：上”选项，如图2-43所示。

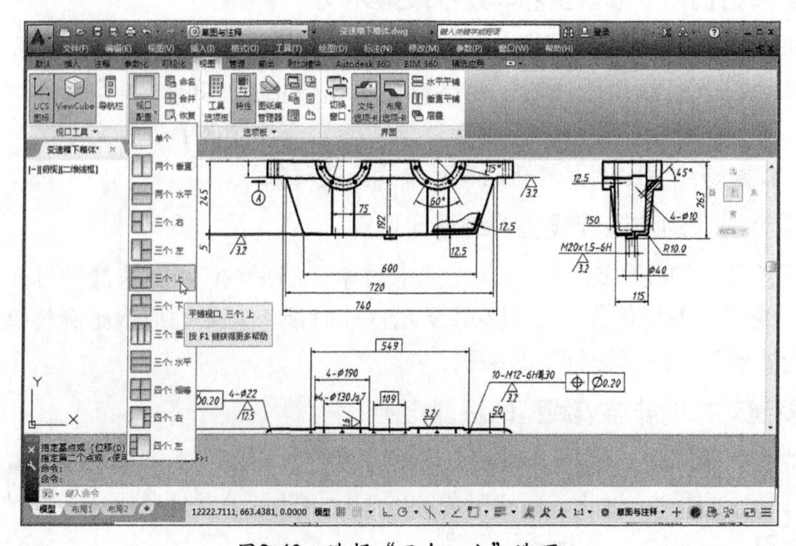

图2-43 选择“三个：上”选项

02 这时当前模型视口将以三个视口的方式进行显示。打开多个视口后，只能有一个视口为当前视口，我们对图形的所有操作都是在该视口进行的。当前视口以黑色粗线框标识，如图2-44所示。

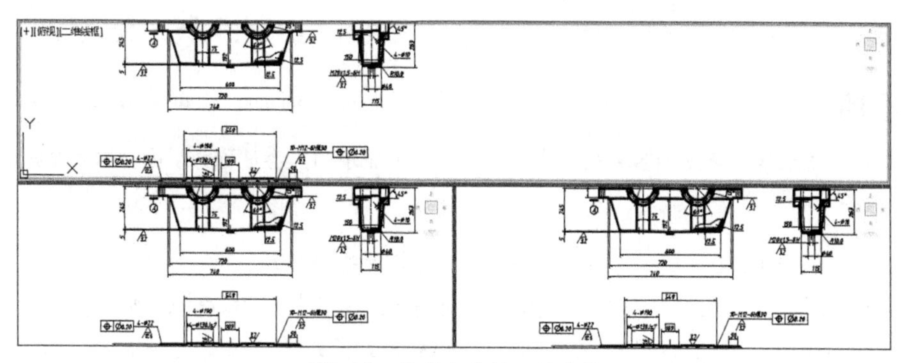

图2-44 设置当前视口的效果

03 要在各视口之间切换，只需在视口中单击即可。用户也可以根据需要，使用鼠标在来调整视口的大小，如图2-45所示。

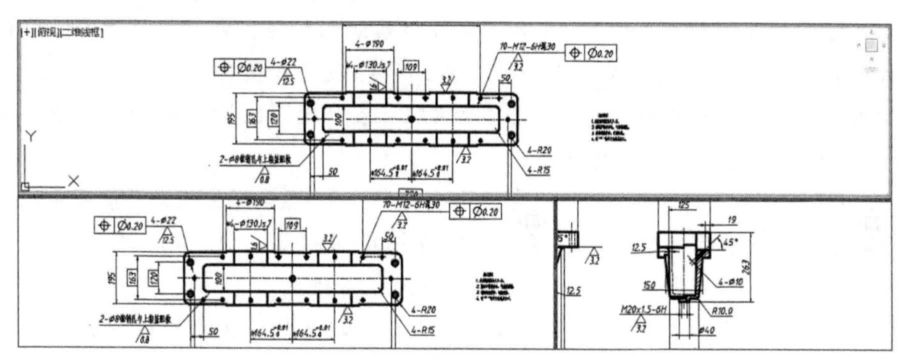

图2-45 设置视口的大小

2.7.2 视图缩放方法

通常，在绘制图形的局部细节时，需要使用缩放工具放大该绘图区域。当绘制完成后，再使用缩放工具缩小图形，从而观察图形的整体效果。

用户可通过以下任意一种方法来启动缩放视图。

- 选择“视图”|“缩放”菜单命令，在其子菜单中选择相应的命令。
- 在命令行输入ZOOM命令（快捷键为Z）。

选择“视图”|“缩放”菜单中，共有11个子菜单项，它们分别代表一种视图缩放方法，如图2-46所示。这些子菜单项的意义如下。

- 实时：用于实时缩放当前视图。

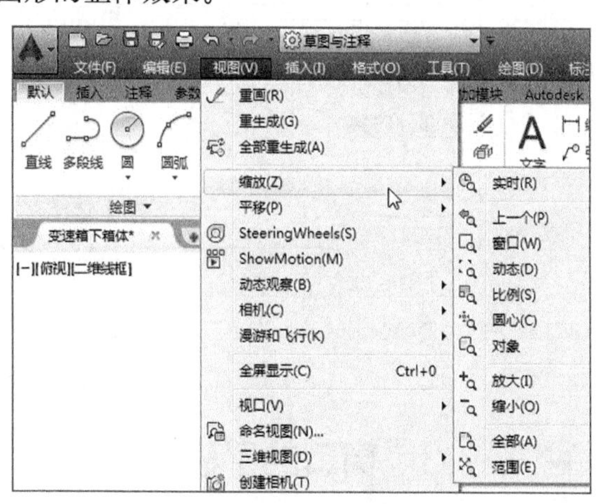

图2-46 “视图”|“缩放”菜单

选择该项后，光标呈放大镜形状。此时按住鼠标左键向上拖动将放大视图，向下拖动将缩小视图。要退出实时缩放状态，可按 Esc 键、Enter 键，或单击鼠标右键，从弹出的快捷菜单中选择“退出”选项。

- 上一个：用于恢复当前视口内上一次显示的视图，最多可以恢复 10 次。

注 意

屏幕上用来显示图形的区域被称为视口，视口中显示的内容被称为视图。这两个概念是不同的，希望用户认真体会。

- 窗口：用于缩放显示一个由两个对角点确定的矩形区域。
- 动态：该选项集成了平移命令或缩放命令中的“全部”和“窗口”选项的功能。使用时，系统将显示一个平移观察框，拖动它至适当位置并单击鼠标左键，将显示缩放观察框，并能够调整观察框的尺寸。随后，如果单击鼠标左键，系统将再次显示平移观察框。如果按 Enter 键或单击鼠标右键，系统将利用该观察框中的内容填充视口。
- 比例：该选项将当前视口中心作为中心点，并且依据输入的相关参数值进行缩放。输入值必须是下列 3 类之一：输入不带任何后缀的数值，表示相对于图像缩放图形；数值后跟字母 X，表示相对于当前视图进行缩放；数值后跟 XP，表示相对于图纸空间单位缩放当前视图。例如，若输入 4XP，表示按“1 绘图单位 =4 图纸空间单位”（通常是英寸或毫米）放大图形。
- 圆点：执行该命令时，应先单击确定视图缩放中心点，然后通过指定高度确定缩放比例。
- 对象：最大化显示选定对象，可以在启动 ZOOM 命令之前或之后选择对象。
- 放大和缩小：分别将当前视图放大 1 倍或缩小一倍。
- 全部：最大化显示整个图形或图像，其大小取决于图像或有效绘图区域中较大者。在三维视图中，“全部”和“范围”作用相同。
- 范围：最大化显示整个图形。

例如，在命令行中输入ZOOM命令过后，在提示行中选择“范围（E）”选项，此时当前图形中的所有对象将最大限度地显示出来，如图2-47所示。

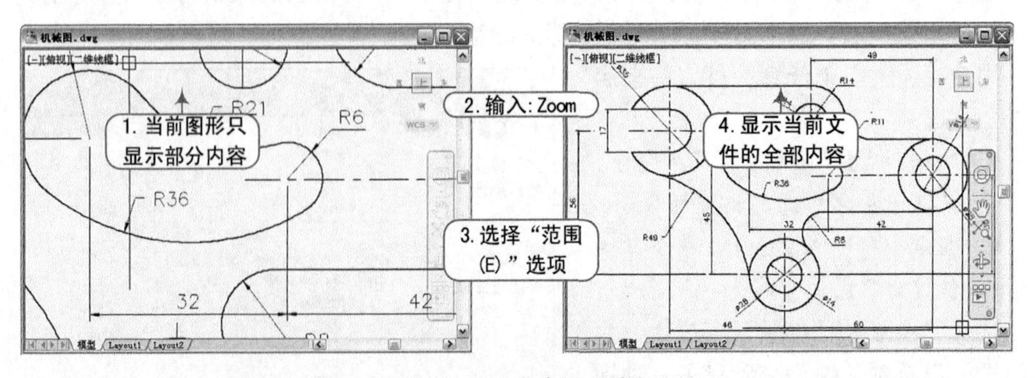

图2-47 显示整个图形对象

2.7.3 窗口的平移

当图形较大时，利用平移（PAN）命令可以使用户重新定位图形，以便看清图形的其他部分。要启动PAN命令，有如下2种方法。

- 选择“视图”|“平移”菜单中的子菜单项。
- 在命令行输入Pan命令(快捷键为P)。

在AutoCAD 2015中，“视图”|“平移”菜单中共有6种平移方法，如图2-48所示。各项意义如下。

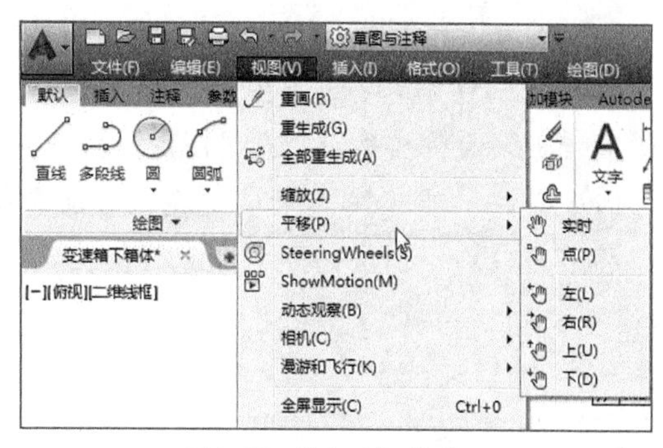

图2-48 “平移”菜单项

- 实时：以动态方式平移视图。选择该项后，光标在绘图区显示为手形状，拖动鼠标即可实时平移视图。
- 定点：通过指定的两点来平移视图。
- 左、右、上、下：分别向左、右、上、下方向进行平移视图。

若要退出实时平移状态，可按Esc键、Enter键，或单击鼠标右键，从弹出的快捷菜单中选择“退出”选项。

当移动平移命令后，光标形状将变为手状，按住鼠标左键并进行拖动，即可将视图进行左右、上下移动操作，但视图的大小比例并没有改变，如图2-49所示。

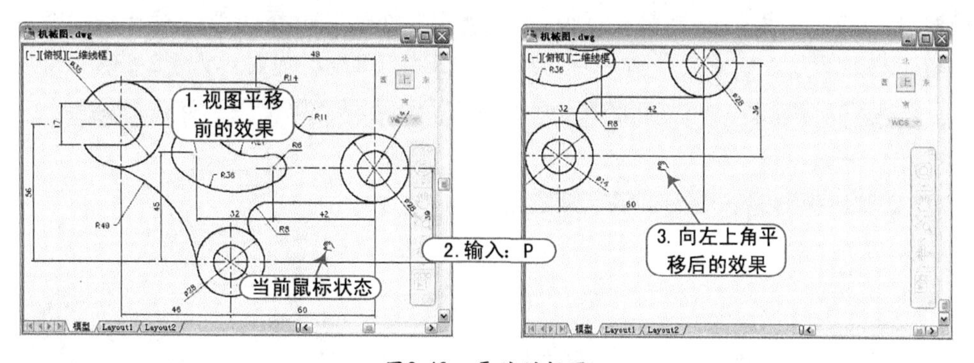

图2-49 平移的视图

上机练习 绘制零件俯视图

在熟悉了AutoCAD的绘图环境、基本点线绘图命令之后，下面来绘制如图2-50所示的零件俯视图。通过本例，读者可初步体会使用AutoCAD绘图的一般步骤与方法。

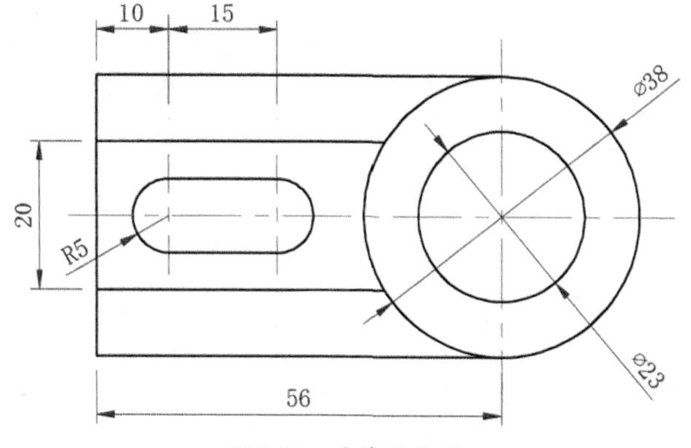

图2-50 零件俯视图

01 启动AutoCAD，创建一个新图形文件。在绘图过程中，为了对各个图形的属性进行设置和管理，首先需要设置图层。在“图层”面板中单击“图层特性”按钮，打开“图层特性管理器”面板。单击“新建图层”按钮，创建“定位线”图层，如图2-51所示。

02 单击“定位线”图层所在行的颜色按钮，打开“选择颜色”对话框，单击红色按钮，将“定位线”图层的默认颜色设置为红色，如图2-52所示。

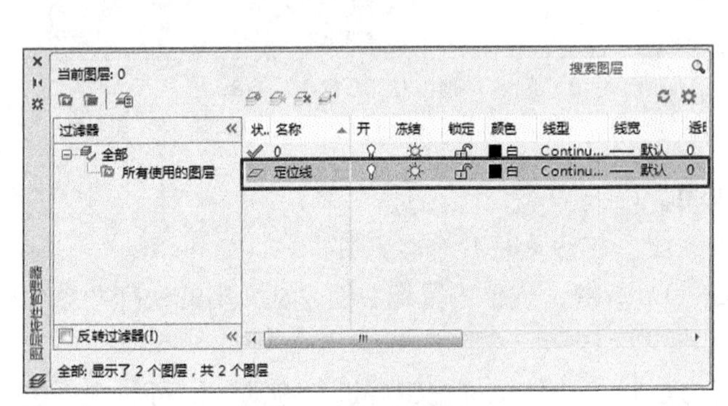

图2-51　新建图层

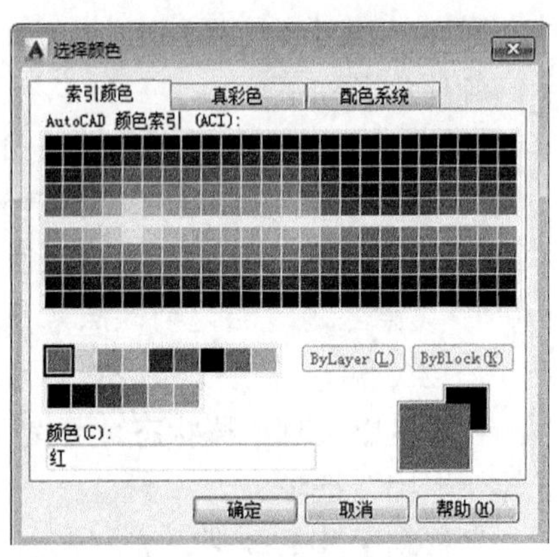

图2-52　设置图层颜色

03 单击“定位线”图层所在行的Contin...项，打开“选择线型”对话框，单击“加载”按钮，打开“加载或重载线型”对话框，将CENTER线型加载，如图2-53所示。

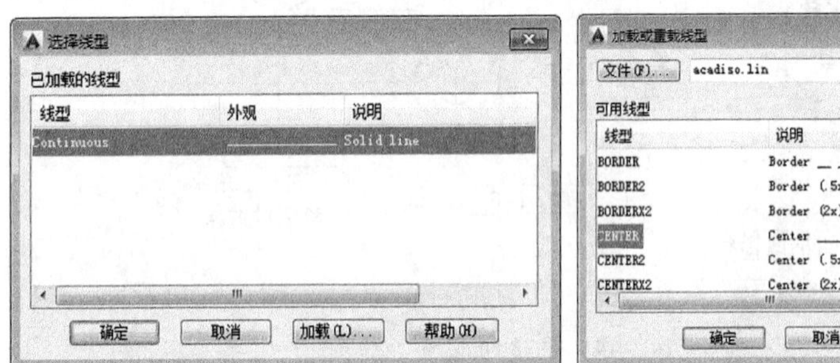

图2-53　为图形加载新线型

04 单击“确定”按钮，返回“选择线型”对话框中。选择CENTER线型，单击确定按钮，返回“图层特性管理器”面板，结果如图2-54所示。

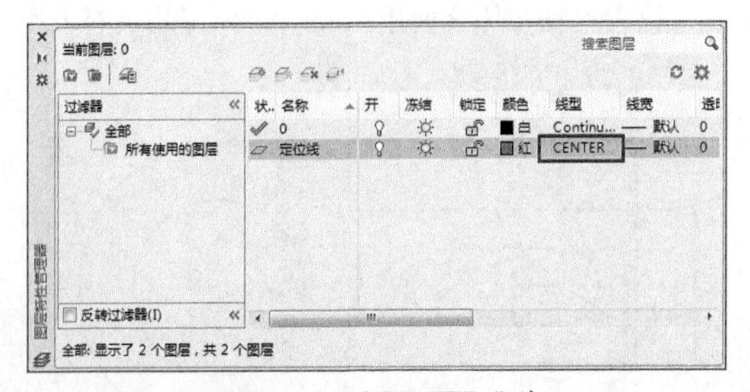

图2-54　设置CENTER线型

05 参考以上操作步骤，创建“轮廓线”和“标注层”图层，并参照图2-37所示设置图层的颜色、线型和线宽，如图2-55所示。

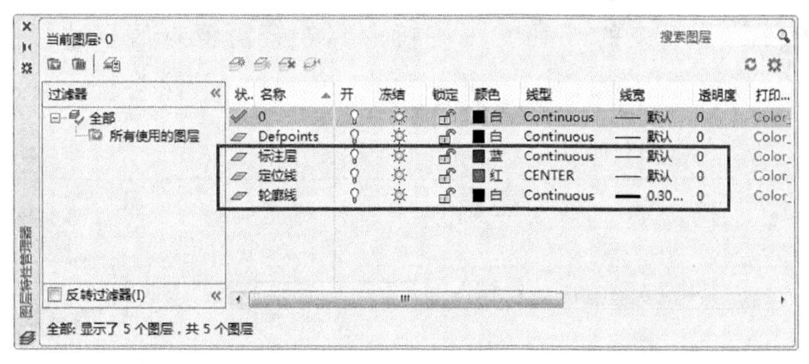

图2-55　创建“轮廓线”和“标注层”图层

提　示

在机械制图中，通常将轮廓线的线宽设置为0.3mm，而将其他图线的线宽设置为轮廓线线宽的三分之一。

06 选择“定位线”图层，并单击“置为当前”按钮，将其设置为当前图层，然后单击“关闭”按钮×，关闭“图层特性管理器”面板。

07 为了在视图中更好地显示非连续线型，可以更改线型比例因子。选择“格式”|“线型”菜单命令，打开“线型管理器”对话框，在“详细信息”选项组的“全局比例因子”文本框中输入0.3，如图2-56所示。

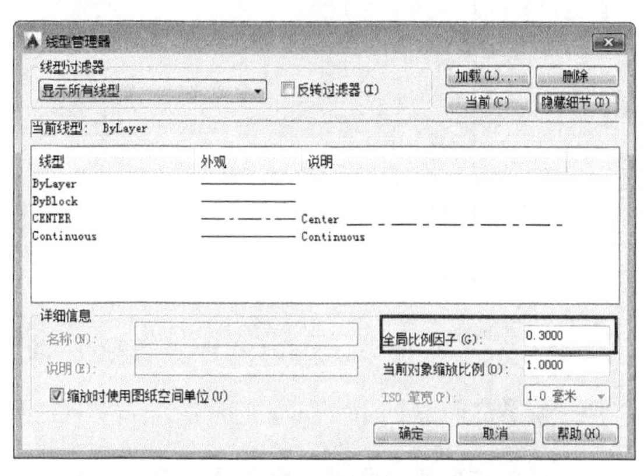

图2-56　设置线型全局比例因子

08 单击“确定”按钮关闭“线型管理器”对话框。单击状态栏中的“极轴”按钮、“对象追踪”按钮和“对象捕捉”按钮，打开极轴追踪、对象捕捉和对象捕捉追踪。

09 单击“对象捕捉”按钮，在弹出的下拉菜单中选择“对象捕捉设置”选项，打开“草图设置”对话框，在“对象捕捉”选项卡中打开端点、中点、圆心、交点、切点对象捕捉，如图2-57所示。在“捕捉和栅格”选项卡中，分别设置捕捉X轴间距和捕捉Y轴间距为1，如图2-58所示。

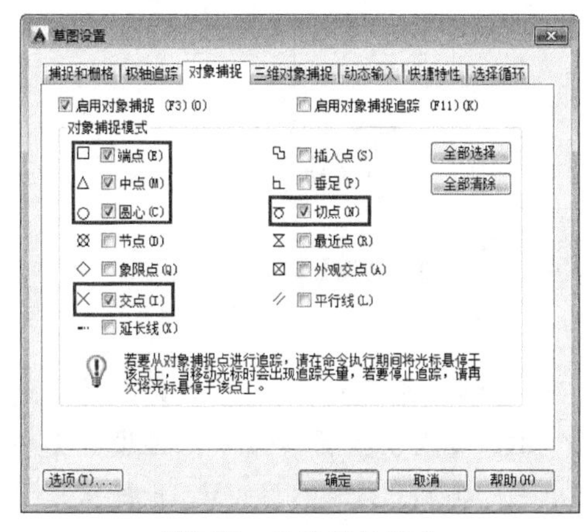

图2-57　设置捕捉模式

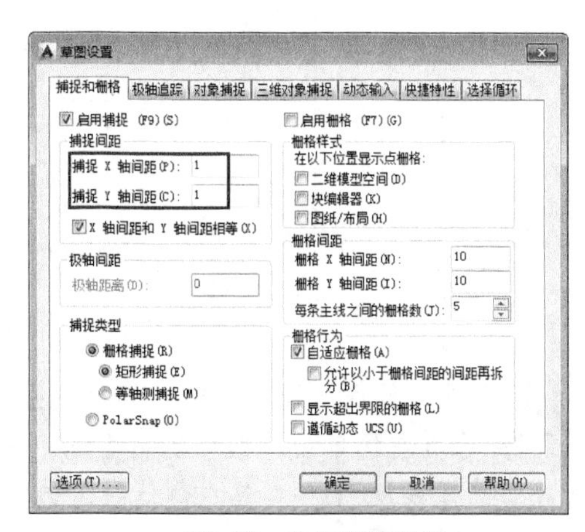

图2-58　设置捕捉间距

⑩ 单击“绘图”面板中的“直线”按钮，在绘图窗口的合适位置单击拾取点A，水平向右移动鼠标，在键盘上输入100，并按两次Enter键，以此绘制一条水平的中心线，如图2-59所示。

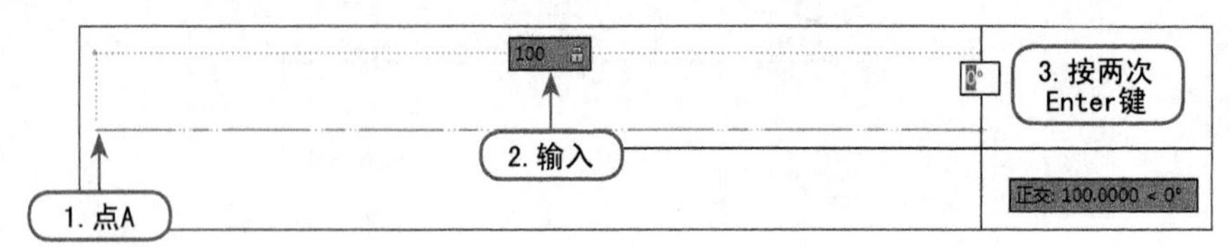

图2-59 绘制的水平中心线

⑪ 单击“绘图”面板中的“直线”按钮，捕捉所绘直线的端点B，沿极轴180°方向追踪，输入数值24并按Enter键，确定点O。继续沿极轴90°方向追踪，输入OC的长度24并按Enter键，确定点C。最后按Enter键结束画线，如图2-60所示。

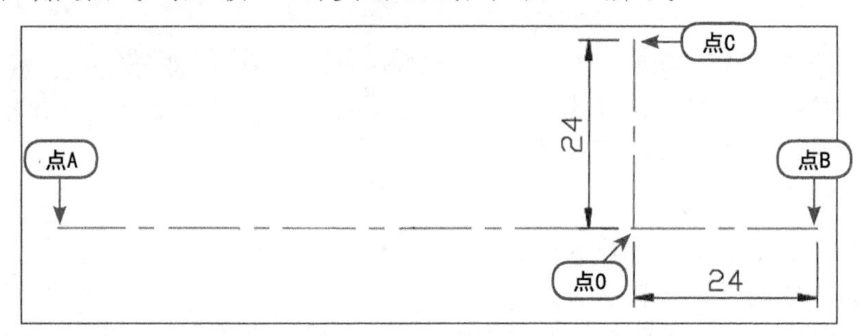

图2-60 绘制定位线

捕捉与拾取的区别：拾取是真正意义上的获取某点，用鼠标左键单击获取；而捕捉并不是真正获取某点。

⑫ 单击直线OC，将显示一组夹点（蓝色的方块），单击直线OC下端夹点以激活该夹点（夹点颜色变为红色），然后沿极轴270°方向追踪，输入数值24并按Enter键确定点D，按Esc键退出夹点模式，结果如图2-61所示。

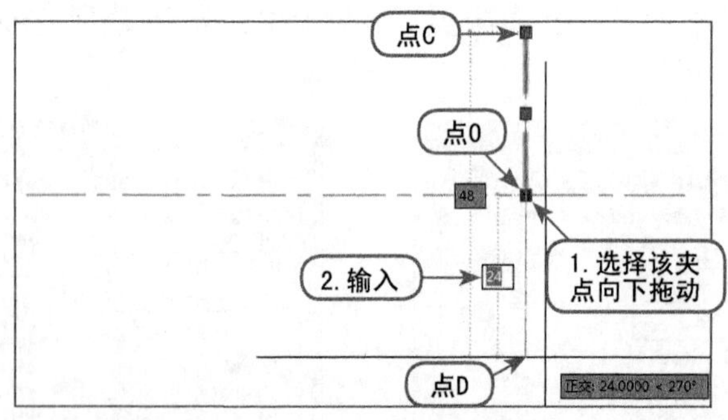

图2-61 使用夹点拉伸直线

⑬ 单击“修改”面板中的“偏移”按钮，输入偏移距离31并按Enter键。然后选择线段CD并在其左侧单击，偏移复制出EF，按两次Enter键重新执行该命令；再设置偏移距离为46，选择线段CD并在其左侧单击，偏移复制出另一直线GH，然后按Enter键结束该命令，结果如图2-62所示。

⑭ 在“图层”面板的“图层控制”下拉列表中，选择“轮廓线”图层，将其设置为当前图层，如图2-63所示。

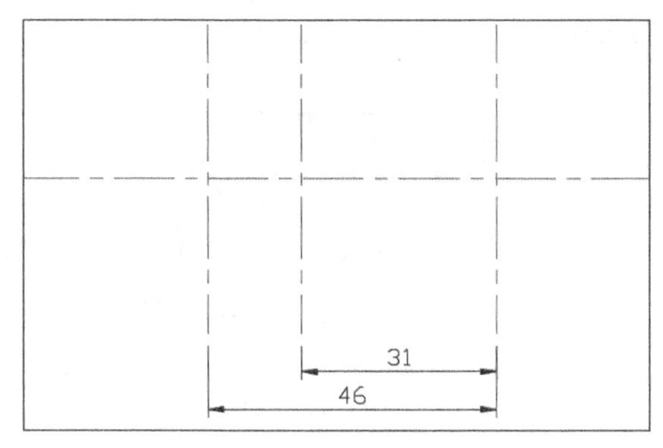

图2-62 偏移复制直线

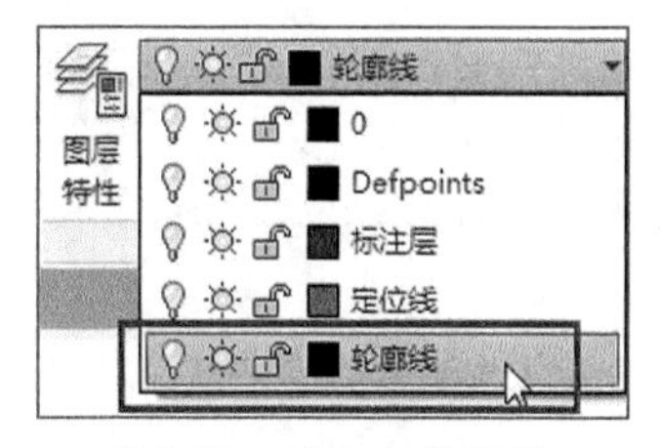

图2-63 改变当前图层

⑮ 单击“绘图”面板中的“圆”按钮⊙，捕捉定位线AB与CD的交点为圆心，分别以半径为19和11.5绘制两个同心圆，如图2-64所示。

⑯ 按Enter键继续执行该命令，分别捕捉定位线AB与EF、AB与GH的交点为圆心，绘制半径为5的圆，如图2-65所示。

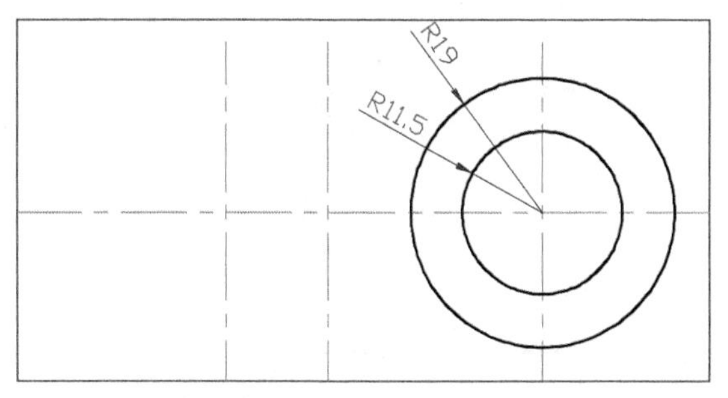

图2-64 绘制两个同心圆

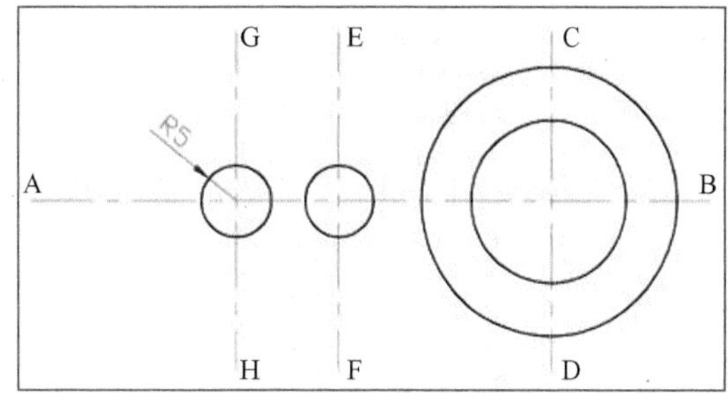

图2-65 绘制两个小圆

⑰ 单击“绘图”面板中的“直线”按钮╱，拾取定位线CD与大圆的交点E，然后沿极轴180°方向追踪，输入数值56并按Enter键，确定点F。沿极轴270°方向追踪，输入数值38并按Enter键，确定点G。继续沿极轴0°方向追踪，输入数值56并按Enter键，确定点H，按Enter键结束画线，结果如图2-66所示。

⑱ 单击“修改”面板中的“偏移”按钮, 输入偏移距离9并按Enter键。然后选择线段EF并在其下侧单击，进行偏移复制。选择线段GH并在其上侧单击，偏移复制另一直线，然后按Enter键结束该命令，结果如图2-67所示。

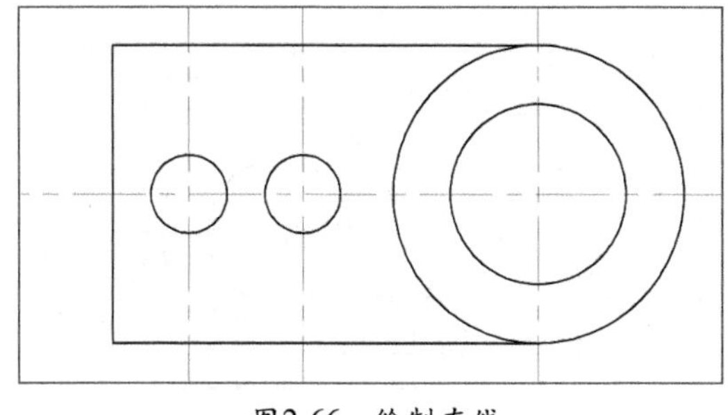

图2-66 绘制直线

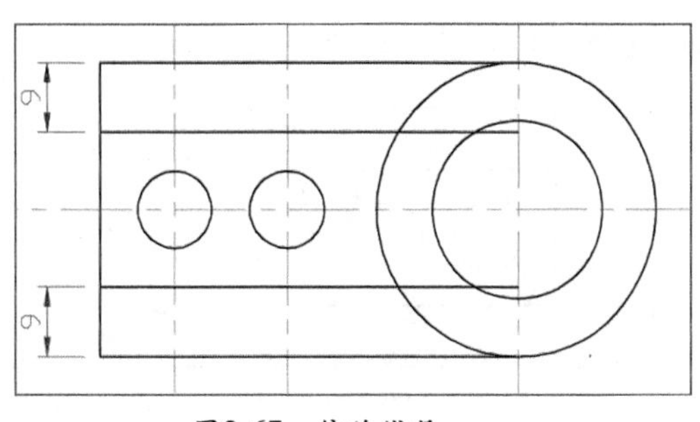

图2-67 偏移线段

⑲ 单击“修改”面板中的“修剪”按钮-/--，选择右侧大圆作为剪切边，按Enter键确认。再分别单击线段AB和CD线段在大圆内的部分，以此作为要修剪的对象，如图2-68所示。按Enter键结束该命令，修剪结果如图2-69所示。

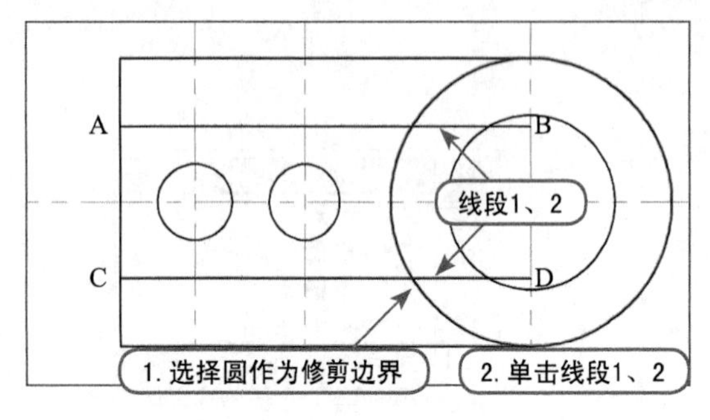

图2-68 选择修剪边及对象

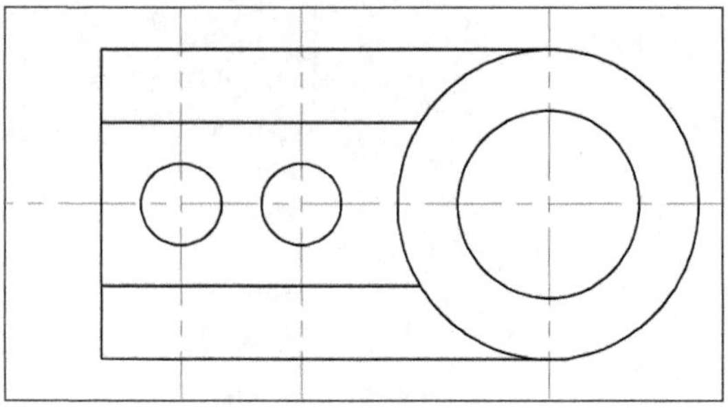

图2-69 修剪后的效果

⑳ 单击“绘图”面板中的“直线”按钮／，按住Shift键并右击鼠标，从弹出的快捷菜单中选择“切点”选项，如图2-70所示。

㉑ 将光标移至如图2-71所示的A点，待出现“递延切点”提示时单击。

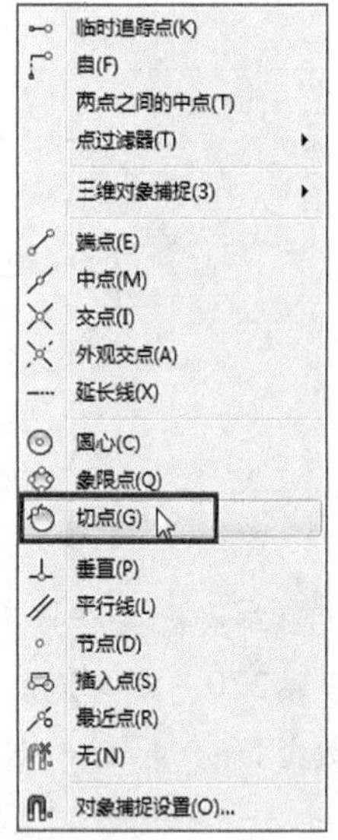

图2-70 选择“切点”项

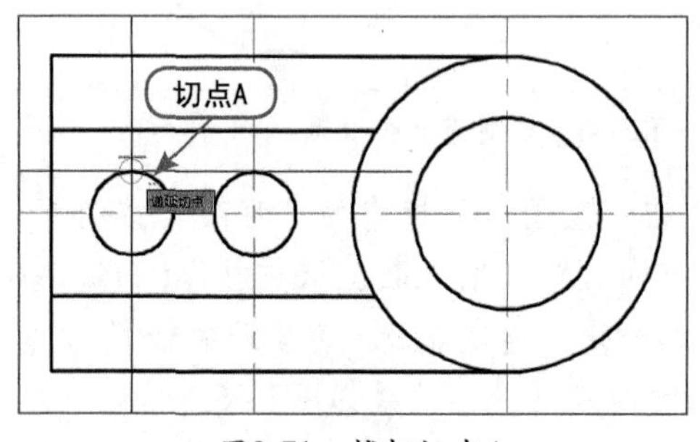

图2-71 捕捉切点A

㉒ 再次按住Shift键并右击鼠标，从弹出的快捷菜单中选择“切点”选项，将光标移至如图2-72所示的B点，待出现“递延切点”提示时单击，绘制两小圆之间的切线，如图2-73所示。最后按Enter键，结束画线命令。

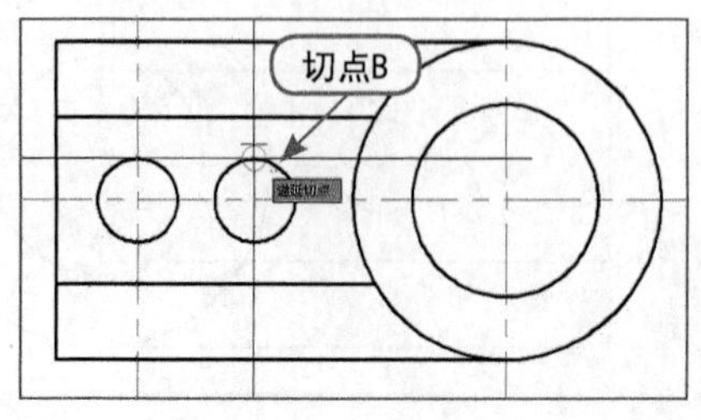

图2-72 捕捉切点B

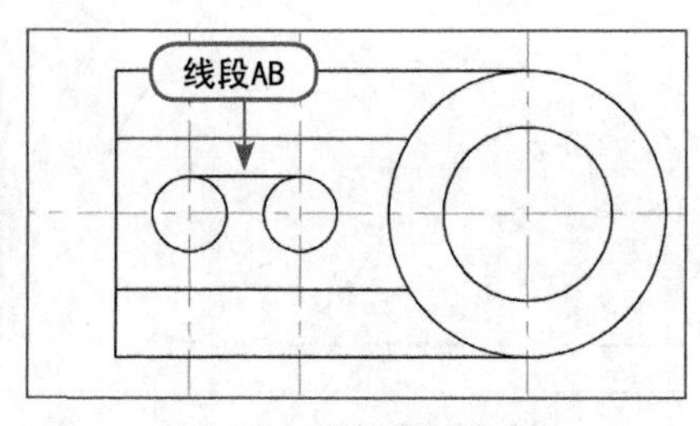

图2-73 绘制的切线AB

㉓ 参照类似的方法绘制另一条切线，结果如图2-74所示。

㉔ 单击“修改”面板中的“修剪”按钮 ，选择绘制的两条切线作为剪切边，按Enter键确认。分别单击两切线间的圆作为要修剪的对象，按Enter键结束该命令，结果如图2-75所示。

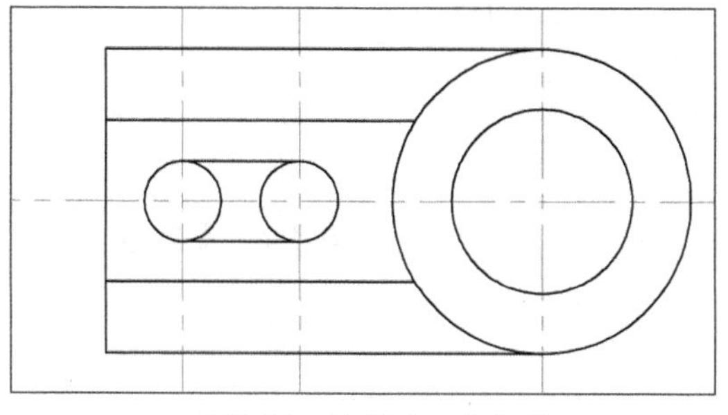

图2-74　绘制另一条切线

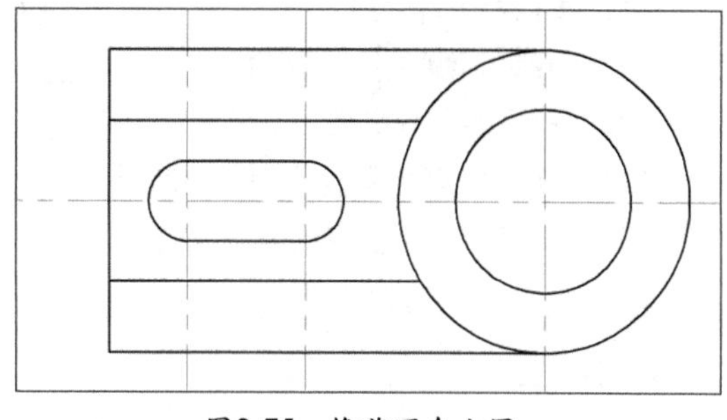

图2-75　修剪两个小圆

㉕ 选择两个小圆中的竖直定位线，利用夹点功能修改定位线的高度，从而完成图形的绘制，如图2-76所示。

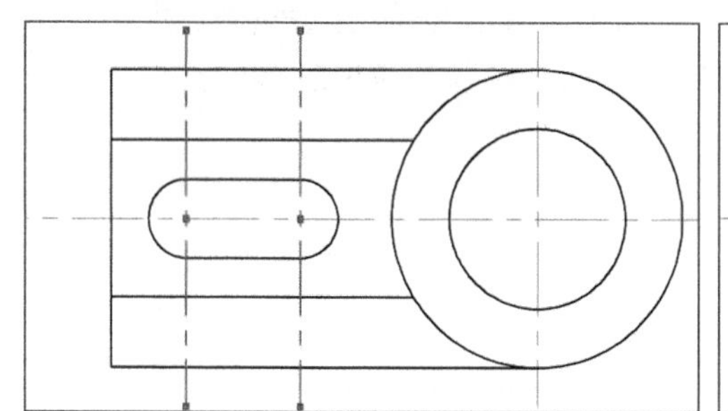

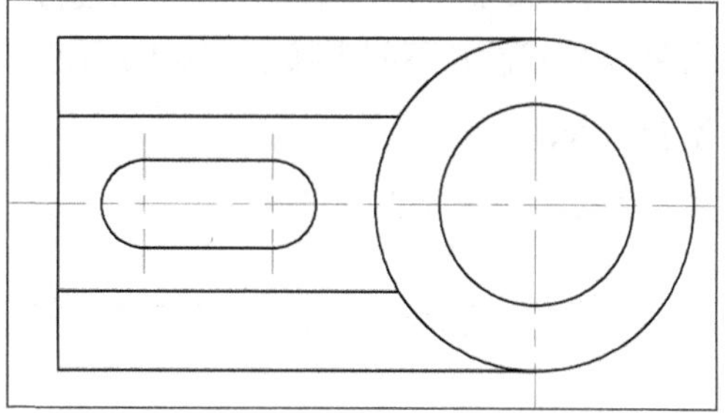

图2-76　使用夹点修改线段高度

本章小结

通过本章的学习，应了解并掌握基本点线绘图命令，并能够使用它们绘制一些简单图形。

图层是使用AutoCAD绘图时一项非常有用的功能，将不同类型的图形对象放在不同的图层中，可以快速调整同类对象的颜色、线型、线宽等属性，并可以通过隐藏、冻结图层来辅助绘图。

对于非连续线型来说，其效果除取决于自身的特点外，还与当前设置的线型比例因子有关。其中，线型比例因子又包括了全局比例因子和对象比例因子。因此，非连续线型的最终效果取决于两者的乘积。

最后，为了方便画图，经常需要缩放和平移视图，所以还应掌握视图调整方法，这是使用AutoCAD画图的一项基本功。

思考与练习

1. 填空题

（1）点的大小和显示样式可以通过选择____________菜单来设置。

（2）绘制构造线的方法有________、________、________、________、________和________。

（3）如果直线只有起点没有终点，这类直线被称为________。如果直线既没有起点也没有终点，这类直线被称为________。________主要用于绘制辅助参考线，以方便图形对齐等。

（4）样条曲线的形状主要由________和________控制。

（5）多段线由相连的________和________组成。

（6）图层的属性主要包括________、________与________。

（7）图层的状态主要包括________、________与________。

（8）影响非连续线型外观的因素是________与________。

（9）要实时缩放图形，可以选择________工具，然后________；要实时平移图形，可以选择________工具，然后________。

2. 思考题

（1）如果希望修改多段线中某一线段的起始和结束宽度，应该怎么办？

（2）如何利用“图层特性管理器”面板设置当前图层和管理图层？

（3）何谓线型和线型比例？如何设置线型和线型比例？

（4）默认情况下，在某一层上所绘制的对象均采用其所在层的颜色和线型。那么，用户是否可以为其设置不同于其所在层的颜色和线型？如果可以，应该怎么办？

3. 操作题

绘制如图2-77所示图形。

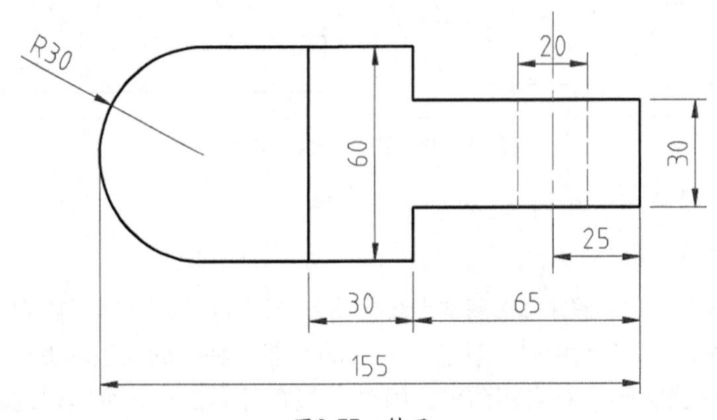

图2-77 练习

提 示

首先规划好图层，然后根据尺寸利用多段线绘制外轮廓线，绘制定位线和两条虚线，最后设置全局线型比例因子为0.5。

AutoCAD 2015

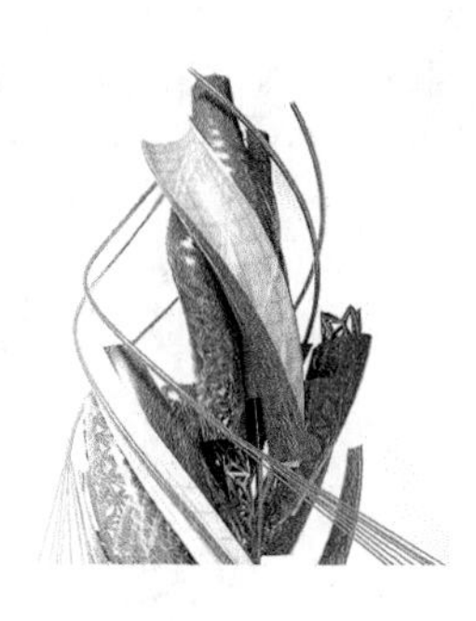

第3章 基本图形绘图命令

课前导读

如前所述，使用AutoCAD画图时，即使是再复杂的AutoCAD图形，其本质上都是由基本图形元素组成的。本章将围绕“绘图”面板中的常用绘图命令展开，重点介绍常用的基础绘图命令。如果用户想要能够在以后的绘图过程中得心应手，那么就必须学好本章的内容。下面就来学习如何绘制矩形、正多边形、圆和圆弧、椭圆和椭圆弧、图案填充等内容。

本章要点

- 掌握矩形和正多边形的绘制要点
- 掌握圆及圆弧的各种绘制方法
- 掌握椭圆及椭圆弧的绘制方法
- 掌握创建及编辑图案填充的方法

3.1 绘制矩形和多边形

在AutoCAD中，可使用RECTANG命令绘制矩形，使用POLYGON命令绘制正多边形。

3.1.1 矩形绘制要点

要启动RECTANG命令，有如下2种方法。

- 在“绘图”面板中单击“矩形”按钮□。
- 在命令行中输入 RECTANG（快捷键为 REC）。

执行“矩形”命令后，命令行提示如下。

```
命令: RECTANG                                                    // 执行“矩形“命令
指定第一个角点或 [倒角(C)/标高(E)/圆角(F)/厚度(T)/宽度(W)]:       // 指定第一个角点
指定另一个角点或 [面积(A)/尺寸(D)/旋转(R)]:                      // 指定第二个角点
```

通过选择各选项，可为矩形设置倒角、圆角、宽度、厚度等参数，从而绘制出如图3-1所示的各种矩形。

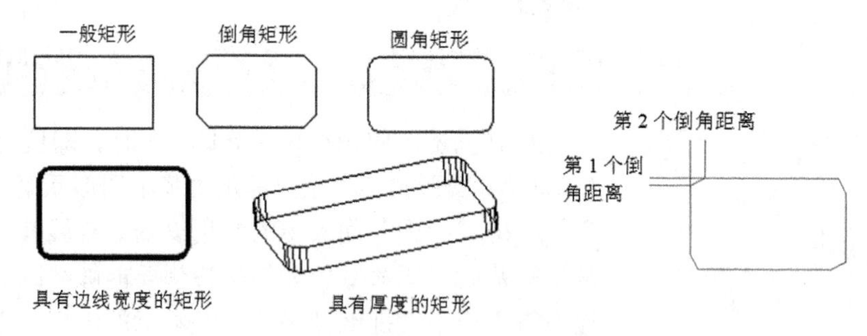

图3-1 矩形的不同形态及倒角距离的意义

- 倒角（C）：指定矩形的第一个与第二个倒角的距离。
- 标高（E）：指定矩形距 XY 平面的高度。
- 圆角（F）：指定带圆角半径的矩形。
- 厚度（T）：指定矩形的厚度。
- 宽度（W）：指定矩形的线宽。
- 面积（A）：通过指定矩形的面积来确定矩形的长或宽。
- 尺寸（D）：通过指定矩形的宽度、高度和矩形另一角点的方向来确定矩形。
- 旋转（R）：通过指定矩形旋转的角度来绘制矩形。

例如，要按面积绘制如图3-2所示长度和宽度分别为8个单位、面积为30的矩形，具体操作步骤如下。

01 在“绘图”面板中单击“矩形”按钮□，在绘图区内任意位置单击，确定矩形的第一个角点。

注 意

默认情况下，所绘矩形在XY平面内，即标高为0。通过设置标高，可在平行于XY平面的其他平面内绘制矩形（主要用于三维绘图）。

02 根据命令行提示，选择“面积(A)”选项，确定按面积创建矩形。

03 输入矩形的面积为30，并按Enter键。

04 输入L并按Enter键，表示已知矩形的长度，然后输入矩形的长度8，并按Enter键，结果如图3-2左图所示。

05 若想绘制宽度为8的矩形，可在步骤3之后输入W，并按Enter键，然后输入8，按Enter键即可，结果如图3-2右图所示。

注 意

设置了矩形的宽度、厚度、圆角、倒角、旋转角度后，这些设置将被自动保存。因此，再次执行RECTANG命令时，这些设置均有效。不过，一旦退出AutoCAD，这些设置将被自动清除。

再如，要绘制如图3-3所示的圆角矩形，其操作步骤如下。

01 在“绘图”面板中单击“矩形”按钮，根据命令行提示，选择“圆角(F)”项，再输入圆角的半径为10，并按Enter键。

02 在“指定第一个角点：”提示下，输入矩形的起点为（0,0），即原点。

03 在“指定另一个角点：”提示下，输入矩形的对角点为（100,60），然后按Enter键结束。

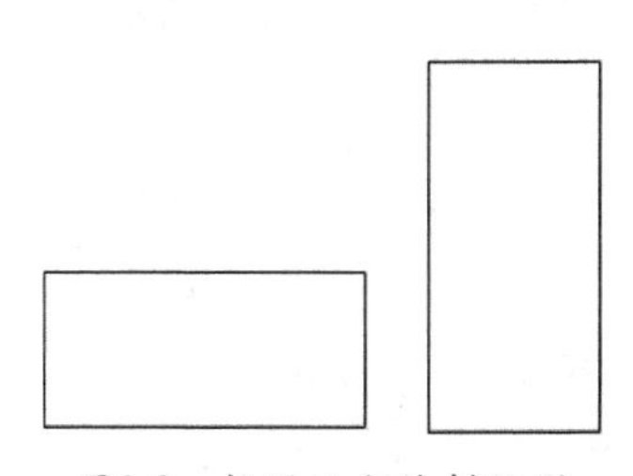

图3-2 按照面积绘制矩形

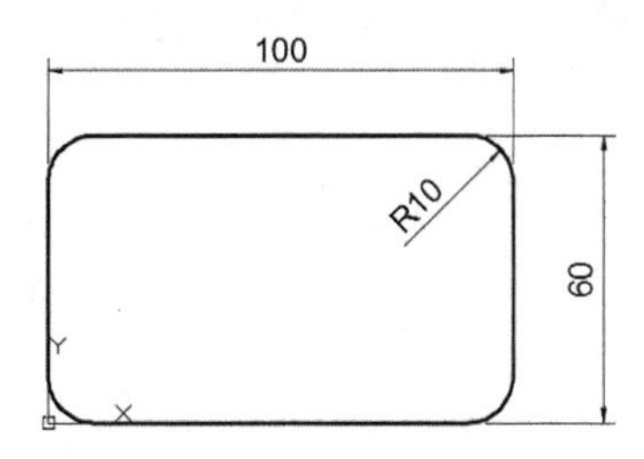

图3-3 绘制的圆角矩形

3.1.2 正多边形绘制要点

正多边形是由多条等长的封闭线段构成的，利用正多边形命令可以绘制由3~1024条边组成的正多边形。

要绘制正多边形对象，用户可以通过以下2种方法。

- 在“绘图”面板中单击“正多边形”按钮。
- 在命令行中输入 POLYGON（快捷键为 POL）。

执行正多边形命令后，将依次给出如下提示。

```
输入边的数目 <4>:
指定正多边形的中心点或 [边(E)]:
输入选项 [内接于圆(I)/外切于圆(C)] <I>:
指定圆的半径:
```

用户在绘制正多边形时，要注意以下几点。

- 多边形的边数可以为 3 ～ 1024。
- 正多边形可以通过与假想的圆内接或外切的方法进行绘制，或通过指定正多边形某一边的端点进行绘制。如果已知正多边形中心到每个顶点的距离，可使用内接法绘制正多边形，这个距离就是正多边形外接圆的半径。

- 如果已知正多边形的中心与每边中点的距离，可以使用外切圆法绘制正多边形，这个距离就是正多边形内切圆的半径。

在机械设计中，常用POLYGON命令来绘制螺母等机械部件。例如，使用POLYGON命令绘制六边形，具体操作步骤如下。

01 单击“绘图”面板中的“正多边形”按钮。

02 根据命令行提示，输入6并按Enter键，确定绘制六边形。

03 在“中心点：”提示下输入（0,0），以此确定坐标原点作为圆心点。

04 根据命令行提示，选择“外切于圆(C)”项并按Enter键，确定以“外切于圆”方式绘制正多边形。

05 输入1并按Enter键，指定圆的半径为1，绘制的六边形如图3-4所示。

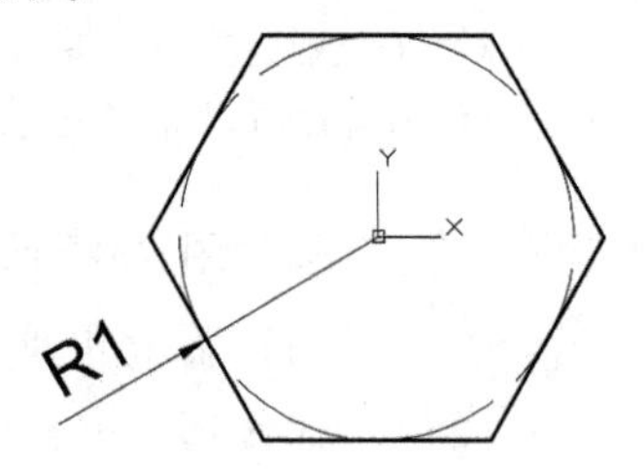

图3-4　绘制六边形

注 意

如果用户选择的是“内接于圆(I)”项，则绘制的正多边形步骤如图3-5所示。

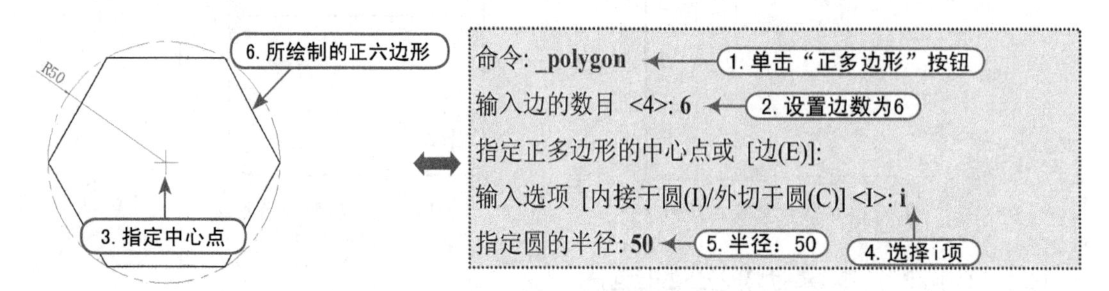

图3-5　绘制内接正六边形

3.2 绘制圆及圆弧

在AutoCAD中，使用CIRCLE命令可绘制圆，使用ARC命令可绘制圆弧。在平面几何中，绘制圆和圆弧的方法有多种，同样，在AutoCAD中，也可使用多种方法绘制圆和圆弧。

3.2.1 绘制圆的各种方法

圆（CIRCLE）是工程制图中最常见的基本对象之一，可以用来表示柱、轴、轮、孔等。要绘制圆对象，用户可以通过以下几种方法。

- 在“绘图”面板中单击“圆”按钮，从弹出的菜单中选择相应的选项，如图3-6所示。
- 在命令行中输入CIRCLE命令（快捷键为C）。

绘制圆的6种命令中，各含义如下。

- 圆心、半径：指定圆的圆心和半径绘制圆。

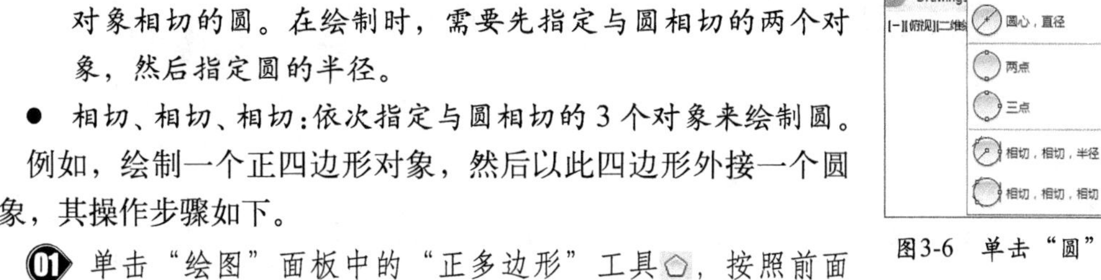

图3-6　单击“圆”按钮

- 圆心、直径：指定圆的圆心和直径绘制圆。
- 两点：指定两个点，并以两个点之间的距离为直径来绘制圆。
- 三点：指定3个点来绘制圆。
- 相切、相切、半径：以指定的值为半径，绘制一个与两个对象相切的圆。在绘制时，需要先指定与圆相切的两个对象，然后指定圆的半径。
- 相切、相切、相切：依次指定与圆相切的3个对象来绘制圆。

例如，绘制一个正四边形对象，然后以此四边形外接一个圆对象，其操作步骤如下。

01 单击“绘图”面板中的“正多边形”工具，按照前面的方法，绘制一个外切圆半径为10的正多边形，如图3-7所示。

02 在“绘图”面板中单击“三点画圆”按钮。

03 将光标移至正四边形左上角点并单击，以此作为第一个端点。

04 将光标移至正四边形右上角点并单击，以此作为第二个端点。

05 将光标移至正四边形右下角点并单击，以此作为第三个端点。

06 此时即可绘制一个圆对象，如图3-8所示。

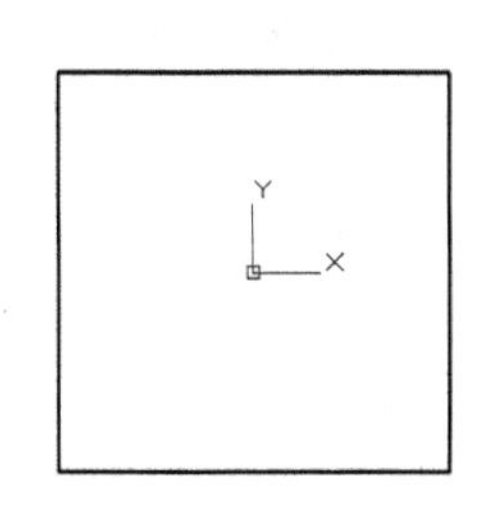

图3-7　绘制的正四边形

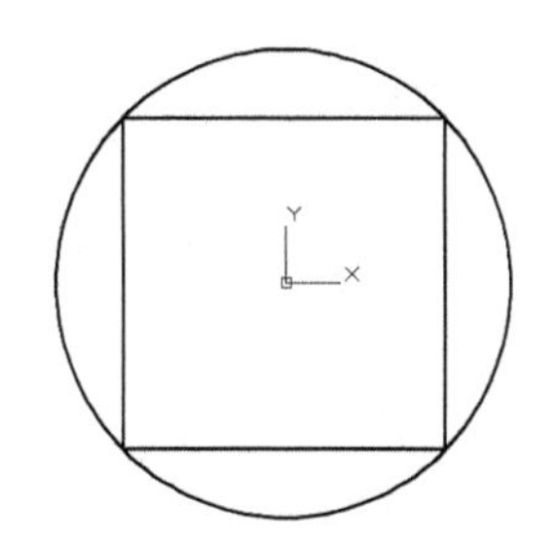

图3-8　通过三点所绘制的圆

3.2.2　绘制圆弧的各种方法

圆弧是绘制机械图形时常用的对象，AutoCAD提供了多种不同的画弧方式，这些方式是根据起点、方向、圆心、角度、终点、长度等控制点来确定圆弧的。

要绘制圆弧对象，用户可以通过以下几种方法。

- 在“绘图”面板中单击“圆弧”按钮，从弹出的菜单中选择相应的选项，如图3-9所示。
- 在命令行中输入ARC命令（快捷键A）。

绘制圆弧的11种命令中，其主要命令的含义如下。

- 三点：通过指定三点可以绘制圆弧。
- 起点、圆心、端点：如果已知起点、圆心和端点，可以通过指定起点或圆心来绘制圆弧，如图3-10所示。
- 起点、圆心、角度：如果存在可以捕捉到的起点和圆心点，并且已知包含角度，可使用“起点、圆心、角

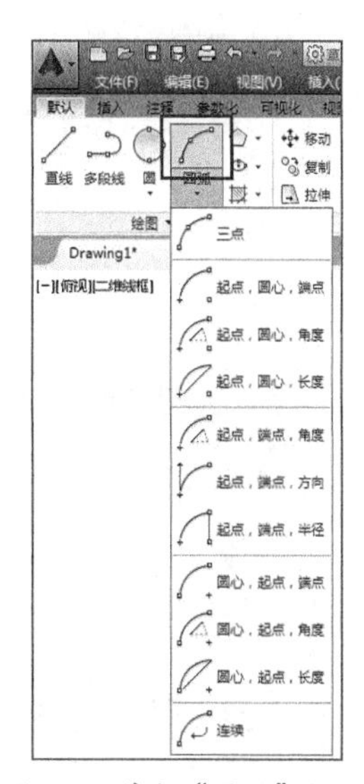

图3-9　单击“圆弧”按钮

度”或“圆心、起点、角度”选项，如图 3-11 所示。

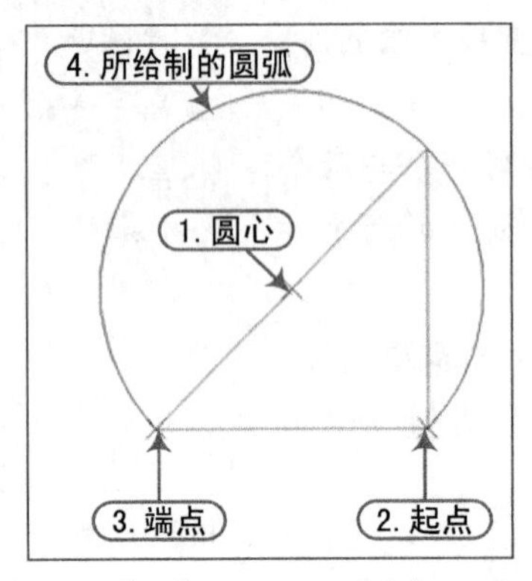

图3-10 “起点、圆心、端点”画圆弧

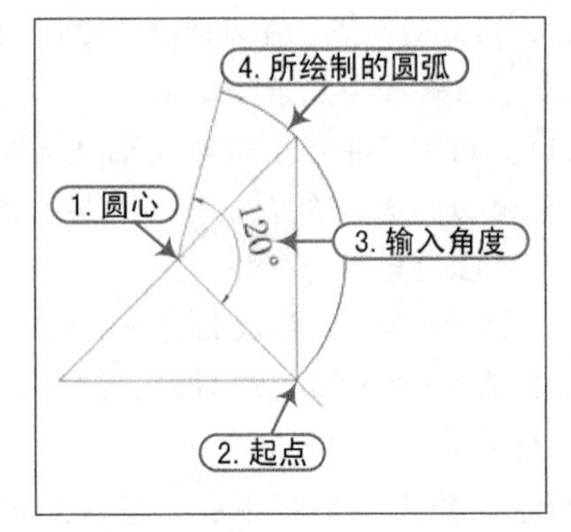

图3-11 “起点、圆心、角度”画圆弧

- 起点、圆心、长度：如果存在可以捕捉到的起点和圆心，并且已知弦长，可使用“起点、圆心、长度”或“圆心、起点、长度”选项，如图 3-12 所示。
- 起点、端点、方向 / 半径：如果存在起点和端点，可使用“起点、端点、方向”或“起点、端点、半径”选项，如图 3-13 所示。

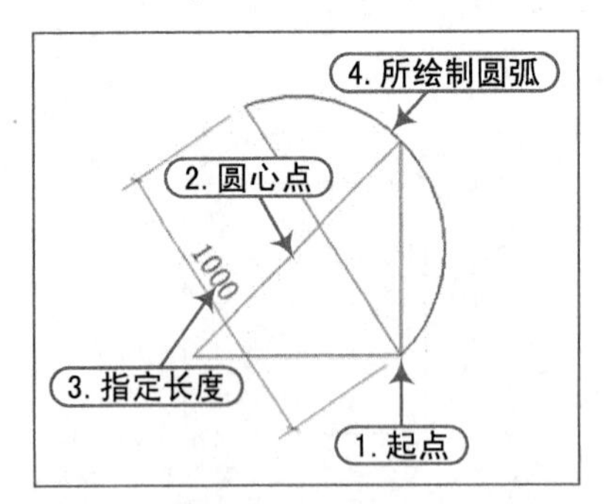

图3-12 “起点、圆心、长度”画圆弧

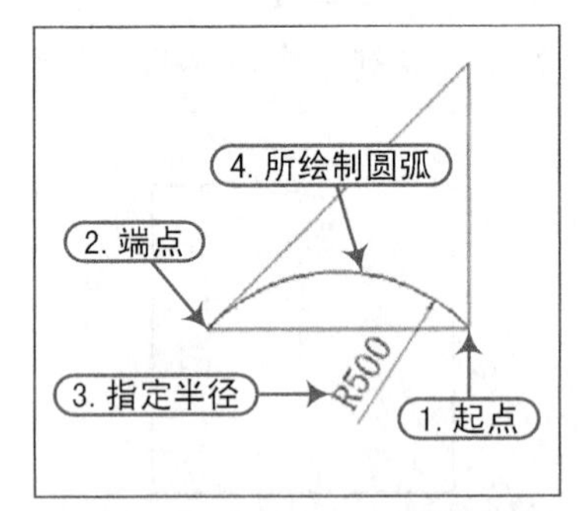

图3-13 “起点、圆心、方向/半径”画圆弧

注 意

完成圆弧的绘制后，启动直线命令LINE，在“指定第一点：”提示下直接按Enter键，再输入直线的长度数值，可以立即绘制一端与该圆弧相切的直线。其提示和视图效果如图3-14所示。

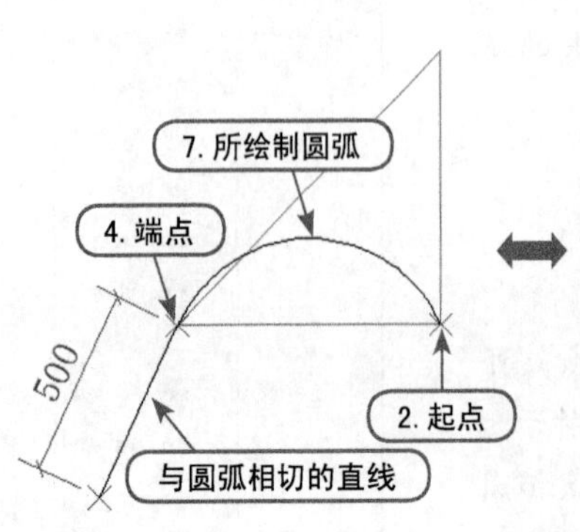

命令: _arc ← 1. 单击“圆弧”按钮
指定圆弧的起点或 [圆心(C)]:
指定圆弧的第二个点或 [圆心(C)/端点(E)]: _e ← 3. 选择E项
指定圆弧的端点:
指定圆弧的圆心或 [角度(A)/方向(D)/半径(R)]: _r ← 5. 选择R项
指定圆弧的半径: 400 ← 6. 半径:400
命令: _line ← 8. 单击“直线”按钮
指定第一点: ← 9. 按Enter键
直线长度: 500 ← 10. 输入长度：500

图3-14 绘制与圆弧相切的直线段

3.3 绘制椭圆及椭圆弧

椭圆和椭圆弧在机械制图中应用广泛，如图3-15左图所示图形的轮廓就呈椭圆形，弧AB、CD、EF和GH是4段椭圆弧。此外，借助椭圆和椭圆弧还可方便地绘制零件的轴测视图，如图3-15右图所示。

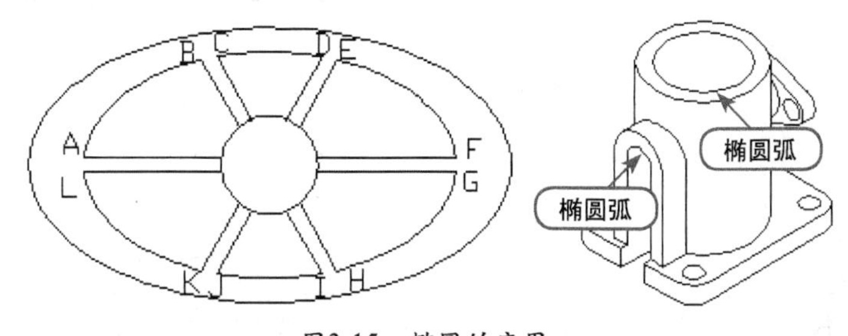

图3-15 椭圆的应用

3.3.1 绘制椭圆的方法

椭圆是一种特殊的圆，它与圆的区别就是其圆周上的点到中心的距离是变化的。在AutoCAD中，椭圆的形状主要用中心、长轴和短轴3个参数来描述。

要绘制椭圆对象，用户可以通过以下几种方法。

- 在“绘图”面板中单击“椭圆”按钮，从弹出的菜单中选择相应的选项，如图 3-16 所示。
- 在命令行中输入 ELLIPSE（快捷键为 EL）。

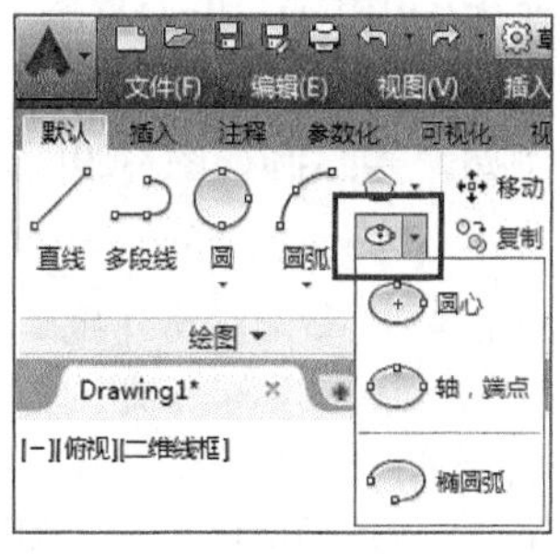

图3-16 单击“椭圆”按钮

执行“椭圆”命令后，命令行提示如下：

```
命令:ELLIPSE                                  // 执行“椭圆”命令
指定椭圆的轴端点或 [圆弧(A)/中心点(C)]:         // 指定椭圆的轴端点
指定轴的另一个端点:                            // 指定椭圆的另一个端点
指定另一条半轴长度或 [旋转(R)]:                 // 输入半轴长度值
```

在执行椭圆命令时，其命令行中的相关选项如下。

- 中心点 (C)：通过指定圆心点、X 轴和 Y 轴半径来绘制椭圆。
- 轴端点：通过指定两个轴端点和 Y 轴的半径长度值来绘制椭圆。
- 圆弧 (A)：绘制椭圆的指定起点角和终止角为区域的一段椭圆弧。
- 旋转 (R)：对所绘制的椭圆对象进行旋转。

例如，要绘制如图3-17所示的椭圆对象，采用“轴、端点”方式，其操作步骤如下。

01 单击“绘图”面板中的“椭圆”按钮。

02 在“指定椭圆的轴端点：”提示下，输入(0,0)并按Enter键，以确定坐标原点(0,0)作为椭圆的端点。

03 在“指定轴的另一个端点：”提示下，按F8键切换到“正交”模式，水平向右拖动鼠标，输入30并按Enter键，以作为椭圆的另一端点。

04 在“指定另一条半轴长度：”提示下，垂直向上移动鼠标，输入半轴长度为8，并按Enter键结束，完成椭圆对象的绘制。

注 意

在“指定另一条半轴长度或 [旋转(R)]:”提示下时，选择“旋转(R)”项，然后拖动鼠标，即可发现当前所绘制椭圆会随着鼠标的变化而变化，如图3-18所示。

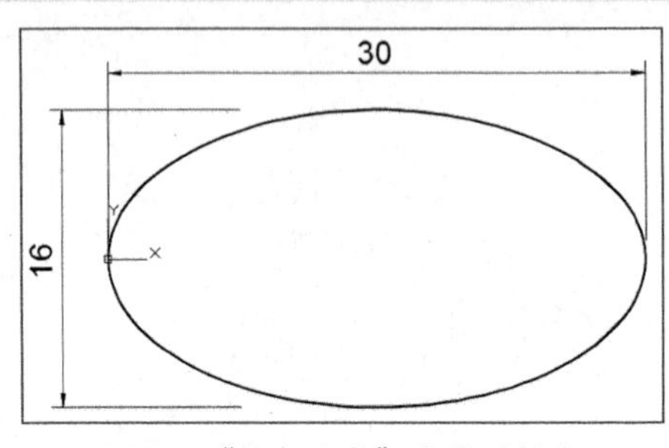

图3-17 “轴、端点”方式画椭圆

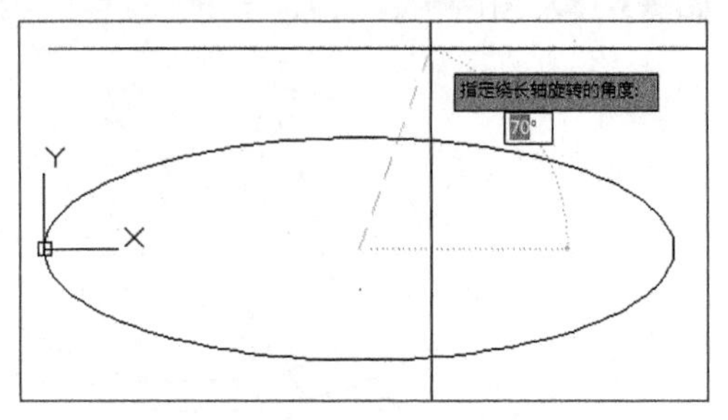

图3-18 半轴以角度来确定

3.3.2 绘制椭圆弧的方法

使用AutoCAD可方便地绘制出椭圆弧，启动“椭圆弧”命令，在“绘图”面板中单击“椭圆弧”工具即可。

例如，要绘制如图3-19所示的椭圆弧对象，用户可按照如下命令行提示进行操作。

```
命令: _ellipse                                    // 启动“椭圆”命令
指定椭圆的轴端点或 [圆弧(A)/中心点(C)]: _a         // 选择“圆弧(A)”项
指定椭圆弧的轴端点或 [中心点(C)]: 0,0              // 指点原点(0,0)作为端点
指定轴的另一个端点: 30                            // 水平向右拖动并输入30
指定另一条半轴长度或 [旋转(R)]: 8                  // 垂直向上拖动并输入8
指定起点角度或 [参数(P)]: 0                       // 设置起点角度为0度
指定端点角度或 [参数(P)/夹角(I)]: 90              // 设置端点角度为90度
```

用户绘制椭圆弧时，应注意以下几点。

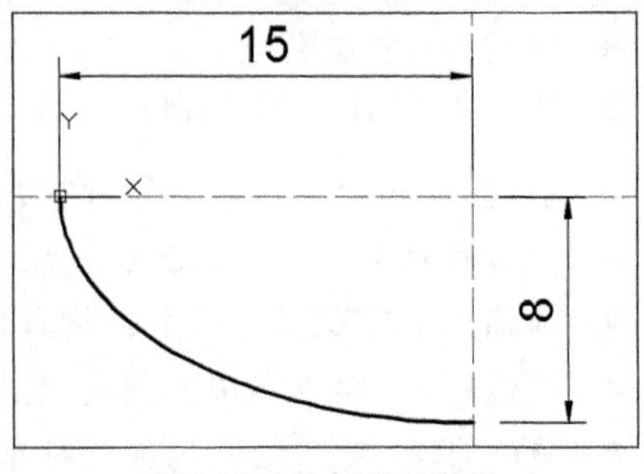

图3-19 绘制的椭圆弧

- 首先绘制一个母体椭圆，然后再确定椭圆弧起点和端点角度。其中，角的顶点是椭圆的圆心，长轴角度定义为0°。
- 如果起点和端点角度相同，将创建完整的椭圆。也可以指定起点角度和包含角度，包含角度是从起点角度（而不是从0°）开始计算的。
- 使用ANGDIR系统变量可以设置椭圆弧的方向。当ANGDIR值为0时，角度按逆时针方向测量；当ANGDIR值为1时，角度按顺时针方向测量。

3.4 图案填充

用户在绘制图形时，经常需要使用一些图案来对其封闭的图形区域进行图案填充，以

达到符合设计的需要。通过AutoCAD所提供的“图案填充”功能，可以根据用户的需要来设置填充的图案、填充的区域、填充的比例等。

要进行图案填充，用户可以通过以下几种方法。

- 在“绘图”面板中击“图案填充”按钮。
- 在命令行中输入 BHATCH 命令（快捷键 H）。

执行了“图案填充”命令（H）后，将在上侧增加“图案填充创建”面板，从而可以对其边界、图案、特性、选项等进行设置，如图3-20所示。

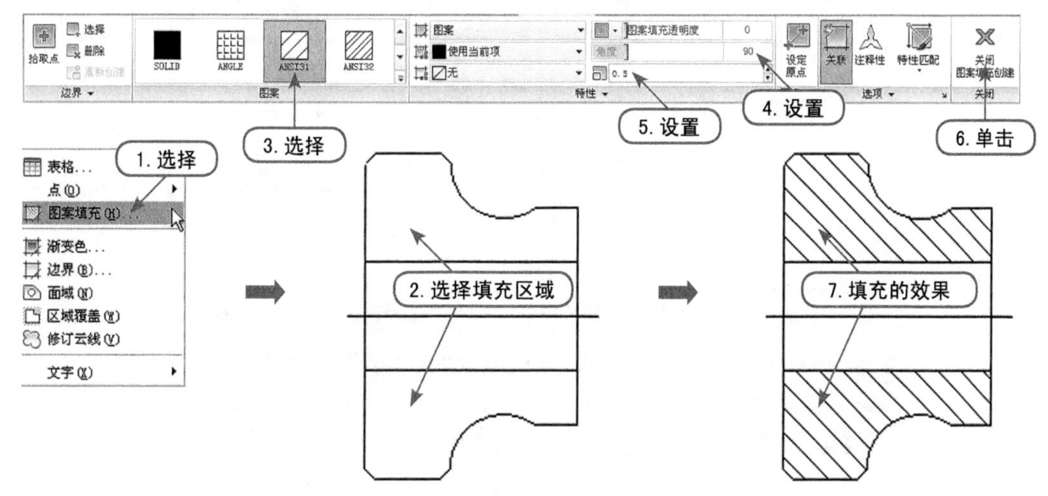

图3-20 “图案填充创建”面板

启动图案填充命令之后，命令提示为“拾取内部点或 [选择对象(S)/放弃(U)/设置(T)]：”项。如果选择“设置(T)”项，将弹出“图案填充或渐变色”对话框，根据要求选择一封闭的图形区域，并设置填充的图案、比例、填充原点等，即可对其进行图案填充，如图3-21所示。

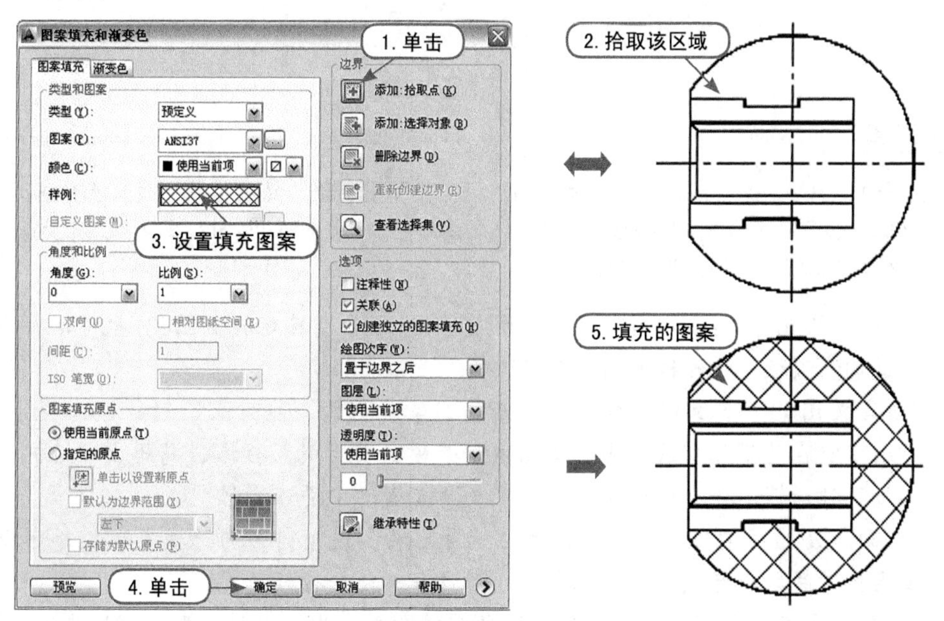

图3-21 图案填充

其“图案填充创建”面板和“图案填充和渐变色”对话框，各选项的含义基本相同，其主要选项的含义介绍如下。

- “类型”下拉列表框：可以选择图案的类型，包括预定义、用户定义、自定义 3 个选项。
- “图案”下拉列表框：设置填充的图案，若单击其后的按钮▢，将打开“填充图案选项”对话框，从中选择相应的填充类型即可。打开后有 4 种填充类型，如图 3-22 所示。

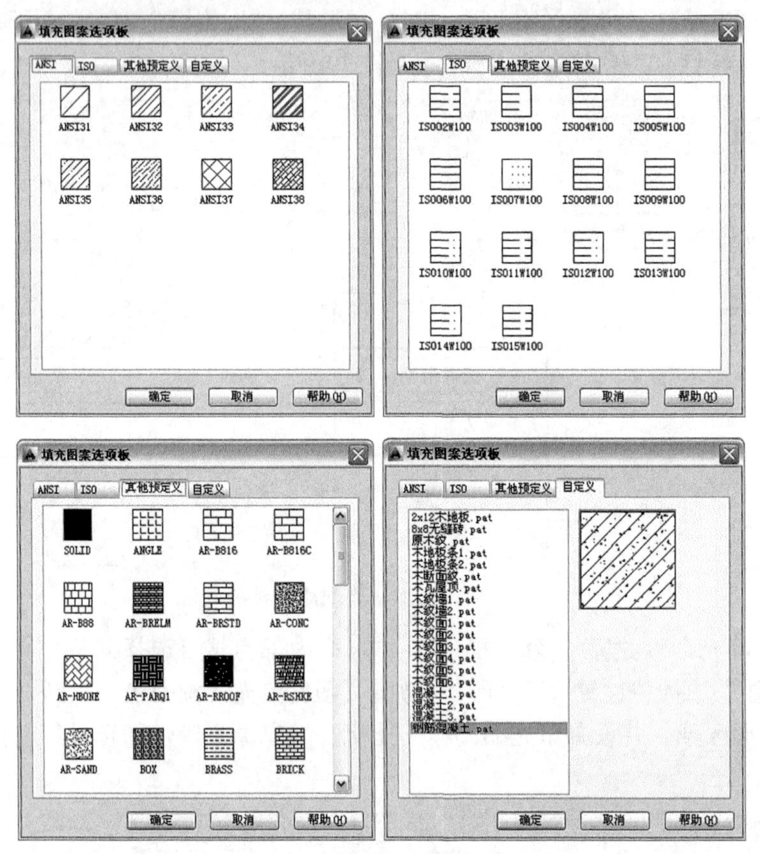

图3-22　4种填充类型

注 意

对于AutoCAD的自定义填充图案，用户可以在网上下载，然后将其下载的填充图案复制到AutoCAD安装目录下的support文件夹，然后重新启动AutoCAD软件，即可在“自定义”选项卡中看到所添加的自定义填充图案。

- “样例”预览窗口：显示当前选中的图案样例，单击所选的样例图案，也可以打开“填充图案选项板”对话框来选择图案。
- “自定义图案”下拉列表框：当填充的图案类型为“自定义”时，该选项才可用，从而可以在其下拉列表框中选择图案。若单击其后的按钮▢，将弹出“填充图案选项板”对话框，并自动切换到“自定义”选项卡中进行选择。
- “双向”复选框：当“类型”设置为“自定义”选项时，勾选该复选框，可以使相互垂直的两组平行线填充；不勾选，则只有一组平行线填充。
- “间距”文本框：可以设置填充线段之间的距离，当填充的类型为“用户定义”时，该选项才可用，如图 3-23 所示。

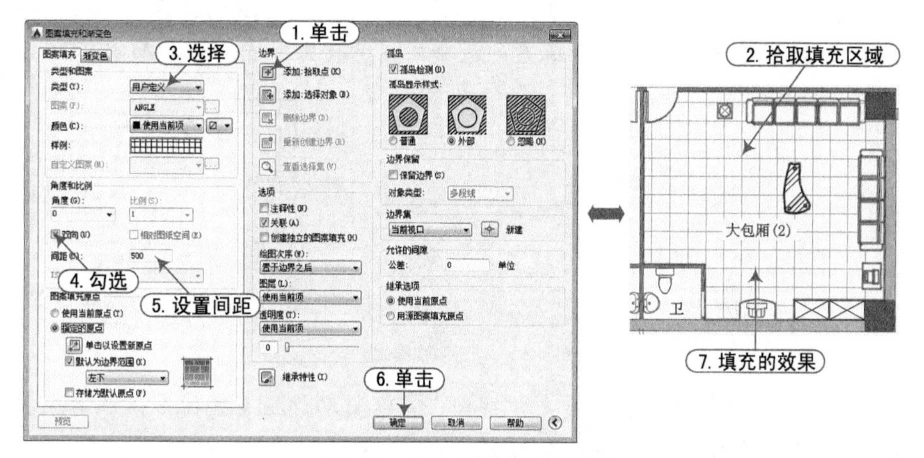

图3-23　双向并设置间距填充

- “相对图纸空间”复选框：勾选该复选框，设置的比例因子为相对于图纸空间的比例。
- “ISO 笔宽”下拉列表框：当填充 ISO 图案时，该选项才可用，用户可在其下拉列表中设置线的宽度。
- “使用当前原点”单选按钮：单击该单选按钮，图案填充时使用当前 UCS 的原点作为原点。
- “指定的原点”单选按钮：单击该单选按钮，可以设置图案填充的原点。
- “单击以设置新原点”按钮：选择该选项，可以用鼠标在绘图区指定原点。
- “默认为边界范围”复选框：勾选该复选框，将新设置的新原点保存为默认原点。
- “存储为默认原点”复选框：勾选该复选框，将新图案填充值存储在 HPORIGIN 系统变量中。
- “用源图案填充原点”单选按钮：单击该单选按钮，在用户使用“继承特性”创建的图案填充时继承源图案填充原点。
- “角度”下拉列表框：设置填充图案的旋转角度，如图 3-24 所示。

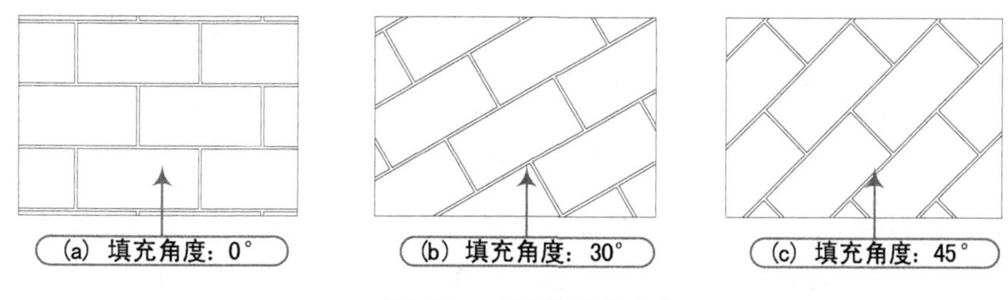

图3-24　不同的填充角度

- “比例”组合框：可以设置图案填充的比例，如图 3-25 所示。

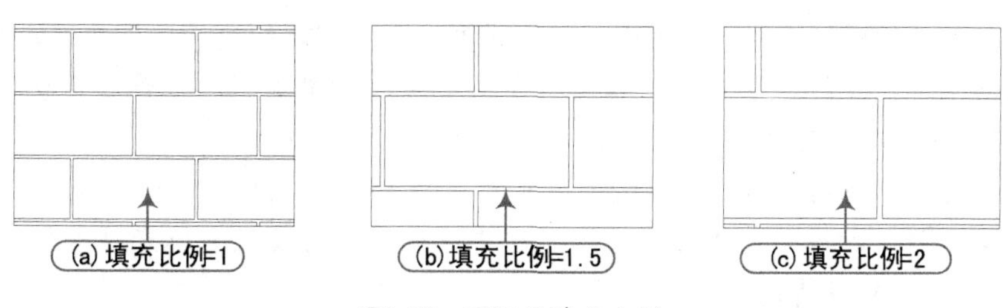

图3-25　不同的填充比例

- “添加：拾取点”按钮：以拾取点的形式来指定填充区域的边界，单击该选钮，系统自动切换至绘图区，在需要填充的区域内任意指定一点即可，如图 3-26 所示。

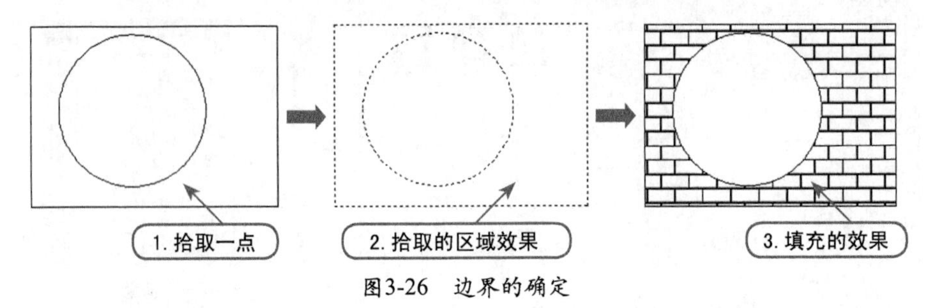

图3-26　边界的确定

- “添加：选择对象”按钮：单击该按钮，系统自动切换至绘图区，然后在需要填充的对象上单击即可，如图 3-27 所示。

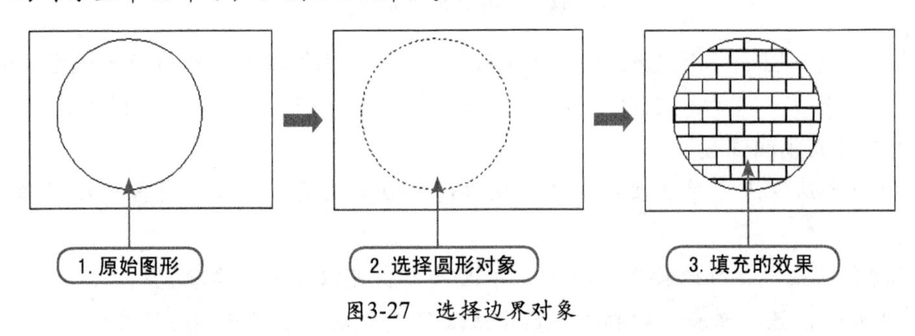

图3-27　选择边界对象

- “删除边界”按钮：单击该按钮，可以取消系统自动计算或用户指定的边界，如图 3-28 所示。

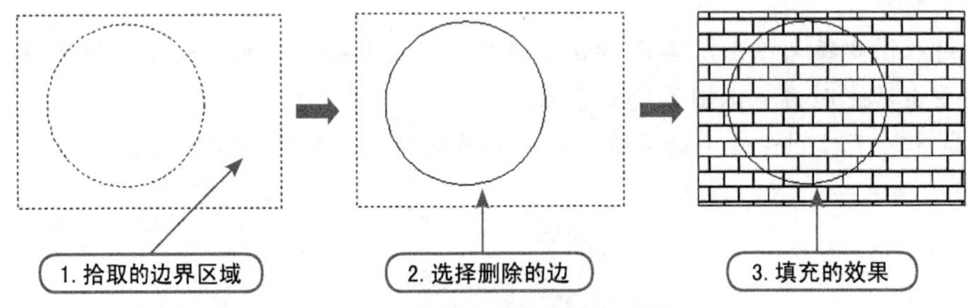

图3-28　删除边界后的填充图形

- “重新创建边界”按钮：重新设置图案填充边界。
- “查看选择集”按钮：查看已定义的填充边界。单击该按钮后，绘图区会亮显共边线。
- “注释性”复选框：勾选该复选框，则填充图案为可注释的。
- “关联”复选框：勾选该复选框，创建边界时图案和填充会随之更新。
- “创建独立的图案填充”复选框：勾选该复选框，创建的填充图案为独立的。
- “绘图次序”下拉列表框：可以选择图案填充的绘图顺序。可将边界放在图案填充边界及所有其他对象之后或之前。
- “透明度”下拉列表框：可以设置填充图案的透明度。
- “继承特性”按钮：单击该选钮，可将现有的图案填充或填充对象的特性应用到其他图案填充或填充对象中。

- “孤岛检测”复选框：在进行图案填充时，将位于总填充区域内的封闭区域称为孤岛。在使用 BHATCH 命令填充时，AutoCAD 系统允许用户以拾取点的方式确定填充边界，同时也确定该边界内的岛。如果用户以选择对象的方式填充边界，则必须确切地选取这些岛。
- “普通”单选按钮：单击该单选按钮，表示从最外边界向里面画填充线，直至遇到与之相交的内部边界时断开填充线；遇到下一个内部边界时再继续绘制填充线。其系统变量 HPNAME 设置为 N，如图 3-29 所示。
- “外部”单选按钮：点选该单选按钮，表示从最外边界向里面画填充线，直至遇到与之相交的内部边界时断开填充线，不再继续往里绘制填充线。其系统变量“HPNAME”设置为 O，如图 3-30 所示。
- “忽略”单选按钮：选择该方式将忽略边界内的对象，所有内部结构都被剖面符号覆盖，如图 3-31 所示。

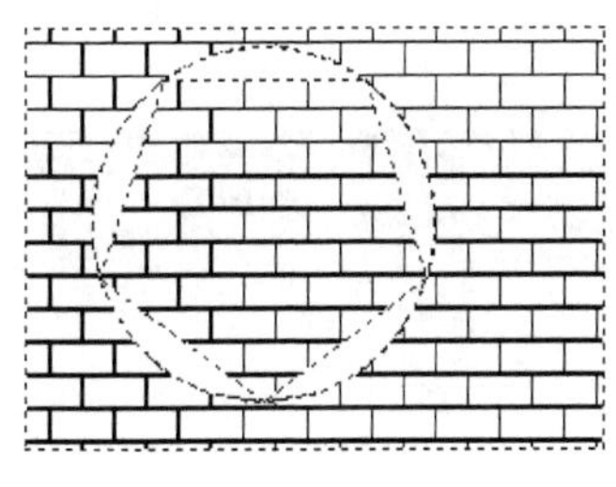

图3-29　普通填充

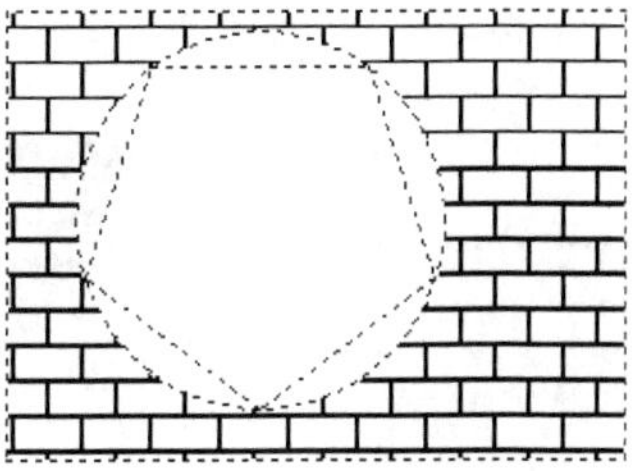

图3-30　外部填充

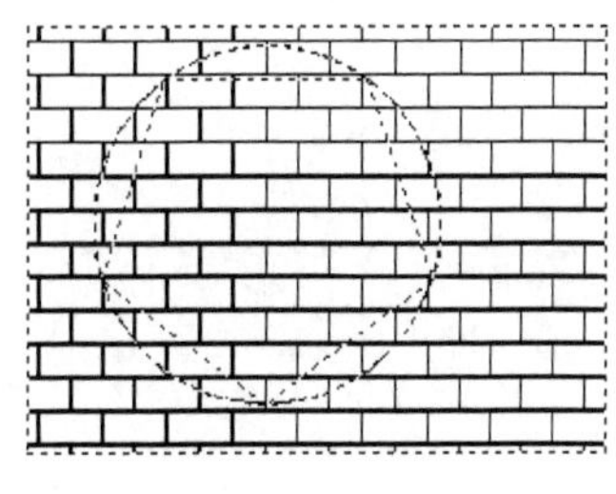

图3-31　忽略填充

- “保留边界”复选框：勾选该复选框，可将填充边界以对象的形式保留，并可以从“对象类型”下拉列表框中选择填充边界的保留类型。
- “边界集”下拉列表框：可以定义填充边界的对象集，默认以当前视口中所有可见对象确定其填充边界。也可以单击“新建”按钮，在绘图区重新制定对象类定义边界集。之后，“边界集”下拉列表框中将显示为“现在集合”选项。
- “公差”文本框：可以设置允许间隙大小，默认值为 0 时，对象是完全封闭的区域。在该参数范围内，可以将一个几乎封闭的区域看做是一个闭合的填充边界。

注 意

如果要填充边界未完全闭合的区域，可以设置 HPGAPTOL 系统变量以桥接间隔，将边界视为闭合。但HPGAPTOL 系统变量仅适用于指定直线与圆弧之间的间隙，经过延伸后两者会连接在一起。

上机练习　绘制零件底座图

下面学习如何使用矩形、圆、正多边形绘制如图3-32所示零件底座图。

01 在“图层”面板中单击“图层特性管理器”按钮，打开“图层特性管理器”面板。如图3-33所示创建“标注”、“定位线”和“轮廓线”图层，并设置其属性。

02 选择“定位线”图层，并单击“置为当前”按钮，将其设置为当前图层。单击“关闭”按钮×，关闭“图层特性管理器”面板。

03 为了在视图中更好地显示非连续线型的效果，可以更改全局线型比例因子。选择“格式”｜“线型”菜单命令，打开“线型管理器”对话框，在“详细信息”区域的“全局比例因子”文本框中输入0.2，如图3-34所示。

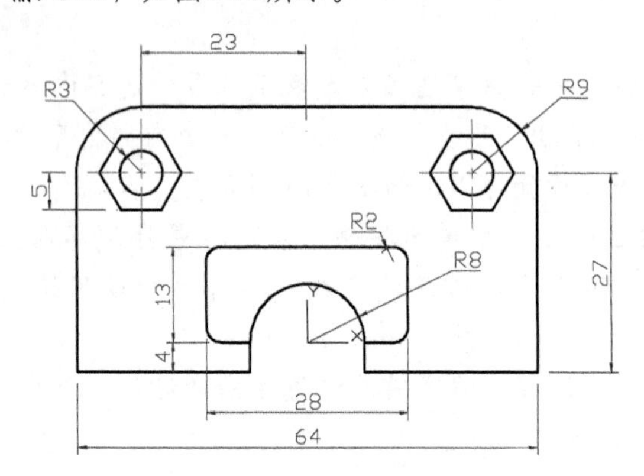

图3-32　零件底座图

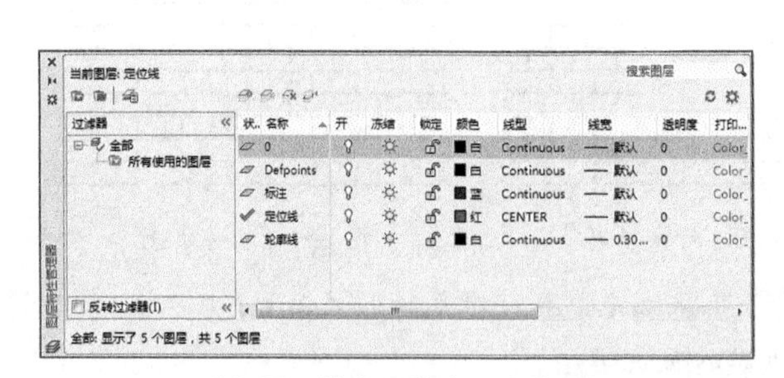

图3-33　创建图层并设置其属性

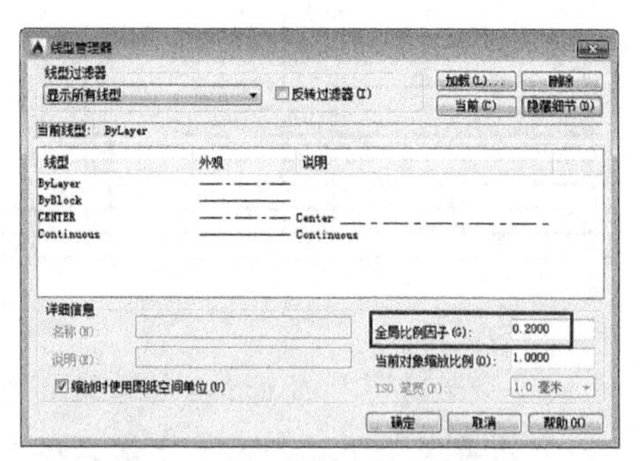

图3-34　“线型管理器”对话框

04 打开“极轴”、“对象捕捉”、“对象追踪”，设置对象捕捉模式为端点、中点、圆心、切点、垂足和切点。设置X轴和Y轴捕捉间距为1。

05 在“绘图”面板中单击“矩形”按钮▭，在绘图区的适当位置单击，确定矩形的第一个角点。输入坐标（@64,−36），并按Enter键，确定矩形的另一个角点，结果如图3-35所示。

06 在“绘图”面板中单击“圆”按钮⊙，按住Shift键并右击鼠标，从弹出的快捷菜单中选择“自”选项，如图3-36所示。

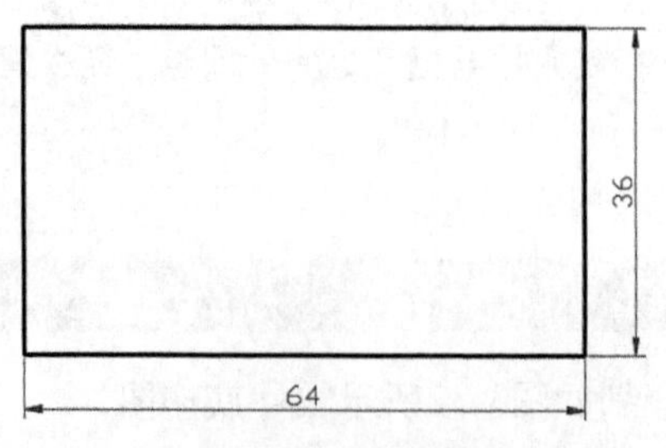

图3-35　绘制矩形

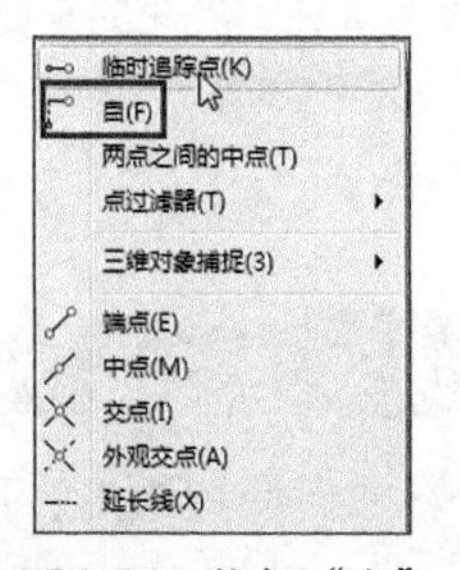

图3-36　捕捉“自”

提　示

在使用相对坐标指定下一个应用点时，“自”工具可以提示用户输入基点，并将该点作为临时参考点。这与通过输入前缀@使用最后一个点作为参考点类似。

07 使用鼠标拾取矩形的左上角点作为基点，再输入坐标（@9,－9），并按Enter键确定圆心，然后输入3作为圆的半径，再按Enter键结束画圆命令，结果如图3-37所示。

08 在“绘图”面板中单击“正多边形”按钮，输入6按Enter键，捕捉圆心点，再输入C，以此来绘制一个正六边形，如图3-38所示。

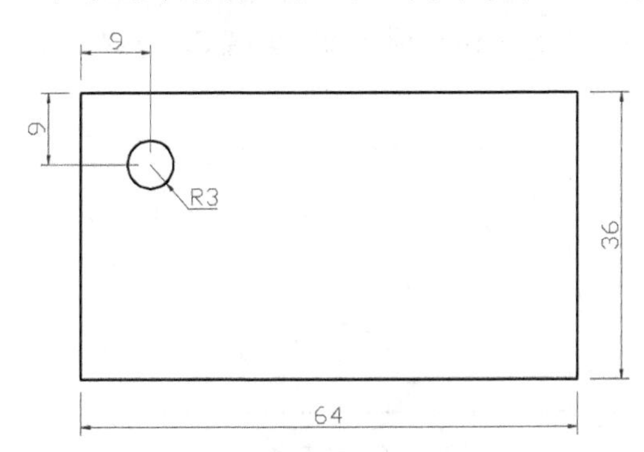

图3-37 绘制圆

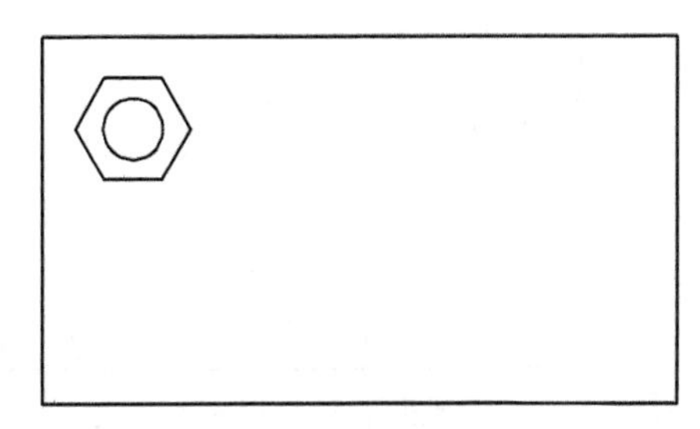
图3-38 绘制正六边形

09 在“修改”面板中单击“镜像”按钮，选择圆和正六边形作为镜像对象，按Enter键结束对象选择。拾取矩形上边线的中点作为镜像线的第一点，拾取矩形下边线的中点作为镜像线的第二点，按Enter键保留源对象，结果如图3-39所示。

10 在“绘图”面板中单击“直线”按钮，输入“自”透明命令from，捕捉矩形左下角点作为起点，再输入（@24,0）作为直线的起点，再输入（@0,4）作为直线的另一点。

11 按照上一步的方法，绘制另一条垂直线段，如图3-40所示。

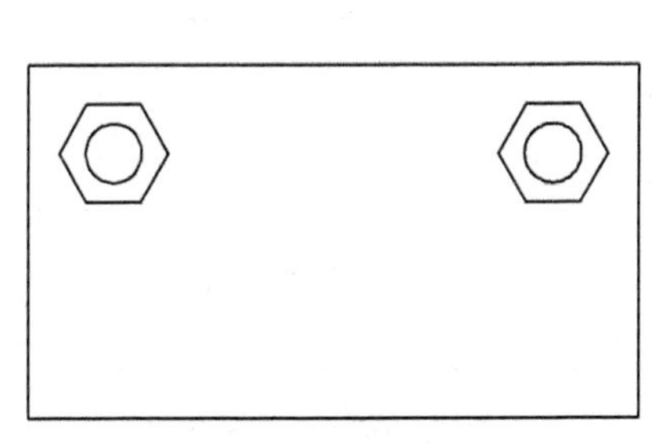
图3-39 镜像对象

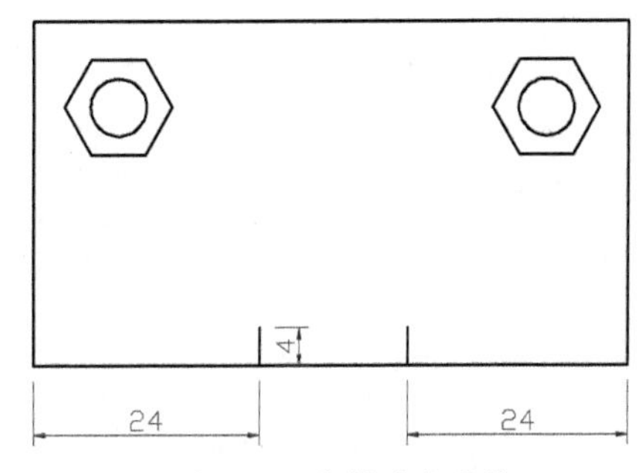

图3-40 绘制的直线段

12 在“绘图”面板中单击按钮，捕捉前面两步所绘制的直线段作为起点和端点，再输入半径为8，即可绘制一段圆弧，如图3-41所示。

13 在命令行输入UCS命令，使用鼠标捕捉圆弧的圆点并单击，再按Enter键确定，从而将圆弧的圆心作为新UCS原点，如图3-42所示。

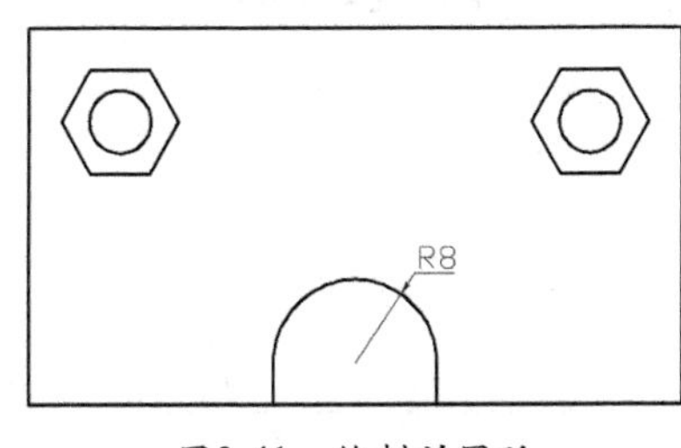

图3-41 绘制的圆弧

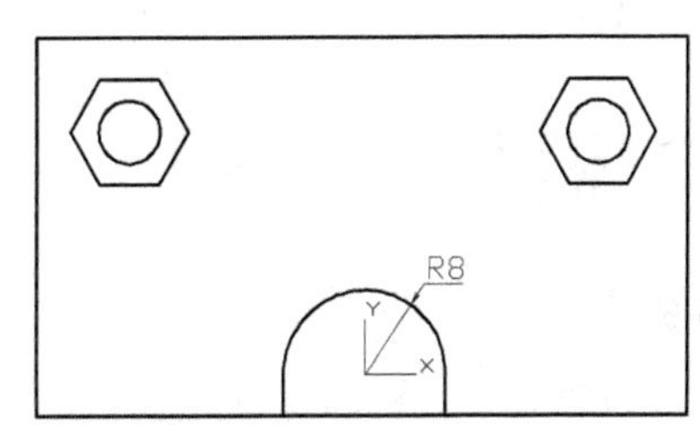

图3-42 新建坐标原点

⑭ 在“绘图”面板单击“矩形”按钮▭，选择“圆角(F)”选项，输入2并按Enter键确定圆角半径为2，然后输入坐标（－14,0）按Enter键，以此确定矩形的左下角点，再输入坐标（28,13）来确定矩形的对角点，如图3-43所示。

⑮ 在“修改”面板中单击“修剪”按钮，按Enter键，然后使用鼠标单击圆角矩形的下边线和矩形下边线在两条直线间的部分，作为要修剪的对象，再按Enter键结束该命令，则修剪结果如图3-44所示。

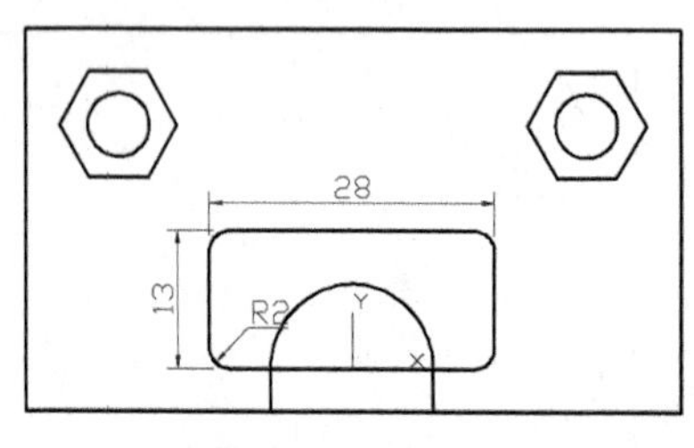

图3-43 绘制的圆角矩形

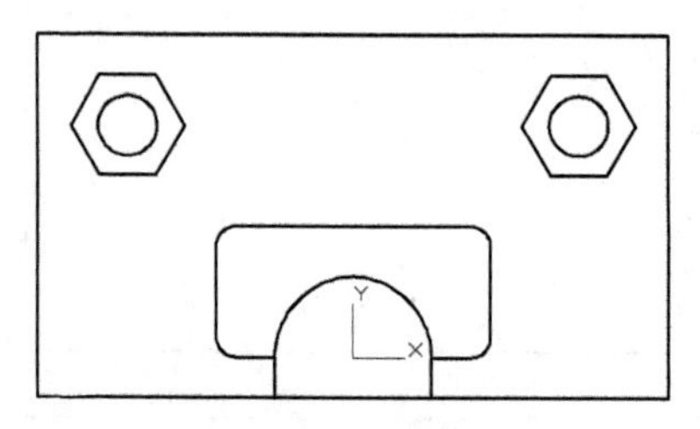

图3-44 修剪操作

⑯ 在“修改”面板中单击“圆角”按钮，输入R按Enter键，输入8按Enter键作为圆角半径，输入M选择多个角按Enter键，分别选择大矩形的左上角点的两条边和右上角点的两条边，按Enter键结束圆角命令，结果如图3-45所示。

⑰ 在“图层”面板的“图层控制”列表框中，选择“定位线”图层，将其设置为当前图层。

⑱ 在“绘图”面板中单击“直线”按钮╱，利用极轴追踪做两个圆的水平与垂直定位线，如图3-46所示。

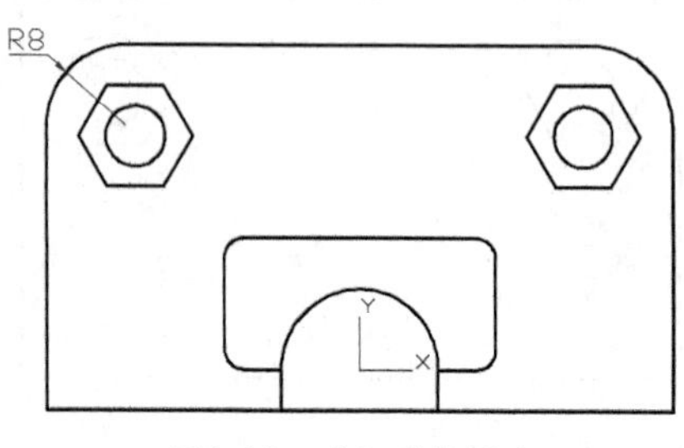

图3-45 对矩形修圆角

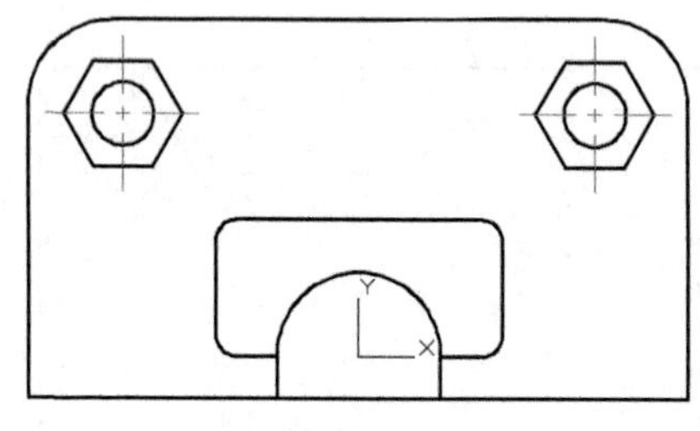

图3-46 绘制圆的定位线

本章小结

通过本章的学习，读者应重点了解并掌握在AutoCAD中绘制矩形、正多边形、圆和圆弧、椭圆和椭圆弧、图案填充的方法，以及在绘制这些图形时可以设置哪些参数。读者还应掌握基本绘图工具的使用方法与技巧，并能够使用它们绘制一些基本图形。

思考与练习

1. 填空题

（1）绘制矩形时，可以设置________、________、________、________与________参数。

（2）绘制圆的方法主要有________、________、________、________、________与________。

（3）绘制圆弧的常用方法主要有________、__________、__________与________4种。

（4）创建图案填充有____________________和____________________两种方法。

2. 思考题

（1）如何绘制剖面线？如何调整剖面线的疏密程度和角度？

（2）如何进行图案填充？图案填充主要包括哪些属性？

3. 操作题

（1）打开光盘中的“素材与实例”文件夹中的example（3-2-1）.dwg文件，如图3-47左图所示，为该图形添加剖面线，结果如图3-46右图所示。

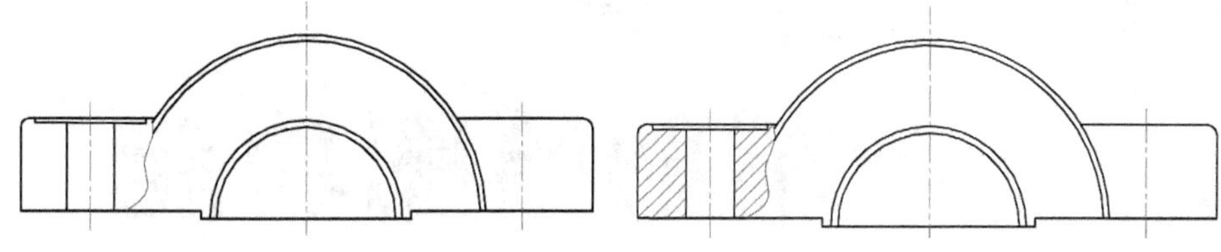

图3-47 为零件图添加剖面线

（2）绘制如图3-48所示零件图。

提 示

（1）执行POLYGON命令，绘制一个边长为12的正四边形，如图3-49所示。（2）选择“修改”面板的“旋转”工具，选择正四边形作为旋转对象，指定一个角点为基点，输入45作为旋转角度，结果如图3-50所示。（3）绘制定位线并绘制一组圆，如图3-51所示。（4）绘制切线并修剪多余图形，如图3-52所示。

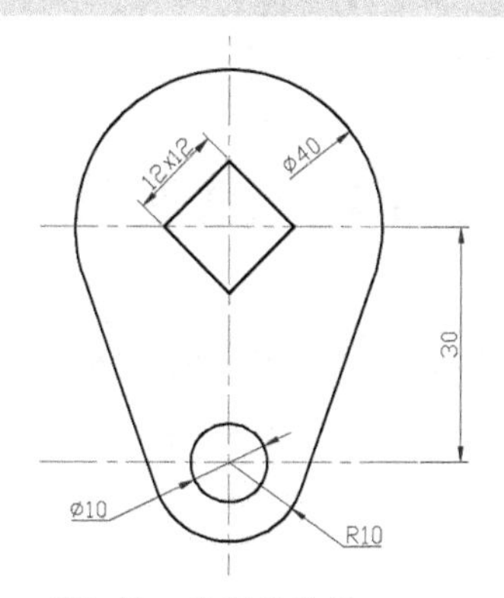

图3-48 绘制零件图

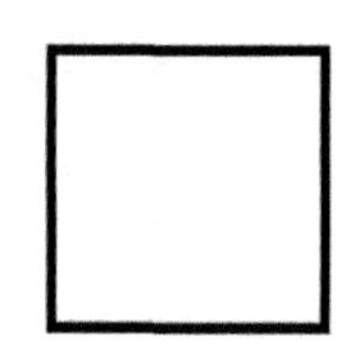

图3-49 绘制正四边形

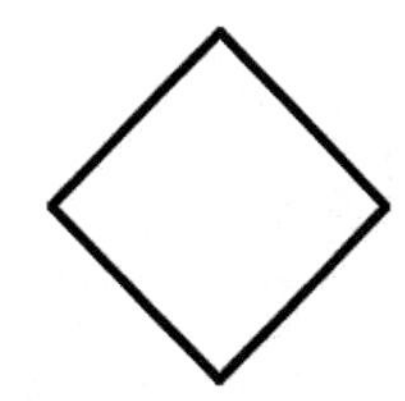

图3-50 旋转正四边形

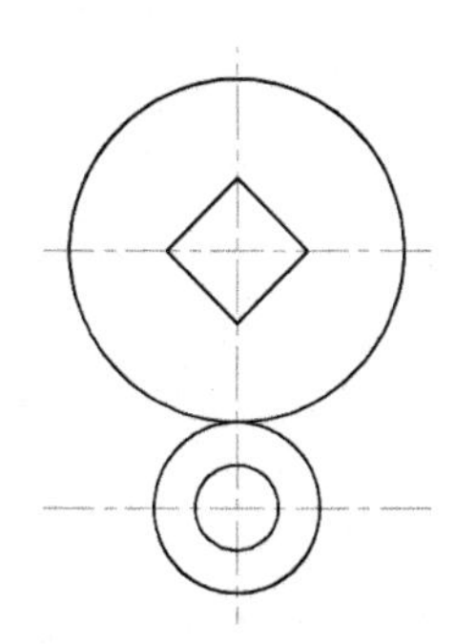

图3-51 绘制定位线和圆

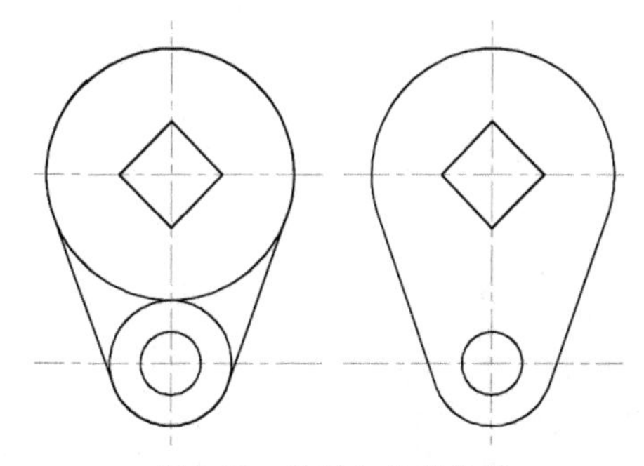

图3-52 绘制切线并修剪

AutoCAD 2015

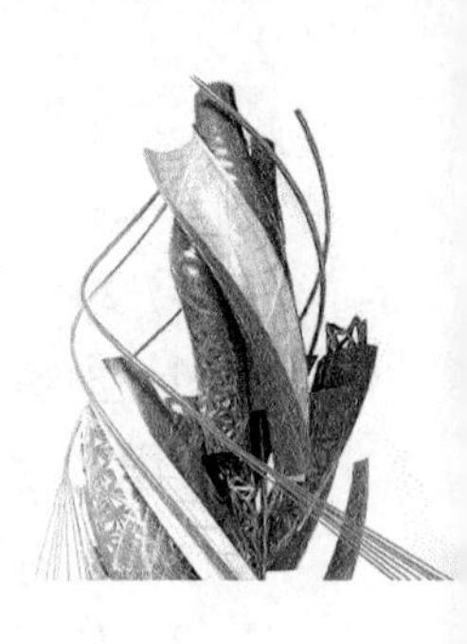

第4章 辅助绘图功能

课前导读

与手工画图相比，使用AutoCAD画图的优势之一在于它为用户提供了众多辅助画图手段。例如，利用坐标可轻松定位点，利用捕捉和栅格可控制光标的精确移动，利用正交和极轴追踪可绘制水平、垂直或倾斜直线等。本章将分别介绍各种辅助画图手段。

本章要点

- 了解 AutoCAD 的坐标系
- 掌握使用栅格、捕捉和正交辅助定位的方法
- 掌握使用对象捕捉精确定位点的方法
- 掌握使用自动追踪精确定位点的方法
- 掌握动态输入与选择预览的方法

4.1 AutoCAD的坐标系

在绘图过程中常常需要使用某个坐标系作为参照，拾取点的位置，以便精确定位某个对象，从而可以使用AutoCAD提供的坐标系来准确地设计并绘制图形。

4.1.1 世界坐标系与用户坐标系的认识

坐标（x,y）是表示点的最基本的方法。在AutoCAD中，坐标系分为世界坐标系（WCS）和用户坐标系（UCS），这两种坐标系都可以通过（x,y）来精确定位点。

默认情况下，在开始绘制新图形时，当前坐标系为世界坐标系（WCS），它包括X轴和Y轴（如果在三维空间工作，还有一个Z轴）。WCS坐标轴的交汇处显示W形标记，但坐标原点并不在坐标系的交汇点，而是位于图形窗口的左下角，所有的位移都是相对于原点计算的，并且沿X轴正向及Y轴正向的位移规定为正方向，如图4-1所示。

在AutoCAD中，为了能够更好地辅助绘图，经常需要修改坐标系的原点和方向，这时世界坐标系将变为用户坐标系（UCS），其坐标轴的交汇处并没有显示W形标记，如图4-2所示。UCS的原点以及X轴、Y轴和Z轴方向都可以移动及旋转，甚至可以依赖于图形中某个特定的对象。尽管用户坐标系中3个轴之间仍然互相垂直，但是在方向及位置上却更加灵活方便。

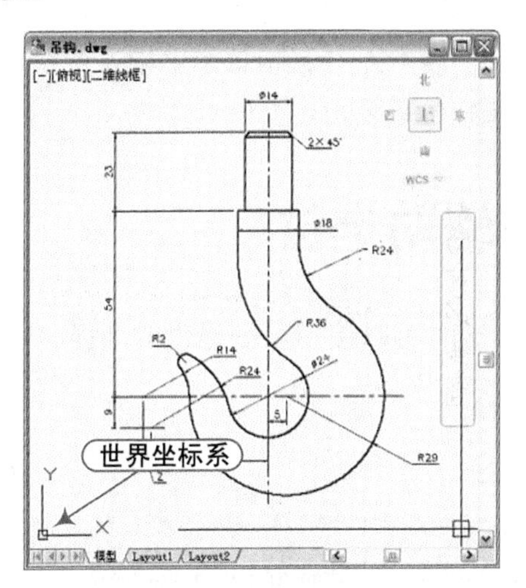

图4-1 世界坐标系

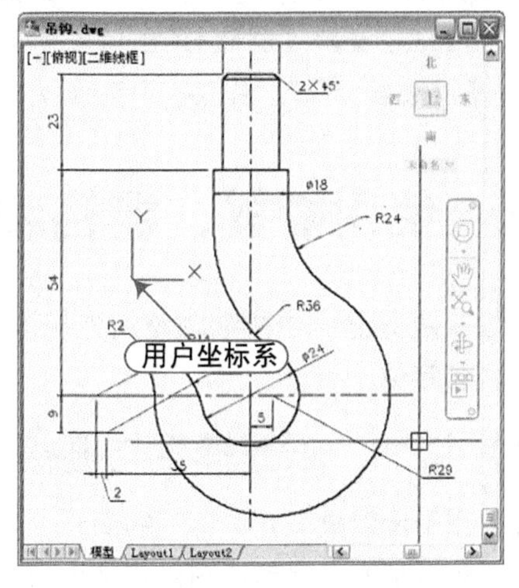

图4-2 用户坐标系

4.1.2 创建坐标系的方法

在AutoCAD中，选择“工具”｜“新建UCS”菜单中的各菜单项，如图4-3所示，可设置坐标系原点、旋转坐标系、恢复WCS，或根据对象、视图等确定坐标系等。各菜单项的意义如下。

- 世界：从当前的用户坐标系恢复到世界坐标系。WCS是所有用户坐标系的基准，不能被重新定义。
- 上一个：从当前的坐标系恢复到上一个坐标系统。
- 面：新UCS与实体对象的选定面对齐。要选择一个面，可单击该面或面的边界，被选中的面将亮显，UCS 的 X 轴将与找到的第一个面上的最近的边对齐。

- 对象：根据选取的对象快速简单地建立 UCS，使对象位于新的 XY 平面，其中 X 轴和 Y 轴的方向取决于选择的对象类型。
- 视图：以垂直于观察方向（平行于屏幕）的平面为 XY 平面，建立新的坐标系，UCS 原点保持不变。常用于注释当前视图时使用文字以平面方式显示。
- 原点：通过移动当前 UCS 的原点，保持其 X 轴、Y 轴和 Z 轴方向不变，从而定义新的 UCS。可以在任何高度建立坐标系，如果没有给原点指定 Z 轴坐标值，将使用当前标高。

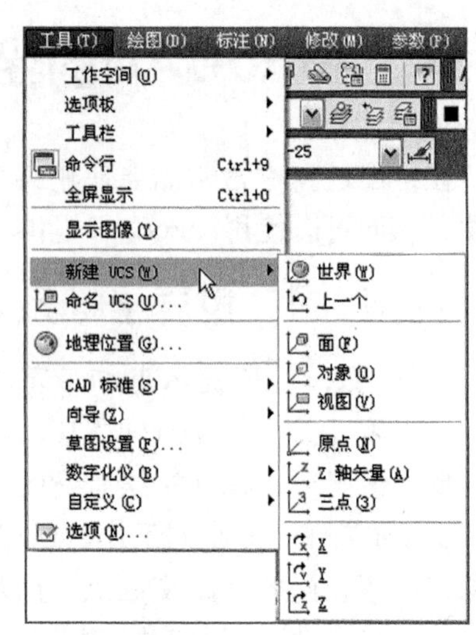

图4-3　新建UCS命令

- Z 轴矢量：用特定的 Z 轴正半轴定义 UCS。需要选择两点，第一点作为新的坐标系原点，第二点决定 Z 轴的正向，XY 平面垂直于新的 Z 轴。
- 三点：通过三维空间的任意位置指定 3 点，确定新 UCS 原点及其 X 轴和 Y 轴的正方向，Z 轴由右手定则确定。其中第 1 点定义了坐标系原点，第 2 点定义了 X 轴的正方向，第 3 点定义了 Y 轴的正方向。
- X/Y/Z：旋转当前的 UCS 轴来建立新的 UCS。在命令行提示信息中输入正或负的角度以旋转 UCS，用右手定则来确定绕该轴旋转的正方向。

4.2　使用捕捉、栅格和正交辅助定位

在绘制图形时，往往难以使用光标准确定位，这时可以使用系统提供的捕捉、栅格和正交来辅助定位。

4.2.1　设置捕捉与栅格

捕捉用于设置鼠标光标移动的间距；栅格是一种可见的位置参考图标，是由用户控制是否可见但不能打印出来的那些直线构成的精确定位的网格，它类似于坐标纸，有助于定位。

在AutoCAD中要进行辅助绘图的设置，在命令行中输入草图设置命令SE，或者选择“工具”｜“草图设置”菜单命令，将打开“草图设置”对话框，如图4-4所示。

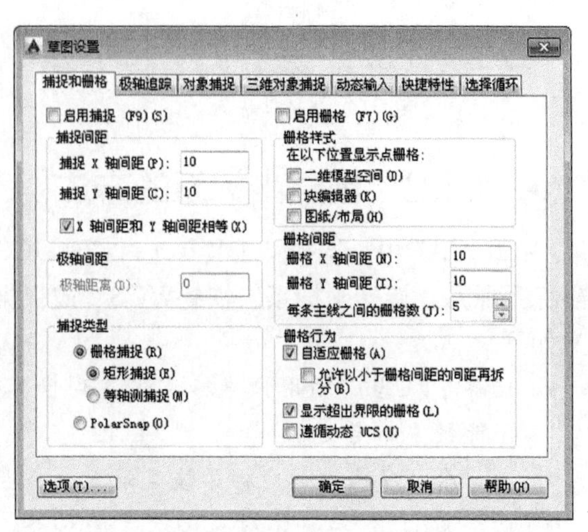

图4-4　“草图设置”对话框

在“草图设置”对话框的“捕捉和栅格”选项卡中，可以启用或关闭捕捉

和栅格功能，并设置捕捉和栅格的间距与类型。其各主选项的含义如下。

- “启用捕捉”复选框：用于打开或关闭捕捉方式，可按F9键进行切换，也可在状态栏中单击按钮进行切换。
- “捕捉间距”选项组：用于设置X轴和Y轴的捕捉间距。
- “启用栅格”复选框：用于打开或关闭栅格的显示，可按F7键进行切换，也可在状态栏中单击按钮进行切换。
- “栅格间距”选项组：用于设置X轴和Y轴的栅格间距，并且可以设置每条主轴的栅格数量，如图4-5所示。若栅格的X轴和Y轴间距为0，则栅格采用捕捉X轴和Y轴间距的值。

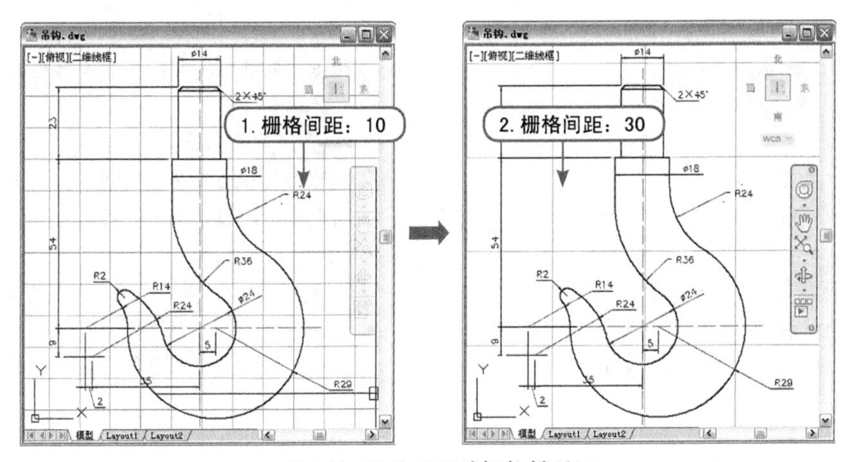

图4-5　设置不同的栅格间距

- “栅格捕捉”单选按钮：可以设置捕捉样式为栅格。若选中“矩形捕捉”单选按钮，其光标可以捕捉一个矩形栅格；若选中“等轴测捕捉”单选按钮，其光标可以捕捉一个等轴测栅格。
- PolarSnap单选按钮：如果启用了捕捉模式并在极轴追踪打开的情况下指定点，光标将沿在“极轴追踪”选项卡上对应于极轴追踪起点设置的极轴对齐角度进行捕捉。
- “自适应栅格”复选框：用于限制缩放时栅格的密度。
- “显示超出界限的栅格”复选框：用于确定是否显示图形界限之外的栅格。
- “遵循动态UCS”复选框：跟随动态UCS的XY平面而改变栅格平面。

注 意

栅格只显示在绘图边界范围之内，它只是一种辅助定位图形，不是图形文件的组成部分，也不能被打印输出。

通常，栅格和捕捉是配合使用的，即捕捉和栅格的X、Y轴间距最好成比例关系，从而便于精确定位鼠标。

4.2.2　使用正交模式

所谓正交，是指在绘制图形时所指定第一个点后，连接光标和起点的像皮线总是平等于X轴或Y轴。若捕捉设置为等轴测模式时，正交还迫使直线平行第三个轴中的一个。

通过单击状态栏上的“正交”按钮，或按F8键可打开或关闭正交模式。

当正交模式打开时，只能在垂直或水平方向画线或指定距离，而不管光标在屏幕上的位置。其线的方向取决于光标在X、Y轴方向上的移动距离而变化。如果X方向的距离比Y方向大，则画水平线；返之画垂直线。

例如，采用“直线”命令，再配合“正交”模式来绘制100mm×60mm的矩形对象，用户可以按照如下命令行提示来进行操作，效果如图4-6所示。

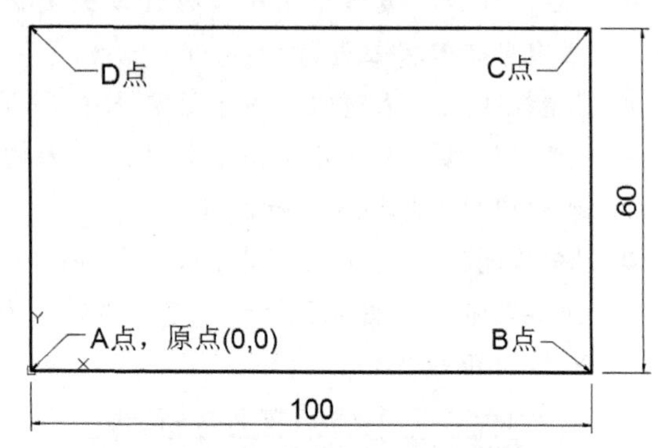

图4-6　采用直线和正交来绘制矩形

```
命令：L                                         // 执行“直线”命令
指定第一个点：0,0                                // 确定起点A，即坐标原点（0,0）
指定下一点或 [放弃(U)]：  <正交 开> 100          // 打开正交模式，鼠标指向右，并输入100，
确定B点
指定下一点或 [放弃(U)]：60                       // 鼠标指向上，并输入60，确定C点
指定下一点或 [闭合(C)/放弃(U)]：100              // 鼠标指向左，并输入100，确定D点
指定下一点或 [闭合(C)/放弃(U)]：c                // 输入C，与起点A闭合
```

4.3　通过捕捉图形几何点精确定位点

在AutoCAD中，使用对象捕捉可以将指定点快速、精确地限制在现有对象的确切位置上（如圆心、中点、交点或端点等），而不必知道坐标或绘制辅助线。

4.3.1　对象捕捉模式详解

要启用或关闭对象捕捉，可以单击状态栏中的“对象捕捉”按钮。要设置对象捕捉模式，可以使用“草图设置”对话框的“对象捕捉”选项卡，并通过选择“对象捕捉模式”选项组中的相应复选框来打开或关闭对象捕捉模式，如图4-7所示。

设置好捕捉选项后，在状态栏激活“对象捕捉”项，按F3键，或者按Ctrl+F快捷键，即可在绘图过程中启用捕捉选项。启用对象捕捉后，在绘制图形对象时，当光标移动到图形对象的特定位置时，将显示捕捉模式的标志符号，并在其下侧显示捕捉类型的文字信息，如图4-8所示。

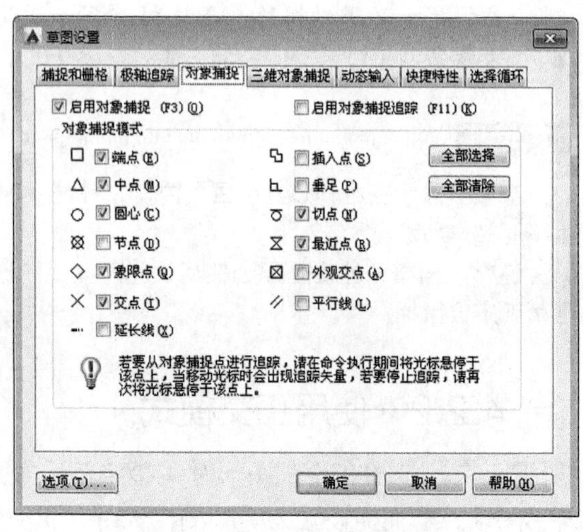

图4-7　“对象捕捉”选项卡

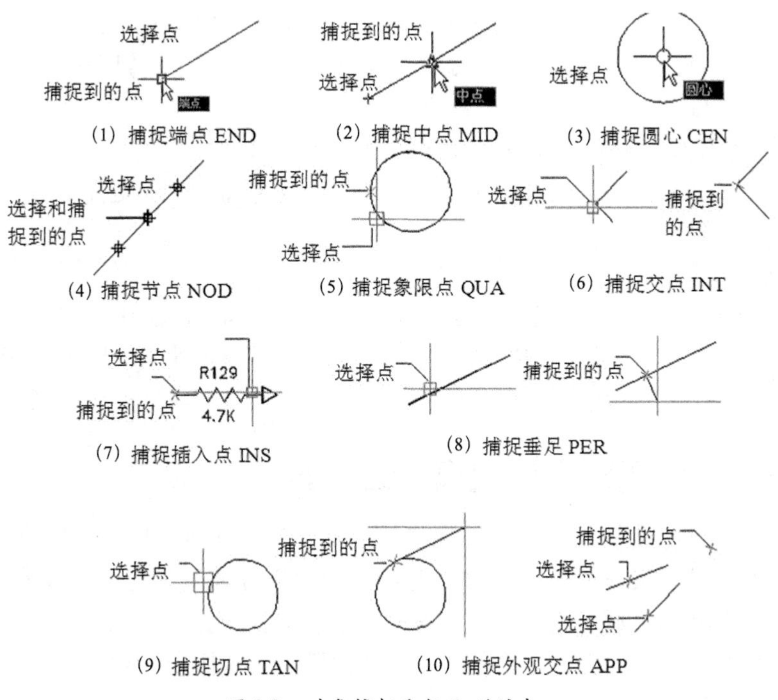

图4-8 对象捕捉和拾取到的点

下面简要介绍常用捕捉模式的特点。

- 端点（END）：捕捉直线、圆弧或多段线等几何对象的端点。
- 中点（MID）：捕捉直线、多段线或圆弧的中点。
- 交点（INT）：用来捕捉对象的交点，该交点可以是真实交点，也可以是延长对象后的虚拟交点（如图4-9左图所示）。该捕捉模式不能和捕捉外观交点模式同时有效。
- 外观交点（APP）：在2D空间中，捕捉外观交点和捕捉交点模式是等效的。该捕捉模式可以捕捉3D空间中两个对象的视图交点（这两个对象实际上不一定相交，但看上去相交）。
- 捕捉延伸点（EXT）：当光标移出对象端点并顺着对象轨迹移动时，系统将显示沿对象轨迹延伸出来的虚拟轨迹，此时单击即可拾取延伸点，如图4-9右图所示。

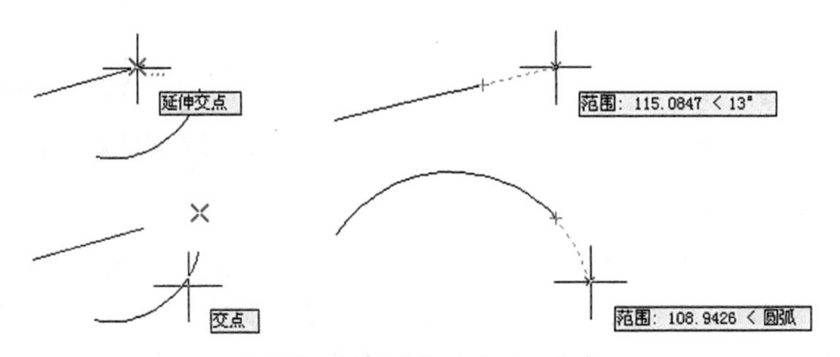

图4-9 捕捉延伸交点和延伸点

- 圆心（CEN）：捕捉圆弧、圆或椭圆的中心。
- 象限点（QUA）：捕捉圆弧、圆或椭圆上0°、90°、180°或270°处的点。
- 切点（TAN）：捕捉与圆、椭圆或圆弧相切的切点，用来绘制切线。

- 垂足（PER）：捕捉与选定对象垂直的点，用来绘制垂直线。
- 平行线（PAR）：用于捕捉与选定对象平行的点，用于绘制平行线。
- 插入点（INS）：用来捕捉文本或图块的插入点。
- 节点（NOD）：捕捉点对象，包括尺寸的定义点。
- 最近点（NEA）：捕捉对象上最近的点，一般是端点、垂足或交点。

注 意

捕捉自（From）工具并不是对象捕捉模式，但它经常与对象捕捉一起使用。在使用相对坐标指定下一个应用点时，“捕捉自”工具可以提示用户输入基点，并将该点作为临时参考点，这与通过输入前缀@使用最后一个点作为参考点类似。

4.3.2 利用对象捕捉模式绘制图形

使用“切点”和“垂足”这两种捕捉模式绘制直线时，既可以先确定直线的第一点，然后通过捕捉切点或垂足来绘制切线或垂直线，也可以先通过捕捉切点或垂足进入绘制切线或垂直线模式，然后再通过指定第二点绘制切线或垂直线。

例如，在已知的两个圆上，来绘制两圆的切线段，其操作步骤如下。

01 在“绘图”面板中单击“圆”按钮。

02 在绘图中任意一点单击，确定圆心点O。

03 这时输入30并按Enter键，以此确定圆的半径为30mm，如图4-10所示。

04 在命令行输入SE，打开“草图设置”对话框，并按照如图4-11所示来设置“圆心”项。

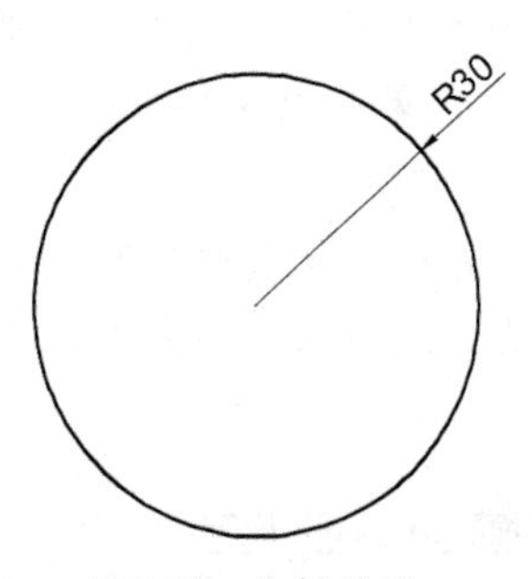

图4-10 绘制的圆

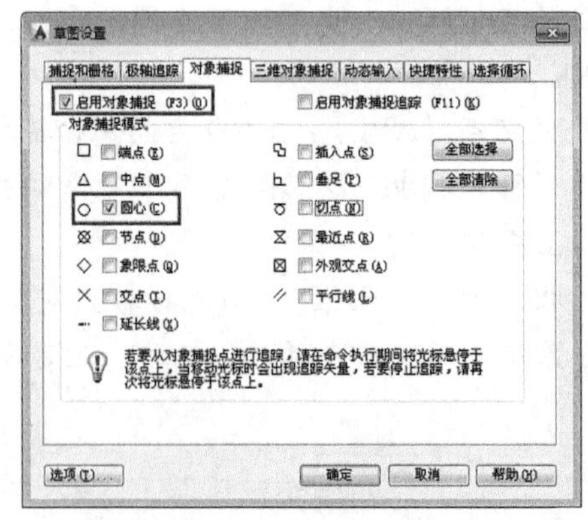

图4-11 设置并启用对象捕捉

05 再在“绘图”面板中单击“圆”按钮。

06 在命令行输入from并按Enter键，然后捕捉圆的圆心点并单击，如图4-12所示。

07 输入（@100,0）后按Enter键，确定另一个圆的圆心点，如图4-13所示。

08 此时拖动鼠标，即可看到圆的大小跟着发生变化，这时输入20，以此确定另一个圆的半径为20，如图4-14所示。

09 在命令行输入SE，打开“草图设置”对话框，并按照如图4-15所示来设置“切点”项。

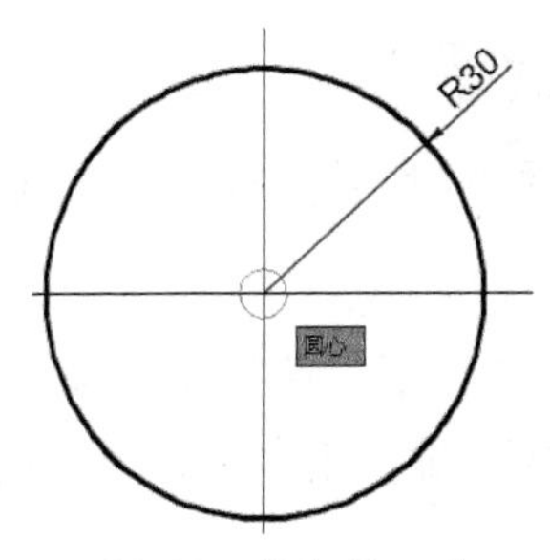

图4-12　捕捉圆心点

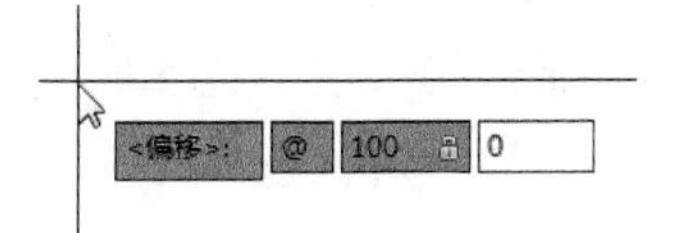

图4-13　偏移基点

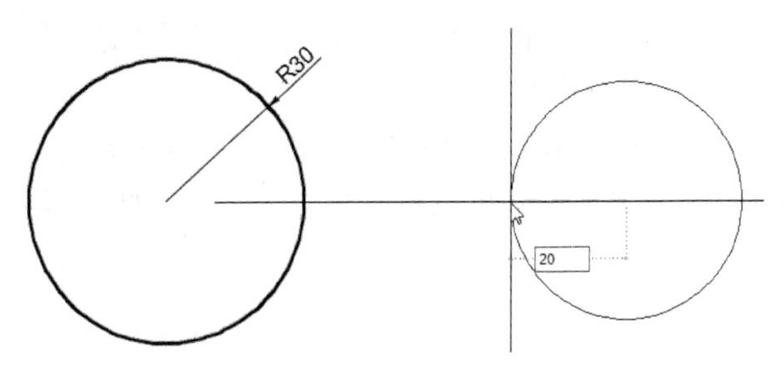

图4-14　绘制的另一个圆

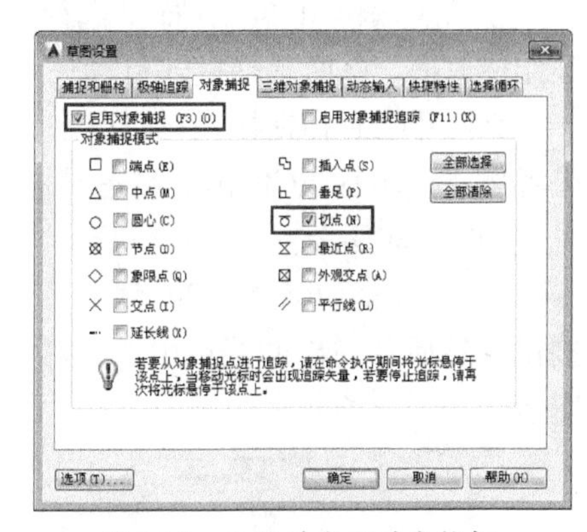

图4-15　设置并启用对象捕捉

❿ 在“绘图”面板中单击“直线”按钮。

⓫ 将光标靠近左侧大圆的上方，出现“切点”项时单击，以此确定直线的起点，如图4-16所示。

⓬ 将光标靠近右侧小圆的上方，出现“切点”项单击，以此确定直线的端点，如图4-17所示。

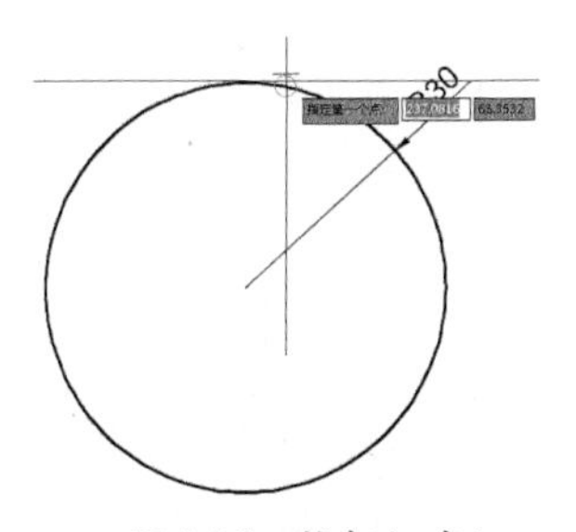

图4-16　捕捉切点1

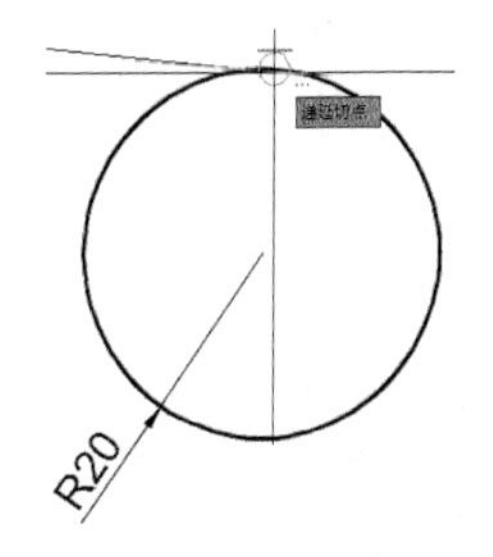

图4-17　捕捉切点2

⓭ 这时，即可看到所绘制一条切线段，如图4-18所示。

⓮ 用户可以按照相同的方法，来绘制下侧的另一条切线段，如图4-19所示。

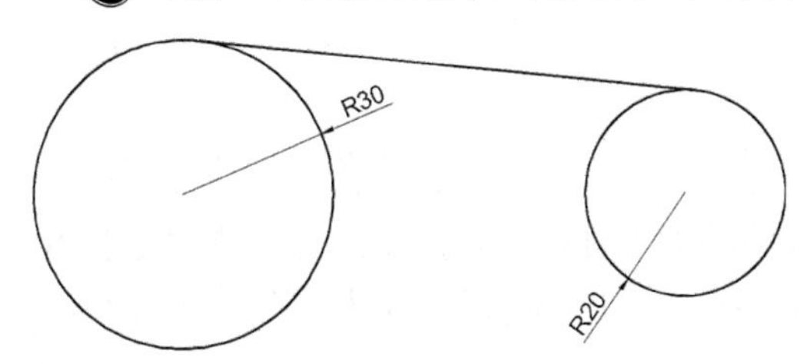

图4-18　绘制的切线段

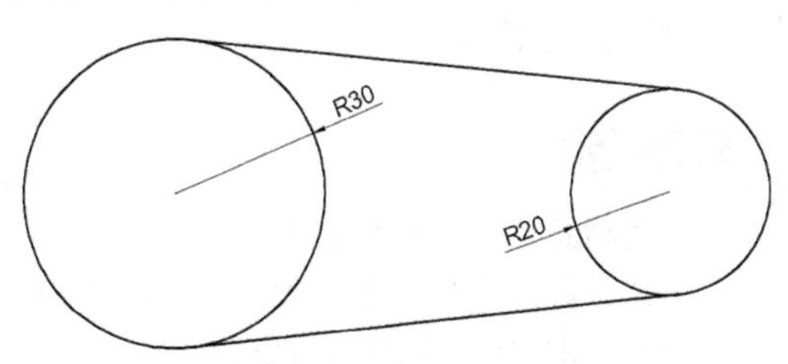

图4-19　绘制的另一切线段

▶ 4.3.3 关于自动捕捉模式与临时捕捉模式

对象捕捉模式有两种：一种是自动捕捉模式，另一种是临时捕捉模式，其特点如下。

1. 自动捕捉模式

打开自动捕捉模式后，绘图时对象捕捉状态始终有效，直至关闭为止。要打开或关闭自动捕捉模式，可单击状态栏的“对象捕捉”按钮，按F3键，或者按Ctrl+F快捷键。

2. 临时捕捉模式

绘制或编辑图形时，如果选择了临时捕捉模式，则该捕捉模式仅用于当前选择。并且操作结束后，临时捕捉模式自动失效。

要打开临时捕捉模式，可以在点输入提示下输入关键字（如MID、CEN、QUA等），或者按住Shift键或Ctrl键后右击鼠标，弹出快捷菜单，然后从中选择所要临时捕捉的选项即可，如图4-20所示。

当然，在AutoCAD 2015中，用户可以在状态栏中单击“对象捕捉”按钮右侧的倒三角按钮，然后从弹出的菜单中选择相应的捕捉项，也可进行临时捕捉模式的设置，如图4-21所示。

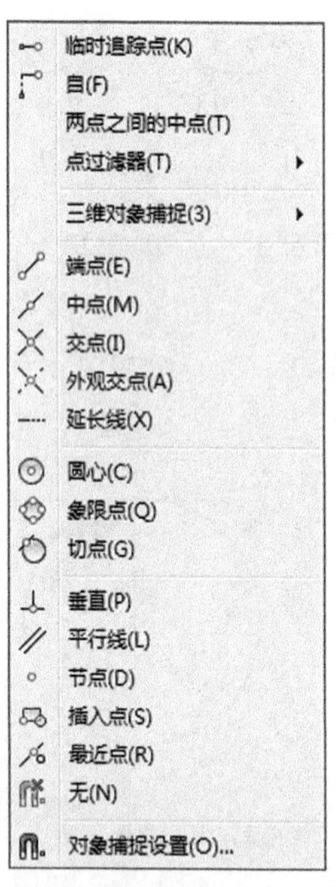

图4-20 “对象捕捉”快捷菜单

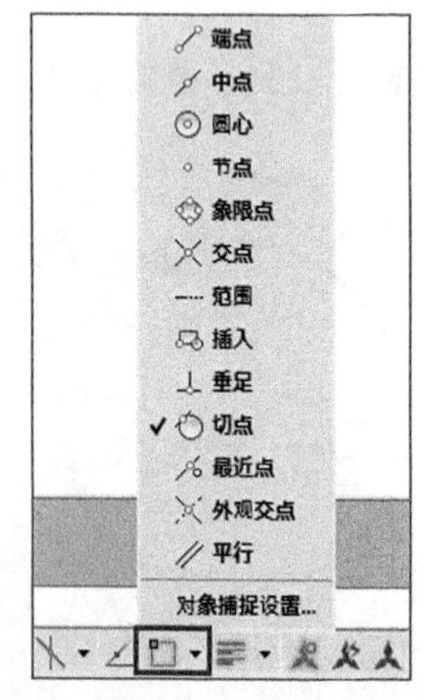

图4-21 状态栏的临时捕捉设置

另外，如果设置了临时捕捉模式，则其优先级将高于自动捕捉模式，因此，临时捕捉模式又称覆盖捕捉模式。

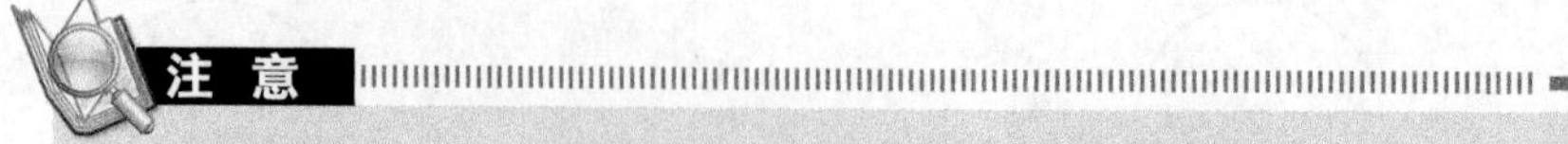

注 意

在临时进行对象捕捉时，用户还可以输入对象捕捉的快捷键来捕捉指定的点。例如，要捕捉中点，可以输入快捷键MID，这时移动鼠标就可以捕捉到对象的中点。在表4-1所示中给出了AutoCAD中对象捕捉的快捷键。

表4-1 AutoCAD对象捕捉快捷键

捕捉自：from	端点：END	中点：MID	交点：INT
外观交点：AP	延长线：EXT	圆心点：CEN	象限点：QUA
切点：TAN	垂足点：PER	平行线：PAR	插入点：INS
节点：NOD	最近点：NEA	无捕捉：NO	

例如，针对前面所绘制的两个圆对象，如果采用临时捕捉模式来绘制两条切线段，再连接圆心点的直线段，其操作步骤如下。

01 在“绘图”面板中单击“直线”按钮。

02 按住Shift键右击鼠标，从弹出的快捷菜单中选择“切点”选项，如图4-22所示。

03 将鼠标靠近左侧大圆的上方，将出现“切点”项并单击，以此确定直线的起点，如图4-23所示。

04 将鼠标靠近右侧小圆的上方，将出现“切点”项并单击，以此确定直线的端点，如图4-24所示。

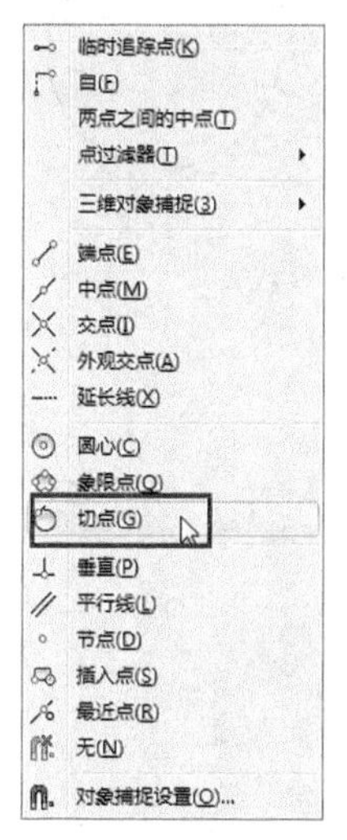

图4-22 设置“切点”

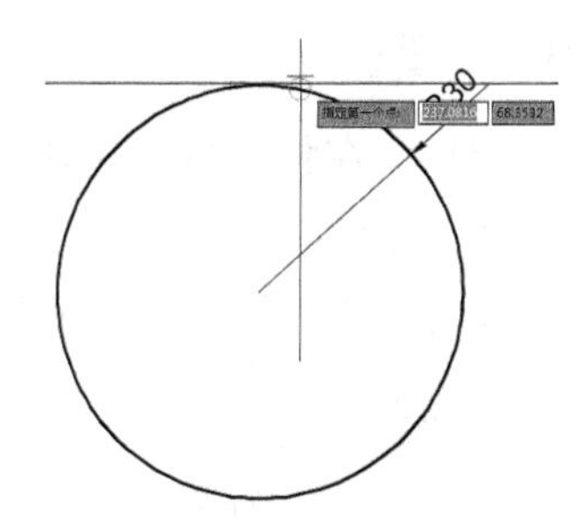

图4-23 捕捉切点1

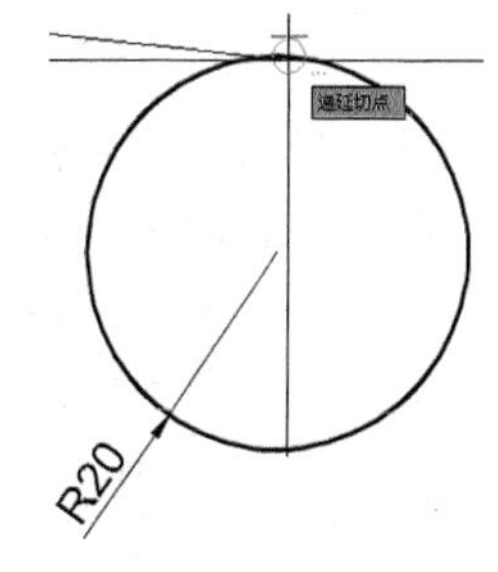

图4-24 捕捉切点2

05 这时，即可看到所绘制的一条切线段，如图4-25所示。

06 用户可以按照相同的方法，来绘制下侧的另一条切线段，如图4-26所示。

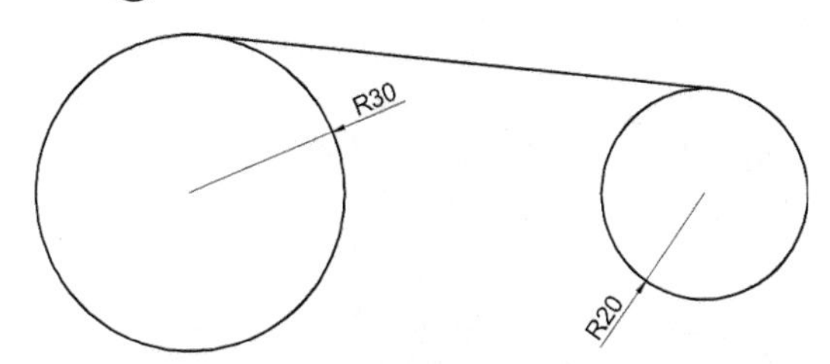

图4-25 绘制的切线段

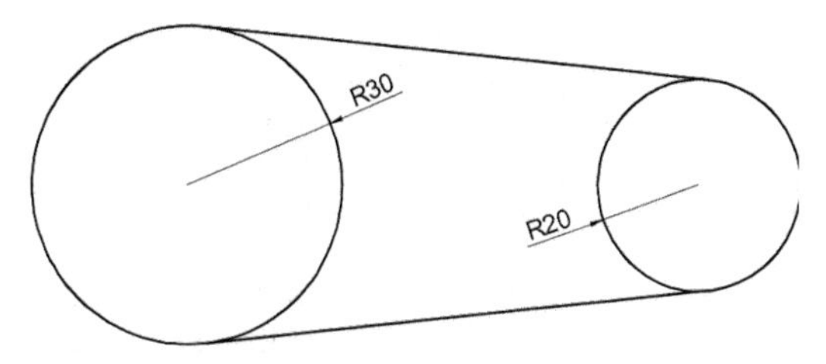

图4-26 绘制的另一切切线段

07 在“绘图”面板中单击“直线”按钮。

08 在命令行中输入圆心点的快捷键CEN，并按Enter键，以此设置捕捉圆心点，如图4-27所示。

09 鼠标靠近左侧大圆的圆心位置，出现“圆心”项并单击，如图4-28所示。

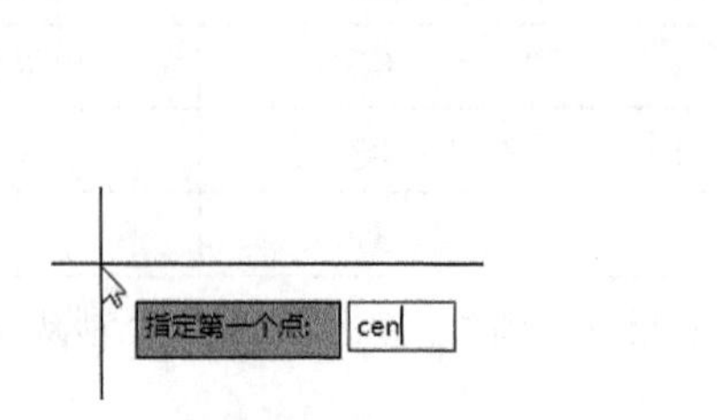

图4-27　输入圆心快捷键

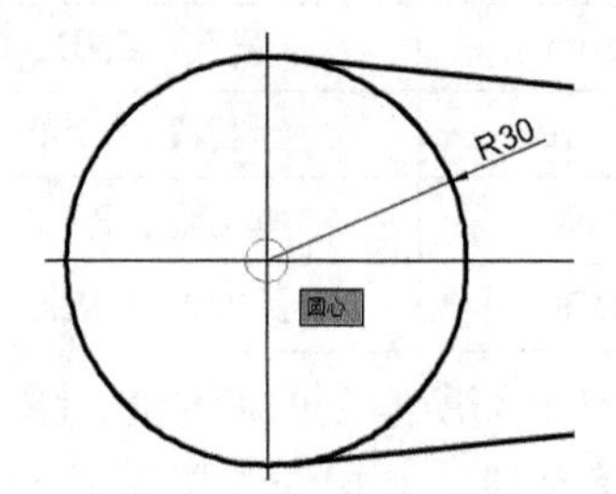

图4-28　捕捉圆心点1

10 在命令行中再输入圆心点的快捷键CEN，并按Enter键，以此设置捕捉圆心点。

11 鼠标靠近右侧小圆的圆心位置，出现“圆心”项并单击，如图4-29所示。

12 这时，即可看到所绘制的一条连接两圆心的直线段，如图4-30所示。

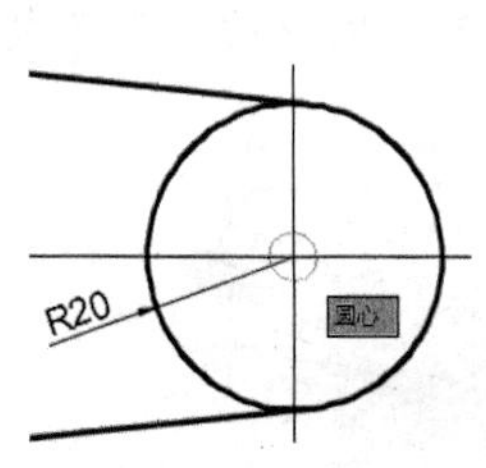

图4-29　捕捉圆心点2

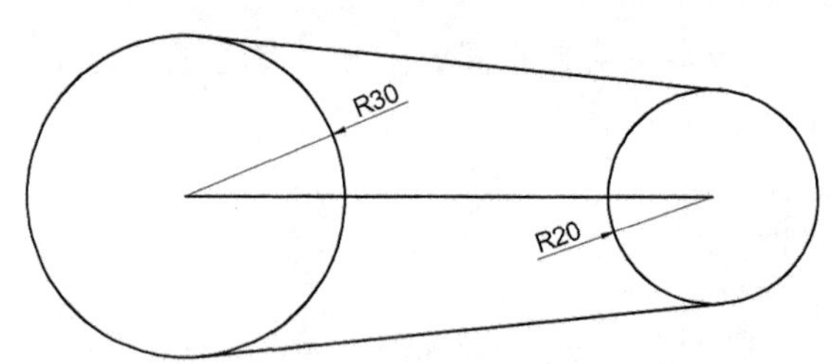

图4-30　连接的中心线

4.3.4　设置对象捕捉参数

在命令行中输入“选项”命令（OP），在打开的“选项”对话框中，切换至“绘图”选项卡，可设置对象的捕捉参数，如图4-31所示。

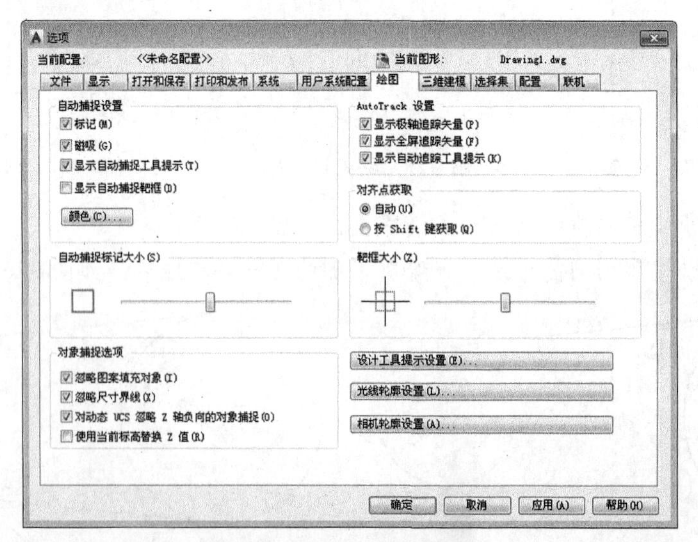

图4-31　设置对象捕捉参数

通过调整对象捕捉靶框，可以只对落在靶框内的对象使用对象捕捉。靶框大小应根据选择的对象、图形的缩放设置、显示分辨率和图形的密度进行设置。此外，还可通过设置确定是否显示捕捉标记、设置自动捕捉标记框的大小和颜色、是否显示自动捕捉靶框等。

4.4 使用追踪精确定位点

在AutoCAD中，相对图形中其他点来定位点的方法称为追踪。使用追踪功能，可按指定角度绘制对象，或绘制与其他对象有特定关系的对象。当追踪打开时，可利用屏幕上出现的追踪线在精确的位置和角度上创建对象。自动追踪包含极轴追踪和对象捕捉追踪，可通过单击状态栏上的“极轴”按钮或“对象追踪”按钮打开或关闭追踪模式。

4.4.1 使用极轴追踪与捕捉

在命令行输入SE命令，打开“草图设置”对话框，在“极轴追踪”选项卡中可以启用或关闭极轴追踪，设置极轴角增量或特定角度的极轴角，以及设置极轴角测量方式等，如图4-32所示。

注 意

AutoCAD 2015中，在状态栏中单击“极轴”按钮右侧的倒三角按钮，从弹出的快捷菜单中以选择预设的极轴追踪项，如图4-33所示。

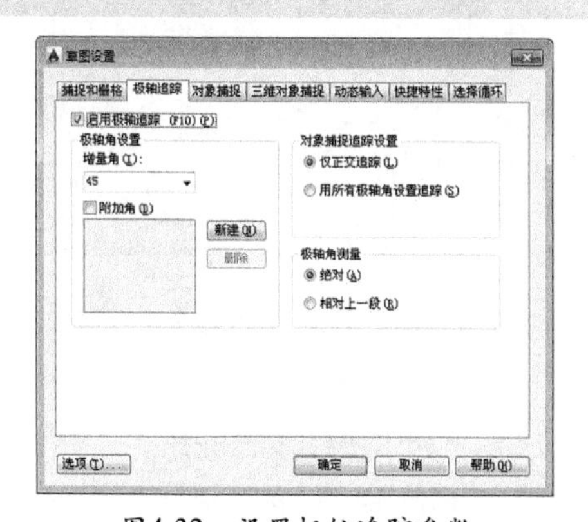

图4-32 设置极轴追踪参数

图4-33 预设极轴追踪

下面就对“极轴追踪”选项卡中各功能进行讲解。

- “极轴角设置”选项组：用于设置极轴追踪的角度。默认的极轴追踪角度增量是90°，用户可在“增量角”下拉列表中选择角度增量值。若该下拉列表中的角度值不能满足用户的需求，可将下侧的“附加角”复选框选中。用户也可单击“新建”按钮并输入一个新的角度值，将其添加到附加角的列表框中。
- “对象捕捉追踪设置”选项组：若选择“仅正交追踪”单选按钮，可在启用对象捕捉追踪的同时，显示获取的对象捕捉点的正交对象捕捉追踪路径；若选择“用所有极轴角设置追踪”单选按钮，可以将极轴追踪设置应用到对象捕捉追踪，此时可以将极轴追踪设置应用到对象捕捉追踪上。
- “极轴角测量”选项组：用于设置极轴追踪对齐角度的测量基准。若选择“绝对”单选按钮，表示当用户坐标UCS的X轴正方向为0°角计算极轴追踪角；若选择“相对上一段”单选按钮，可以基于最后绘制的线段确定极轴追踪角度。

例如，如果设置极轴的“增量角”为30，则在绘制图形时可沿0°（X轴正向）、30°、60°、90°（Y轴正向）等方向进行追踪，如图4-34所示。

如果利用“增量角”预设的角度不能满足需要（如希望沿45°方向追踪），可在“极轴追踪”选项卡中单击“新建”按钮，输入特定的附加角（45），此时☑附加角(D)复选框被自动选中，如图4-35所示。

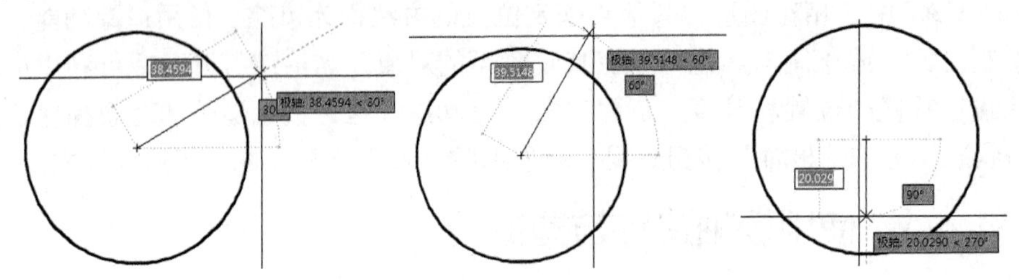

图4-34　极轴追踪效果

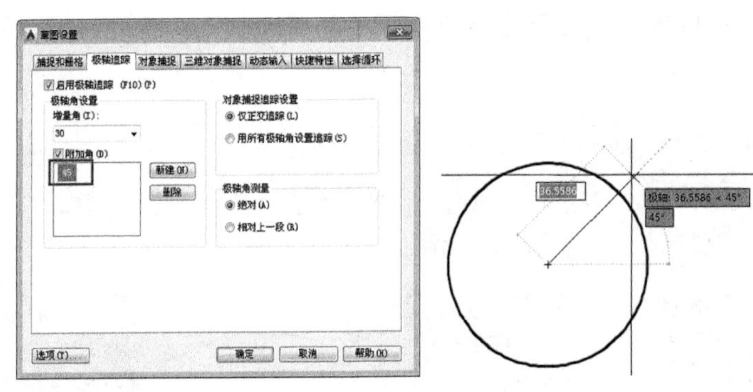

图4-35　极轴追踪—附加角

注　意

打开正交模式，光标将被限制沿水平或垂直方向移动。因此，正交模式和极轴追踪模式不能同时打开，若一个打开，另一个将自动关闭。

例如，要快速绘制一个正三角形，用户可以按照如下操作步骤进行。

01 输入SE命令，打开“草图设置”对话框，并切换至“极轴追踪”选项卡。

02 勾选“启用极轴追踪”复选框，设置附加角为60°和120°，并选择“用所有极轴角设置追踪”单选按钮，然后单击“确定”按钮，如图4-36所示。

03 按F8键切换到“正交”模式，再执行“直线”命令（L），在视图中确定一起点，水平向右移动鼠标，然后确定另一端点，以此来绘制一条水平线段（假如为100），如图4-37所示。

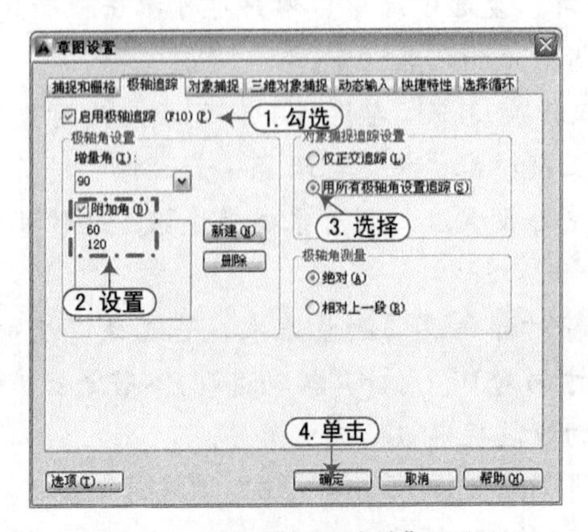

图4-36　进行“极轴追踪”设置

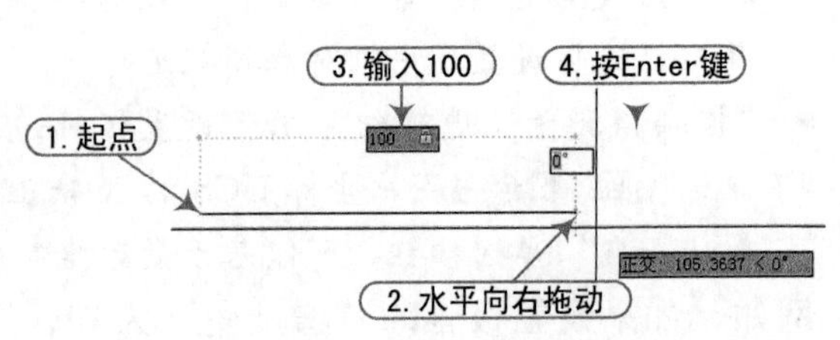

图4-37　绘制水平线段

04 按F8键切换到“非正交”模式，移动光标至左上方，大致夹角为120°时，直至显示追踪线，如图4-38所示。

05 移动光标至水平线段左侧的端点，再将其向右上方移动，大致夹角为60°时，直至显示追踪线，并沿着该追踪线移动，从而并之前的追踪线相交并单击，如图4-39所示。

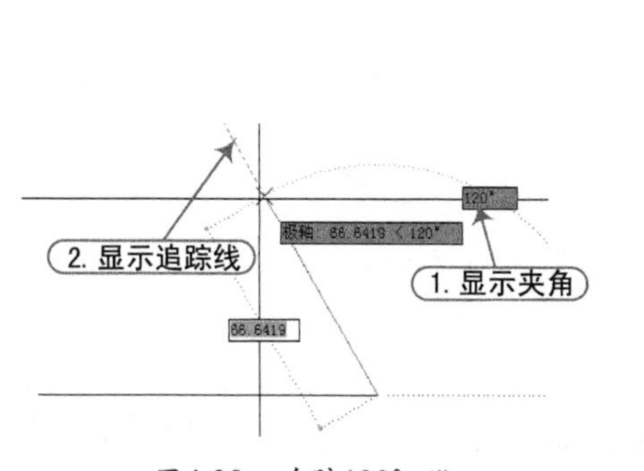

图4-38　追踪120°线

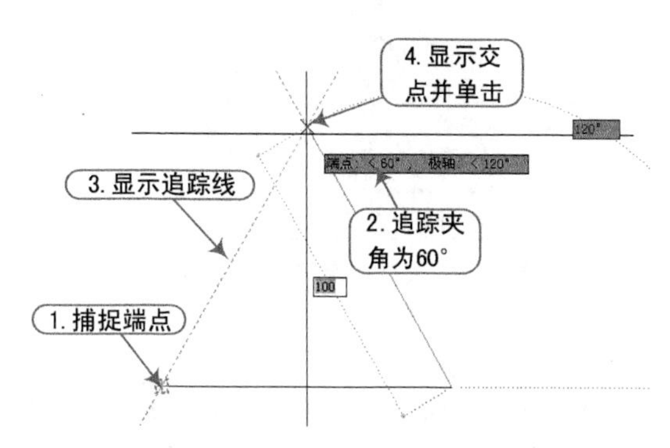

图4-39　两条追踪线交点

06 最后，根据命令行提示选择“闭合(C)”选项，使之与最初的起点闭合，从而完成正三角形的绘制，如图4-40所示。

另外，如果用户希望在使用“极轴追踪”时精确控制光标沿极轴移动的距离，可以设置极轴捕捉。在“草图设置”对话框的“捕捉和栅格”选项卡中，选择PolarSnap单选按钮，然后输入“极轴距离”为1，如图4-41所示。

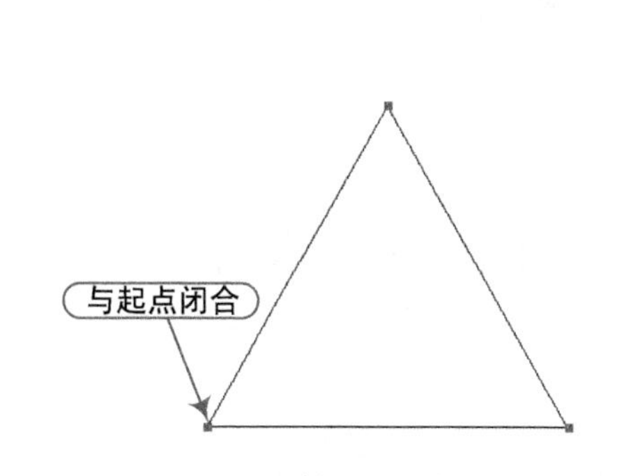

图4-40　绘制的正三角形

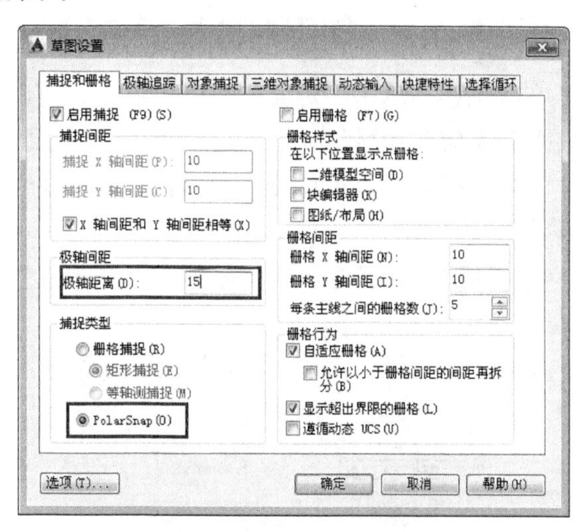

图4-41　设置追踪距离

例如，使用了“直线”命令（L），以圆心为起点绘制一条长度为45mm，且夹角为45度的斜线段，用户可按照如下步骤进行。

01 在状态栏中设置追踪角度为30度，如图4-42所示。

02 使用“直线”命令（L），捕捉圆心并单击，从而确定直线的起点，如图4-43所示。

03 将光标45度方向移动，这时将出现追踪虚线；在追踪线上，鼠标在圆内时，系统自动识别追踪距离为15；如果光标在圆上，自动识别追踪距离为30；如果光标在圆外时，自动识别追踪距离为45、60……等（即15的n倍数），如图4-44所示。

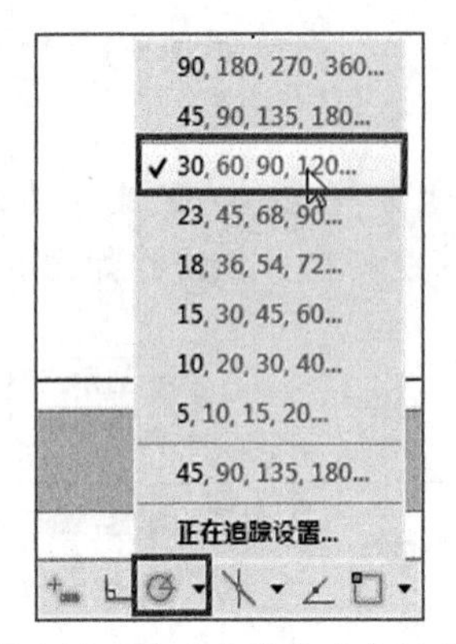

图4-42 设置追踪角度为30度

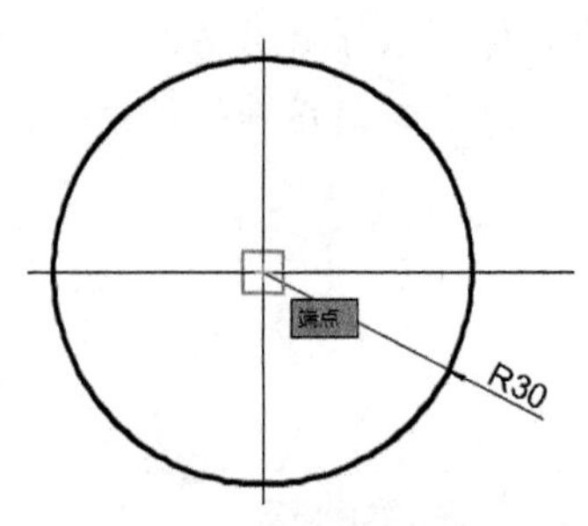

图4-43 捕捉圆心点

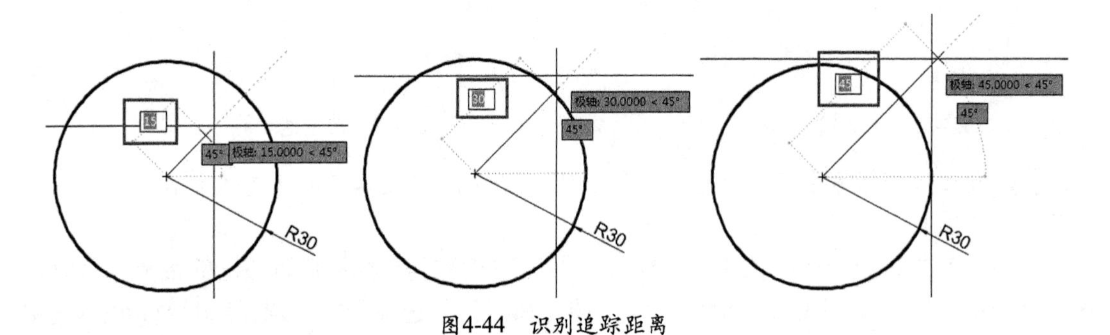

图4-44 识别追踪距离

4.4.2 使用对象捕捉追踪

在状态栏中单击“对象追踪”按钮，可以打开对象捕捉追踪功能。所谓对象捕捉追踪，是指系统在捕捉到对象上的特定点后，可继续根据设置进行正交或极轴追踪。

例如，在半径为30mm圆上，绘制过圆心点、象限点的等腰直角三角形，用户可按照如下步骤进行。

01 在“草图设置”对话框的“对象捕捉”选项卡中，设置“圆心”和“象限点”捕捉模式，如图4-45所示。

02 在状态栏中单击“对象追踪”按钮，且设置追踪角度为45°，如图4-46所示。

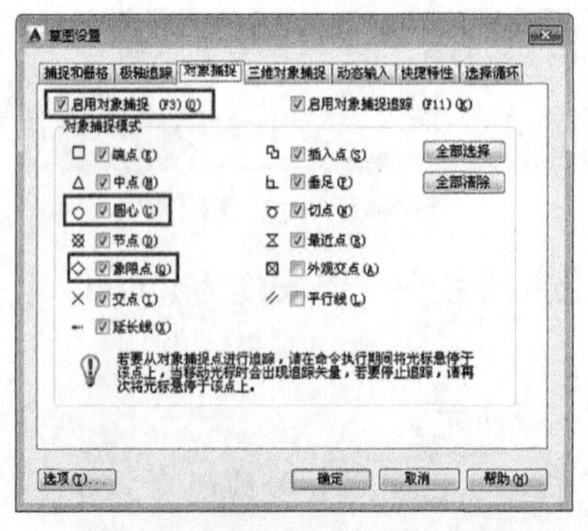

图4-45 设置对象捕捉模式

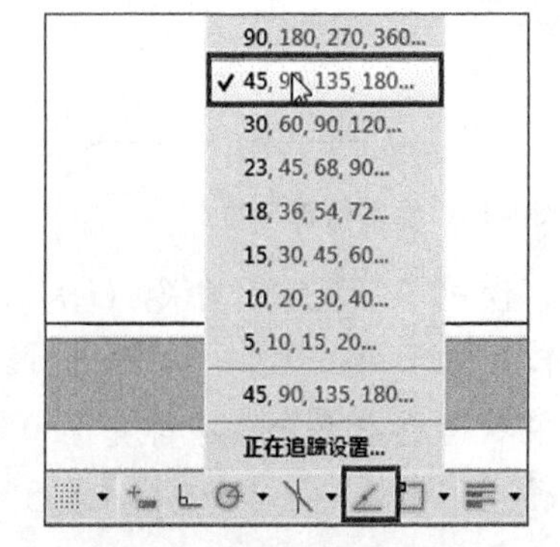

图4-46 启动对象捕捉追踪

03 在“绘图”面板中单击“直线”按钮，捕捉圆心点作为起点，并向45°方向移动，从而出现追踪虚线，呈射线模式，如图4-47所示。

04 这时将光标移至圆的右侧象限点，将出现象限点标注（不单击），如图4-48所示。

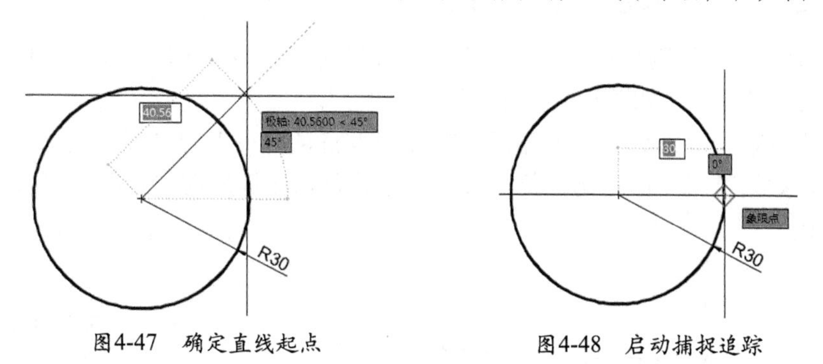

图4-47 确定直线起点　　图4-48 启动捕捉追踪

05 这时将光标垂直向上拖动，使之与之前的45°追踪线有一交点时单击，以此确定直线的端点，如图4-49所示。

06 再向下移动光标，捕捉圆的右侧象限点并单击，以此确定第二条直线段，如图4-50所示。

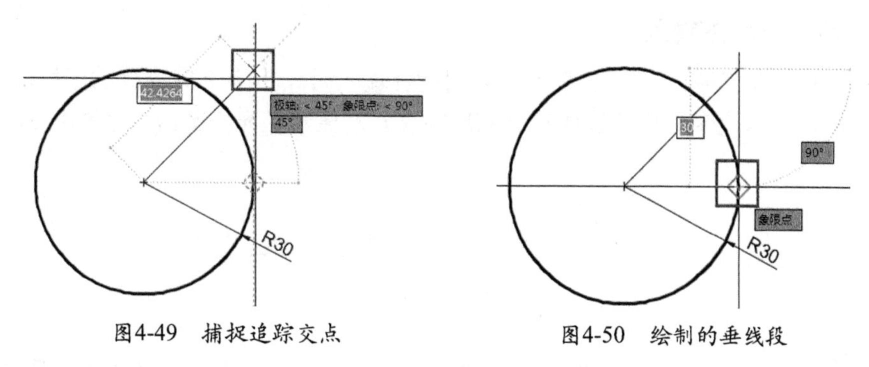

图4-49 捕捉追踪交点　　图4-50 绘制的垂线段

07 再向左移动鼠标，捕捉圆的圆心点并单击，再按Enter键结束，从而完成等腰直角三角形的绘制，如图4-51所示。

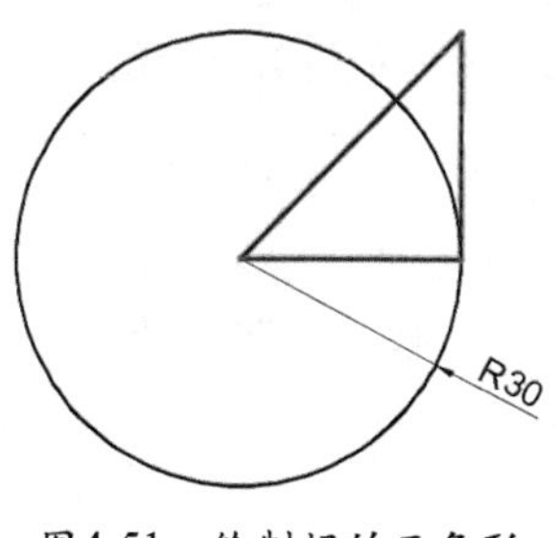

图4-51 绘制好的三角形

4.5 动态输入与选择预览

通过单击状态栏上的“动态输入”按钮可打开或关闭动态输入。启用动态输入后，在执行绘图和编辑操作时，将在光标附近显示光标所在位置的坐标、尺寸标注、长度和角度变化等提示信息，并且这些信息会随着光标移动而动态更新。

利用选择预览，可以帮助用户快速判断对象的性质以及快速选择对象。

4.5.1 设置动态输入功能

当利用LINE命令绘制直线时，在单击确定直线起点后移动光标，将在光标附近显示光标所在位置的尺寸标注，如图4-52左图所示。

在单击选中某个对象后，将光标移至夹点，也将显示夹点的尺寸标注，如图4-52中图所示。此外，如果编辑图形时光标位于极轴，还将显示光标所在位置的相对极坐标，如图4-52右图所示。

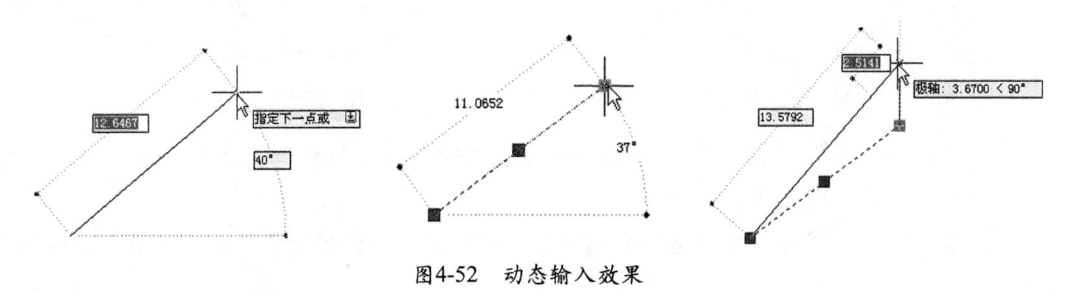

图4-52　动态输入效果

1. 指针输入与标注输入

动态输入包括指针输入和标注输入。启用指针输入时，十字光标位置的坐标值（默认为相对极坐标，但可以改变，相关操作参见稍后内容）将显示在光标旁边，如图4-53所示。

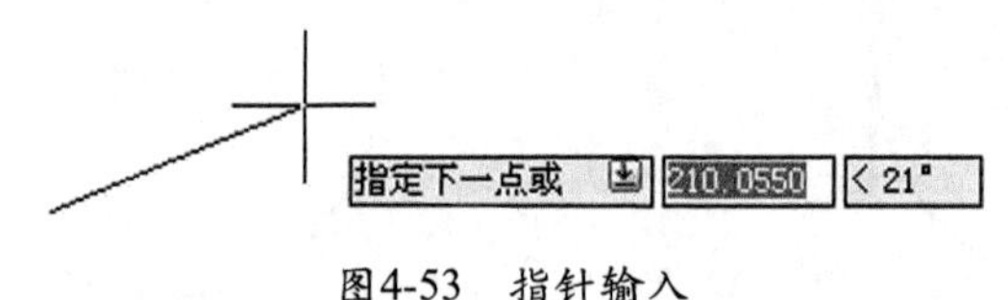

图4-53　指针输入

注 意

图4-53为关闭标注输入后的显示效果。默认情况下，标注输入被打开，故只显示标注内容（实际上就是相对极坐标），未显示极坐标，如图4-52左图所示。指针输入与极轴追踪不同，它只是显示光标所在位置的相对极坐标，而没有显示追踪线。

启用标注输入时，在创建和编辑几何图形时可以显示标注信息。

打开动态输入后，在创建和编辑几何图形时，可以直接在提示中输入坐标值，而不必使用命令行。例如，利用LINE命令绘制直线时，在单击确定直线起点后，可以直接输入"50,100"，然后按Enter键定位点，如图4-54上图所示，或者输入"50<30"，然后按Enter键定位点，如图4-54下图所示。

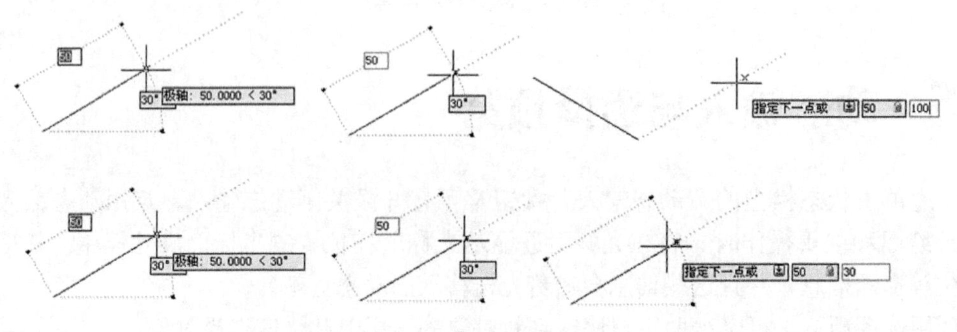

图4-54　在动态提示中输入坐标值

默认情况下，动态输入的指针输入被设置为“相对极坐标”形式。因此，虽然未输入“@”符号，输入的坐标值依然为相对坐标。如果要输入绝对坐标，可先输入“#”符号。

输入坐标时，输入的“，”号或“>”号决定了坐标类型为直角坐标或极坐标。

2. 设置动态输入效果

使用动态输入时，还可根据需要调整动态输入效果。例如，绘制或编辑图形时显示光标的绝对直角坐标，显示更多的标注信息等。

要设置动态输入效果，可在“草图设置”对话框中打开“动态输入”选项卡，然后对指针输入和标注输入进行设置，如图4-55所示。

在“指针输入”选项组单击“设置”按钮，将打开如图4-56所示的“指针输入设置”对话框。利用该对话框可设置坐标格式，以及何时显示指针输入信息。

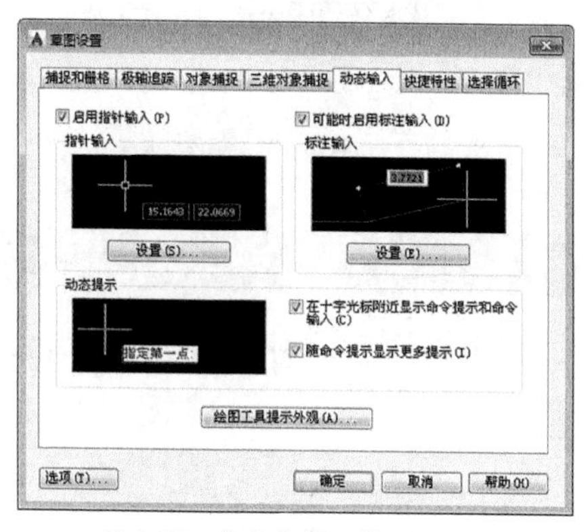

图4-55 “动态输入”选项卡

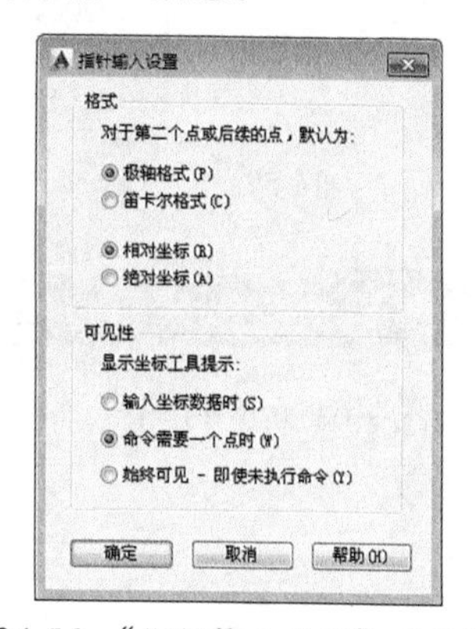

图4-56 “指针输入设置”对话框

要调整标注输入提示，可在“标注输入”选项组单击“设置”按钮，打开“标注输入的设置”对话框。例如，如果希望在编辑图形时显示更多的信息，可以在该对话框中选择“同时显示以下这些标注输入字段(F):”单选按钮，如图4-57所示。如图4-58所示显示了修改标注输入后，移动夹点时显示的动态输入信息。

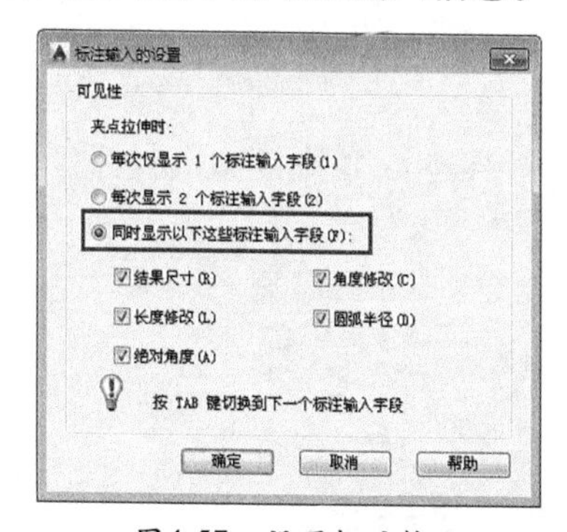

图4-57 设置标注输入

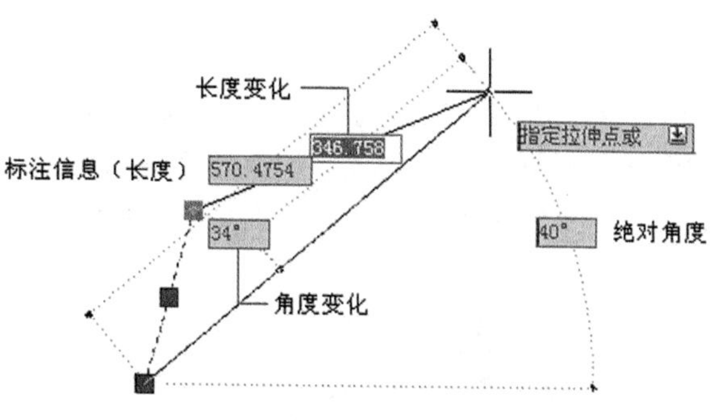

图4-58 显示更多的坐标输入信息

4.5.2 动态输入的操作

在AutoCAD中，使用动态输入功能可以在指针位置处显示标注输入和命令提示等信息，从而极大地方便了绘图。

在状态栏上单击按钮来打开或关闭“动态输入”功能，若按F12键可以临时将其关闭。当用户启动“动态输入”功能后，其工具栏提示将在光标附近显示信息，该信息会随着光标的移动而动态更新，如图4-59所示。

在输入字段中输入值并按Tab键后，该字段将显示一个锁定图标，并且光标会受用户输入值的约束，随后可以在第二个输入字段中输入值，如图4-60所示。另外，如果用户输入值后按Enter键，则第二个字段被忽略，且该值将被视为直接距离输入。

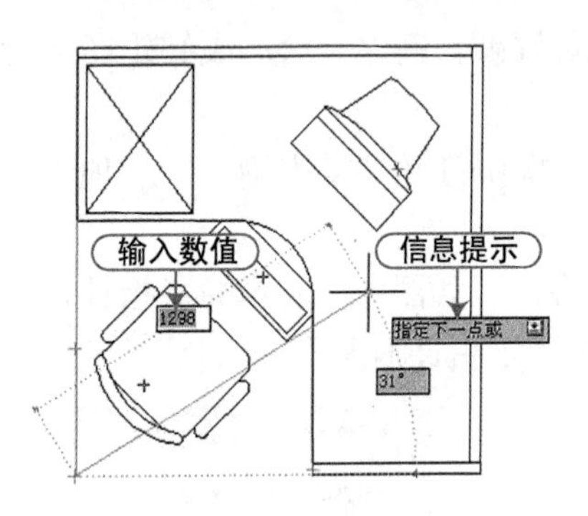

图4-59 动态输入

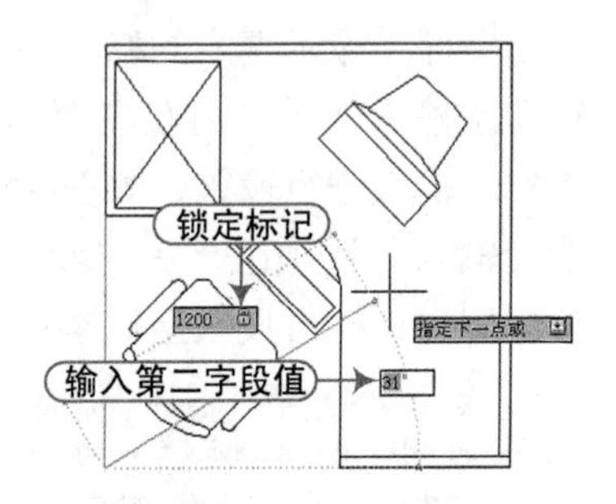

图4-60 锁定标记

上机练习 绘制螺杆

绘制如图4-61所示的螺杆。在绘制该图的过程中，注意运用极轴追踪和对象捕捉追踪方法来简化图形绘制。

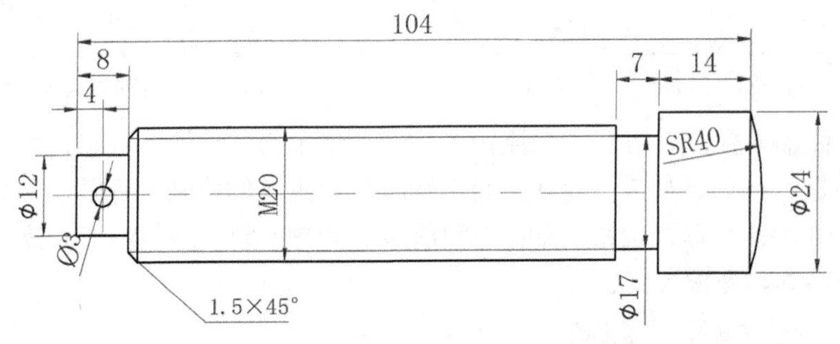

图4-61 螺杆

01 新建一个图形文件。单击“图层”面板中的“图层特性”按钮，打开“图层特性管理器”面板，参照如图4-62所示新建“标注”、“中心线”、“粗实线”和“细实线”图层并设置其属性，其中将“粗实线”层线宽设置为0.3。

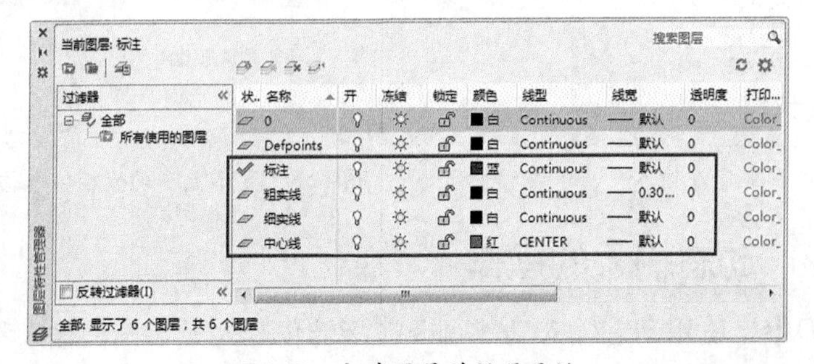

图4-62 新建图层并设置属性

02 为了在视图中更好地显示非连续线型的效果，选择“格式”|“线型”菜单命令，打开“线型管理器”对话框，将“全局比例因子”设置为0.5，如图4-63所示。

03 在命令行输入SE命令，打开“草图设置”对话框，然后打开“捕捉和栅格”选项卡。设置“捕捉类型”为PolarSnap，“极轴距离”为0.5，如图4-64所示；打开“极轴追踪”选项卡，设置极轴“增量角”为45°，如图4-65所示。

04 选择“格式”|“单位”菜单命令，打开“图形单位”对话框，设置“长度”的精度为0.0，如图4-66所示。

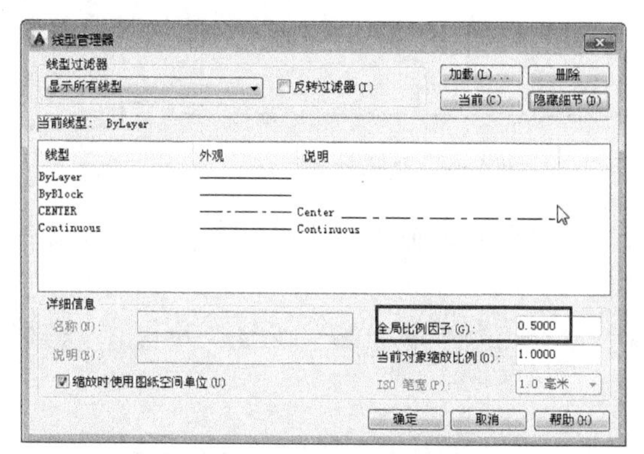

图4-63 设置“全局比例因子”

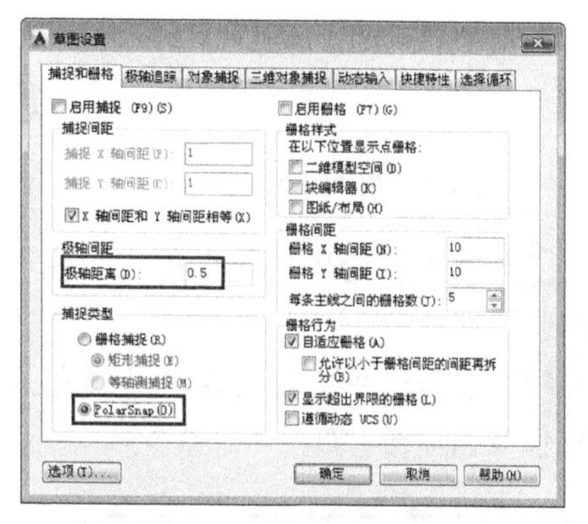

图4-64 设置捕捉类型与距离

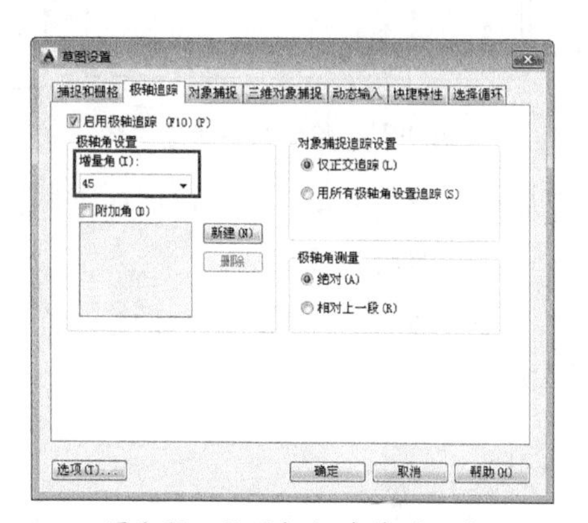

图4-65 设置极轴追踪增量角

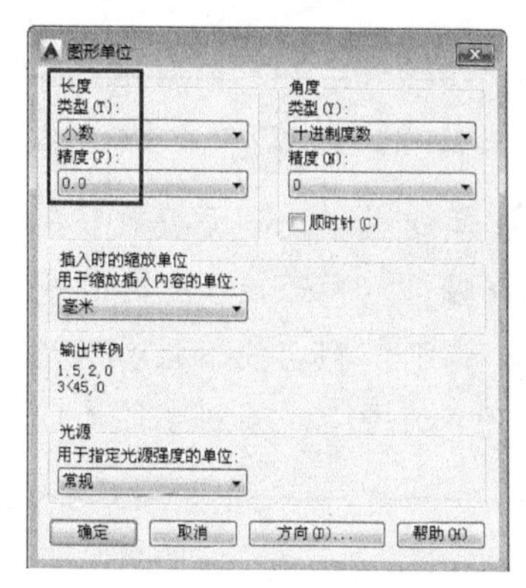

图4-66 “图形单位”对话框

05 单击状态栏上的“捕捉”、“极轴”、“对象捕捉”、“对象追踪”按钮 模型 。

06 选择“粗实线”层作为当前层。单击“绘图”面板的“直线”命令，参照图4-61所标尺寸，在绘图区的合适位置单击拾取点A，沿极轴90°方向追踪6并单击拾取点（下面省略“单击拾取点”），沿极轴0°方向追踪8，沿极轴90°方向追踪4，沿极轴0°方向追踪75，沿极轴270°方向追踪1.5，沿极轴0°方向追踪7，沿极轴90°方向追踪3.5，沿极轴0°方向追踪14，沿极轴270°方向追踪12，最后按Enter键结束画线，如图4-67所示。

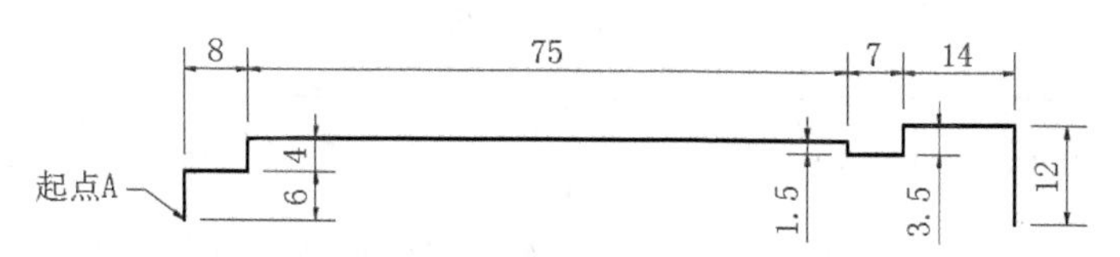

图4-67 绘制螺杆轮廓线

07 单击“修改”面板的“倒角”按钮，根据命令行提示，选择“距离(D)”项，然后指定第一个和第二个倒角距离均为1.5，然后指定角点进行倒角处理，如图4-68所示。

08 单击“修改”面板的“镜像”按钮，选取轮廓线作为镜像对象，指定镜像的第一点A、镜像的第二点D作为镜像轴线，然后按Enter键，如图4-69所示。

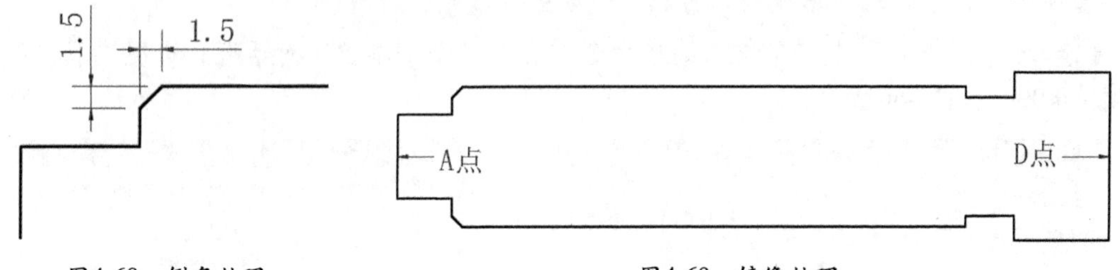

图4-68　倒角处理　　图4-69　镜像处理

09 单击“绘图”面板的“直线”按钮，利用对象捕捉方法绘制所有可见轮廓线，如图4-70所示。

10 选择“中心线”层作为当前层。单击“绘图”面板上的“直线”按钮，绘制水平定位线，如图4-71所示。

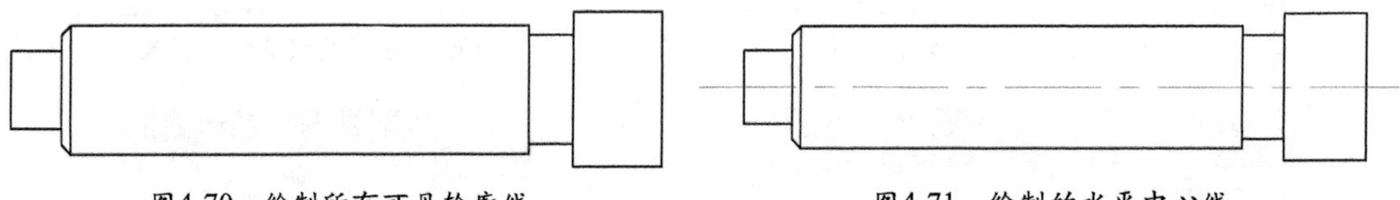

图4-70　绘制所有可见轮廓线　　图4-71　绘制的水平中心线

11 单击“修改”面板的“偏移”按钮，设置偏移距离为4，从左向右数的第二条垂线段向左偏移，将并偏移后的直线修改到“中心线”层，如图4-72所示。

12 选择“粗实线”层作为当前图层。单击“绘图”面板的“圆”按钮，以两条中心线的交点为圆心，绘制半径为1.5的圆，如图4-73所示。

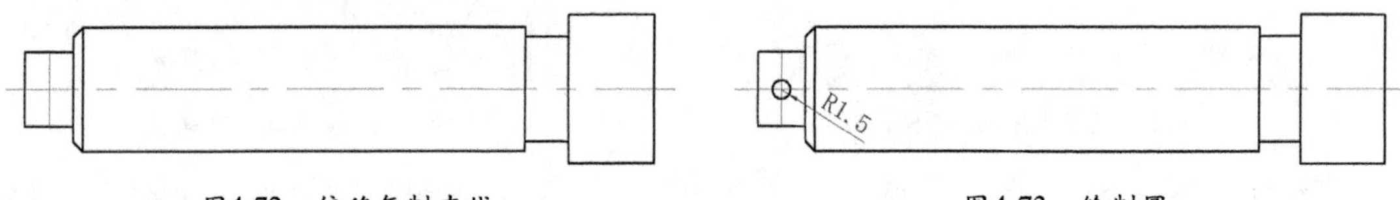

图4-72　偏移复制直线　　图4-73　绘制圆

13 在“绘图”面板中单击“圆弧”按钮，捕捉右下角点作为起点，右上角点为端点，再输入半径为40，从而绘制图形右侧的圆弧，如图4-74所示。

14 选择“细实线”层作为当前图层，单击“绘图”面板的“直线”按钮，绘制两条细实线，单击状态栏中的“线宽”按钮显示线宽，结果如图4-75所示。

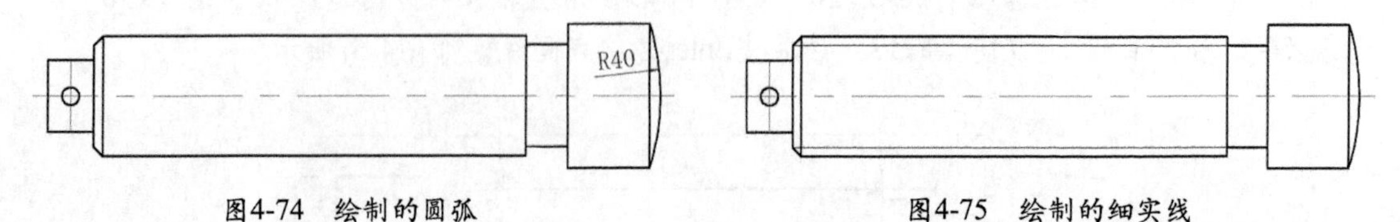

图4-74　绘制的圆弧　　图4-75　绘制的细实线

15 至此，其螺杆图形已经绘制完成，按Ctrl+S快捷键进行保存。

本章小结

在AutoCAD中，用户不仅可以通过常用的指定坐标法绘制图形，而且可以使用系统提供的对象捕捉、极轴追踪、对象捕捉追踪等功能，在不输入坐标的情况下快速、精确地绘制图形。通过本章的学习，读者应掌握各种精确绘图手段，并能够利用它们进行精确绘图。

思考与练习

1. 填空题

（1）创建用户坐标系的方法主要有______、______、______、______与______、______、______。

（2）在AutoCAD中，捕捉功能分为两种：一种是______________________，一种是______________________。

（3）对象捕捉模式主要有______、______、______、______、______与______等。

（4）使用___________模式，只能绘制水平直线或垂直直线。

（5）动态输入包括______________和________________两种输入模式。

2. 思考题

（1）什么是栅格、捕捉与正交？如何设置栅格与捕捉？

（2）什么是自动捕捉模式与临时捕捉模式？如何使用这两种捕捉模式？

（3）什么是极轴追踪？如何设置极轴追踪？

（4）什么是对象捕捉追踪？

3. 操作题

使用极轴追踪、对象捕捉和对象捕捉追踪功能，绘制如图4-76所示图形。

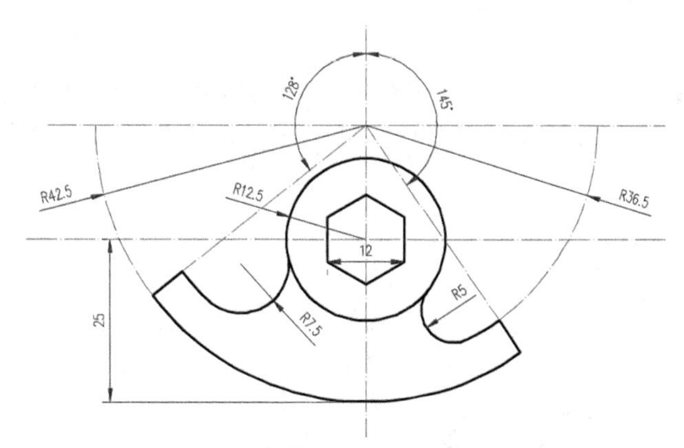

图4-76 使用对象捕捉和对象追踪功能绘制图形

（1）绘制该图时可首先绘制一条水平辅助线和一条垂直辅助线，然后再通过偏移复制绘制出另一条辅助线，其中偏移距离为17.5。（2）以各辅助线的交点为圆心绘制3个圆，然后利用外切圆方式绘制一个正六边形，如图4-77所示。（3）使用“相切半径”方式绘制2个相切圆，如图4-78所示。

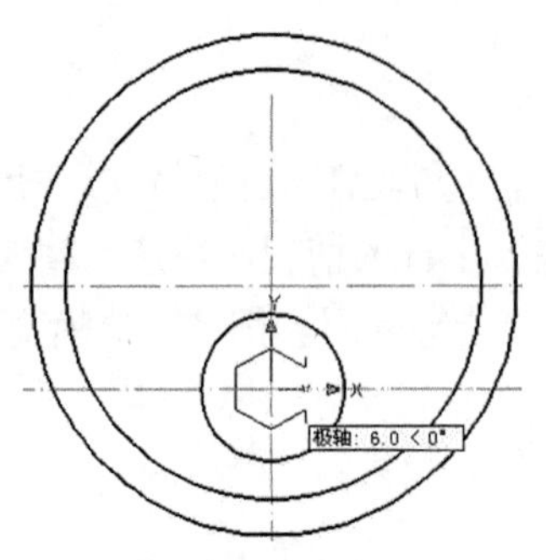

图4-77　绘制辅助线、圆和正六边形

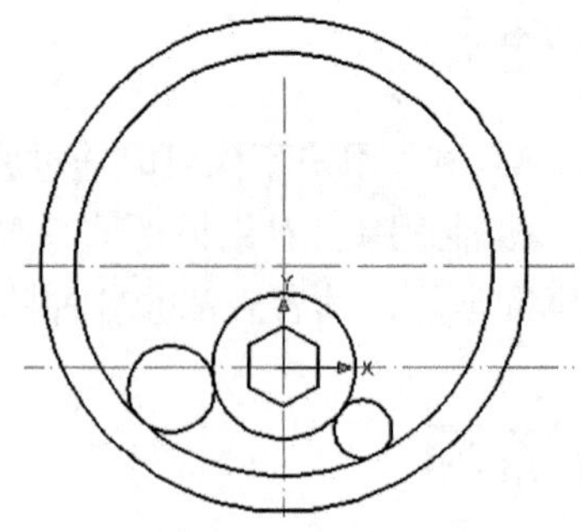
图4-78　绘制相切圆

提　示

（4）输入SE命令，利用“草图设置”对话框为极轴追踪创建218°附加角和一个305°附加角。（5）参照如图4-79所示，选择“工具”|“新建UCS”|“原点”菜单命令，在点O处设置新坐标原点。关闭状态栏中的对象捕捉，单击“直线”按钮，输入起点坐标为（0,0），利用极轴追踪确定点G和H，从而绘制一条与X轴夹角为218°的直线（包括两段）。

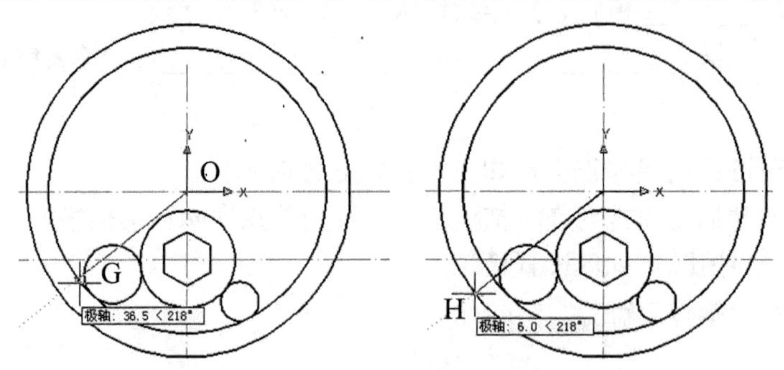

图4-79　利用极轴追踪方法绘制倾斜直线

提　示

（6）利用极轴追踪方法绘制另一条倾斜直线，然后选择“修改”工具栏中的“修剪”工具对图形进行修剪，结果如图4-80所示。（7）在辅助线图层补画相关的辅助线和辅助圆弧。

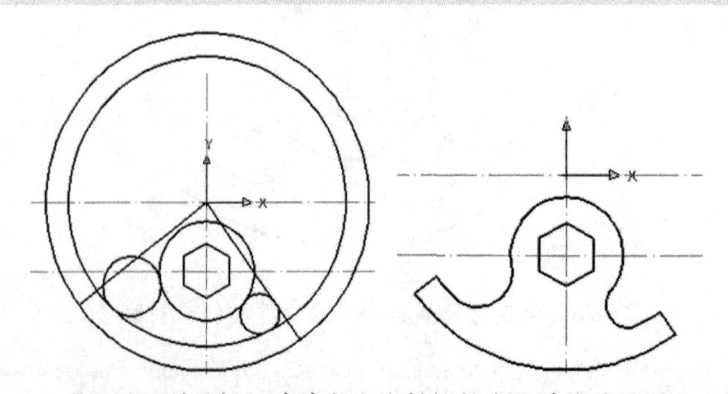
图4-80　利用极轴追踪方法绘制倾斜直线并修剪图形

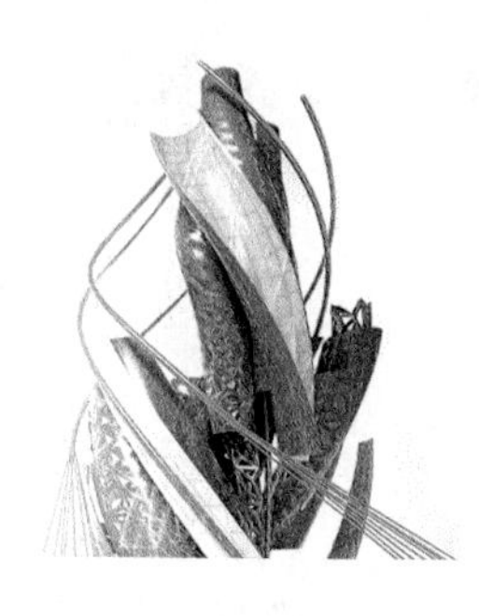

第5章 图形对象编辑（上）

课前导读

在绘图时，单纯地使用前面学习的绘图工具只能绘制一些简单图形。要获得所需图形，在很多情况下都必须借助图形编辑命令，对图形基本对象进行加工。AutoCAD提供了丰富的图形编辑命令，如移动、旋转、修剪、拉长、复制、对齐等。此外，对象选择是编辑图形的一项基础性工作，特别是在图形比较复杂时更是如此。利用夹点，也可快速移动、镜像、旋转、缩放或拉伸图形。

本章要点

- 掌握对象选择的方法
- 掌握删除命令的使用
- 掌握对象的移动、旋转与对齐的方法
- 掌握对象复制与偏移复制的方法
- 掌握对象拉伸、拉长、延伸、修剪与缩放方法

5.1 对象选择

要编辑对象，首先必须选择对象，因此，正确快速地选择对象是进行图形编辑的基础。选择对象的方法很多，可以通过单击对象逐个拾取，也可利用矩形窗口或交叉窗口来选择；还可以选择最近创建的对象、前面的选择集或图形中的所有对象；也可以向选择集中添加对象或从中删除对象。

5.1.1 设置选择模式

在对复杂的图形进行编辑时，经常需要同时对多个对象进行编辑，或在执行命令之前先选择目标对象。设置合适的目标选择方式，即可实现这种操作。

在AutoCAD中，执行“工具”｜“选项”菜单命令，或者执行“选项”命令（OP），将弹出“选项”对话框。在“选择集”选项卡中，即可以设置拾取框大小、选择集模式、夹点大小、夹点颜色等，如图5-1所示。

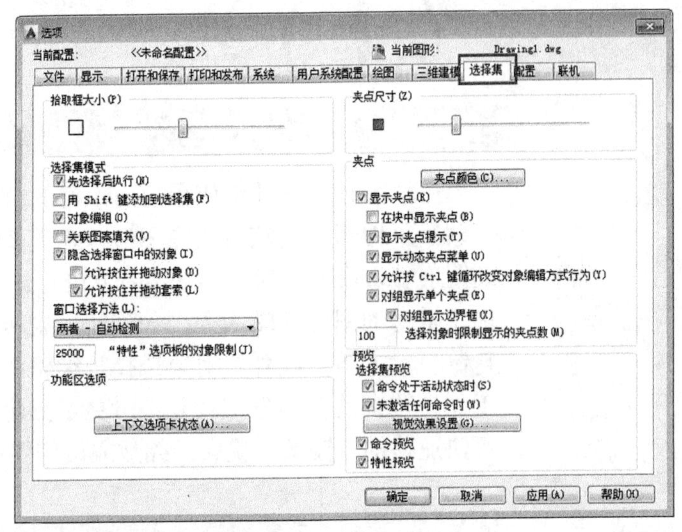

图5-1 “选择集”选项卡

在“选择集”选项卡，各主要选项的具体含义如下。

- “拾取框大小”滑块：拖动该滑块，可以设置默认拾取框的大小，如图5-2所示。

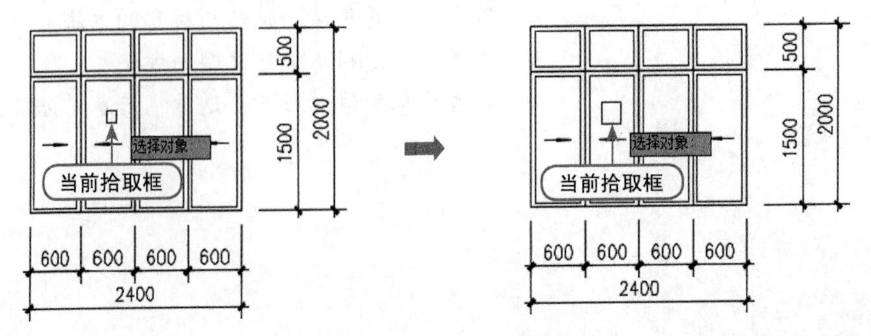

图5-2 拾取框大小比较

- “夹点尺寸”滑块：拖动该滑块，可以设置夹点标记的大小，如图5-3所示。

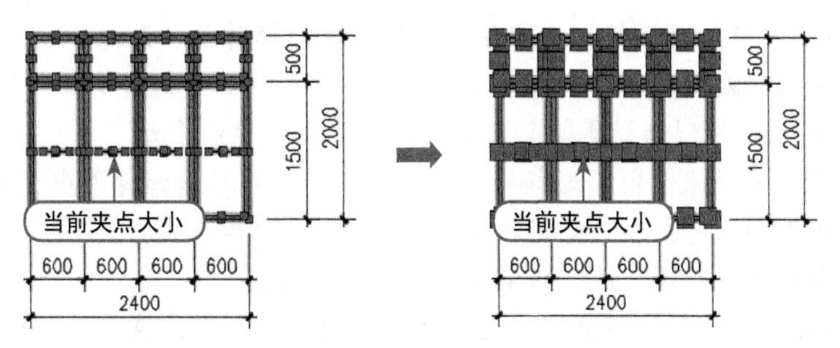

图5-3　夹点大小比较

- “选择集预览”选项组：在“选择集预览”栏中可以设置“命令处于活动状态时”和“未激活任何命令时”是否显示预览。若单击“视觉效果设置”按钮，将打开“视觉效果设置”对话框，从中可以设置选择预览效果和选择有效区域，如图5-4所示。在“视觉效果设置”对话框中，在“窗口选择区域颜色”和“交叉选择区域颜色”下拉列表中选择相应的颜色进行比较，如图5-5所示。拖动“选择区域不透明度”滑块，可以设置选择区域的颜色透明度，如图5-6所示。

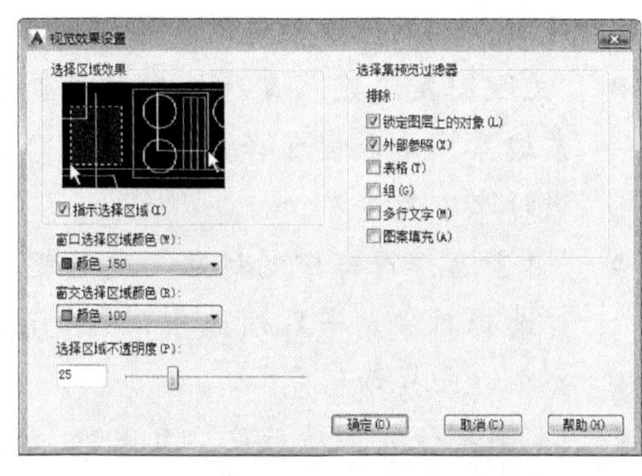

图5-4　“视觉效果设置”对话框

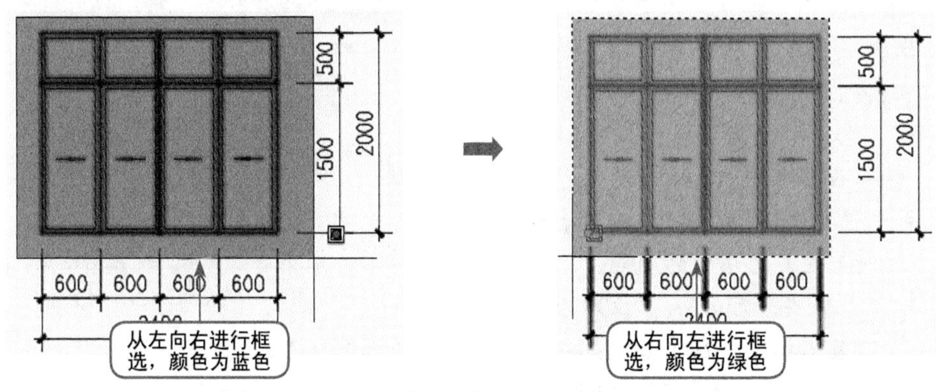

图5-5　窗口选择与交叉选择

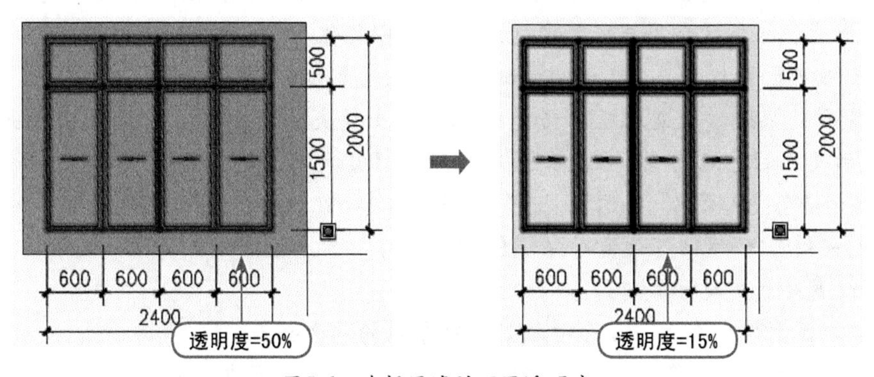

图5-6　选择区域的不同透明度

- “先选择后执行”复选框：选中该复选框可先选择对象，再选择相应的命令。但是，无论该复选框是否被选中，都可以先执行命令，然后再选择要操作的对象。
- “用 Shift 键添加到选择集”复选框：选中该复选框则表示在未按住 Shift 键时，后面选择的对象将代替前面选择的对象，而不加入到对象选择集中。要想将后面的选择对象加入到选择集中，则必须在按住 Shift 键时单击对象。另外，按住 Shift 键并选取当前选中的对象，还可将其从选择集中清除。
- “对象编组”复选框：设置决定对象是否可以成组。默认情况下，该复选框被选中，表示选择组中的一个成员就是选择了整个组。但是，此处所指的组并非临时组，而是由 Group 命令创建的命名组。
- “关联图案填充”复选框：该设置决定当前用户选择一关联图案时，原对象（即图案边界）是否被选择。默认情况下，该复选框未被选中，表示选中关联图案时，不同时选中其边界。
- “隐含选择窗口中的对象”复选框：默认情况下，该复选框被选中，表示可利用窗口选择对象。若取消选中，将无法使用窗口来选择对象，即单击时要么选择对象，要么返回提示信息。
- “允许按住并拖动对象”复选框：该复选框用于控制如何产生选择窗口或交叉窗口。默认情况下，该复选框被清除，表示在定义选择窗口时单击一点后，不必再按住鼠标按键，单击另一点即可定义选择窗口。否则，若选中该复选框，则只能通过拖动方式来定义选择窗口。
- “夹点颜色”按钮：用于设置不同状态下的夹点颜色。单击该按钮，将打开“夹点颜色”对话框，如图 5-7 所示。
  - “未选中夹点颜色”下拉列表框：用于设置夹点未选中时的颜色。
  - “选中夹点颜色”下拉列表框：用于设置夹点选中时的颜色。
  - “悬停夹点颜色”下拉列表框：用于设置光标暂停在未选定夹点上时该夹点的填充颜色。
  - “夹点轮廓颜色”下拉列表框：用于设置夹点轮廓的颜色。

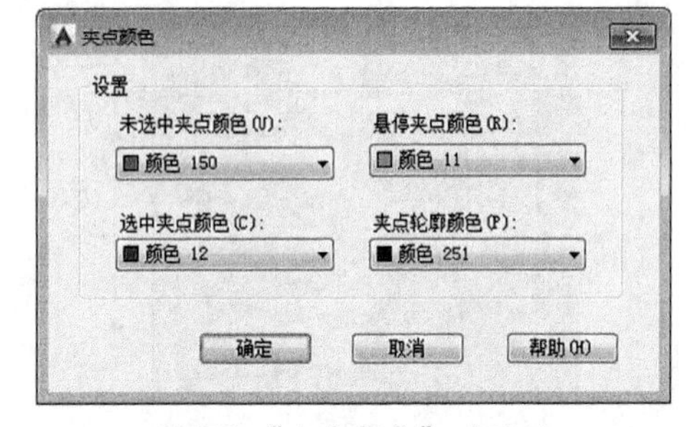

图5-7 “夹点颜色”对话框

- “显示夹点”复选框：控制夹点在选定对象上的显示。在图形中显示夹点会明显降低性能。根据需要用户可不勾选此选项，以优化性能。
- “在块中显示夹点”复选框：控制块中夹点的显示。
- “显示夹点提示”复选框：当光标悬停在支持夹点提示的自定义对象的夹点上时，显示夹点的特定提示。但是此选项对标准对象无效。
- “显示动态夹点菜单”复选框：控制在将光标悬停在多功能夹点上时动态菜单的显示。
- “允许按 Ctrl 键循环改变对象编辑方式行为”复选框：允许多功能夹点按 Ctrl 键循环改变对象编辑方式行为。
- “对组显示单个夹点”复选框：显示对象组的单个夹点。
- “对组显示边界框”复选框：围绕编组对象的范围显示边界框。

- “选择对象时限制显示的夹点数”文本框：如果选择集包括的对象多于指定的数量时，将不显示夹点。可在文本框内输入需要指定的对象数量。

5.1.2 选择对象的方法

在绘图过程中，当执行到某些命令时（如复制、偏移、移动），将提示“选择对象：”，此时出现矩形拾取光标 。将光标放在要选择的对象位置时，将亮显对象，单击则选择该对象（也可以逐个选择多个对象），如图5-8所示。

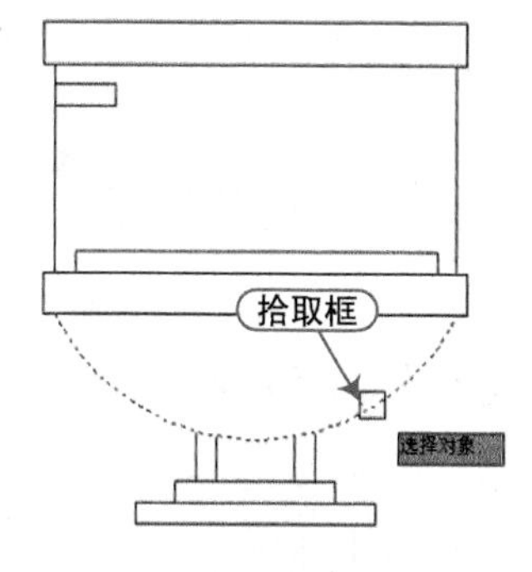

图5-8 拾取选择对象

在选择图标对象时，有多种方法。若要查看选择对象的方法，可在“选择对象：”命令提示符下输入“？”，这时将显示如下所有选择对象的方法。

```
选择对象：？
*无效选择*
需要点或窗口(W)/上一个(L)/窗交(C)/框(BOX)/全部(ALL)/栏选(F)/圈围(WP)/圈交(CP)/
编组(G)/添加(A)/删除(R)/多个(M)/前一个(P)/放弃(U)/自动(AU)/单个(SI)
```

根据上面提示，输入大写字母可以指定对象的选择模式。该提示中主要选项的具体含义如下。

- 需要点：可逐个拾取所需对象，该方法为默认设置。
- 窗口（W）：用一个矩形窗口将要选择的对象框住，凡是在窗口内的目标均被选中，如图 5-9 所示。

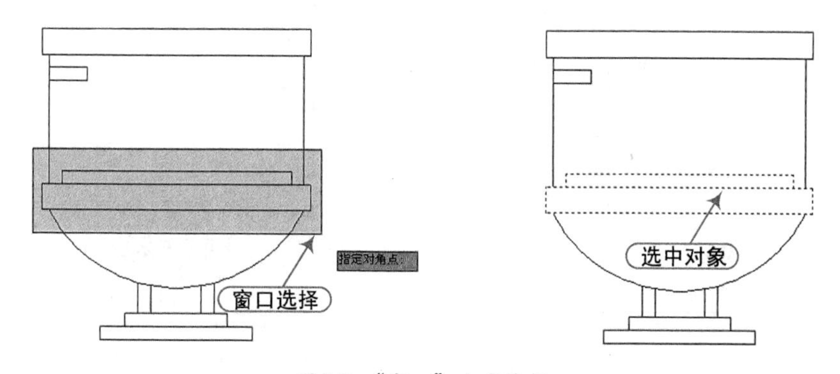

图5-9 “窗口”方式选择

- 上一个（L）：此方式将最后绘制的图形作为编辑对象。
- 窗交（C）：选择该方式后，绘制一个矩形框，凡是在窗口内和与此窗口四边相交的对象都被选中，如图 5-10 所示。
- 框(BOX)：当用户所绘制矩形的第一角点位于第二角点的左侧时，此方式与窗口(W)选择方式相同；当所绘制矩形的第一角点位于第二角点右侧时，此方式与窗交（C）方式相同。
- 全部（ALL）：图形中所有对象均被选中。

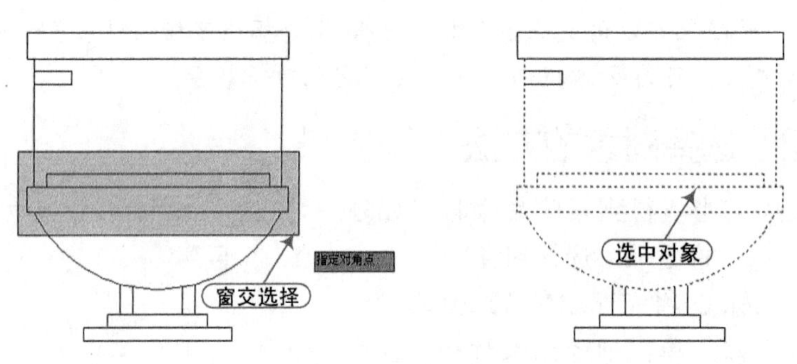

图5-10 “窗交”方式选择

- 栏选（F）：可用此方式画任意折线，凡是与折线相交的图形均被选中，如图 5-11 所示。

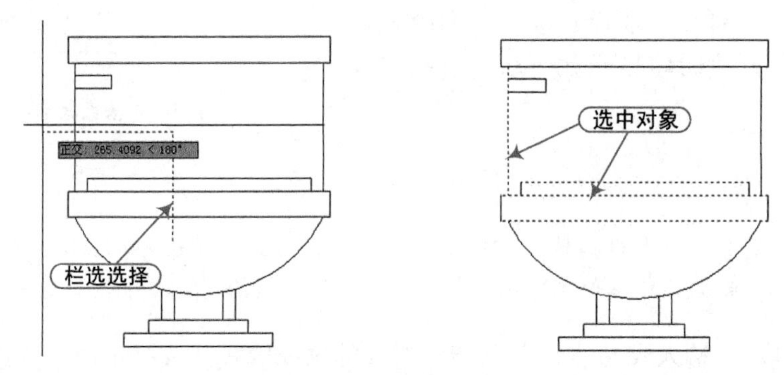

图5-11 “栏选”方式选择

- 圈交（CP）：该选项与窗交（C）选择方式类似，但它可以构造任意形状的多边形区域，包含在多边形窗口内的图形或与该多边形窗口相交的任意图形均被选中，如图 5-12 所示。

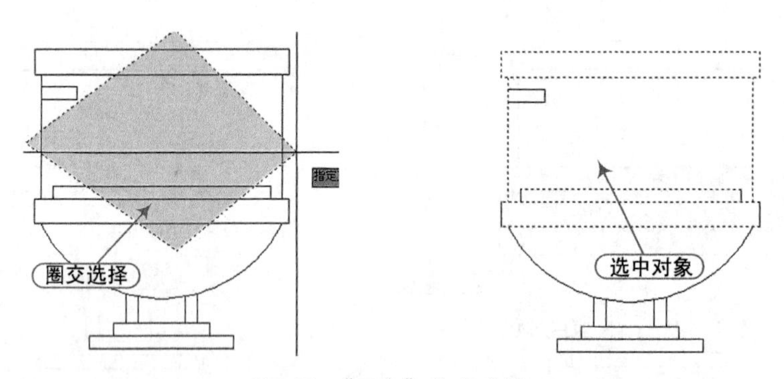

图5-12 “圈交”方式选择

- 编组（G）：输入已定义的选择集，系统将提示输入编组名称。
- 添加（A）：当完成目标选择后，还有少数没有选中时，可以通过此方法把目标添加到选择集中。
- 删除（R）：把选择集中的一个或多个目标对象移出选择集。
- 多个（M）：当命令中出现选择对象时，光标变为一个矩形小方框，逐一点取要选中的目标即可（可选多个目标）。
- 前一个（P）：此方法用于选中前一次操作所选择的对象。
- 放弃（U）：取消上一次所选中的目标对象。

- 自动（AU）：若拾取框正好有一个图形，则选中该图形；反之，则指定另一角点以选中对象。
- 单个（SI）：当命令行中出现“选择对象”提示时，光标变为一个矩形小框，点取要选中的目标对象即可。

注 意

在AutoCAD中，可以先执行命令，然后在“选择对象：”提示下选择对象，此时选中的对象将以虚线显示（不显示夹点，如图5-13所示），这种对象选择方式被称为动名方式。也可以先选择对象，再执行编辑命令，此时将显示对象上的夹点，如图5-14所示，这种对象选择方式被称为名动方式。

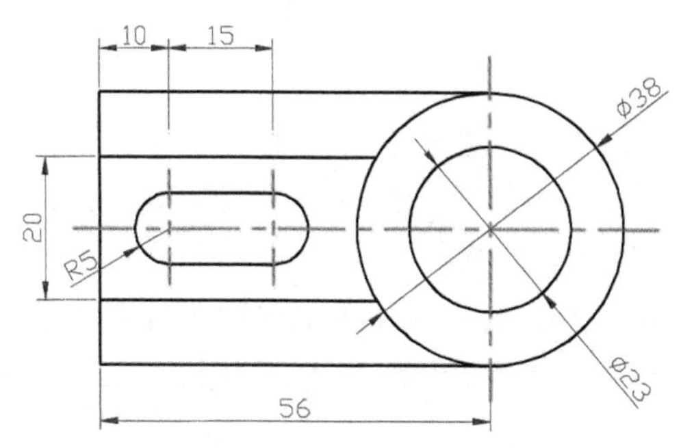

图5-13　动名方式选择

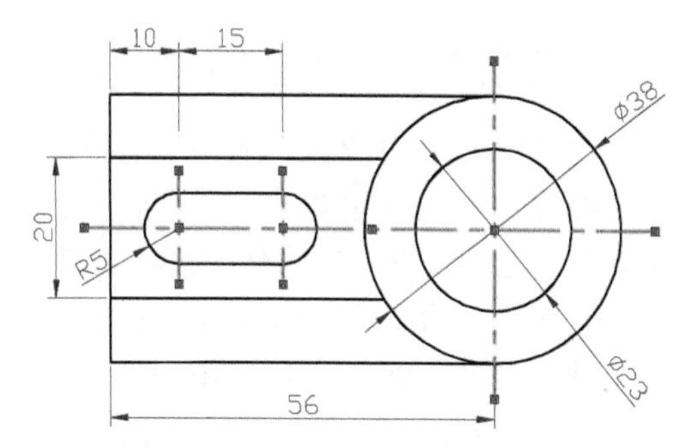

图5-14　名动方式选择

5.1.3　快速选择对象

在AutoCAD中，当需要选择具有某些共有特性的对象时，可利用“快速选择”对话框根据对象的图层、线型、颜色、图案填充等特性和类型来创建选择集。

执行“工具”｜“快速选择”菜单命令、在命令行中输入QSE命令，或者在视图的空白位置右击鼠标，从弹出的快捷菜单中选择“快速选择”命令，将弹出“快速选择”对话框，根据自己的需要来选择相应的图形对象，如图5-15所示为选择图形中所有的“轮廓线”对象。

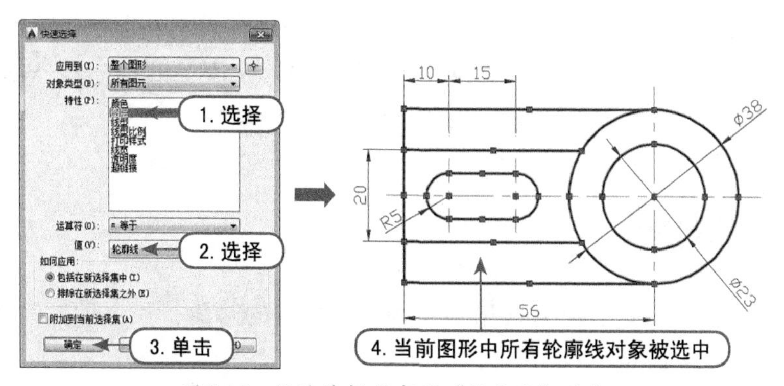

图5-15　快速选择所有的“轮廓线”对象

下面简要介绍一下“快速选择”对话框中各选项的功能。

- 应用到：其内容默认为“整个图形”。如果当前已选中某些对象，则其内容还可以是“当前选择”，表示在当前所选对象中进一步选择对象。

- 对象类型：用来选择对象类型，默认为“所有图元”，表示选择对象时，对象的类型不限。其下拉列表内容会根据当前图形而变化，从而便于只选择某些类型的对象，如圆、圆弧、直线、各种类型的尺寸标注等。
- 特性：针对对象类型的公共特性。图 5-15 显示了“对象类型”为“直线”时的“特性”列表。
- “运算符”和“值”：用来为特性设置运算符和值。所选特性不同，“运算符”和“值”的列表内容会随之变化。
- 如何应用：通过选择该区域中的单选按钮，可确定创建选择集的方法。默认情况下，⊙包括在新选择集中(I) 单选按钮被选中，表示根据前面所设条件选择对象。否则，如果选中 ⊙排除在新选择集之外(E) 单选按钮，则所有不符合所设条件的对象均被选中。

5.1.4 使用编组操作

编组是保存的对象集，可以根据需要同时选择和编辑这些对象，也可以分别进行操作。编组提供了以组为单位操作图形元素的简单方法。可以将图形对象进行编组以创建一种选择集，它随图形一起保存，且一个对象可以作为多个编组的成员。

创建编组，除了可以选择编组的成员外，还可以为编组命名并添加说明。要对图形对象进行编组，可在命令行输入Group（其快捷键是G），并按Enter键；或者执行“工具”|“组”菜单命令，在命令行出现如下的提示信息：

```
命令: G                                             // 执行“创建编组”命令
选择对象或 [名称(N)/说明(D)]: N                     // 输入“N”
输入编组名或 [?]: 123                               // 输入编组名称
选择对象或 [名称(N)/说明(D)]:指定对角点: 找到 3 个  // 选择对象
选择对象或 [名称(N)/说明(D)]:                       // 按空格键确认
组“123”已创建。                                     // 创建组成功
```

可以使用多种方式编辑编组，包括更改其成员资格、修改其特性、修改编组的名称和说明，以及从图形中将其删除。

提 示

即使删除了编组中的所有对象，但编组定义依然存在。如果输入的编组名与前面输入的编组名称相同，则在命令行出现“编组***已经存在”的提示信息。

5.2 删除对象

绘图时，为了方便起见，经常会用到一些中间阶段的对象，如各种辅助线。绘图结束后，应将这些对象及时删除。

要删除对象，可以直接选择需删除的对象，然后按Del键，也可使用ERASE命令删除对象。

要启动“删除”命令ERASE，用户可以通过以下几种方法。

- 单击“修改”面板中的“删除”按钮。

- 直接在命令行中输入 ERASE 命令（快捷键为 E）。

执行ERASE命令后，选择需删除的对象并按Enter键，即可删除对象；或者首先选择需删除的对象，然后单击“修改”工具栏中的“删除”工具。

提 示

在AutoCAD中，用Erase命令删除对象后，这些对象只是临时性地删除。只要不退出当前图形和没有存盘，还可以用Oops或Undo命令将删除的对象恢复。

5.3 对象的移动、旋转与对齐

顾名思义，“移动”命令用于移动对象，“旋转”命令用于旋转对象，“对齐”命令用于对齐对象。其中，“对齐”命令的功能最为强大。

5.3.1 移动对象

移动对象是指对象的重定位。在移动时，对象的位置发生改变，但方向和大小不变。用于对象移动的命令为MOVE，要执行该命令，有如下几种方法。

- 单击“修改”面板中的“移动”按钮。
- 直接在命令行中输入 MOVE（快捷键为 M）。

在AutoCAD中，使用MOVE命令可以移动二维对象或三维对象。对象的移动主要有基点法和相对位移法两种。

1. 基点法

使用由基点及后跟的第二点指定的距离和方向移动对象。例如，要使用MOVE命令将图形从当前坐标（0,0）点移动到坐标（－50,－100）点，具体操作步骤如下。

01 单击“修改”面板中的“移动”按钮。

02 在绘图窗口中选择整个图形，按Enter键。

03 输入基点坐标（0,0），按Enter键。

04 输入第二点坐标（－50,－100）并按Enter键，即可将图形移动到指定位置。

注 意

在一些难以确定坐标的移动中，MOVE命令常与对象捕捉配合使用。

2. 相对位移法

相对位移法是指通过设置移动的相对位移量来移动对象。例如，要使用MOVE命令将图形沿X轴和Y轴正向均移动100个图形单位，具体操作步骤如下。

01 单击“修改”面板中的“移动”按钮。

02 选择希望移动的图形，按Enter键。

03 输入D并按Enter键。

04 输入相对坐标（100,100）并按Enter键。

5.3.2 旋转对象

使用“旋转”命令（ROTATE）可以精确地旋转一个或一组对象。要启动ROTATE命令，有如下几种方法。

- 单击“修改”面板中的“旋转”按钮旋转。
- 直接在命令行中输入 ROTATE（快捷键为 RO）。

用户在使用ROTATE命令时，要注意以下3点。

- 旋转对象时，需要指定旋转基点和旋转角度。其中，旋转角度是基于当前用户坐标系的。输入正值，表示按逆时针方向旋转对象；输入负值，表示按顺时针方向旋转对象；X 轴方向为 0°，Y 轴方向为 90°。
- 如果在命令提示下选择“参照（R）”选项，则可以指定某一方向作为起始参照角。
- 如果在命令提示下选择“复制（C）”选项，则可以旋转复制对象。

例如，将如图5-16左图所示图形的右侧部分旋转30°，具体操作步骤如下。

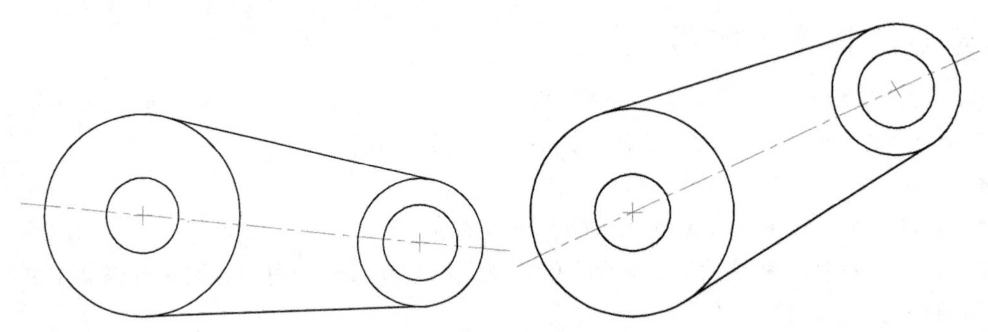

图5-16　旋转图形

01 单击“修改”面板中的“旋转”按钮旋转。

02 在绘图区域中从右上向左下进行框选操作，选择右侧要旋转的对象，如图5-17所示。

03 这时可以看出，其图形的右侧两同心圆和两条切线段已被选择，如图5-18所示。

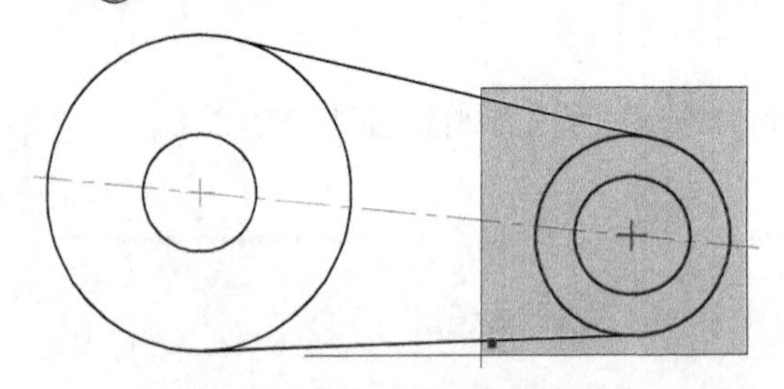

图5-17　窗交方式选择右侧对象

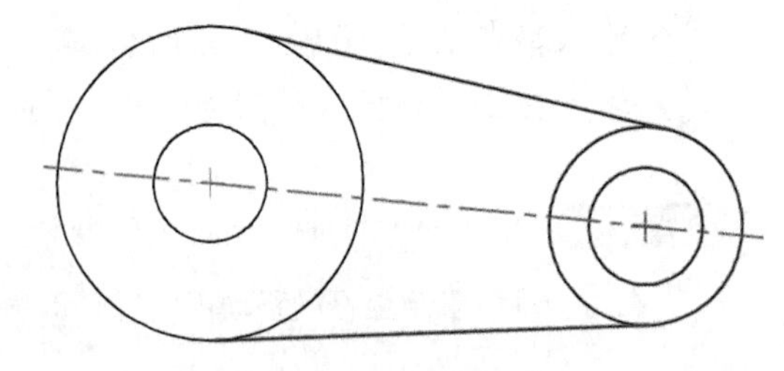

图5-18　显示选择的对象

04 指定左侧同心圆的圆心点作为旋转的基点。

05 输入30并按Enter键，确定旋转角度为30°，结果如图5-16右图所示。

5.3.3 对齐对象

使用“对齐”命令（ALIGN）可以将对象移动和旋转，使其与另一个对象对齐。要启动ALIGN命令，有如下几种方法。

- 选择“修改”|“三维操作”|“对齐”菜单命令。
- 直接在命令行中输入 ALIGN（快捷键为 AL）。

使用该命令时，最多可用到3对原始点和目标点，如图5-19所示。

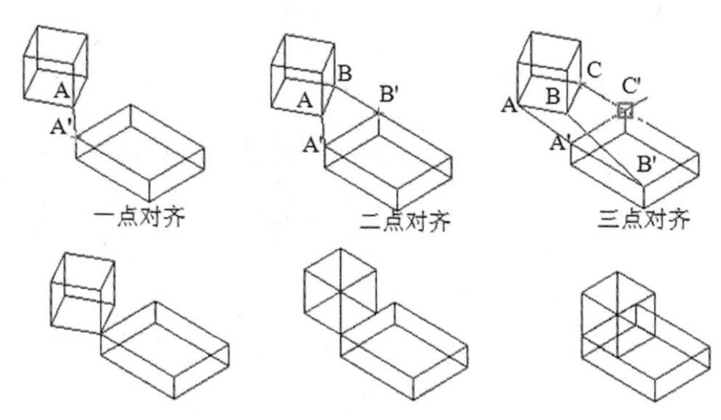

图5-19 对齐的3种方式

例如，使用ALIGN命令对齐如图5-20左图所示的图形，具体操作步骤如下。

01 直接在命令行中输入ALIGN（快捷键为AL）。

02 选择如图5-20左图中需要被对齐的对象，按Enter键。

03 拾取点A以指定第一源点，拾取点A'以指定第一目标点。

04 拾取点B以指定第二源点，拾取点B'以指定第二目标点。

05 按两次Enter键，结束对齐命令，结果如图5-20右图所示。

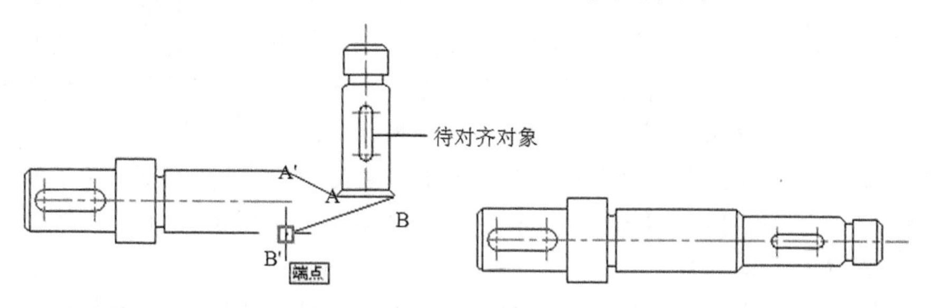

图5-20 利用ALIGN命令对齐图形对象

5.4 对象复制与偏移复制

对象的复制主要是指已有部分图形，然后使用COPY和OFFSET命令生成一个或多个相同（相似）的图形。

5.4.1 复制对象

使用“复制”命令（COPY）可以复制二维或三维对象，可将一个或多个对象复制到指定位置，也可以将一个对象进行多次复制。

要启动COPY命令，有如下几种方法。

- 单击“修改”面板中的“复制”按钮 复制 。
- 直接在命令行中输入 COPY（快捷键为 CO 或 CP）。

执行复制命令之后，根据如下命令行提示选择复制的对象，并选择复制基点和指定目标点（或输入复制的距离值），即可将选择的对象复制到指定的位置，如图5-21所示。

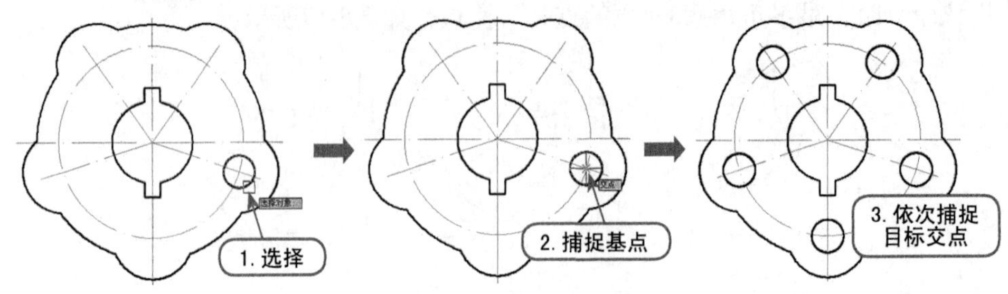

图5-21 复制对象

```
命令: COPY
选择对象:找到 1 个
选择对象:
当前设置:  复制模式 = 多个
指定基点或 [位移(D)/模式(O)] <位移>:
指定第二个点或 [阵列(A)] <使用第一个点作为位移>:
```

注 意

执行COPY命令后，在命令行“指定第二个点或 [退出(E)/放弃(U)] <退出>:”提示下反复拾取点，即可将一个对象进行多次复制。

新版本的“复制”命令（CO），提供了“阵列（A）”和“模式（O）”选项。

- 阵列（A），可以按照指定的距离一次性复制多个对象，如图 5-22 所示；若选择“布满 (F)”项，则在指定的距离内布置多个对象，如图 5-23 所示。
- 若选择“模式（O）”，则显示当前的两种复制模式，即“单个（S）”和“多个（M）”。“单个（S）”复制模式表示只能进行一次复制操作，而“多个（M）”复制模式表示可以进行多次复制操作。

例如，使用COPY命令复制如图5-24左图所示的正六边形和圆，具体操作步骤如下。

01 单击“修改”面板中的“复制”按钮[复制]。

02 选择如图5-24左图所示的正六边形、圆及其中心线，按Enter键。

03 启动圆心捕捉功能，捕捉小圆的圆心作为基点，如图5-24中图所示。

04 指定位移的第2点，如点（@46,0），即可得到复制结果，如图5-24右图所示。

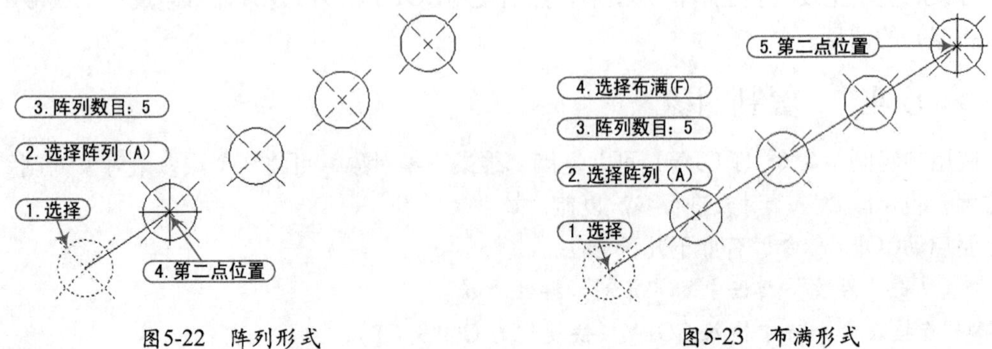

图5-22 阵列形式　　图5-23 布满形式

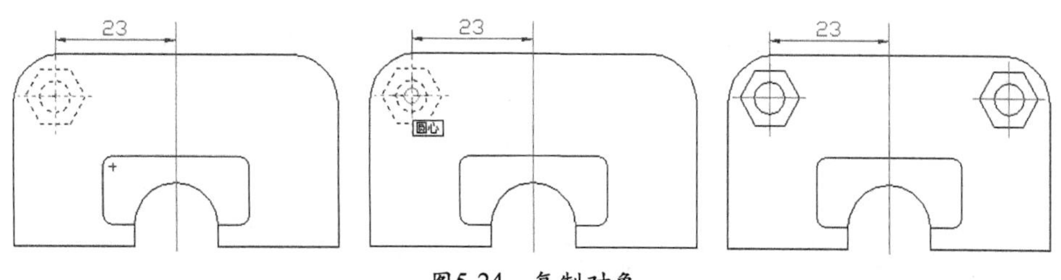

图5-24　复制对象

▶ 5.4.2　偏移复制对象

使用“偏移”命令（OFFSET）可以创建一个与选定对象类似的新对象，并把它放在原对象的内侧或外侧。

启动OFFSET命令有如下几种方法。

- 单击“修改”面板中的“偏移”按钮。
- 直接在命令行中输入 OFFSET（快捷键为 O）。

启动偏移命令之后，根据提示进行操作，即可进行偏移图形对象操作，其偏移的图形效果如图5-25所示。

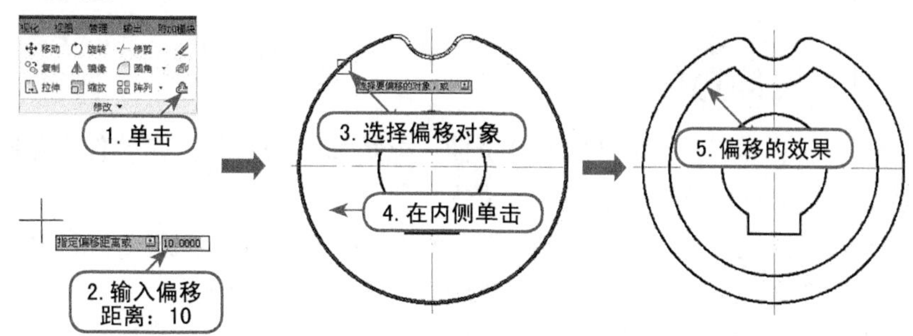

图5-25　偏移对象

在偏移命令行中各选项的含义如下。

- 偏移距离：在距现有对象指定的距离处创建对象。
- 通过 (T)：通过确定通过点来偏移复制图形对象。
- 删除 (E)：用于设置在偏移复制新图形对象的同时是否要删除被偏移的图形对象。
- 图层 (L)：用于设置偏移复制新图形对象的图层是否和源对象相同。

使用OFFSET命令偏移复制对象时，应注意以下几点。

- 只能偏移直线、圆和圆弧、椭圆和椭圆弧、多边形、二维多段线、构造线和射线、样条曲线，不能偏移点、图块、属性和文本。
- 对于直线、射线、构造线等对象，将平行偏移复制，直线的长度保持不变。
- 对于圆和圆弧、椭圆和椭圆弧等对象，偏移时将同心复制。
- 多段线的偏移将逐段进行，各段长度将重新调整。

各种对象偏移效果如图5-26所示。

注 意

执行OFFSET命令后，选择“通过（T）”选项，可通过指定的点来确定偏移距离。OFFSET命令和其他的编辑命令不同，只能用直接拾取的方式一次选择一个对象进行偏移复制。

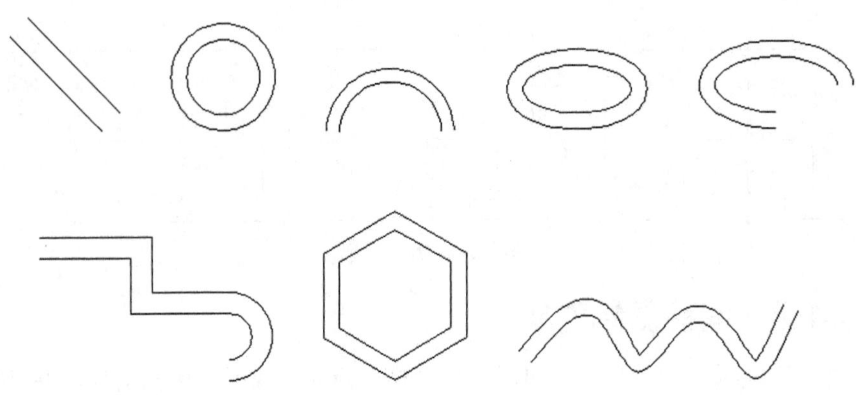

图5-26　偏移复制前后的各种图形

5.5　对象的拉伸、拉长、延伸、修剪与缩放

在AutoCAD中，使用相关命令还可以对图形中的对象进行拉伸、拉长、延伸、修剪与缩放操作。

5.5.1　拉伸对象

使用“拉伸”命令（STRETCH）可以拉伸、缩短和移动对象。在拉伸对象时，首先要为拉伸对象指定一个基点，然后再指定一个位移点。

使用该命令的关键是：必须使用交叉窗口选择要拉伸的对象。其中，完全包含在交叉窗口中的对象将被移动，而与交叉窗口相交的对象将被拉伸或缩短。

启动STRETCH命令有如下几种方法。

- 单击“修改”面板中的“拉伸”工具。
- 直接在命令行中输入 STRETCH（快捷键为 S）。

使用STRETCH命令时应注意以下两点。

- 只能拉伸由直线、圆弧和椭圆弧、二维填充曲面、多段线等命令绘制的带有端点的图形对象。
- 对于没有端点的图形对象，如图块、文本、圆、椭圆、属性等，AutoCAD 在执行 STRETCH 命令时，将根据其特征点是否包含在选择窗口内来决定是否进行移动操作。若特征点在选择窗口内，则移动对象，否则不移动对象。

例如，使用STRETCH命令拉伸如图5-27左图所示的图形，具体操作步骤如下。

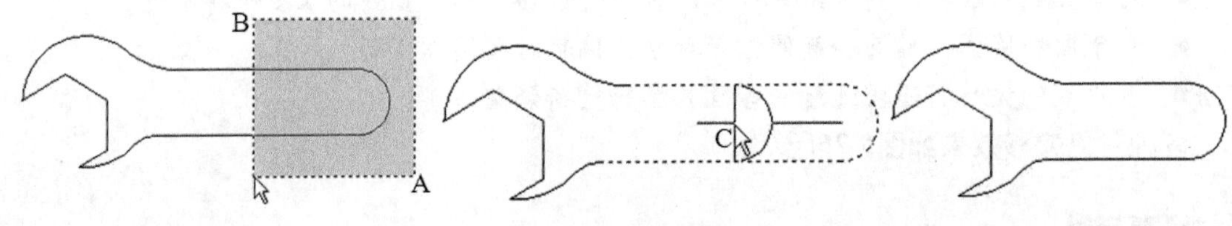

图5-27　拉伸图形

01 单击“修改”面板中的“拉伸”工具。

02 依次单击图5-27左图中的A点和B点，以使用交叉窗口方式选择对象，按Enter键结束对象选择。

03 捕捉圆心作为基点，指定第二个点C，如图5-27中图所示。

04 则拉伸结果如图5-27右图所示。

5.5.2 拉长对象

使用“拉长”命令（LENGTHEN）可以改变直线和非闭合圆弧、多段线、椭圆弧的长度。要启动LENGTHEN命令，有如下几种方法。

- 选择“修改”|“拉长”菜单命令。
- 直接在命令行中输入 LENGTHEN（快捷键为 LEN）。

执行LENGTHEN命令后，系统将给出如下提示信息。此时应首先利用各选项设置拉长参数，然后再选择希望拉长的对象。

```
选择对象或 [增量(DE)/百分数(P)/总计(T)/动态(DY)]:
```

这些选项的意义如下。

- 增量（DE）：可通过指定长度或角度增量值的方法来拉长或缩短对象，正值表示拉长，负值表示缩短。
- 百分数（P）：通过输入百分比来改变对象的长度或圆心角大小。
- 总计（T）：可通过指定对象的新长度来改变其总长。
- 动态（DY）：用动态模式拖动对象的一个端点来改变对象的长度或角度。

例如，要拉长如图5-28左图所示中心线，可按如下步骤进行操作。

01 直接在命令行中输入LEN。

02 选择“百分数(P)”选项，按Enter键。

03 输入500，按Enter键。

04 使用鼠标选择水平中线的右端，则将该中线水平向右拉长，如图5-29所示。

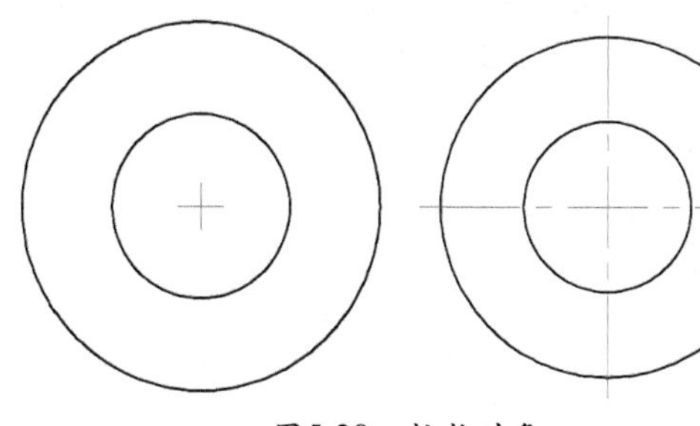

图5-28 拉长对象

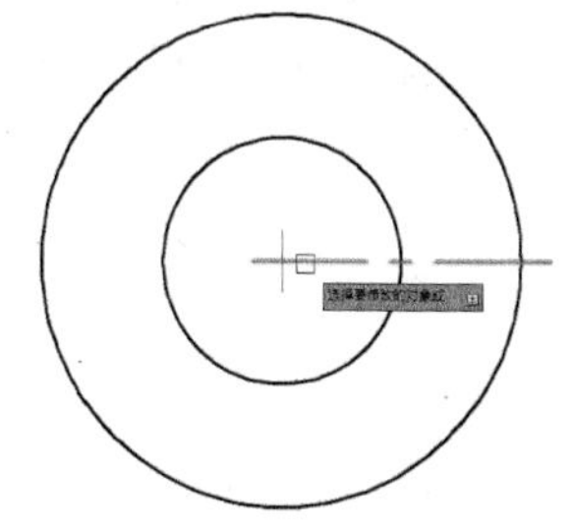

图5-29 向右拉长

05 使用鼠标选择垂直中线的上端，则将该中线垂直向上拉长，如图5-30所示。

06 再次执行“拉长”命令（LEN）。

07 选择“增量(DE)”选项，按Enter键。

08 输入20，按Enter键。

09 使用鼠标选择垂直中线的下端，则将该中线垂直向下拉长，如图5-31所示。

10 使用鼠标选择水平中线的左端，则将该中线水平向左拉长，如图5-32所示。

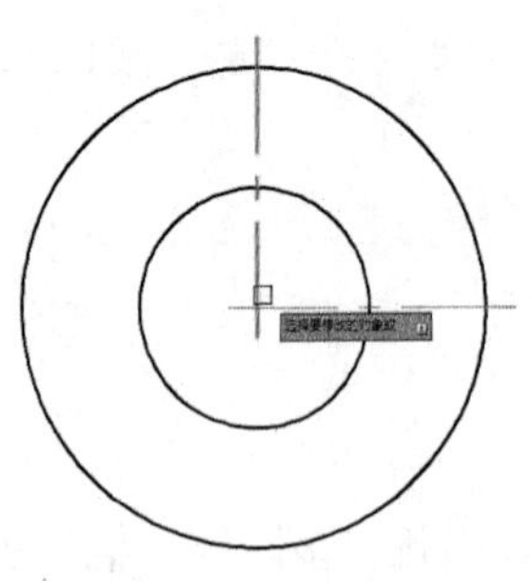

图5-30 向上拉长

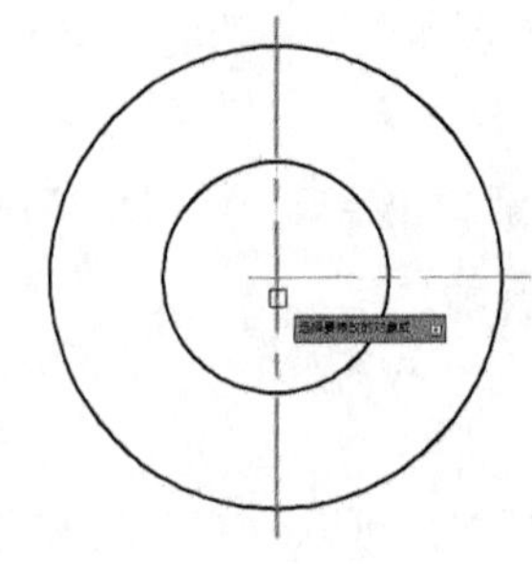

图5-31 向下拉长

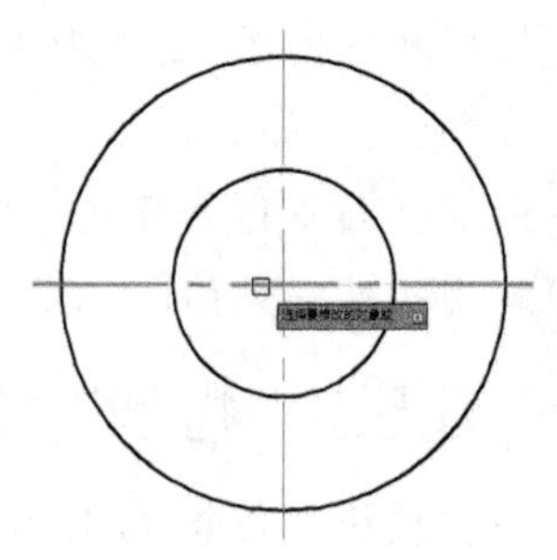

图5-32 向左拉长

5.5.3 延伸对象

使用“延伸”命令（EXTEND）可以将直线、圆弧、椭圆弧、非闭合多段线和射线延伸到一个边界对象，使其与边界对象相交。

要启动EXTEND命令，有如下几种方法。

- 单击“修改”面板中的“延伸”按钮。
- 直接在命令行中输入EXTEND（快捷键为EX）。

执行EXTEND命令后，其命令提示行如下。

```
选择要延伸的对象，或按住 Shift 键选择要修剪的对象，或[栏选(F)/窗交(C)/投影(P)/边(E)/放弃(U)]:
```

其中部分选项功能如下。

- 栏选（F）/窗交（C）：使用栏选或窗交方式选择对象时，可以快速地一次延伸多个对象。
- 投影（P）：可以指定延伸对象时使用的投影方法（包括无投影、到XY平面投影，以及沿当前视图方向的投影）。
- 边（E）：可将对象延伸到隐含边界。当边界边太短，延伸对象后不能与其直接相交时，选择该项可将边界边隐含延长，然后使对象延伸到与边界边相交的位置。

例如，要延伸如图5-33左图所示中心线，可按如下步骤进行操作。

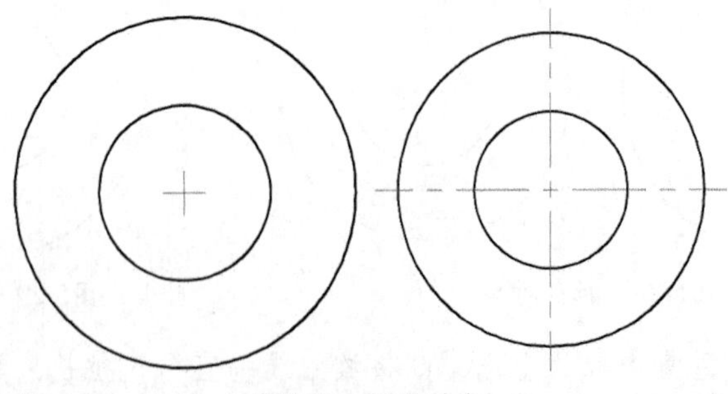

图5-33 拉长对象

01 执行“圆”命令（C），捕捉圆心点，绘制一半径为23mm的同心圆，如图5-34所示。

02 单击“修改”面板中的“延伸”按钮。

03 选择步骤1所绘制的圆对象作为延伸的边界，并按Enter键确定。

04 选择垂直中线的上端，将该线段向上延伸至圆边界并单击，如图5-35所示。

05 用同样的方法，对其他线段进行延伸至圆边界操作，如图5-36所示。

06 选择最外侧的圆对象，按E键删除外圆对象。

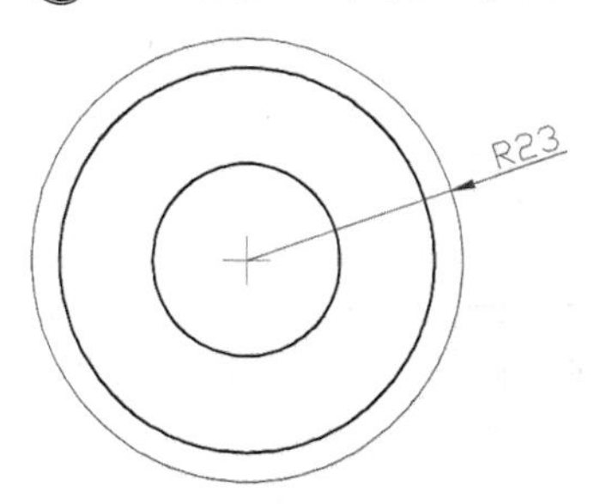

图5-34 绘制的圆

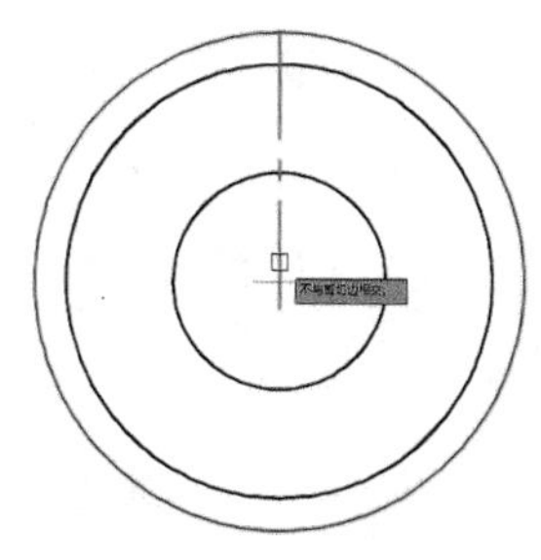

图5-35 向上延伸

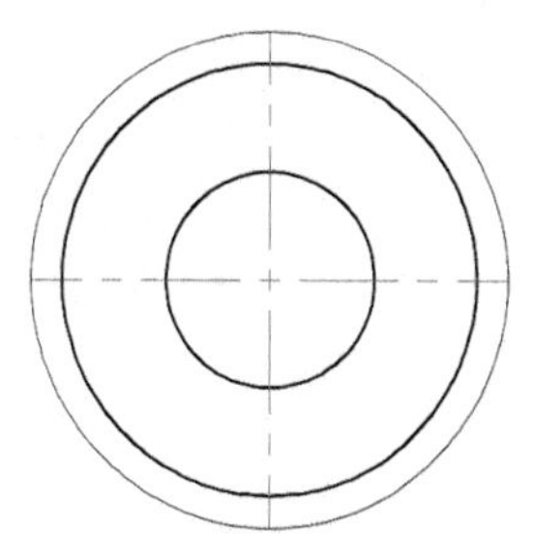

图5-36 4条线延伸效果

注 意

有效的延伸边界对象包括多段线、圆、椭圆、直线、射线、面域、样条曲线、文字和构造线；EXTEND命令可以用于延伸尺寸标注，并会自动更新尺寸标注文本。

5.5.4 修剪对象

“修剪”命令（TRIM）用于修剪对象，该命令要求首先定义修剪边界，然后再选择希望修剪的对象。

要启动TRIM命令，有如下几种方法。

- 单击“修改”面板中的“修剪”按钮。
- 直接在命令行中输入TRIM（快捷键为TR）。

例如，要修剪如图5-37左图所示的对象，可按如下步骤进行操作。

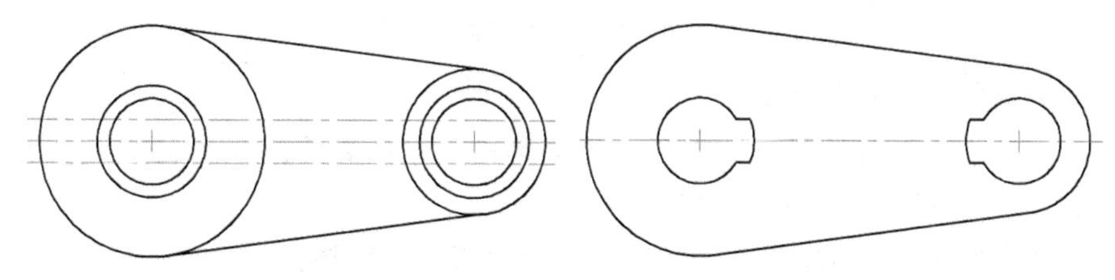

图5-37 拉长对象

01 单击“修改”面板中的“修剪”按钮。

02 选择外侧的两条切线段作为修剪的边界，并按Enter键结束。

03 选择左右两边最外侧的内圆弧对象，作为修剪的对象，如图5-38所示。

04 参照上一步同样的方法，对其他线段进行修剪操作。

05 选择最外侧的圆对象，按E键删除外圆对象。

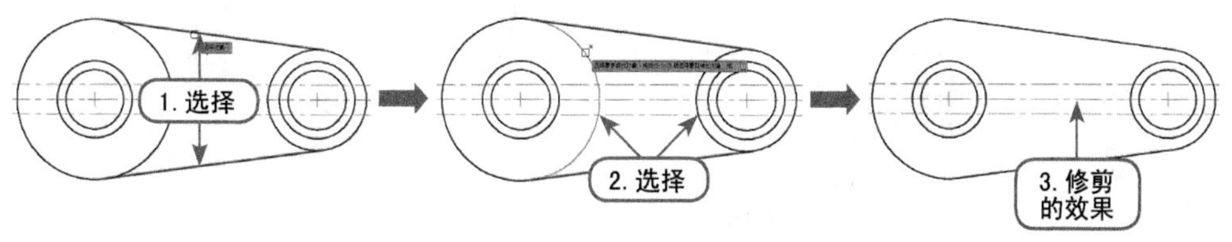

图5-38 修剪内圆弧

06 重复前面的步骤，选择上下两侧的水平中心线作为修剪边界。

07 选择中心的圆弧对象作为修剪的对象（不选择内侧的圆弧），修剪效果如图5-39所示。

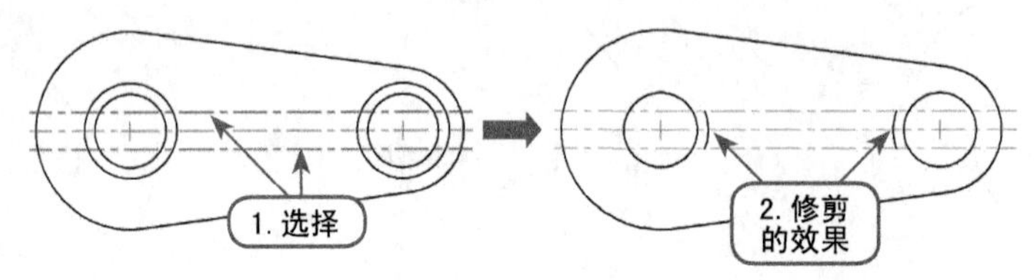

图5-39　修剪中间圆的外圆弧

08 重复前面的步骤，选择内部的两圆和圆弧对象，作为修剪边界。

09 按照如图5-40所示，对多余的中心线进行修剪操作。

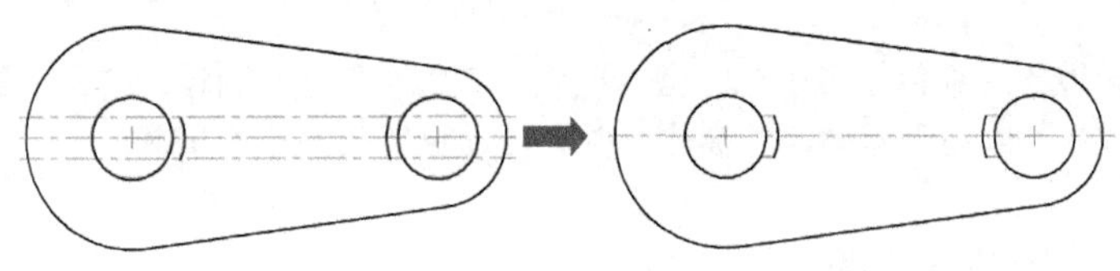

图5-40　修剪多余的中心线

10 按照前面的方法，按照如图5-41所示对多余的圆弧进行修剪操作，且将指定的中心线转换为“轮廓线”图层。

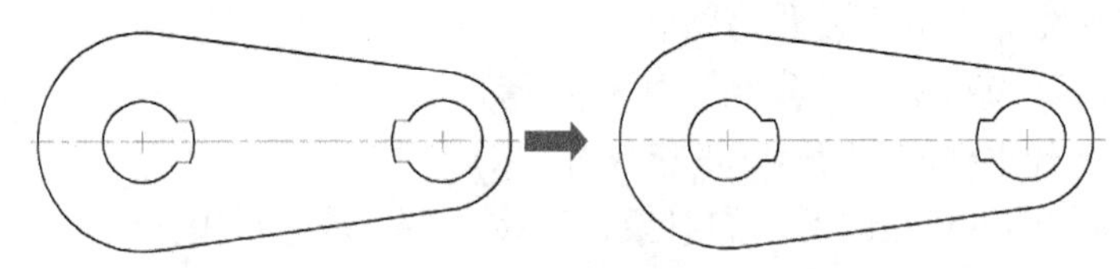

图5-41　修剪圆弧

使用TRIM命令时，应注意以下几点。

- 直线、多段线、圆弧、圆、椭圆、图案填充、形位公差、浮动视口、射线、面域、样条曲线和文字都可以作为修剪边界。
- 在要修剪的对象上拾取的点决定了哪个部分将被修剪掉。
- 选择修剪边界和修剪对象时，可以使用窗口和交叉窗口方式进行选择。
- 选择“边”选项，如果再选择“延伸”选项，当剪切边太短没有与被修剪对象相交时，系统会自动虚拟延伸修剪边，然后进行修剪，如图5-42所示；若选择“不延伸”选项，只有当剪切边界与被修剪对象真正相交时，才能进行修剪。

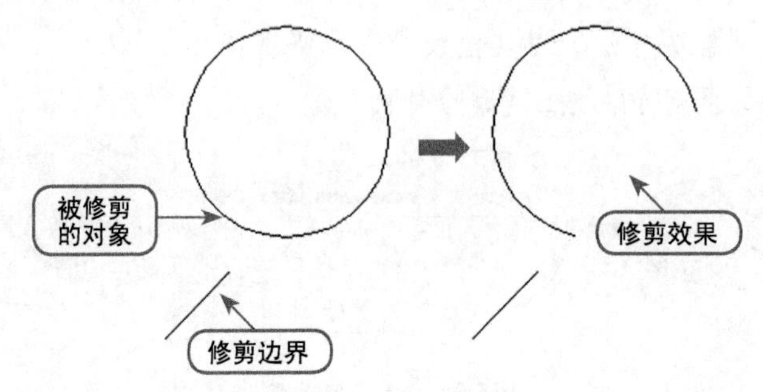

图5-42　延伸修剪

- 使用TRIM命令可以修剪尺寸标注线，并会自动更新尺寸标注文本，但尺寸标注不能作为修剪边界。
- 即使对象被作为修剪边界，也可以被修剪。如图5-43所示，全部4条直线首先被选作修剪边界，然后可以相互修剪。

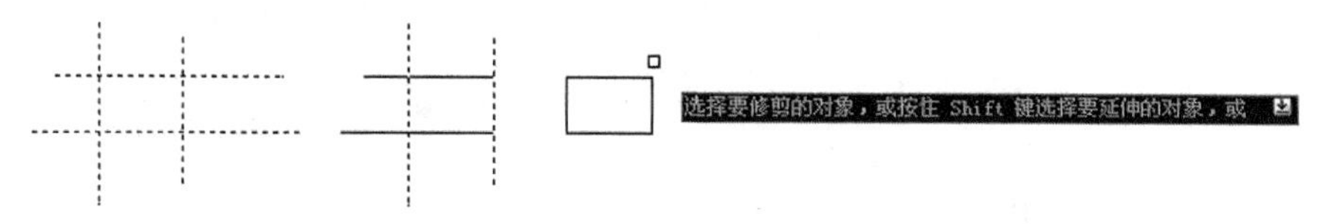

图5-43　修剪边界同时被修剪

5.5.5　缩放对象

使用"缩放"命令（SCALE）可在X和Y方向使用相同的比例因子缩放选择集，在不改变对象宽高比的前提下改变对象的尺寸。

要启动SCALE命令，有如下几种方法。

- 单击"修改"面板中的"缩放"按钮。
- 直接在命令行中输入SCALE（快捷键为SC）。

例如，缩放如图5-44左图内部的轮廓图形，具体操作步骤如下。

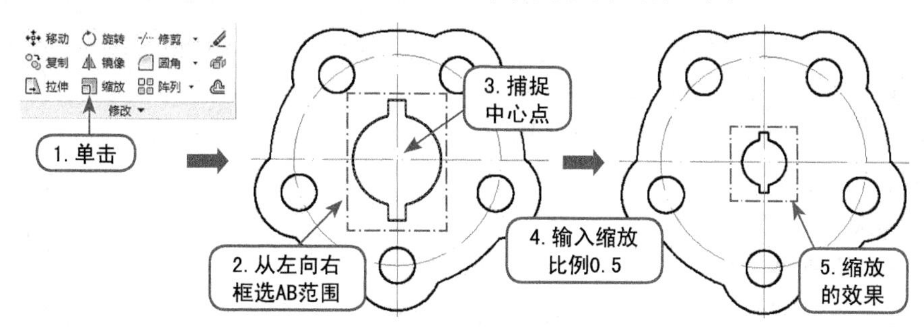

图5-44　缩放对象

01 单击"修改"面板中的"缩放"按钮。

02 选择需要缩放的内部轮廓对象，按Enter键结束对象选择。

03 捕捉中心线的交点作为缩放的基点，并按Enter键。

04 输入缩放的比例为0.5，并按Enter键。

05 则该框选的轮廓对象被缩小了一半，结果如图5-44右图所示。

注 意

在指定缩放比例因子时，若输入的值大于1，则放大对象；若输入的值小于1且大于0，则缩小对象。

5.6　使用夹点编辑图形

夹点实际上就是对象上的控制点。在AutoCAD中，夹点是一种集成的编辑模式，使用它可以移动、镜像、旋转、缩放和拉伸对象。

默认情况下，夹点始终是打开的。若在启动命令前选择对象，被选中的对象将用夹点标记。例如，选择一条直线后，直线的端点和中点处将打开夹点。选择一个块，将打开其插入点处的夹点，如图5-45所示。

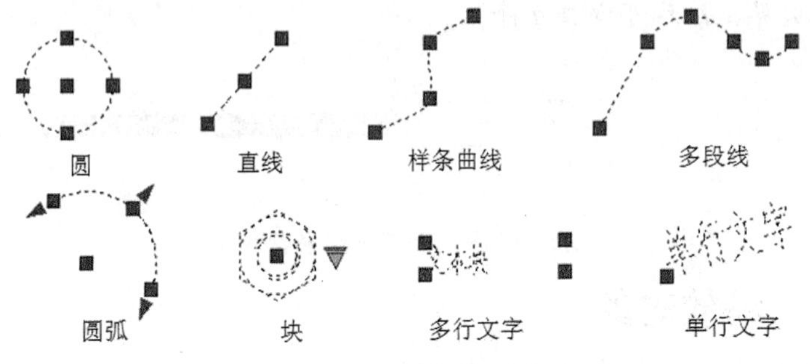

图5-45 夹点位置示例

夹点有两种状态：热态和冷态。热态是指被激活的夹点，在热态下，用户可以执行夹点编辑功能；冷态是指未被激活的夹点。

单击某夹点，该夹点变为热态，此时允许用户通过以下4种方法来选择移动（Move）、镜像（Mirror）、旋转（Rotate）、缩放（Scale）和拉伸（Stretch）等夹点操作模式。

- 直接按 Enter 键进行循环选取。
- 直接按空格键进行循环选取。
- 输入各命令的前两个字母，如 MO、MI、RO、SC 和 ST。
- 单击鼠标右键，从弹出的快捷菜单中选择一种夹点操作，如图 5-46 所示。

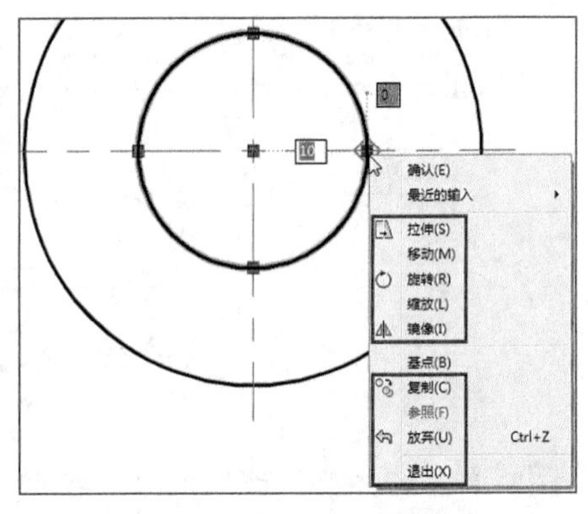

图5-46 夹点编辑快捷菜单

如果在选择了某种夹点模式后输入C并按Enter键，则在拉伸、移动、镜像、旋转和比例缩放夹点时可复制图形。要退出夹点模式并返回命令提示，可按Esc键。

5.6.1 夹点移动

使用夹点移动功能，将如图5-47左图所示圆形改变为右图所示，具体操作步骤如下。

01 单击如图5-47左图所示的圆形，则圆形4个象限点及圆心位置处显示出夹点。

02 单击圆心夹点并拖动，可移动圆的位置，如图5-47中图所示。

03 单击圆周上的夹点并拖动，可调整圆的大小，如图5-47右图所示。

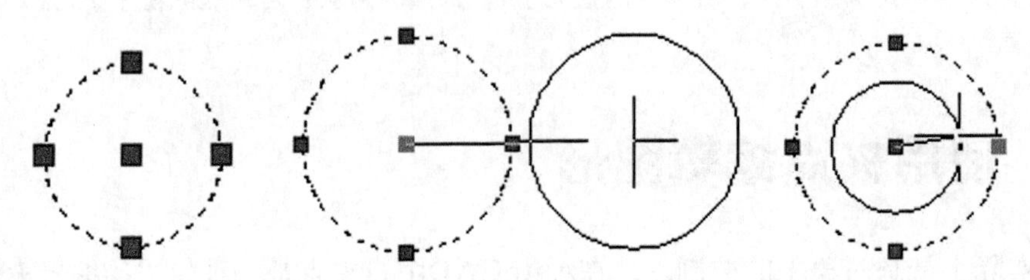

图5-47 利用夹点移动对象或改变对象的外观

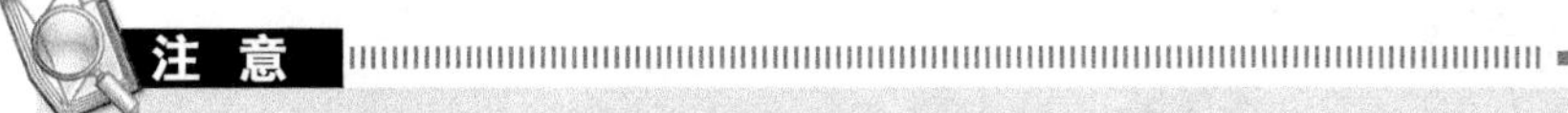

注 意

对于结构简单、线条单一的图形对象，用“移动”夹点模式要比移动命令简便；但对于层次复杂的图形对象，特别是大型的总体尺寸图或方案图，用移动命令要比“移动”夹点模式方便。读者可根据实际情况灵活运用。

5.6.2 夹点镜像

夹点编辑的“镜像”选项用于镜像图形，可进行以镜像线镜像、以指定基点及第二点连线镜像、复制镜像等编辑。选择“镜像”夹点模式后，AutoCAD提示如下。

```
指定第二点或[基点(B)/复制(C)/放弃(U)/退出(X)]:
```

其中，部分选项含义如下。

- 指定第二点：确定镜像线另一端点。AutoCAD 将热态夹点作为镜像线的第一端点。
- 基点（B）：确定新的第一端点。
- 复制（C）：镜像时复制对象。

使用夹点创建镜像对象的操作步骤如下。

01 选中对象，然后单击某个夹点，该夹点将高亮显示，如图5-48左图所示。

02 单击鼠标右键，从弹出的快捷菜单中选择“镜像”命令，进入镜像夹点模式。

03 此时所选夹点被作为镜像线的第一点，输入c并按Enter键，表示进行镜像复制。

04 通过对象捕捉或输入坐标确定镜像线的第二点，如图5-48中图所示。

05 按Enter键，退出夹点编辑模式，结果如图5-48右图所示。

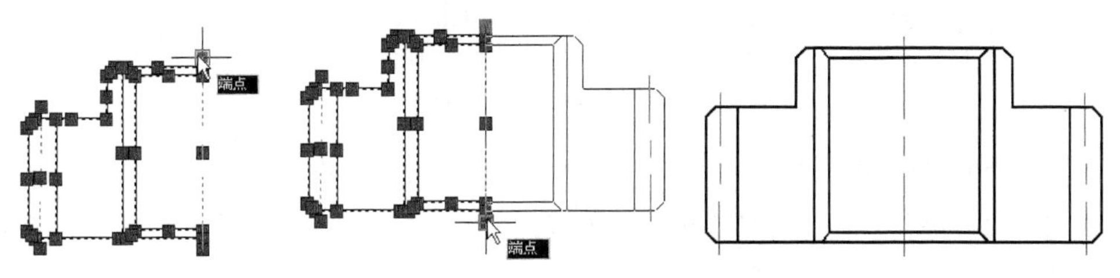

图5-48 利用夹点镜像复制对象

5.6.3 夹点旋转

在夹点“旋转”模式下，用户可通过移动光标或输入旋转角度来旋转图形。选择“旋转”夹点模式后，AutoCAD提示如下。

```
指定旋转角度或[基点(B)/复制(C)/放弃(U)/参照(R)/退出(X)]:
```

其中，部分选项含义如下。

- 指定旋转角度：为默认选项，提示用户输入旋转角度。此项将把所选择的夹点作为旋转的基准点并旋转对象。
- 基点(B)：确定新基点。
- 复制(C)：允许用户多次旋转复制对象。
- 参照(R)：参考选项，可帮助用户以指定的角度方向为基准来旋转对象。

5.6.4 夹点缩放

在夹点“缩放”模式下，用户可通过移动光标位置或输入缩放比例因子来缩放图形。选择“缩放”夹点模式后，AutoCAD提示如下。

```
指定比例因子或[基点(B)/复制(C)/放弃(U)/参照(R)/退出(X)]:
```

其中，部分选项含义如下。

- 指定比例因子：为默认选项，提示用户输入缩放的比例因子。
- 参照(R)：利用此项，用户可确定一参考长度，然后以指定的新长度和参考长度的比值作为缩放的比例因子。

5.6.5 夹点拉伸

默认情况下激活夹点后，夹点操作模式为拉伸。因此，通过移动夹点，可将对象拉伸到新的位置。不过，对于某些夹点，移动夹点是移动对象而不是拉伸对象，如文字对象、块、直线中点、圆心、椭圆圆心和点对象上的夹点等。

此外，用户还可选择多个夹点同时进行拉伸。例如，如图5-49所示显示了拉伸表示管道的两条直线的方法，其具体操作步骤如下。

01 分别单击点1与点2，用交叉选择窗口方式选择两条直线。

02 按住Shift键，选择两条直线的末端夹点。

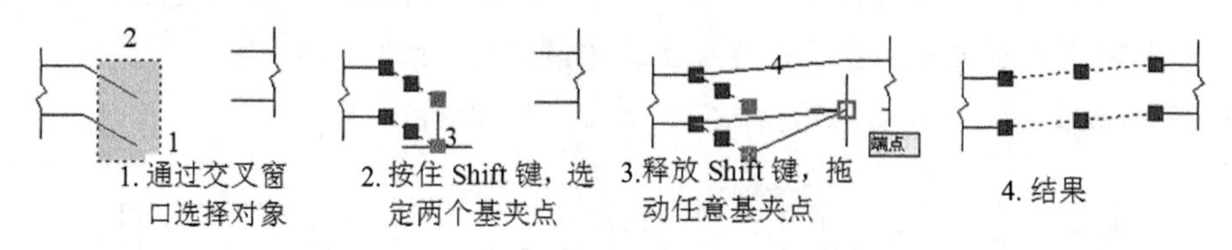

图5-49 利用夹点拉伸对象

03 释放Shift键，选择两个夹点中的任一个作为基夹点，本例为点3。

04 移动基夹点到点4，为对象指定新的位置。

05 按Esc键，取消夹点选择。

注 意

使用夹点进行编辑时，一般将选定的夹点作为基点，此夹点也称为基夹点。

上机练习 绘制支架平面图

下面来绘制如图5-50所示的支架平面图。绘制该图不仅使用了极轴，还运用了大量的对象编辑命令和对象捕捉功能，如偏移、旋转、移动、复制、修剪、中点捕捉、切点捕捉等，读者在学习过程中可细心体会。

01 启动AutoCAD，或者新建一个文档，分别创建“轮廓线”和“中心线”层，并设置各图层属性。“定位线”层颜色为红色，线型为CENTER；“轮廓线”层线宽为0.3，其余设置均为默认值。

02 在状态栏中打开“极轴”、“对象捕捉”、“对象追踪”、“动态输入”和“线宽”开关。

03 右击状态栏中的“极轴”开关，从弹出的快捷菜单中选择“设置”选项，打开“草图设置”对话框。在“极轴追踪”选项卡中，选中“附加角”复选框，然后单击“新建”按钮，输入60，设置极轴附加角为60°，如图5-51所示。

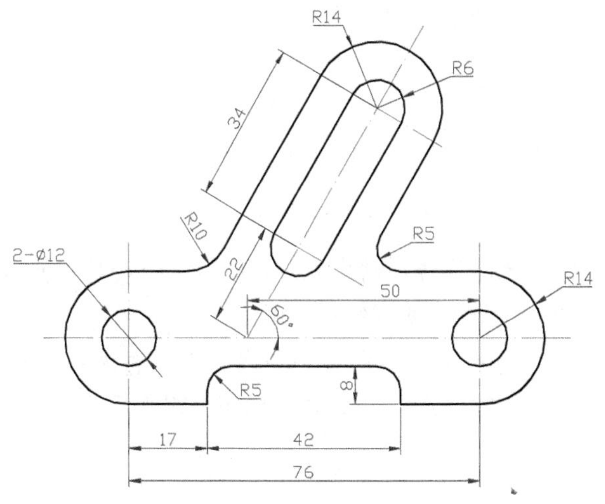

图5-50　支架平面图

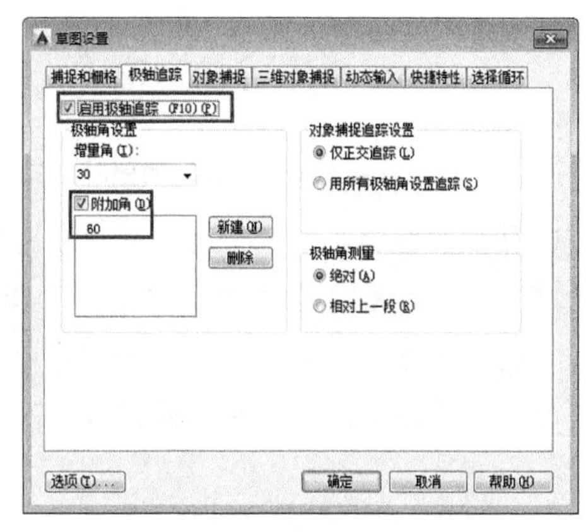

图5-51　设置极轴的附加角

04 为了在视图中更好地显示非连续线型的效果，输入LT并按Enter键，打开“线型管理器”对话框，在“全局比例因子”文本框中输入0.4，设置非连续线型的比例因子为0.4。

05 选择“定位线”层作为当前层。单击“绘图”面板中的“直线”按钮，在绘图区适当位置单击确定直线的起点，然后沿0°极轴追踪线绘制一条长为120的水平定位线。

06 单击“绘图”面板中的“直线”按钮，捕捉所绘直线的端点A，沿极轴0°方向追踪，输入数值20并按Enter键，确定点O。继续沿极轴90°方向追踪，输入OB的长度20并按Enter键，确定点B。单击直线OB，然后单击直线OB下端夹点以激活该夹点，然后沿极轴270°方向追踪，输入数值20并按Enter键确定点C。按Esc键退出夹点模式，结果如图5-52所示。

07 单击“修改”面板中的“偏移”按钮，输入偏移距离76并按Enter键，选择线段BC并在其右侧单击，进行偏移复制，按Enter键结束该命令，如图5-53所示。

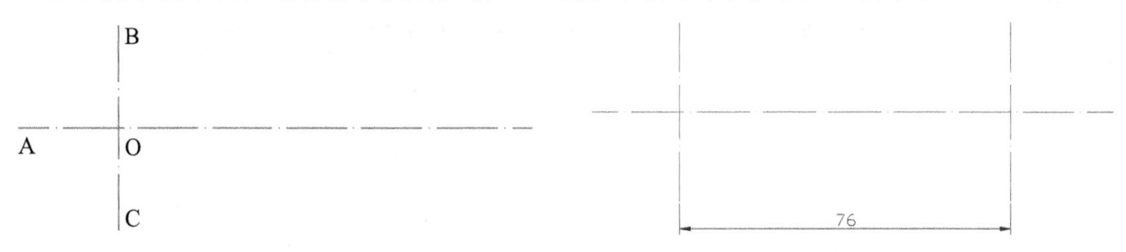

图5-52　绘制定位线BOC　　图5-53　偏移复制垂直定位线

08 单击“绘图”面板中的“直线”按钮，捕捉直线BC的中点O，然后沿极轴0°方向追踪26个单位，按Enter键确定点D，沿极轴60°方向追踪70个单位，按Enter键确定点E。按Enter键结束画线命令，结果如图5-54所示。

09 单击“修改”面板中的“旋转”按钮，拾取线段BC的中点O作为基点，输入C表

示复制，输入60作为旋转角度，旋转并复制定位线DE，结果如图5-55所示。

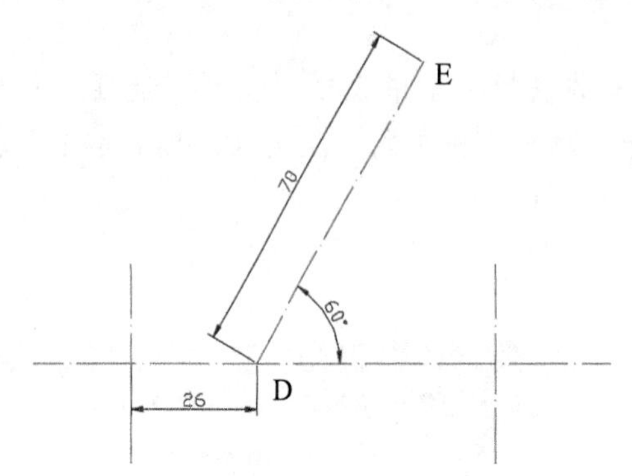

图5-54 绘制夹角为60°的倾斜定位线

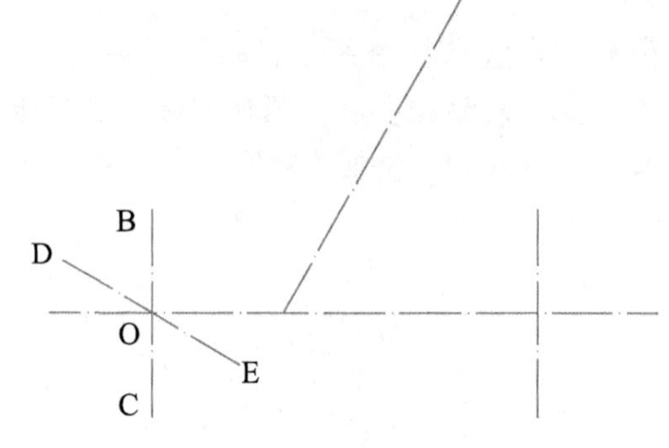

图5-55 旋转并复制定位线

10 单击“修改”面板中的“移动”按钮，选择旋转后的定位线DE，指定DE的中点O为基点，将其沿极轴0°方向追踪26个单位并按Enter键，如图5-56所示。

11 单击“修改”面板中的“移动”按钮，选择上一步所移动线段对象，再选择其中点作为移动的基点，将其沿极轴60°方向追踪22个单位并按Enter键，如图5-57所示。

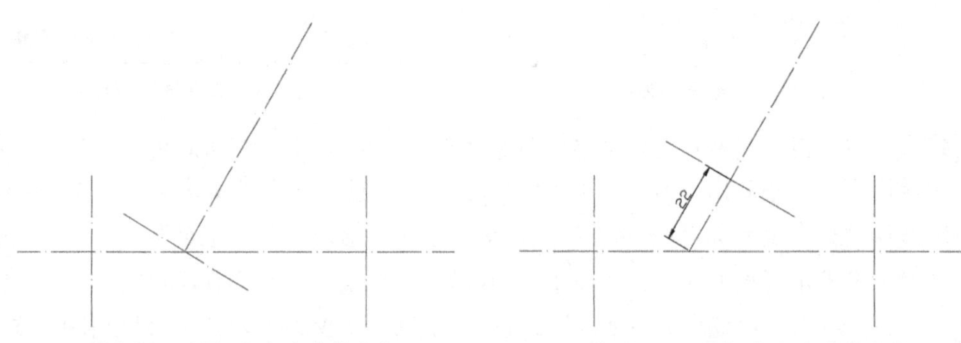

图5-56 沿0°方向移动斜线段

图5-57 沿60°方向移动斜线段

12 单击“修改”面板中的“复制”按钮，选择直线DE，指定DE的中点为基点，沿极轴60°方向追踪34个单位，按Enter键确定位移点。按Enter键结束复制命令，结果如图5-58所示。

13 选择“轮廓线”层作为当前层。单击“绘图”面板中的“圆”工具，捕捉垂直定位线BC与水平定位线的交点为圆心，分别设置半径为14和6绘制两个同心圆，如图5-59所示。

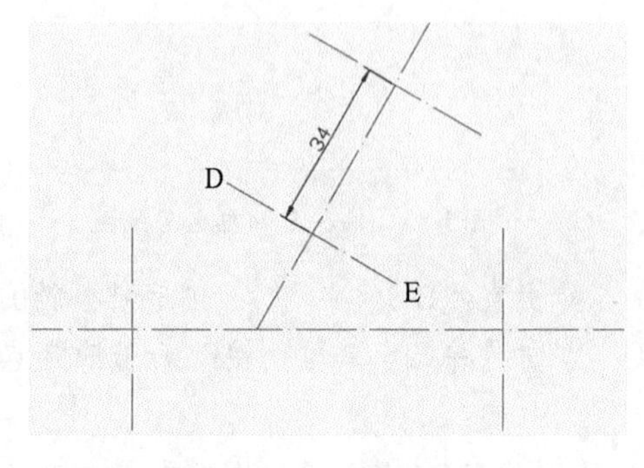

图5-58 沿60°方向复制斜线段

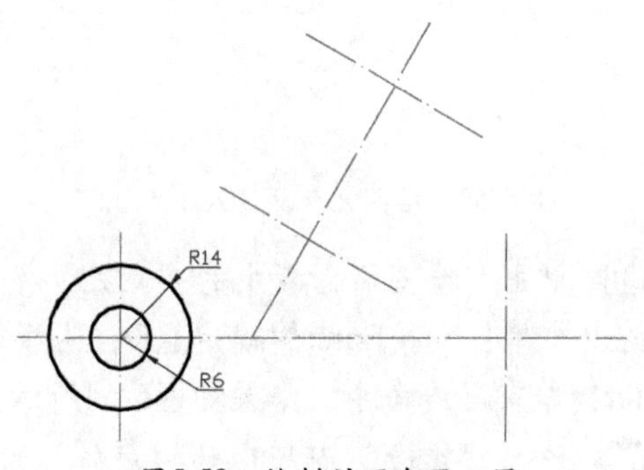

图5-59 绘制的两个同心圆

⑭ 选择“轮廓线”层作为当前层。单击“修改”面板中的“复制”按钮，选择上一步所绘制的两个同心圆，指定圆心为基点，分别将其复制到其他交点位置，结果如图5-60所示。

⑮ 单击“绘图”面板中的“直线”按钮，依次捕捉并拾取大圆间的切点（快捷键为TAN），绘制4条切线，结果如图5-61所示。

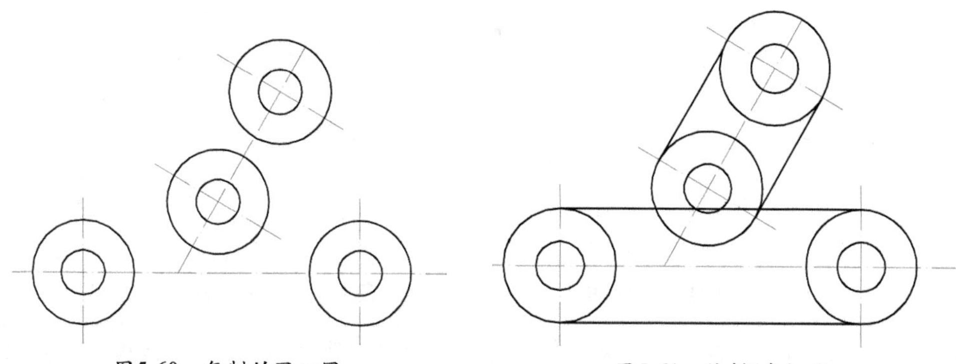

图5-60　复制的同心圆　　图5-61　绘制4条切线

⑯ 单击“修改”面板中的“修剪”按钮，修剪4条切线间的圆弧，结果如图5-62所示。

⑰ 同样，单击“修改”面板中的“修剪”按钮，修剪圆弧A中的线段，结果如图5-63所示。

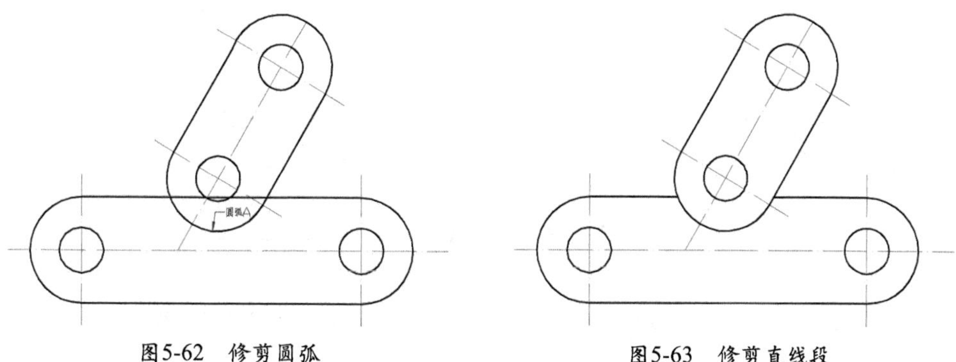

图5-62　修剪圆弧　　图5-63　修剪直线段

⑱ 单击“修改”面板中的“删除”按钮，将多余的圆弧删除，结果如图5-64所示。

⑲ 单击“修改”面板中的“圆角”按钮，输入R，设置圆角半径为10，按Enter键，对指定的位置进行圆角操作，结果如图5-65所示。

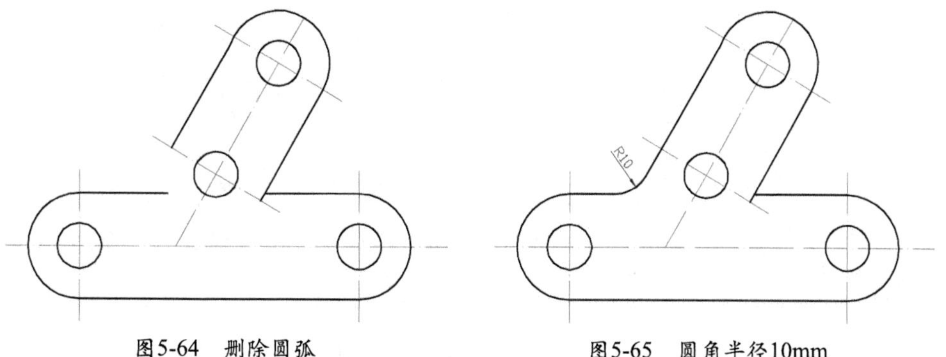

图5-64　删除圆弧　　图5-65　圆角半径10mm

20 同样使用“圆角”工具，设置圆角半径为5，为另两个线段修圆角，结果如图5-66所示。

21 绘制圆E和圆F间的切线，然后利用修剪工具进行修剪，结果如图5-67所示。

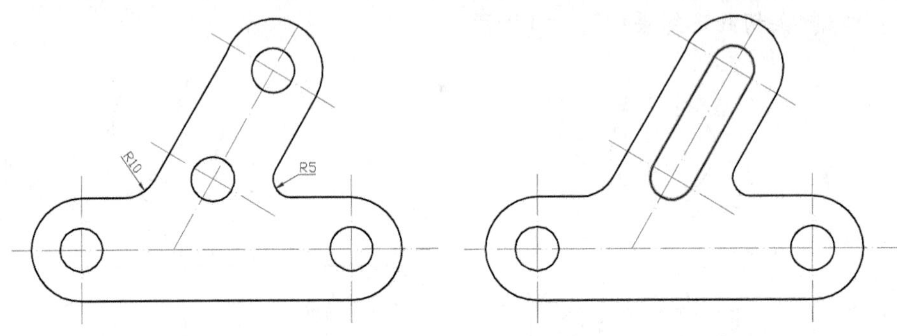

图5-66　圆角半径为5的圆角　　图5-67　绘制切线并修剪圆弧

22 单击“绘图”面板中的“直线”按钮，捕捉左侧圆心点，沿极轴0°方向追踪17个单位并单击，再垂直向上直至水平中心线的垂足点后单击，绘制一条垂直直线。

23 按照相同的方法，绘制右侧的垂直线段，结果如图5-68所示。

24 单击“绘图”面板中的“偏移”按钮，设置偏移距离为8，选择线段下侧水平线段，并在上侧单击进行偏移复制，结果如图5-69所示。

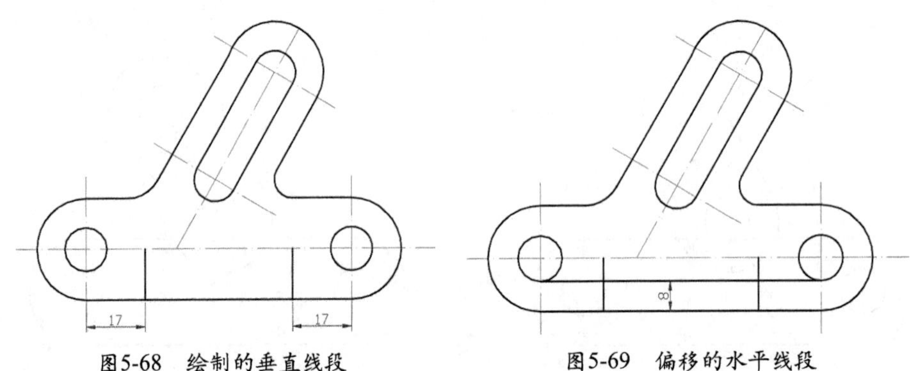

图5-68　绘制的垂直线段　　图5-69　偏移的水平线段

25 单击“修改”面板中的“圆角”按钮，输入R，设置圆角半径为5，输入M选择多个，然后为3条线段修圆角，结果如图5-70所示。

26 单击“修改”面板中的“修剪”按钮，修剪多余线段，结果如图5-71所示。

27 选择“文件”｜“保存”菜单命令，保存文件。

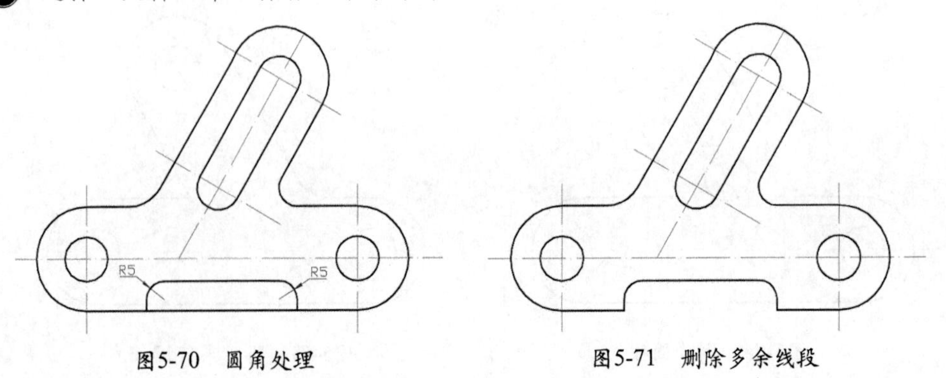

图5-70　圆角处理　　图5-71　删除多余线段

本章小结

通过本章的学习，读者应了解并掌握AutoCAD中常用图形编辑命令的使用方法和技巧。此外，还应掌握灵活运用对象的夹点移动、镜像、旋转、缩放和拉伸对象的方法。

思考与练习

1. 填空题

（1）要选择多个对象，最常用的方法是____________与______________。

（2）执行对齐操作时，最多可以指定_______个对点。

（3）执行延伸操作时，应指定_________与________对象。

（4）利用夹点，可以执行_______、_______、_______、_______与_______操作。

2. 思考题

（1）窗口选择和交叉窗口选择方式的区别是什么？

（2）要从选择集中删除对象，该如何操作？

（3）延伸、拉长、拉伸命令有些类似，但有区别，请简述之。

3. 操作题

绘制如图5-72所示连杆。

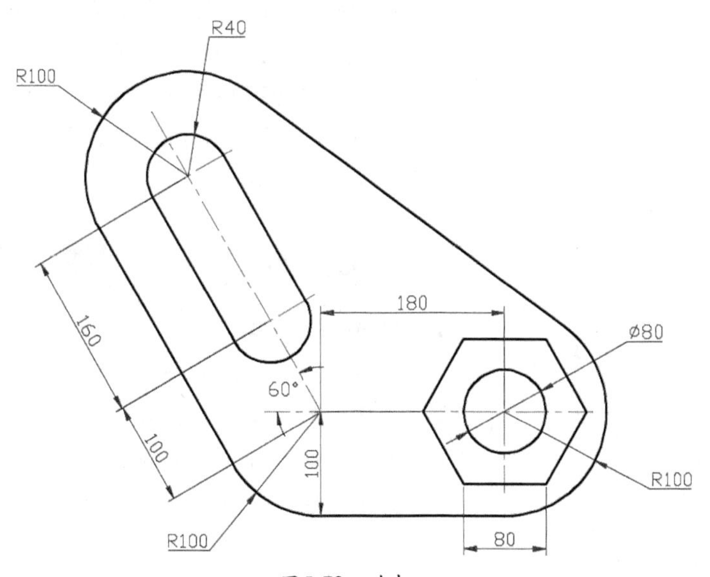

图5-72　连杆

提 示

（1）打开“草图设置”对话框，在“捕捉和栅格”选项卡中设置极轴距离为1，设置“捕捉类型和样式”为“极轴捕捉”；打开“极轴追踪”选项卡，设置“增量角”为60°。（2）打开状态栏中的“捕捉”、“极轴”、“对象捕捉”和“对象追踪”开关。（3）绘制定位线，并绘制一组圆。（4）绘制一组切线，并对切线进行修剪。

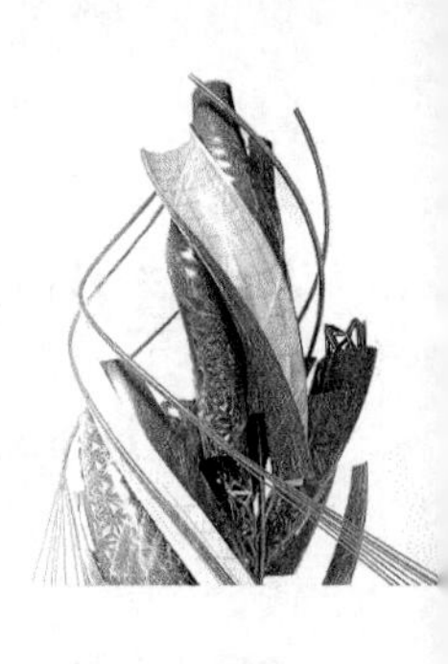

AutoCAD 2015

第6章 图形对象编辑（下）

课前导读

本章继续围绕“修改”面板中的常用修改命令展开学习，包括“修改”工具栏中的镜像、阵列、倒角、圆角、打断等常用修改命令操作。使用这些命令可以对草图进行更加简单、有效的编辑和修改，实现复杂制图的目标要求。另外，在完成图形绘制后，如需要进行细部修改，还可以利用“特性”面板来进行。

本章要点

- 掌握镜像与阵列命令的功能与用法
- 掌握倒角与圆角命令的功能与用法
- 掌握打断、合并与分解命令的功能与用法
- 掌握利用“特性”面板编辑对象特性的方法
- 掌握特性匹配命令的功能与用法

6.1 对象的镜像与阵列

在AutoCAD中，使用MIRROR命令可以创建对称关系的图形，使用ARRAY命令可以创建具有均布关系的图形。

6.1.1 镜像对象

在绘图过程中，经常会碰到一些对称的图形，这时就可以使用AutoCAD提供的“镜像（Mirror）”命令进行操作。它是将用户所选择的图形对象向相反的方向进行对称的复制，实际绘图时常用于对称图形的绘制。

要启动MIRROR命令，有如下几种方法。

- 单击“修改”面板中的“镜像”按钮。
- 直接在命令行中输入 MIRROR（快捷键为 MI）。

例如，使用MIRROR命令镜像复制如图6-1左图所示的图形，具体操作步骤如下。

01 单击“修改”面板中的“镜像”按钮。

02 使用窗口选择方式选择需镜像的对象，如图6-1左图所示，按Enter键。

03 启动端点捕捉功能，依次拾取点A和B，指定镜像线的第一点和第二点，如图6-1中图所示。

04 按Enter键保留源对象，则镜像结果如图6-1右图所示。

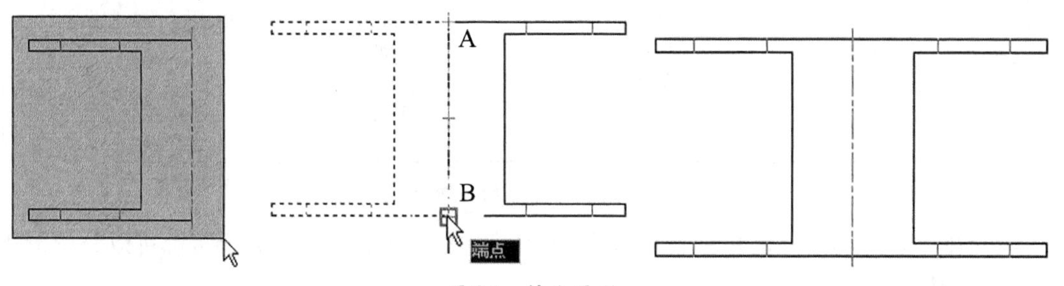

图6-1　镜像图形

提　示

镜像线由用户确定的两点决定，该线不一定要真实存在，且镜像线可以为任意角度的直线。另外，当对文字对象进行镜像时，其镜像结果由系统变量MIRRTEXT 控制。当MIRRTEXT=0 时，文字只是位置发生了镜像，但不产生颠倒；当MIRRTEXT=1 时，文字不但位置发生镜像，而且产生颠倒，变为不可读的形式，如图6-2所示。

R3　+12V　10K　镜像前效果

R3　+12V　10K　镜像后，mirrtext=1

镜像后，mirrtext=0

图6-2　镜像的文字效果

6.1.2 阵列对象

在AutoCAD中，使用ARRAY命令可以矩形或环形阵列复制图形，且阵列复制的每个对象都可单独进行编辑。

要启动ARRAY命令，有如下几种方法。

- 单击“修改”面板中的“阵列”按钮 阵列。
- 直接在命令行中输入 ARRAY（快捷键为 AR）。

执行“阵列”命令后，命令行将显示如下提示。

```
命令: ARRAY
选择对象:
选择对象:  输入阵列类型 [矩形(R)/路径(PA)/极轴(PO)] <矩形>:
```

在AutoCAD 2015中，其阵列分为3种方式，即矩形（R）、路径（PA）和极轴（PO），下面分别进行讲解。

1. 矩形阵列

执行“阵列”命令后选择“矩形（R）”选项，将进行矩形阵列，且在上侧的面板中出现如图6-3所示的“矩形阵列”面板。在此面板中显示“列数”、“介于”（列间距）、“总计”（列的总距离）、“行数”、“介于”（行间距）、“总计”（行的总距离）、“级别”（级层数）、“介于”（级层距）、“总计”（级层的总距离）、“关联”、“基点”等选项。

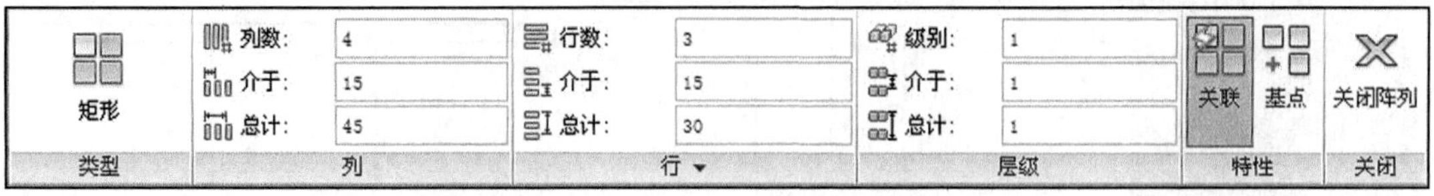

图6-3 “矩形阵列”面板

用户在“矩形阵列”面板中设置阵列的参数，或者根据命令行提示，都可以将图形进行矩形阵列操作，如图6-4所示。

进行“矩形阵列”操作时，命令行各主要选项的含义如下。

- 关联（AS）：指定阵列中的对象是关联的还是独立的。“是（Y）”选项，指包含单个阵列对象中的阵列项目（类似于块）使用关联阵列，可以通过编辑特性和源对象在整个阵列中快速传递更改；“否（N）”选项，指创建阵列项目作为独立对象，更改一个项目不影响其他项目。
- 基点（B）：定义阵列基点和基点夹点的位置。在“基点”选项中可选“关键点（K）”，它表示对于关联阵列，在源对象上指定有效的约束（或关键点）以与路径对齐，如果编辑生成的阵列的源对象或路径，阵列的基点保持与源对象的关键点重合。
- 计数（COU）：指定行数和列数并使用户在移动光标时可以动态观察结果（一种比“行和列”选项更快捷的方法）。在“计数”选项中可选“表达式（E）”，它表示基于数学公式或方程式导出值。
- 间距（S）：指定行间距和列间距并使用户在移动光标时可以动态观察结果。在“间距”选项中要分别设置行和列的间距，其中还有“单位单元（U）”选项，它表示通过设置等同于间距的矩形区域每个角点来同时指定行间距和列间距。

- 列数（COL）：编辑列数和列间距。分别设置列数和列间距，其中还有“总计（T）”选项，它表示指定从开始和结束对象上的相同位置测量的起点和终点列之间的总距离。
- 行数（R）：与“列数”选项含义相同。
- 层数（L）：指定三维阵列的层数和层间距。其中“总计（T）”选项表示在Z坐标值中指定第一个和最后一个层中对象等效位置之间的总差值，“表达式（E）”选项表示基于数学公式或方程式导出值。

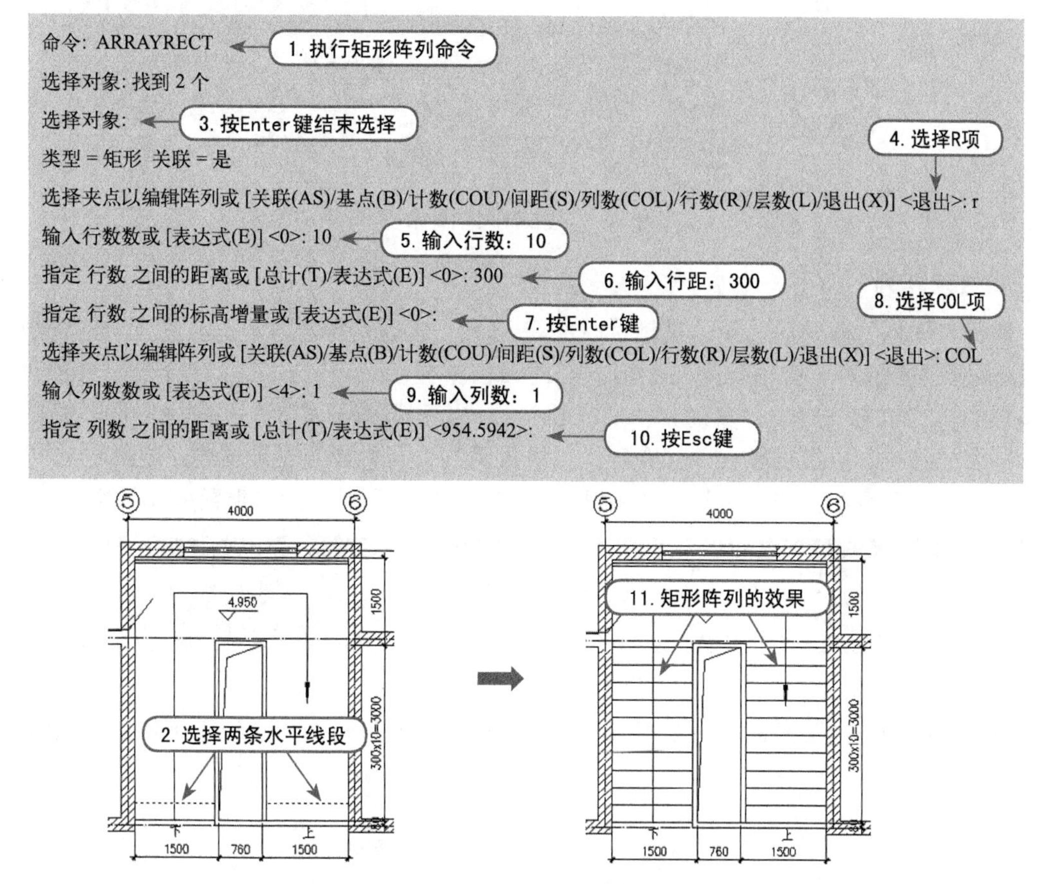

图6-4　矩形阵列对象

2. 路径阵列

执行“阵列”命令后选择“路径(PA)”选项，将进行路径阵列，且在上侧的面板中出现如图6-5所示的“路径阵列”面板。在此面板中显示“项目数”、“介于”（项目间距）、“总计”（项目的总距离）、“行数”、“介于”（行间距）、“总计”（行的总距离）、“级别”（级层数）、“介于”（级层距）、“总计”（级层的总距离）、“关联”、“基点”、“切线方向”、“定距等分”、“对齐项目”、“Z方向”等。

图6-5　“路径阵列”面板

通过“路径阵列”面板和命令提示行来进行操作，即可将圆以曲线路径进行路径阵列，如图6-6所示。

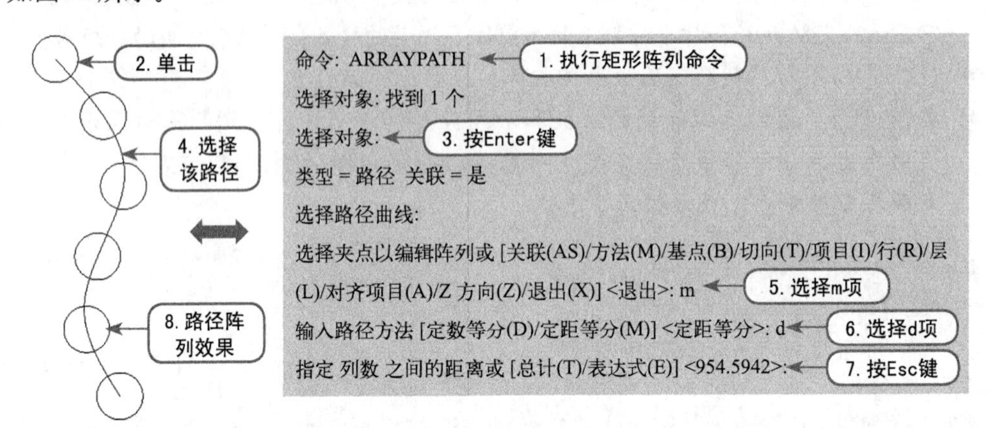

图6-6 “路径阵列”效果

3. 极轴阵列

执行“阵列”命令后选择“极轴（PO）”选项，将进行极轴阵列，且在上侧的面板中出现如图6-7所示的“极轴阵列”面板。在此面板中显示“项目数”、“介于”（项目间的角度）、“填充”（填充角度）、“行数”、“介于”（行间距）、“总计”（行的总距离）、“级别”（级层数）、“介于”（级层距）、“总计”（级层的总距离）、“基点”、“旋转项目”、“方向”、“编辑来源”、“替换项目”、“重置矩阵”等。

图6-7 “极轴阵列”面板

通过“极轴阵列”面板和命令提示行来进行操作，即可将图形进行极轴阵列，如图6-8所示。

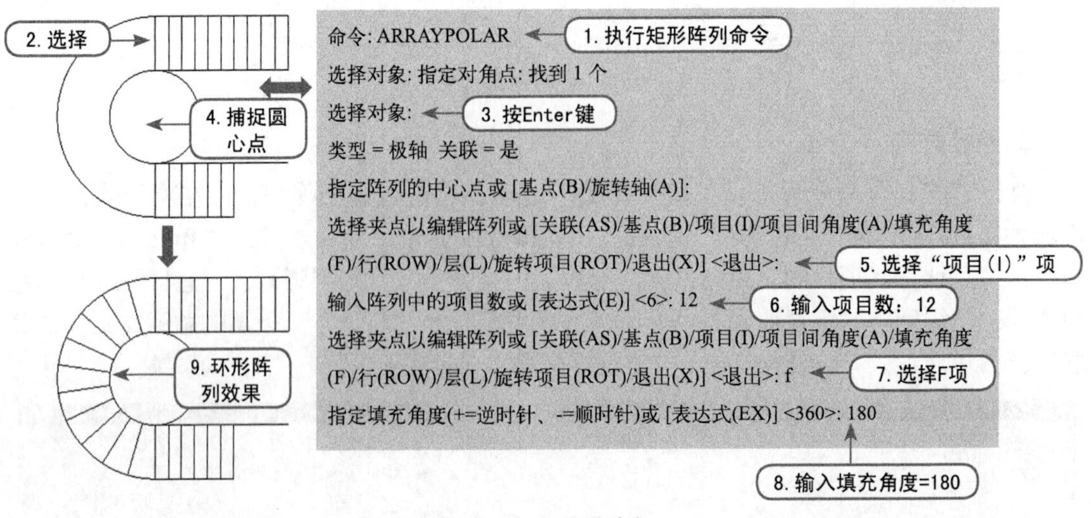

图6-8 极轴阵列对象

6.2 对象的倒角

使用“倒角”命令（CHAMFER）可以对两个非平行的对象修倒角，通过延伸或修剪，使它们相交或利用斜线连接，如图6-9所示。

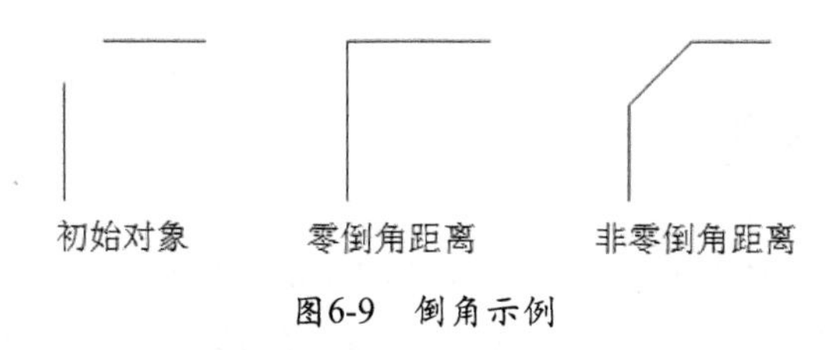

图6-9 倒角示例

要启动CHAMFER命令，有如下几种方法。

- 单击“修改”面板中的“倒角”按钮[倒角]。
- 直接在命令行中输入 CHAMFER（快捷键为 CHA）。

执行CHAMFER命令后，其命令行提示如下。

```
（“修剪”模式）当前倒角距离 1 = 0.0000，距离 2 = 0.0000
选择第一条直线或 [放弃(U)/多段线(P)/距离(D)/角度(A)/修剪(T)/方式(E)/多个(M)]:
```

提示中显示了当前设置的倒角距离（默认均为0），此时可以直接选择要倒角的直线，也可以设置倒角选项，这些选项的功能如下。

- 多段线（P）：选择该项后，可将所选多段线的各相邻边进行倒角。
- 距离（D）：通过指定相同或不同的第一个和第二个倒角距离，对图形进行倒角。
- 角度（A）：确定第一个倒角距离和角度。
- 修剪（T）：设置倒角后是否保留源倒角边。
- 方式（E）：可在“距离”和“角度”两个选项之间选择一种倒角方式。
- 多个（M）：选择该项后，可对多组图形进行倒角，而不必重新启动命令。

例如，对如图6-10左图所示图形的外轮廓边进行倒角操作，具体操作步骤如下。

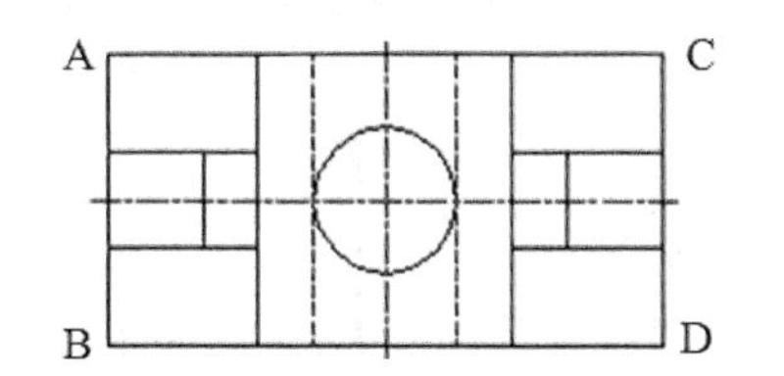

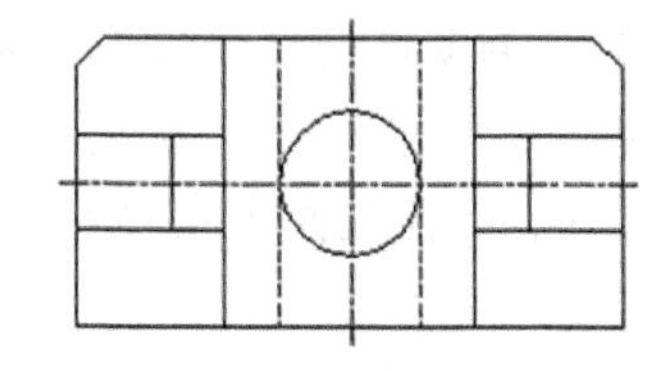

图6-10 使用CHAMFER命令倒角对象

01 单击“修改”面板中的“倒角”按钮[倒角]。

02 输入D并按Enter键，表示要设置倒角的距离。

03 输入3并按Enter键，指定第一个倒角距离值为3。

04 系统自动将第一个倒角距离值作为第二个倒角距离的默认值，按Enter键。

05 单击如图6-10左图所示的直线AB，作为第一个选择对象；单击直线AC，作为第二个选择对象，这时即可得到一个倒角。

06 使用相同的方法，对直线AC和CD修倒角，最终结果如图6-10右图所示。

注 意

在AutoCAD中，可以倒角的对象有直线、构造线、射线、多段线、多边形和三维实体。如果正在被倒角的两个对象都在同一图层上，则倒角线将位于该图层。否则，倒角线将位于当前图层。若在图形界限内没有交点，且图形界限检查处于打开状态，AutoCAD将拒绝倒角。

6.3 对象的圆角

圆角（FILLET）与倒角类似，只是用连接圆弧取代了倒角线。要圆角的两个对象位于同一图层中，那么圆角线将位于该图层。否则，圆角线将位于当前图层中。

可以进行圆角处理的对象有直线、多段线的直线段、样条曲线、构造线、射线、多边形、圆、圆弧、椭圆和三维实体等，并且直线、构造线和射线在相互平行时也可进行圆角。

要启动FILLET命令，有如下几种方法。

- 单击“修改”面板中的“圆角”按钮。
- 直接在命令行中输入 FILLET（快捷键为 F）。

执行FILLET命令时，系统将给出如下提示，其中指出了模式（圆角时是否修剪图形）和当前圆角半径（默认为0，此时将无法对图形执行圆角）。

```
当前设置：模式 = 修剪，半径 = 0.0000
选择第一个对象或 [放弃(U)/多段线(P)/半径(R)/修剪(T)/多个(M)]:
```

命令提示中主要选项的意义如下。

- 多段线 (P)：选择多段线进行圆角。
- 半径 (R)：设置圆角半径。圆角半径是连接被圆角对象的圆弧半径。修改圆角半径将影响后续的圆角操作。如果设置圆角半径为 0，则被圆角的对象将被修剪或延伸直到它们相交，并不创建圆弧。
- 修剪 (T)：修剪和延伸圆角对象。可以使用“修剪”选项指定是否修剪选定对象、将对象延伸到创建的弧的端点，或不做修改。

例如，对如图6-11左图所示图形的外轮廓边进行圆角操作，具体操作步骤如下。

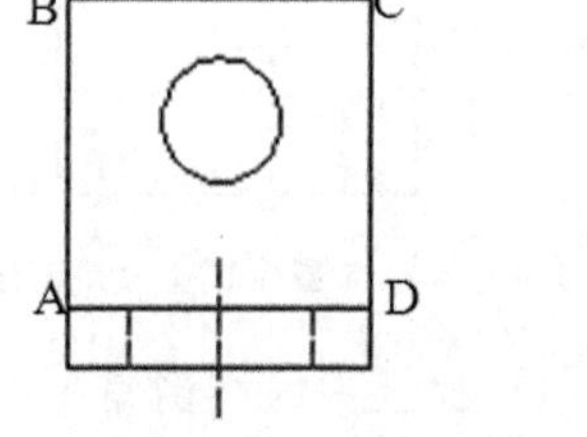

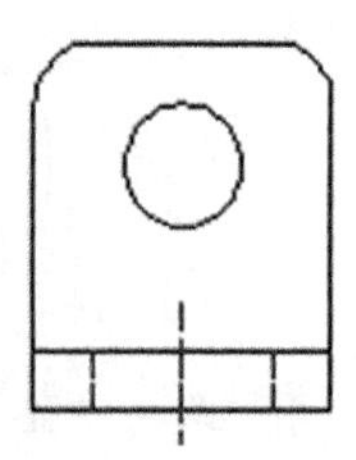

图6-11 使用FILLET命令圆角对象

01 单击“修改”面板中的“圆角”按钮。

02 输入M并按Enter键，表示要设置多个对象。

03 输入R并按Enter键，表示要设置圆角半径。

04 输入5并按Enter键，指定圆角半径为5个单位。

05 单击直线AB，作为第一个选择对象；单击直线BC，作为第二个选择对象，这时即可得到一个圆角。

06 再分别单击直线BC和CD得到另一个圆角，结果如图6-11右图所示。

当出现按照用户的设置不能用圆角进行连接的情况时（例如圆角半径太大或太小），系统将在命令行给出信息提示。在修剪模式下对相交的两个图形对象进行圆角连接时，两个图形对象的保留部分将是拾取点的一边；当选取的是两条平行线时，系统会自动将圆角半径定义为两条平行线间距离的一半，并将这两条平行线用圆角连接起来，如图6-12所示。

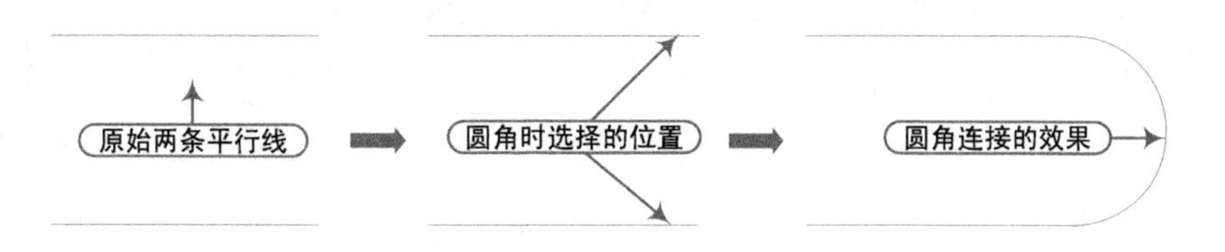

图6-12 平行线的圆角

6.4 对象的打断、合并与分解

在AutoCAD中，使用相关命令还可以对图形中的对象进行打断、合并与分解。

6.4.1 打断对象

使用“打断”命令（BREAK）可以将对象指定的两点间的部分删掉，或将一个对象打断成两个具有同一端点的对象。

要启动BREAK命令，有如下几种方法。

- 单击“修改”面板中的“打断”按钮。
- 直接在命令行中输入 BREAK（快捷键为 BR）。

使用BREAK命令时应注意以下两点。

- 如果要删除对象的一端，可在选择被打断的对象后，将第二个打断点指定在要删除端的端点。
- 在“指定第二个打断点”命令提示下，若输入“@”，表示第二个打断点与第一个打断点重合，这时可以将对象分成两部分，而不删除。

例如，使用BREAK命令打断如图6-13左图所示的弧线，具体操作步骤如下。

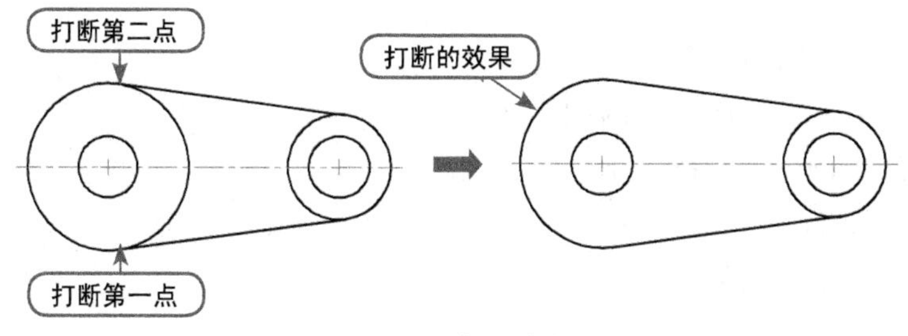

图6-13 打断对象

01 单击“修改”面板中的“打断”按钮。

02 选择左侧的圆对象，如图6-14所示。

03 输入F并按Enter键，重新指定打断第一点。

04 启动交点捕捉功能，捕捉下侧圆与切线的交点作为第一个打断点，如图6-15所示。

05 再捕捉上侧圆与切线的交点作为第二个打断点，如图6-16所示。

06 则该段圆弧打断后的效果如图6-13右图所示。

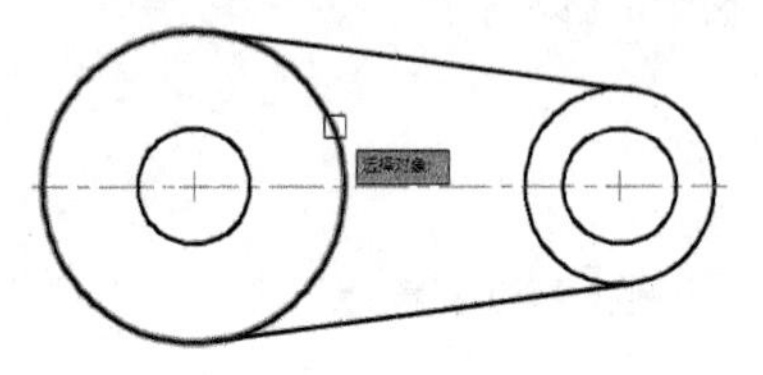

图6-14 选择圆对象

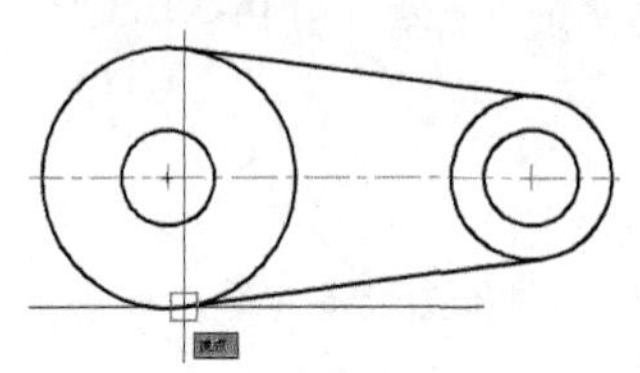

图6-15 捕捉打断第一点

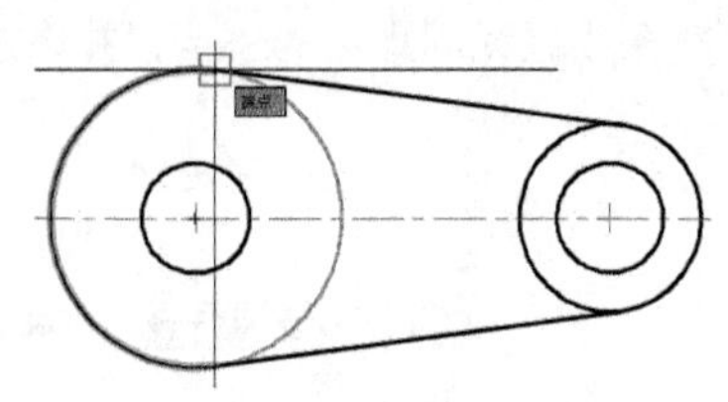

图6-16 捕捉打断第二点

提 示

针对圆弧进行打断操作时，选择的打断点应按照逆时针方向选择。如果选择方向相反，则会出现意想不到的打断效果，如图6-17所示。

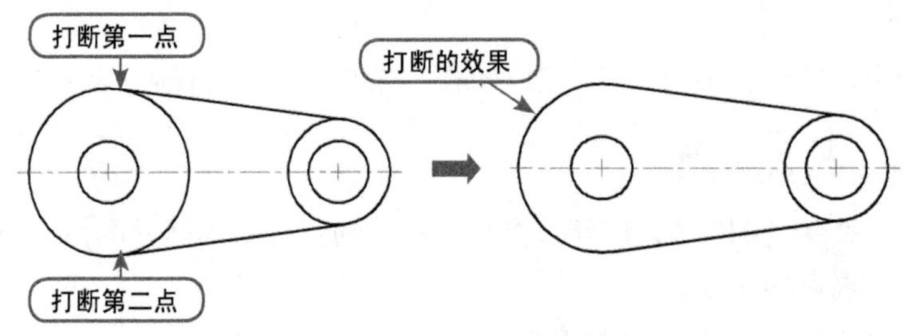

图6-17 打断外侧圆弧

6.4.2 合并对象

使用“合并”命令（JOIN）可以将多个同类对象的线段合并成单个对象。在AutoCAD中，可以合并的对象有直线、多段线、圆弧、椭圆弧和样条曲线。

要启动JOIN命令，有如下几种方法。

- 单击“修改”面板中的“合并”按钮。
- 直接在命令行中输入 JOIN（快捷键为 J）。

1. 合并直线

使用JOIN命令可以将多条在同一直线方向上的线段合并成一条直线。例如，使用JOIN命令合并如图6-18左图所示的两条直线段，具体操作步骤如下。

01 单击“修改”面板中的“合并”按钮。

02 选择如图6-18左图所示直线AB。

03 选择如图6-18左图所示直线CD，按Enter键，结果如图6-18右图所示。

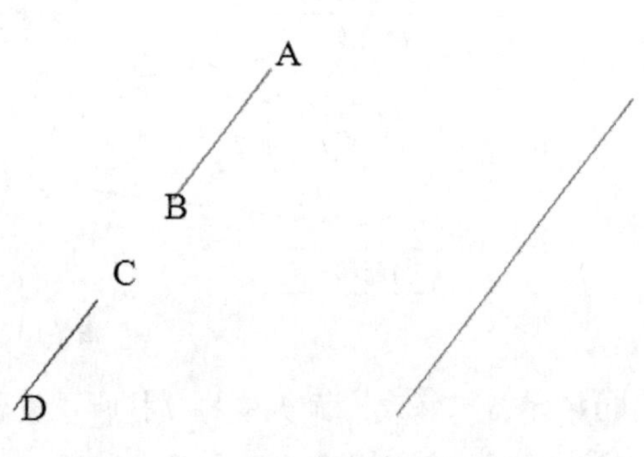

图6-18 合并直线

注 意

合并的线段可以是相互交叠的、带缺口的或端点相连的，但必须是在同一方向上。源对象的属性（颜色、线型等）将作为合并后直线的属性。

对于有一定宽度的多段线对象，如果各个多段线的起点和端点重合，即会有缺口的效果，这时用户可以采用“合并”命令（J），将几条多段线进行合并，从而作为一个整体，则各个重合点则自动闭合，不会有缺口效果，如图6-19所示。

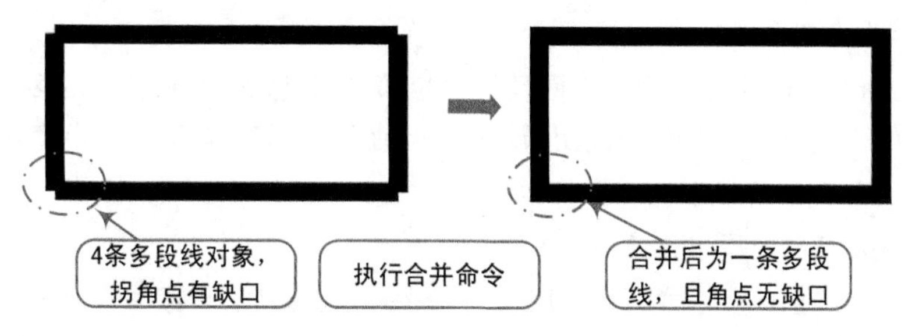

图6-19　多段线的合并

2. 合并圆弧

使用JOIN命令可以合并具有相同圆心和半径的多条连续或不连续的弧线段。此外，合并两条或多条圆弧时，将从源对象开始按逆时针方向合并圆弧。例如，使用JOIN命令合并如图6-20左图所示的两条不连续的圆弧，具体操作步骤如下。

01 单击“修改”面板中的“合并”按钮。

02 选择如图6-20左图所示的圆弧A。

03 选择如图6-20左图所示的圆弧B，按Enter键，结果如图6-20右图所示。

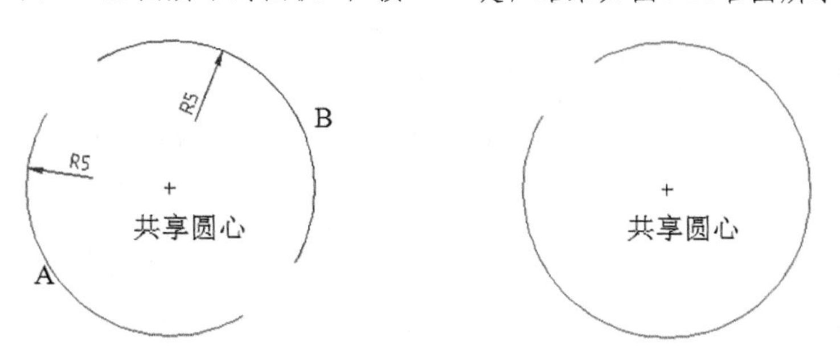

图6-20　合并圆弧

3. 合并椭圆弧

使用JOIN命令可以合并在同一圆周上的多条连续或不连续的椭圆弧段，还可封闭椭圆弧（或圆弧），自动将它们转换为椭圆（或圆）。此外，合并两条或多条椭圆弧时，将从源对象开始按逆时针方向合并椭圆弧。

例如，使用JOIN命令封闭如图6-21左图所示的椭圆弧，具体操作步骤如下。

01 单击“修改”面板中的“合并”按钮。

02 选择如图6-21左图所示的椭圆弧。

03 输入L并按Enter键，结果如图6-21右图所示。

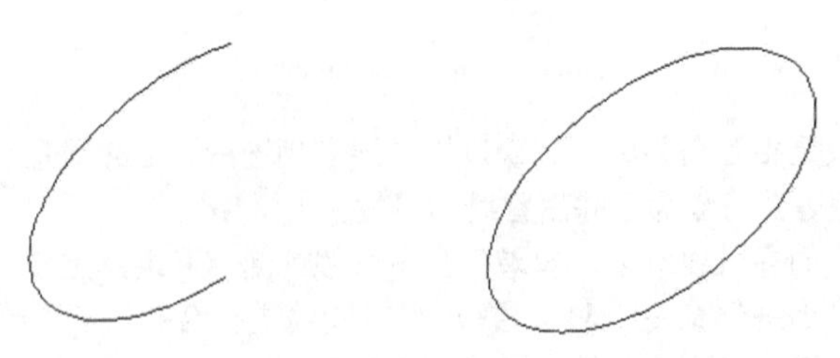

图6-21　封闭椭圆弧

4. 合并样条曲线

使用JOIN命令可以合并在同一平面且首尾相邻（端点到端点放置）的多条样条曲线。例如，使用JOIN命令合并如图6-22左图所示的样条曲线A和B，具体操作步骤如下。

01 单击“修改”面板中的“合并”按钮。

02 选择图6-22左图所示样条曲线A。

03 选择图6-22左图所示样条曲线B，按Enter键，结果如图6-22右图所示。

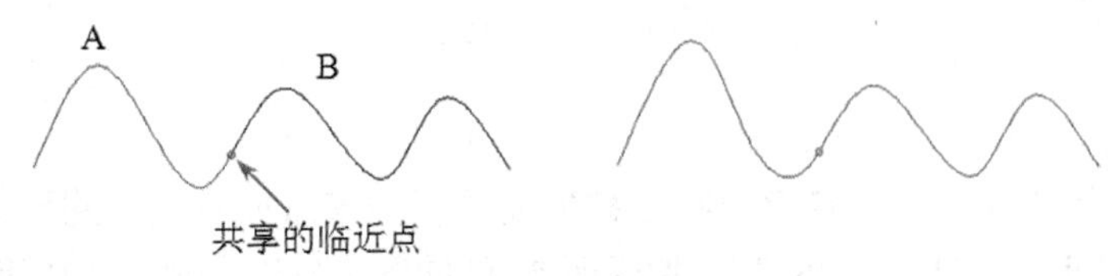

图6-22　合并样条曲线

5. 合并多段线

JOIN命令还可以将一条多段线与一条或多条直线、多段线、圆弧或样条曲线合并在一起。例如，使用JOIN命令合并如图6-23左图所示的多段线，具体操作步骤如下。

01 单击“修改”面板中的“合并”按钮。

02 选择图6-23左图所示多段线圆弧A。

03 选择图6-23中图所示直线和圆弧，按Enter键，结果如图6-23右图所示。

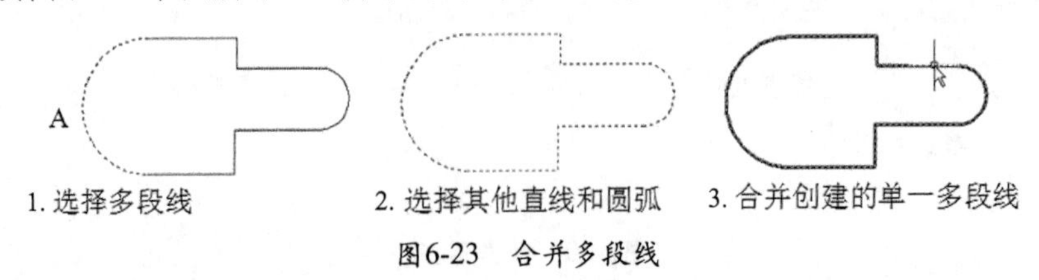

图6-23　合并多段线

6.4.3　分解对象

使用“分解”命令（EXPLODE）可将选择的对象分解成单个对象。要启动EXPLODE命令，有如下几种方法。

- 单击“修改”面板中的“分解”按钮。
- 直接在命令行中输入EXPLODE（快捷键为X）。

如图6-24左图所示的对象，是一个图块对象，使用鼠标选择该图块时，该图块只有一个夹点；若执行“分解”命令并选择该图块后，再选择该对象时，则发现该对象的所有线段、圆弧等都显示出相应的夹点，如图6-24右图所示。

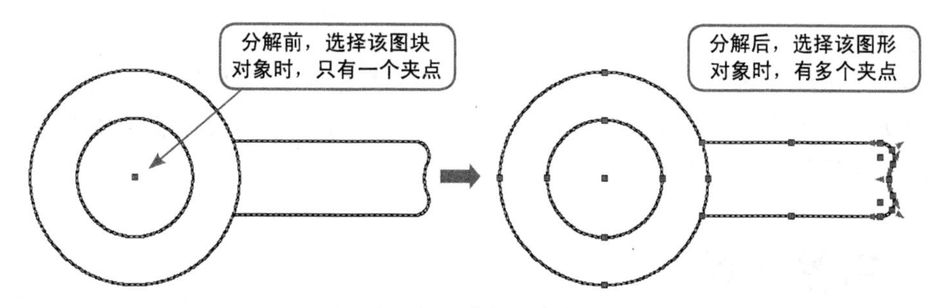

图6-24　分解对象的前后比较

使用EXPLODE命令时，应注意以下3点。

- 使用 EXPLODE 命令可以分解图块、剖面线、平行线、尺寸标注线、多段线、矩形、多边形、三维曲面和三维实体。
- 具有宽度值的多段线分解后，其宽度值变为 0。
- 带有属性的图块分解后，其属性值将被还原为属性定义的标记。

6.5 使用“特性”面板

“特性”命令（PROPERTIES）用于编辑对象的颜色、图层、线型、线型比例、标高等特性。要启动PROPERTIES命令，有如下几种方法。

- 选择对象并右击，从弹出的快捷菜单中选择“特性”命令，如图 6-25 所示。
- 直接在命令行中输入 PR。
- 在键盘上按 Ctrl+1 快捷键。

若当前已选中一个对象，在“特性”面板中将显示该对象的详细属性；若已选中多个对象，在“特性”面板中将显示它们的共同属性。例如，在只选择圆和同时选中圆与直线时，“特性”面板显示的内容将是不同的，如图6-26所示。

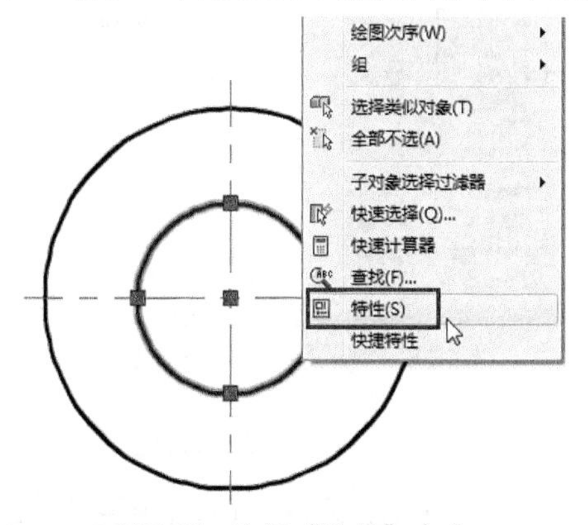

图6-25　选择“特性”命令

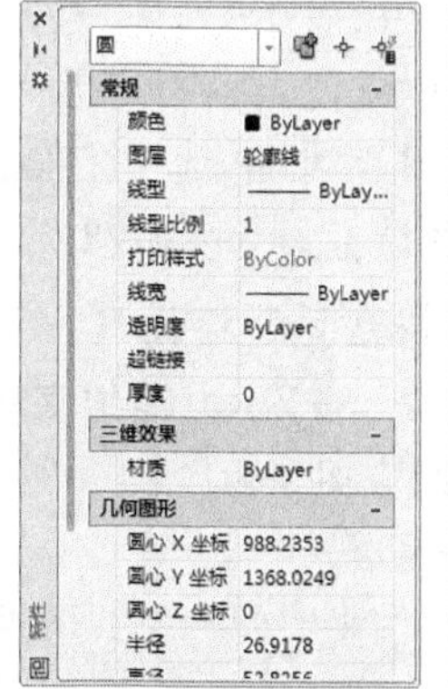

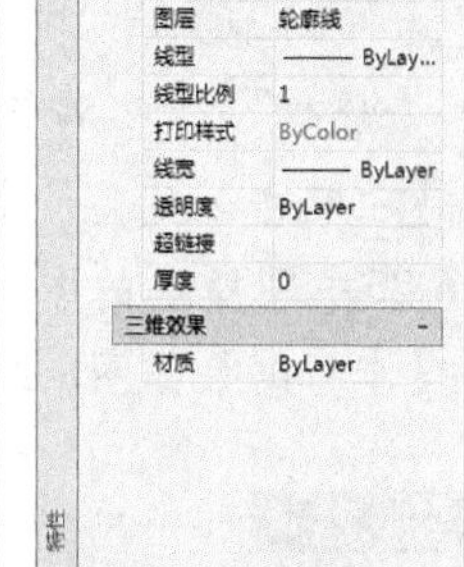

图6-26　“特性”面板的不同形式

在“特性”面板上方有“切换PICKADD系统变量的值”、“选择对象”、“快速选择”3个工具，其意义如下。

- 单击“切换 PICKADD 系统变量的值”工具，如果工具图标上出现“+”符号，就表示“特性”面板中将一次显示所选择的所有对象的属性；如果工具图标上出现“1”符号，就表示“特性”面板中将依次显示所选对象的属性，并且一次只显示一个对

象的属性。

- 单击“选择对象”工具，可在图形空间选择对象并在“特性”面板中显示其属性。
- 单击“快速选择”工具，弹出“快速选择”对话框，在该对话框中可以快速选择对象并可快速浏览其各项属性。

6.6 特性匹配

“特性匹配”命令（MATCHPROP）用于将源目标对象的特性“复制”给目标对象，可复制的对象特性主要有颜色、线型、线宽、图层、厚度、标注和文字等。

要启动MATCHPROP命令，有如下几种方法。

- 单击“特性”面板中的“特性匹配”按钮。
- 直接在命令行中输入MATCHPROP（快捷键为MA）。

在对对象特性进行匹配时，也可对匹配的特性进行设置。如果在特性匹配时，不匹配颜色特性，则不选中“特性设置”对话框中的□颜色复选框即可。

例如，使用MATCHPROP命令将如图6-27左图所示中正五边形的颜色、线宽、线型和线型比例等特性，“复制”给中图所示的图形，具体操作步骤如下。

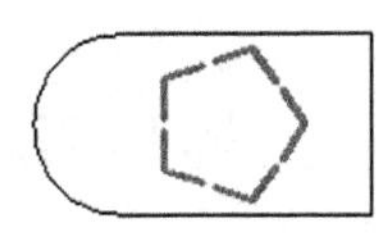
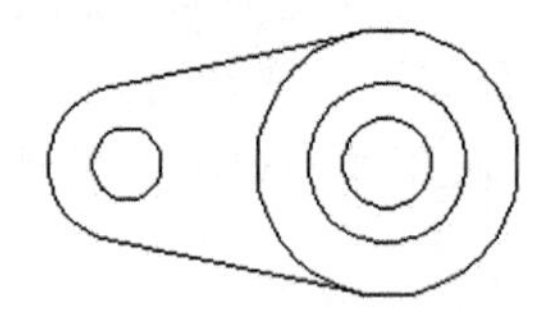
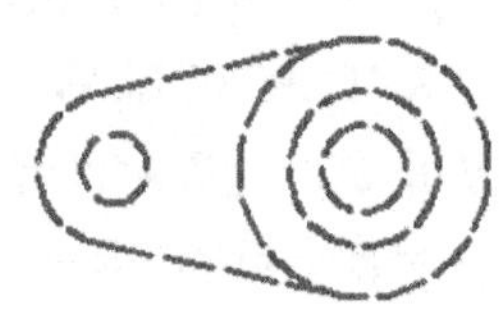

图6-27 特性匹配

01 单击“特性”面板中的“特性匹配”按钮。

02 选择如图6-27左图所示的正五边形。

03 输入S并按Enter键，系统将打开“特性设置”对话框，在对话框中选中☑颜色、☑线型、☑线宽、☑线型比例复选框，如图6-28所示。

04 单击“确定”按钮返回绘图区，选择如图6-27中图所示的图形，按Enter键结束特性匹配操作，结果如图6-27右图所示。

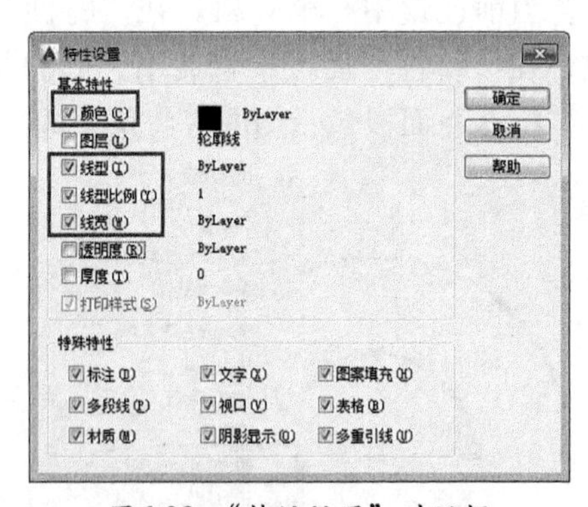

图6-28 “特性设置”对话框

注 意

默认情况下，“特性设置”对话框中“基本特性”选项组中各复选框处于选中状态。如果不需要设置，可直接进行匹配操作。

上机练习 绘制直齿轮

下面绘制如图6-29所示的直齿轮。该图运用了大量的对象编辑命令与捕捉功能，如偏移、修剪、阵列、倒角、删除、端点、中点、垂足和交点捕捉等，具体操作如下。

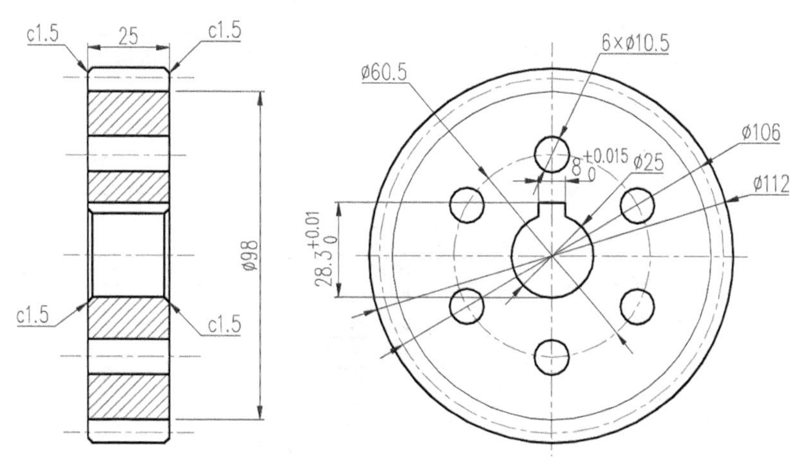

图6-29 直齿轮图

01 新建一个图形文件，分别创建“中心线”、“粗实线层”、“细实线”和“剖面线”层，并分别设置图层属性。“中心线”层颜色为红色，线型为CENTER；“粗实线”层线宽为0.3；“剖面线”层颜色为品红，线宽为0.15，其余设置均为默认。

02 在状态栏中打开“极轴”、“对象捕捉”、“对象追踪”、DYN和“线宽”开关。选择“格式”｜“单位”菜单命令，打开“图形单位”对话框，设置长度的精度为0.00。

03 将“中心线”层设为当前图层。单击“绘图”面板中的“直线”按钮，在绘图区绘制一条长度为40mm的水平中心线，然后按两次Enter键结束画线命令。

04 单击“修改”面板中的“偏移”按钮，输入53作为偏移量，选择步骤3中所画的中心线为偏移对象，输入M选择多个，在其两侧单击，分别绘制出两条直线作为齿轮分度线，如图6-30所示。

05 同理，使用“修改”面板中的“偏移”按钮，分别设置偏移距离为56、49和12.5，在中心线AB两侧单击，绘出6条直线，如图6-31所示。

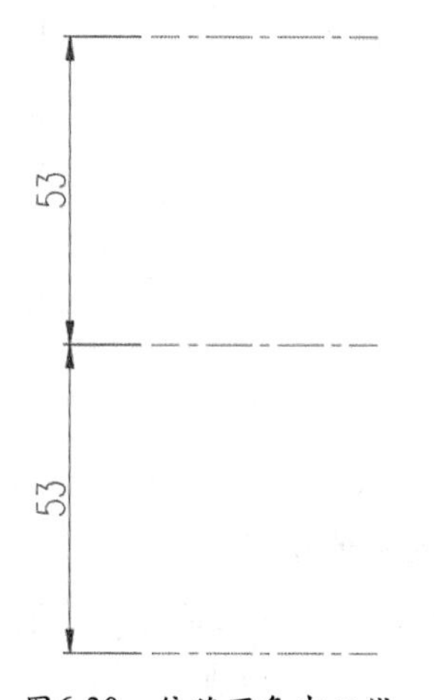

图6-30 偏移两条中心线

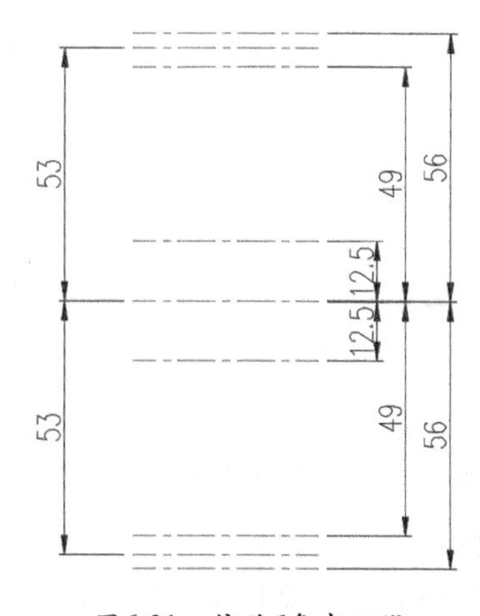

图6-31 偏移6条中心线

06 选中步骤5所偏移的6条中心线对象，在“图层”面板的“图层控制”列表框中选择“粗实线层”，将选中的6条线段更改为粗实线，这也就是确定的齿轮分度线、齿顶线、齿根线的位置，如图6-32所示。

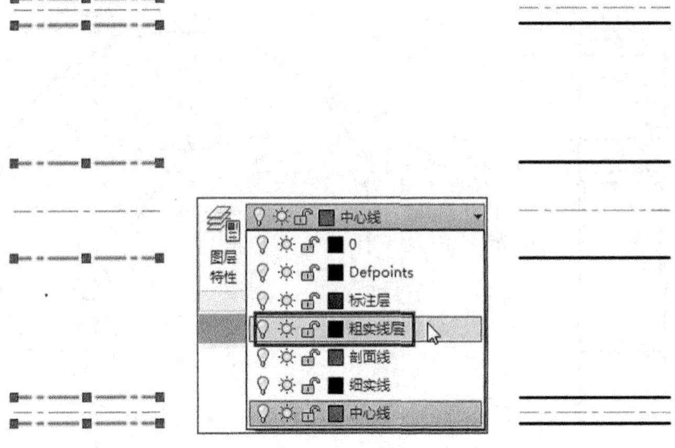

图6-32 齿轮分度线、齿顶线及齿根线位置的确定

07 将"粗实线层"设为当前图层，单击"绘图"面板中的"直线"按钮，以最下侧直线的左侧端点为起点，最上侧直线的左侧端点为第二点，并按两次Enter键结束直线命令，以此绘制一条垂直线段，如图6-33所示。

08 单击"修改"面板中的"移动"按钮，选择上一步所绘制的垂直线段作为移动对象，再捕捉垂直线段最下侧端点作为移动的起点，然后水平向右移动鼠标，并输入7.5，并按Enter键确定，如图6-34所示。

09 单击"修改"面板中的"偏移"按钮，输入25作为偏移量，在所绘垂直线的右侧单击，偏移复制直线，结果如图6-35所示。

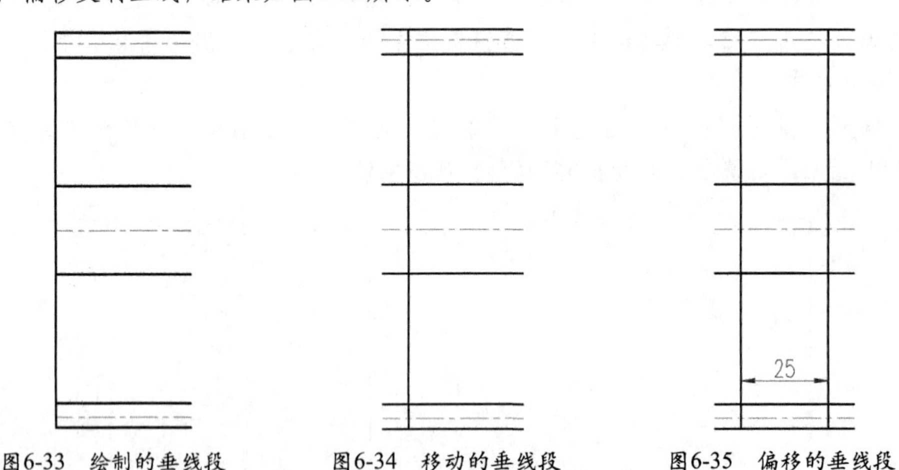

图6-33 绘制的垂线段　　图6-34 移动的垂线段　　图6-35 偏移的垂线段

10 单击"修改"面板中的"修剪"按钮，按Enter键表示进行全部修剪，然后使用鼠标按照如图6-36所示进行修剪，以此完成齿轮主视图轮廓的绘制。

11 下面绘制齿轮的左视图。使用直线工具，利用极轴和对象追踪在齿轮简单轮廓视图的右侧，绘制两条约120mm长度的垂直相交的中心线，如图6-37所示。

12 单击"绘图"面板中的"圆"按钮，捕捉并拾取步骤11绘制的两条中心线的交点为圆心，分别以12.5、30.25、49、53、56为半径画5个同心圆。其中半径为53的圆为分度圆，需用中心线画出；半径为49的圆为齿根圆，需用细实线画出（或者不画）；半径为30.25的圆为定位圆，需用中心线画出；其他用粗实线画出，如图6-38所示。

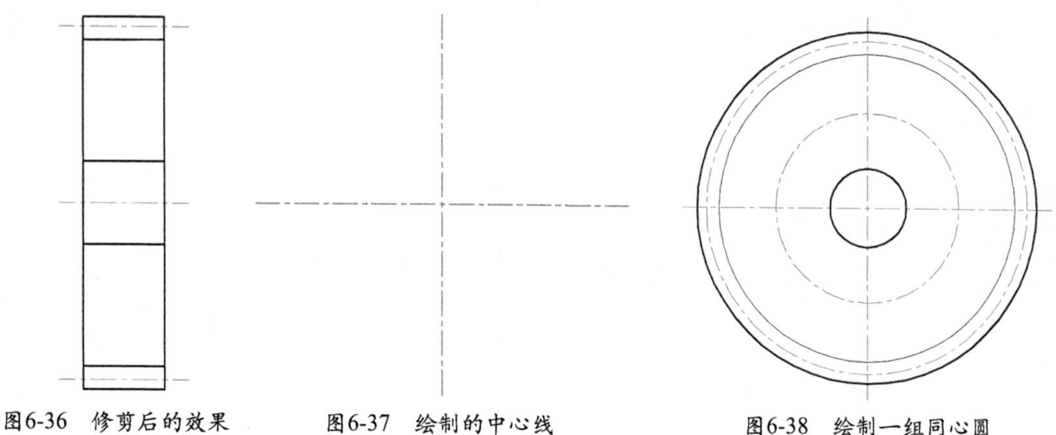

图6-36 修剪后的效果　　图6-37 绘制的中心线　　图6-38 绘制一组同心圆

⑬ 单击“绘图”面板中的“圆”按钮，捕捉并拾取步骤12中半径为30.25的定位圆与垂直中心线的交点，画出半径为5.25的圆，以此作为板孔，结果如图6-39所示。

⑭ 单击“修改”面板的“环形阵列”按钮 阵列，选择步骤13所绘制的小圆对象作为阵列对象，再捕捉垂直中心线的交点作为环形阵列的中心点，并在上侧的面板中设置 项目数: 6，按Enter键确定，结果如图6-40所示。

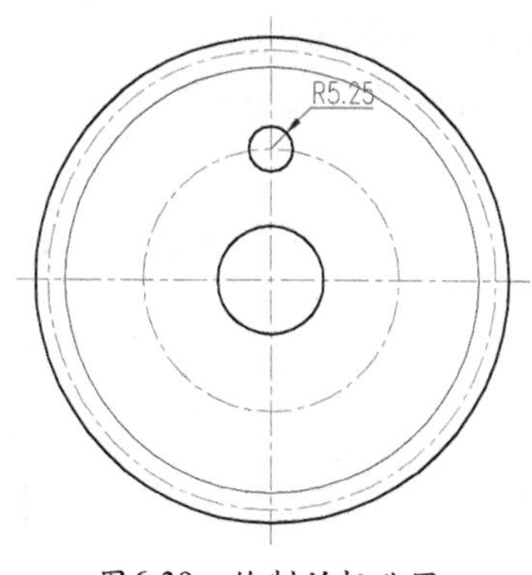

图6-39 绘制的板孔圆

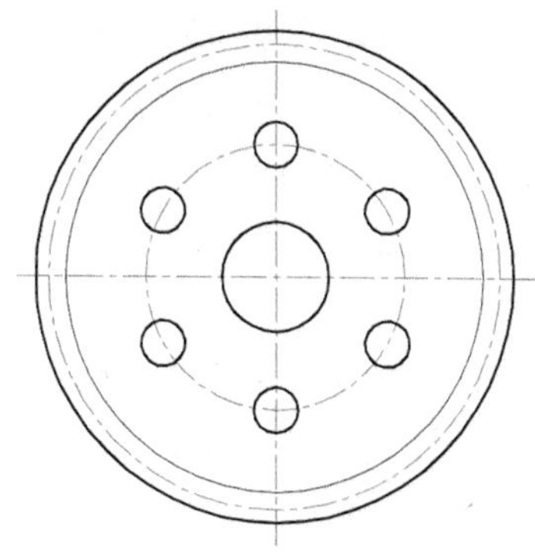

图6-40 环形阵列的板孔圆

⑮ 单击“修改”面板中的“偏移”按钮，将垂直中心线向左右两侧各偏移4mm，将水平中心线向上偏移15.8mm，然后将偏移的3条直线均改为“粗实线层”，结果如图6-41所示。

⑯ 单击“修改”面板中的“修剪”按钮，按照如图6-42所示将多余的线段进行修剪，以此完成键槽的绘制。至此完成了齿轮左视图的绘制。

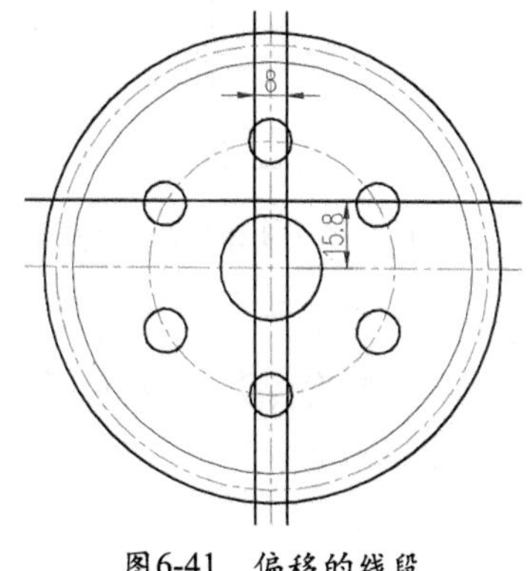

图6-41 偏移的线段

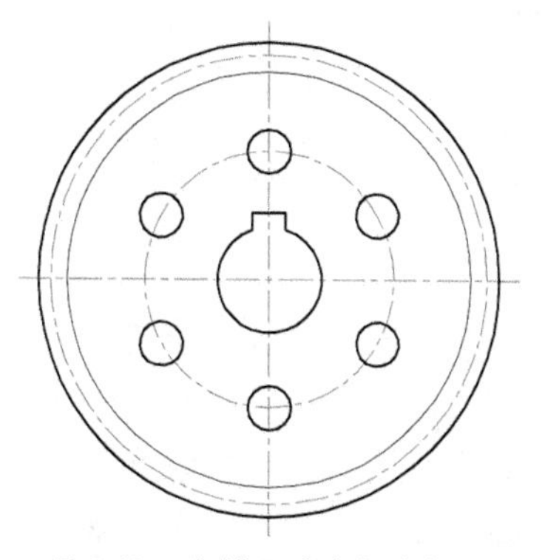

图6-42 绘制好的齿轮左视图

⑰ 接下来，需要根据左视图来完善主视图。使用“直线”按钮，作出板孔与键槽顶线在主视图上对应的直线，如图6-43所示。

⑱ 单击“修改”面板中的“修剪”按钮，按照如图6-44所示将多余的线段进行修剪。

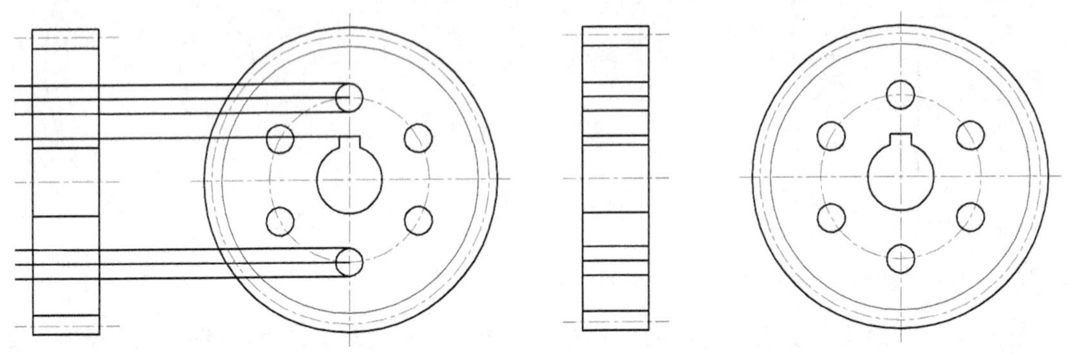

图6-43 绘制的直线段　　图6-44 修剪的效果

⑲ 将图中直线修改为“中心线”层，如图6-45所示，然后利用夹点拉伸中心线。

⑳ 单击“修改”面板中的“倒角”按钮，输入M表示选择多个，输入D按Enter键。指定第一个和第二个倒角距离均为1.5，按Enter键，选中需要倒角的两条边单击，即可得到一个倒角。然后继续选择其他线段修倒角，结果如图6-46所示。

㉑ 为了便于对后面的图形进行倒角操作，可先进行下面的操作。单击“修剪”按钮，按照如图6-47所示修剪图形。

㉒ 单击“修改”面板中的“倒角”按钮，再按照1.5距离进行倒角处理，结果如图6-48所示。

㉓ 单击“直线”工具，利用对象捕捉绘制4条直线，如图6-49所示。

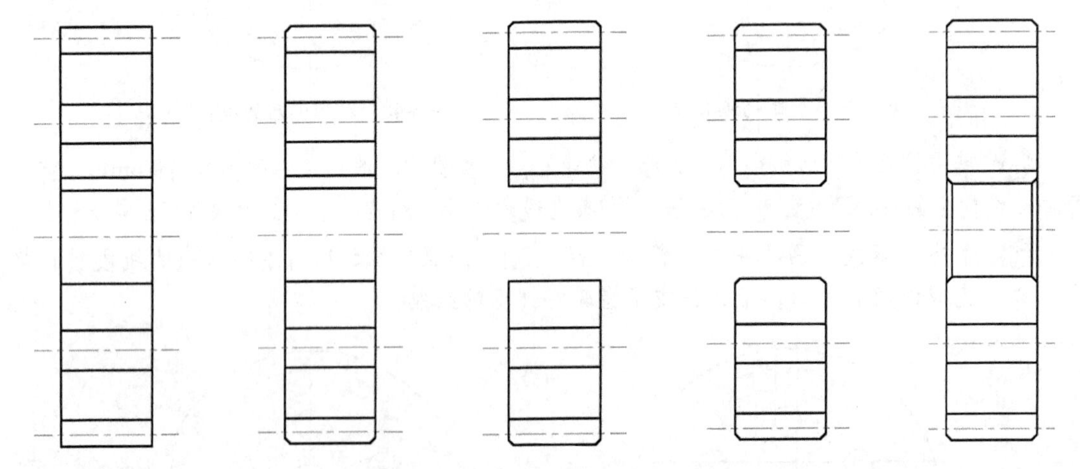

图6-45 中心线　图6-46 修倒角　图6-47 修剪线段　图6-48 继续倒角　图6-49 连接线段

㉔ 将“剖面线”层设为当前图层。单击“绘图”面板中的“图案填充”按钮，在上侧的面板中选择ANSI 31的图案，填充比例为0.75、填充角度为0。然后使用鼠标在需要填充的位置进行单击，按Enter键结束填充命令，结果如图6-50所示。

㉕ 选择“文件”｜“保存”菜单命令，保存文件。

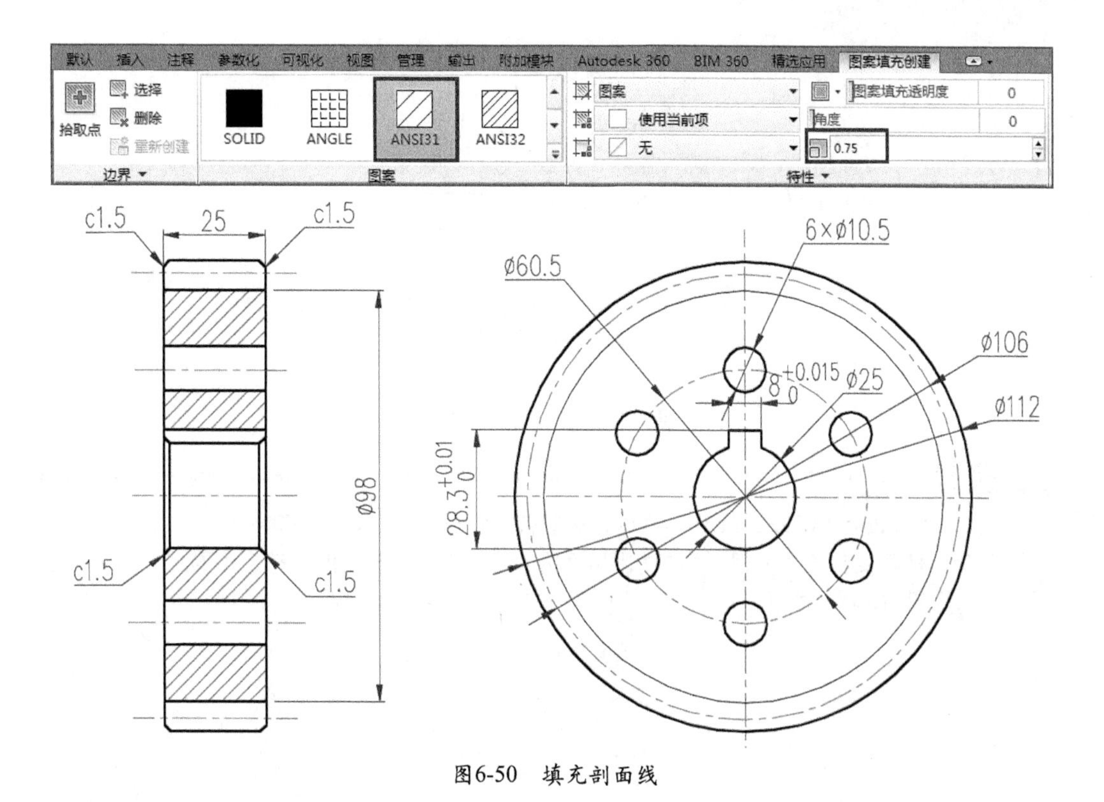

图6-50　填充剖面线

本章小结

通过本章的学习，读者应掌握AutoCAD中高级图形编辑命令的使用方法和技巧，并能够使用这些编辑命令更快速地绘制复杂图形。

思考与练习

1. 填空题

（1）在执行镜像操作时，选择对象后应确定________。

（2）执行打断操作时，如果希望删除对象的一部分，在确定第一个打断点后，将第二个打断点指定在________。

（3）在AutoCAD中，可以合并的对象有________、________、________、________和________。

（4）具有宽度值的多段线分解后，其宽度值变为________。

2. 思考题

（1）执行阵列操作时，可以创建哪两种阵列？可以分别设置哪些参数？

（2）对对象修倒角或圆角时，可以设置哪些参数？

3. 操作题

（1）绘制如图6-51所示花形零件图。

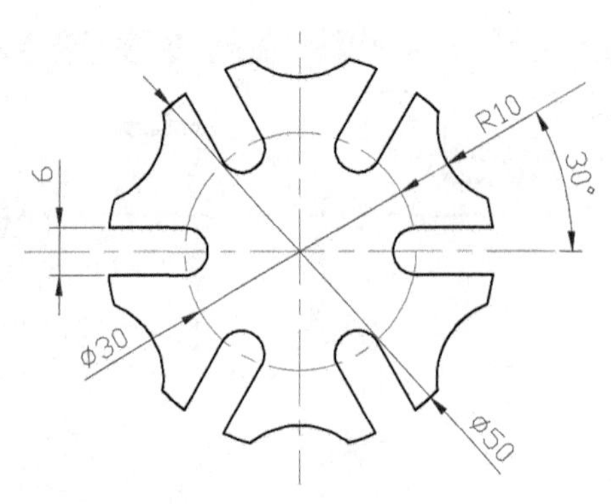

图6-51　绘制花形零件

提　示

(1) 执行CIRCLE和RECTANG命令，绘制圆和矩形，结果如图6-52所示。(2) 执行“列阵”命令，列阵复制矩形和圆，结果如图6-53所示。(3) 将相关图形转换为面域并执行布尔运算，结果如图6-54所示。

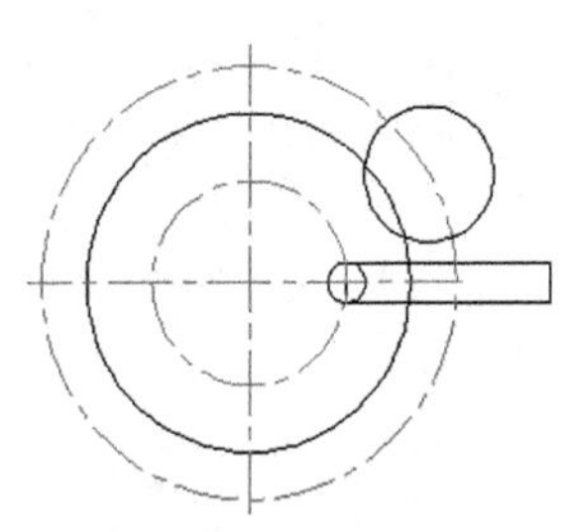

图6-52　绘制基本图形

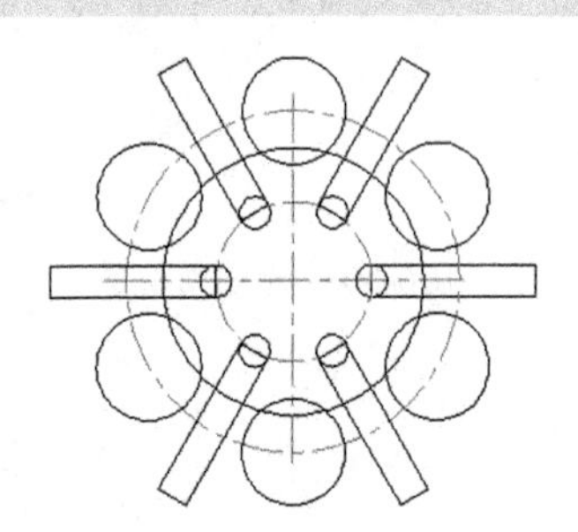

图6-53　列阵复制图形

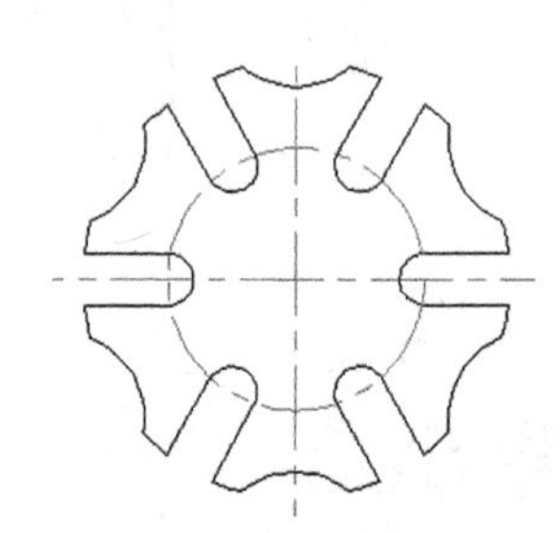

图6-54　对图形执行布尔运算

(2) 绘制如图6-55所示图形。

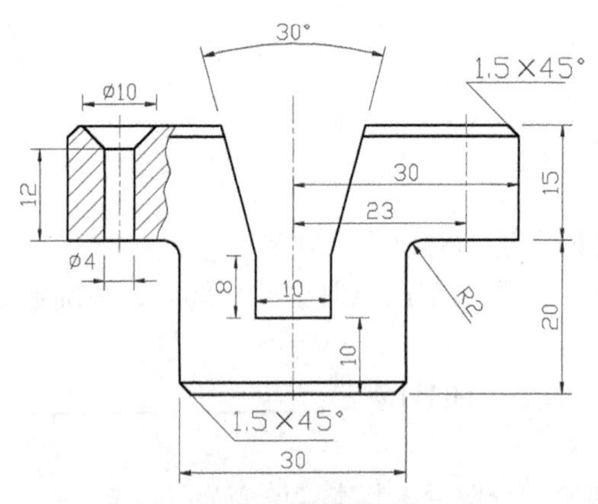

图6-55　绘图练习

提　示

(1) 绘制一条竖直中心线，偏移得到其他两条中心线。选中3条直线，单击“标准注释”工具栏中的“特性”按钮，打开“特性”面板，输入线型比例0.5。(2) 打开状态栏的“正交”开关，使用直线工具，在命令行输入线段长度，绘制右侧外轮廓线，如图6-56所示。(3) 单击“修改”工具栏中的“偏移”按钮，偏移直线；单击“修改”工具栏中的“倒角”按钮，对图形进行倒角，如图6-57所示。

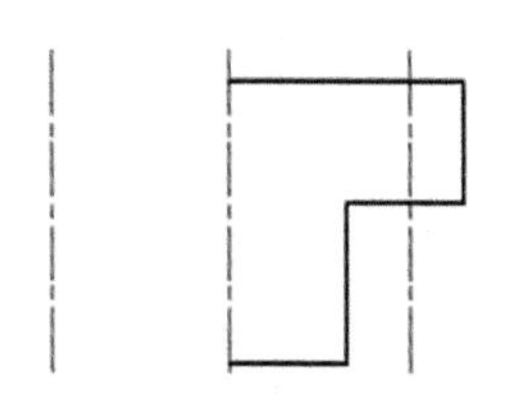
图6-56 绘制轮廓线

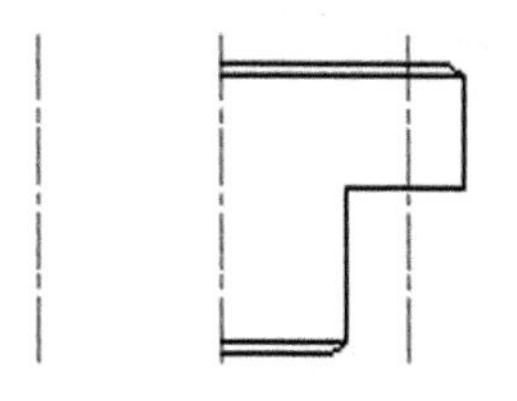
图6-57 偏移直线并倒角

提 示

（4）在“绘图”工具栏中单击“直线”按钮，单击“对象捕捉”工具栏中的“临时追踪点”工具，单击最下方水平线与中心线的交点，光标上移，输入10确定直线的起点；光标右移，输入5；光标上移，输入8，输入坐标@20<75，如图6-58所示。（5）单击“修改”工具栏中的“修剪”按钮，修剪图中多余线条；单击“修改”工具栏中的“圆角”按钮，修圆角，结果如图6-59所示。

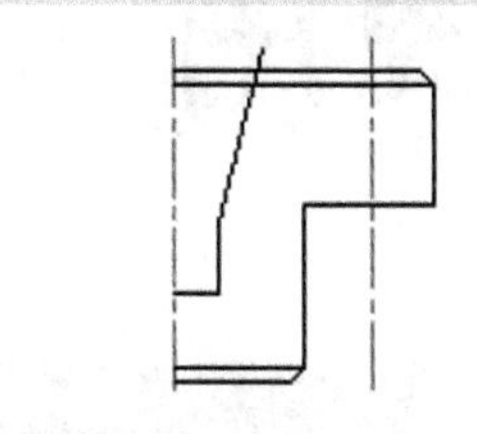
图6-58 绘制直线

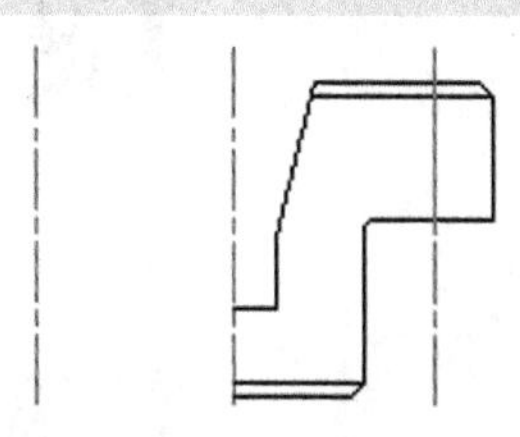
图6-59 修剪直线及圆角

提 示

（6）单击“修改”工具栏中的“镜像”按钮，镜像图形，结果如图6-60所示。（7）单击“绘图”工具栏中的“样条曲线”按钮，绘制断裂线，如图6-61所示。

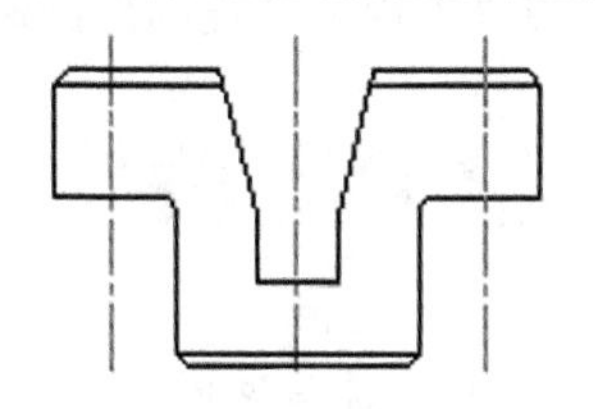
图6-60 镜像图形

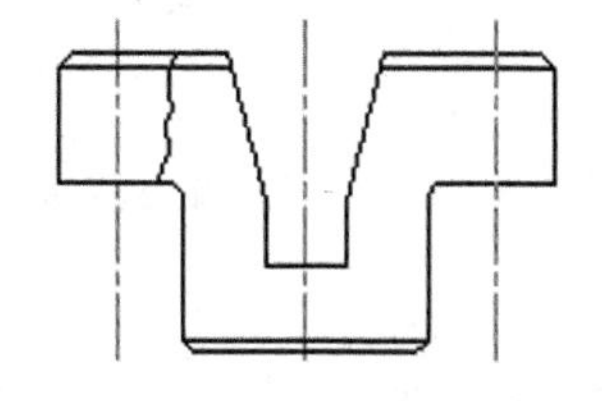
图6-61 绘制断裂线

提 示

（8）单击“修改”工具栏中的“修剪”按钮，修剪直线。在“绘图”工具栏中单击“直线”工具，绘制直线，如图6-62所示。（9）单击“绘图”工具栏中的“图案填充”按钮，填充图形；单击“修改”工具栏中的“打断”按钮，打断中心线，如图6-63所示。

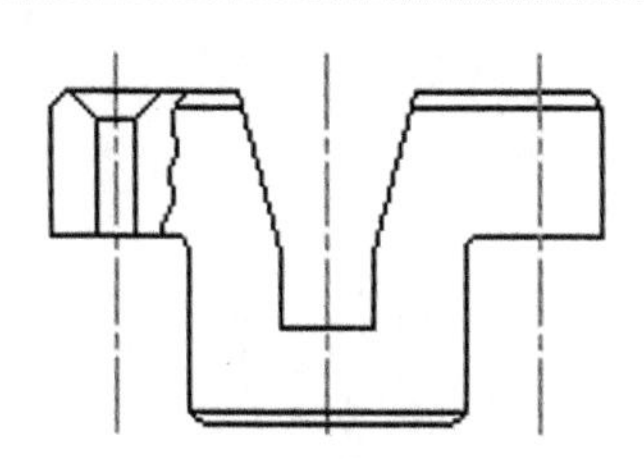
图6-62 修剪及绘制直线

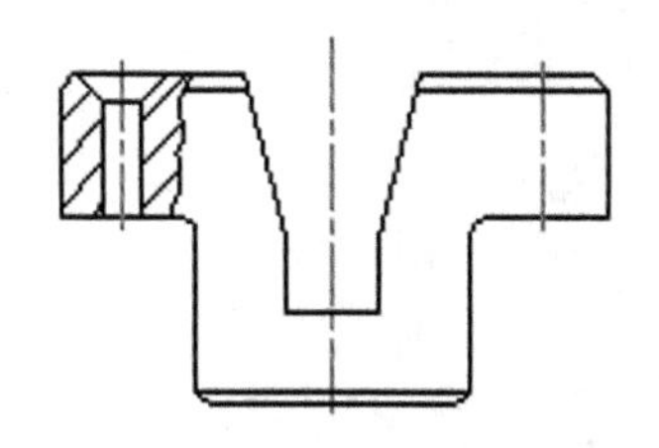
图6-63 填充图形及编辑中心线

AutoCAD 2015

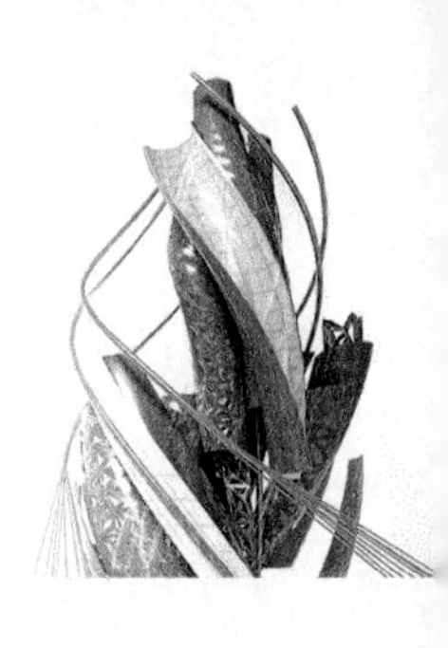

第7章 块的使用

课前导读

在工程制图中，经常会遇到一些需要反复使用的图形，如各种规格的螺栓、螺母、轴、弹簧、各种建筑构件等。如果每次作图时都要画一遍这类图形，就显得有些太麻烦了。为了能够重复使用某些图形，用户可以将图形定义为块。因此，使用块可极大地提高绘图速度。

本章要点

- 了解图块的作用和特点
- 掌握自定义块的创建和使用
- 掌握使用“工具选项板”中的块的方法
- 掌握使用“设计中心”中的块的方法
- 掌握带属性块的创建和使用

7.1 图块的作用和特点

在AutoCAD绘图的过程中，图中经常都会出现相同的内容，比如图框、标题栏、符号、标准件等，通常都是画好一个后采用复制粘贴的方式，这样的确是一个省事的方法。如果用户对AutoCAD中的块图形操作了解的话，就会发现插入块会比粘贴复制更加高效。

7.1.1 图块的作用

那么，进行图块的操作，究竟有哪些作用呢？

- 建立图形库，避免重复工作。把绘制工程图过程中需要经常使用的某些图形结构定义成图块并保存在磁盘中，这样就建立起了图形库。在绘制工程图时，可以将需要的图块从图形库中调出，插入到图形中，从而提高工作效率。
- 节省磁盘的存储空间。每个图块在图形文件中只存储一次，在多次插入时，计算机只保留有关的插入信息（即图块名、插入点、缩放比例、旋转角度等），而不需要把整个图块重复存储，这样就节省了磁盘的存储空间。
- 便于图形修改。当某个图块修改后，所有原先插入图形中的图块全部随之自动更新，这样就使图形的修改更加方便。
- 可以为图块增添属性。有时图块中需要增添一些文字信息，这些图块中的文字信息称为图块的属性。AutoCAD 允许为图块增添属性并可以设置可变的属性值，每次插入图块时不仅可以对属性值进行修改，而且还可以从图中提取这些属性并将它们传递到数据库中。

注 意

在绘图过程中，要插入的图块来自当前绘制的图形之内，这种图块为内部图块。内部图块可用Wblock命令保存到磁盘上，这种以文件的形式保存于计算机磁盘上、可以插入到其他图形文件中的图块为外部图块。一个已经保存在磁盘的图形文件也可以当成外部图块，用插入命令插入到当前图形中。

7.1.2 图块的特性

图块是图形中的多个实体组合成的一个整体，它的图形实体可以分布在不同的图层上，可以具有不同的线型和颜色等特征。但是在图形中，图块是作为一个整体参与图形编辑和调用的，要在绘图过程中高效率地使用已有建筑图块，首先需要了解AutoCAD图块的特点。

1. 随层特性

如果由某个层的具有随层设置的实体组成一个内部块，这个层的颜色和线型等特性将设置并储存在块中，以后不管在哪一层插入都保持这些特性。如果在当前图形中插入一个具有随层设置的外部图块，当外部块图所在层在当前图形中没定义时，则AutoCAD自动建立该层来放置块，块的特性与块定义时一致；如果当前图形中存在与之同名而特性不同的层，当前图形中该层的特性将覆盖块原有的特性。

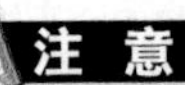

注 意

在通常情况下，AutoCAD会自动把绘制图形时的绘图特性设置为ByLayer（随层），除非在前面的绘图操作中修改了这种设置方式。

2. 随块特性

如果组成块的实体采用ByBlock（随块）设置，则块在插入前没有任何层，颜色、线型、线宽设置被视为白色连续线。当块插入当前图形中时，块的特性按当前绘图环境的层（颜色、线型和线宽）进行设置。

3. 0层块具有浮动特性

在进入AutoCAD绘图环境之后，AutoCAD默认的图层是0层。如果组成块的实体是在0层上绘制的，并且用随层设置特性，则该块无论插入哪一层，其特性都采用当前插入层的设置，即0层块具有浮动特性。

注 意

创建图块之前的图层设置及绘图特性设置是很重要的一个环节。在具体绘图工作中，要根据图块是专业图块还是标准图块来考虑图块内图形的线宽、线型、颜色的设置，并创建需要的图层，选择适当的绘图特性。在插入图块之前，还要正确选择要插入的图层及绘图特性。

4. 关闭或冻结选定层上的块

当非0层块在某一层插入时，插入块实际上仍处于创建该块的层中（0层块除外），因此不管它的特性怎样随插入层或绘图环境变化，当关闭该插入层时，图块仍会显示出来。只有将建立该块的层关闭或将插入层冻结，图块才不在显示。

而0层上建立的块，无论它的特性怎样随插入层或绘图环境变化，当关闭插入层时，插入的0层块随着关闭。即0层上建立的块是随各插入层浮动的，插入哪层，0层块就置于哪层上。

7.2 创建和使用自定义块

块是一个或多个对象形成的对象集合，在图形中显示为一个单一对象。当定义块后，可以在图形中插入，或对其执行比例缩放、旋转等操作，但无法修改块中的对象。如果要编辑块中对象，必须先将其分解为独立的对象，然后再进行编辑。修改结束后若重定义成块，AutoCAD将会自动根据块修改后的定义，更新该块的所有引用。

7.2.1 创建块

使用BLOCK命令可以创建块，创建块时必须确定块名、块的组成对象和在插入时要使用的插入基点。

要启动BLOCK命令，有如下几种方法。

- 单击“块”面板中的“创建块”按钮[创建]。
- 直接在命令行中输入BLOCK（快捷键为B）。

例如，将如图7-1左图所示的六角螺母定义为块，具体操作步骤如下。

01 单击“块”面板中的“创建块”按钮[创建]，打开“块定义”对话框。

02 在“名称”文本框中输入块的名称，如“六角螺母”。

03 在“基点”选项组中单击“拾取点”按钮，然后在绘图区中拾取圆心点（中心点0,0）作为插入基点，或在对话框中直接输入该点坐标（0,0,0）。

04 在“对象”选项组中单击“选择对象”按钮，然后在绘图区选取整个图形，按Enter键返回“块定义”对话框。

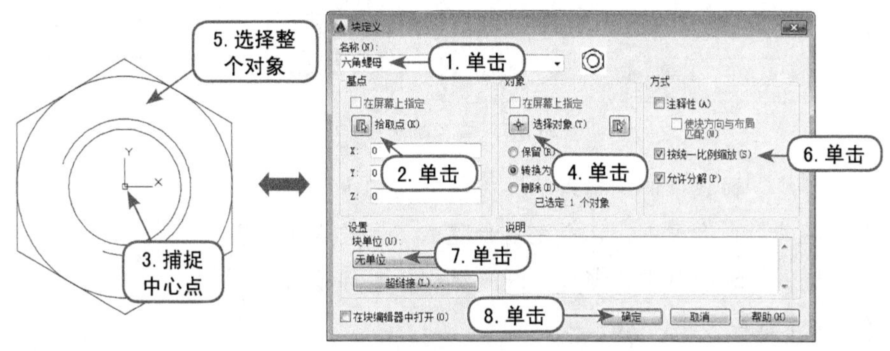

图7-1 块定义操作

在“对象”选项组中还包含有1个复选框和3个单选按钮，它们的功能如下。

- 在屏幕上指定：关闭“块定义”对话框时，将提示用户在绘图区指定基点。
- 保留：选择该单选按钮，可以在定义块后仍保留原对象。
- 转换为块：选择该单选按钮，当定义块后，将原对象转换为块。
- 删除：选择该单选按钮，则定义块后将删除原对象。

05 在“方式”选项组中选中“按统一比例缩放”复选框。在“方式”选项组中，复选框的功能如下。

- 注释性：指定块参照为注释性对象。使用该特性可自动完成对块参照的注释缩放过程。
- 使块方向与布局匹配：指定在图纸空间视口中的块参照的方向与布局的方向匹配。如果未选择“注释性”选项，则该选项不可用。
- 按统一比例缩放：指定是否阻止块参照不按统一比例缩放。
- 允许分解：指定块参照是否可以被分解。

06 在“设置”选项组的“块单位”下拉列表框中，可以为块设置单位。一般来说，最好不给块指定单位（即在“块单位”下拉列表中选择“无单位”），以方便处理。

07 可在“说明”文本框中输入关于块的一些说明文字（如“六角螺母图块”）。

08 单击“确定”按钮，即可完成块的定义。

7.2.2 插入已定义好的块

使用INSERT命令可在当前视图中插入已定义好的块，还可以改变所插入块的比例和旋转角度。

要启动INSERT命令，有如下几种方法。

- 单击“块”面板中的“插入块”按钮。
- 直接在命令行中输入 INSERT（快捷键为 I）。

例如，要将前面保存的“六角螺母”图块插入到如图7-2右图所示图形中，具体操作步骤如下。

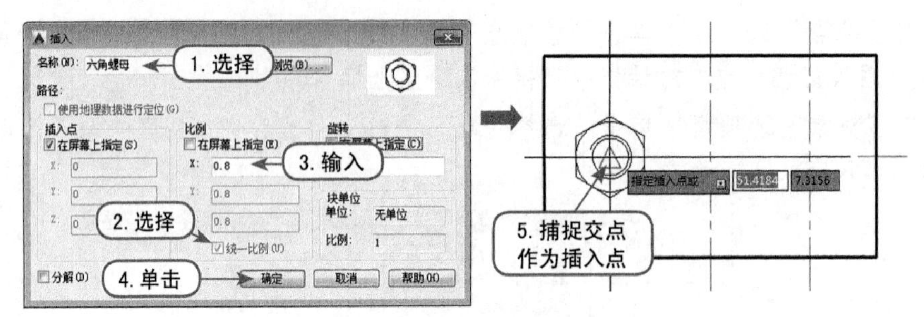

图7-2　插入图块操作

01 单击“块”面板中的“插入块”按钮，打开“插入”对话框。

02 在“名称”列表框中，选择之前创建的“六角螺母”图块。

03 在“比例”选项组中，勾选“统一比例”复选框。

04 在X文本框中，输入0.8。

05 单击“确定”按钮，这时使用鼠标捕捉指定的交点作为插入点即可。

在“插入”对话框中，各主要选项的含义如下。

- “名称”下拉列表框：用于选择已经存在的块或图形名称。若单击其后的“浏览”按钮，打开“选择图形文件”对话框，可从中选择已经存在的外部图块或图形文件。
- “插入点”选项组：确定块的插入点位置。若选择“在屏幕上指定”复选框，表示用户将在绘图窗口内确定插入点；若不选中该复选框，用户可在其下的X、Y、Z文本框中输入插入点的坐标值。
- “比例”选项组：确定插入图块时的缩放比例。图块被插入到当前图形中时，可以以任何比例放大或缩小。如图 7-3 所示，图（a）是被插入的图块；图（b）为按比例系数 1.5 插入该图块的结果；图（c）为按比例系数 0.5 插入的结果。X 轴方向和 Y 轴方向的比例系数也可以取不同值，如图（d）所示，插入的图块 X 轴方向的比例系数为 1，Y 轴方向的比例系数为 1.5。

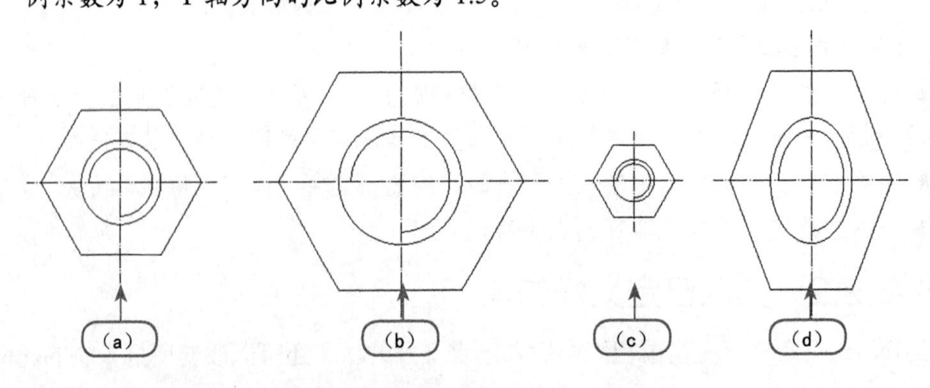

图7-3　不同比例插入的图块效果

注 意

比例系数还可以是负数，当为负数时表示插入图块的镜像，如图7-4所示。

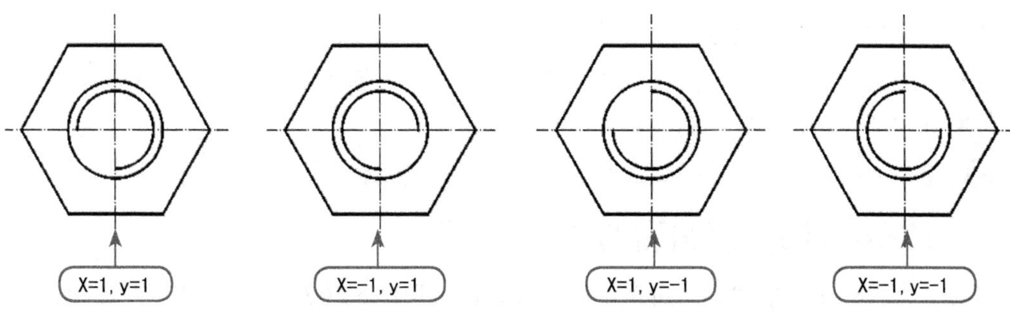

图7-4 比例为负值的插入图块效果

- “旋转”选项组：指定插入图块时的旋转角度。图块被插入到当前图形中时，可以绕其基点旋转一定的角度，角度可以是正数（表示沿逆时针方向旋转），也可以是负数（表示沿顺时针方向旋转）。如图7-5所示，图（a）为没有设置旋转后的插入效果，图（b）为旋转图块30°后插入的效果，图（c）为旋转图块－30°后插入的效果。

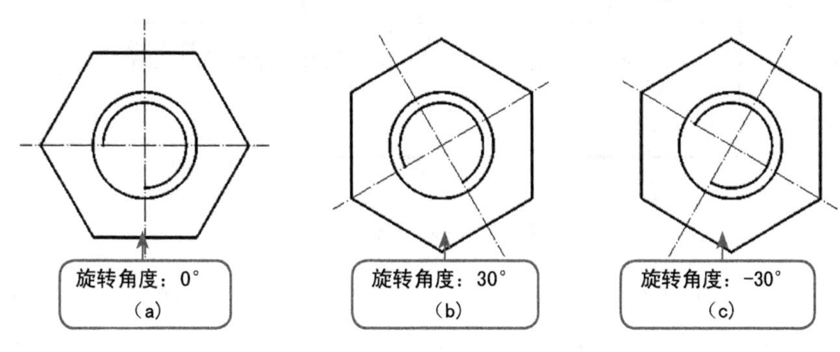

图7-5 以不同旋转角度所插入的图块

注 意

如果勾选“在屏幕上指定”复选框，系统切换到绘图区，在绘图区选择一点，AutoCAD自动测量插入点与该点连线和X轴正方向之间的夹角，并把它作为块的旋转角。也可以在“角度”文本框中直接输入插入图块时的旋转角度。

- “分解”复选框：表示是否将插入的块分解成各基本对象。

7.2.3 存储块

利用WBLOCK命令，可将块、对象选择集或整个图形写入一个图形文件中。存储后的块，可以在其他文件中再次使用。例如，将前面定义的“六角螺母”块存储起来，具体操作步骤如下。

01 在命令行执行WBLOCK命令，打开“写块”对话框，如图7-6所示。

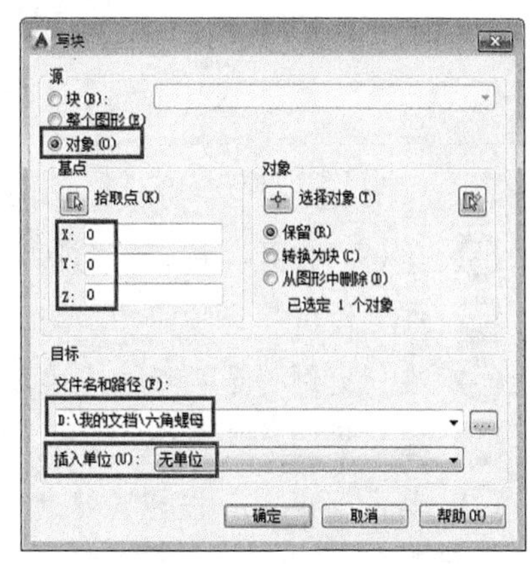

图7-6 存储块的操作

02 在“源”选项组中选择“对象”单选按钮。

03 在“基点”选项组中捕捉螺母的中心点作为存储块的基点。

04 在“对象”选项组中单击“选择对象”按钮

，在视图区中选择螺母对象。

05 在"文件名和路径"文本框中，设置路径并输入图块名称。

06 在"插入单位"下拉列表中，选择"无单位"。

07 单击"确定"按钮，将该图块以文件的形式进行保存。

7.2.4 插入存储后的块

当在其他图形文件中需要使用存储后的块时，可用INSERT命令将其插入。例如，将前面存储的"六角螺母"块，插入到如图7-7所示的图形右侧中，其具体操作步骤如下。

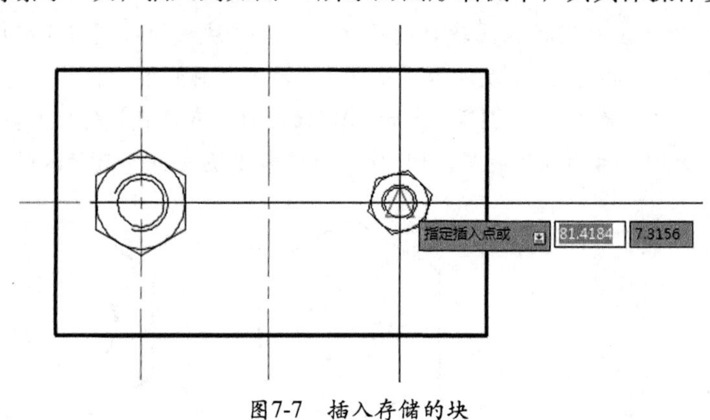

图7-7 插入存储的块

01 单击"块"面板中的"插入块"按钮，打开"插入"对话框，如图7-8所示。

02 在"插入"对话框中单击"浏览"按钮，在打开的"选择图形文件"对话框中选择存储的"六角螺母"块，如图7-9所示。

图7-8 "插入"对话框

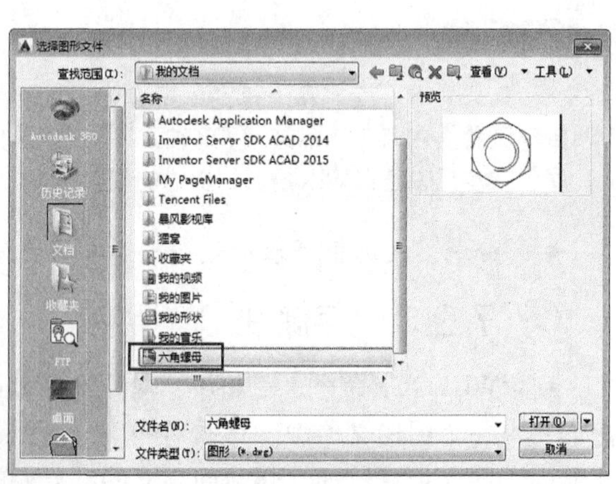

图7-9 选择存储的块

03 单击"打开"按钮，返回"插入"对话框。

04 在"比例"选项组中，勾选"统一比例"复选框。

05 在"比例"选项组中，在X文本框中输入比例为0.5。

06 在"旋转"选项组中，在"角度"文本框中输旋转角度为45。

07 单击"确定"按钮，这时命令行中提示"指定插入点："时，捕捉右侧中心线的交点并单击。

7.3 使用“工具选项板”中的块

在AutoCAD中，用户可以利用“工具选项板”方便地使用螺钉、螺母、轴承等系统内置的机械零件块，具体操作步骤如下。

01 选择“工具”|“选项板”|“工具选项板”菜单命令，或者按Ctrl+1快捷键，如图7-10所示。

02 这时将打开“工具选项板”，选择“机械”选项卡，如图7-11所示。

03 在其“机械”选项卡中，选择“六角螺母-公制”项，则命令行显示“指定插入点或 [基点(B)/比例(S)/X/Y/Z/旋转(R)]：”提示。

04 这时可选择“比例（S）”项，然后输入比例为0.7。

05 这时命令行中提示“指定插入点：”时，捕捉右侧中心线的交点并单击，如图7-12所示。

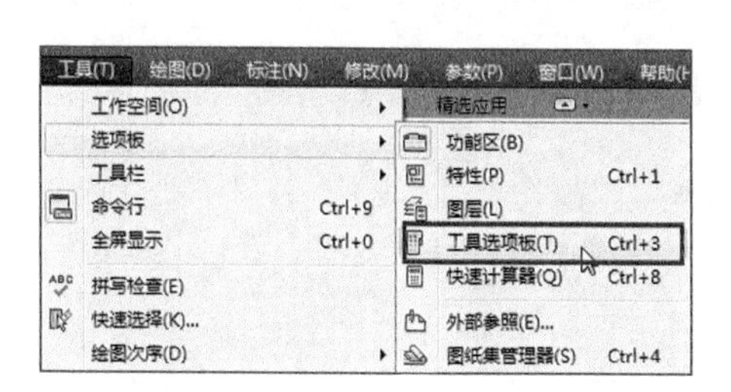

图7-10 执行“工具选项板”命令

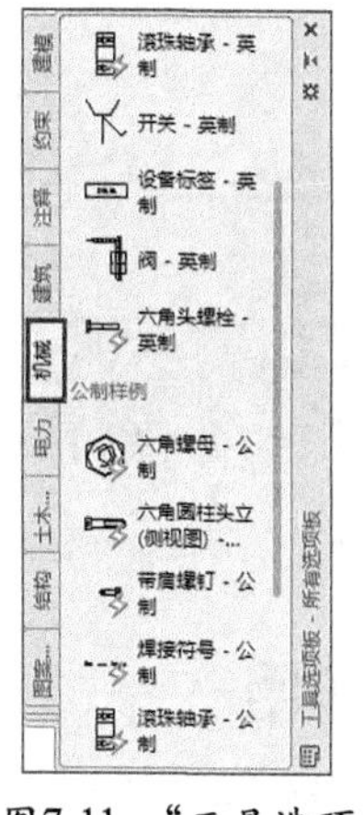

图7-11 “工具选项板”机械选项卡

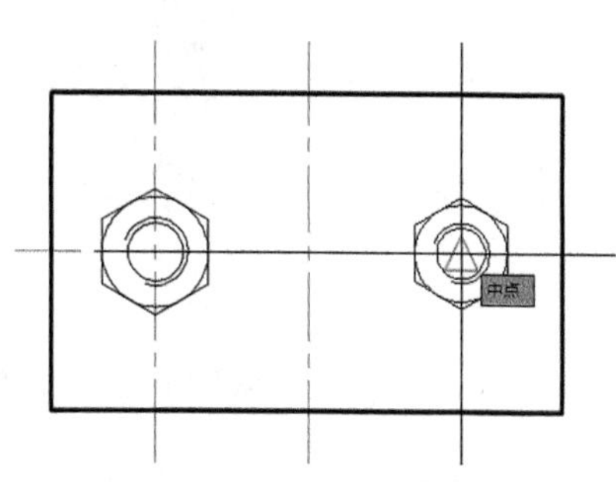

图7-12 通过选项板插入块

注 意

在AutoCAD中，“工具选项板”中提供的块都是动态块。使用鼠标选择以“工具选项板”方式插入的“六角螺母”图块对象，则该图块的右侧有一个倒三角按钮，单击该倒三角按钮，将弹出一列表相关参数列表，如图7-13所示。用户根据需要选择其他参数过后，则该图块会跟着发生变化，如图7-14所示。

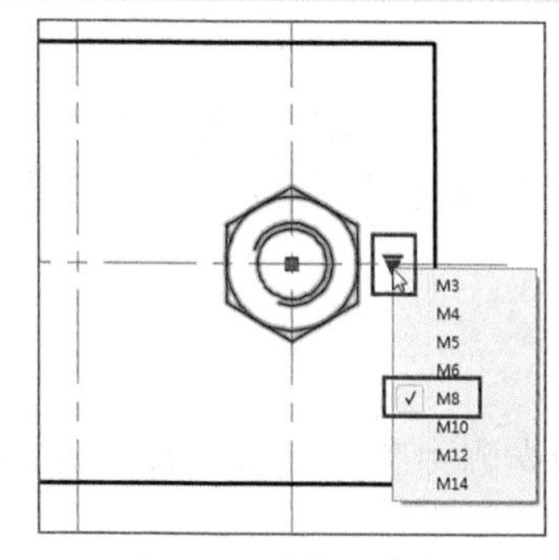

图7-13 动态块参数

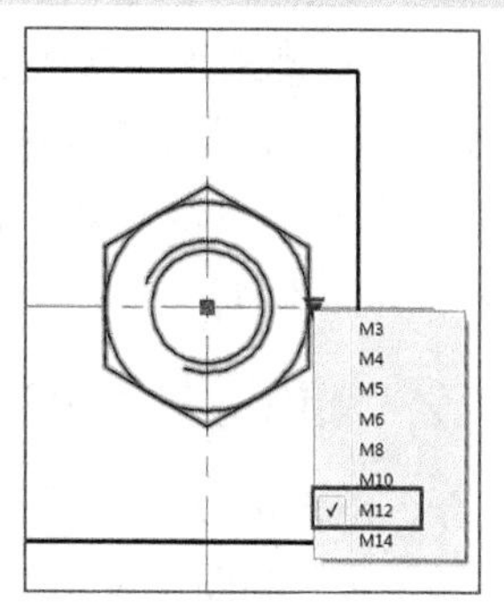

图7-14 改变动态块参数

7.4 使用“设计中心”面板中的块

AutoCAD的设计中心为用户提供了一个直观且高效的工具，它与 Windows 资源管理器类似，可以方便地在当前图形中插入块、引用光栅图像及外部参照，在图形之间复制块、复制图层、线型、文字样式、标注样式以及用户定义的内容等。

打开“设计中心”面板主要有以下几种方法：

- 选择“工具”|“选项板”|“设计中心”菜单命令。
- 在命令行中输入 ADCENTER（快捷键 Ctrl+2）。

执行以上任何一种方法后，系统将打开“设计中心”面板，如图7-15所示。

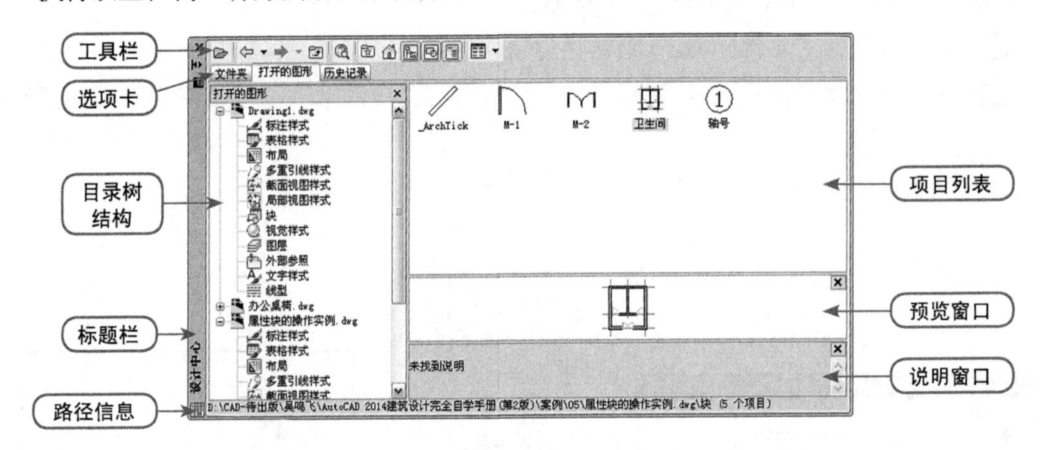

图7-15 “设计中心”面板

7.4.1 设计中心的作用

在 AutoCAD中，使用 AutoCAD 设计中心可以完成如下工作。

- 浏览用户计算机、网络驱动器和 Web 页上的图形内容（如图形或符号库）。
- 在定义表中查看图形文件中命名对象（如块和图层）的定义，然后将定义插入、附着、复制和粘贴到当前图形中。
- 更新（重定义）块定义。
- 创建指向常用图形、文件夹和 Internet 网址的快捷方式。
- 向图形中添加内容（如外部参照、块和填充）。
- 在新窗口中打开图形文件。
- 将图形、块和填充拖动到选项板上以便于访问。
- 可以控制调色板的显示方式，可以选择大图标、小图标、列表和详细资料等 4 种 Windows 的标准方式中的一种，可以控制是否预览图形，是否显示调色板中图形内容相关的说明内容。

7.4.2 通过设计中心添加内容

在设计中心，用户可以向绘图区插入块、引用光删图像、引用外部参照、在图形之间复制块、在图形之间复制图层及用户自定义内容等。

1. 插入块

把一个图块插入到图形中的时候，块定义就被复制到图形数据库当中。在一个图块被插入图形之后，如果原来的图块被修改，则插入到图形当中的图块也随之改变。

AutoCAD设计中心提供了插入图块的两种方法："按默认缩放比例和旋转方式"和"精确指定坐标、比例和旋转角度方式"。

按默认缩放比例和旋转方式插入图块时，系统根据鼠标拉出的线段的长度与角度，来比较图形文件和所插入块的单位比例，以此比例自动缩放插入块的尺寸。

插入图块的具体步骤如下。

01 从项目列表或查找结果列表中选择要插入的图块，按住鼠标右键，将其拖动到打开的图形上。

02 松开鼠标左键，被选择的对象就插入到当前打开的图形当中，利用当前设置的捕捉方式，可以将对象插入到任何存在的图形中。

03 单击鼠标左键，指定一点作为插入点，移动鼠标，则鼠标的位置点与插入点之间的距离为缩放比例，单击鼠标左键来确定比例。用同样方法移动鼠标，鼠标指定的位置与插入点连线与水平线角度与旋转角度，被选择的对象就根据鼠标指定的比例和角度被插入到图形中。

按默认缩放比例和旋转方式插入图块时，容易造成块内的尺寸发生错误，这时可以利用精确指定的坐标、比例和旋转角度插入图块的方式插入图块，具体步骤如下。

01 从项目列表或查找结果列表框选择要插入的块，用右键拖动对象到绘图区。

02 松开鼠标右键，从弹出的快捷菜单中选择"插入为块"命令。

03 弹出"插入"对话框，确定插入基点、输入比例和旋转角度等数值，或在屏幕上拾取确定以上参数。

04 单击"确定"按钮，被选择的对象根据指定的参数被插入到图形当中，如图7-16所示。

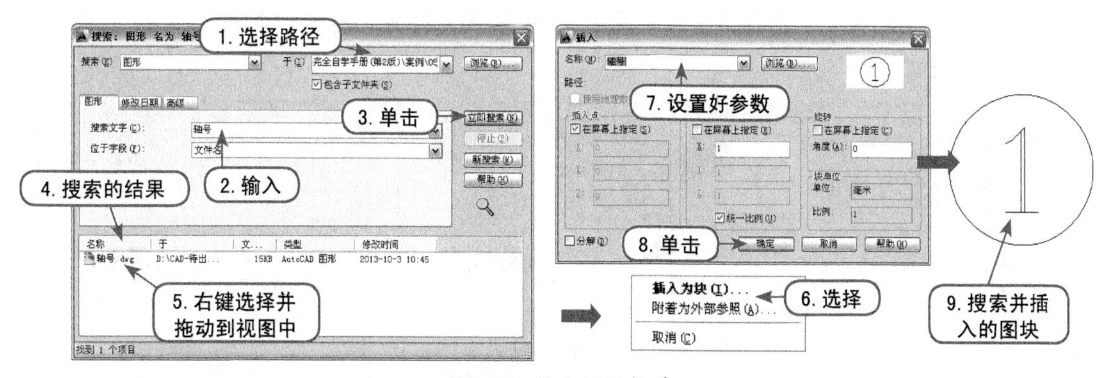

图7-16 插入图块操作

2. 引用光栅图像

光栅图形由一些着色的像素点组成，在AutoCAD中，除了可以向当前图形插入块，还可以插入光栅图像，如数字照片、微标等。光栅图形类似于外部参照，插入时必须确定插入的坐标、比例和旋转角度，在AutoCAD 2014中几乎支持所有的图像文件格式。

插入光栅图像的具体步骤如下。

01 在“设计中心”面板左边的文件列表中找到光栅图像文件所在的文件夹名称。

02 用鼠标右击将要加载的图形并拖至绘图区，然后松开右键，弹出快捷菜单，选择“附着图像”选项，弹出“图形”对话框；也可以直接拖至绘图区，然后输入插入点坐标、缩放比例和旋转角度。

03 在“附着图形”对话框中设置插入点的坐标、缩放比例和旋转角度，单击“确定”按钮完成光栅图像引用。

3. 复制图层

与添加外部图块相似，图层、线型、尺寸样式、布局等都可以通过从内容区显示窗口中拖放到绘图区的方式添加到图形文件中，但添加内容时，不需要给定插入点、缩放比例等信息，它们将直接添加到图形文件数据库中。

例如，使用设计中心复制图层，如果需要创建一个新的图层和设计中心提供的某个图形文件具有相同的图层时，只需要使用设计中心将这些预先定义好的图层拖放到新文件中，既节省了重新创建图层的时间，又能保证项目标准的要求，保证图形间的一致性。

7.4.3 设计中心操作实例

用户在绘制图形之前，都应先规划好绘图环境，包括设置图层、设置文字样式、设置标注样式等。如果已有图形对象中的图层、文字样式、标注样式等符合当前图形的要求，这时就可以通过设计中心来提示其图层、文字样式、标注样式，从而可以方便、快捷、规格统一地绘制图形。打开文件中的标注样式、图层和文字样式添加到新文件中，其操作步骤如下。

01 启动AutoCAD软件，选择“文件”｜“打开”菜单命令，将“变速箱减速器.dwg”图形文件打开，再新建“机械图3.dwg”图形文件。

02 按Ctrl+2快捷键打开“设计中心”面板，在“打开的图形”选项卡下选择“变速箱减速器.dwg”文件，可以看出当前已经打开的图形文件的已有标注样式、图层、文字样式，如图7-17所示。

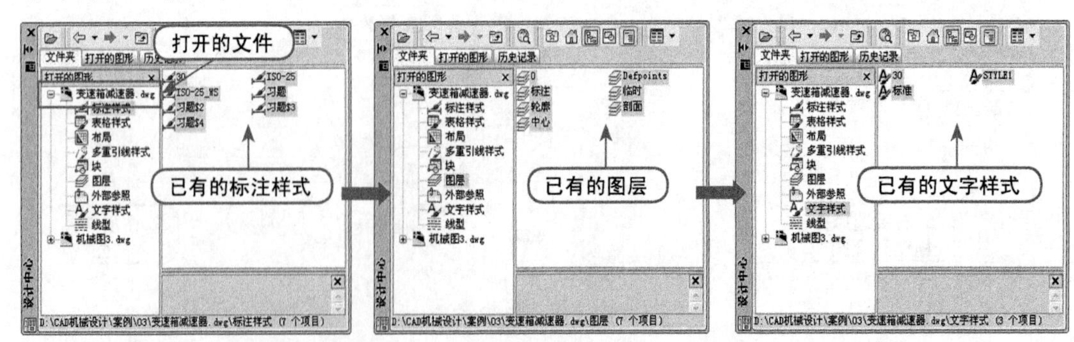

图7-17 已有标注样式、图层和文字样式

03 使用鼠标依次将已有的标注样式、图层和文字样式全部拖曳到当前视图的空白位置。

04 在“设计中心”面板的“打开的图形”选项卡中，选择“机械图3.dwg”文件，并分别选择标注样式、图层和文字样式，即可看到所拖曳到新图形中的对象，如图7-18所示。

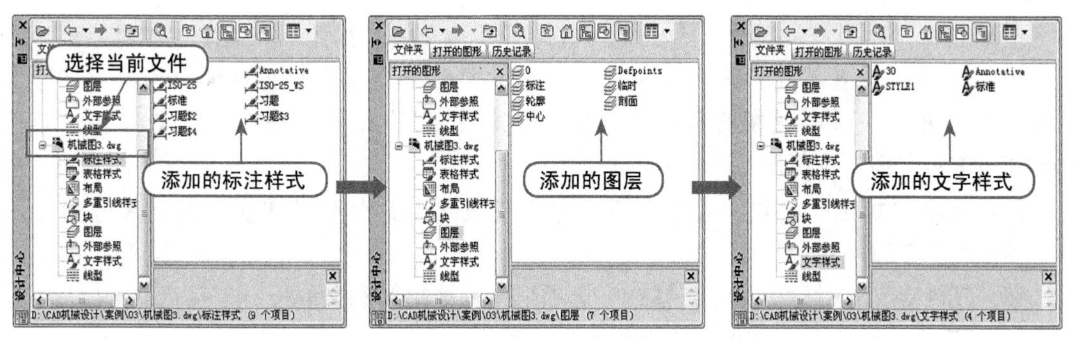

图7-18　添加的标注样式、图层和文字样式

05 至此，新文件的标注、图层和文字样式已经添加到新文件中。

7.5 创建和使用带属性的块

在AutoCAD中，用户除可创建普通块图形外，还可创建带有附加信息的块，这些附加信息被称为属性。这些属性好比附于商品上面的标签一样，它包含块中的所有可变参数。

7.5.1 创建带有属性的块

使用“绘图”｜“块”｜“定义属性”菜单命令，可以创建带有属性的块，从而为块附加一些可以变化的说明性文字。例如，将如图7-19所示的标题栏定义为带有属性的标题栏块，具体操作步骤如下。

01 首先参照图7-19所示制作标题栏的框线和基本内容，如图7-20所示。

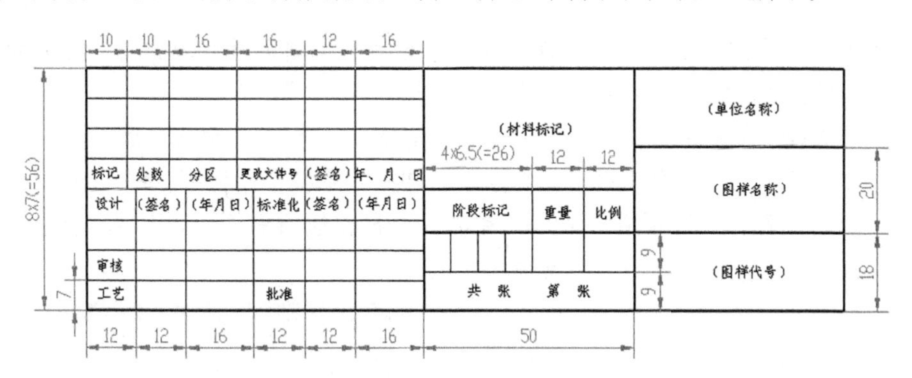

图7-19　标题栏

图7-20　绘制标题栏

02 选择“绘图”|“块”|“定义属性”菜单命令，打开“属性定义”对话框。在“属性”选项组设置属性标记（仅出现在块定义文件中，用来标记属性）为“工艺”，属性提示（插入块时出现在提示行中）为“请输入工艺”，在“插入点”选项组中勾选☑在屏幕上指定(O)复选框，如图7-21所示。

03 单击“确定”按钮，在图形窗口中需设置属性的位置处单击，确定属性的插入点，结果如图7-22所示。

在“属性定义”对话框中，“模式”选项组中复选框的意义如下。

- 不可见：选择该复选框，表示该属性不可见。
- 固定：选择该复选框，表示该属性不可更改。
- 验证：选择该复选框，表示插入块时，系统将提示检查该属性值的正确性。
- 预设：选择该复选框，表示插入块时，系统不再提示输入该属性值，但仍可在插入块后更改该属性值。

图7-21 定义属性

图7-22 设置属性后画面

04 使用同样的方法创建其他属性。如果希望重新编辑属性内容，可双击属性，此时将打开如图7-23所示“编辑属性定义”对话框。

05 执行WBLOCK命令，打开“写块”对话框，单击“拾取点”按钮，捕捉标题栏的左下角点为“基点”；单击“选择对象”按钮，选择整个图形，按Enter键返回“写块”对话框；在“目标”选项组中输入文件名、位置和插入单位，如图7-24所示。最后单击“确定”按钮，完成带有属性的标题栏块的定义。

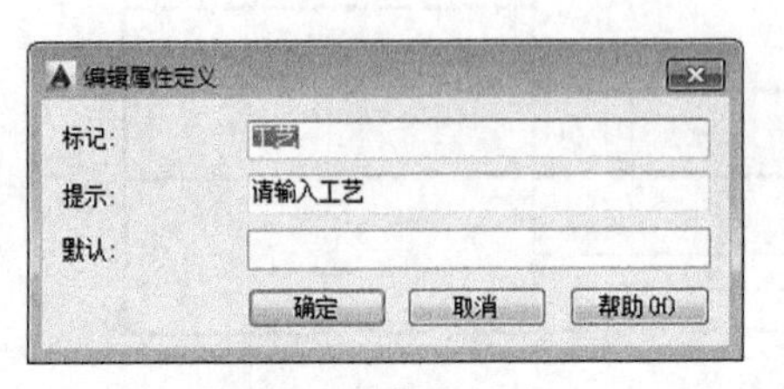

图7-23 编辑属性定义

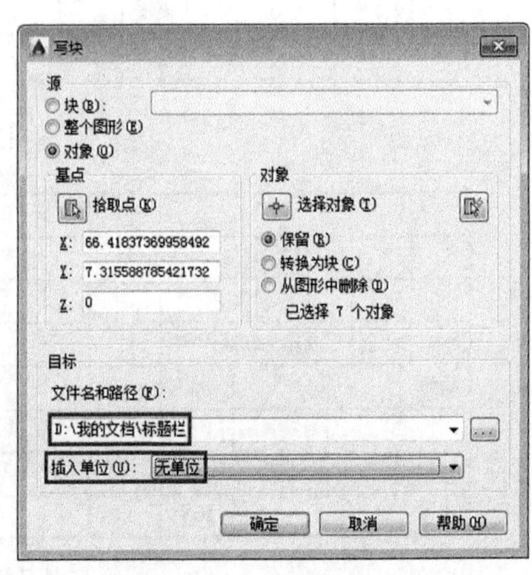

图7-24 “写块”对话框

7.5.2 插入带有属性的块

带属性的块的插入方法与普通块的插入方法相同，只是在插入结束时需要指定属性值。例如，要将上例中带有属性的标题栏块插入到某个图形中，具体操作步骤如下。

01 单击“块”面板中的“插入块”按钮，在“插入”对话框中单击“浏览”按钮，打开“选择图形文件”对话框，选择存储的“标题栏.dwg”块，单击“打开”按钮，结果如图7-25所示。

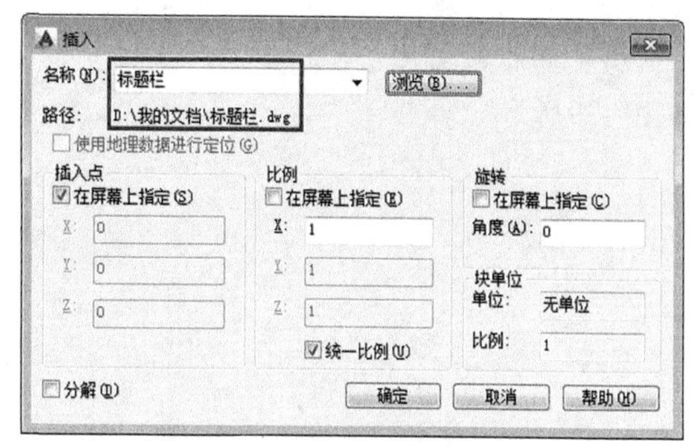

图7-25 选择带属性的块

02 单击“确定”按钮，然后根据命令行提示输入工艺、材料标记、单位名称等参数，结果如图7-26所示。

标记	处数	分区	更改文件号	HT150	东风五金
设计		标准化		阶段标记 重量 比例	端盖
审核					2006-01-01
工艺		批准		共 张 第 张	

图7-26 插入带属性的标题栏块

7.5.3 编辑块属性

在图形中添加了带属性的块后，还可随时根据需要编辑块属性的内容。例如，要编辑7.5.2小节中标题栏块的属性内容，具体操作步骤如下。

01 双击标题栏块，此时系统将打开如图7-27所示“增强属性编辑器”对话框。

02 在“属性”选项卡中可以编辑块属性值，在“文字选项”选项卡中可以编辑块属性的文字样式，在“特性”选项卡中可以编辑属性所在图层、线型、颜色和线宽等。

03 设置结束后，单击“确定”按钮。

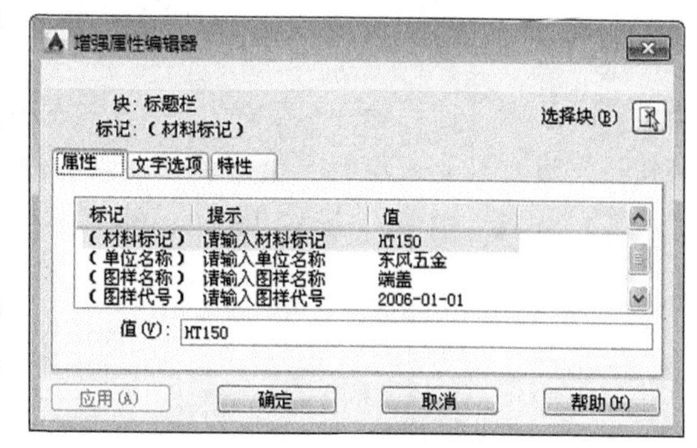

图7-27 “增强属性编辑器”对话框

上机练习 创建和使用粗糙度符号块

粗糙度是机械设计中必不可少的标注内容。因此，为了方便起见，可以将粗糙度符号定义为带属性的块。

国家标准对粗糙度符号的画法有明确的规定，如图7-28所示，其中H=1.4h，h为文字的

高度。下面将以h=3.5为例（即H=1.4×3.5=4.9）绘制粗糙度符号。

01 创建“细实线”层，设置线宽为0.15，其余设置均为默认，并将该层设为当前层。

02 单击“绘图”面板中的“直线”按钮，绘制3条相距为4.9个单位的水平辅助线，如图7-29所示。

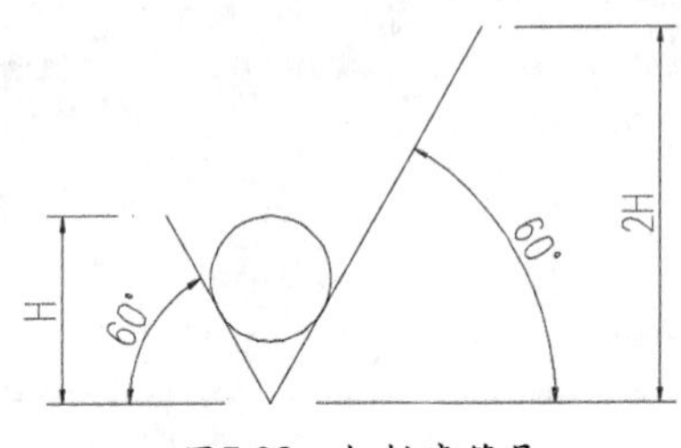

图7-28 粗糙度符号

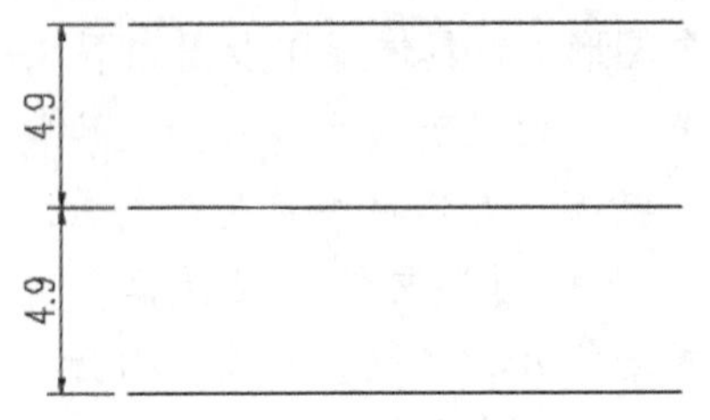

图7-29 绘制水平辅助线

03 执行“构造线”命令（XL），选择“角度(A)”项，输入角度为120。

04 使用鼠标捕捉中间水平线段的左侧端点，按Enter键确定，从而绘制一条120°的构造线，如图7-30所示。

05 再执行“构造线”命令（XL），选择“角度(A)”项，输入角度为60。

06 使用鼠标捕捉前面所绘制构造线与下侧水平线段的交点，从而绘制一条60°构造线，如图7-31所示。

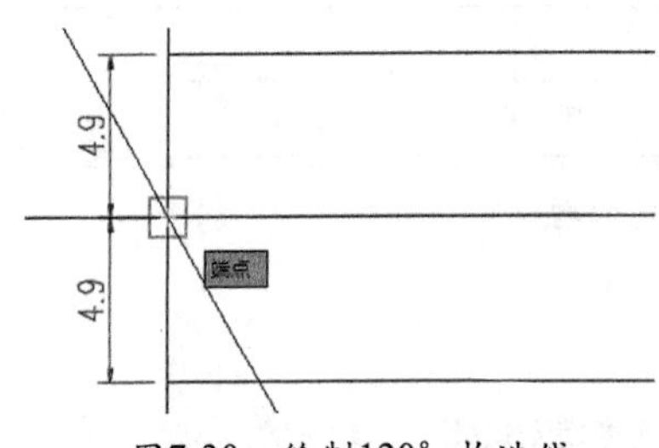

图7-30 绘制120°构造线

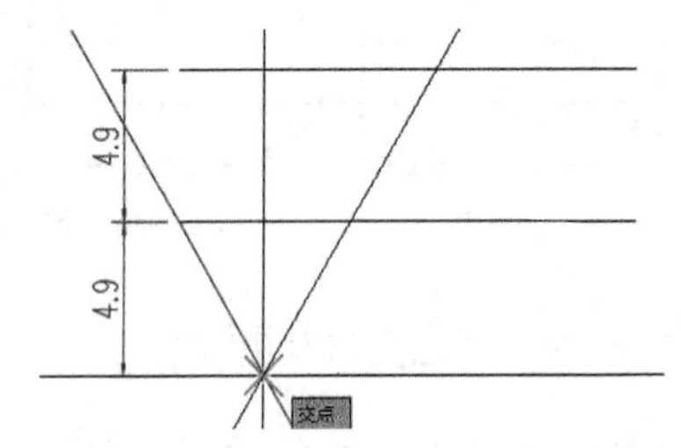

图7-31 绘制60°构造线

07 执行“修剪”命令（TR），按照如图7-32所示将多余的线段进行修剪和删除。

08 执行“圆”命令（TR），选择“三点(3P)”项，输入“切点”的快捷键tan，然后捕捉三条边，以此来绘制一个内切圆对象，如图7-33所示。

09 执行“删除”命令（E），将上侧的水平线段删除，完成粗糙度符号的绘制，如图7-34所示。

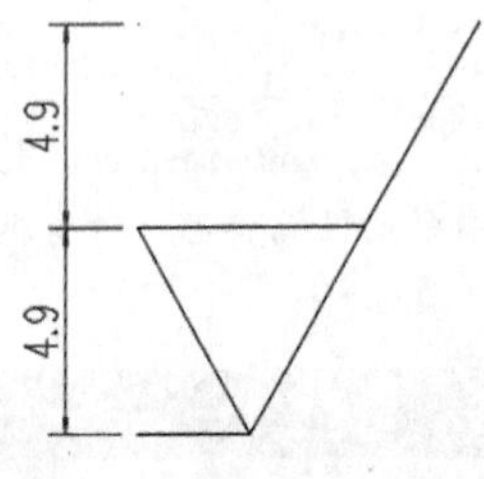

图7-32 修剪后的效果

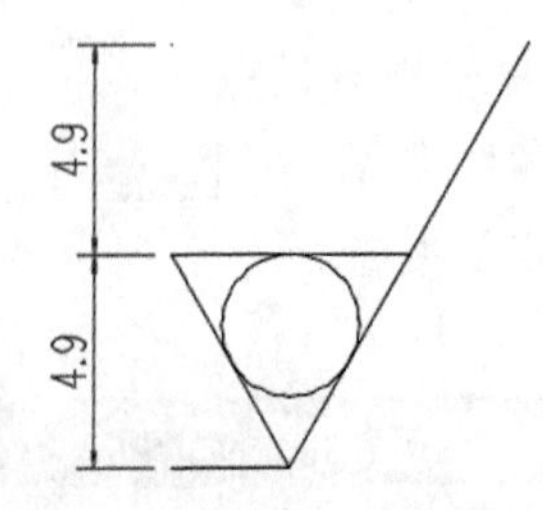

图7-33 绘制内切圆

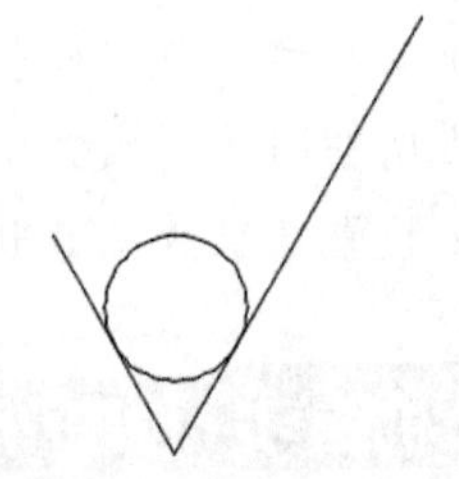

图7-34 删除线段

10 选择“绘图”|“块”|“定义属性”菜单命令，打开“属性定义”对话框。在该对话框中设置属性的“标记”、“提示”、“对正”和“文字高度”，如图7-35所示。

⑪ 单击“确定”按钮，在粗糙度符号的圆上侧合适位置处单击，确定属性的插入点，如图7-36所示。

图7-35 “属性定义”对话框

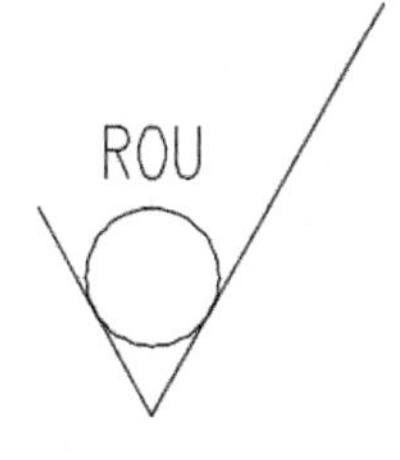

图7-36 定义属性

⑫ 单击“块”面板中的“创建块”按钮，打开“块定义”对话框。在“名称”文本框中输入“粗糙度”；选择“毫米”为块单位；单击“选择对象”按钮，选择粗糙度及属性，按Enter键返回“块定义”对话框；单击“拾取点”按钮，选择粗糙度符号的下方角点为块基点，如图7-37所示。

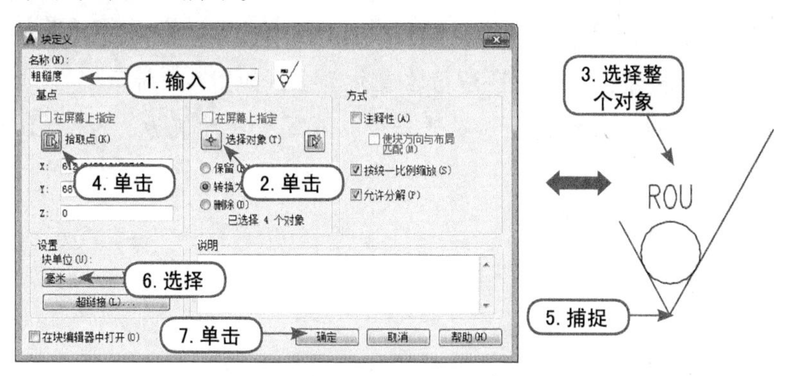

图7-37 块定义操作

⑬ 单击“确定”按钮后，将打开“编辑属性”对话框，在“输入粗糙度值”文本框中输入3.2，如图7-38所示。

⑭ 单击“确定”按钮，完成块的创建，并在原块标记的位置显示出对应的属性值，即粗糙度值，如图7-39所示。

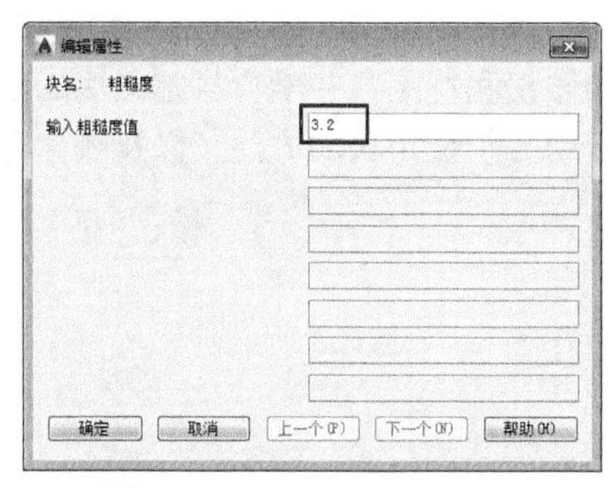

图7-38 “编辑属性”对话框

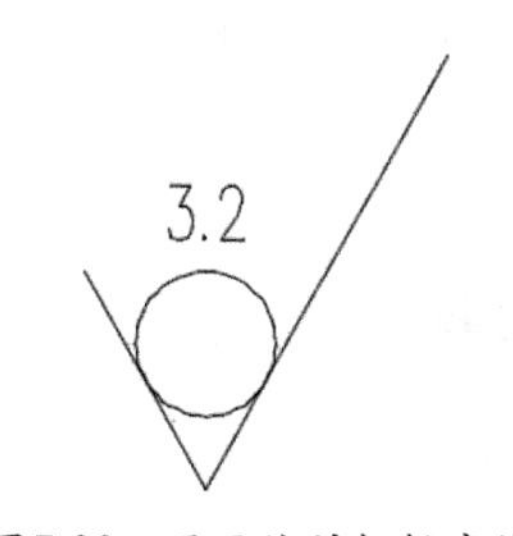

图7-39 显示块的粗糙度值

⑮ 执行WBLOCK命令，在“写块”对话框中选择“块”单选按钮，在其后的下拉列表中选择“粗糙度”；在“文件名和路径”下拉列表中设置块的存储位置；插入单位设置为“毫米”，如图7-40所示。然后单击“确定”按钮，即可将块存储起来。

⑯ 要在其他图形中使用定义的粗糙度块，可单击“块”面板中的“插入块”按钮，在“插入”对话框中选择存储的“粗糙度.dwg”块，设置插入点、缩放比例和旋转角度，如图7-41所示。

图7-40 “写块”对话框

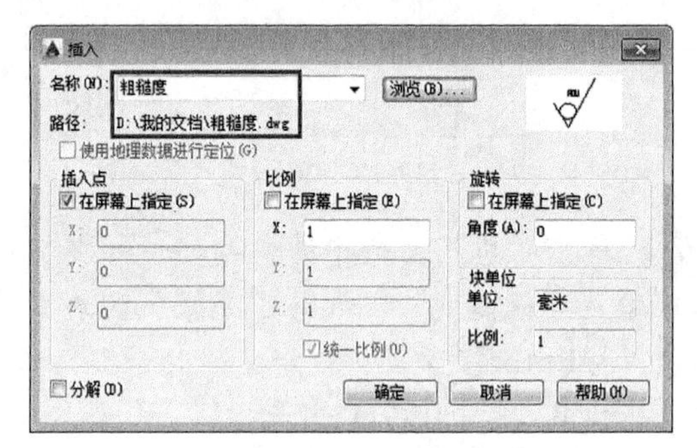

图7-41 “插入”对话框

⑰ 单击“确定”按钮，在绘图区适当位置处单击，如图7-42所示。

⑱ 此时，在弹出的“编辑属性”对话框中，输入粗糙度值为2，按Enter键，结果如图7-43所示。

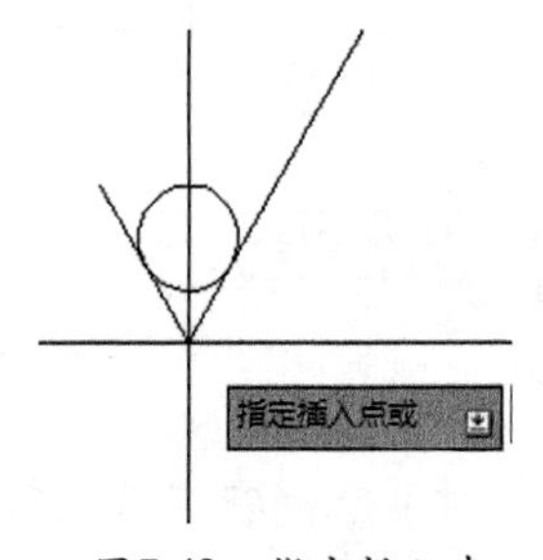

图7-42 指定插入点

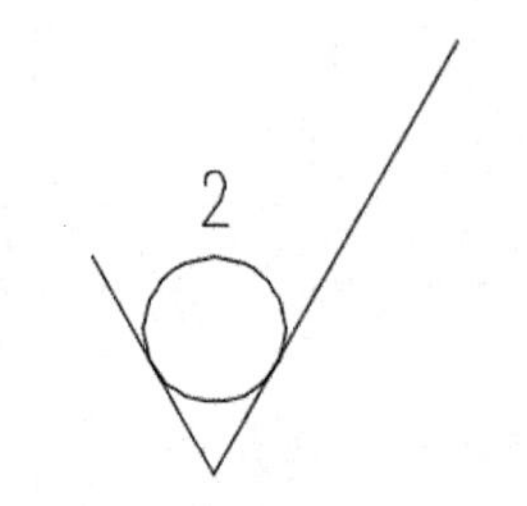

图7-43 插入粗糙度符号块

本章小结

通过本章的学习，读者首先了解图块的作用和特点，并学会自定义块的创建和使用方法；然后学习利用“工具选项板”和“设计中心”使用块的方法，以及创建和使用带属性块的方法。

思考与练习

1. 填空题

(1) 定义块的3个要素是__________、__________________与__________________。

（2）要定义块，可执行______命令；要将块保存为单独的文件，可执行______命令。

（3）要在当前图形中使用其他图形文件中定义的块，可使用__________________。

（4）要在当前图形中使用已创建的块文件，可以__________________________。

（5）要创建带有属性的块，可以______________________________________。

（6）要想编辑普通块中的对象，可以执行____________操作。

（7）插入块时可设置____________、______________与______________。

2. 思考题

（1）简述创建和使用块的方法。

（2）简述创建和使用带属性的块的方法。

（3）在图形中插入了块后，如何编辑块属性？

（4）简述创建和使用普通块的方法。

3. 操作题

绘制如图7-44所示图形，并利用块方式定义和使用表面粗糙度符号。

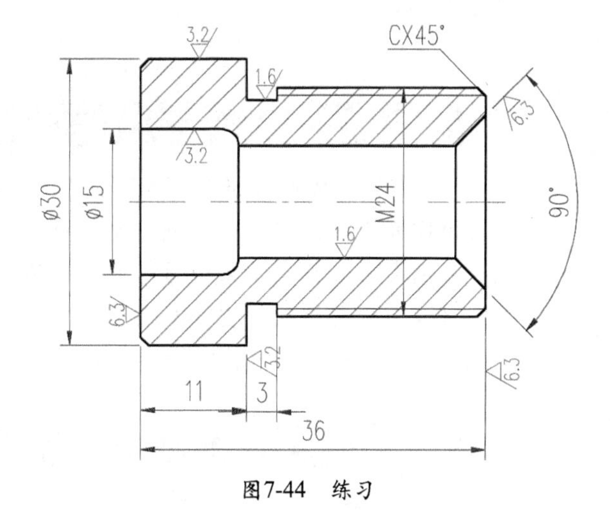

图7-44　练习

AutoCAD 2015

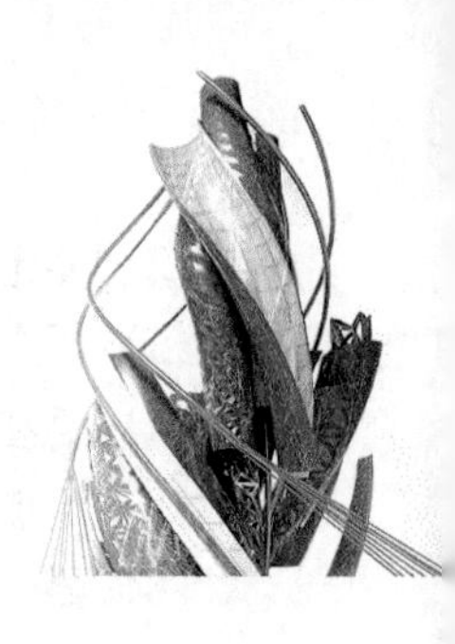

第8章 使用文字与表格

课前导读

与手工绘制图纸有所不同，在AutoCAD中输入文字和制作表格前，应首先定义好文字样式和表格样式。这样做有两个好处，一是可以规范文字与表格，其次是便于将来修改，只要修改了文字与表格样式，图形中的文字与表格会自动更新。本章将学习这些知识。

本章要点

- 掌握文字样式的创建和修改
- 掌握输入与编辑文字的方法
- 掌握输入特殊符号的方法
- 掌握使用表格的方法
- 掌握编辑表格的方法

8.1 创建和修改文字样式

在AutoCAD中创建文字对象时，文字对象的字体和外观都由与其关联的文字样式所决定。默认情况下，Standard文字样式是当前样式，用户也可根据需要创建新的文字样式。

8.1.1 创建文字样式

创建文字样式是进行文字注释和尺寸标注的首要任务。在AutoCAD中，文字样式（STYLE）用于控制图形中所使用的字体、高度、宽度系数等。在一幅图形中，可定义多种文字样式，以适于对不同对象的需要。

要启动STYLE命令，有如下几种方法。

- 在“注释”选项卡的“文字”面板中单击右下角的“文字样式”按钮，如图 8-1 所示。

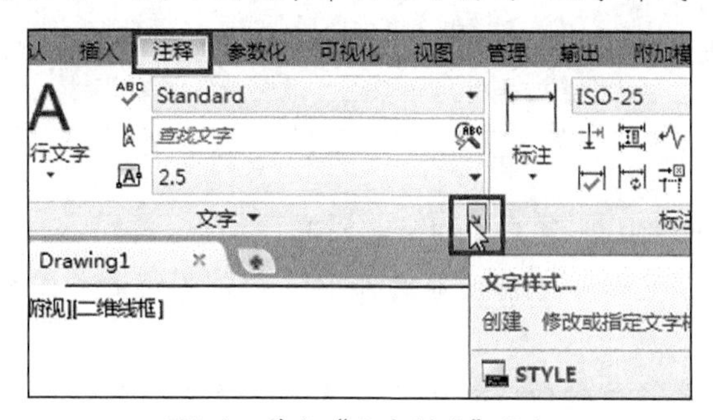

图8-1 单击“文字样式”按钮

- 直接在命令行中输入 STYLE（快捷键为 ST）。

例如，要创建如图8-2右图所示的“机械注释”文字样式，其操作步骤如下。

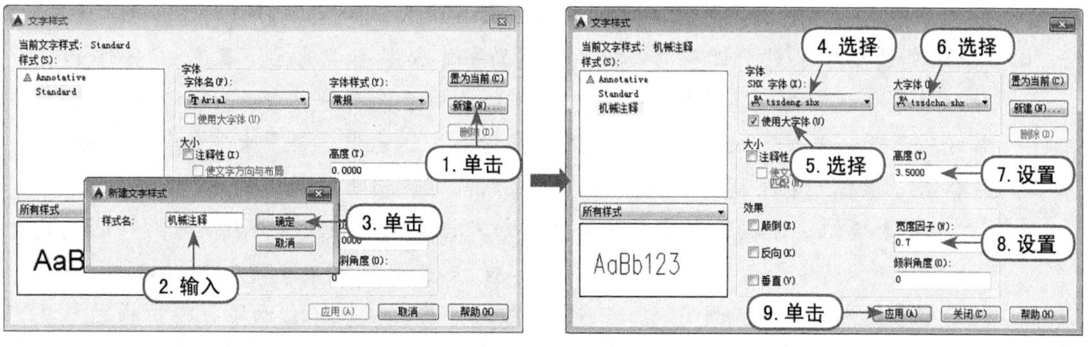

图8-2 创建文字样式的操作

01 在“注释”选项卡的“文字”面板中单击右下角的“文字样式”按钮。

02 将弹出“文字样式”对话框，系统默认文字样式名为Standard。

03 单击“新建”按钮，打开“新建文字样式”对话框。

04 在“样式名”文本框中，输入样式名称为“机械注释”，然后单击“确定”按钮。

05 在“字体”选项组中，设置SHX字体为tssdeng.shx，勾选“使用大字体”复选框。在“字体”选项组中，设置大字体为tssdchn.shx。

06 在“大小”选项组中，设置高度为3.5。

07 在“效果”选项组中，设置宽度因子为0.7。

08 单击“应用”按钮，完成该文字样式的创建。

09 单击“置为当前”按钮，将该文字样式设置为当前文字样式，最后单击“关闭”按钮退出。

10 这时，用户可在命令行中输入“单行文字”命令（DT），输入（0,0）作为单行文字的起点，按Enter键，然后输入“AutoCAD文字样式”，效果如图8-3所示。

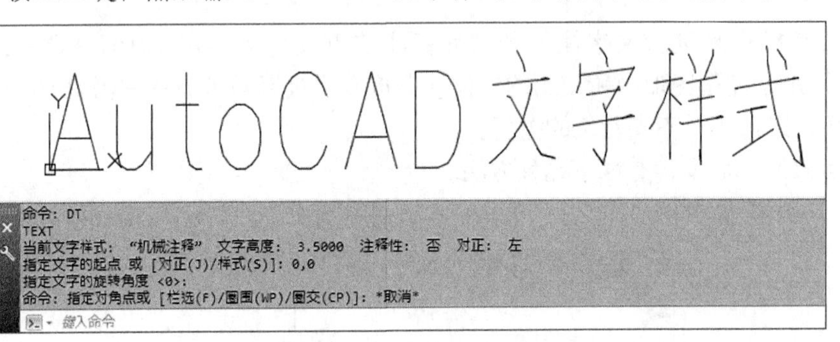

图8-3 输入文字的效果

在“文字样式”对话框中，各选项的含义如下。

- “样式”列表框：显示了当前图形文件中所有定义的文字样式名称，默认文字样式为 Standard。
- “新建”按钮：单击该按钮，打开“新建文字样式”对话框，然后在“样式名”文本框中输入新建文字样式名称，再单击“确定”按钮，可以创建新的文字样式，且新建的文字样式将显示在“样式”下拉列表中。
- “删除”按钮：单击该按钮，可以删除某一已有的文字样式，但无法删除已经使用的文字样式、当前文字样式和默认的 Standard 样式。
- “字体”选项组：用于设置文字样式使用的字体和字高等属性。其中，“字体名”下拉列表用于选择字体；“字体样式”下拉列表用于选择字体格式，如斜体、粗体和常规字体等;“高度”文本框用于设置文字的高度。选中“使用大字体”复选框，“字体样式”下拉列表框变为“大字体”下拉列表框，用于选择大字体文件。
- “大小”选项组：可以设置文字的高度。如果将文字的高度设为 0，在使用 TEXT 命令标注文字时，命令行将显示“指定高度:”提示，要求指定文字的高度。如果在“高度”文本框中输入了文字高度，AutoCAD 将按此高度标注文字，而不再提示指定高度。
- “效果”选项组：可以设置文字的颠倒、反向、垂直等显示效果。在“宽度因子”文本框中可以设置文字字符的高度和宽度之比；在“倾斜角度”文本框中可以设置文字的倾斜角度，角度为 0° 时不倾斜，角度为正值时向右倾斜，为负值时向左倾斜。各种效果如图 8-4 所示。

注 意

当用户需要将创建的文字样式名称进行重命名操作时，可以在“样式”列表框中选择该样式，并右击鼠标，从弹出的快捷菜单中选择“重命名”命令，则此时的样式名称将呈可编辑状态，用户根据自己的需要输入新的样式名称即可，如图8-5所示。

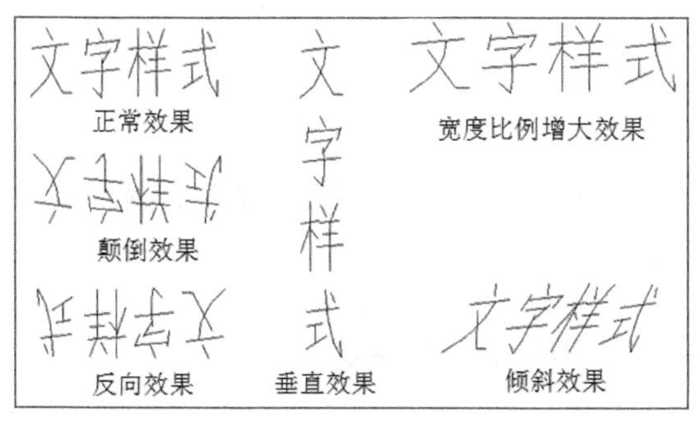

图8-4　各种文字的效果

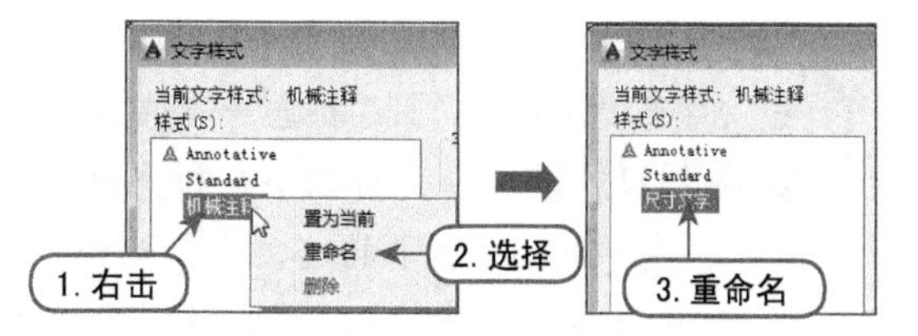

图8-5　更名文字样式

8.1.2　修改文字样式

修改文字样式也是在“文字样式”对话框中进行的，其过程与创建文字样式相似，在此不再重述。

例如，针对前面创建的“机械注释”文字样式进行修改，如图8-6所示，用户可按照如下操作步骤进行。

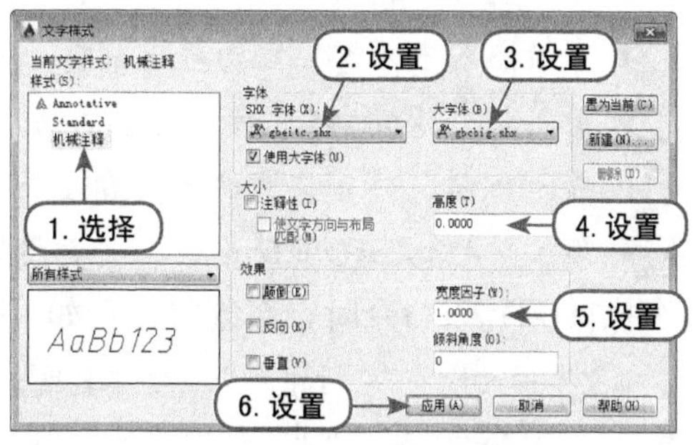

图8-6　修改文字样式

01 在“注释”选项卡的“文字”面板中单击右下角的“文字样式”按钮。

02 将弹出“文字样式”对话框，选择要修改的“机械注释”文字样式。

03 在“字体”选项组中，设置“SHX字体”为gbeitc.shx，设置“大字体”为gbcbig.shx。

04 设置“高度”为0，设置“宽度因子”为1。

05 单击“应用”按钮完成该文字样式的修改，再单击“关闭”按钮退出。

用户在修改文字样式时，应注意以下几点。

- 修改完成后，单击“文字样式”对话框中的“应用”按钮，则修改生效，此时AutoCAD 立即更新图样中与此文字样式关联的文字。
- “颠倒”、“反向”特性仅影响单行文字，对多行文字无效。同样，当修改文字样式的“颠倒”、“反向”特性时，将影响现有单行文字。
- 当修改文字样式的“垂直”特性时，AutoCAD将改变现有单行文字和多行文字的外观。另外，仅当选用AutoCAD编译型字体（.shx）时，“垂直”设置才有效。
- 当修改文字样式的宽度因子及倾斜角度时，AutoCAD将改变现有多行文字的外观，而现有单行文字不受影响。
- 当修改文字样式的高度时，现有单行文字与多行文字均不受影响。
- 无论进行哪些设置，均会影响此后创建的文字对象。

8.2　输入与编辑文字

在AutoCAD中，标注文字有两种方式：一种是输入单行文字（DTEXT），另一种是输入多行文字（MTEXT）。文字的外观（字体、尺寸、宽度因子、倾斜角度、颠倒、反向等）可通过文字样式来定义。

8.2.1 输入单行文字

单行文字（DTEXT）命令用于为图形标注一行或几行文字，也可用于旋转、对正文字和调整文字的大小，每行文字是一个独立的对象。

要启动DTEXT命令，有如下几种方法。

- 在“注释”选项卡的“文字”面板中单击“单行文字”按钮A。
- 直接在命令行中输入 DTEXT（快捷键为 DT）。

例如，接前面修改后的文字样式，利用DTEXT命令来标注如图8-7所示的单行文字，具体操作步骤如下。

01 在“注释”选项卡的“文字”面板中单击“单行文字”按钮A。

02 在绘图区中任意位置处单击鼠标，确定标注文字的起点。

03 输入7并按Enter键，指定文字的高度为7。

04 按Enter键，指定文字的旋转角度为0。

05 输入“AutoCAD辅助设计”，并按两次Enter键，结果如图8-7所示。

在执行DTEXT命令时，系统将显示如下提示：

```
当前文字样式： “机械注释”  文字高度： 3.5000  注释性： 否  对正： 左
指定文字的起点 或 [对正(J)/样式(S)]:
```

此时若选择“样式（S）”选项，可设置文字使用的样式；若选择“对正（J）”选项，可设置文字对齐方式，此时系统将显示如下提示，这些选项的意义如图8-8所示。

```
输入选项
[对齐(A)/调整(F)/中心(C)/中间(M)/右(R)/左上(TL)/中上(TC)/右上(TR)/左中(ML)/正中(MC)/右中(MR)/左下(BL)/中下(BC)/右下(BR)]:
```

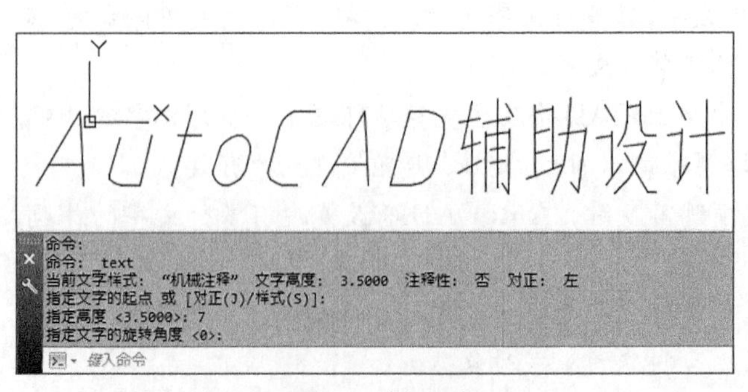

图8-7 单行文字

图8-8 各种文字对齐方式的意义

8.2.2 输入多行文字

使用多行文字（MTEXT）可以创建复杂的文字说明，如图样的技术要求等。与单行文字相比，多行文字在设置上更灵活。例如，各部分文字可以采用不同的高度、字体和颜色等。

要启动MTEXT命令，有如下几种方法。

- 在“注释”选项卡的“文字”面板中单击“多行文字”按钮A。
- 直接在命令行中输入 MTEXT（快捷键为 MT）。

例如，针对前面所创建的“机械注释”文字样式，来创建如图8-9右图所示的多行文字，其操作步骤如下。

01 在“注释”选项卡的“文字”面板中单击“多行文字”按钮A。

02 使用鼠标在图形的指定区域拖划一个矩形区域，以此确定多行文字的编辑区，如图8-10所示。

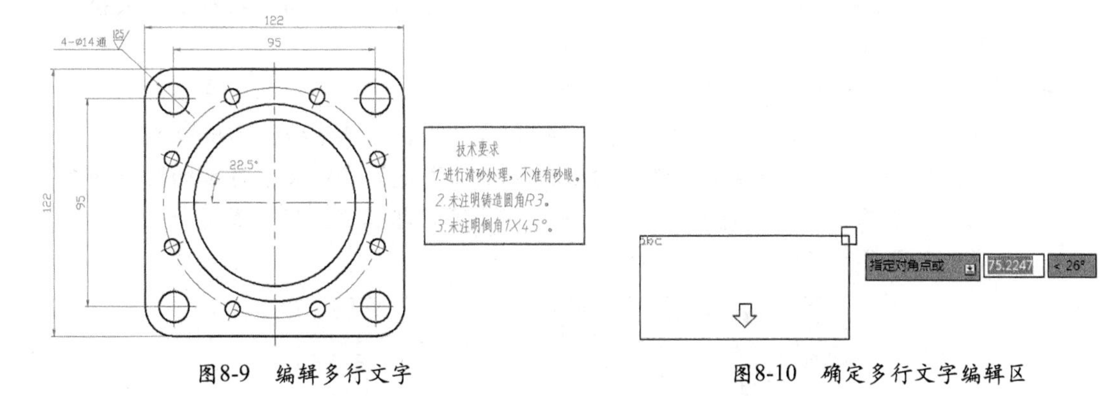

图8-9 编辑多行文字　　图8-10 确定多行文字编辑区

03 此时在上侧将显示“文字编辑器”选项卡，然后选择文字样式为“机械注释”，字体大小为7，如图8-11所示。

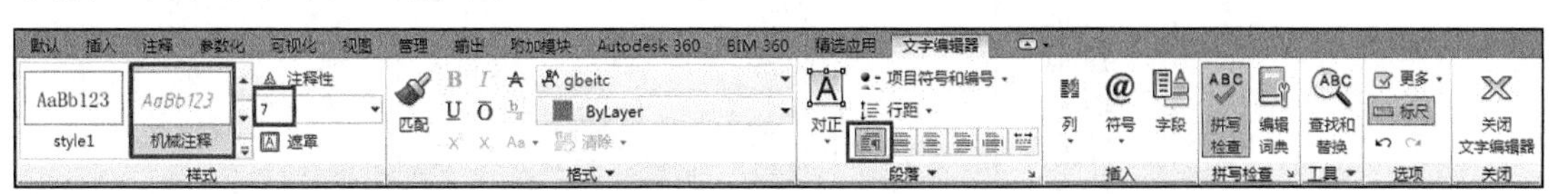

图8-11 设置多行文字格式

04 这时在文字编辑区中，输入相应的文字内容，在需要换行的地方按Enter键换行，如图8-12所示。

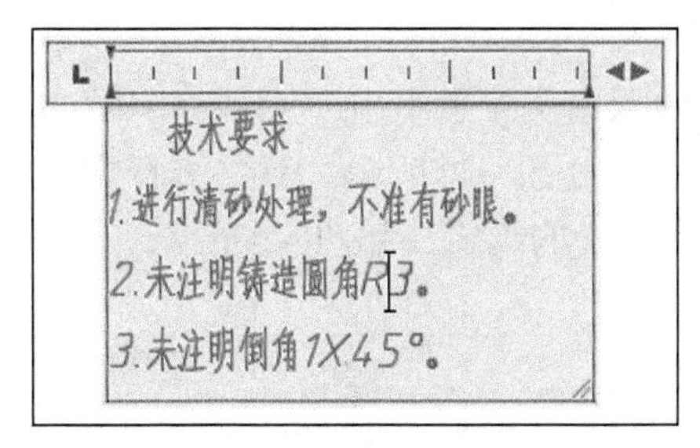

图8-12 输入多行文字内容

05 多行文字编辑好后，在上侧面板中单击“关闭”按钮，结果如图8-9所示。

在“文字编辑器”选项卡中，大多数的设置选项与Word文字处理软件的设置相似，下面简要介绍一下常用的选项。

- “堆叠”按钮：常见数学中的“分子/分母”形式，其间使用“/”和“^”符号来分隔，然后选择这一部分文字，再单击该按钮即可，如图 8-13 所示。

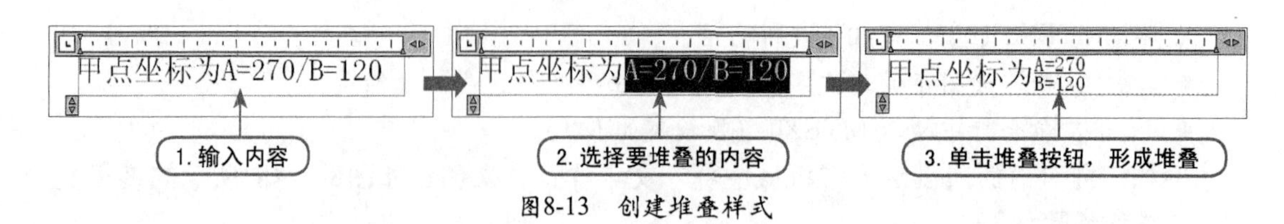

图8-13　创建堆叠样式

- “标尺”按钮▭：用于打开或关闭输入窗口上的标尺。
- “选项”按钮⊙：单击该按钮，可打开多行文字的选项菜单，可对多行文字进行更多的设置。
- “段落”按钮▭：单击该按钮，将弹出“段落”对话框，从而可以设置制表位、段落的对齐方式、段落的间距、左右缩进等。
- “插入字段”按钮▭：单击该按钮，将弹出“字段”对话框，从而在当前的光标位置插入其他的字段域，包括打印域、日期和日期域、图纸集域、文档域等。
- “多行文字对正”按钮▭：从弹出的下拉菜单中可设置多行文字对象的对正和对齐方式，文字根据其左右边界进行左、中、右对齐，根据其上下边界进行上、中、下对齐，如图 8-14 所示。

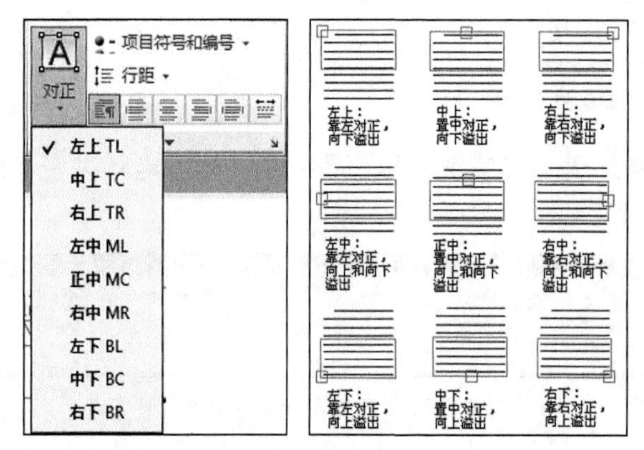

图8-14　多行文字的九种对正设置

8.2.3　编辑文字

要编辑文字，只需简单地双击文字就可以了。其中，双击单行文字时，文字将以反白显示，此时可以编辑文字内容，如图8-15所示。双击多行文字时，将重新打开“文字编辑器”选项卡，以此来进行文字格式的编辑，如图8-16所示。

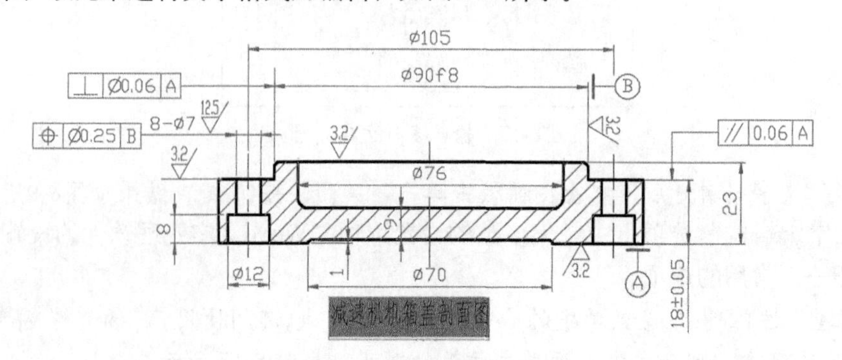

图8-15　编辑单行文字

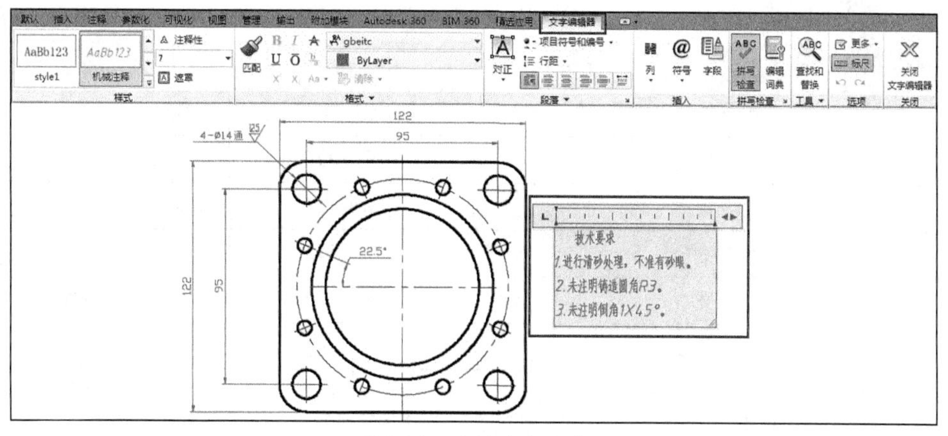

图8-16　编辑多行文字

对于多行文字对象，用户可以选择该多行文字对象，则显示多个夹点对象，可以使用鼠标拖动这些夹点来改变多行文字区域的大小，如图8-17所示。

此外，用户还可借助“特性”面板来修改多行文字的对正方式、宽度、高度、旋转角度、行距等特性，如图8-18所示。

技术要求
1.进行清砂处理，不准有砂眼。
2.未注明铸造圆角R3。
3.未注明倒角1X45°。

图8-17　调整多行文字的夹点

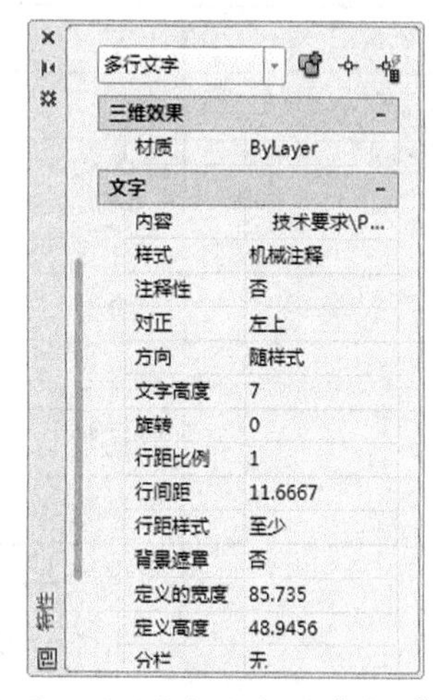

图8-18　多行文字的“特性”

8.2.4　输入特殊符号

在AutoCAD中，某些符号不能用标准键盘直接输入，如上划线、下划线、°、&、±、%等。若在输入单行文字时输入某些特殊符号，可直接输入这些符号的代码。表8-1列出了常用特殊字符及其代码。

表8-1　常用特殊字符及其代码

输入代号	符号	输入代号	符号
%%C	直径符号（&）	\U+2220	角度符号（∠）
%%P	正/负符号（±）	\U+2248	几乎相等（≈）
%%%	百分号（%）	\U+2260	不相等（≠）
%%D	度数符号（°）	\U+00B2	上标2

（续表）

输入代号	符号	输入代号	符号
%%O	上划线	\U+2082	下标2
%%U	下划线	\U+00D7	乘号（×）
%%c	符号φ	%%172	双标下标开始
%%d	度符号	%%173	上下标结束
%%p	±号	%%147	对前一字符画圈
%%u	下划线	%%148	对前两字符画圈
%%130	Ⅰ级钢筋φ	%%149	对前三字符画圈
%%131	Ⅱ级钢筋Φ	%%150	字串缩小1/3
%%132	Ⅲ级钢筋Φ	%%151	Ⅰ
%%133	Ⅳ级钢筋Φ	%%152	Ⅱ
%%130%%145ll%%146	冷轧带肋钢筋	%%153	Ⅲ
%%130%%145j%%146	钢绞线符号	%%154	Ⅳ
%%1452%%146	平方	%%155	Ⅴ
%%1453%%146	立方	%%156	Ⅵ
%%134	小于等于（≤）	%%157	Ⅶ
%%135	大于等于（≥）	%%158	Ⅷ
%%136	千分号	%%159	Ⅸ
%%137	万分号	%%160	Ⅹ
%%138	罗马数字Ⅺ	%%161	角钢
%%139	罗马数字Ⅻ	%%162	工字钢
%%140	字串增大1/3	%%163	槽钢
%%141	字串缩小1/2（下标开始）	%%164	方钢
%%142	字串增大1/2（下标结束）	%%165	扁钢
%%143	字串升高1/2	%%166	卷边角钢
%%144	字串降低1/2	%%167	卷边槽钢
%%145	字串升高缩小1/2（上标开始）	%%168	卷边Z型钢
%%146	字串降低增大1/2（上标结束）	%%169	钢轨
%%171	双标上标开始	%%170	圆钢

要输入其他特殊符号，可使用Windows操作系统提供的模拟键盘。不过，此时文字样式应设置为中文字体或者能够支持使用大字体。例如，要使用单行文字输入8×&17±0.01字符串，具体操作步骤如下。

01 在“注释”选项卡的“文字”面板中单击右下角的“文字样式”按钮，打开“文字样式”对话框。选中☑使用大字体(U)复选框，打开“大字体”下拉列表，选择gbcbig.shx，如图8-19所示。

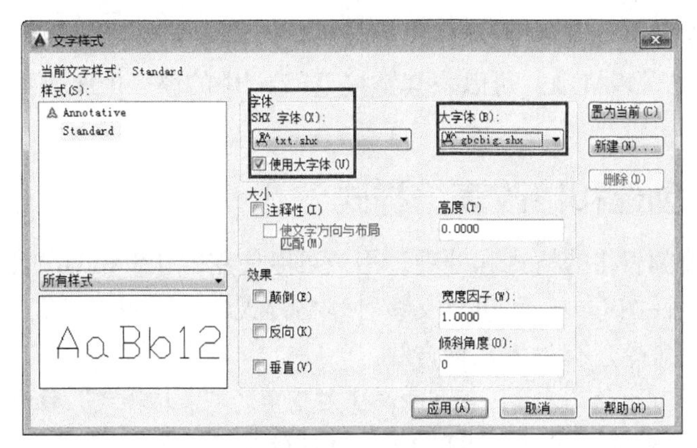

图8-19　设置文字样式

02 在“注释”选项卡的“文字”面板中单击“单行文字”按钮A，单击设置文字起点，输入文字高度和旋转角度。

03 输入单行文字内容8，然后打开输入法，显示输入法提示条，右击输入法提示条中的模拟键盘按钮，从弹出的快捷菜单中选择“数学符号”选项，打开数学符号模拟键盘，如图8-20所示。

04 单击模拟键盘中的“×”符号，然后单击输入法提示条中的模拟键盘按钮，关闭模拟键盘，再关闭中文输入法。然后输入“%%c17%%p0.01”并按两次Enter键结束输入，结果如图8-21所示。

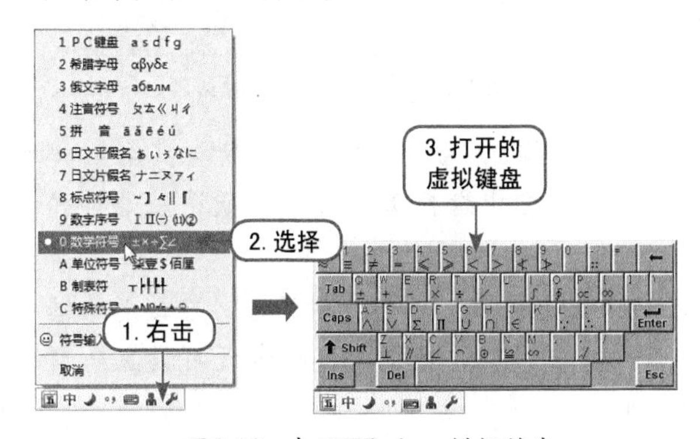

图8-20　打开Windows模拟键盘

8×Ø17±0.01

图8-21　利用单行文字输入的特殊字符串

注 意

若在多行文字中输入某些特殊符号，只要单击“文字编辑器”选项卡中的符号按钮@就可以了。此外，亦可借助Windows模拟键盘输入其他一些特殊符号。

8.3 创建表格

表格是由包含注释（以文字为主，也包含多个块）的单元构成的矩形阵列。创建表格后，用户不但可以向表中添加文字、块、字段和公式，还可以对表格进行其他编辑，如插入或删除行或列、合并表单元等。

表格是在行和列中包含数据的对象，可以从空表格或表格样式创建表格对象，还可以将表格链接至Excel电子表格中。可以将其链接至Excel中的整个电子表格、各行、各列、单元或单元范围。

8.3.1 创建和修改表格样式

表格样式用于控制表格的格式和外观。用户可以使用默认Standard表格样式，或创建自己的表格样式。在一幅图形中，可以定义多种表格样式，以适用于不同对象的需要。

要启动表格样式命令，有如下几种方法。

- 在“注释”选项卡的“表格”面板中单击右下角的“表格样式”按钮，如图 8-22 所示。
- 直接在命令行中输入 TABLESTYLE（快捷键为 TS）。

例如，要创建新表格样式，按如下步骤进行。

01 在“注释”选项卡的“表格”面板中单击右下角的“表格样式”按钮，打开“表格样式”对话框，如图8-23所示。

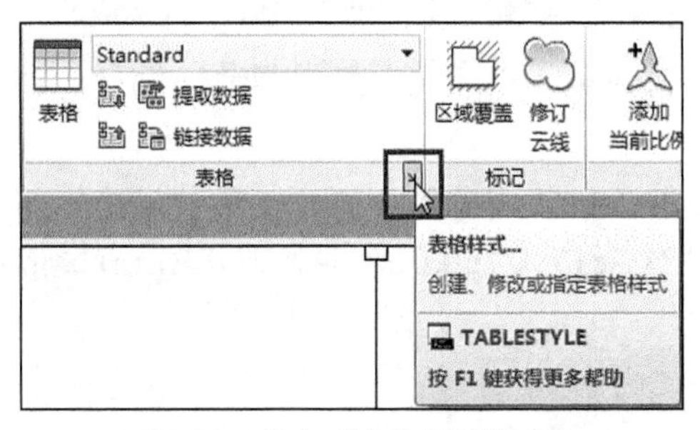

图8-22 单击“表格样式”按钮

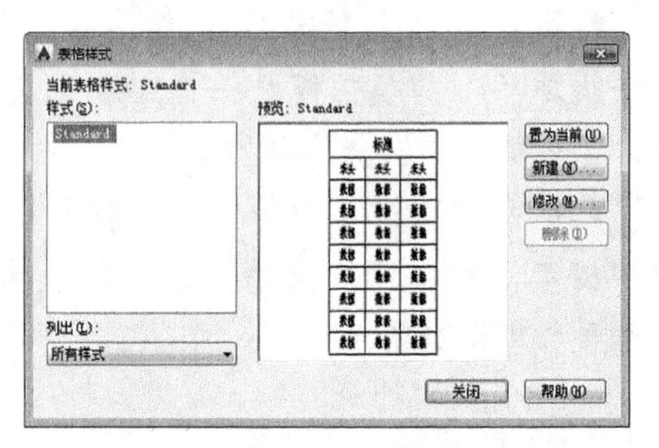

图8-23 “表格样式”对话框

02 单击“新建”按钮，打开“创建新的表格样式”对话框，在“新样式名”文本框中输入新的样式名称；在“基础样式”下拉列表框中选择基础样式，默认基础样式为Standard，如图8-24所示。

03 单击“继续”按钮，打开“新建表格样式：机械标题栏”对话框，在该对话框中可以设置起始表格、表格的方向、单元样式，利用“单元样式”选项卡还可设置数据单元、单元文字和单元边界的外观，如图8-25所示。

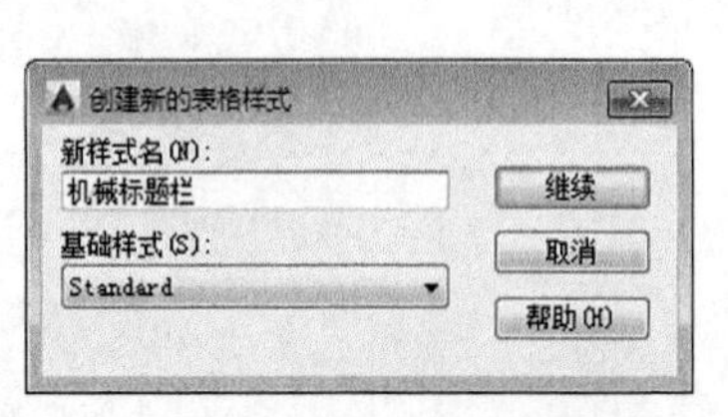

图8-24 “创建新的表格样式”对话框

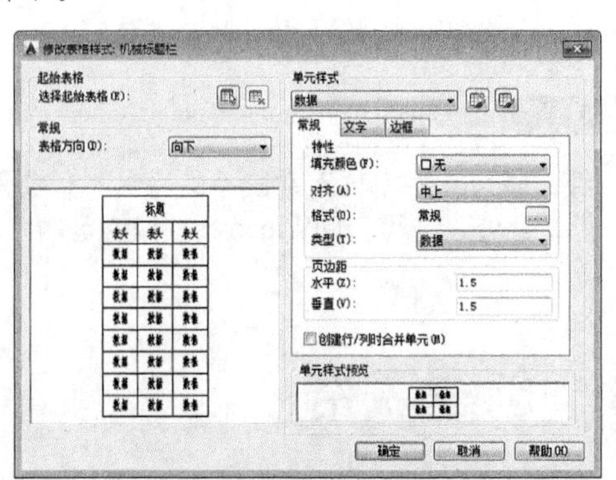

图8-25 “新建表格样式”对话框

04 在“起始表格”选项组中单击“选择表格”按钮，可以将指定表格作为当前表格样式的格式，在绘图区选择一个表格后，可在“新建表格样式：机械标题栏”对话框的预览区中显示当前表格样式设置效果，如图8-26所示。

05 在“单元样式”选项组中利用其下拉列表可选择表格中的单元样式，包括标题、表头和数据等样式，如图8-27所示。

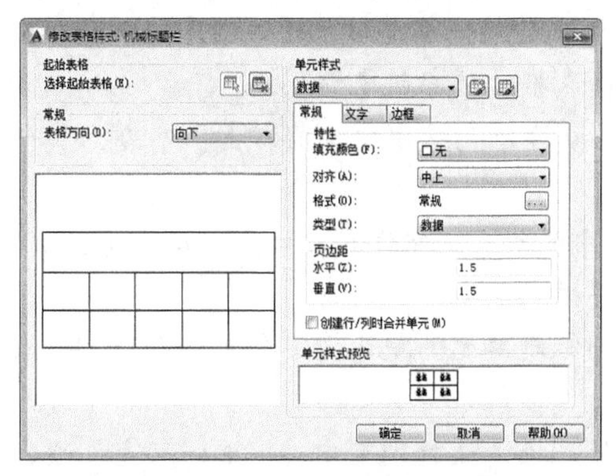

图8-26 选择表格作为当前表格样式

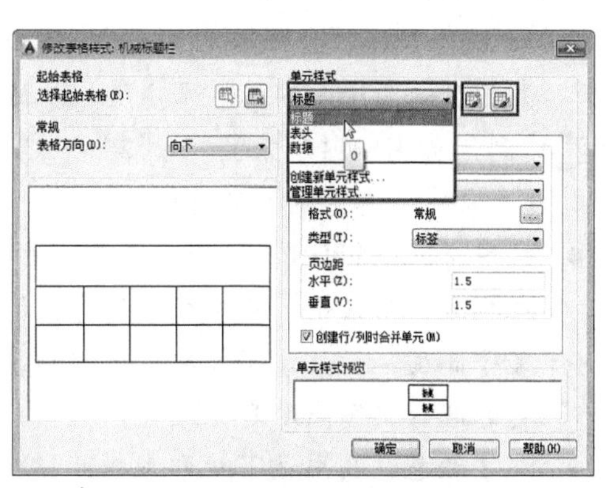

图8-27 选择表格中的单元样式

06 在“单元样式”选项组中单击“创建单元样式”按钮，可打开如图8-28所示的“创建新单元样式”对话框，从中可指定新单元样式的名称和新单元样式所基于的现有单元样式。在“单元样式”选项组中单击“管理单元样式”按钮，可打开如图8-29所示的“管理单元样式”对话框，该对话框显示了当前表格样式中的所有单元样式，还可以创建或删除单元样式。

07 根据从“单元样式”下拉列表中选择的“标题”、“表头”和“数据”项，可分别在“常规”选项卡、“文字”选项卡和“边框”选项卡中来设置表格单元、单元文字和单元边界的外观。利用如图8-30所示的“常规”选项卡，可设置表格单元特性，该选项卡中各选项的意义如下。

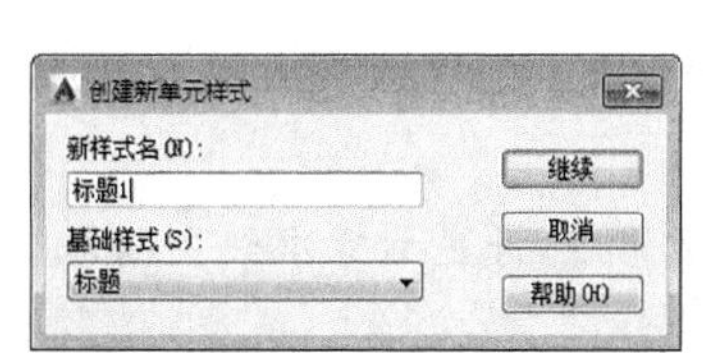

图8-28 “创建新单元样式”窗口

图8-29 “管理单元样式”窗口

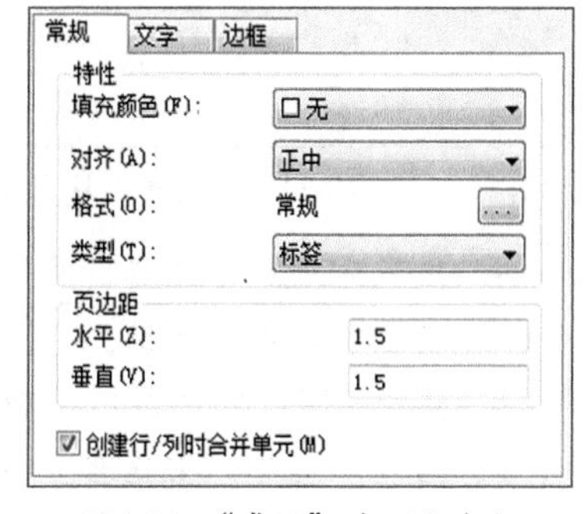

图8-30 “常规”选项卡参数

- 填充颜色：利用该下拉列表框中各项可设置表格单元的背景色。默认值为“无”。若选择“选择颜色”项，可以显示“选择颜色”对话框，来选择其他颜色。
- 对齐：利用该下拉列表框中各项可设置表格单元中文字的对正和对齐方式。文字相对于单元的顶部边框和底部边框进行居中对齐、上对齐或下对齐；文字相对于单元的左边框和右边框进行居中对正、左对正或右对正。
- 格式：为表格中的“数据”、“表头”或“标题”行设置数据类型和格式。单击“格式”项右边的按钮，将显示“表格单元格式”对话框，从中可以进一步定义格式选项。
- 类型：利用该下拉列表框中各项将单元样式指定为标签或数据。

- “页边距”选项组：用于控制单元边界和单元内容之间的间距。默认设置为 0.06（英制）和 1.5（公制）。其中“水平”选项用于设置单元中的文字或块与左右单元边界之间的距离；“垂直”选项用于设置单元中的文字或块与上下单元边界之间的距离。
- “创建行 / 列时合并单元”复选框：该复选框将使用当前单元样式创建的所有新行或新列合并为一个单元。可以使用此选项在表格的顶部创建标题行。

08 利用如图8-31所示的“文字”选项卡可设置单元格中文字的样式、高度、颜色和角度，该选项卡中各选项的意义如下。

- 文字样式：利用该下拉列表框可列出图形中的所有文字样式。单击□按钮将显示“文字样式”对话框，从中可以创建新的文字样式。
- 文字高度：设置文字高度。数据单元和列标题单元的默认文字高度为 0.1800，表标题的默认文字高度为 0.25。
- 文字颜色：利用该下拉列表框可指定文字颜色。选择列表中的“选择颜色”项，可打开“选择颜色”对话框。
- 文字角度：设置文字角度。默认的文字角度为 0°。可以输入 –359° ~ +359° 之间的任意角度。

09 利用如图8-32所示的“边框”选项卡可控制单元边界的外观，例如，利用一组边界按钮，可设置显示单元边框以及边框的线宽和颜色。该选项卡中各选项的意义如下。

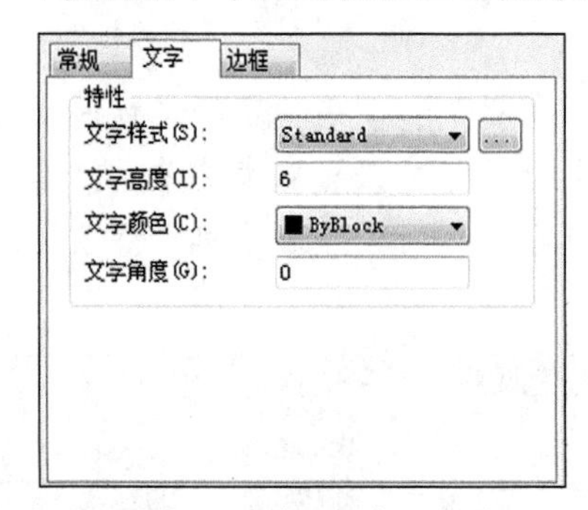

图8-31　设置单元格中文字特性

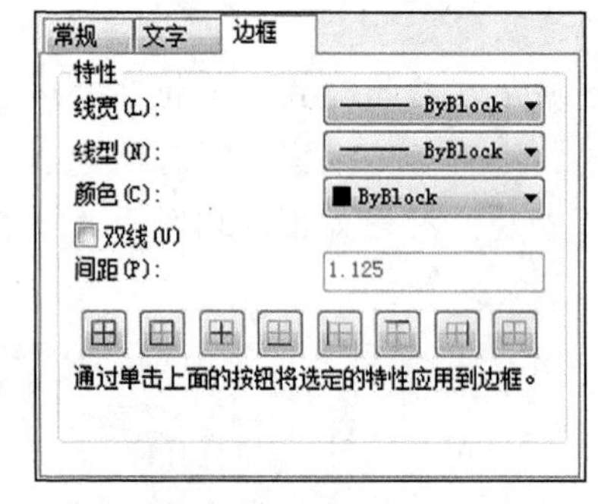

图8-32　设置单元边界特性

- 线宽：通过单击边界按钮，设置将要应用于指定边界的线宽。如果使用粗线宽，可能必须增加单元边距。
- 线型：通过单击边界按钮，设置将要应用于指定边界的线型。将显示标准线型随块、随层和连续，若选择“其他”项可加载自定义线型。
- 颜色：通过单击边界按钮，设置将要应用于指定边界的颜色。在下拉列表中选择“选择颜色”项，可打开“选择颜色”对话框。
- 双线：选中该复选框，则表格边界显示为双线。
- 间距：确定双线边界的间距。默认间距为 0.1800。
- 边界按钮：用于控制单元边界的外观。边框特性包括栅格线的线宽和颜色。

10 设置完成后单击“确定”按钮，退出对话框，表格样式设置完毕。

若要修改现有的表格样式，可在“表格样式”对话框的“样式”列表中选中要修改的样式，然后单击“修改”按钮，打开“修改表格样式”对话框进行修改。由于该对话框中各选项与“新建表格样式”对话框相同，在此就不再赘述。

8.3.2 创建表格并输入内容

要创建表格，可执行如下任一操作。

- 在“注释”选项卡的“表格”面板中单击“表格”工具。
- 直接在命令行中输入 TABLE（快捷键为 TB）。

例如，根据前面所创建的“机械标题栏”表格样式，来创建如图8-33所示的表格，具体操作步骤如下。

01 在“注释”选项卡的“表格”面板中单击“表格”工具，打开“插入表格”对话框，如图8-34所示。

千斤顶装配图各零件明细表					
序号	代号	零件名称	数量	材料	备注
1	JD1-1	底座	2	HT200	
2	JD1-2	挡圈	2	Q235	
3	JD1-3	螺母	2	20Cr	
4	JD1-4	螺杆	2	45	
5	JD1-5	顶垫	2	45	
6	JD1-6	螺钉M6-7h	2	35	
7	JD1-7	螺钉M10-7h	6	35	
8	JD1-8	螺钉M8x1.5	2	35	

图8-33 创建的表格

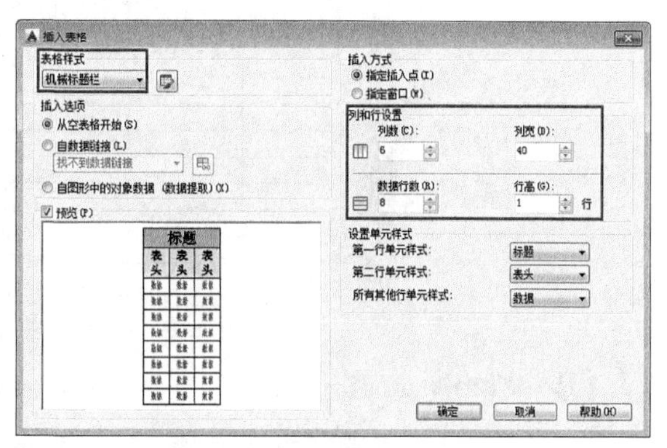

图8-34 “插入表格”对话框

02 在“插入选项”选项组中可以指定插入表格的方式为“从空表格开始”，其中各设置项的意义如下。

- 从空表格开始：选中此单选按钮，表示可以创建一个手动填充数据的空表格。
- 自数据链接：选中此单选按钮，表示从外部电子表格中的数据创建表格。可以将表格数据链接至 Microsoft Excel 中的数据。数据链接可以包括指向整个电子表格、单个单元或多个单元区域的链接。
- 自图形中的对象数据（数据提取）：选中该单选按钮，然后单击“确定”按钮，将启动“数据提取”向导。

03 在“插入方式”选项组中可以指定表格位置。选中“指定插入点”单选按钮可指定表格左上角的位置，如果表格样式将表格的方向设置为由下而上读取，则插入点位于表格的左下角；若选中“指定窗口”单选按钮，将指定表格的大小和位置，表格行数、列数、列宽和行高取决于窗口的大小以及列和行的设置。

04 在“列和行设置” 选项组中可设置列和行的数目和大小，本例中设置表格的列为6，列宽为40，行为8，行高为1。各设置项的意义如下。

- “列数”和“列宽”文本框：指定列数和列宽。若选中“指定窗口”单选按钮并指定列数时，则选定了“自动”选项，且列宽由表格的宽度控制。最小列宽为一个字符。
- “数据行数”文本框：指定行数。若选中“指定窗口”单选按钮并指定行高时，则选定了“自动”选项，且行数由表格的高度控制。带有标题行和表头行的表最少应有 3 行，最小行高为一行。
- “行高”文本框：按照文字行高指定表的行高。

05 在“设置单元样式”选项组中可指定“标题”、“表头”和“数据”单元样式的位置，各选项的意义如下。

- 第一行单元样式：指定表格中第一行的单元样式。默认情况下，使用“标题”单元样式。
- 第二行单元样式：指定表格中第二行的单元样式。默认情况下，使用“表头”单元样式。
- 所有其他行单元样式：指定表格中所有其他行的单元样式。默认情况下，使用数据单元样式。

06 单击“确定”按钮，在选定位置单击插入表格，并进入文字编辑状态，在表格第一行中输入文字标题栏的内容，如图8-35所示。

	A	B	C	D	E	F
1	千斤顶装配图各零件明细表					
2						
3						
4						
5						
6						
7						
8						
9						
10						

图8-35　在表单元中输入文字

07 按Tab键或→键，在其他表单元中输入文字，结果如图8-36所示。

千斤顶装配图各零件明细表					
序号	代号	零件名称	数量	材料	备注
1	JD1-1	底座	2	HT200	
2	JD1-2	挡圈	2	Q235	
3	JD1-3	螺母	2	20Cr	
4	JD1-4	螺杆	2	45	
5	JD1-5	顶垫	2	45	
6	JD1-6	螺钉M6-7h	2	35	
7	JD1-7	螺钉M10-7h	6	35	
8	JD1-8	螺钉M8x1.5	2	35	

图8-36　在其他表单元中输入文字

08 用户可以选择该表格对象，通过拖动表格的夹点来进行调整，结果如图8-37所示。

	A	B	C	D	E	F
1	千斤顶装配图各零件明细表					
2	序号	代号	零件名称	数量	材料	备注
3	1	JD1-1	底座	2	HT200	
4	2	JD1-2	挡圈	2	Q235	
5	3	JD1-3	螺母	2	20Cr	
6	4	JD1-4	螺杆	2	45	
7	5	JD1-5	顶垫	2	45	
8	6	JD1-6	螺钉M6-7h	2	35	
9	7	JD1-7	螺钉M10-7h	6	35	
10	8	JD1-8	螺钉M8x1.5	2	35	

图8-37　通过夹点调整表格

单元编号为“列号+行号”，其中列号为A、B、C等，行号为1、2、3等。例如，B2指列号为B、行号为2的单元。

按Tab键可切换到同一行的下一个表单元；按Enter键可切换到同一列的下一个表单元；按↑、↓、←和→键可在各表单元之间切换。

8.3.3 在表格中使用公式

通过在表格中插入公式，可以对表格单元执行求和、均值等各种运算。例如，在如图8-38所示的表格中，在单元格D11中，使用求和公式计算表单元D3到D10之和，具体操作步骤如下。

千斤顶装配图各零件明细表					
序号	代号	零件名称	数量	材料	备注
1	JD1-1	底座	2	HT200	
2	JD1-2	挡圈	2	Q235	
3	JD1-3	螺母	2	20Cr	
4	JD1-4	螺杆	2	45	
5	JD1-5	顶垫	2	45	
6	JD1-6	螺钉M6-7h	2	35	
7	JD1-7	螺钉M10-7h	6	35	
8	JD1-8	螺钉M8×1.5	2	35	
合计			20		

图8-38 表格

01 单击选中表单元D11，从“表格单元”选项卡中单击“公式”按钮fx，从弹出的列表中选择“求和”项，如图8-39所示。

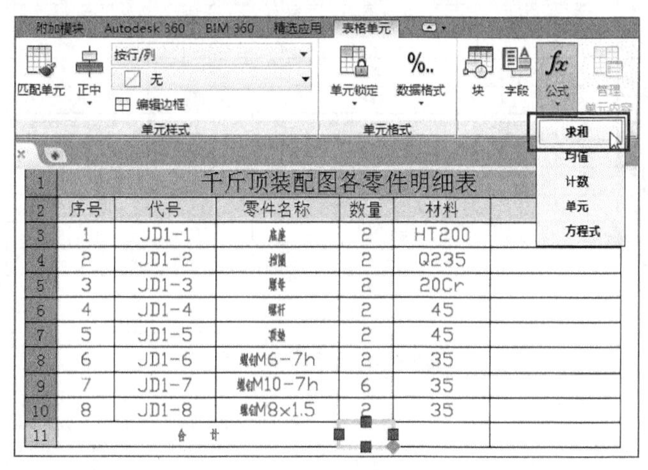

图8-39 利用“表格单元”选项卡执行求和操作

注意

在选定表单元后右击，从弹出的快捷菜单中选择“插入点” | “公式”菜单，也可插入公式，如图8-40所示。还可以打开文字编辑器，然后在表格单元中手动输入公式。

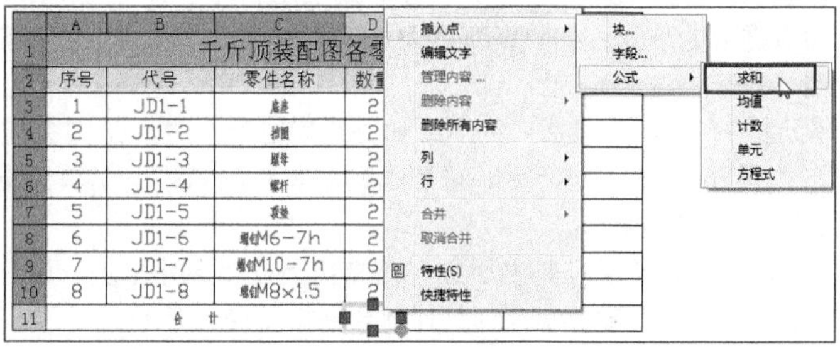

图8-40 利用快捷菜单插入公式

02 分别在D3到D10表单元中单击，确定表单元范围的第一个角点和第二个角点，如图8-41所示。

	A	B	C	D	E	F
1	千斤顶装配图各零件明细表					
2	序号	代号	零件名称	数量	材料	备注
3	1	JD1-1	底座	2	HT200	
4	2	JD1-2	挡圈	2	Q235	
5	3	JD1-3	螺母	2	20Cr	
6	4	JD1-4	螺杆	2	45	
7	5	JD1-5	顶垫	2	45	
8	6	JD1-6	螺钉M6-7h	2	35	
9	7	JD1-7	螺钉M10-7h	6	35	
10	8	JD1-8	螺钉M8×1.5	2	35	
11	合 计					

图8-41 选择求和的表单元范围

03 这时在单元格D11中将显示公式“=sum(D3:D10)”，如图8-42所示。

04 按Enter键，这时将显示计算的结果，如图8-38所示。

	A	B	C	D	E	F
1	千斤顶装配图各零件明细表					
2	序号	代号	零件名称	数量	材料	备注
3	1	JD1-1	底座	2	HT200	
4	2	JD1-2	挡圈	2	Q235	
5	3	JD1-3	螺母	2	20Cr	
6	4	JD1-4	螺杆	2	45	
7	5	JD1-5	顶垫	2	45	
8	6	JD1-6	螺钉M6-7h	2	35	
9	7	JD1-7	螺钉M10-7h	6	35	
10	8	JD1-8	螺钉M8×1.5	2	35	
11	合 计			=Sum(D3:D10)		

图8-42 显示求和公式

注 意

用户在选定表格单元后，可以从“表格单元”选项卡及快捷菜单中插入公式，也可以打开在位文字编辑器，然后在表格单元中手动输入公式。

（1）单元格的表示。在公式中，可以通过单元的列字母和行号引用单元。例如，表格中左上角的单元为A1；合并的单元使用左上角单元的编号；单元的范围由第一个单元和最后一个单元定义，并在它们之间加一个冒号（：），如范围A2：E10包括第2～10行和A～E列中的单元。

（2）输入公式。公式必须以等号（=）开始；用于求和、求平均值和计数的公式将忽略空单元以及未解析为数据值的单元；如果在算术表达式中的任何单元为空，或者包括非数据，则其公式将显示错误（#）。

（3）复制单元格。在表格中将一个公式复制到其他单元时，范围会随之更改，以反映新的位置。例如，如果F6中公式对A6～E6求和，则将其复制到F7时，单元格的范围将发生更改，从而该公式将对A7～E7求和。

（4）绝对引用。如果在复制和粘贴公式时不希望更改单元格地址，应在地址的列或行处添加一个“$”符号。例如，如果输入$E7，则列会保持不变，但行会更改；如果输入E7，则列和行都保持不变。

8.4 编辑表格

在AutoCAD中，用户可以方便地编辑表格，如将表格打断成多个部分、自动插入数据、合并表单元、调整表单元的行高与列宽、设置表单元的对齐方式、调整表格的边框以及编辑表格内容等。

8.4.1 选择表格与表单元

要选择表格，可直接单击表线，利用选择窗口选择整个表格，或者按住Ctrl键后单击表格中任意位置，如图8-43所示。

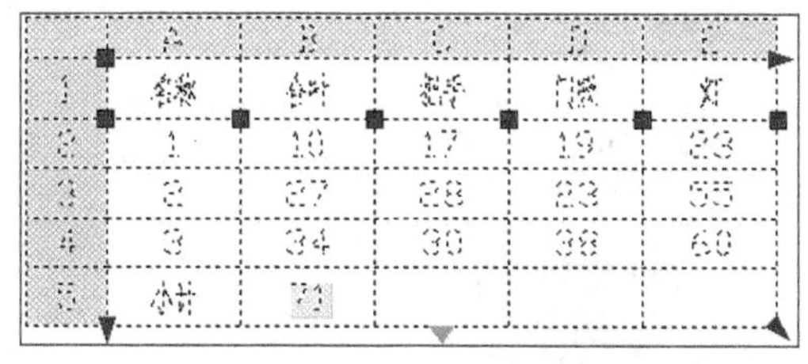

图8-43 选择表格

- 要选择一个表单元或一个表单元区域，可使用如下方法。
- 要选择单个表单元，直接在该表单元中单击即可。
- 要选择表单元区域，可首先在表单元区域的左上角表单元中按住鼠标左键，然后向表单元区域的右下角表单元中拖动，如图 8-44 所示。或者按住 Shift 键，首先在表单元区域的左上角表单元中单击，然后在表单元区域的右下角表单元中单击。

名称	合叶	把手	门吸	灯
1	10	17	19	23
2	27	28	23	55
3	34	30	38	60
小计	71			

	A	B	C	D	E
1	名称	合叶	把手	门吸	灯
2	1	10	17	19	23
3	2	27	28	23	55
4	3	34	30	38	60
5	小计	71			

图8-44 选择表单元区域

8.4.2 调整表格的行高与列宽

选中表格后，通过拖动不同夹点可移动表格的位置，或者调整表格的行高与列宽，这些夹点的功能如图8-45所示。

图8-45 表格各夹点的不同用途

要均匀调整表格的行高与列宽，可在选中表格后右击表格，然后从弹出的快捷菜单中选择“均匀调整列大小”或“均匀调整行大小”项，如图8-46所示。

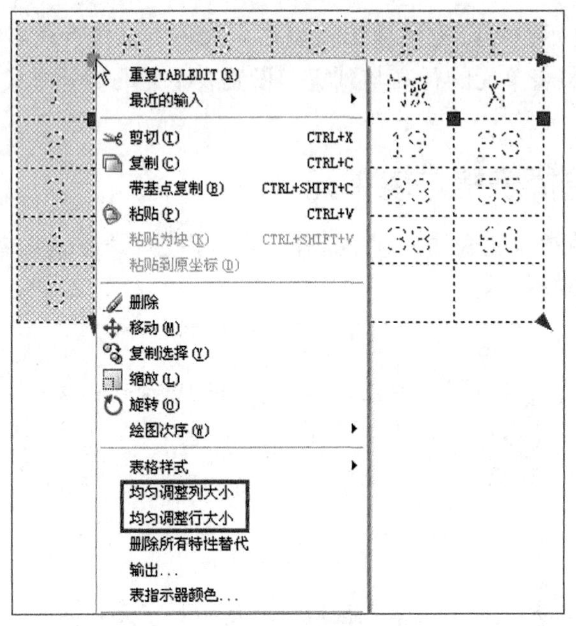

图8-46　均匀调整行高与列宽

8.4.3　打断表格

可以将包含大量数据的表格打断成主要和次要的表格片断，其操作步骤如下。

01 选中整个表格，然后单击表格底部的“表格打断”夹点▼，向上拖动已激活的夹点，确定主要表格片断和次要表格片断的高度，如图8-47所示。

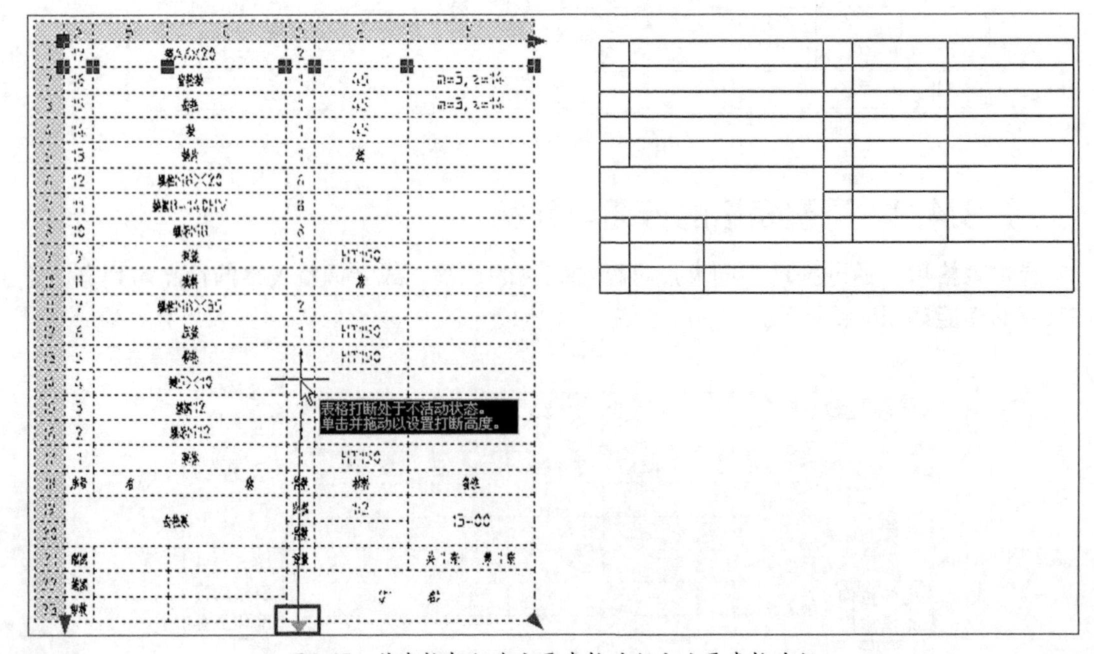

图8-47　将表格打断为主要表格片断和次要表格片断

02 此时可整体移动主要表格片断和次要表格片断的位置和高度，若要单独移动次要表格片断的位置和高度，可右击，从弹出的快捷菜单中选择“特性”项，如图8-48所示。

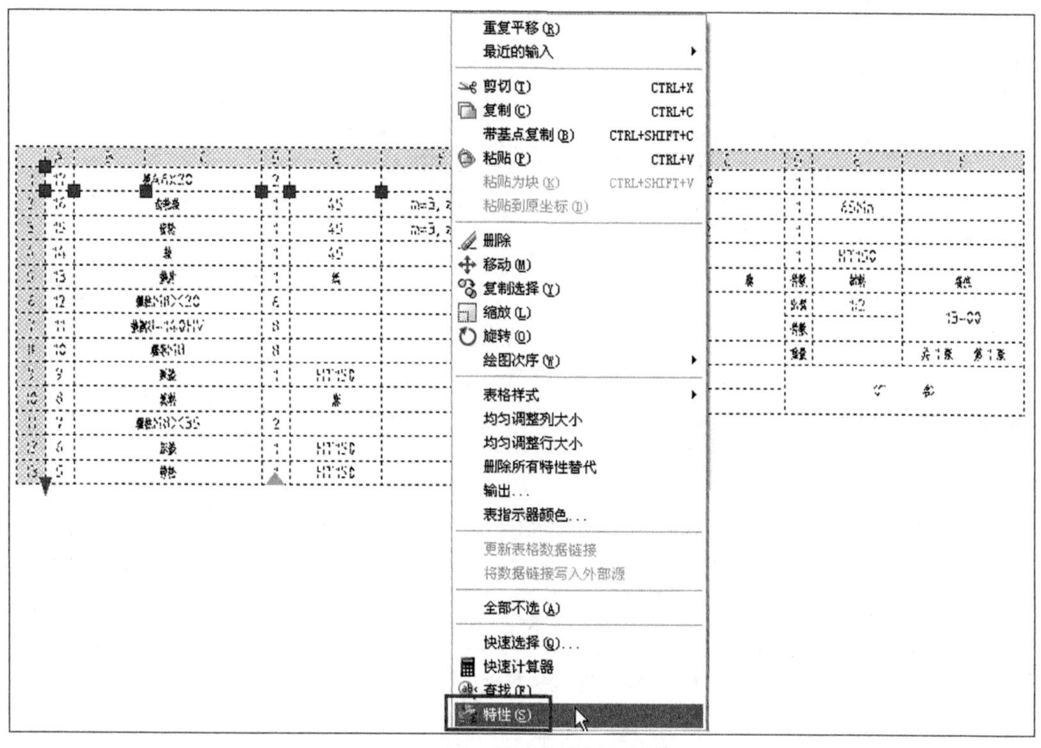

图8-48　打开表格的“特性”面板

03 打开“特性”面板，在“表格打断”选项组中分别将“手动位置”和“手动高度”项设置为“是”，如图8-49所示。

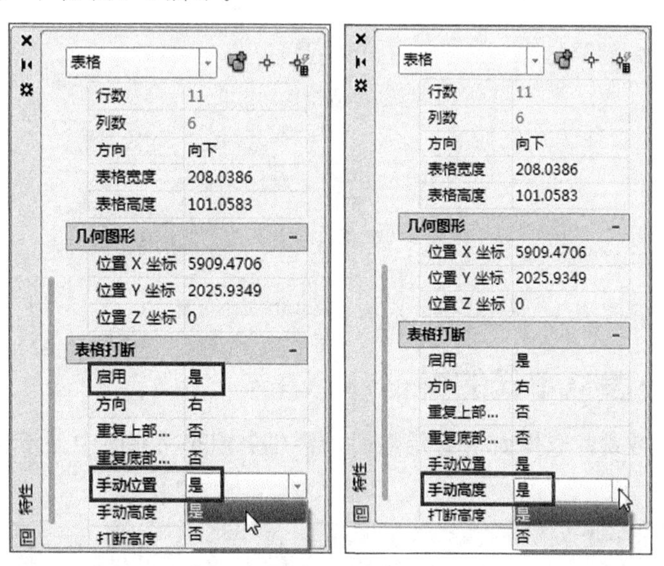

图8-49　将打断的表格设置为手动位置和手动高度

04 此时可以单独移动次要表格片断的位置，如图8-50所示。也可以调整次要表格片断高度，即在次要表格片断中，也显示表格打断夹点，如图8-50下图所示。

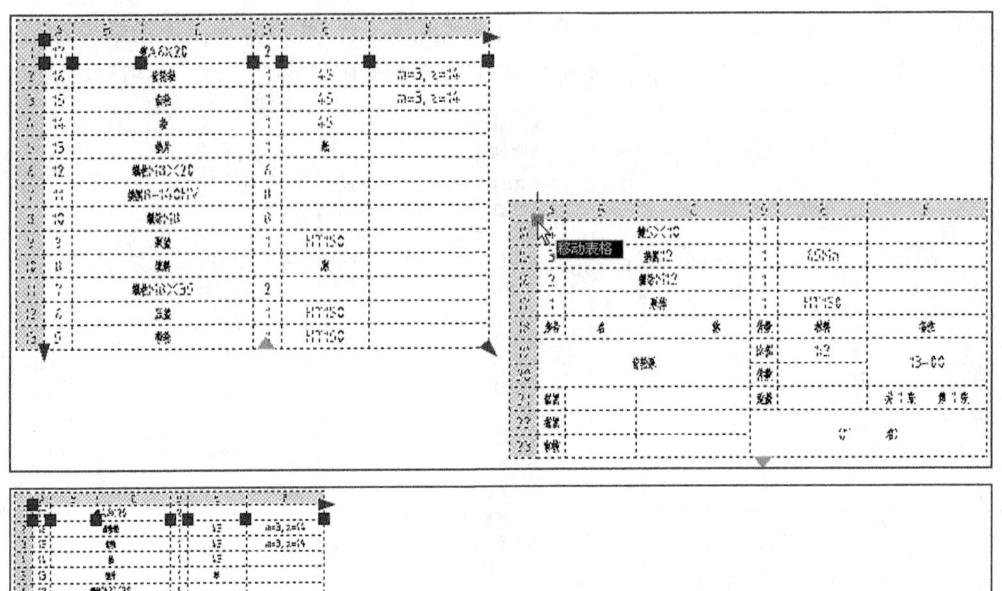

图8-50　单独移动次要表格片断的位置和高度

▶ 8.4.4　调整表单元的行高与列宽

选中表单元后，表单元边框的中央将显示夹点。拖动表单元上的夹点，可以调整表单元及该列或该行的大小。表单元中各夹点的功能如图8-51所示。

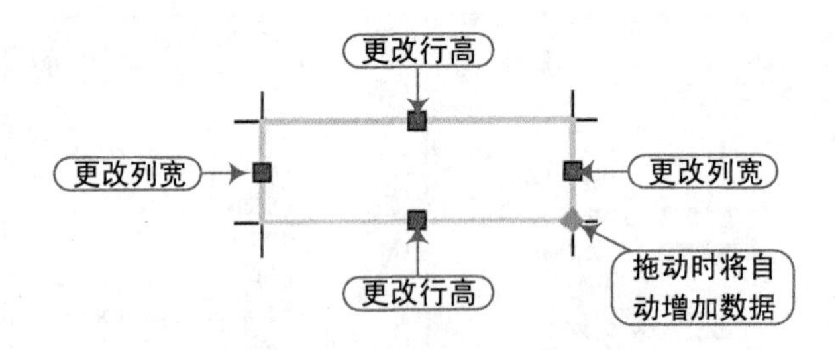

图8-51　表单元中各夹点的功能

▶ 8.4.5　表格单元的编辑

当用户选择表格或者选择表格单元格后，将在上侧的功能区中显示“表格单元”选项卡，如图8-52所示。

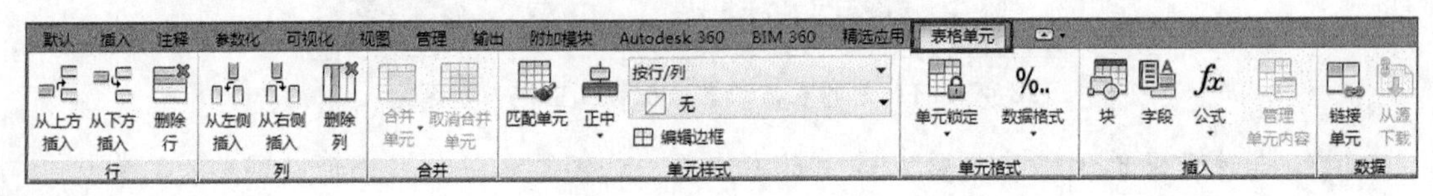

图8-52　“表格单元”选项卡

1. 插入、删除行和列

要在表格中插入、删除行和列，操作步骤如下。

01 在表格中选择D9:E10单元，如图8-53所示。

02 单击“行”面板中的“从下方插入”按钮，将会在该单元格的下侧插入两行，如图8-54所示。

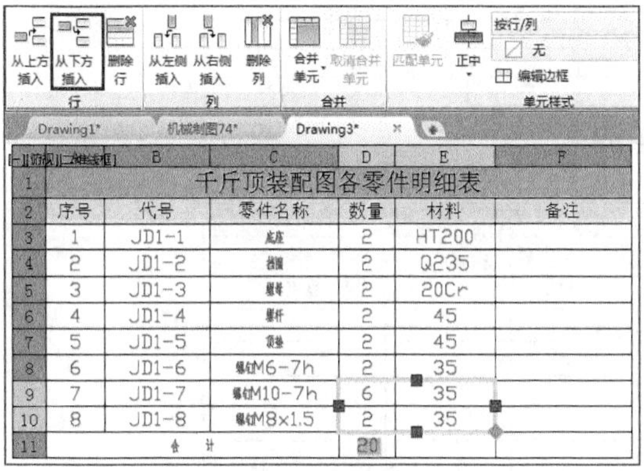

从上方插入 从下方插入 删除行 从左侧插入 从右侧插入 删除列 合并单元 取消合并单元 匹配单元 正中 按行/列 无 编辑边框

行 列 合并 单元样式

Drawing1* 机械制图74* Drawing3*

	A	B	C	D	E	F
1	千斤顶装配图各零件明细表					
2	序号	代号	零件名称	数量	材料	备注
3	1	JD1-1	底座	2	HT200	
4	2	JD1-2	挡圈	2	Q235	
5	3	JD1-3	螺套	2	20Cr	
6	4	JD1-4	螺杆	2	45	
7	5	JD1-5	顶垫	2	45	
8	6	JD1-6	螺钉M6-7h	2	35	
9	7	JD1-7	螺钉M10-7h	6	35	
10	8	JD1-8	螺钉M8x1.5	2	35	
11	合计			20		

图8-53 选择单元格

	A	B	C	D	E	F
1	千斤顶装配图各零件明细表					
2	序号	代号	零件名称	数量	材料	备注
3	1	JD1-1	底座	2	HT200	
4	2	JD1-2	挡圈	2	Q235	
5	3	JD1-3	螺套	2	20Cr	
6	4	JD1-4	螺杆	2	45	
7	5	JD1-5	顶垫	2	45	
8	6	JD1-6	螺钉M6-7h	2	35	
9	7	JD1-7	螺钉M10-7h	6	35	
10	8	JD1-8	螺钉M8x1.5	2	35	
11						
12						
13	合计			20		

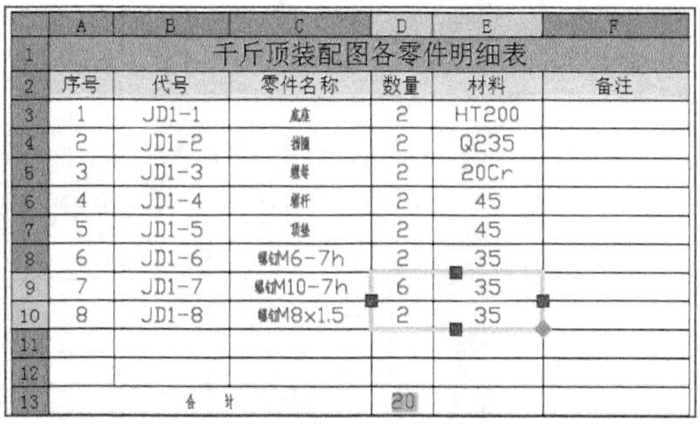

图8-54 插入了两行

03 单击“列”面板中的“从右侧插入”按钮，将会在该单元格的右侧插入两列，如图8-55所示。

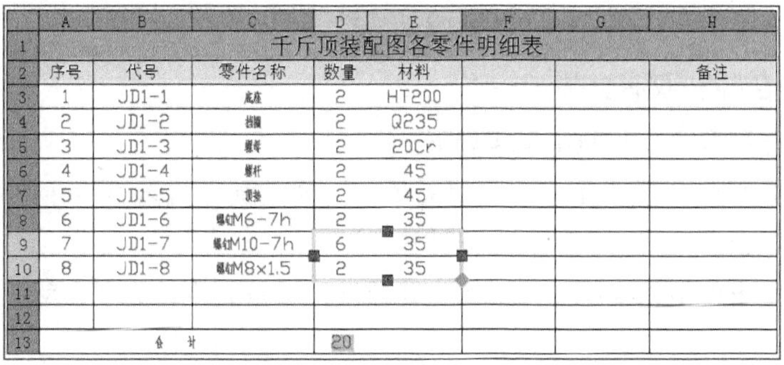

	A	B	C	D	E	F	G	H
1	千斤顶装配图各零件明细表							
2	序号	代号	零件名称	数量	材料			备注
3	1	JD1-1	底座	2	HT200			
4	2	JD1-2	挡圈	2	Q235			
5	3	JD1-3	螺套	2	20Cr			
6	4	JD1-4	螺杆	2	45			
7	5	JD1-5	顶垫	2	45			
8	6	JD1-6	螺钉M6-7h	2	35			
9	7	JD1-7	螺钉M10-7h	6	35			
10	8	JD1-8	螺钉M8x1.5	2	35			
11								
12								
13	合计			20				

图8-55 插入了两列

04 选择G11单元格，如图8-56所示，单击“行”面板中的“删除行”按钮，将所在行删除，如图8-57所示；单击“列”面板中的“删除列”按钮，将所在列删除，如图8-58所示。

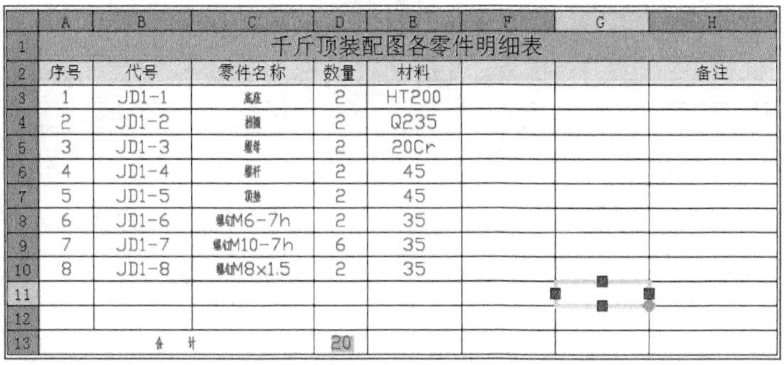

	A	B	C	D	E	F	G	H
1	千斤顶装配图各零件明细表							
2	序号	代号	零件名称	数量	材料			备注
3	1	JD1-1	底座	2	HT200			
4	2	JD1-2	挡圈	2	Q235			
5	3	JD1-3	螺套	2	20Cr			
6	4	JD1-4	螺杆	2	45			
7	5	JD1-5	顶垫	2	45			
8	6	JD1-6	螺钉M6-7h	2	35			
9	7	JD1-7	螺钉M10-7h	6	35			
10	8	JD1-8	螺钉M8x1.5	2	35			
11								
12								
13	合计			20				

图8-56 选择单元格

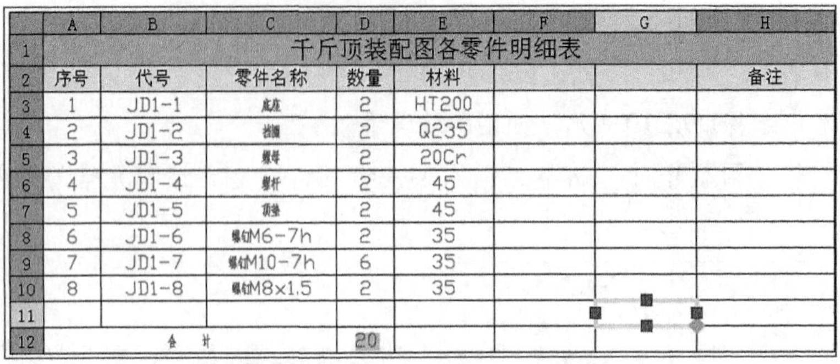

	A	B	C	D	E	F	G	H
1	千斤顶装配图各零件明细表							
2	序号	代号	零件名称	数量	材料			备注
3	1	JD1-1	底座	2	HT200			
4	2	JD1-2	挡圈	2	Q235			
5	3	JD1-3	螺母	2	20Cr			
6	4	JD1-4	螺杆	2	45			
7	5	JD1-5	顶垫	2	45			
8	6	JD1-6	螺钉M6-7h	2	35			
9	7	JD1-7	螺钉M10-7h	6	35			
10	8	JD1-8	螺钉M8x1.5	2	35			
11								
12	合计			20				

图8-57 删除行

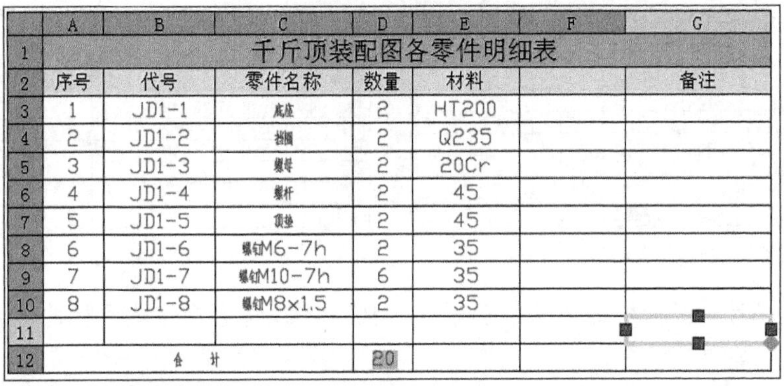

	A	B	C	D	E	F	G
1	千斤顶装配图各零件明细表						
2	序号	代号	零件名称	数量	材料		备注
3	1	JD1-1	底座	2	HT200		
4	2	JD1-2	挡圈	2	Q235		
5	3	JD1-3	螺母	2	20Cr		
6	4	JD1-4	螺杆	2	45		
7	5	JD1-5	顶垫	2	45		
8	6	JD1-6	螺钉M6-7h	2	35		
9	7	JD1-7	螺钉M10-7h	6	35		
10	8	JD1-8	螺钉M8x1.5	2	35		
11							
12	合计			20			

图8-58 删除列

2. 表单元的合并和取消合并

表单元的合并和取消合并操作步骤如下。

01 要合并表单元，可首先选中这些表单元。使用鼠标拖划要合并的单元格区域，在面板中单击“合并全部”按钮，如图8-59所示。

02 这时被选中的单元格将进行全部合并操作，该单元格的文字自动被删除，如图8-60所示。

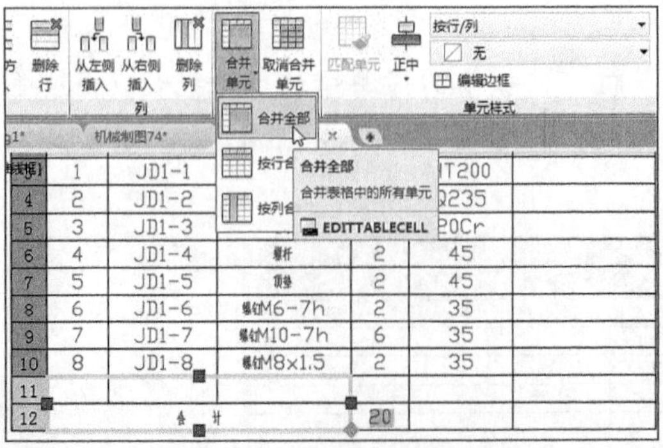

删除行　从左侧插入　从右侧插入　删除列　合并单元　取消合并单元　匹配单元　正中　按行/列　无　编辑边框
列　单元样式
合并全部　按行合并　按列合并
合并全部
合并表格中的所有单元
EDITTABLECELL

	A	B	C	D	E
3	1	JD1-1			T200
4	2	JD1-2			Q235
5	3	JD1-3			20Cr
6	4	JD1-4	螺杆	2	45
7	5	JD1-5	顶垫	2	45
8	6	JD1-6	螺钉M6-7h	2	35
9	7	JD1-7	螺钉M10-7h	6	35
10	8	JD1-8	螺钉M8x1.5	2	35
11					
12	合计			20	

图8-59 选择要合并的单元格

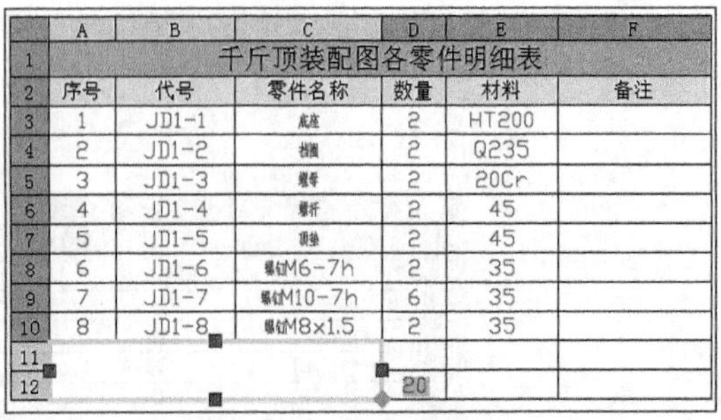

	A	B	C	D	E	F
1	千斤顶装配图各零件明细表					
2	序号	代号	零件名称	数量	材料	备注
3	1	JD1-1	底座	2	HT200	
4	2	JD1-2	挡圈	2	Q235	
5	3	JD1-3	螺母	2	20Cr	
6	4	JD1-4	螺杆	2	45	
7	5	JD1-5	顶垫	2	45	
8	6	JD1-6	螺钉M6-7h	2	35	
9	7	JD1-7	螺钉M10-7h	6	35	
10	8	JD1-8	螺钉M8x1.5	2	35	
11						
12				20		

图8-60 单元格合并的效果

03 合并表单元后，如果希望撤销合并，可在面板中单击“取消合并单元”按钮，如图8-61所示。

04 这时被执行合并后的单元格，将被撤消还原，如图8-62所示。

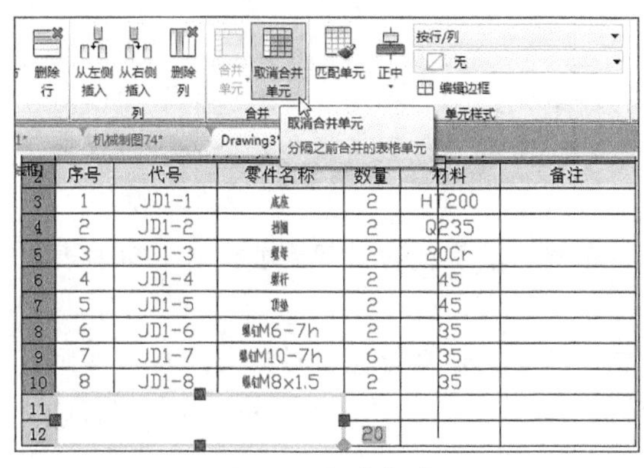

序号	代号	零件名称	数量	材料		备注
1	JD1-1	[illegible]	2	HT200		
2	JD1-2	[illegible]	2	Q235		
3	JD1-3	[illegible]	2	20Cr		
4	JD1-4	[illegible]	2	45		
5	JD1-5	[illegible]	2	45		
6	JD1-6	[illegible]M6-7h	2	35		
7	JD1-7	[illegible]M10-7h	6	35		
8	JD1-8	[illegible]M8x1.5	2	35		
			20			

图8-61 撤消合并

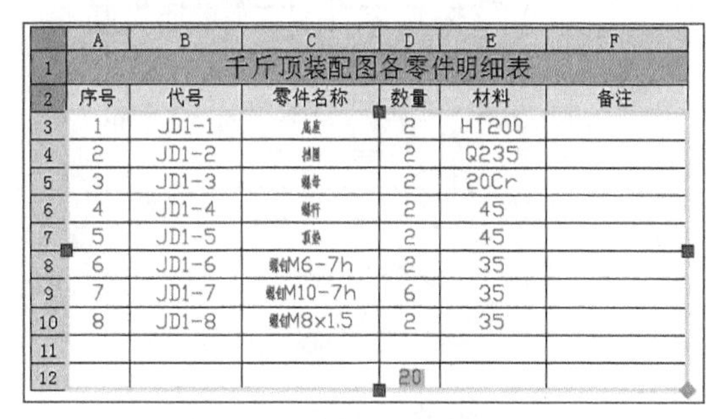

	A	B	C	D	E	F
1	千斤顶装配图各零件明细表					
2	序号	代号	零件名称	数量	材料	备注
3	1	JD1-1	[illegible]	2	HT200	
4	2	JD1-2	[illegible]	2	Q235	
5	3	JD1-3	[illegible]	2	20Cr	
6	4	JD1-4	[illegible]	2	45	
7	5	JD1-5	[illegible]	2	45	
8	6	JD1-6	[illegible]M6-7h	2	35	
9	7	JD1-7	[illegible]M10-7h	6	35	
10	8	JD1-8	[illegible]M8x1.5	2	35	
11						
12				20		

图8-62 合并单元格撤消效果

3. 调整表单元内容对齐方式

要调整表单元内容对齐方式，操作步骤如下。

01 要设置单元格的对齐方式，可选中需要的单元，使用鼠标拖划一个单元格区域，如图8-63所示。

02 松开鼠标过后，该拖划的区域单元格被选中，如图8-64所示。

千斤顶装配图各零件明细表						
序号	代号	零件名称	数量	材料		备注
1	JD1-1	[illegible]	2	HT200		
2	JD1-2	[illegible]	2	Q235		
3	JD1-3	[illegible]	2	20Cr		
4	JD1-4	[illegible]	2	45		
5	JD1-5	[illegible]	2	45		
6	JD1-6	[illegible]M6-7h	2	35		
7	JD1-7	[illegible]M10-7h	6	35		
8	JD1-8	[illegible]M8x1.5	2	35		
			20			

图8-63 拖划单元格

图8-64 选择的单元格

03 在面板中单击“对齐”按钮，从弹出的菜单中选择“左中”，则被选中的单元格字符自动以“左中”对齐，如图8-65所示。

04 在面板中单击“对齐”按钮，从弹出的菜单中选择“右中”，则被选中的单元格字符自动以“右中”对齐，如图8-66所示。

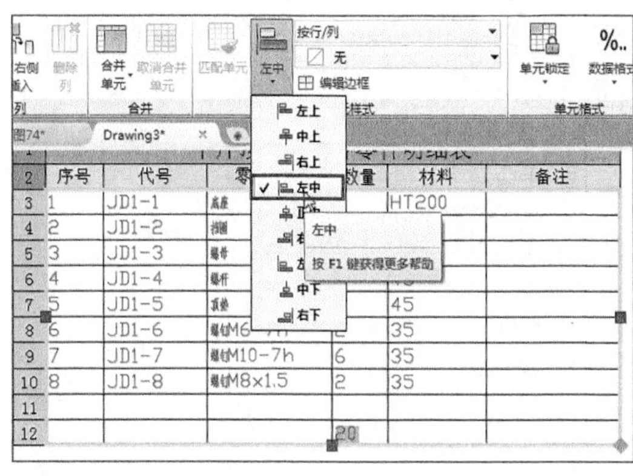

	序号	代号	零件名称	数量	材料	备注
3	1	JD1-1	[illegible]		HT200	
4	2	JD1-2	[illegible]			
5	3	JD1-3	[illegible]			
6	4	JD1-4	[illegible]			
7	5	JD1-5	[illegible]		45	
8	6	JD1-6	[illegible]M6	2	35	
9	7	JD1-7	[illegible]M10-7h	6	35	
10	8	JD1-8	[illegible]M8x1.5	2	35	
11						
12				20		

图8-65 左中对齐

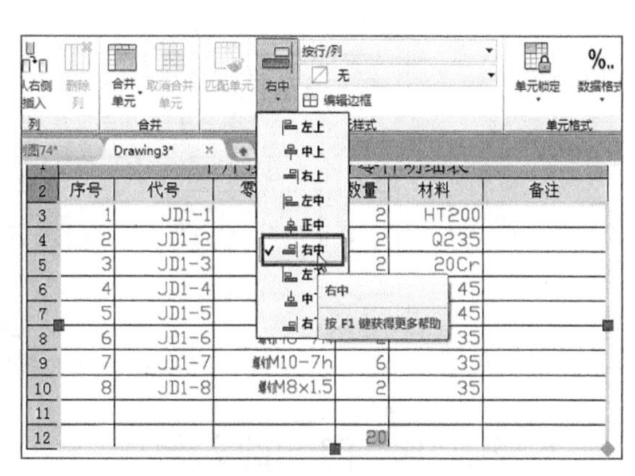

	序号	代号	零件名称	数量	材料	备注
3	1	JD1-1		2	HT200	
4	2	JD1-2		2	Q235	
5	3	JD1-3		2	20Cr	
6	4	JD1-4			45	
7	5	JD1-5			45	
8	6	JD1-6			35	
9	7	JD1-7	[illegible]M10-7h	6	35	
10	8	JD1-8	[illegible]M8x1.5	2	35	
11						
12				20		

图8-66 右中对齐

4. 调整表格边框

要调整表格边框，可首先选中要调整边框的表单元，然后利用“编辑边框”按钮，在打开的“单元边框特性”对话框中进行相应的设置。例如，如果希望为某个表格设置粗边框，操作步骤如下。

01 首先在表格的左上角表单元内按住鼠标左键，然后拖动鼠标到表格右下角的表单元内单击，从而选中所有表单元。

02 在面板中单击“编辑边框”按钮，打开“单元边框特性”对话框。在“单元边框特性”对话框中设置“线宽”为0.3mm，“颜色”为“红”，再单击“外边框”按钮，如图8-67所示。

03 再次在“单元边框特性”对话框中设置“线宽”为0.15mm，“颜色”为“蓝”，再单击“内边框”按钮，如图8-68所示。

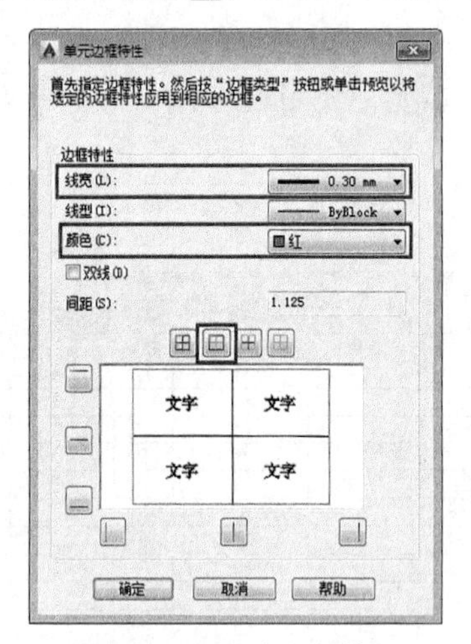

图8-67 设置外边框特性

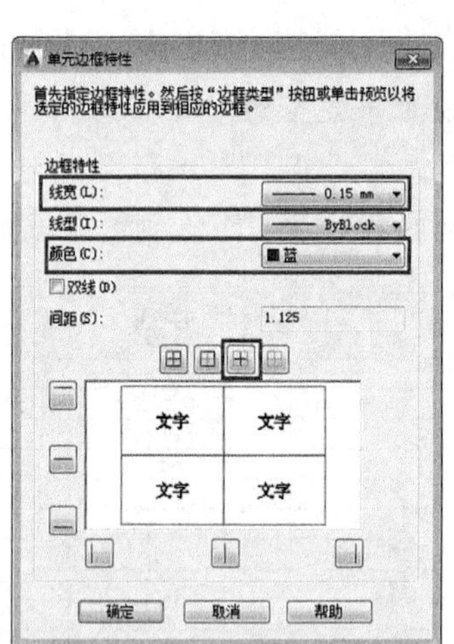

图8-68 设置内边框特性

04 单击“确定”按钮，并按Esc键，退出表格编辑状态。单击状态栏上的“线宽”按钮以显示线宽，结果如图8-69所示。

千斤顶装配图各零件明细表					
序号	代号	零件名称	数量	材料	备注
1	JD1-1	底座	2	HT200	
2	JD1-2	挡圈	2	Q235	
3	JD1-3	螺母	2	20Cr	
4	JD1-4	螺杆	2	45	
5	JD1-5	顶垫	2	45	
6	JD1-6	螺钉M6-7h	2	35	
7	JD1-7	螺钉M10-7h	6	35	
8	JD1-8	螺钉M8×1.5	2	35	
			20		

图8-69 调整后的表格边框特性

8.4.6 自动插入数据

选中表单元后，表单元的右下角会显示一菱形夹点◆，该夹点为“自动填充”夹点。

可以使用“自动填充”夹点，在表格内的相邻单元中自动增加数据；还可以使用“自动填充”夹点自动填写日期单元。

要自动填充数据或日期，操作步骤如下。

01 选择A3单元格，拖动“自动填充”夹点至A10单元并单击，则将以1为增量自动填充数字，如图8-70所示。

02 如果选择的F3单元格为一个日期，拖动“自动填充”夹点至F10单元并单击，则将自动以一天为增量输入日期，如图8-71所示。

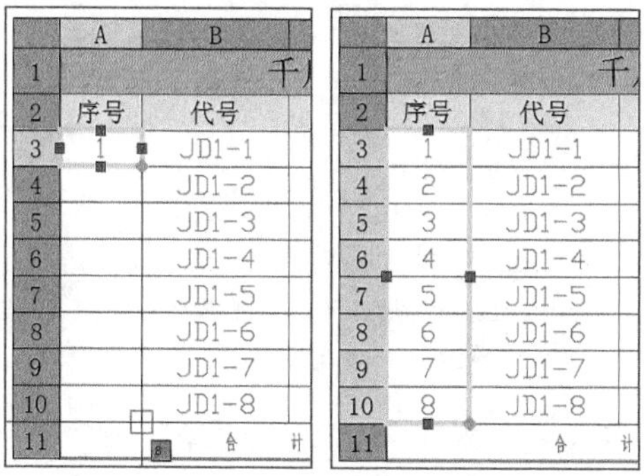

	A	B
1		千
2	序号	代号
3	1	JD1-1
4		JD1-2
5		JD1-3
6		JD1-4
7		JD1-5
8		JD1-6
9		JD1-7
10		JD1-8
11	8	合 计

	A	B
1		千
2	序号	代号
3	1	JD1-1
4	2	JD1-2
5	3	JD1-3
6	4	JD1-4
7	5	JD1-5
8	6	JD1-6
9	7	JD1-7
10	8	JD1-8
11		合 计

图8-70 以1为增量自动填充数字

E	F
明细表	
材料	购置日期
HT200	2014/6/1
Q235	
20Cr	
45	
45	
35	
35	
35	
	2014/6/8

E	F
明细表	
材料	购置日期
HT200	2014/6/1
Q235	2014/6/2
20Cr	2014/6/3
45	2014/6/4
45	2014/6/5
35	2014/6/6
35	2014/6/7
35	2014/6/8

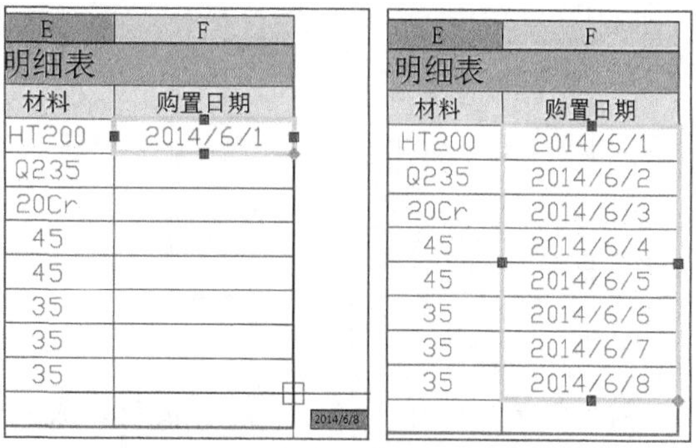

图8-71 以1天为增量自动填充日期

03 如果选择的两个单元格F3:F4，其日期间隔为一周，拖动“自动填充”夹点至F10单元并单击，则剩余的单元会以一周为增量填充日期，如图8-72所示。

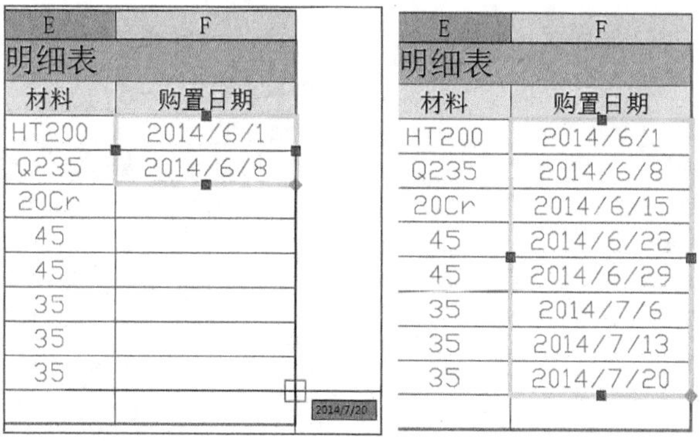

E	F
明细表	
材料	购置日期
HT200	2014/6/1
Q235	2014/6/8
20Cr	
45	
45	
35	
35	
35	
	2014/7/20

E	F
明细表	
材料	购置日期
HT200	2014/6/1
Q235	2014/6/8
20Cr	2014/6/15
45	2014/6/22
45	2014/6/29
35	2014/7/6
35	2014/7/13
35	2014/7/20

图8-72 以一周为增量自动填充日期

8.4.7 编辑表格内容

要编辑表格内容，只需双击表单元进入文字编辑状态，然后修改其内容或格式即可。要删除表单元中的内容，可首先选中表单元，然后按Del键删除。

上机练习 创建图样的明细表

下面通过为图样创建一个如图8-73所示的明细表，来帮助读者进一步掌握表格的创建与编辑的方法和技巧。具体操作步骤如下。

01 在“注释”选项卡的“文字”面板中单击右下角的“文字样式”按钮，打开“文字样式”对话框，设置“SHX字体”为isocp.shx，设置“高度”为6，如图8-74所示。

16	66	16	32	43
17	销A6X20	2		
16	齿轮轴	1	45	m=3, z=14
15	齿轮	1	45	m=3, z=14
14	轴	1	45	
13	垫片	1	纸	
12	螺柱M8X20	6		
11	垫圈8-140HV	8		
10	螺母M8	8		
9	泵盖	1	HT150	
8	填料		麻	
7	螺柱M8X35	2		
6	压盖	1	HT150	
5	带轮	1	HT150	
4	键5X10	1		
3	垫圈12	1	65Mn	
2	螺母M12	1		
1	泵体	1	HT150	
序号	名　　称	件数	材料	备注
齿轮泵		比例	1:2	13-00
		件数		
制图		重量		共1张　第1张
描图		（厂　　名）		
审核				

图8-73　明细表

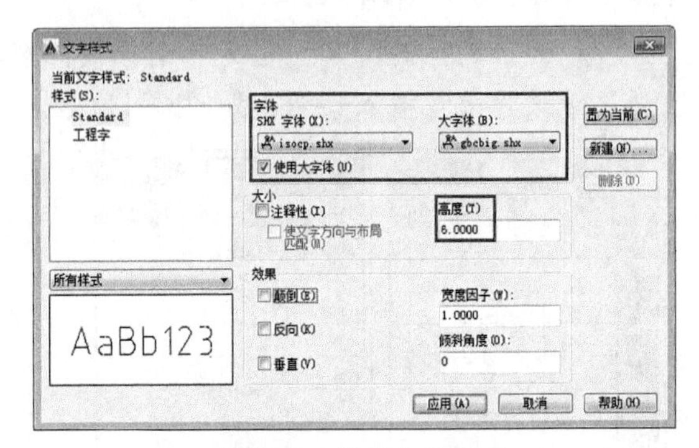

图8-74　修改文字样式

02 单击“应用”和“关闭”按钮，关闭“文字样式”对话框。在“注释”选项卡的“表格”面板中单击“表格”工具，打开“插入表格”对话框，如图8-75所示。

03 单击“表格样式”名称旁的按钮，打开“表格样式”对话框。单击“新建”按钮，打开“创建新的表格样式”对话框，在“新样式名”文本框中输入“样式1”，如图8-76所示。

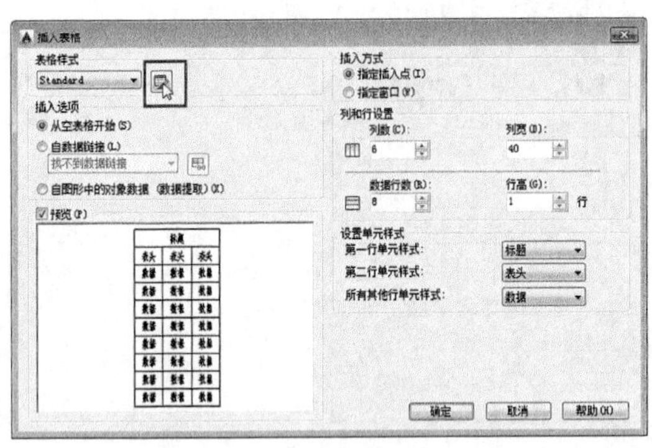

图8-75 “插入表格”对话框

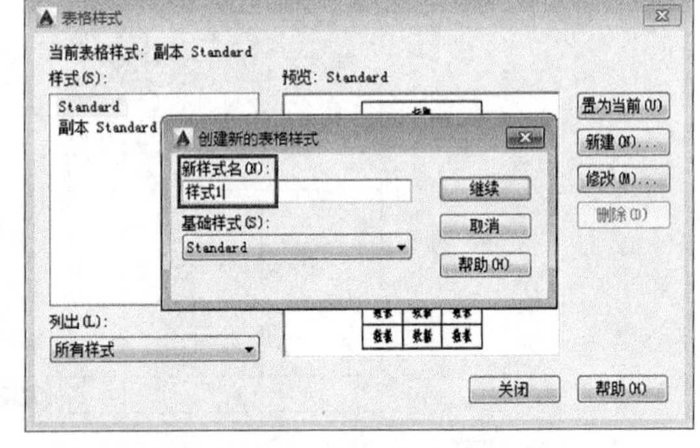

图8-76　创建并命名新表格样式

04 单击“继续”按钮，打开“新建表格样式：样式1”对话框，在“单元样式”下拉列表中选择“数据”，在“常规”选项卡中设置“对齐”方式为“正中”，然后单击“确定”按钮，如图8-77所示。

05 返回“表格样式”对话框。在左侧的“样式”列表区选中“样式1”，单击“置为当前”按钮，将“样式1”设置为当前表格样式，如图8-78所示。

06 单击“关闭”按钮，根据如图8-73

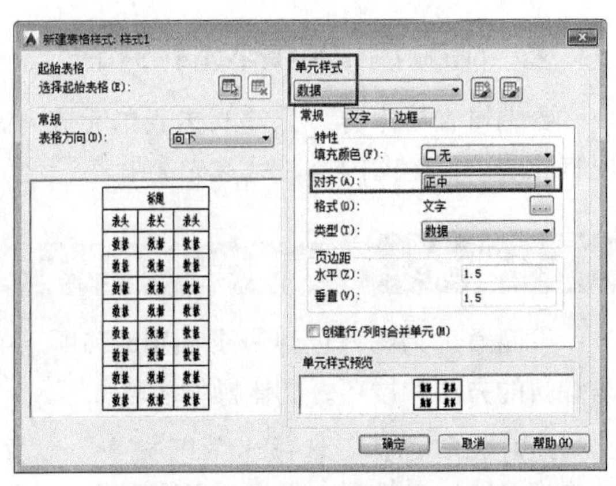

图8-77　设置表单元的数据对齐方式

所示明细栏尺寸，在“插入表格”对话框中设置表格的“列数”为6，“列宽”为16，“数据行数”为20，“行高”为1。由于我们要创建的表格不需要标题和表头，因此在“设置单元样式”选项组中，将“第一行单元样式”设置为“数据”；将“第二行单元样式”也设置为“数据”，如图8-79所示。

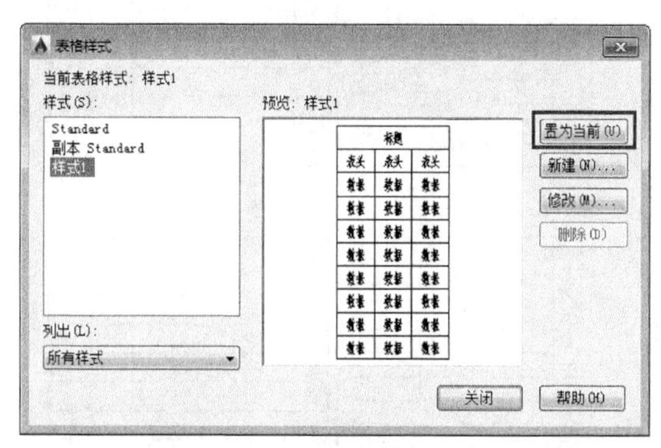

图8-78　将新建的“样式1”设置为当前表格样式　　图8-79　设置表格参数

注 意

在本例中，因为在“插入表格”对话框中将第一行标题行和第二行表头行都设置为数据行，因此实际数据行为22行。

07 单击“确定”按钮，在某个位置单击插入表格，按两次Esc键取消数据输入和编辑状态，使用窗口放大工具，放大图形显示，结果如图8-80所示。

08 选中表格左下角中的6个表单元，在“表格单元”选项卡中单击“合并单元”按钮，从弹出的下拉列表中选择“合并全部”，合并表单元，如图8-81所示。

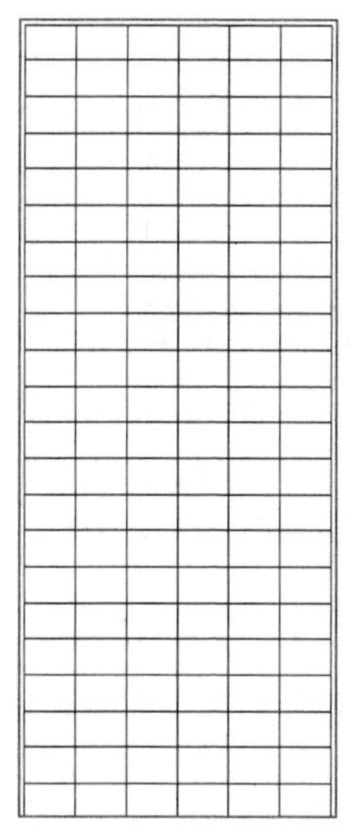

图8-80　插入表格

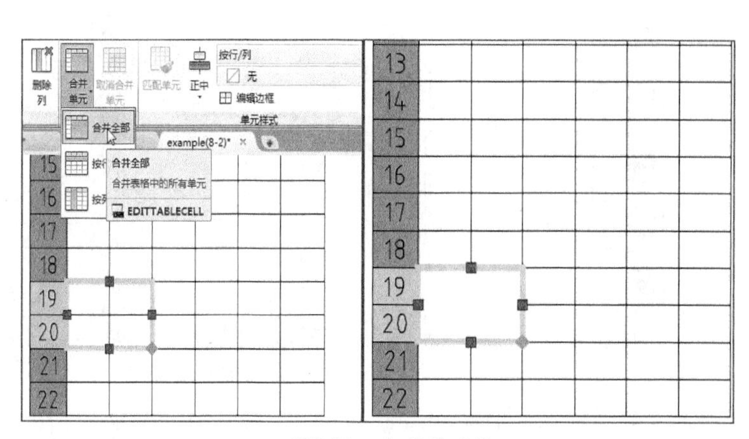

图8-81　合并单元格

09 依据类似方法，合并其他表单元，结果如图8-82所示。

10 选择A1单元格，在“表格单元”选项卡中单击“在上方插入行”按钮，在该表单元上方插入一行，如图8-83所示。

⑪ 选择B1:C18单元格，在“表格单元”选项卡中单击“合并单元”按钮，从弹出的下拉列表中选择“按行合并”，按行合并表单元，如图8-84所示。

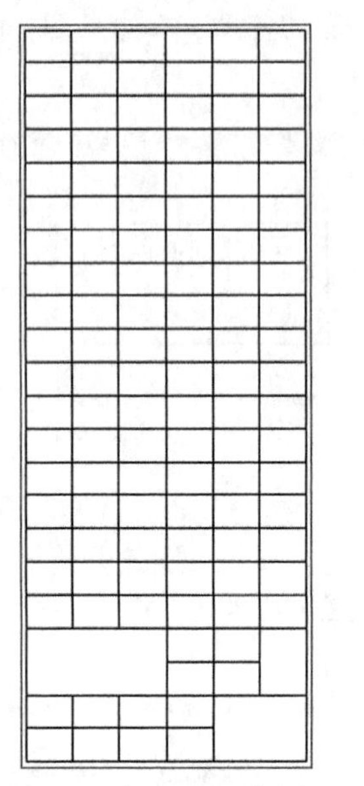

图8-82 合并其他单元格

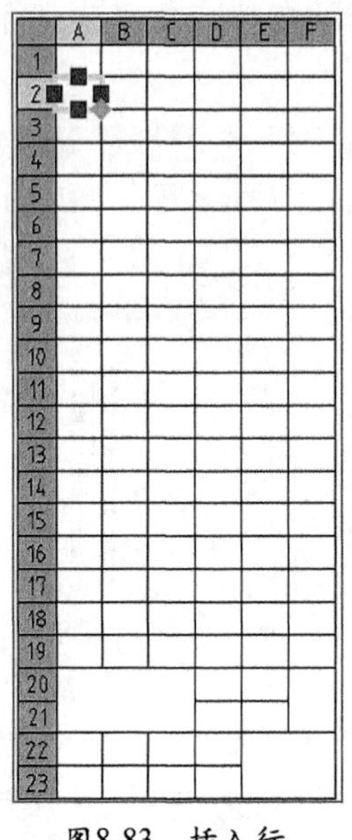

图8-83 插入行

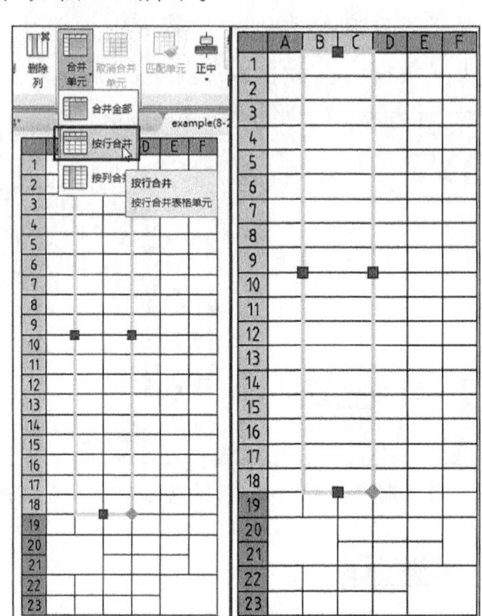

图8-84 按行合并表单元

⑫ 选择第1行、第B列表单元，按Ctrl+1快捷键打开“特性”面板，根据如图8-73所示明细栏尺寸，在“特性”面板中调整“单元宽度”为66，如图8-85所示。

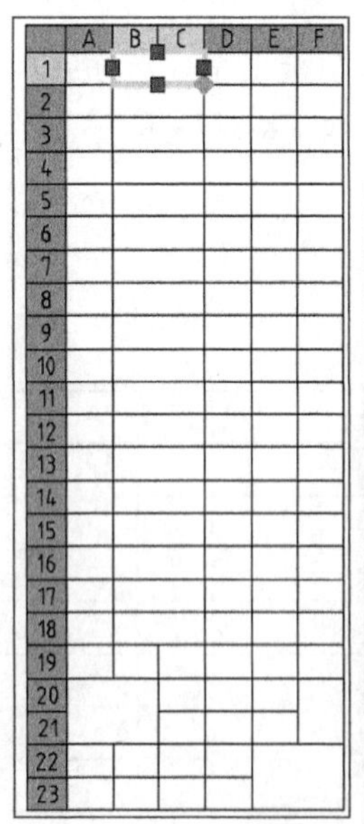

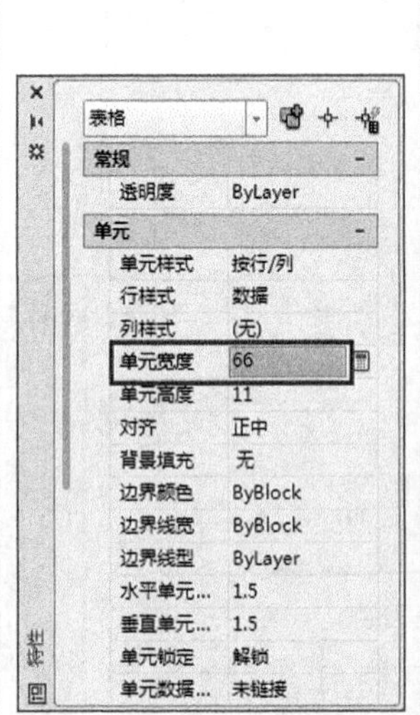

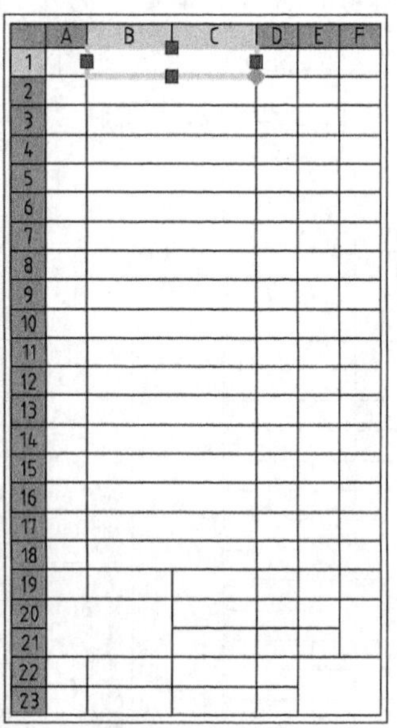

图8-85 调整列宽

⑬ 参考步骤12，调整其他列的列宽，调整后的结果如图8-86所示。

⑭ 在左下角表单元内双击，打开“文字格式”编辑框，输入文字“审核”，结果如图8-87所示。

⑮ 在其他表单元中输入文字并设置“齿轮泵”文字的高度为10，结果如图8-88所示。

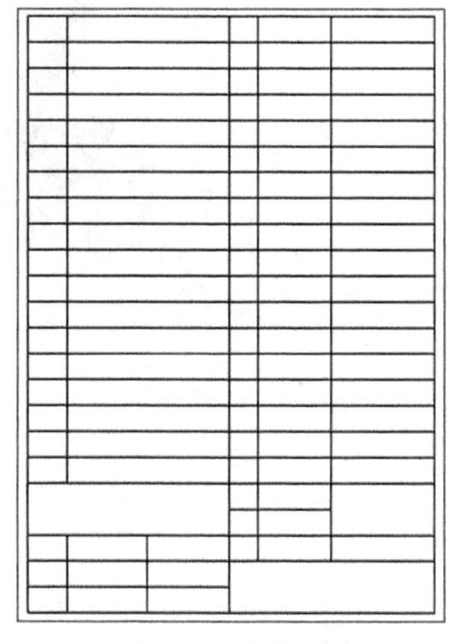

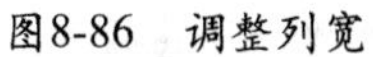

图8-86 调整列宽

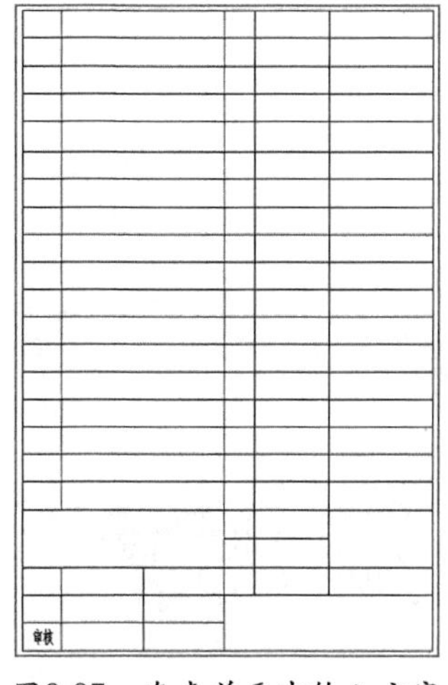

图8-87 在表单元中输入文字

17	销A6×20	2		
16	齿轮轴	1	45	m=3，z=14
15	齿轮	1	45	m=3，z=14
14	轴	1	45	
13	垫片	1	纸	
12	螺柱M8×20	6		
11	垫圈8-140HV	8		
10	螺母M8	8		
9	泵盖	1	HT150	
8	填料		麻	
7	螺柱M8×35	2		
6	压盖	1	HT150	
5	带轮	1	HT150	
4	键5×10	1		
3	垫圈12	1	65Mn	
2	螺母M12	1		
1	泵体	1	HT150	
序号	名称	件数	材料	备注
齿轮泵		比例	1:2	13-00
		件数		
制图		重量		共1张 第1张
描图		（厂名）		
审核				

图8-88 在其他表单元中输入文字

本章小结

通过本章的学习，读者应掌握文字样式的创建与修改方法，以及修改文字样式对现有文字和新输入文字的影响。此外，读者还应掌握输入和编辑文字、使用和编辑表格的方法。

思考与练习

1. 填空题

（1）AutoCAD中的文字包含_________与_________两类。

（2）创建单行文字时，要输入直径符号“&”，可输入_________替代代码；要输入正负号“±”，可输入__________替代代码。

（3）创建多行文字时，要输入直径、正负号、度数等符号，可以______________。

（4）表格样式主要用于控制表格的____。

2. 思考题

（1）如何创建和修改文字样式？

（2）如何输入和修改单行与多行文字？

（3）简述编辑表格的方法。

3. 操作题

利用表格方法创建如图8-89所示明细表。

4	下轴衬	2	A3	
3	上轴衬	2	A3	
2	轴承盖	1	HT15-33	
1	轴承座	1	HT15-33	
序号	名称	数量	材料	备注

图8-89 明细表

AutoCAD 2015

第9章 图形尺寸标注（上）

课前导读

尺寸是工程图中的一项重要内容，它描述设计对象各组成部分的大小及相对位置关系，是实际生产的重要依据。正确的尺寸标注可使生产顺利完成，而错误的尺寸标注将导致生产次品甚至废品，给企业带来严重的经济损失。因此，AutoCAD提供了强大的尺寸标注功能。用户可以利用AutoCAD制作各种符合规范的尺寸标注，可以方便地修改标注内容和样式等。

本章要点

- 了解尺寸标注的组成
- 掌握创建尺寸标注的方法
- 掌握主要尺寸标注命令的使用

9.1 尺寸标注入门

在使用AutoCAD进行尺寸标注时，首先应掌握尺寸标注的类型和尺寸标注的组成，然后应掌握AutoCAD中尺寸标注的步骤。

9.1.1 尺寸标注的类型

AutoCAD提供了10余种标注工具用以标注图形对象，分别位于“标注”菜单和“标注”面板中。常用的尺寸标注方式如图9-1所示，使用它们可以进行角度、直径、半径、线性、对齐、连续、圆心及基线等标注。

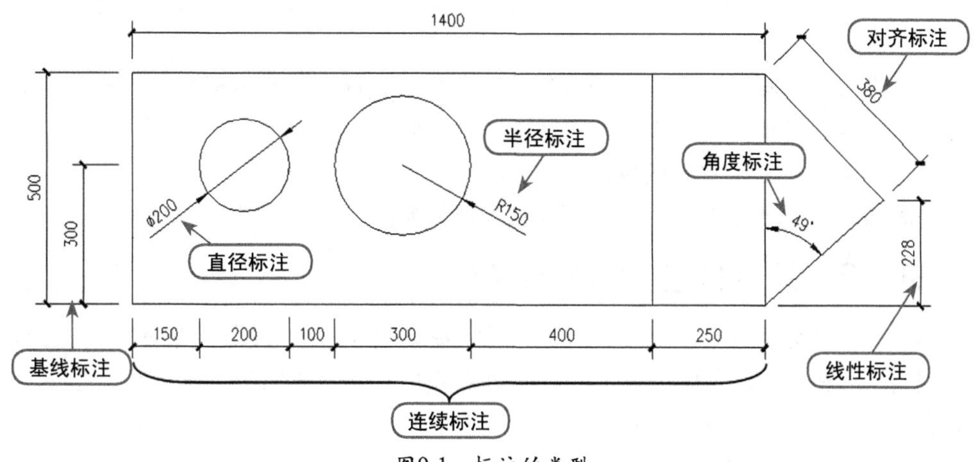

图9-1 标注的类型

9.1.2 尺寸标注的组成

尺寸标注是图形设计中的一个重要步骤，是机械加工的依据。一个完整的尺寸标注是由尺寸文字、起止符号、尺寸界线、尺寸线起止符号（尺寸线的端点符号）及尺寸起点等组成，如图9-2所示。

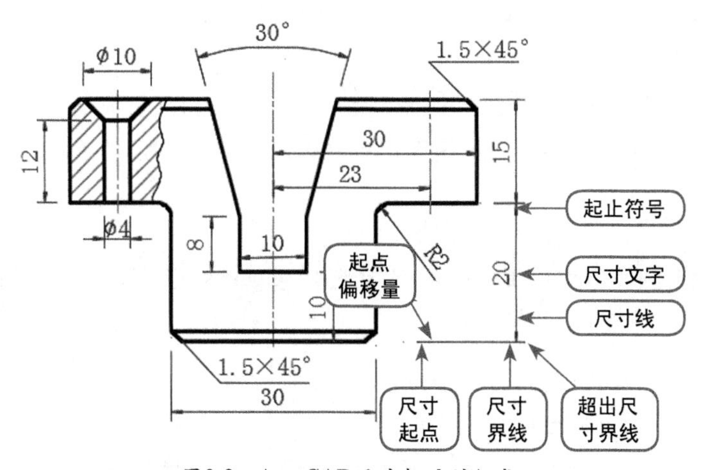

图9-2 AutoCAD尺寸标注的组成

- 尺寸文字：表明图形对象的标识值。尺寸文字可以反映建筑构件的尺寸。在同一张

图纸上，不论各个部分的图形比例是否相同，其标注文字的字体、高度必须统一。施工图纸上，尺寸文字高度需满足制图标准的规定。

注 意

尺寸文字表示的不一定就是两尺寸界线之间的实际距离值。如果图形是按1：5的比例绘制的，若两尺寸界线之间的实际距离值为20，那么此时的尺寸文本应为100（即20×5）。

- 起止符号（箭头）：机械工程图纸中，尺寸起止符必须是箭头符号，而建筑图必须为斜杠。尺寸起止符绘制在尺寸线的起止点，用于指出标识值的开始和结束位置。
- 尺寸起点：尺寸标注的起点是尺寸标注对象标注的起始定义点。通常尺寸的起点与被标注图形对象的起止点重合（如图 9-2 所示中尺寸起点离开矩形的下边界，是为了表述起点的含义）。
- 尺寸界线：从标注起点引出的表明标注范围的直线，可以从图形的轮廓、轴线、对称中心线等引出。尺寸界线是用细实线绘制的。
- 超出尺寸界线：尺寸界线超出尺寸线的大小。
- 起点偏移量：尺寸界线离开尺寸线起点的距离。

9.1.3 尺寸标注的基本步骤

尺寸标注的尺寸线是由多个尺寸线元素组成的匿名块，该匿名块具有一定的“智能”，当标注对象被缩放或移动时，标注该对象的尺寸线就像粘附其上一样，也会自动缩放或移动；且除了尺寸文字内容会随标注对象图形大小变化而变化之外，还能自动控制尺寸线的其他外观保持不变。

在AutoCAD中，在进行尺寸标注操作时可以分为3种情况。

- 在模型卡的图形窗口中标注尺寸。此时的工作空间是模型空间，尽管对象显示会发生大小变化，但是其本质仍是实际对象本身。
- 在布局卡上激活视口，在视口内标注尺寸。此时的工作空间本质上也是模型空间。
- 在布局卡上不激活视口，直接在布局上（与视口无关）标注尺寸。此时的工作空间为图纸空间，此时对象显示的是图纸上的情况，与实际对象大小相比，相差打印比例或视口比例的倍数。

在AutoCAD 中对图形进行尺寸标注的基本步骤如下。

01 为所有尺寸标注建立单独的图层，以方便管理图形。

注 意

创建尺寸标注时，AutoCAD自动建立一个名为Defpoints的图层，该层上保留了一些标注信息，它是AutoCAD图形的一个组成部分。

02 创建一个专门用于尺寸的标注文字样式。

03 确定打印比例或视口比例。

04 创建标注样式，依照是否采用注释标注及尺寸标注操作类型，设置标注参数。

05 设置并打开对象捕捉模式，利用各种尺寸标注命令进行尺寸标注。

9.2 创建尺寸标注样式

文字标注的效果是由文字样式控制的，而尺寸标注的效果是由标注样式决定的。在进行图纸打印时，尺寸标注的所有几何外观（尺寸文字内容保持不变）会和文字一样，都会按打印比例进行缩放并输出到图纸上。因此，要保证尺寸标注的图面效果和准确度，必须深入了解尺寸标注的基本构成规律以及各种变比操作对标注的影响，遵循符合AutoCAD要求的操作进行尺寸的标注。

注 意

从AutoCAD 2008开始，为了使尺寸标注自动适应图纸的打印及缩放，新增加了注释性标注，这样AutoCAD就有两种尺寸标注样式：非注释标注（以往版本所具有的）和注释标注（自AutoCAD 2008起新增的功能）。

在AutoCAD 中，系统提供了一个默认的Standard标注样式。用户通过“标注样式”命令可以控制标注的格式和外观，并便于对标注进行修改。要创建尺寸标注样式，用户可以通过以下几种方法。

- 在“注释”选项卡的“标注”面板中，单击“标注样式”按钮，如图 9-3 所示。
- 在命令行中输入 DIMSTYLE（快捷键 D）。

下面通过实例的方式，详细讲述创建尺寸标注样式的具体操作步骤。

01 在“注释”选项卡的“标注”面板中，单击“标注样式”按钮，打开“标注样式管理器”对话框，如图9-4所示。

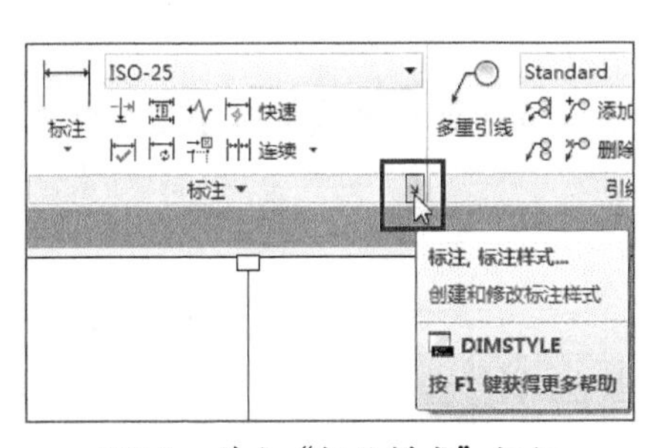

图9-3 单击“标注样式”按钮

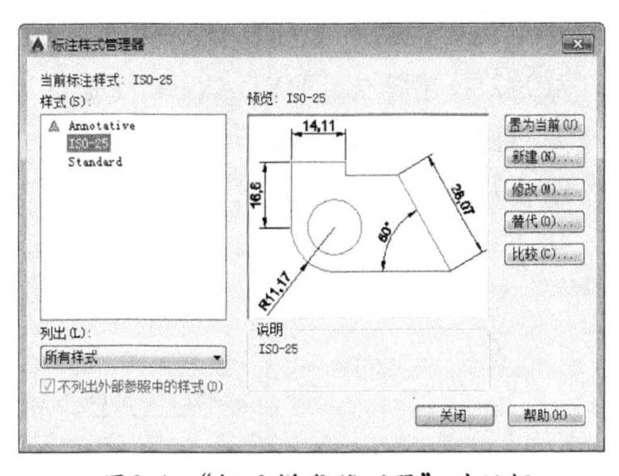

图9-4 “标注样式管理器”对话框

02 单击“新建”按钮，打开“创建新标注样式”对话框。在“新样式名”文本框中输入新的样式名称；在“基础样式”下拉列表框中选择以哪个样式为基础创建新样式；在“用于”下拉列表框中选择应用新样式的标准类型，如图9-5所示。

注 意

用户也可直接单击“修改”按钮修改当前尺寸标注样式，而不必新建尺寸标注样式。如果选中“注释性”复选框，表示指定标注样式为注释性对象。如果在“创建新标注样式”对话框中打开“用于”下拉列表，从中选择“线性标注”、“角度标注”等，则此时将为当前标注样式（本例为默认样式ISO-25）创建针对某种标注类型的子样式。

03 单击“继续”按钮，打开“新建标注样式：机械标注”对话框，在该对话框中，利用“线”、“符号和箭头”、“文字”、“调整”、“主单位”等7个选项卡可定义标注样式的所有内容，如图9-6所示。

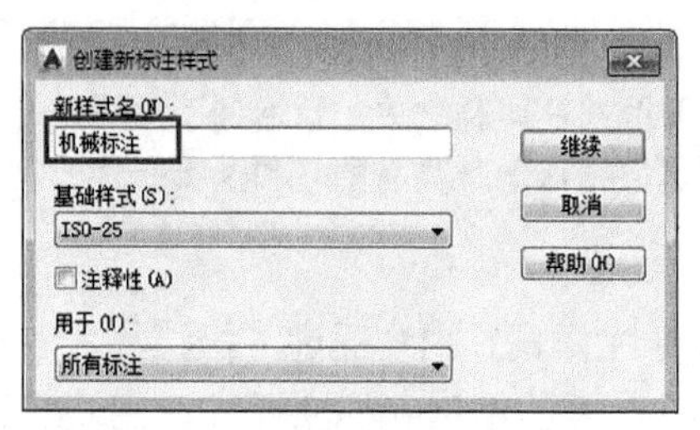

图9-5 “创建新标注样式”对话框

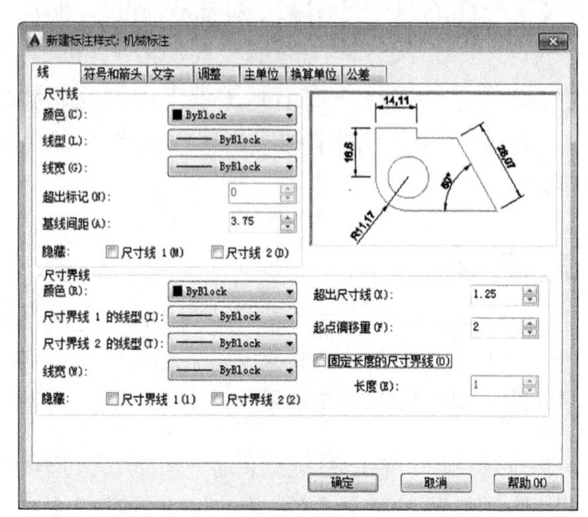

图9-6 “新建标注样式”对话框

04 在“线”选项卡中，可以设置尺寸线的颜色、线型、线宽、超出标记、基线间距、隐藏情况等，这些设置项的意义如下。

- 颜色、线型、线宽：在AutoCAD中，每个图形实体都有自己的颜色、线型、线宽。颜色、线型、线宽可以设置具体的真实参数，以颜色为例，可以把某个图形实体的颜色设置为红、蓝或绿等物理色。另外，为了实现绘图的一些特定要求，AutoCAD还允许对图形对象的颜色、线型、线宽设置成BYLOCK（随块）和BYLAYER（随层）2种逻辑值；BYLAYER（随层）是与图层的颜色设置一致，BYLOCK（随块）是指随图块定义的图层。
- 超出标注：当用户采用“建筑符号”作为箭头符号时，该选项即可激活，从而确定尺寸线超出尺寸界线的长度，如图9-7所示。

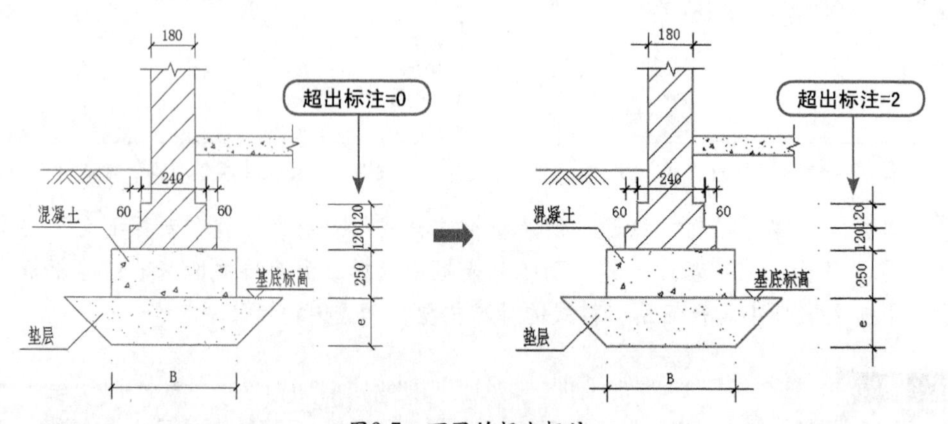

图9-7 不同的超出标注

- 基线间距：用于限定“基线”标注命令标注的尺寸线离开基础尺寸标注的距离，其系统变量为dimdli，如图9-8所示。

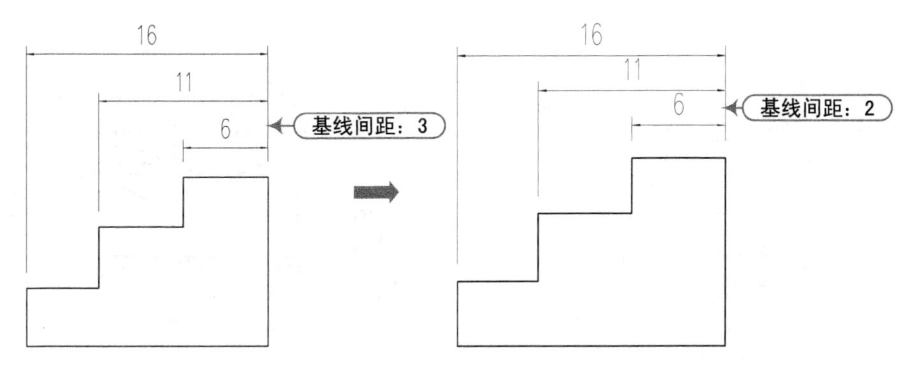

图9-8　不同的基线间距

- “隐藏”尺寸线：用来控制标注的尺寸线是否隐藏，如图 9-9 所示。

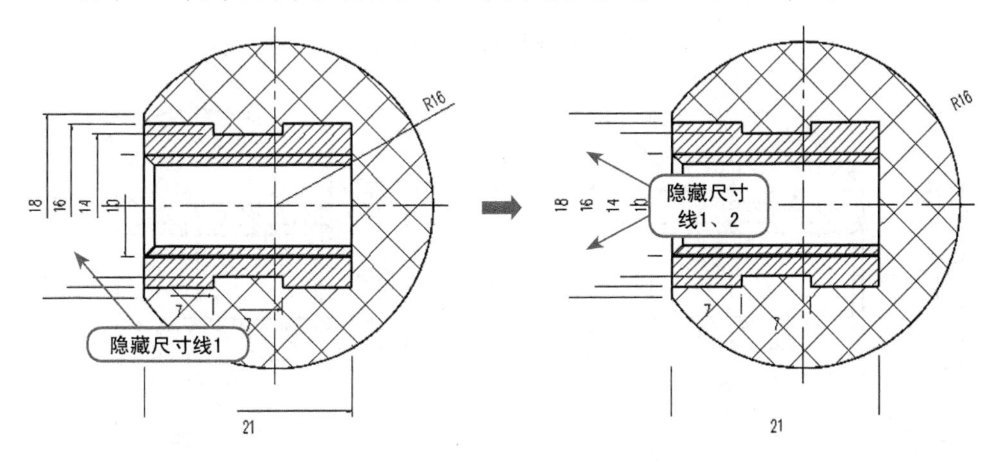

图9-9　隐藏的尺寸线

- 超出尺寸线：制图规范规定输出到图纸上的值为 2~3mm，如图 9-10 所示。

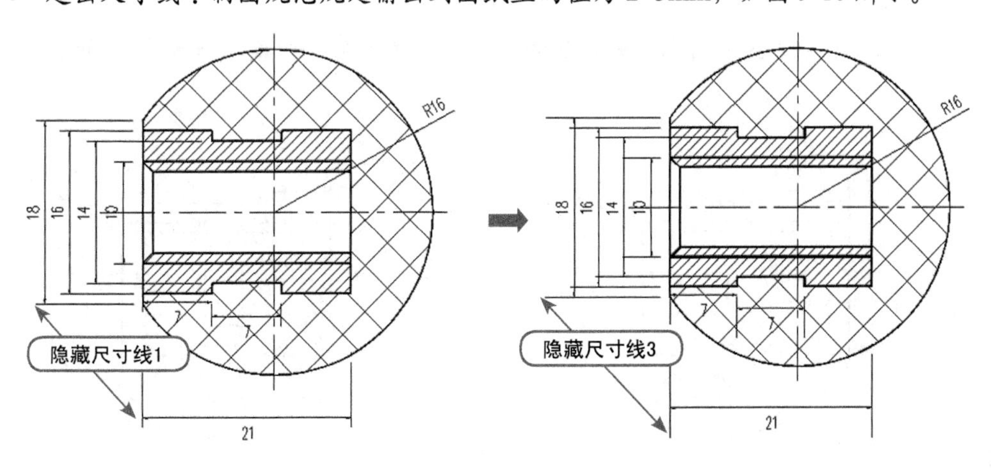

图9-10　不同的超出尺寸线

- 起点偏移量：绘图时应依据具体情况设定，一般情况下，尺寸界线应该离开标注对象一定距离，以使图面表达清晰易懂，如图 9-11 所示。
- 固定长度的尺寸界线：当勾选该项后，可在下面的“长度”文本框中输入尺寸界线的固定长度值，如图 9-12 所示。

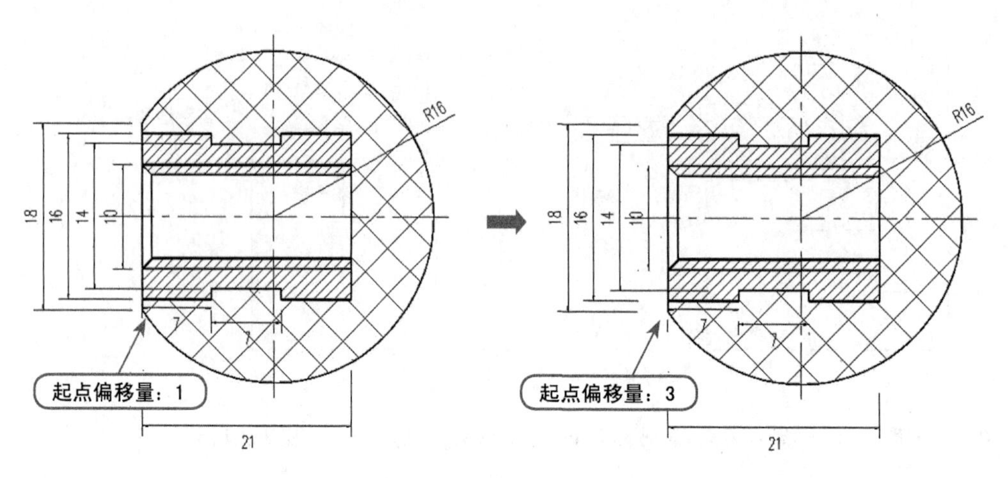

图9-11　不同的起点偏移量

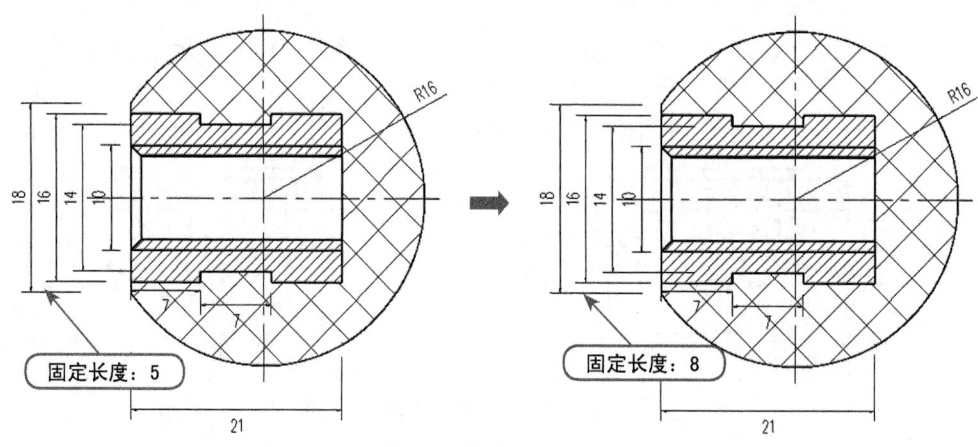

图9-12　不同的固定长度

- “隐藏”尺寸界线：用来控制标注的尺寸尺寸界线是否隐藏，如图 9-13 所示。

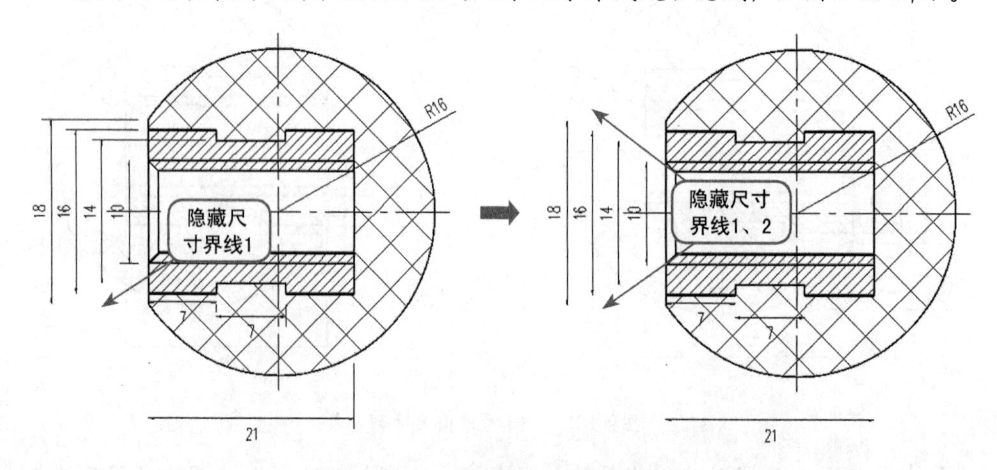

图9-13　隐藏的尺寸界线

05 在“符号和箭头”选项卡中，可以利用“箭头”选项组设置标注箭头的类型及大小，在“圆心标记”选项组可以设置圆心标记的类型和大小，如图9-14所示。这些设置项的意义如下。

● “箭头”选项组：为了适用于不同类型的图形标注需要，AutoCAD 设置了 20 多种箭头样式。当改变第一个箭头的类型时，第二个箭头将自动改变，以同第一个箭头相匹配，其系统变量为 dimblk1(2)，其“箭头大小”文本框用于显示和设定箭头的大小，其系统变量为 dimasz，如图 9-15 所示。

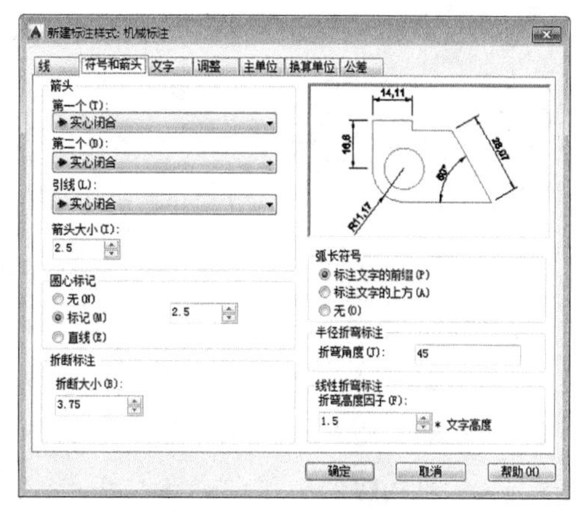

图9-14　设置箭头和圆心标记

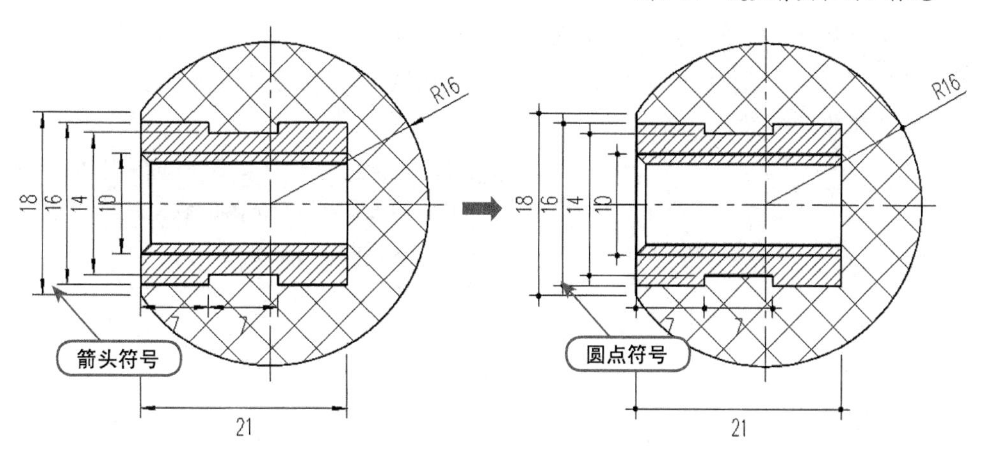

图9-15　箭头符号

也可以使用自定义箭头，此时可在下拉列表中选择“用户箭头”选项，打开“选择自定义箭头块”对话框，在“从图形块中选择”文本框内输入当前图形中已有的块名，然后单击“确定”按钮，AutoCAD 将以该块作为尺寸线的箭头样式，此时块的插入基点与尺寸线的端点重合，如图9-16所示。

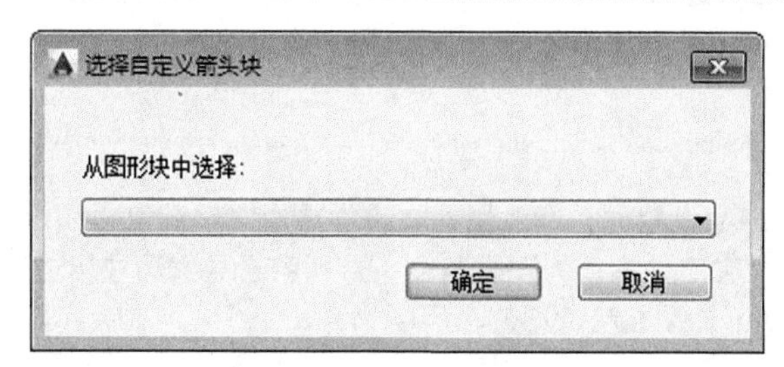

图9-16　选择定义的箭头块

● “圆心标记”选项组：用于标注圆心位置。在图形区任意绘制两个大小相同的圆后，分别把圆心标记定义为 2 或 4，选择“标注”｜“圆心标记”命令，分别标记刚绘制的两个圆，如图 9-17 所示。

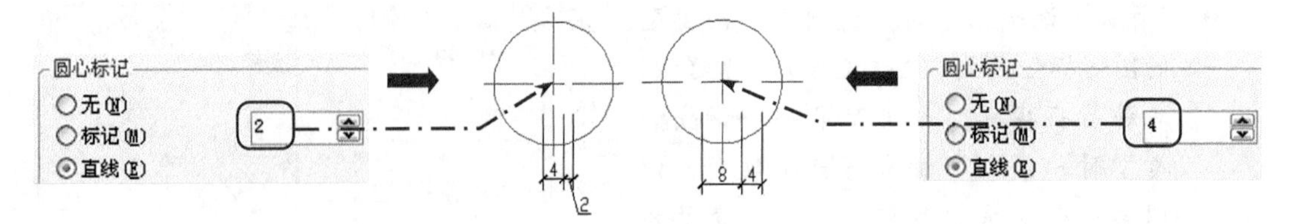

图9-17 圆心标记设置

- “折断标注”选项组为尺寸线在所遇到的其他图元处被打断后，其尺寸界线的断开距离。“线性弯折标注”选项组为把一个标注尺寸线进行折断时绘制的折断符高度与尺寸文字高度的比值。“折断标注”和“折弯线性”都是属于AutoCAD中“标注”菜单下的标注命令，执行这两个命令后，被打断和弯折的尺寸标注效果如图9-18所示。
- “半径折变标注”选项组：用于设置标注圆弧半径时标注线的折变角度大小。

06 利用“文字”选项卡可以设置标注文字的外观、位置和对齐方式，如图9-19所示。这些设置项的意义如下。

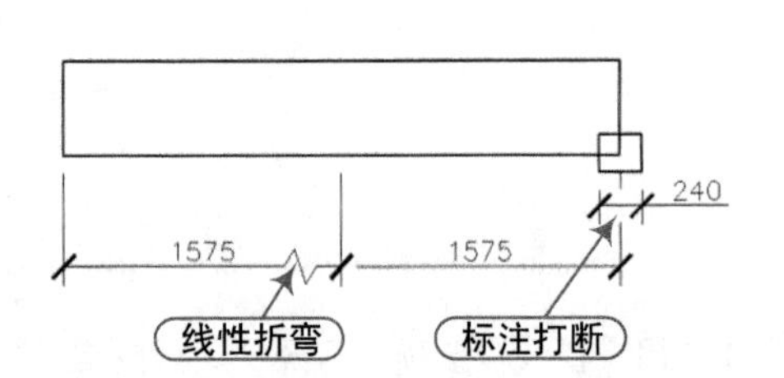

图9-18 折断/线性弯折标注设置

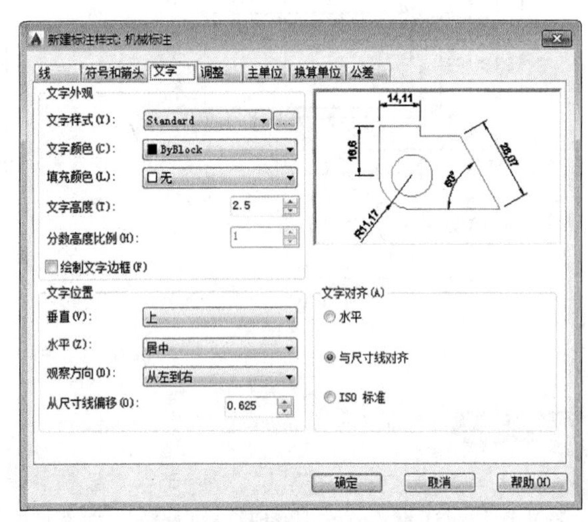

图9-19 设置标注文字的格式

- 文字样式：应使用仅供尺寸标注的文字样式，如果没有，可单击[...]按钮，打开“文字样式”对话框新建尺寸标注专用的文字样式，之后回到“新建标注样式”对话框的“文字”选项卡选用这个文字样式。

注 意

在进行“文字”参数设置时，标注用的文字样式中文字高度必须设置为0，并在“标注样式”对话框中设置尺寸文字的高度为图纸高度，否则容易导致尺寸标注设置混乱。其他参数可以不管，可直接选用AutoCAD默认设置。

- 文字高度：就是指定标注文字的大小，也可以使用变量DIMTXT来设置，如图9-20所示。
- 分数高度比例：建筑制图不用分数主单位。
- 绘制文字边框：设置是否给标注文字加边框，建筑制图一般不用。

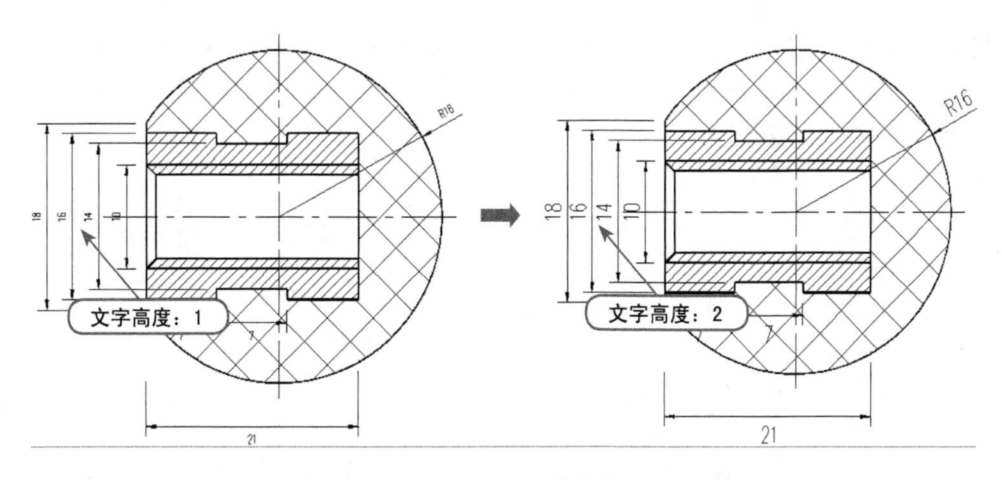

图9-20　设置文字高度

- “文字位置”选项组：用于设置尺寸文本相对于尺寸线和尺寸界线的放置位置，如图 9-21 所示。

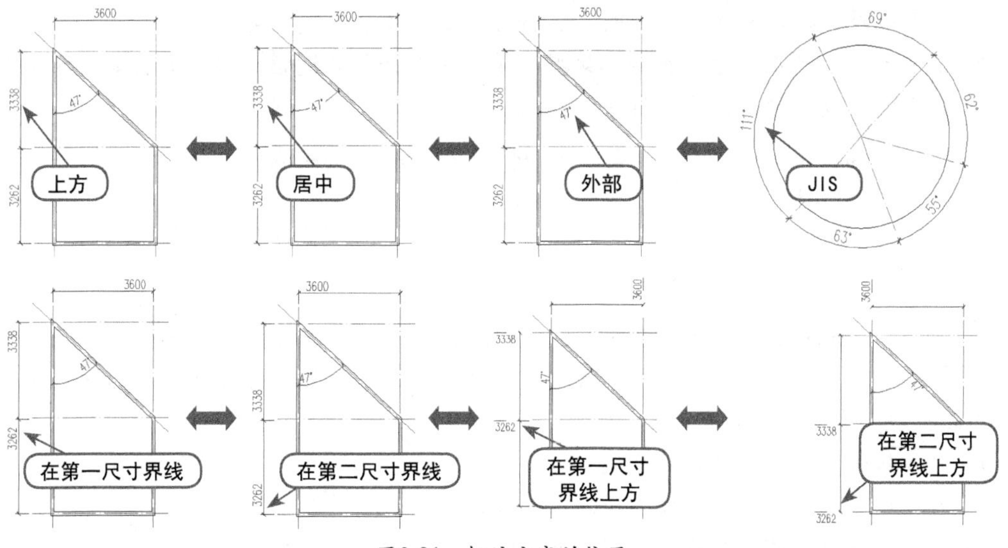

图9-21　标注文字的位置

- 从尺寸线偏移：可以设置一个数值以确定尺寸文本和尺寸线之间的偏移距离；如果标注文字位于尺寸线的中间，则表示断开处尺寸端点与尺寸文字的间距，如图 9-22 所示。

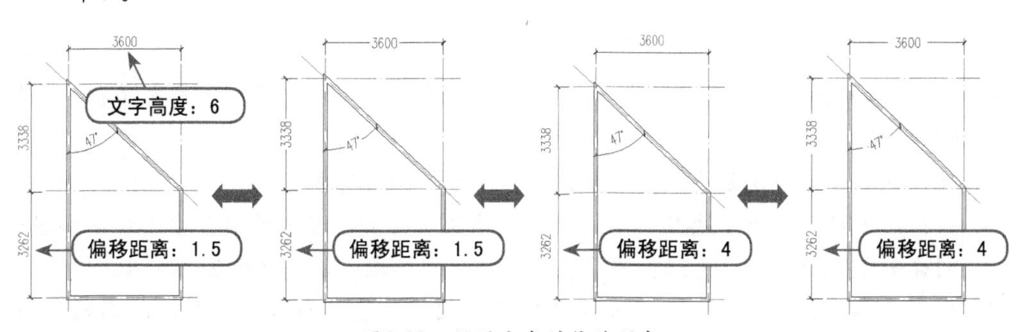

图9-22　设置文本的偏移距离

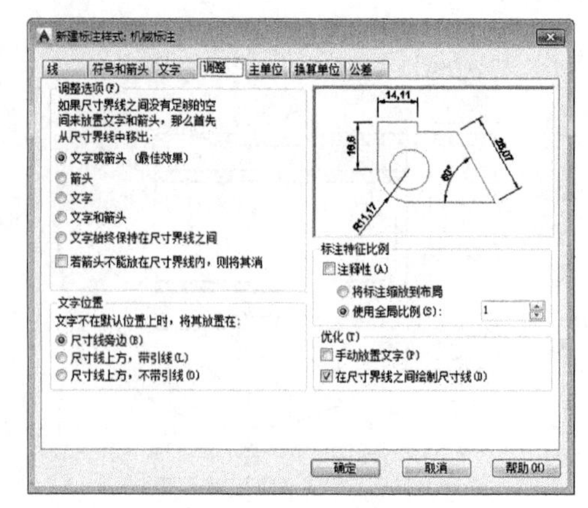

图9-23 “调整”选项卡

07 利用“调整”选项卡可以设置标注文字、箭头、引线和尺寸线的放置，如图9-23所示。其中，在“调整选项”选项组中，可以根据尺寸界线之间的空间控制标注文字和箭头的放置，如图9-24所示。各设置项的意义如下。

- 文字或箭头（最佳效果）：AutoCAD自动选择最佳放置。
- 箭头：若空间足够大，则将箭头放在尺寸界线之间，文字放在尺寸界线之外。否则，将两者均放在尺寸界线之外。
- 文字：若空间足够大，则将文字放在尺寸界线之间，箭头放在尺寸界线之外。否则，将两者均放在尺寸界线之外。
- 文字和箭头：若空间不足，则将尺寸文字和箭头放在尺寸界线之外。
- 文字始终保持在尺寸界线之间：总将文字放在尺寸界线之间。
- 若箭头不能放在尺寸界线内，则将其消除：选择该复选框，当不能将箭头和文字放在尺寸界线内时，则隐藏箭头。

图9-24 标注文字和箭头在尺寸界线间的放置

08 在“文字位置”选项组中可以设置标注文字的位置。标注文字的默认位置是位于两尺寸界线之间，当文字无法放置在默认位置时，可通过此处设置标注文字的放置位置，如图9-25所示。这些设置项的意义如下。

- 尺寸线旁边：文字放在尺寸线旁边。
- 尺寸线上方，带引线：文字放在尺寸线的上方，加引线。
- 尺寸线上方，不带引线：文字放在尺寸线的上方，不加引线。

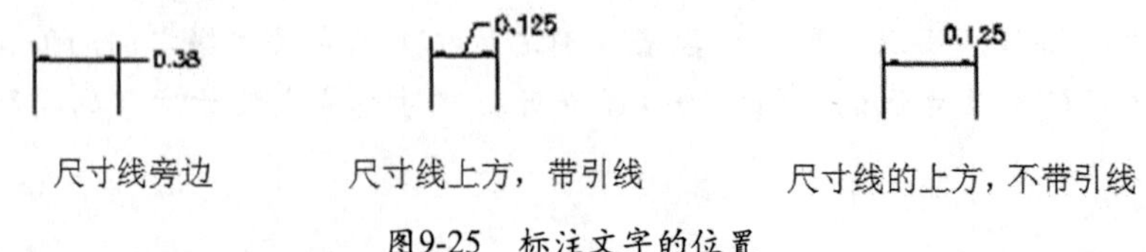

图9-25 标注文字的位置

09 在“标注特征比例”选项组中可以设置注释性、图纸空间比例或全局标注比例，各设置项的意义如下。

- 注释性：若选中该复选框，表示指定标注为注释性对象。
- 将标注缩放到布局：选择该单选按钮，系统将自动根据当前模型空间视图和图纸空间视图之间的比例设置比例因子。在图纸空间绘图时，该比例因子为1。
- 使用全局比例：用于设置尺寸元素的比例因子，使之与当前图形的比例因子相符，如图 9-26 所示。

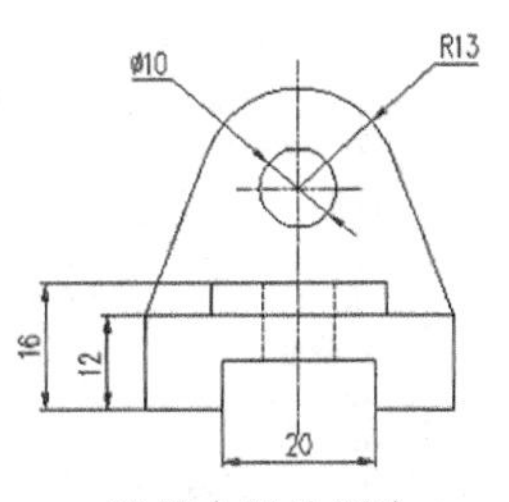

设置全局比例为1

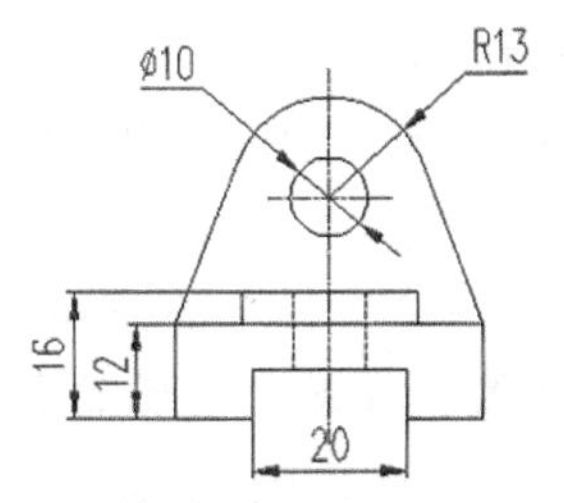

设置全局比例为1.5

图9-26　使用全局比例控制标注尺寸

⑩ 在“优化”选项组中可以设置其他调整选项，这些设置项的意义如下。

- 手动放置文字：用于手动放置标注文字。
- 在尺寸界线之间绘制尺寸线：选择该复选框，AutoCAD将总在尺寸界线间绘制尺寸线。否则，当尺寸箭头移至尺寸界线外侧时，不画出尺寸线。

⑪ 利用“主单位”选项卡可以设置标注的格式、精度、舍入、前缀、后缀等参数，如图9-27所示。这些设置项的意义如下。

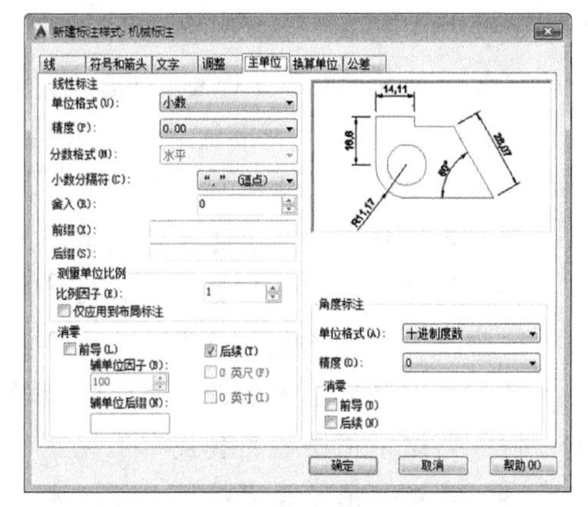

图9-27　设置线性标注和角度标注的格式

- 单位格式：除角度之外，该下拉列表框可设置所有标注类型的单位格式。可供选择的选项有科学、小数、工程、建筑、分数等。
- 精度：设置标注文字中保留的小数位数。
- 分数格式：设置分数的格式，该选项只有当“单位格式”选择了“分数”时才有效。可选择的分数格式有水平、对角和非堆叠，如图9-28所示。
- 小数分隔符：设置十进制数的整数部分和小数部分间的分隔符。可供选择的选项包括句点（.）、逗点（,）或空格（ ）。
- 舍入：将测量值舍入到指定值。例如，如果输入.05作为舍入值，AutoCAD将0.06舍入为0.10，将0.008舍入为0.01。
- “前缀”和“后缀”：用于设置放置在标注文字前、后的文字。
- 比例因子：设置除角度之外的所有标注测量值的比例因子。AutoCAD按照该比例因子缩放标注测量值。
- 仅应用到布局标注：选择该复选框，则比例因子仅对在布局里创建的标注起作用。

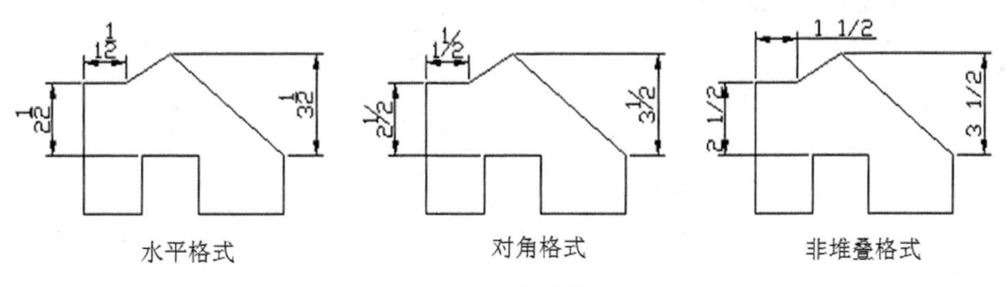

图9-28　分数的格式

- 前导：选择该复选框，系统将不输出十进制尺寸的前导零。例如，0.5000 变成 .5000。
- 后续：选择该复选框，系统将不输出十进制尺寸的后续零。例如，12.5000 变成 12.5。

⑫ 利用“换算单位”选项卡，可以设置换算标注单位的格式，如图9-29所示。这些设置项的意义如下。

图9-29 设置换算单位格式

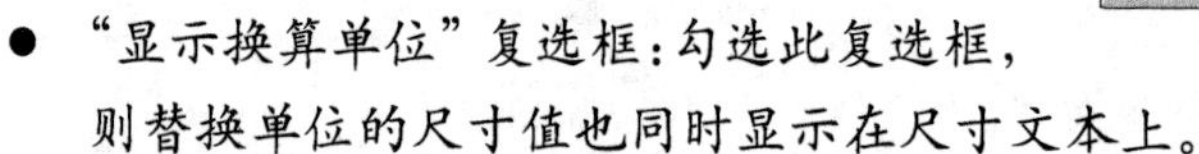

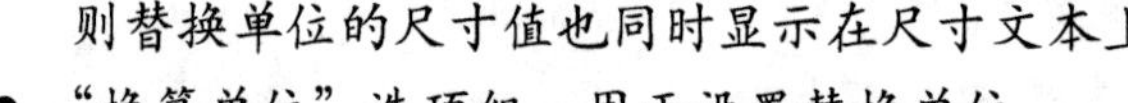

- “显示换算单位”复选框：勾选此复选框，则替换单位的尺寸值也同时显示在尺寸文本上。
- “换算单位”选项组：用于设置替换单位。
  - 单位格式：用于选择替换单位采用的单位制。
  - 精度：用于设置替换单位的精度。
  - 换算单位倍数：用于指定主单位和替换单位的转换因子。
  - 舍入精度：用于设定替换单位的圆整规则。
  - 前缀：用于设置替换单位文本的固定前缀。
  - 后缀：用于设置替换单位文本的固定后缀。
- “消零”选项组：与“主单位”选项卡中的“消零”选项组相同。
- “位置”选项组：用于设置替单位尺寸标注的位置，如图 9-30 所示。

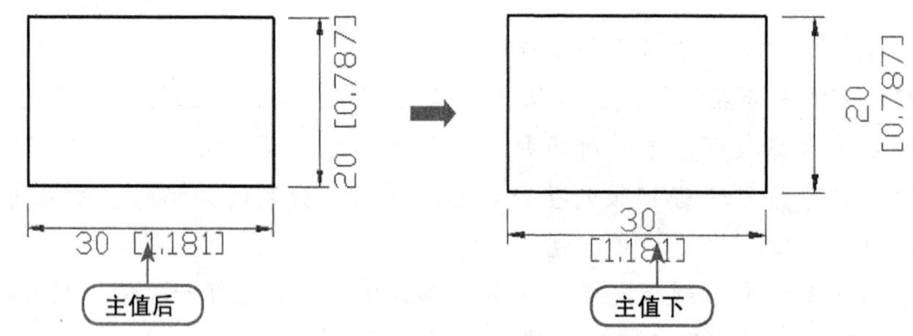

图9-30 换算值在主值的位置

  - 主值后：选择该项，把替换单位尺寸标注放在主单位标注的后面。
  - 主值下：选择该项，把替换单位尺寸标注放在主单位标注的下面。

⑬ 利用“公差”选项卡可以设置公差的格式和精度。在“公差格式”选项组中可以设置公差的格式和精度，其中，“方式”用于设置计算公差的方式，如对称、极限偏差、极限尺寸和基本尺寸等，如图9-31所示。这些参数的意义如下。

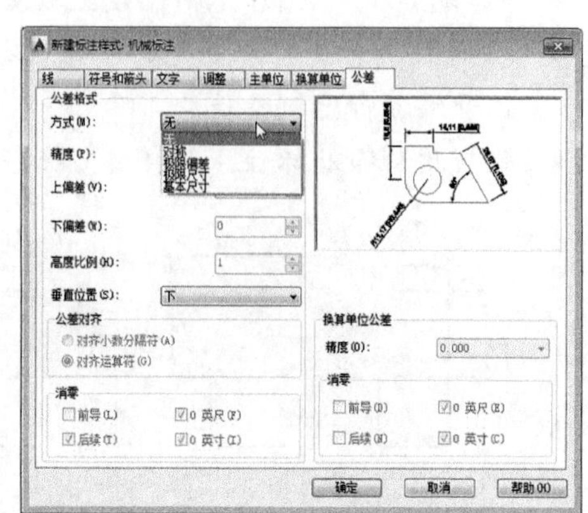

图9-31 设置公差的格式和精度

- 无：关闭公差显示。
- 对称：当公差中正负偏差的值相同时选择此项。
- 极限偏差：当正负偏差的值不同时选择此项。
- 极限尺寸：将偏差值合并到标注值中，并将最大标注显示在最小标注的上方。
- 基本尺寸：在标注文字的周围绘制一个框，这个格式用于说明理论上的精确尺寸。同时，基本尺寸也受“文字”选项卡上的“绘制文字边框”复选框控制。改变这些选项中的一个，将会改变其他的选项。

如图9-32所示显示了设置不同公差方式的标注效果。

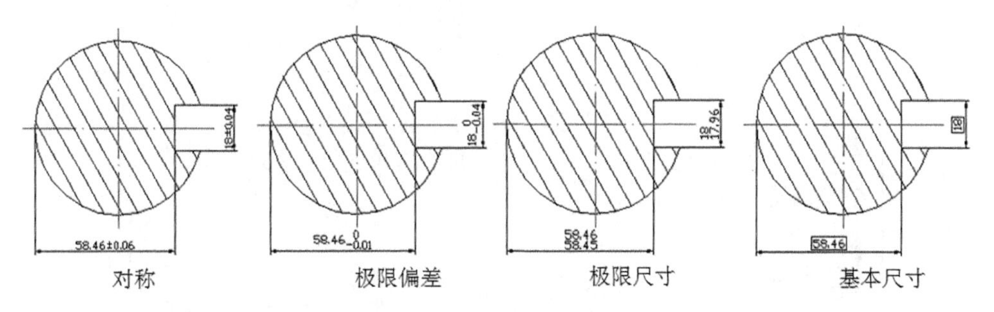

图9-32　设置公差方式

⑭ 利用“精度”、“上偏差”、“下偏差”等设置公差的其他参数，这些参数的意义如下。

- 精度：设置公差值的小数位数。
- 上偏差：设置偏差的上界以及界限的表示方式，在对称公差中也可使用该值。
- 下偏差：设置偏差的下界以及界限的表示方式。
- 高度比例：将公差文字高度设置为主测量文字高度的比例因子。
- 垂直位置：设置对称和极限公差的垂直位置，有“上”、“中”和“下”3种方式，如图 9-33 所示。

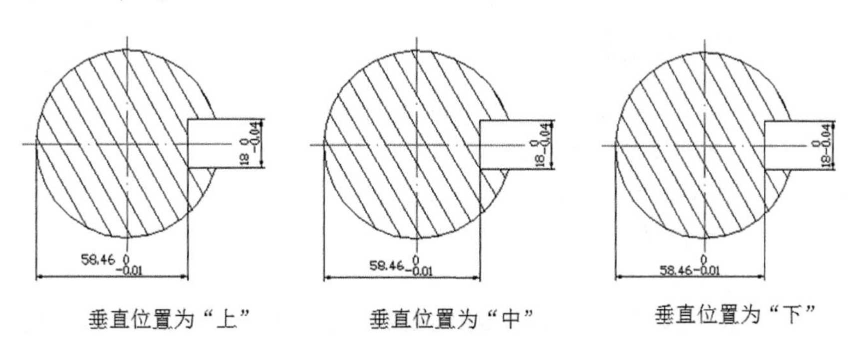

图9-33　设置公差的垂直位置

此外，在“公差”选项中还可以对“公差格式”进行“公差对齐”和“消零”设置，或对“换算单位公差”进行“精度”和“消零”设置。

⑮ 设置完毕，单击“确定”按钮，即可得到一个新的尺寸标注样式。

⑯ 在“标注样式管理器”对话框的“样式”列表中选择新创建的样式（如“机械标注”），单击“置为当前”按钮，将其设置为当前样式。

9.3 主要尺寸标注命令

设置好尺寸标注样式后，就可以利用相应的标注命令对图形对象进行尺寸标注了。在AutoCAD中，要标注长度、弧长、半径等不同类型的尺寸，应使用不同的标注命令。在“标注”选项卡的“标注”面板中，提供了各种尺寸标注的工具，如图9-34所示。

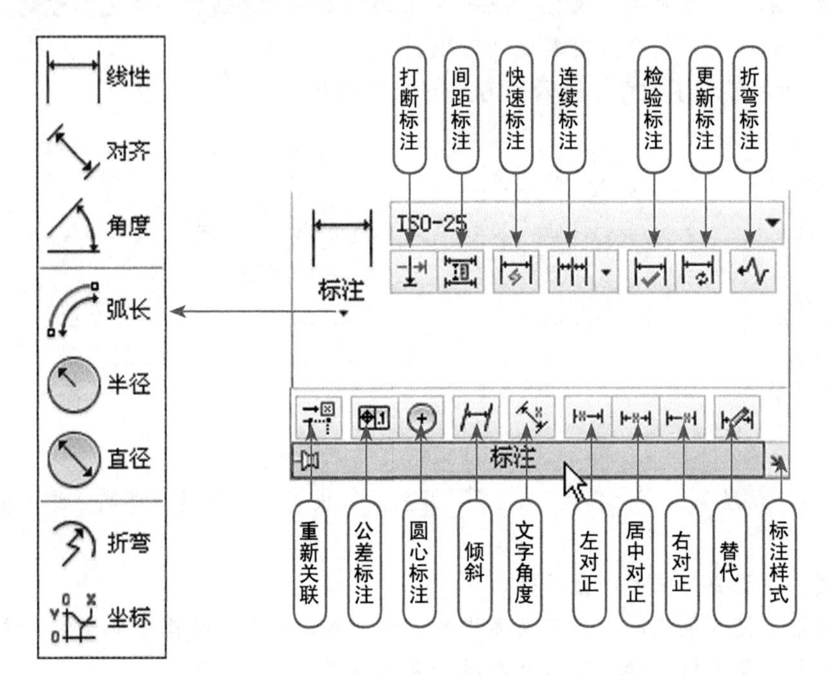

图9-34 “标注”面板

由于尺寸标注的种类很多以及篇幅有限，下面就简要讲解一些主要的尺寸标注工具按钮。

9.3.1 线性标注

线性标注（DIMLINEAR）用于标注用户坐标系XY平面中的两个点之间的距离测量值，标注时可以指定点或选择一个对象。

要启动DIMLINEAR命令，有如下几种方法。

- 在“标注”面板中单击“线性”按钮。
- 直接在命令行中输入DLI。

例如，利用线性标注命令（DLI）标注如图9-35左图所示AB线段尺寸，具体操作步骤如下。

01 在“标注”面板中单击“线性”按钮。

02 启动端点捕捉功能，捕捉图9-35左图中的A点，作为第一条尺寸界线的原点。

03 捕捉B点作为第二条尺寸界线原点。

04 直接向下移动光标，或者输入H并按Enter键，指定线性标注的类型为水平标注。

05 拖动鼠标在合适位置处单击，确定尺寸线的位置，标注结果如图9-35右图所示。

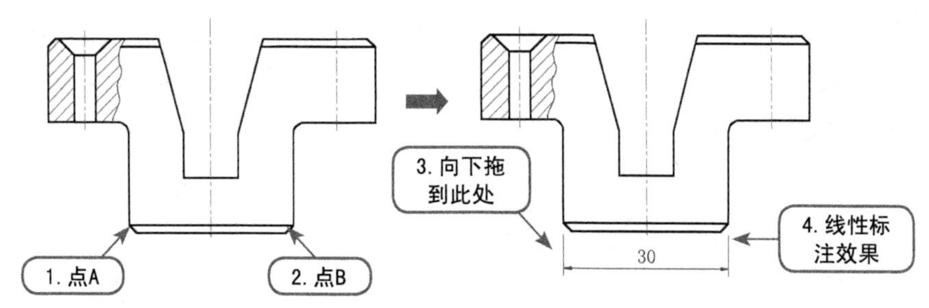

图9-35　线性标注

执行线性标注（DLI）命令后，系统将首先给出如下提示。

指定第一条尺寸界线原点或 <选择对象>:

此时可以直接利用对象捕捉方法定义尺寸界线的两个原点。如果按Enter键，则可以选择希望标注的对象。接下来系统将给出如下提示。

指定尺寸线位置或
[多行文字(M)/文字(T)/角度(A)/水平(H)/垂直(V)/旋转(R)]:

此时直接单击可确定尺寸线的位置，并结束线性标注命令。也可输入M、T等选项进行其他操作，这些选项的意义如下。

- 多行文字(M)：选择该选项时，系统将打开"文字编辑器"选项卡，此时可以编辑尺寸标注文本，如给尺寸文本增加前缀，或者直接修改尺寸文本，如图9-36所示。
- 文字(T)：选择该选项时，可以利用命令行编辑尺寸标注文本。
- 角度(A)：选择该选项时，可以设置尺寸文本的旋转角度，如图9-37所示。

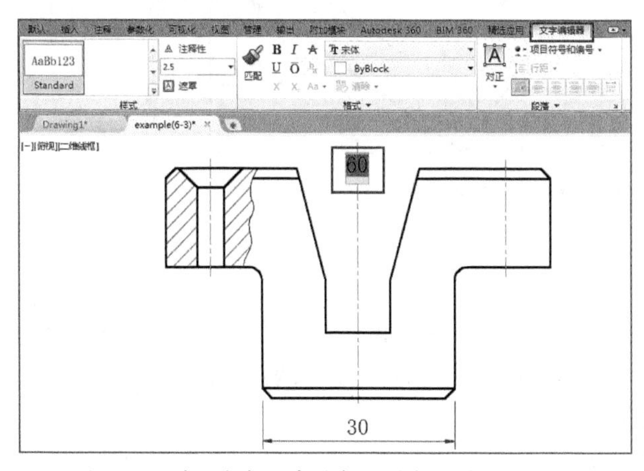

图9-36　利用多行文字编辑器编辑尺寸标注文本

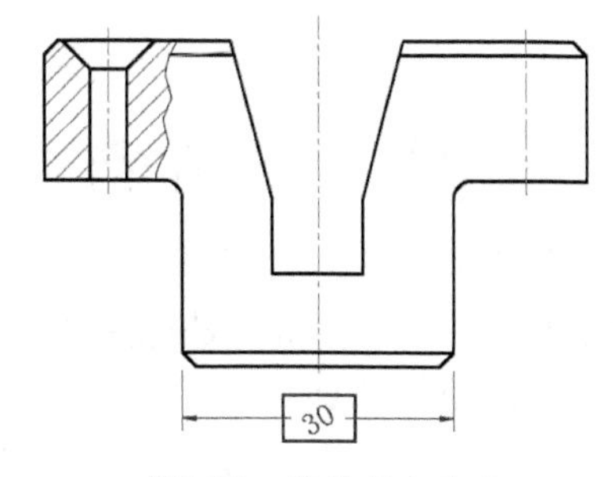

图9-37　旋转尺寸文本

- 水平(H)、垂直(V)与旋转(R)：分别用于标注两点间或对象的水平、垂直或旋转尺寸。其中，标注水平或垂直尺寸时，也可不输入H或V选项，而直接通过移动光标来确定是标注水平尺寸还是垂直尺寸。例如，将光标上下移动，则表示标注水平尺寸；将光标左右移动，则表示标注垂直尺寸。

下面通过一个小例子来看看如何标注旋转尺寸，其操作如下。

01 在"标注"面板中单击"线性"按钮。

02 按Enter键，选择直线AB作为标注对象，如图9-38左图所示。

03 输入R，启动端点捕捉功能，分别捕捉图9-38左图中的A点和B点，定义旋转角度。

04 移动光标，在合适位置处单击，确定尺寸线的位置，结果如图9-38右图所示。此时标注的是倾斜直线的长度。

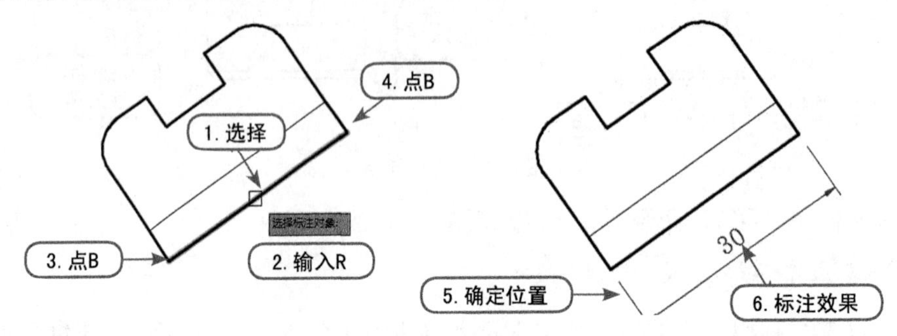

图9-38　标注直线长度

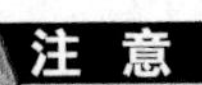
注 意

如果执行线性标注（DLI）命令后，选择AB线段，再指定标注的位置，则直接对其AB线段进行水平或垂直标注，如图9-39所示。

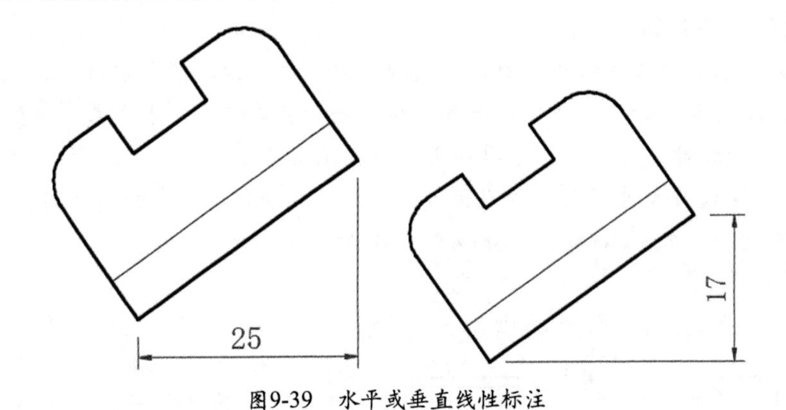

图9-39　水平或垂直线性标注

9.3.2　对齐标注

对齐标注（DIMALIGNED）用于标注倾斜对象的真实长度，对齐标注的尺寸线平行于倾斜的标注对象。如果是选择两个点来创建对齐标注，则尺寸线与两点的连线平行。

要启动DIMALIGNED命令，有如下几种方法。

- 在“标注”面板中单击“对齐”按钮。
- 直接在命令行中输入 DAL。

例如，利用对齐标注命令（DAL）标注如图9-40左图所示CD线段的尺寸，具体操作步骤如下。

01 在“标注”面板中单击“对齐”按钮。

02 启动端点捕捉功能，捕捉图9-40左图的C点，作为第一条尺寸界线的原点。

03 捕捉D点作为第二条尺寸界线的原点。

04 拖动鼠标在合适位置处单击，确定尺寸线的位置，标注结果如图9-40右图所示。

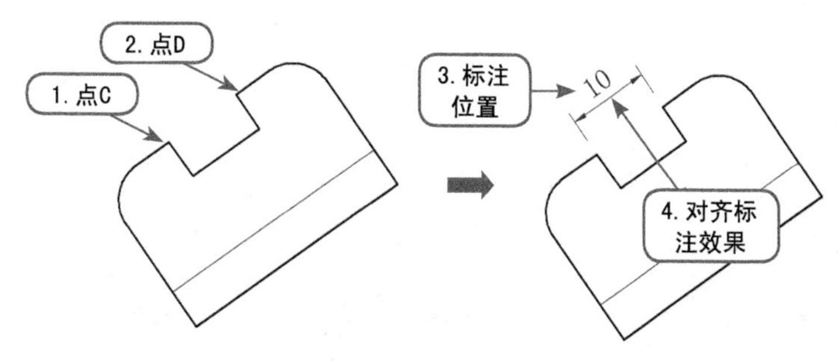

图9-40 对齐标注

9.3.3 弧长标注

弧长标注（DIMARC）用于标注圆弧和多段线中弧线段的长度。弧长标注包含一个弧长符号，以便与其他标注区分开来。

要启动DIMARC命令，有如下几种方法。

- 在“标注”面板中单击“弧长”按钮。
- 直接在命令行中输入DAR。

例如，利用弧长标注命令（DAR）标注如图9-41左图所示圆弧的长度，具体操作步骤如下。

01 在“标注”面板中单击“弧长”按钮。

02 选择如图9-41左图所示圆弧。

03 拖动鼠标在合适位置处单击，指定弧长标注位置，标注结果如图9-41右图所示。

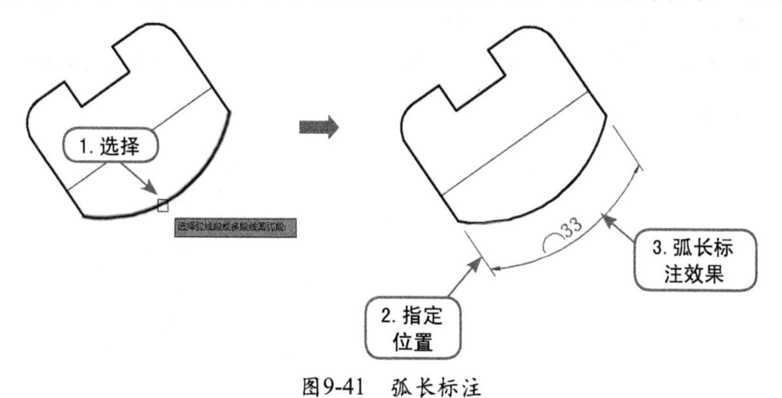

图9-41 弧长标注

9.3.4 坐标标注

利用坐标标注（DIMORDINATE）可以基于当前UCS标注任意点的X与Y坐标。执行该命令并选择希望标注的点后，沿X轴方向移动光标将标注X坐标，沿Y轴方向移动光标将标注Y坐标。

要启动DIMORDINATE命令，有如下几种方法。

- 在“标注”面板中单击“坐标”按钮。
- 直接在命令行中输入DOR。

例如，利用坐标标注命令（DOR）标注如图9-42左图所示O点坐标，操作步骤如下。

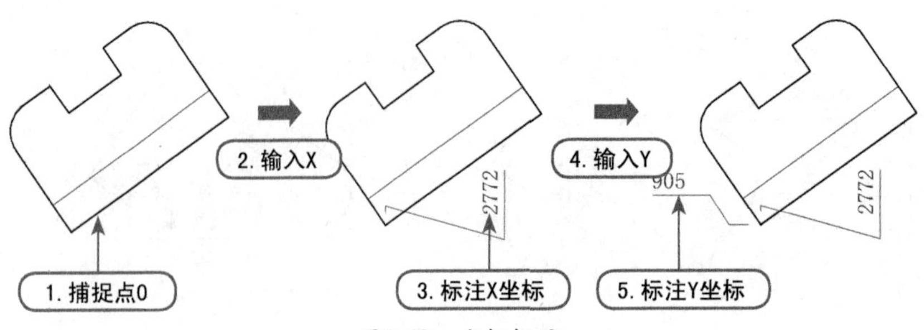

图9-42　坐标标注

01 在“标注”面板中单击“坐标”按钮。
02 启动交点捕捉功能，捕捉图9-42左图中的O点。
03 输入X并按Enter键，表示标注X坐标。
04 拖动鼠标并在合适位置单击，指定引线端点位置，如图9-42中图所示。
05 使用相同的方法标注Y坐标，结果如图9-42右图所示。

9.3.5　半径标注与直径标注

利用半径标注（DIMRADIUS）与直径标注（DIMDIAMETER）命令，可以标注所选圆和圆弧的半径或直径尺寸。标注圆和圆弧的半径或直径尺寸时，AutoCAD会自动在标注文字前添加符号R（半径）或Ø（直径）。

要启动DIMRADIUS与DIMDIAMETER命令，有如下2种方法。

- 在“标注”面板中单击“半径”按钮或“直径”按钮。
- 直接在命令行中输入 DRA 或 DDI。

例如，利用直径标注（DDI）和半径标注（DDR）命令，标注如图9-43左图所示圆的直径和圆角半径值，具体操作步骤如下。

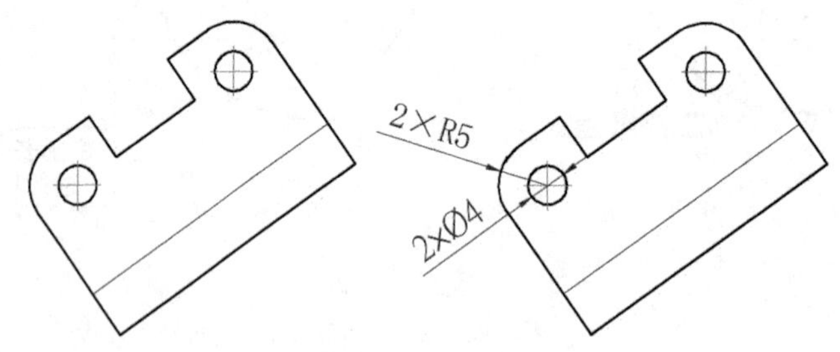

图9-43　直径标注

01 在“标注”面板中单击“直径”按钮。
02 选择如图9-43左图所示的左侧圆对象作为标注对象。
03 输入M并按Enter键，打开“文字编辑器”选项卡。
04 在文字编辑框中输入“2×”，如图9-44左图所示。
05 拖动鼠标确定直径的标注位置并单击，如图9-44右图所示。
06 在“标注”面板中单击“半径”按钮。
07 选择如图9-43左图所示的左侧圆角对象作为标注对象。
08 参照前面的方法，对其进行半径标注，其最终标注结果如图9-43所示。

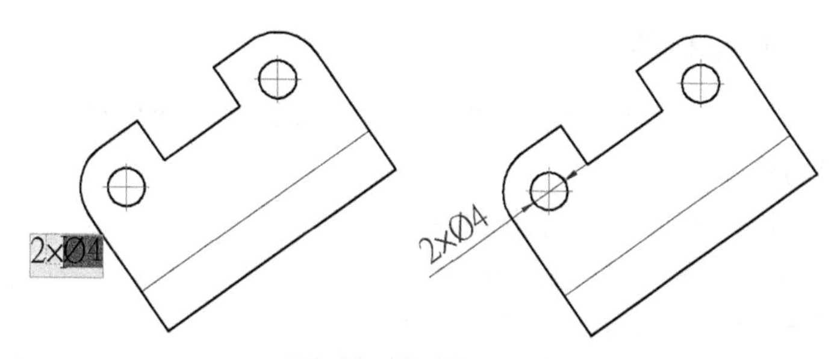

图9-44　修改标注文本

在制图中，使用半径标注与直径标注来标注图样中的圆和圆弧时，需注意以下几点。

- 完整的圆应使用直径标注，如果图形中包含多个规格完全相同的圆，应标注出圆的总数量。
- 圆弧应使用半径标注，即使图中包含多个规格完全相同的圆弧，也不注出圆弧的数量。
- 半径和直径的标注样式有多种，常用的有“标注文字水平放置”和“尺寸线放在圆弧外面”，如图 9-45 所示。其中，要将标注文字水平放置，可在“修改标注样式”对话框中打开“文字”选项卡，然后选中“文字对齐”选项组中的◎水平单选按钮，如图 9-46 左图所示；要将尺寸线放在圆弧外面，可在“调整”选项卡的“优化”选项组中取消选择□在尺寸界线之间绘制尺寸线(D)复选框，如图 9-46 右图所示。

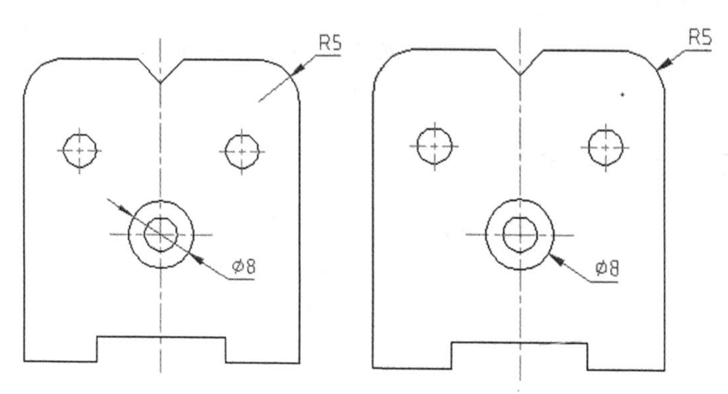

图9-45　半径和直径的标注样式

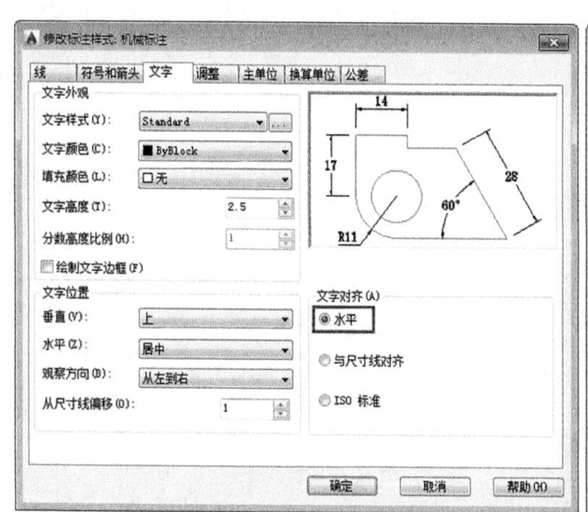

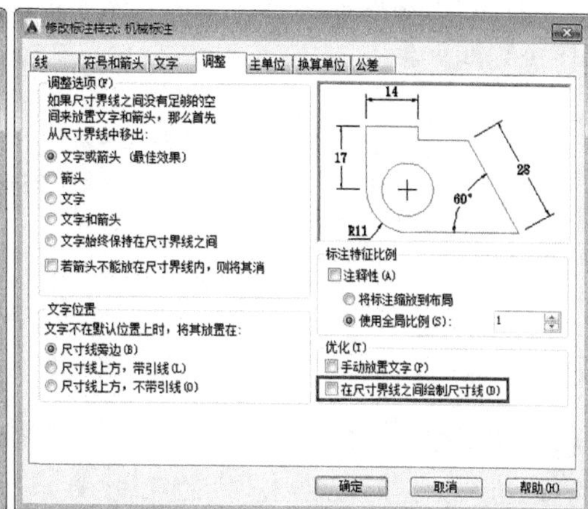

图9-46　设置半径和直径的标注样式

9.3.6 折弯标注

当圆或圆弧的中心位于布局外且无法在其实际位置显示时，可用折弯标注（DIMJOGGED）命令标注圆或圆弧的半径。

要启动DIMJOGGED命令，有如下几种方法。

- 在“标注”面板中单击“折弯”按钮。
- 直接在命令行中输入DJO。

例如，利用折弯标注命令（DJO）标注如图9-47左图所示圆弧的半径尺寸，具体操作步骤如下。

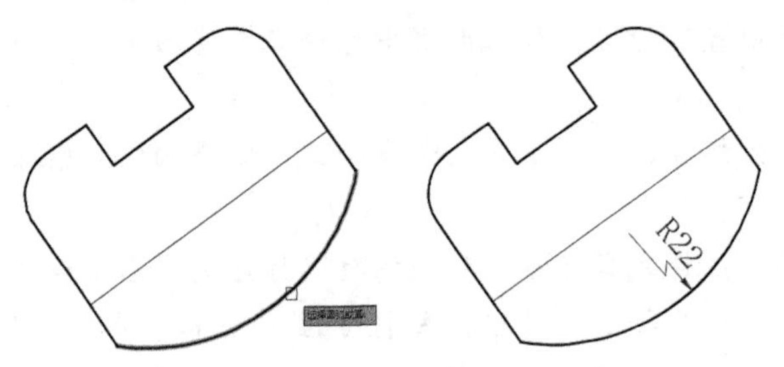

图9-47 折弯标注

01 在“标注”面板中单击“折弯”按钮。

02 选择图9-47左图所示圆弧。

03 指定中心位置替代、尺寸线位置及折弯位置，结果如图9-47右图所示。如例中所示，折弯标注由指向圆弧的“Z”字形线段表示。

9.3.7 角度标注

使用角度标注（DIMANGULAR）可以测量圆和圆弧的角度、两条直线间的角度，或者三点间的角度。

要启动DIMANGULAR命令，有如下几种方法。

- 在“标注”面板中单击“角度”按钮。
- 直接在命令行中输入DAN。

例如，利用角度标注命令（DAN）标注如图9-48左图所示直线AB和CD间的角度，具体操作步骤如下。

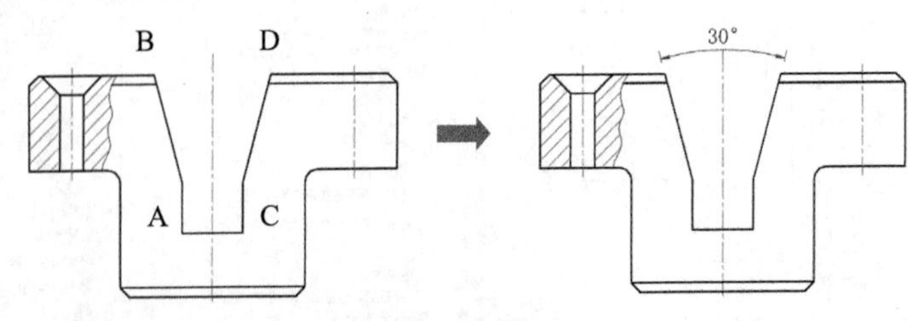

图9-48 角度标注

01 在“标注”面板中单击“角度”按钮。

02 选择如图9-48左图所示的直线AB。

03 选择直线CD作为第二条直线。

04 指定标注弧线位置，标注结果如图9-48右图所示。

此外，使用角度标注（DAN）命令标注圆、圆弧和三点间的角度时，要注意以下几点。

- 标注圆时，首先在圆上单击确定第一个点（如点1），然后指定圆上的第二个点（如点2）及放置尺寸的位置，如图9-49左图所示。
- 标注圆弧时，可以直接选择圆弧，如图9-49中图所示。
- 标注三点间的角度时，按Enter键，然后指定角的顶点（如点1）和两个点（如点2和点3），如图9-49右图所示。

注 意

在机械制图中，国标要求角度的数字一律写成水平方向，注在尺寸线中断处，必要时可以写在尺寸线上方或外边，也可以引出，如图9-50所示。

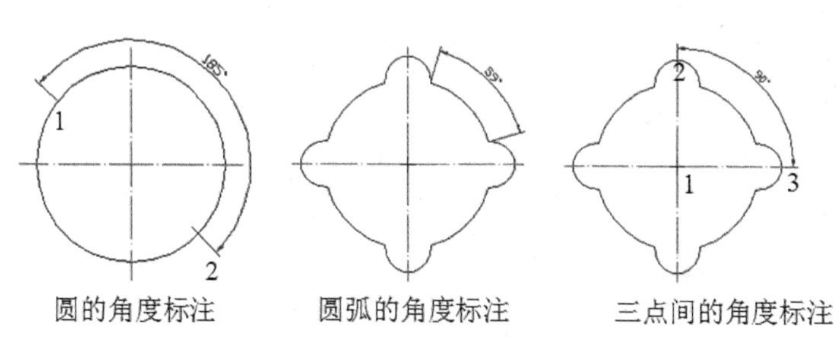

图9-49 圆、圆弧和三点间的角度标注

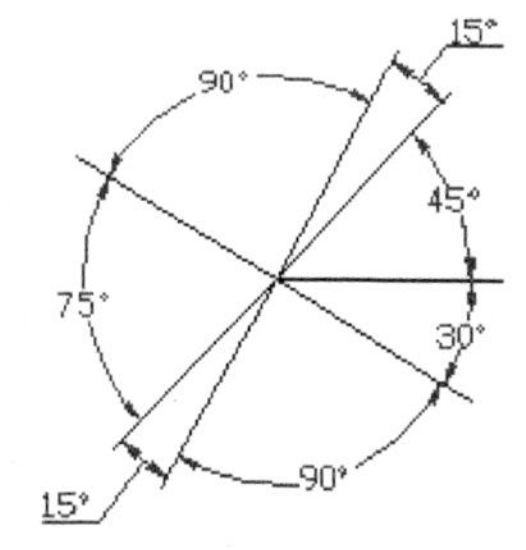

图9-50 国标要求的角度标注

9.3.8 基线标注

使用基线标注（DIMBASELINE）可以创建一系列由相同的标注原点测量出来的标注。要创建基线标注，必须先创建（或选择）一个线性、坐标或角度标注，作为基准标注，AutoCAD将从基准标注的第一个尺寸界线处测量基线标注。

要启动DIMBASELINE命令，有如下几种方法。

- 在“标注”面板中单击“基线”按钮。
- 直接在命令行中输入DBAE。

例如，利用基线标注命令（DBAE）标注如图9-51左图所示点A和B之间的基线尺寸，具体操作步骤如下。

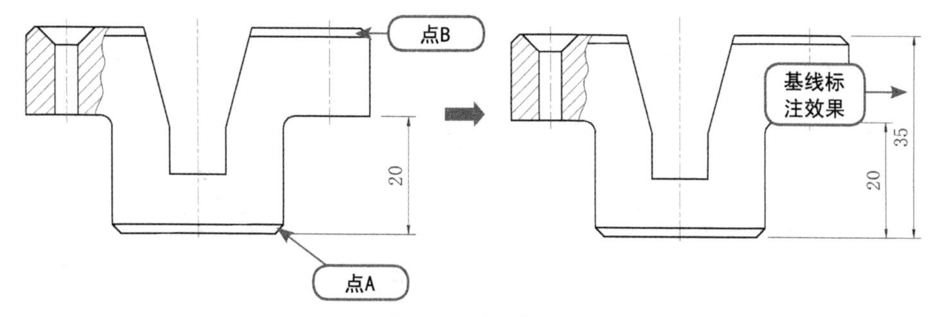

图9-51 基线标注

01 在“标注”面板中单击“基线”按钮，AutoCAD将以最后一次创建尺寸标注的原点1（如图9-51左图所示）作为基点。

02 启动端点捕捉功能，指定点B作为第二条尺寸界线原点。

03 按两次Enter键结束标注，结果如图9-51右图所示。

注 意

创建基线标注时，如果两条尺寸线的距离太近，可以在“修改标注样式”对话框中打开“直线”选项卡，然后修改“基线间距”值，如图9-52所示。如果希望选择其他尺寸标注作为基线标注的基准标注，可在基线标注（DBAE）命令后按Enter键，然后单击该尺寸标注的尺寸界线，此时所选尺寸界线被作为基线标注的基准尺寸界线。

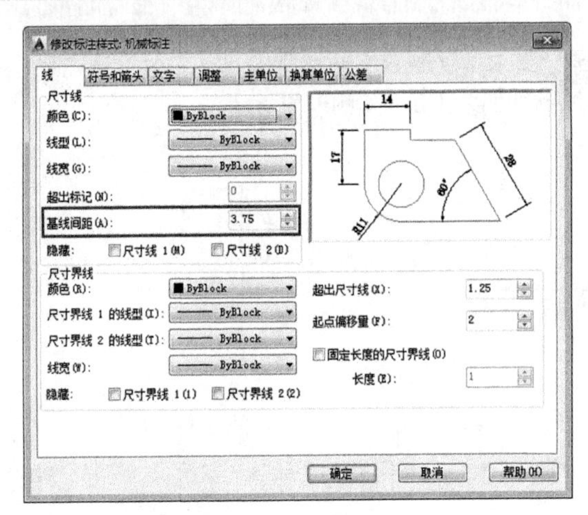

图9-52　设置基线间距

9.3.9　连续标注

连续标注（DIMCONTINUE）用于创建一系列端对端放置的标注，每个连续标注都从前一个标注的第二个尺寸界线处开始。

要启动DIMCONTINUE命令，有如下几种方法。

- 在“标注”面板中单击“连续”按钮。
- 直接在命令行中输入DCO。

例如，利用连续标注命令（DCO）标注如图9-53左图所示线性尺寸的连续尺寸，具体操作步骤如下。

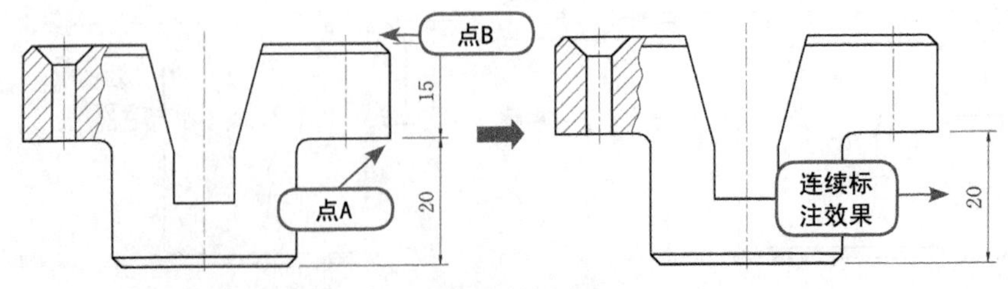

图9-53　连续标注

01 在“标注”面板中单击“连续”按钮，AutoCAD将以最后一次创建尺寸标注的原点A（如图9-53左图所示）作为基点。

02 启动端点捕捉功能，指定如图9-53左图所示的点B作为第二条尺寸界线原点。

03 按两次Enter键结束标注命令，结果如图9-53右图所示。

注 意

在连续标注尺寸过程中，只能向同一方向标注下一个连续尺寸。同样，如果希望选择其他尺寸标注作为连续标注的基准标注，可在执行连续标注（DCO）命令后按Enter键，然后单击该尺寸标注的尺寸界线，此时所选尺寸界线被作为连续标注的第一个尺寸界线。

9.3.10 快速标注

使用快速标注（QDIM）功能，可以快速创建成组的基线、连续、阶梯和坐标标注，快速标注多个圆、圆弧及编辑现有标注的布局。

要启动QDIM命令，有如下几种方法。

- 在“标注”面板中单击“快速标注”按钮。
- 直接在命令行中输入 QDIM 命令。

例如，使用QDIM命令创建如图9-54所示的快速标注，具体操作步骤如下。

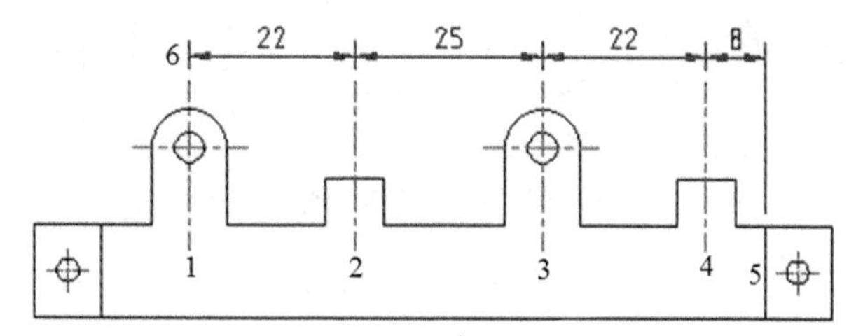

图9-54 快速标注

01 在“标注”面板中单击“快速标注”按钮。

02 选择要标注的几何图形，如点1、2、3、4和5处的边。

03 按Enter键，结束对象选取。

04 在点6处单击，指定尺寸线的位置，结果如图9-54所示。

执行QDIM命令时，在选择好希望标注的图形对象并结束对象选择后，系统将给出如下提示。

```
指定尺寸线位置或
[连续(C)/并列(S)/基线(B)/坐标(O)/半径(R)/直径(D)/基准点(P)/编辑(E)/设置(T)] <连续>:
```

这些选项的功能如下。

- 连续、并列、基线、坐标、半径和直径：创建一系列连续、并列等标注。
- 基准点：为基线标注和坐标标注设置新的基准点或原点。
- 编辑：可以显示所有的标注节点，并提示用户在现有标注中添加或删除标注节点。
- 设置：为指定尺寸界线原点设置默认对象捕捉。

注 意

QDIM命令特别适合标注基线尺寸、连续尺寸及一系列圆或圆弧的半径、直径，但不能自动标注其圆心。

9.3.11 标注间距

标注间距（DIMSPACE）可以自动调整平行的线性标注和角度标注之间的间距，或根据指定的间距值进行调整。除了调整尺寸线间距，还可以通过输入间距值0使尺寸线相互对齐。由于能够调整尺寸线的间距或对齐尺寸线，因而无需重新创建标注或使用夹点逐条对齐并重新定位尺寸线。

要启动DIMSPACE命令，有如下几种方法。

- 在“标注”面板中单击“标注间距”按钮。
- 直接在命令行中输入 DIMSPACE。

例如，利用标注间距命令（DIMSPACE）自动调整如图9-55左图所示线性标注间的间距，可按如下步骤操作。

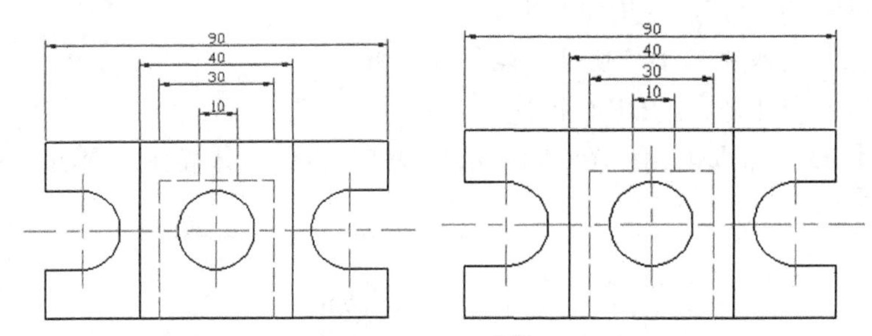

图9-55 自动调整平行的线性标注间的间距

01 在“标注”面板中单击“标注间距”按钮。

02 选择线性标注尺寸为10的标注作为基准标注。

03 选择要产生间距的标注，单击线性尺寸标注为30、40和90标注，按Enter键，结束对象选取。

04 按Enter键，选择自动（该项为默认选项），结果如图9-55右图所示。

9.3.12 折断标注

折断标注（DIMBREAK）可以在尺寸线或尺寸界线与几何对象或其他标注相交的位置将其打断。虽然不建议采取这种绘图方法，但是在某些情况下是必要的。

要启动DIMBREAK命令，有如下几种方法。

- 在“标注”面板中单击“打断标注”按钮。
- 直接在命令行中输入 DIMBREAK。

例如，利用折断标注命令（DIMBREAK）将如图9-56左图所示的尺寸标注打断，可按如下步骤操作。

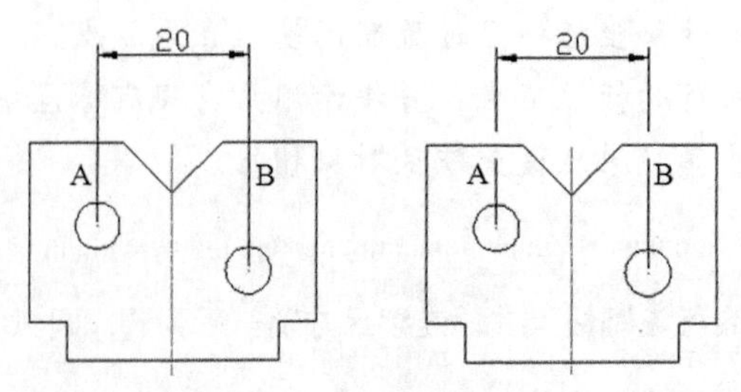

图9-56 创建折断标注

01 在“标注”面板中单击“打断标注”按钮。

02 选择标注，输入M可选择多个标注。

03 选择要打断标注的对象，在此分别选择线段A和线段B。

04 按Enter键，结束对象选择，结果如图9-56右图所示。

在执行DIMBREAK命令时，会有以下3种方式来创建折断标注。

- 通过选择对象创建的折断标注：可以指定要使用的相交对象来放置折断标注。若修改标注、多重引线或者相交对象，其折断标注会自动更新。
- 自动折断标注：要创建自动放置的折断标注，先选择标注或多重引线，然后使用DIMBREAK命令的“自动”选项。无论何时修改标注、多重引线或者相交对象，都将自动更新折断标注。自动放置的折断标注的大小可通过“修改标注样式”对话框中的“符号和箭头”选项卡控制。
- 通过拾取两点创建的折断标注：用户可以通过拾取标注、尺寸延伸线或引线上的两点来放置折断标注，以确定打断的大小和位置。修改标注、多重引线或者相交对象时，不会自动更新通过拾取两点手动添加的折断标注。因此，如果移动了具有手动添加的折断标注的标注或多重引线，或者修改了相交对象，则可能需要恢复标注或多重引线，然后再次添加折断标注。

9.3.13 标注圆心

圆心标记（DIMCENTER）命令用于标注圆或圆弧的圆心。

要启动DIMCENTER命令，有如下几种方法。

- 在“标注”面板中单击“圆心标记”按钮。
- 直接在命令行中输入DCE命令。

在“标注”面板中单击“圆心标记”按钮，然后在图样中单击圆或圆弧，即可将圆心标记放在圆或圆弧的圆心，如图9-57所示。要修改圆心标记的类型和大小，可打开“修改标注样式”对话框，然后在“符号和箭头”选项卡的“圆心标记”选项组中设置，如图9-58所示。

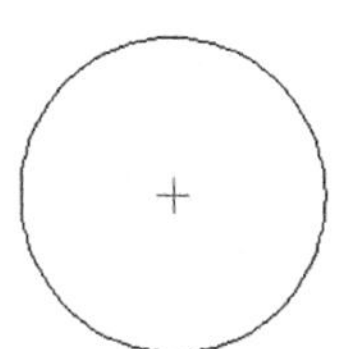

图9-57 标注圆心

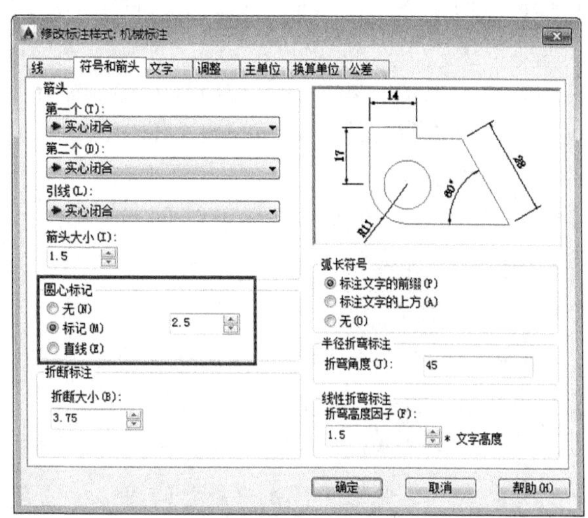

图9-58 设置圆心标记类型和大小

9.3.14 折弯线性

折弯线性（DIMJOGLINE）可以向线性标注添加折弯线，以表示实际测量值与尺寸界线之间的长度不同。如果显示的标注对象小于被标注对象的实际长度，则通常使用折弯尺寸线表示。

要启动DIMJOGLINE命令，有如下几种方法。

- 在“标注”面板中单击“折弯线性”按钮。
- 直接在命令行中输入DIMJOGLINE。

例如，利用DIMJOGLINE命令将如图9-59左图所示的线性尺寸添加折弯线，可按如下步骤操作。

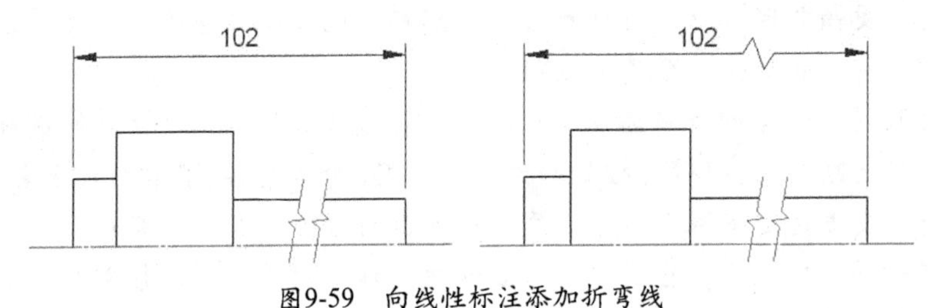

图9-59　向线性标注添加折弯线

01 在“标注”面板中单击“折弯线性”按钮。

02 选择要添加折弯的标注。

03 指定折弯位置或按Enter键，则在尺寸线中指定折弯位置，结果如图9-59右图所示。

9.4 标注样式和替代标注样式

用户在创建了一种基本标注样式后，还可以在该标注样式下创建一组子样式，从而在标注不同类型的尺寸时采用不同的标注样式。例如，在后面的实例中，用户首先创建一种基本样式，然后又为该样式创建一种角度标注子样式，则用户在标注除角度以外的其他尺寸时将采用基本样式，而在标注角度时将采用角度样式。

通常情况下，尺寸标注和标注样式是关联的，因此，当标注样式修改后，尺寸标注会自动更新。但是，如果希望对新尺寸标注采用一些特殊设置，则可以首先创建替代标注样式，然后再进行标注。如此一来，即使改变了标注样式，采用替代标注样式的尺寸样式也不会随之改变。

要创建替代标注样式，可执行如下步骤。

01 在“注释”选项卡的“标注”面板中，单击“标注样式”按钮，打开“标注样式管理器”对话框。

02 选择希望创建替代标注样式的基本样式，如果该样式不是当前样式，应首先单击“置为当前”按钮，将其设置为当前样式。

03 单击“替代”按钮，在打开的“替代当前样式”对话框中设置替代标注样式。

04 使用替代标注样式为需要的图形标注尺寸。

另外，一旦将其他标注样式设置为当前标注样式，则替代标注样式自动被删除。

上机练习 标注支架平面图

在机械制图中，国标对尺寸标注的格式有具体的要求，如尺寸文字的大小、尺寸箭头的大小等。下面就以第5章上机练习中绘制的图形进行标注为例，如图9-60左图所示，来熟悉一下机械图形中的尺寸标注，标注的结果如图9-60右图所示。

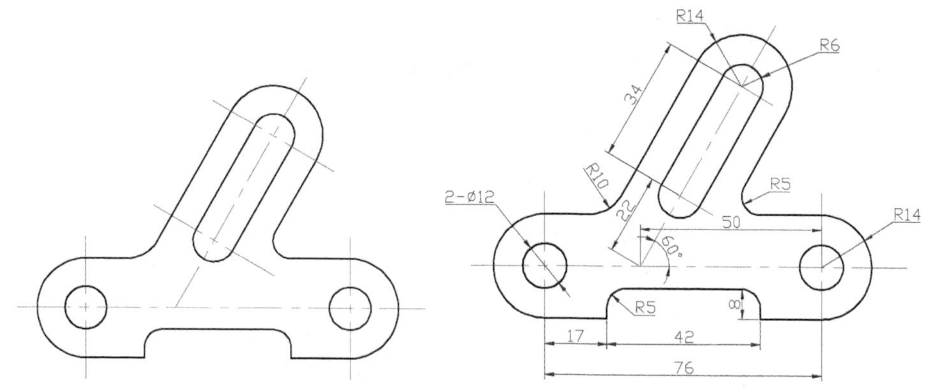

图9-60　支架平面图的标注

01 打开第5章绘制的支架平面图，如图9-60左图所示。

02 新建一个“标注”图层，将其颜色设置为蓝色，并将其设置为当前图层。

03 在“注释”选项卡的“标注”面板中，单击“标注样式”按钮，打开“标注样式管理器”对话框，如图9-61所示。

04 单击“新建”按钮，在打开的“创建新标注样式”对话框的“新样式名”文本框中输入“尺寸标注”，其余采用默认设置，如图9-62所示。

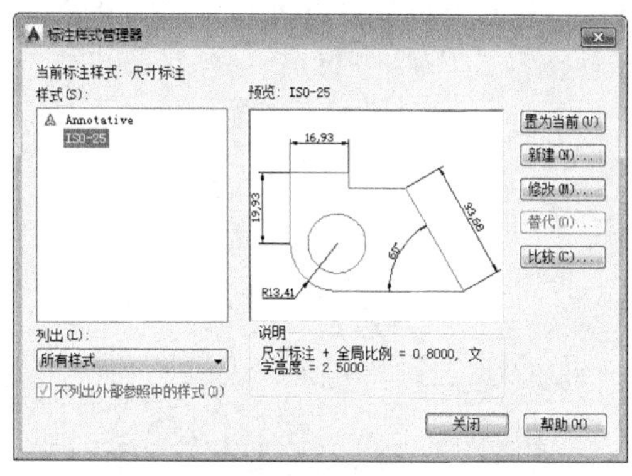

图9-61　“标注样式管理器”对话框

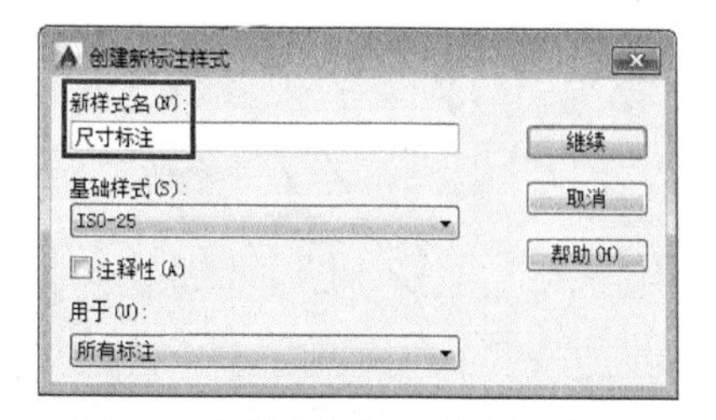

图9-62　“创建新标注样式”对话框

05 单击“继续”按钮，打开“新建标注样式：尺寸标注”对话框。在“线”选项卡中，设置“起点偏移量”为1.5；在“文字”选项卡中，将“文字高度”设置为3，如图9-63所示。

06 单击“确定”按钮，完成尺寸标注样式“尺寸标注”的设置，返回“标注样式管理器”对话框，如图9-64所示。

07 在“样式”列表框中选中“尺寸标注”样式，单击“置为当前”按钮，将该标注样式设置为当前标注样式，然后单击“关闭”按钮。

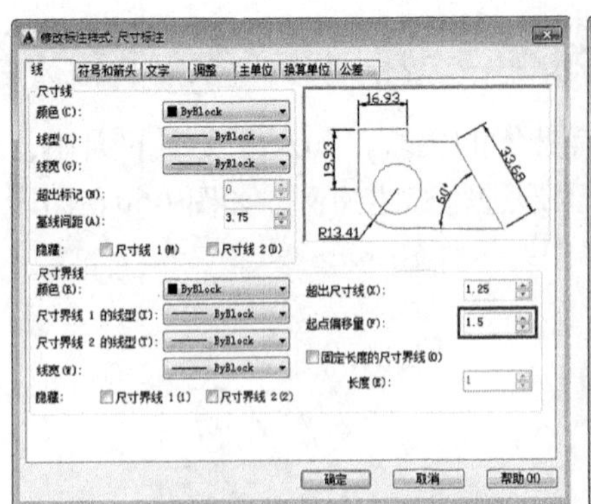

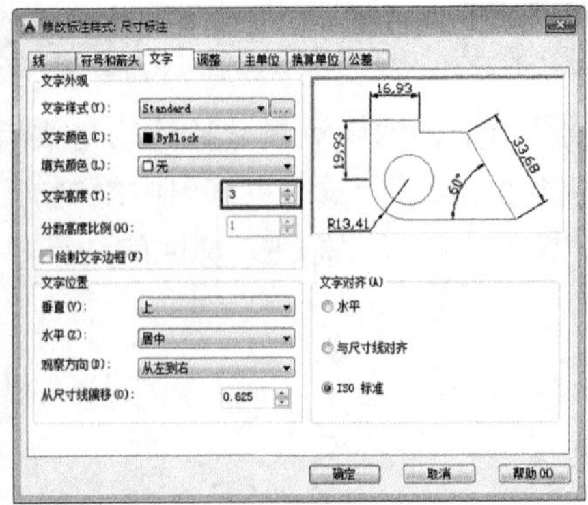

图9-63　设置线和文字

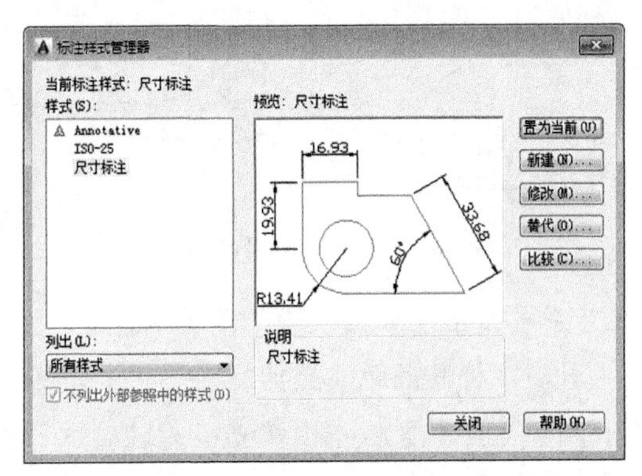

图9-64　“标注样式管理器”对话框

08 在“标注”面板中单击“半径”按钮，标注出图中圆的半径，如图9-65所示。

09 在“标注”面板中单击“直径”按钮，标注出图中圆的直径。为了在尺寸文本前增加数字和符号，可在标注尺寸时选择“多行文字（M）”项，在打开的多行文字编辑器中添加“2-”修改尺寸文本，如图9-66所示。

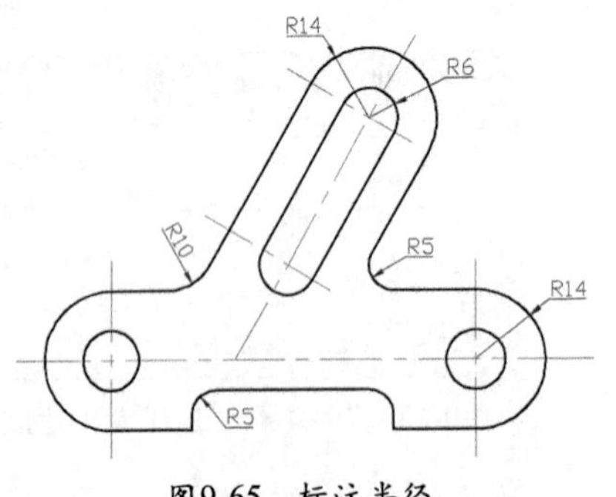

图9-65　标注半径

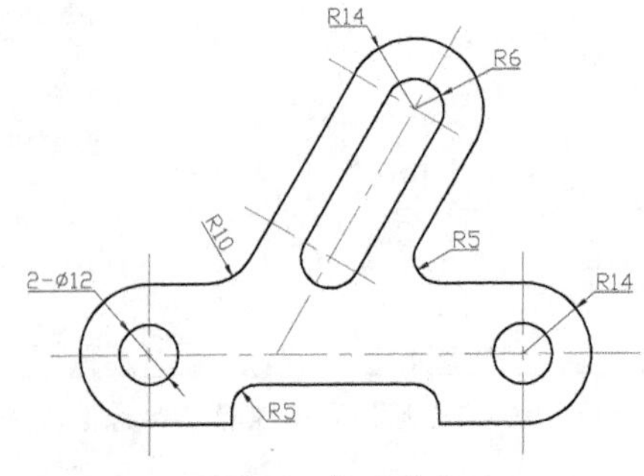

图9-66　标注直径

10 在“标注”面板中单击“对齐”按钮，标注图中斜线的尺寸，如图9-67所示。

11 在“标注”面板中单击“角度”按钮，标注水平线与斜线间的角度，如图9-68所示。

12 在“标注”面板中单击“线性”按钮，标注图中的线性尺寸，如图9-69所示。

13 在“标注”面板中单击“连续”按钮，以线性标注为基准尺寸进行连续标注，如图9-70所示。

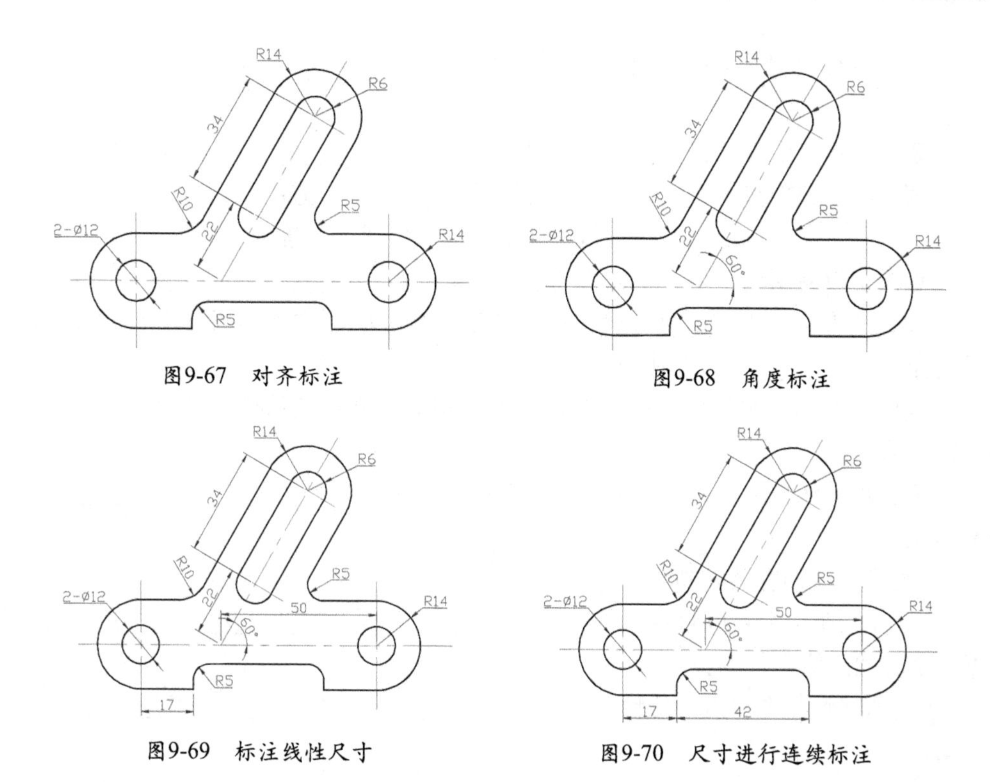

图9-67　对齐标注

图9-68　角度标注

图9-69　标注线性尺寸

图9-70　尺寸进行连续标注

⓮ 在“标注”面板中单击“基线”按钮，对图形两圆心距离进行基线标注，结果如图9-71所示。

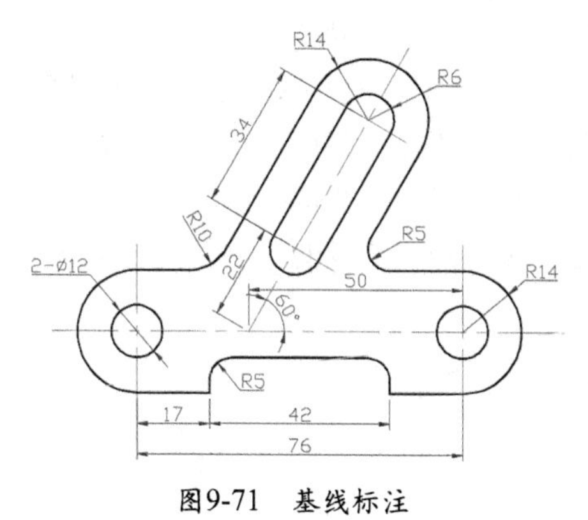

图9-71　基线标注

本章小结

通过本章的学习，读者应能根据现有国家标准创建符合要求的尺寸标注样式，并熟悉尺寸标注的各种组成元素，以及使用各种尺寸标注命令标注不同标注尺寸的方法。

思考与练习

1. 填空题

（1）一个完整的尺寸标注由________、________、________和________组成。

（2）在AutoCAD中，标注尺寸的主要步骤包括______________、______________、______________和______________。

（3）要创建自己的尺寸标注样式，可以选择____________________菜单命令。

（4）要标注一条斜线的真实长度，可使用____________方法。

（5）____________用于标注圆弧和多段线中弧线段的长度。

（6）如果希望使用大“十”字标注圆心，可以______________________________。

（7）在标注大部分类型的尺寸时，如果希望在尺寸标注文本中添加文字或特殊符号，都可以选择______或______选项。

（8）当圆或圆弧的中心位于布局外且无法在其实际位置显示时，可用________命令标注圆或圆弧的半径。

（9）要创建基线标注，必须先创建（或选择）一个______、______或______标注，作为基准标注。

（10）基线标注拥有共同的______________________。

（11）标注间距命令可以自动调整______________和______________之间的间距，或根据指定的间距值进行调整。

（12）折弯线性命令可以向线性标注添加________，以表示________与________之间的长度不同。

2. 思考题

（1）在什么时候会用到连续标注？

（2）子标注样式与临时标注样式有何异同？

（3）为什么通常要为尺寸标注创建单独的图层？如果希望隐藏尺寸标注，可以怎么做？

（4）快速标注的快体现在什么地方？如何进行快速标注？

（5）什么是折弯标注？它通常用于哪些场合？

（6）在什么情况下，使用线性标注测量的尺寸等同于对齐标注测量的尺寸？

3. 操作题

（1）根据下列要求创建机械标准样式。

尺寸界限与标注对象的间距为1mm，超出尺寸线的距离为2mm。

基线标注尺寸线间距为7.5mm。

箭头使用“实心闭合”形状，大小为3.0mm。

标注文字的高度为5mm，位于尺寸线的中间，文字从尺寸线偏移距离为0.7mm。

标注单位的精度为0.0。

（2）绘制并标注如图9-72所示图形。

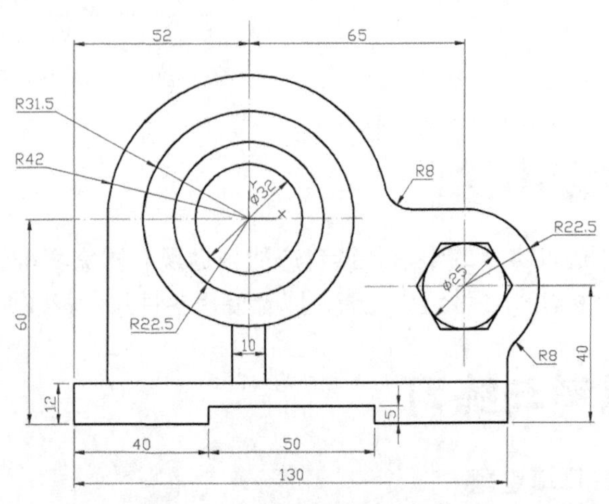

图9-72 绘制并标注图形尺寸

AutoCAD 2015

第10章 图形尺寸标注（下）

课前导读

在AutoCAD中，用户不仅可以利用多重引线标注为图形添加注释信息，还可以利用公差命令为图形标注公差等。要对标注的尺寸进行编辑，主要包括修改标注样式、倾斜尺寸标注、对齐标注文字、利用夹点调整尺寸标注、编辑尺寸标注内容，以及更新标注等。本章将进一步学习这些操作。

本章要点

- 掌握多重引线标注的创建与编辑
- 掌握公差标注的创建与编辑
- 掌握修改标注样式的方法
- 掌握编辑尺寸标注内容的方法
- 掌握对齐标注文字的方法
- 掌握检验标注的方法
- 掌握利用夹点调整尺寸标注的方法
- 掌握标注的关联与更新

10.1 多重引线

在AutoCAD中，使用多重引线标注（MLEADER）可以指示一个特征，然后给出关于它的信息。多重引线标注由带箭头的直线或样条曲线组成，有一条短水平线（又称为基线）将文字或块和特征控制框连接到引线上，如图10-1所示。

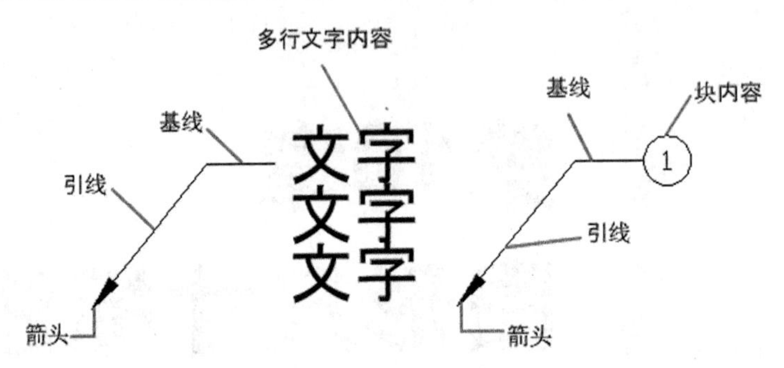

图10-1 引线标注

基线和引线与多行文字对象或块关联，因此当重定位基线时，内容和引线将随其移动。

10.1.1 创建多重引线

要启动MLEADER命令，有如下几种方法。

- 在“注释”选项卡的“引线”面板中单击“多重引线”按钮，如图10-2所示。
- 直接在命令行中输入MLEADER命令。

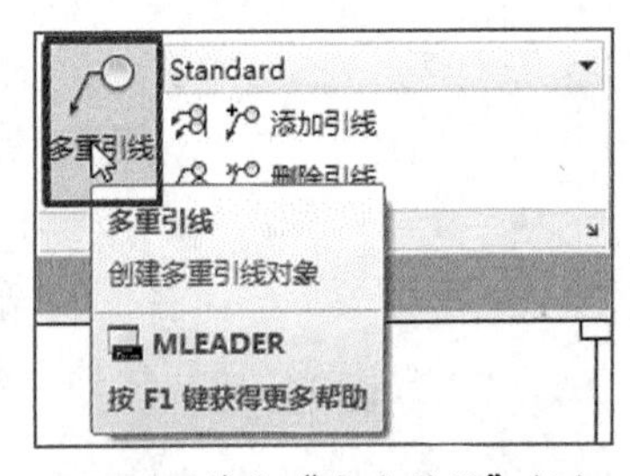

图10-2 单击“多重引线”按钮

多重引线可创建为箭头优先、引线基线优先或内容优先。如果已使用多重引线样式，则可以从该指定样式创建多重引线。

执行MLEADER命令后，系统提示如下。

```
指定引线箭头的位置或 [引线基线优先(L)/内容优先(C)/选项(O)]:
```

各项的意义如下。

- 指定引线箭头位置（箭头优先）：首先指定多重引线对象箭头的位置，然后设置多重引线对象的引线基线位置，最后输入相关联的文字。
- 引线基线优先(L)：首先指定多重引线对象的基线位置，然后设置多重引线对象的箭头位置，最后输入相关联的文字。
- 内容优先(C)：首先指定与多重引线对象相关联的文字或块的位置，然后输入文字，最后指定引线箭头位置。

注 意

如果先前绘制的多重引线对象是箭头优先、引线基线优先或内容优先，则后面创建的多重引线对象也是箭头、引线基线或内容优先（除非另外指定）。

- 选项(O)：指定用于放置多重引线对象的选项。

输入选项O，系统将显示如下提示信息。

[引线类型(L)/引线基线(A)/内容类型(C)/最大点数(M)/第一个角度(F)/第二个角度(S)/退出选项(X)]：

- 引线类型(L)：指定要使用的引线类型。输入T(类型)，将指定引线的类型是直线、样条曲线或无引线；输入L（基线），将更改水平基线的距离。
- 引线基线(L)：是否使用基线。如果此时选择“否”，则创建的多重引线对象不含基线。
- 内容类型(C)：指定要使用的内容类型。输入B（块），将指定图形中的块，以与新的多重引线相关联；输入M（多行文字），则内容类型为多行文字；输入N（无），则无内容类型。
- 最大点数(M)：可指定引线的最大点数。
- 第一个角度(F)：约束新引线中的第一个点的角度。可输入第一个角度约束。
- 第二个角度(S)：约束新引线中的第二个角度。可输入第二个角度约束。
- 退出选项(X)：输入该选项，将返回到第一个MLEADER命令提示。

例如，利用MLEADER命令对如图10-3左图所示的倒角进行引线标注，其具体操作步骤如下。

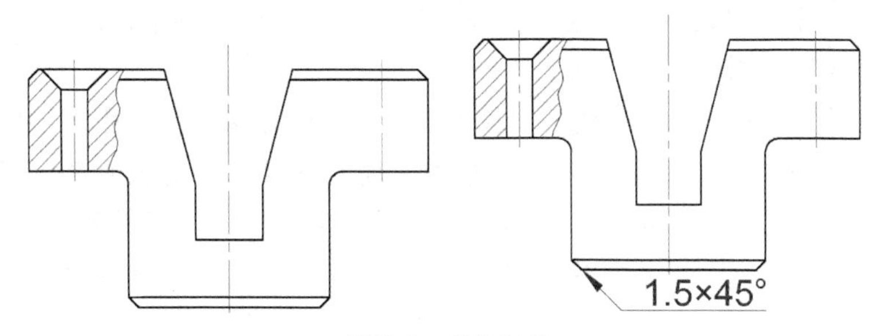

图10-3　引线标注

01 在状态栏右击“极轴追踪”，从弹出的菜单中选择45°角并激活，如图10-4所示。

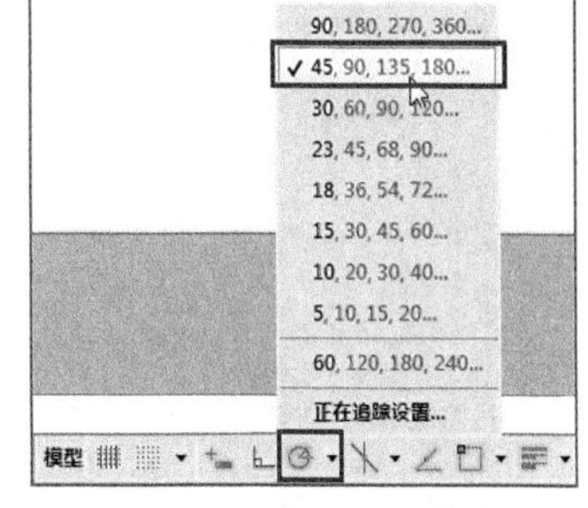

图10-4　设置极轴追踪

02 在“注释”选项卡的“引线”面板中单击“多重引线”按钮。

03 命令行显示“指定引线箭头的位置或[引线基线优先(L)/内容优先(C)/选项(O)]：”，在此用户在图形中直接指定引线箭头的位置，如图10-5所示。

04 使用鼠标沿右下角−45°方向拖动鼠标，出现极轴追踪虚线，并在合适位置单击，如图10-6所示。

05 此时呈现文字在位编辑状态，输入“1.5×45°”，如图10-7所示。

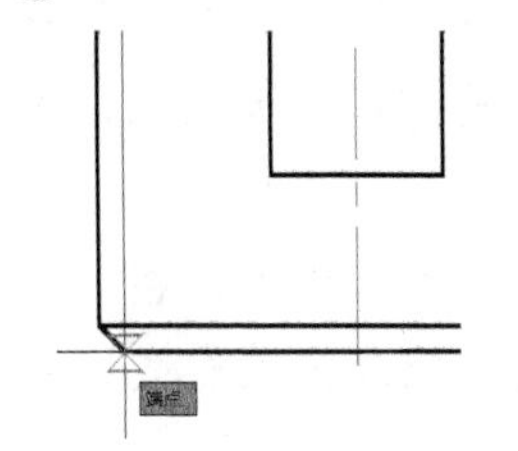

图10-5　捕捉引线箭头位置

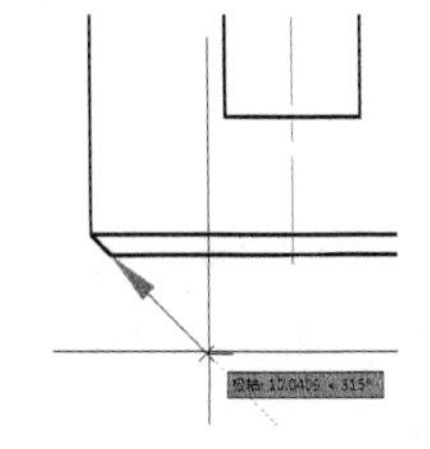

图10-6　极轴追踪确定第二点

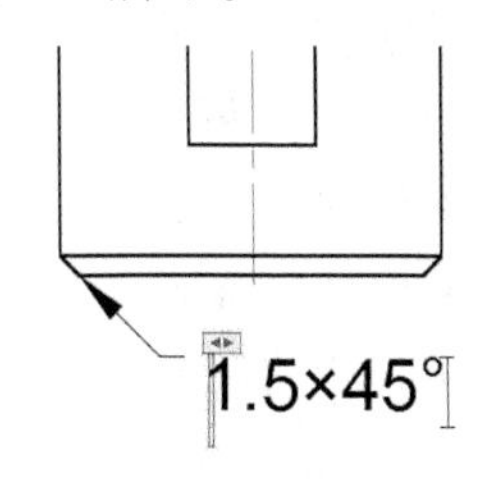

图10-7　输入引线标注文字

06 鼠标在其他位置单击，并按Esc键取消，则引线标注的效果如图10-3右图所示。

10.1.2 创建和修改多重引线样式

多重引线样式与标注样式一样，也可以创建新的样式来对不同的图形进行引线标注，从而可以控制引线的外观。用户可以使用默认多重引线样式Standard，也可以创建自己的多重引线样式。

利用多重引线样式可以指定基线、引线、箭头和内容的格式。例如，Standard多重引线样式使用带有实心闭合箭头和多行文字内容的直线引线。

要启动多重引线样式MLEADERSTYLE命令，有如下几种方法。

- 在“注释”选项卡的“引线”面板中单击“多重引线样式管理器”按钮 ↘，如图 10-8 所示。
- 直接在命令行中输入 MLEADERSTYLE（快捷键为 MLS）。

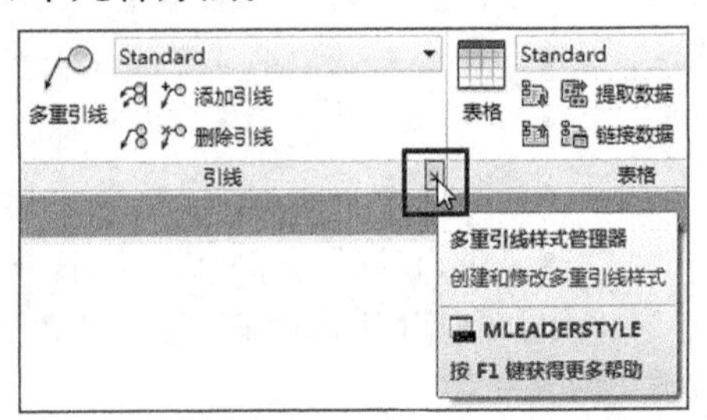

图10-8 单击“多重引线样式”按钮

例如，要新建或修改多重引线样式，可在“多重引线”工具栏中单击“多重引线样式管理器”按钮 ↘，在打开的“多重引线样式管理器”对话框中进行设置，具体操作步骤如下。

01 在“注释”选项卡的“引线”面板中单击“多重引线样式管理器”按钮 ↘。

02 打开“多重引线样式管理器”对话框，在“样式”列表框中显示了多重引线列表，默认的多重引线样式为Standard，单击“新建”按钮，如图10-9所示。

03 在打开的“创建新多重引线样式”对话框中，设置新样式的名称，然后单击“继续”按钮，如图10-10所示。

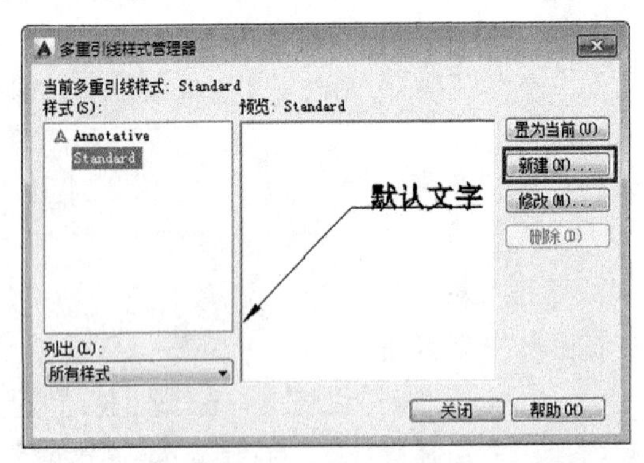

图10-9 “多重引线样式管理器”对话框

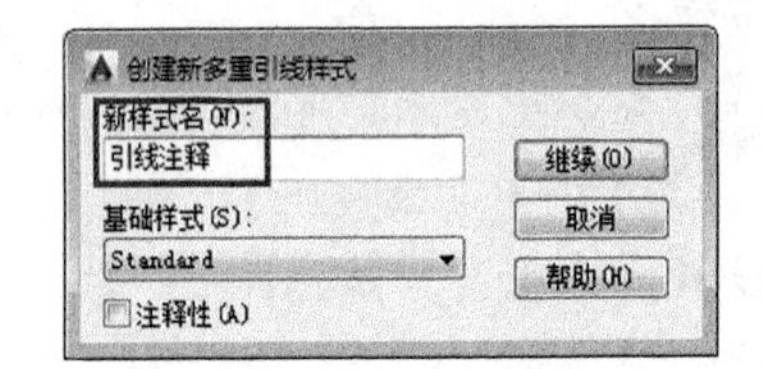

图10-10 “创建新多重引线样式”对话框

04 打开“修改多重引线样式：引线注释”对话框，在“引线格式”选项卡的“常规”选项组中可设置引线的基本外观，如引线的类型、颜色、线型和线宽；在“箭头”选项组可设置箭头的外观，如箭头符号的显示和箭头大小；在“引线打断”选项组，可控制将打断标注添加到多重引线时使用的设置，如图10-11所示。

05 在“引线结构”选项卡的“约束”选项组中可控制多重引线的约束；在“基线设置”选项组中可控制多重引线的基线设置；在“比例”选项组中可控制多重引线的缩放，如图10-12所示。

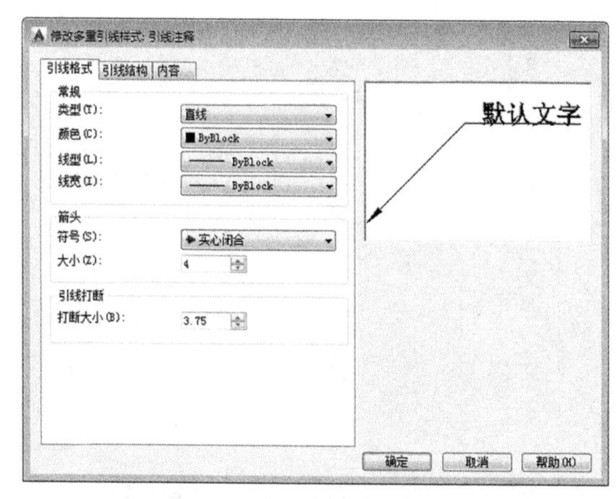

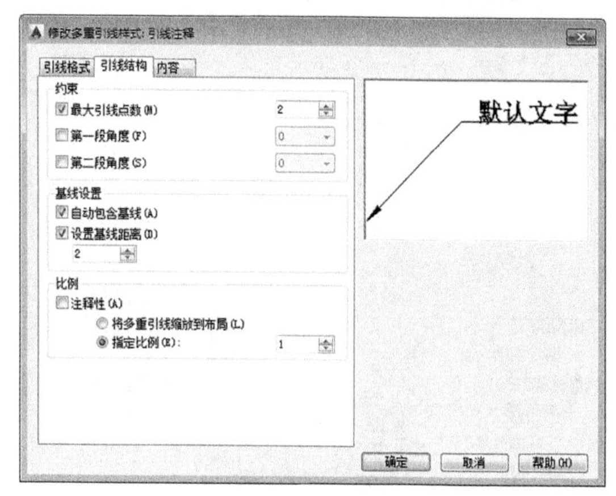

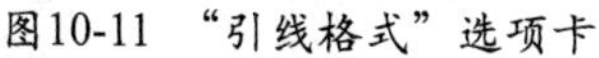
图10-11 “引线格式”选项卡

图10-12 “引线结构”选项卡

在“引线结构”选项卡中，各主要选项的意义如下。

- 最大引线点数：指定引线的最大点数，默认值为 2。
- 第一段角度：指定引线中的第一个点的角度。
- 第二段角度：指定多重引线基线中的第二个点的角度。
- 自动包含基线：将水平基线附着到多重引线内容。
- 设置基线距离：为多重引线基线确定固定距离。
- 注释性：指定多重引线为注释性。
- 指定比例：指定多重引线的缩放比例。

06 在“内容”选项卡的“多重引线类型”下拉列表中，可选择多重引线是包含文字还是包含块，如果选择多重引线包含多行文字，则显示“文字选项”选项组和“引线连接”选项组，如图10-13所示。

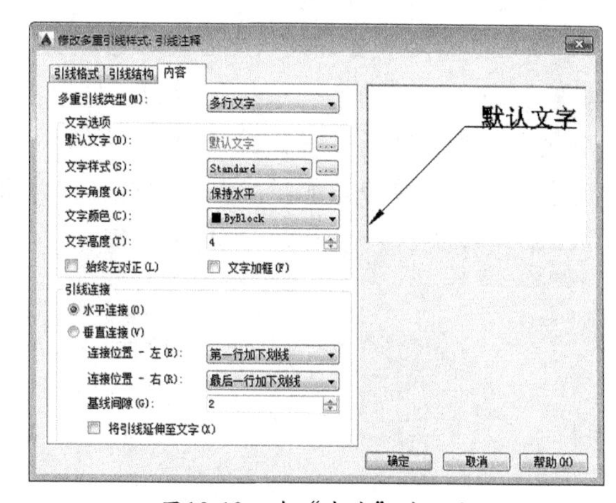

图10-13 在“内容”选项卡

07 “文字选项”选项组用于控制多重引线文字的外观，从中可为多重引线内容设置默认文字，设置文字样式、角度、颜色和高度，还可指定多重引线文字始终左对齐，使用文本框对多重引线文字内容加框等。

08 “引线连接”选项组用于控制多重引线的引线连接设置。该选项组中各选项的意义如下。

- 连接位置 - 左：控制文字位于引线左侧时基线连接到多重引线文字的方式，从其下拉列表中可选择多种方式，如图 10-14 左图所示。
- 连接位置 - 右：控制文字位于引线右侧时基线连接到多重引线文字的方式，从其下拉列表中可选择多种方式。如图 10-14 右图所示，显示了基线连接到多重引线文字的各种效果。

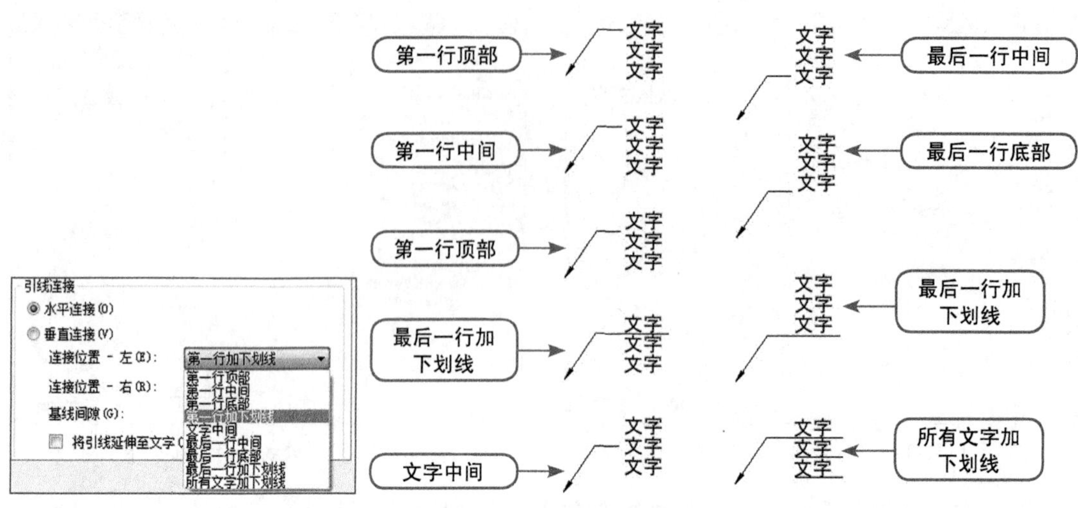

图10-14　基线连接到多重引线文字的方式

- 基线间隙：指定基线和多重引线文字之间的距离。

09 如果在“内容”选项卡的“多重引线类型”下拉列表中选择“块”，则显示如图10-15所示的“块选项”选项组。该选项组用于控制多重引线对象中块内容的特性，其各选项意义如下。

- 源块：指定用于多重引线内容的块。
- 附着：指定块附着到多重引线对象的方式。可以通过指定块的范围、块的插入点或块的中心点来附着块。
- 颜色：指定多重引线块内容的颜色。默认情况下，选择BYBLOCK。

10 设置完毕后单击“确定”按钮，返回到“多重引线样式管理器”对话框，在“样式”列表框中新创建的“样式1”被亮显。单击“置为当前”按钮，将“样式”列表中选定的多重引线样式设置为当前样式，然后单击“关闭”按钮，如图10-16所示。

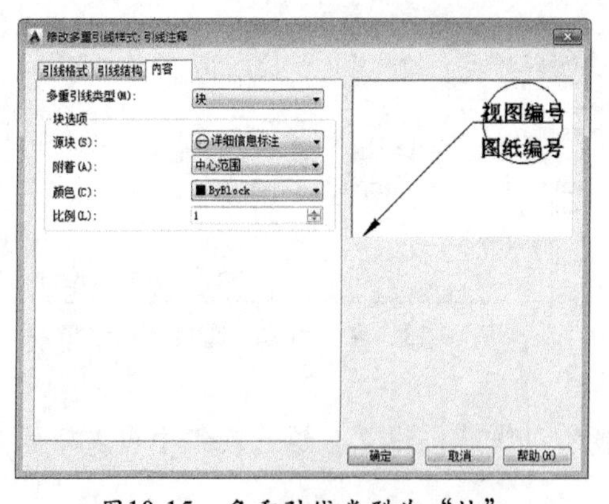

图10-15　多重引线类型为“块”

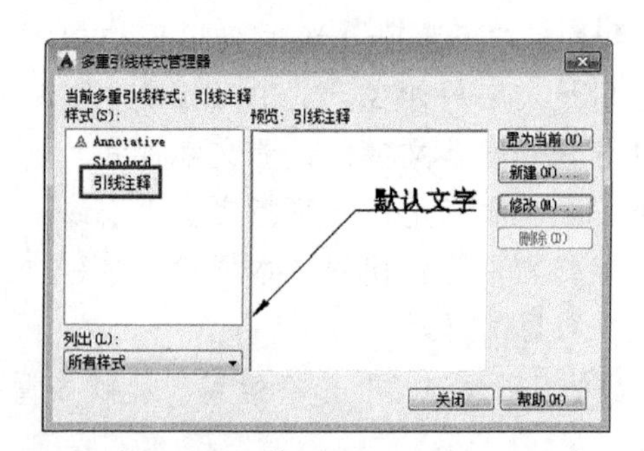

图10-16　在“多重引线样式管理器”对话框中将选择样式置为当前

注 意

若要修改现有的多重引线样式，可在“多重引线样式管理器”对话框的“样式”列表中选中要修改的样式，然后单击“修改”按钮，打开“修改多重引线样式”对话框进行修改。由于该对话框中各选项与新建引线样式相同，在此就不再赘述。

10.1.3 添加多重引线

当同时引出几个相同部分的引出线时，可采取互相平行或画成集中于一点的放射线，那么这时就可以采用添加多重引线的方法来操作。

例如，针对如图10-17左图所示的引线，再添加一多重引线，其操作步骤如下。

01 在“引线”面板中单击“添加引线”按钮 添加引线。

02 选择已有的多重引线对象。

03 使用鼠标指定添加多重引线箭头的位置。

04 系统自动将该引线箭头位置创建在与之前的引线在一起，其结果如图10-17右图所示。

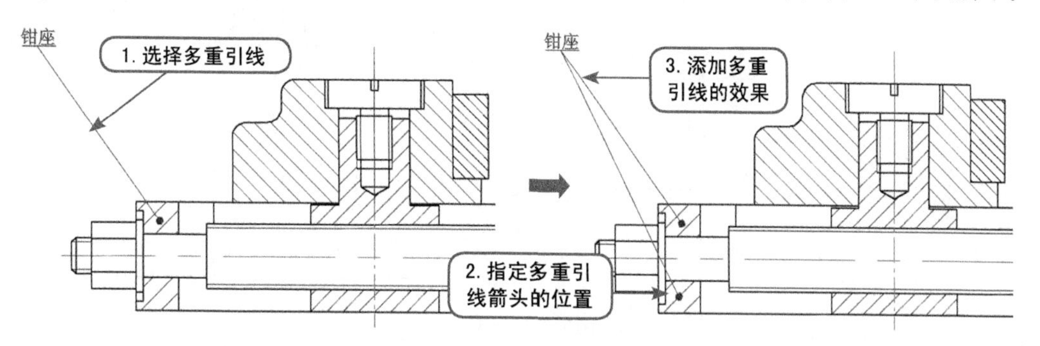

图10-17 添加多重引线

10.1.4 删除多重引线

当然，如果用户在添加了多重引线过后，又觉得不符合需要，这时可以将多余的多重引线删除。

例如，针对如图10-18左图所示的引线删除一条，其操作步骤如下。

01 在“引线”面板中单击“删除引线”按钮 删除引线。

02 选择如图10-18左图所示的多重引线对象。

03 选择要删除的多重引线对象，并按Enter键。

04 这时系统自动将选择的多重引线删除，如图10-18右图所示。

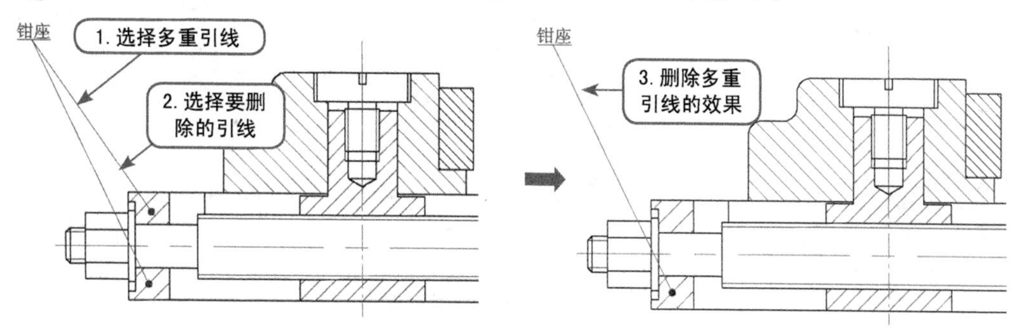

图10-18 删除多重引线

10.1.5 对齐多重引线

当一个图形中有多处引线标注时，如果没有对齐操作，显得图形不规范，也不符合要

求。这时可以通过AutoCAD提供的多重引线对齐功能来操作，它所需要的多个多重引线以某个引线为基准进行对齐操作。

例如，针对如图10-19左图所示的引线进行对齐操作，其操作步骤如下。

01 在“引线”面板中单击“对齐多重引线”按钮。

02 选择如图10-19左图所示所有多重引线对象，并按Enter键。

03 这时在视图中选择基准对齐的引线7。

04 使用鼠标来确定对齐的方向，其对齐的结果如图10-19右图所示。

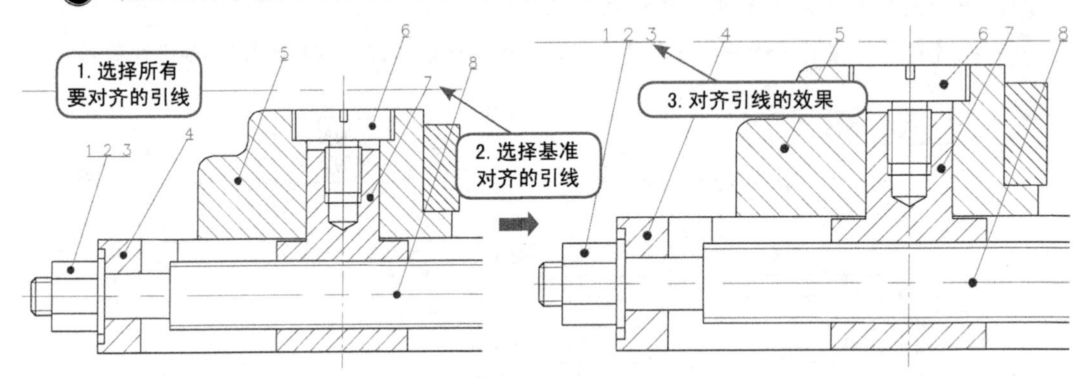

图10-19　对齐多重引线

10.1.6　修改多重引线

当需要修改选定的某个多重引线对象时，可以右击该多重引线对象，从弹出的快捷菜单中选择“特性”命令，弹出“特性”面板，从而可以修改多重引线的样式、箭头样式与大小、引线类型、是否水平基线、基线间距等，如图10-20所示。

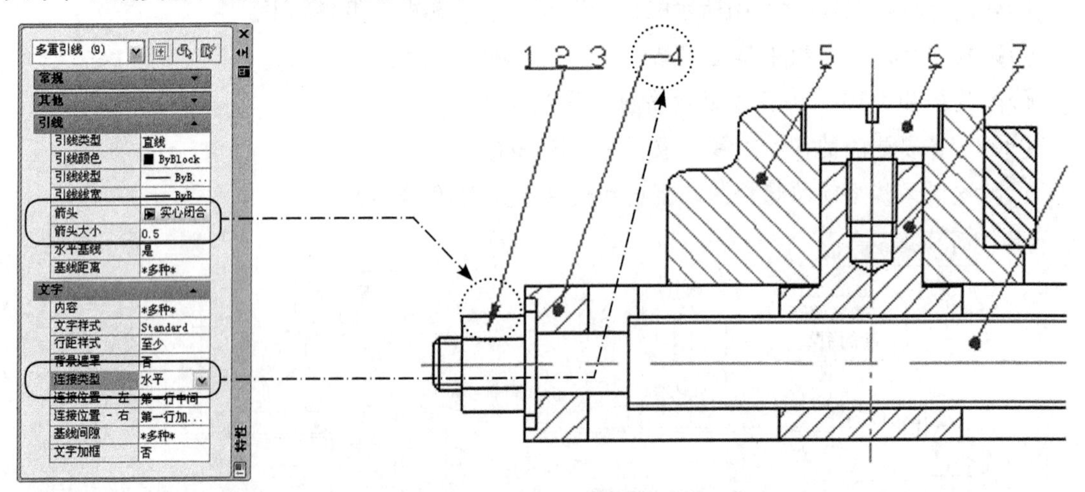

图10-20　修改选择的多重引线

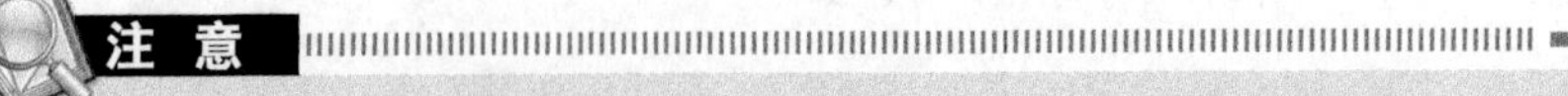

注 意

在创建多重引线时，所选择的多重引线样式类型应尽量与标注的类型一致，否则所标注出来的效果与标注样式不一致。

当然，用户可以统一通过修改多重引线的样式来修改基线类型、是否水平基线、改变基线间隙、改变文字大小等的效果，如图10-21所示。

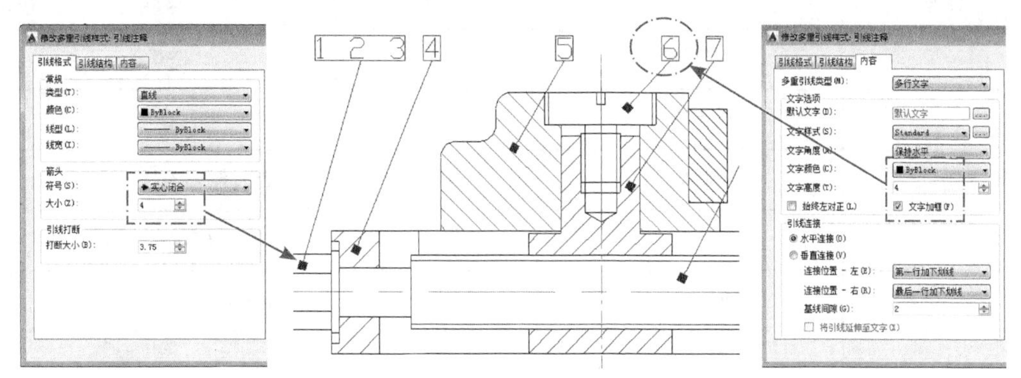

图10-21　统一修改多重引线样式

10.2 标注公差

形位公差（TOLERANCE）包括形状公差和位置公差，是指导生产、检验产品、控制质量的技术依据。形位公差在机械图形中极为重要，如果形位公差不能完全控制，则装配件不能正确装配。另一方面，过度吻合的形位公差又会由于额外的制造费用而造成浪费。

10.2.1 形位公差符号的意义

形位公差显示了特征的形状、轮廓、方向、位置和跳动的偏差。在AutoCAD中，通过特征控制框来显示标注的所有公差信息，如图10-22所示。

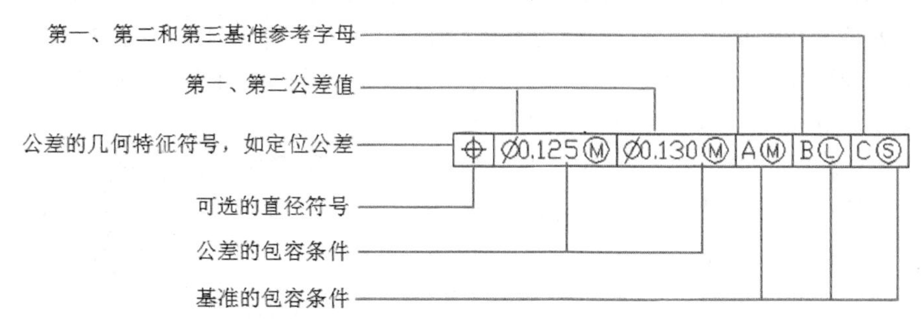

图10-22　特征控制框

公差符号的意义如表10-1所示。

表10-1　公差符号

符　号	含　义	符　号	含　义
⌖	位置度	⌓	面轮廓度
◎	同轴度	⌒	线轮廓度
⌯	对称度	↗	圆跳度

（续表）

符 号	含 义	符 号	含 义
//	平行度	↗↗	全跳度
⊥	垂直度	∅	直径
∠	倾斜度	Ⓜ	最大包容条件（MMC）
/○/	圆柱度	Ⓛ	最小包容条件（LMC）
▱	平面度	Ⓢ	不考虑特征尺寸（RFS）
○	圆度		
—	直线度		

特征控制框包含两部分内容，一是几何特征符号，一是公差值。特征控制框中各个组成部分的意义如下。

- 几何特征：用于表明位置、同心度或共轴性、对称性、平行性、垂直性、角度、圆柱度、平直度、圆度、直度、面剖、线剖、环形偏心度及总体偏心度等。
- 直径：用于指定一个图形的公差带，并放于公差值前。
- 公差值：用于指定特征的整体公差的数值。
- 包容条件：用于大小可变的几何特征，有Ⓜ、Ⓛ、Ⓢ和空白等几个选择。其中，Ⓜ表示最大包容条件，几何特征包含规定极限尺寸内的最大包容量，在Ⓜ中，孔应具有最小直径，而轴应具有最大直径；Ⓛ表示最小包容条件，几何特征包含规定极限尺寸内的最小包容量，在Ⓛ中，孔应具有最大直径，而轴应具有最小直径；Ⓢ表示不考虑特征尺寸，这时几何特征可以是规定极限尺寸内的任意大小。
- 基准：特征控制框中的公差值，最多可跟随 3 个可选的基准参考字母及其修饰符号。基准是用来测量和验证标注在理论上精确的点、轴或平面。通常，两个或 3 个相互垂直的平面效果最佳。它们共同称做基准参考边框，如图 10-23 所示。
- 投影公差带：除指定位置公差外，还可以指定投影公差以使公差更加明确。

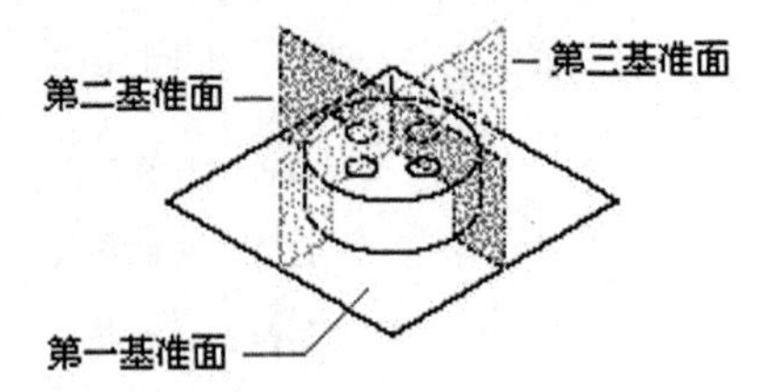

图10-23　基准参考边框

10.2.2　定义和放置形位公差

要定义和放置行位公差，可使用如下几种方法执行TOLERANCE命令。

- 在“注释”选项卡的“标注”面板中单击“公差”按钮。
- 直接在命令行中输入 TOLERANCE（快捷键为 TOL）。

执行TOLERANCE命令后，系统将打开“形位公差”对话框，在该对话框中可以设置公差的符号、值、基准等参数，如图10-24所示。

- 单击“符号”列中的■框，将打开“特征符号”对话框，可以为第一个或第二个公差选择几何特征符号，如图 10-25 左图所示。

- 单击“公差 1”列后面的■框，这时打开“附加符号”对话框，可以为第一个公差选择附加符号，如图 10-25 右所示。
- 单击“公差 1”列前面的■框，这时将插入一个直径符号。

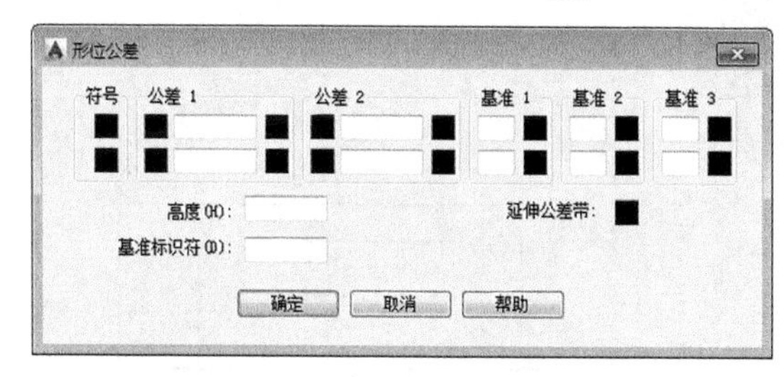

图10-24 “形位公差”对话框

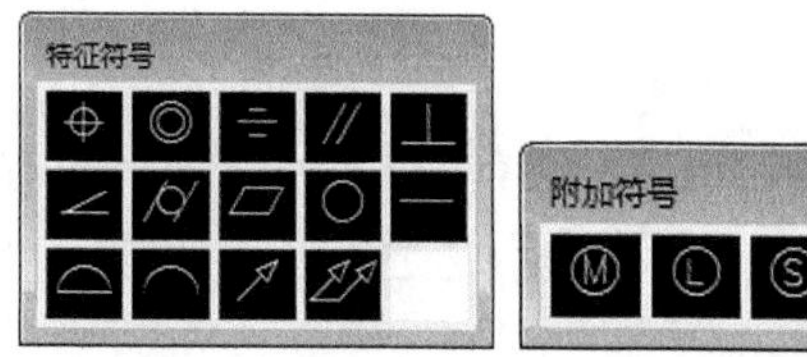

图10-25 公差“特征符号”和“附加符号”对话框

- 在“公差 1”列中间的文本框中输入第一个公差值。
- 在“高度”文本框中可以输入投影公差带的值。投影公差带控制固定垂直部分延伸区的高度变化，并以位置公差控制公差精度。
- 单击“延伸公差带”后面的■框，可在延伸公差带值的后面插入延伸公差带符号。
- 在“基准标识符”文本框中创建由参照字母组成的基准标识符号。

要标注完整的形位公差，需和多重引线结合使用。例如，利用TOLERANCE命令标注如图10-26左图所示圆的形位公差，具体操作步骤如下。

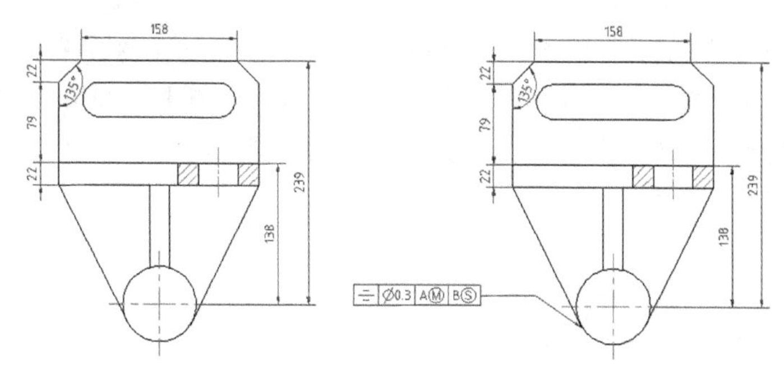

图10-26 形位公差标注

01 在“注释”选项卡的“引线”面板中单击“多重引线”按钮。

02 指定多重引线的起点，然后指定多重引线的第二点，并按Esc键退出。

03 在“注释”选项卡的“标注”面板中单击“公差”按钮，打开“形位公差”对话框。在该对话框中设置形位公差的符号、值、基准和附加符号，如图10-27所示。

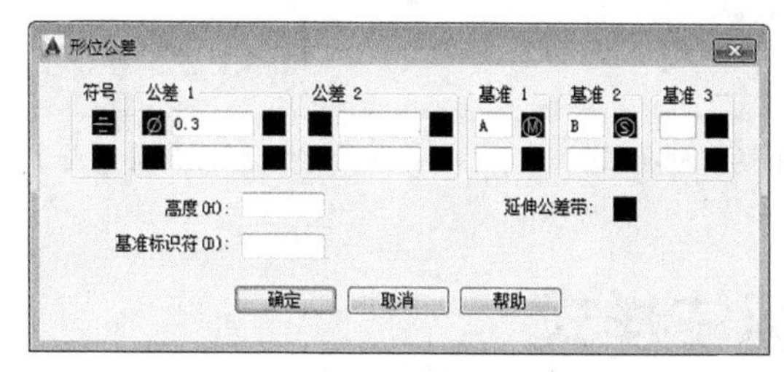

图10-27 设置形位公差

04 单击“确定”按钮，将形位公差移动到多重引线末端，则标注结果如图10-26右图所示。

10.2.3 编辑形位公差

在AutoCAD中，可以利用“特性”面板编辑形位公差。例如，利用“特性”面板编辑如图10-28左图所示的形位公差，具体操作步骤如下。

01 选择如图10-28左图所示的形位公差标注。

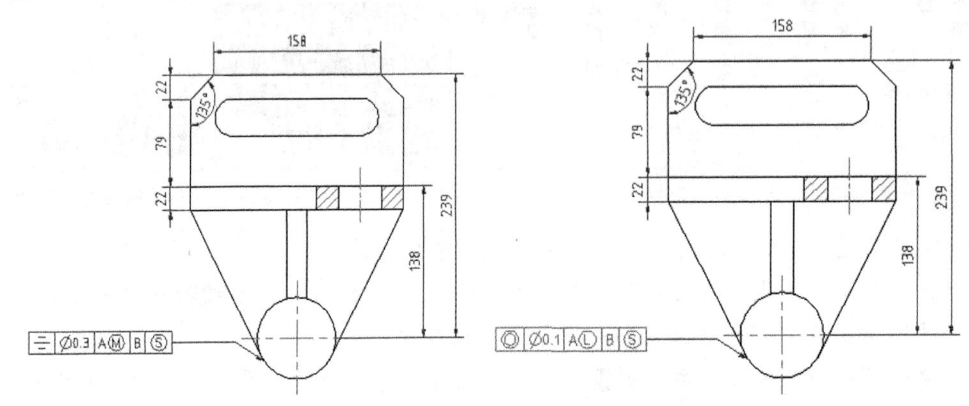

图10-28 编辑形位公差

02 按Ctrl+1快捷键，打开“特性”面板，这时在“特性”面板中将显示该形位公差标注的所有信息，如图10-29所示。

03 修改形位公差的颜色为红色，单击“文字替代”后面的按钮，打开“形位公差”对话框，在该对话框中修改形位公差的符号、值和附加符号，如图10-30所示。

04 单击“确定”按钮，则编辑结果如图10-28右图所示。

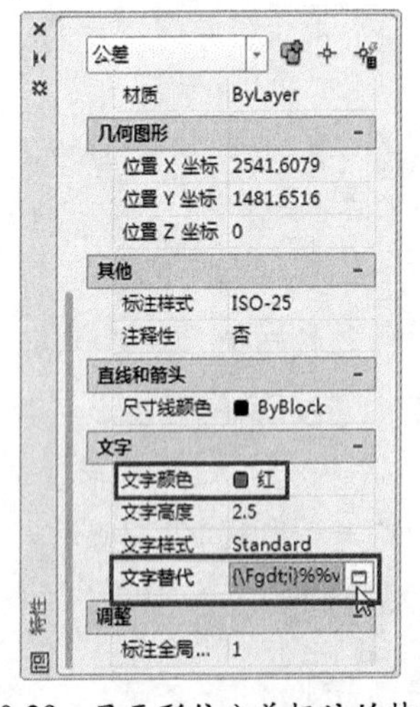

图10-29 显示形位公差标注的特性

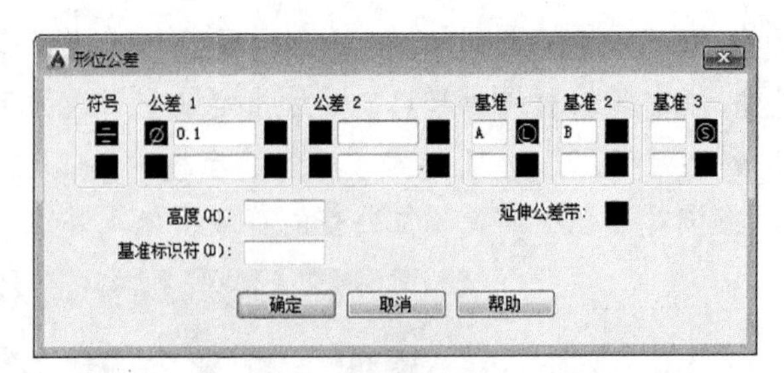

图10-30 修改形位公差的符号、值和附加符号

10.3 修改标注样式

尺寸标注的各个组成部分，如文字的大小、箭头的形式等，都可以通过修改标注样式来修改。标注样式修改后，所有与此样式关联的尺寸标注都将发生变化。

在“标注样式管理器”对话框中，单击“修改”按钮，系统将打开“修改标注样式”对话框，如图10-31所示。

在该对话框中修改所需的选项后单击“关闭”按钮，所有采用此标注样式的尺寸标注外观均被更新。由于该对话框和“新建标注样式”对话框内容完全一样，在此不再赘述。另外，如果标注尺寸时采用的是替代标注样式，或者尺寸标注已被分解，那这些尺寸标注将无法被更新。

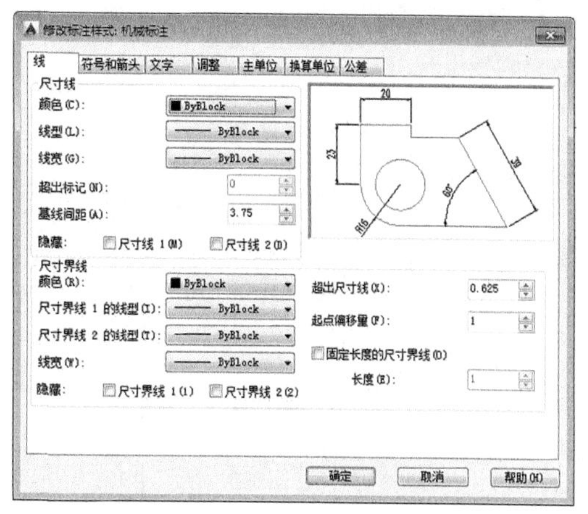

图10-31 “修改标注样式”对话框

10.4 编辑尺寸标注

利用编辑尺寸标注命令DIMEDIT，可以倾斜尺寸界线、旋转标注文本，或者修改标注内容等。要执行该命令，直接在命令行中输入DED。

直接在命令行中输入“编辑标注”命令后（快捷键为DED），系统会在光标所在位置给出一个操作选项列表，如图10-32所示。这些操作选项的意义如下。

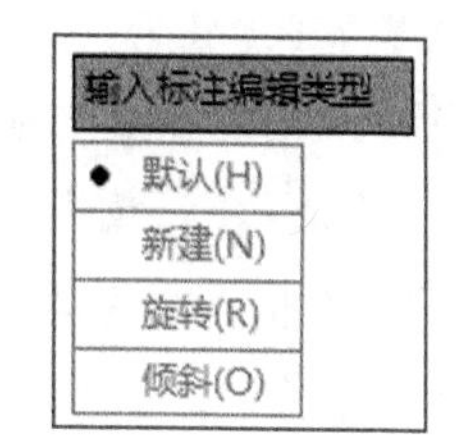

图10-32 编辑标注命令选项

- 默认(H)：选择该项可以移动标注文字到默认位置。
- 新建(N)：选择该项可以在打开的“文字格式”面板中修改标注内容。
- 旋转(R)：选择该项可以旋转标注文字，如图10-33所示。

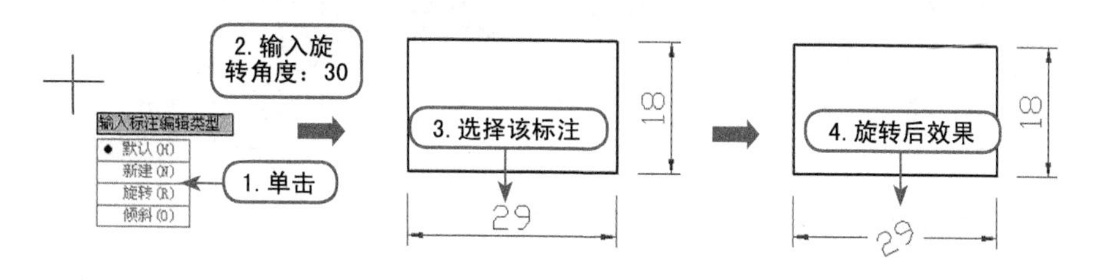

图10-33 旋转标注文字对象

- 倾斜(O)：选择该项可以倾斜尺寸界线。选择该选项与选择“标注”|“倾斜”菜单功能完全相同，如图10-34所示。

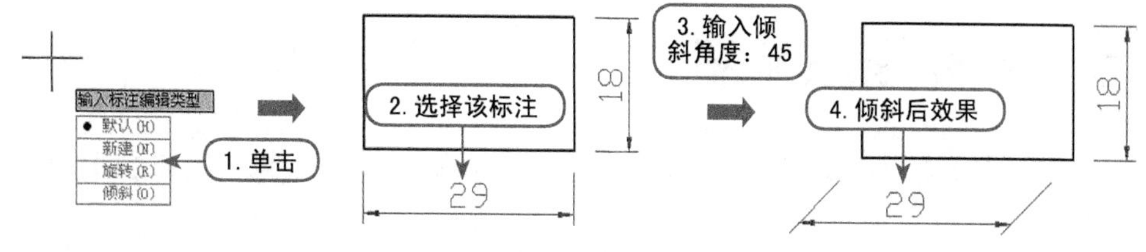

图10-34 倾斜标注对象

例如，要为如图10-35左图所示中尺寸标注都加上前缀“φ”，具体操作步骤如下。

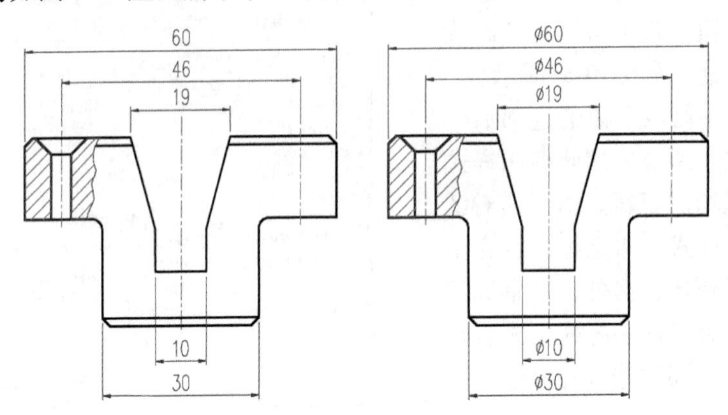

图10-35 编辑标注练习

01 直接在命令行中输入“编辑标注”命令（快捷键为DED），在自动弹出的操作选项列表中选择“新建(N)”项，如图10-36所示。

02 此时系统将自动在屏幕上侧打开“文字编辑器”选项卡，并且在文字编辑框中，尺寸测量值以0显示。

03 单击“文字编辑器”选项卡的“符号”按钮@，在文字编辑框中0的前面加入一个“φ”（%%C），如图10-37所示。

04 单击“文字编辑器”选项卡的“关闭”按钮，关闭该选项卡和文字编辑框。

05 依次单击选中希望在尺寸文本前增加“φ”符号的尺寸标注，然后按Enter键结束对象选择，则所有被选中的尺寸标注文本前都将增加一个“φ”符号，如图10-35右图所示。

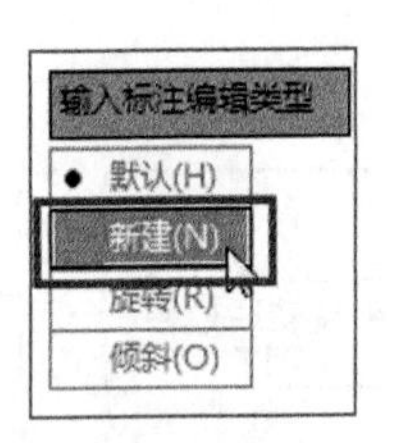

图10-36 选择“新建(N)”项

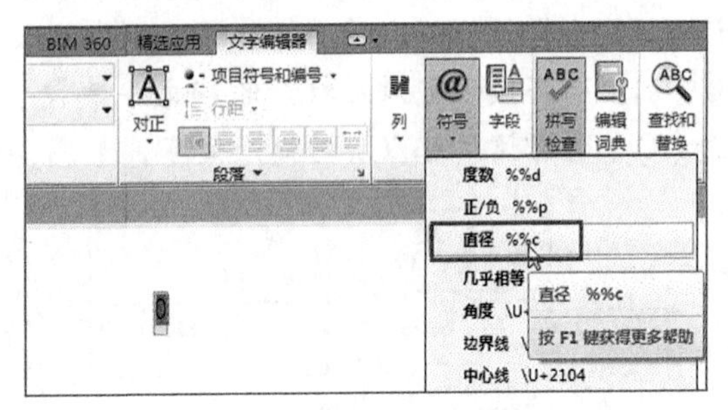

图10-37 编辑尺寸标注内容

注 意

双击尺寸标注，利用尺寸标注的“特性”面板也可以方便地修改尺寸标注的内容，以及尺寸标注的其他特性。

10.5 对齐标注文字

使用编辑标注文字（DIMTEDIT）命令可以移动和旋转标注文字。要启动DIMTEDIT命令，有如下几种方法。

- 单击“标注”面板中的“编辑标注文字”按钮。

- 直接在命令行中输入 DIMTEDIT 命令。

执行DIMTEDIT命令后，系统首先提示选择标注。选择某个标注后，系统将给出如下提示信息。

```
指定标注文字的新位置或 [左(L)/右(R)/中心(C)/默认(H)/角度(A)]:
```

此时可以直接移动光标来移动尺寸线的位置，然后单击确认。也可以选择某个选项，这些选项的意义如下。

- 左 (L)：选择该项可以使文字沿尺寸线左对齐，适于线性、半径和直径标注。
- 右 (R)：选择该项可以使文字沿尺寸线右对齐，适于线性、半径和直径标注。
- 中心 (C)：选择该项可以将标注文字放在尺寸线的中心。
- 默认 (H)：选择该项可以将标注文字移至默认位置。
- 角度 (A)：选择该项可以将标注文字旋转至指定角度。

10.6 检验标注

利用检验标注可以使用户有效地传达检查所制造的部件的频率，以确保标注值和部件公差位于指定范围内。将指定公差或标注值的部件安装在最终装配的产品之前时，可以使用检验标注指定测试部件的频率。

检验标注可以添加到任何类型的标注对象中，它由边框和文字值组成。检验标注的边框由两条平行线组成，末端呈圆形或方形。文字值用垂直线隔开。检验标注最多可以包含3种不同的信息字段：检验标签、标注值和检验率，如图10-38所示。

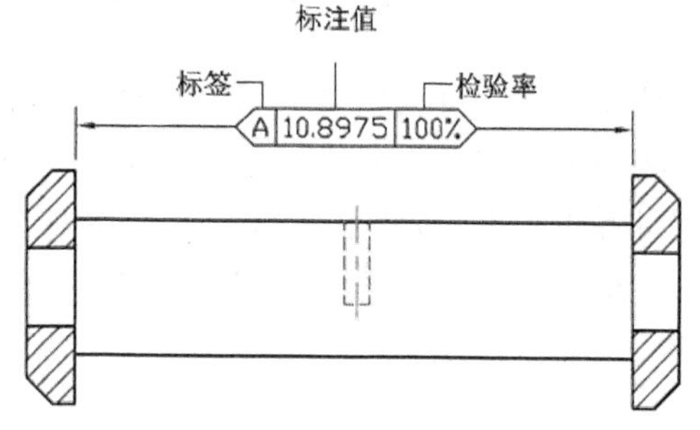

图10-38　检验标注

要启动检验标注命令DIMINSPECT，有如下方法。

- 单击“标注”面板中的“检验”按钮。
- 直接在命令行中输入 DIMINSPECT。

例如，利用DIMINSPECT命令对如图10-39所示的尺寸进行检验标注，具体操作步骤如下。

01 单击“标注”面板中的“检验”按钮。

02 在打开的如图10-40所示的“检验标注”对话框中，单击“选择标注”按钮，关闭“检验标注”对话框。

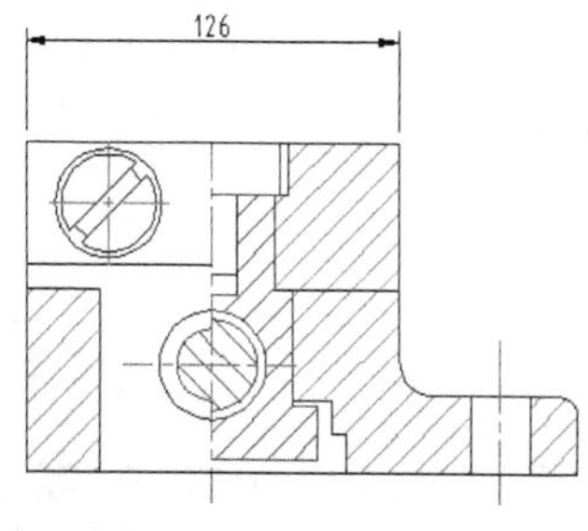

图10-39　待检验标注的尺寸

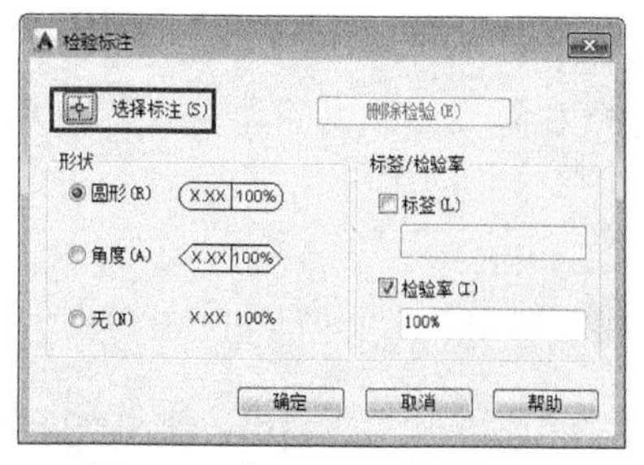

图10-40　“检验标注”对话框

03 在图形中选择要成为检验标注的标注，然后按Enter键返回“检验标注”对话框。

04 在“形状”选项组中可指定围绕检验标注的标签、标注值和检验率绘制的边框的形状，该选项组中各选项的意义如下。

- 圆形：使用两端点上的半圆创建边框，并通过垂直线分隔边框内的字段。
- 角度：使用在两端点上形成90°角的直线创建边框，并通过垂直线分隔边框内的字段。
- 无：指定不围绕值绘制任何边框，并且不通过垂直线分隔字段。

05 在“标签/检验率”选项组中可以为检验标注指定标签文字和检验率。

- 标签：若选中“标签”复选框，可在其文本框中输入所需的标签。标签用来标识各检验标注的文字，位于检验标注的最左侧部分。
- 检验率：若选中“检验率”复选框，可在其文本框中输入所需的检验率。检验率用于传达应检验标注值的频率，以百分比表示。检验率位于检验标注的最右侧部分。

06 单击“确定”按钮，结果如图10-41所示。

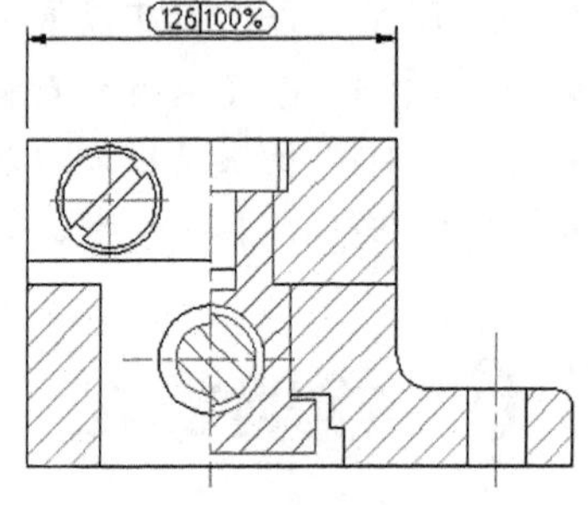

图10-41 检验标注结果

10.7 使用夹点调整标注

使用夹点，可以非常方便地移动尺寸线、尺寸界线和标注文字的位置。在该编辑模式下，可以通过调整尺寸线两端或标注文字所在处的夹点来调整标注的位置，也可以通过调整尺寸界线夹点来调整标注长度。

例如，利用夹点调整如图10-42左图所示中尺寸标注的位置及长度，具体操作步骤如下。

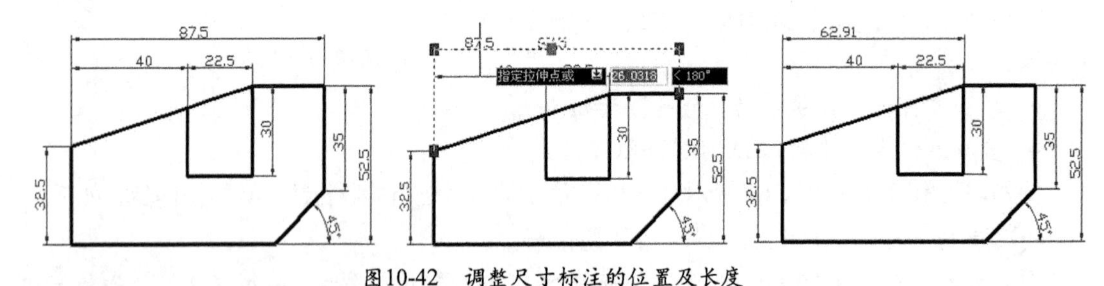

图10-42 调整尺寸标注的位置及长度

01 选择图10-42左图中的尺寸标注87.5，单击87.5所在处的夹点，该夹点被选中。

02 向右拖动，在点1处单击，确定标注文本新位置，如图10-42中图所示。

03 选择右侧尺寸界线下端夹点，向左移动并捕捉点2，调整标注原点，结果如图10-42右图所示。

注 意

从图10-42右图中可以看出，使用夹点调整标注原点后，标注文字的位置并不会改变。

10.8 标注的关联与更新

通常情况下，尺寸标注和样式是相关联的，因此，当标注样式修改后，标注被自动更新。不过，如果希望使用当前标注样式更新如图10-43所示图形中的半径尺寸标注，可按如下步骤操作。

01 在“注释”选项卡的“标注”面板中，单击“标注样式管理器”按钮，打开“标注样式管理器”对话框，单击“替代”按钮，如图10-44所示，打开“替代当前标注样式”对话框。

02 打开“调整”选项卡，在“优化”选项组取消选中“在尺寸界线之间绘制尺寸线”复选框，如图10-45所示。

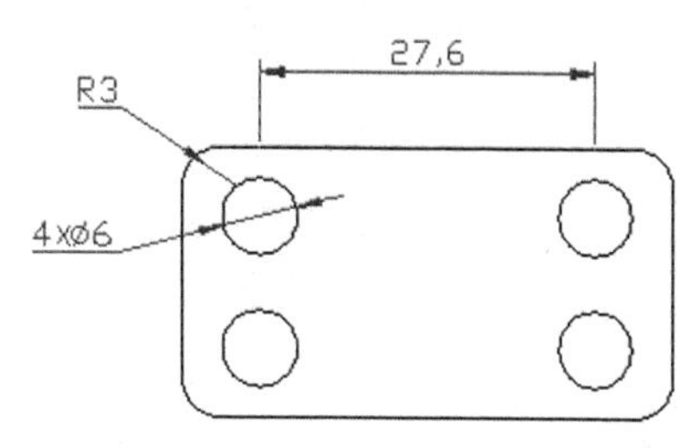

图10-43 标注更新练习

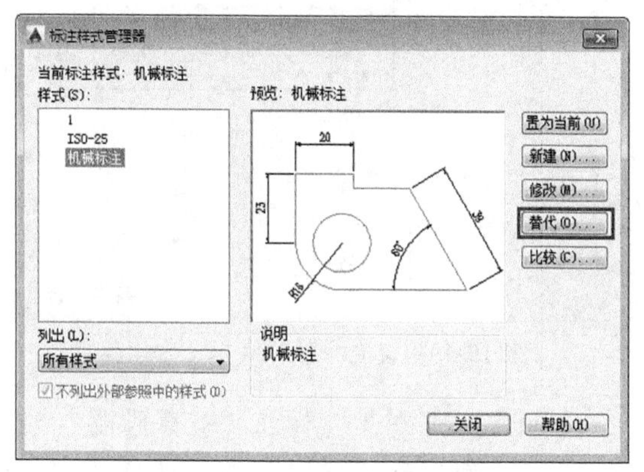

图10-44 创建替代标注样式

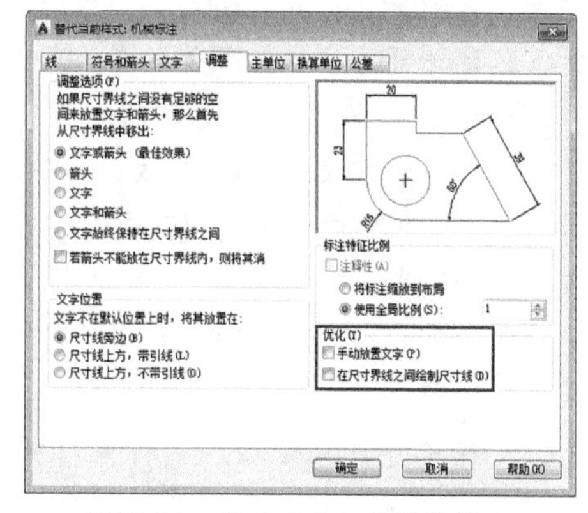

图10-45 设置尺寸标注样式特性

03 单击“确定”按钮，返回“标注样式管理器”对话框，然后单击“关闭”按钮。

04 单击“标注”面板中的“标注更新”按钮。

05 选择希望更新的尺寸标注，如图10-46左图所示。

06 单击鼠标右键，结束对象选择，所选尺寸标注均被更新，如图10-46右图所示。此时所选尺寸标注重新被关联到当前标注样式上。

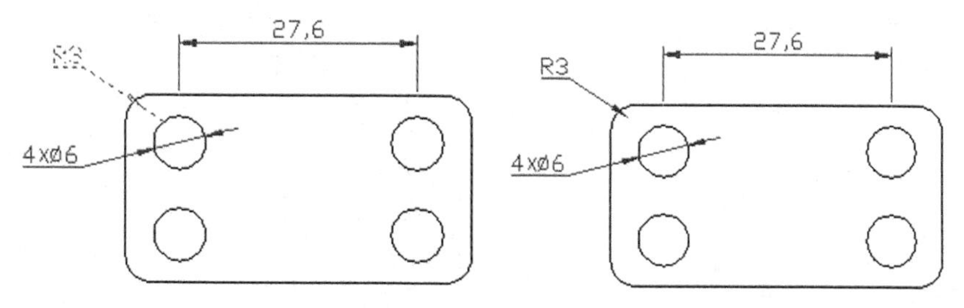

图10-46 更新尺寸标注

上机练习 标注直齿轮

下面以标注第6章上机练习中的直齿轮为例，来帮助读者进一步熟悉机械图形中的极限

标注和公差标注的使用方法，如图10-47所示。

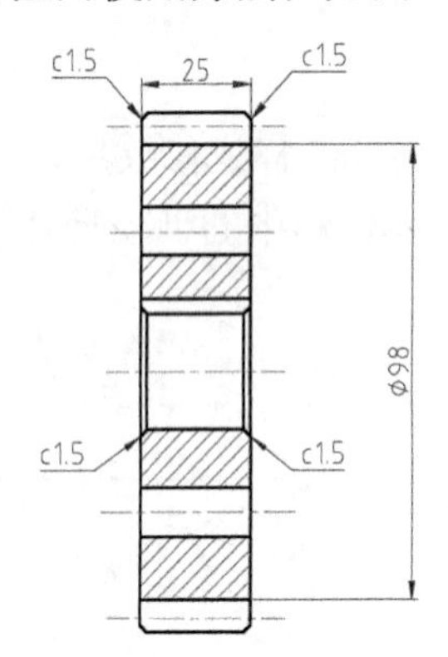

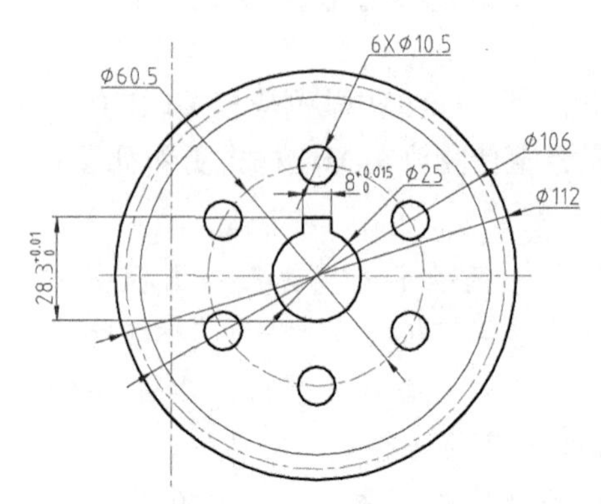

图10-47　标注直齿轮

01 单击“图层”面板中的“图层特性管理器”按钮，打开“图层特性管理器”面板，创建“标注”层，颜色设置为蓝色。

02 在命令行输入“文字样式”命令（ST），打开“文字样式”对话框，在“字体”选项组中选中“使用大字体”复选框，设置字体样式和大字体样式，如图10-48所示，然后单击“应用”和“关闭”按钮。

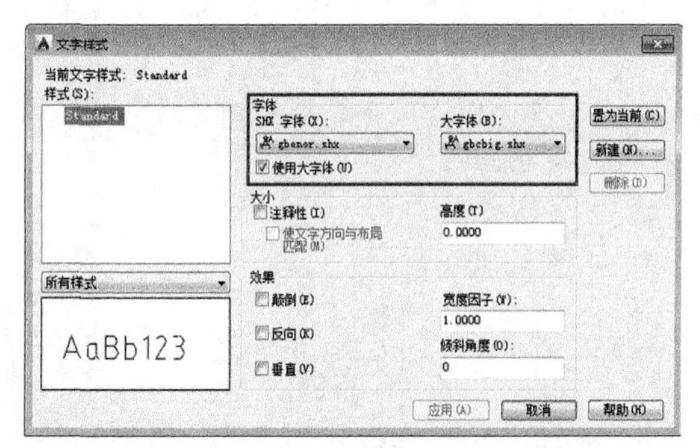

图10-48　设置字体样式和大字体样式

03 在命令行直接输入“标注样式”命令（DST），打开“标注样式管理器”对话框。单击“新建”按钮，根据绘图需要新建一个“公差”标注样式，该标注样式中“公差”选项卡中各参数设置如图10-49所示，此标注样式与系统默认ISO-25样式的区别就在于“公差”格式不同。

04 将默认ISO-25标注样式和“公差”标注样式中的“文字高度”设置为6；“箭头大小”设置为4；“文字对齐”方式设置为“ISO标准”，在“调整”选项卡中设置文字的位置，如图10-50所示。

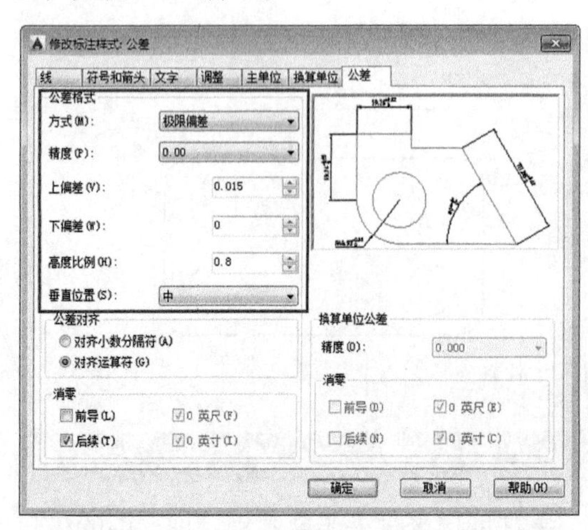

图10-49　新建“公差”标注样式中的公差设置

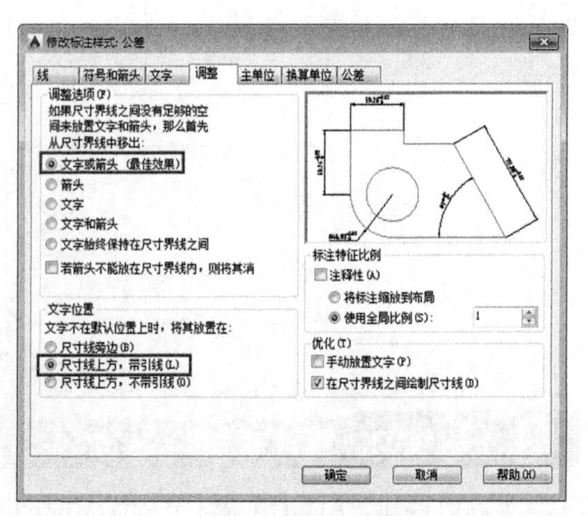

图10-50　在“调整”选项卡中设置文字的位置

05 在“标注样式管理器”对话框中选择ISO-25，单击“置为当前”按钮和“关闭”按钮，然后输入“直径标注”命令（DDI），单击图中圆即可标注出直径，如图10-51右图所示标注了4个圆的直径。

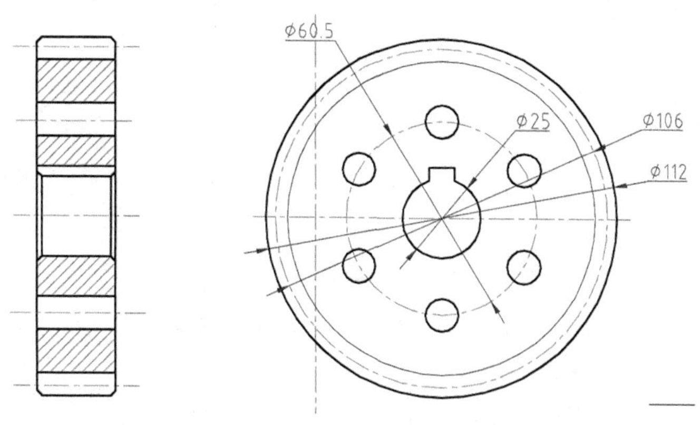

图10-51　标注4个圆的直径

06 按Enter键继续执行直径命令，选中辐板上的小孔，输入M，按Enter键，弹出“文字编辑器”选项卡和文字编辑框，在文字编辑框中输入“6×”后单击“确定”按钮，标出直径尺寸“6×Φ10.5”，如图10-52右图所示。

注 意

在打开的多行文字编辑器中，利用中文的模拟键盘，可输入数学符号“×”。

07 输入线性标注命令（DLI），捕捉齿轮剖视图中齿根线的两端点，然后输入M，弹出“文字编辑器”选项卡和文字编辑框，在选项卡中单击符号按钮@，从弹出的列表中选择“直径”，然后单击“确定”按钮，标出尺寸“Φ98”。继续执行“线性标注”命令，利用捕捉对象端点，标出齿轮厚度尺寸25，如图10-52左图所示。

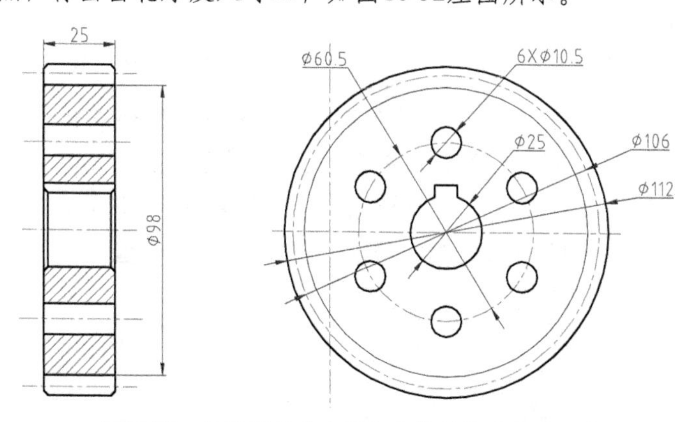

图10-52　标注辐板孔直径和齿轮剖视图中的尺寸

08 将标注样式切换到“公差”标注样式，选择线性标注命令，捕捉并单击齿轮左视图中键槽宽度两端点，标出键槽宽度尺寸“$8_{0}^{+0.015}$”，如图10-53左图所示。

09 标注完键槽宽度尺寸后，尺寸文字的位置不太合适，此时可关闭对象捕捉，然后单击选中该尺寸，右击夹点，从弹出的快捷菜单中选择“随引线移动”命令，移动尺寸文字到合适位置，如图10-53右图所示。

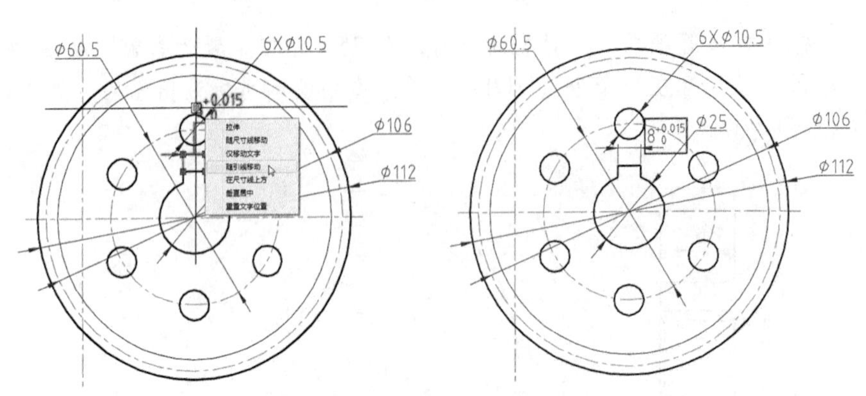

图10-53　调整键槽宽度尺寸位置

⑩ 再选择线性标注命令（DLI），捕捉并单击齿轮左视图中键槽深度两端点，标出键槽深度尺寸“$28.3_{0}^{+0.015}$”，结果如图10-54所示。

⑪ 选择上一步所顶尖注的键槽深度尺寸“$28.3_{0}^{+0.015}$”，按Ctrl+1快捷键，弹出“特性”面板，适当更改“公差”选项中的公差上偏差值为0.01。关闭“特性”面板，按Esc键取消对象选择，结果如图10-55所示。

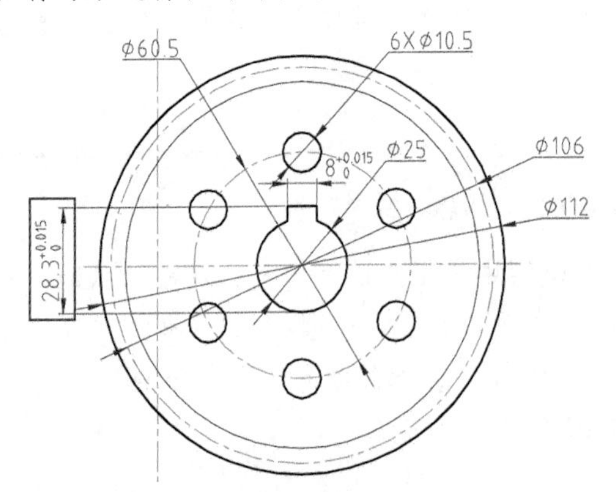

图10-54　标注带有公差的尺寸

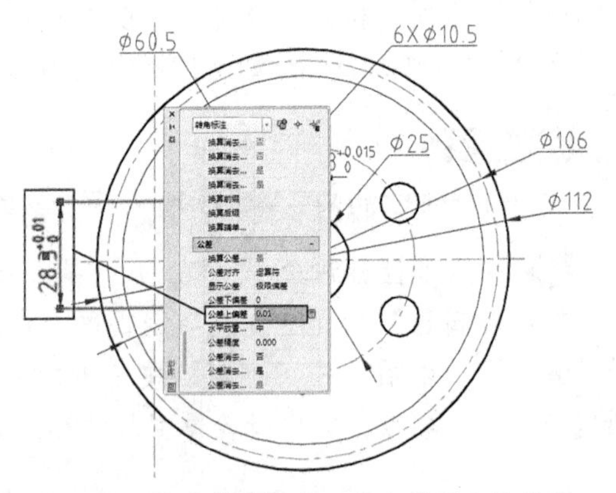

图10-55　修改键槽深度尺寸公差的上偏差值

⑫ 在“注释”选项卡的“引线”面板中单击“多重引线样式管理器”按钮，打开“多重引线样式管理器”，单击“修改”按钮，打开“修改多重引线样式”对话框，在“内容”选项卡中设置文字高度为6，然后设置引线连接的位置和基线间距，如图10-56所示。

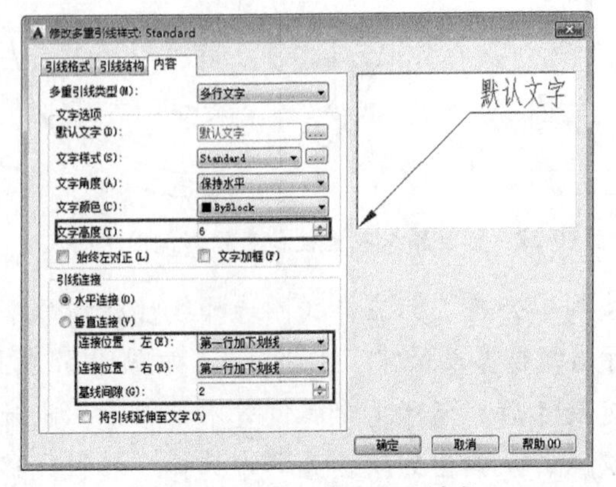

图10-56　设置多重引线样式

⑬ 在“注释”选项卡的“引线”面板中单击“多重引线”按钮，捕捉齿轮主视图中倒角线的端点并单击，移动引线到合适位置单击，然后输入倒角尺寸表示文字“C1.5”，单击“文字格式”工具栏的“确定”按钮，完成了多重引线的标注，如图10-57所示。

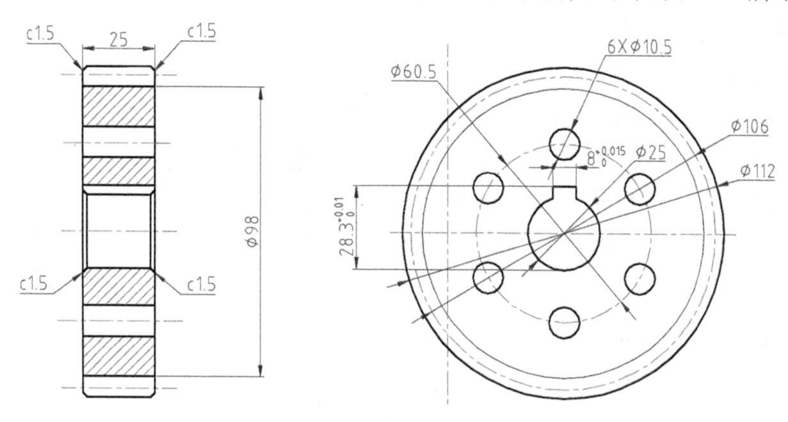

图10-57　标注倒角尺寸

本章小结

通过本章的学习，读者应掌握多重引线标注和公差标注命令的特点与用途。在各种尺寸标注中，公差标注通常是一个难点，它要求读者既熟悉公差样式的设置方法，还应明白公差中各种符号的意义。读者还应进一步掌握编辑尺寸标注的一些方法。其中，若想全局修改尺寸标注，可调整与尺寸标注相关联的尺寸样式。但若要编辑单个尺寸标注的属性，就要使用有关的编辑命令。

思考与练习

1. 填空题

（1）多重引线不能测量距离，通常由带箭头的________或________组成，注释文字写在引线末端。

（2）使用多重引线样式，可以设置________、________、________和________的格式。

（3）形位公差显示了特征的________、________、________、________和________。

（4）形位公差包括________________和________________，是指导生产、检验产品、控制质量的技术依据。

（5）要标注完整的形位公差，通常需要和____________命令结合使用。

（6）使用“编辑标注”命令可以对尺寸标注执行____________、____________、________与____________操作。

（7）使用“编辑标注文字”命令可以对标注文字执行________与________操作。

（8）利用尺寸标注的夹点，可以对尺寸标注执行________、________与________操作。

2. 思考题

（1）如何修改多重引线样式？

(2) 如何对齐、合并、添加和删除多重引线?
(3) 简述公差符号的意义。
(4) 如何为图形增加公差标注?
(5) 如何编辑公差标注?
(6) 如何修改尺寸标注样式?
(7) 简述执行“编辑标注”命令后，其中各选项的意义。
(8) 简述执行“编辑标注文字”命令后，其中各选项的意义。
(9) 如果希望修改尺寸标注内容，可以使用什么方法?
(10) 如何利用更新标注命令更新选定的尺寸标注?

3. 操作题

绘制并标注如图10-58所示图形。

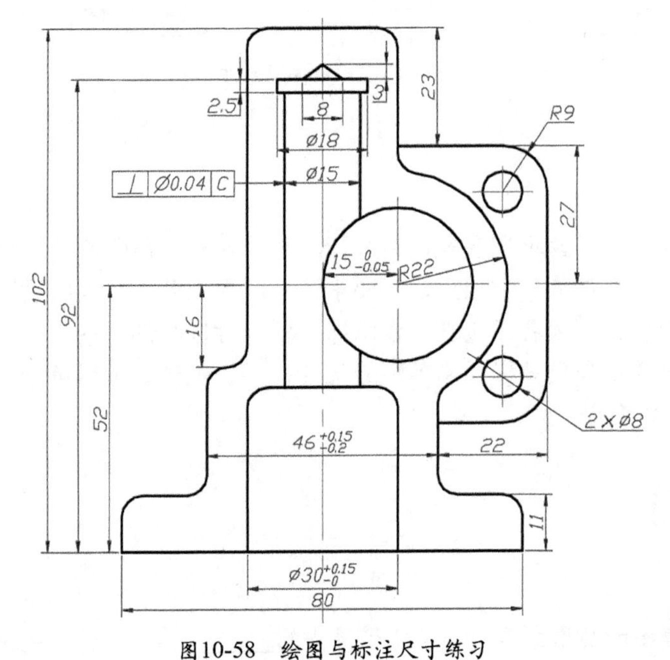

图10-58　绘图与标注尺寸练习

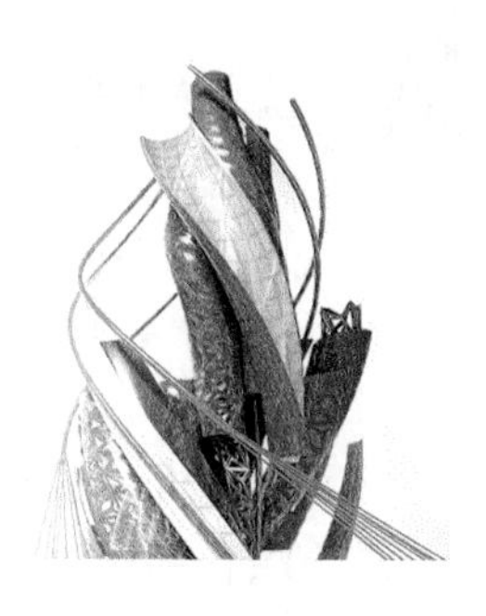

第11章 机械剖视图和剖面图的绘制

课前导读

在实际生产中，由于使用要求的不同，机件的结构形状及复杂程度也不尽相同。对于结构形状较为复杂的机件，仅用基本视图来表示，往往会出现虚线过多、图线重叠、层次不清、倾斜结构失真变形，以及内外部结构不能清楚表达的情况。为了完整、清晰、简便地表达各种机件的结构形状，国家《技术制图》标准中规定了常用机件的表达方法。本章将介绍投影基础、视图的形成、剖视图和剖面图的基础知识与画法，并告诉用户怎样根据机件的结构特点，恰当地选择表达方法。

本章要点

- 掌握投影方法和视图的形成
- 掌握剖视图的基础知识、种类及画法
- 掌握剖面图的基础知识、种类及画法

11.1 投影基础

机械图样主要是应用投影的原理和方法绘制的。投影的方法有两种，一是中心投影法，另一种是平行投影法。平行投影中的正投影法能准确地表达物体的形状，作图方便，因此在工程上得到广泛的应用。

11.1.1 中心投影法

将一块三角板放在平面P的一侧，由一个点光源通过三角板的3个顶点A、B、C分别向平面P作投影，在平面P上所反映的是三角板的放大平面图，在投影法中把这种不能反映物体的实形的方法称为中心投影法，如图11-1所示。

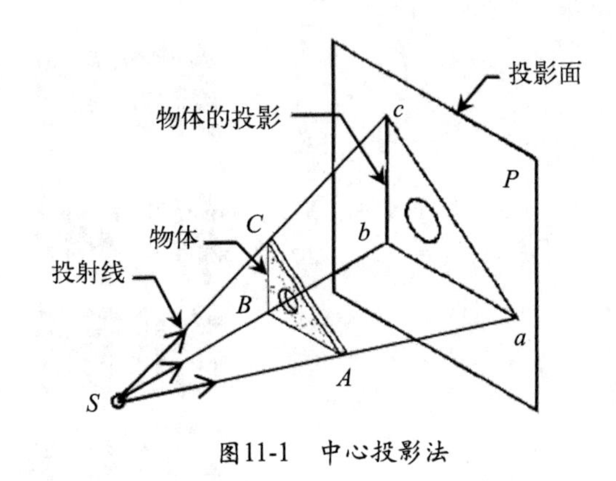

图11-1 中心投影法

11.1.2 平行投影法

平行投影法又分为两种，即正投影和斜投影，这里主要对正投影进行相应的讲解。如图11-2所示，同样将一块三角板放在平面P的上侧，通过三角板的3个顶点A、B、C分别向平面P作垂直线，在平面P上交于点a、b、c，在连接3个点所形成的三角形abc为三角板在平面P上的投影。线Aa、Bb、Cc称为投射线，平面P称为投影面。所以得到投射线垂直于投影面的平行投影方法称为正投影法。

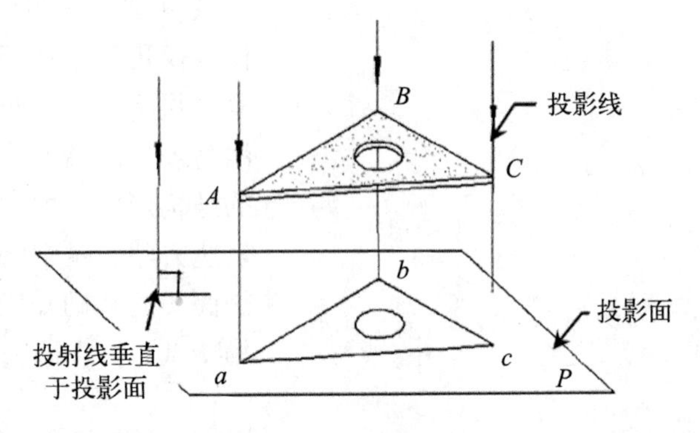

图11-2 正投影法

11.2 视图的形成

物体是有长、宽、高3个方向尺度的立体。要想认识它，就应该从上、下、左、右、前、后各个方向去观察，才能对其有一个完整的了解。

11.2.1 三投影面体系

为了表达物体的形状和大小，国家标准规定选取垂直的3个投影面来对物体从不同的方向进行相应的投影，如图11-3所示。3个投影面的名称和代号如下。

正对观察者的投影面称为正立投影面，简称正面，用字母V表示；水平位置的投影面称为水平投影面，简称水平面，用字母H表示；右边侧立的投影面称为侧立投影面，简称侧面，用字母W表示；任意两投影面的交线称投影轴，分别是：正立投影面（V）与水平投影面（H）的交线称为OX轴，简称X轴，代表长度方向；水平投影面（H）与侧投影面（W）的交线称为OY轴简称Y轴，代表宽度方向；正立投影面（V）与侧投影面（W）的交线称为OZ轴简称Z轴，代表高度方向。X、Y、Z三轴的交点称为原点，用O表示。

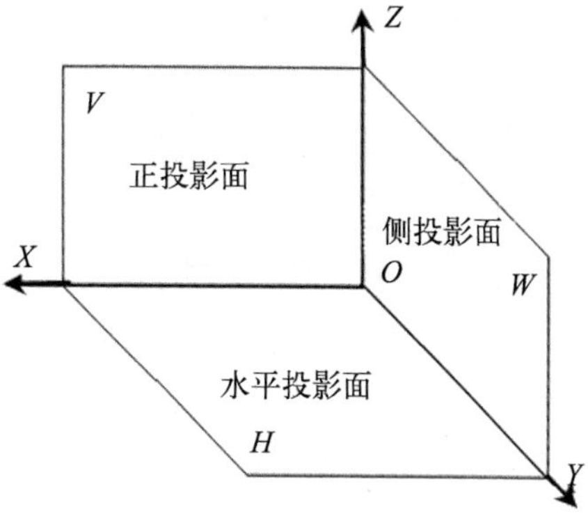

图11-3　三面投影体系

11.2.2　三视图的形成

在实际工程中，将物体放在观察者与投影面体系之间，如图11-4所示。再根据图家相应的标准规定按正投影法画出的物体的平面图形，称为视图。而正投影方向所得到的图称为主视图，水平投影方向所得到的图称为俯视图，侧面投影方向得到的图称为左视图。

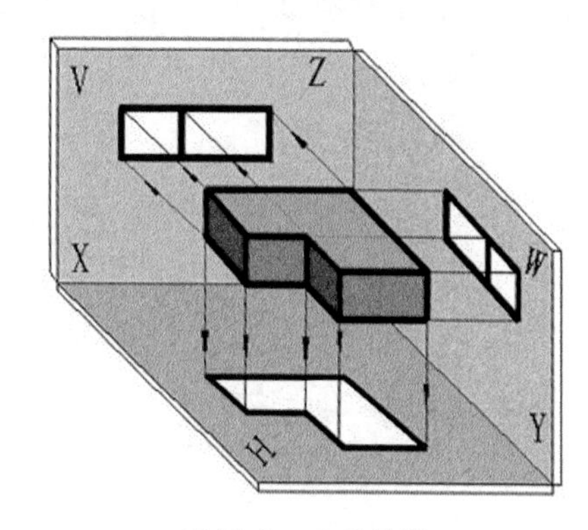

图11-4　三面投影

为了把空间的3个视图画在同一个平面图上，就必须把3个投影面展开摊平。展开的方法是：正面（V）保持不动，水平投影面（H）绕OX轴向下旋转90°，侧面（W）绕OZ轴向右旋转90°，使它们和正面（V）展成一个平面，这样展开在一个平面上的3个视图，称为物体的三面视图，简称三视图，如图11-5所示。

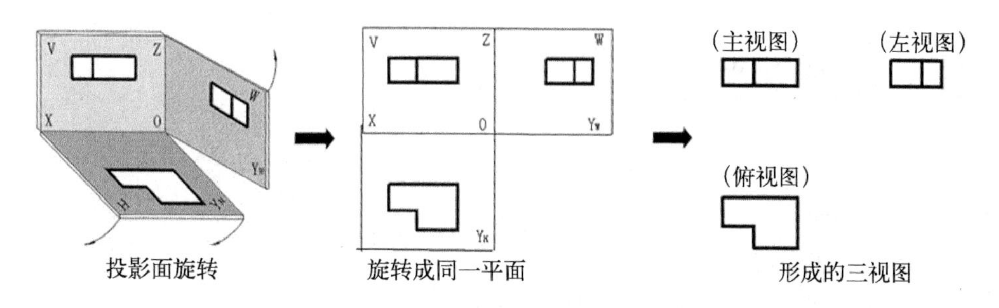

图11-5　三视图的形成

三视图之间的投影关系可以归纳为“三等”，即：主、俯视图长对正（等长）；主、左视图高平齐（等高）；俯、左视图宽相等（等宽）。

“三等”关系反映了3个视图之间的投影规律，是看图、画图和检查图样的依据。

11.2.3　基本视图的形成

用正六面体的6个面作为基本投影面，按照正投影法对各投影面展开，展开后各个视图

的名称，如图11-6所示。

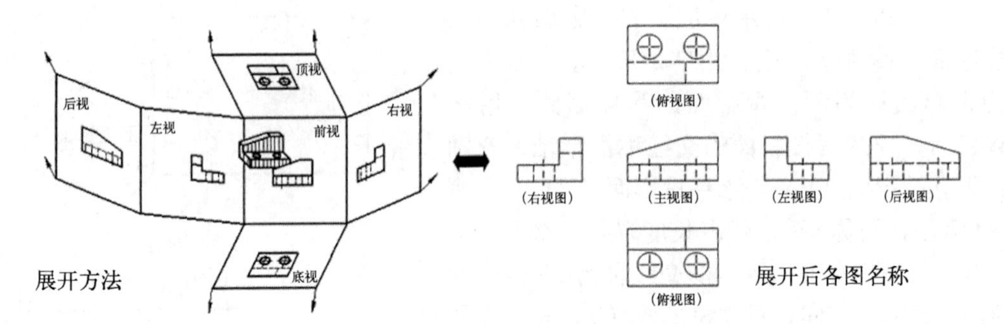

图11-6 各投影面的展开方法

注 意

基本视图的投影规律：主、俯、后、仰4个视图长对正；主、左、后、右4个视图高平齐；俯、左、仰、右4个视图宽相等，如图11-7所示。

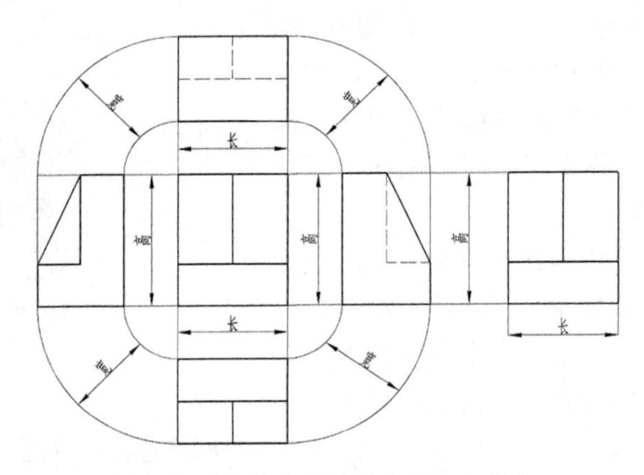

图11-7 6个基本视图的方位对应关系

11.3 绘制剖视图

在机械制图中，机件上不可见的结构形状规定用虚线表示，如图11-8所示。当机件的内部结构较为复杂时，视图中将会出现较多的虚线，有时虚线会与外形轮廓线互相重叠，影响视图的清晰，这样将不便于读图和标注尺寸。为了清晰地表达机件的内部结构形状，常采用绘制剖视图的方法。

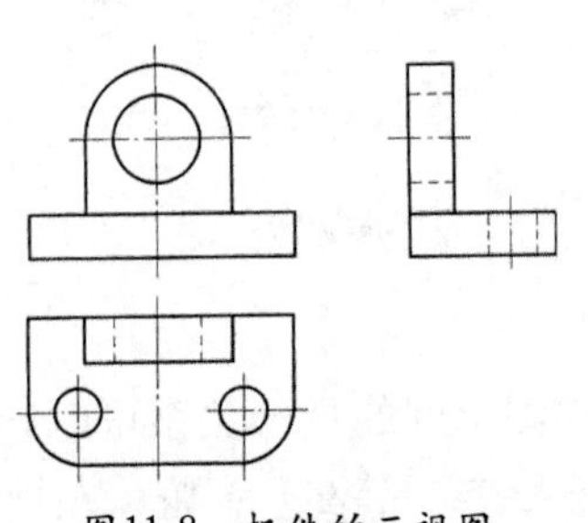

图11-8 机件的三视图

11.3.1 剖视图基础知识

假想用剖切面剖开机件，将处在观察者与剖切面之间的部分移去，然后将其余部分向投射面投射所得的图形，称为剖视图，简称剖视，如图11-9所示。

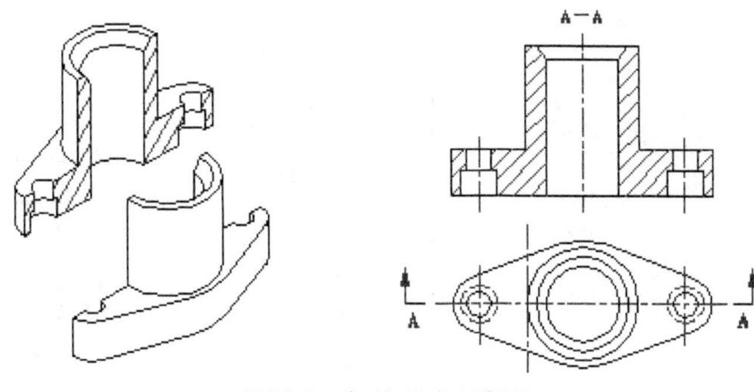

图11-9 机件的全剖视图

11.3.2 剖视图的画法

01 确定剖切面的位置。应考虑在何处剖开机件，才能更多地表达出机件的内部形状。例如，在如图11-10（b）所示中，剖切面选用的是正平面，即剖切面通过两孔轴线。

02 画出剖视图。凡剖切面与机件表面的交线，及剖切面后的可见轮廓线，都要用粗实线画出，如图11-10（b）所示。

03 画剖面符号。剖切面与机件的接触部分称为剖面区域。在剖面区域内应画出剖面符号。对不同的材料，应采用不同的剖面符号。如不需在剖面区域中表示材料的类别，可采用通用剖面线表示。通用剖面线应以适当角度的细实线绘制，最好与主要轮廓线或剖面区域的对称线呈45°角，如图11-10（c）所示。

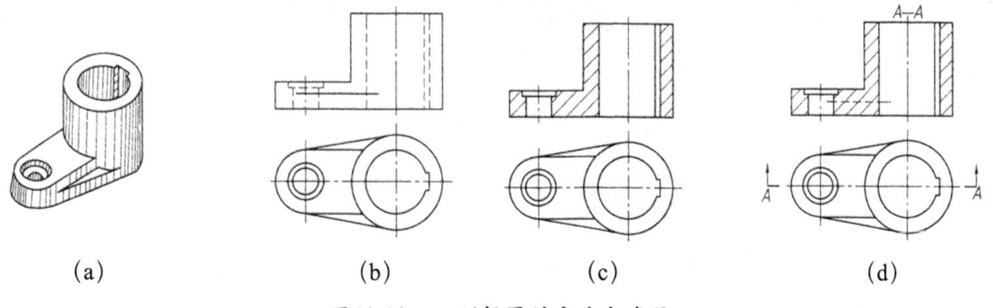

图11-10 画剖视图的方法和步骤

当同一物体在两平行面上的剖切图紧靠在一起画出时，剖面线应相同。若要表示得更清楚，可沿分界线将两剖切图的剖面线错开，如图11-11（a）所示。

在不致引起误解时，剖面线也可不错开，如图11-11（b）所示。当图形中的主要轮廓线与水平线呈45°时，该图形的剖面线应画成与水平呈30°或60°的平行线，其倾斜的方向仍与其他图形的剖面线一致，如图11-11（c）所示。

04 剖视图的标注。为了看图时便于找出各视图之间的对应关系，绘制剖视图时应标注下列内容。

- 剖切线：指示剖切面位置的线，用细点划线表示。但在实际绘图时大多不画此线。
- 剖切符号：指示剖切面起、讫和转折位置（用粗实线表示）及投射方向（用箭头表示）的符号。剖切符号不能与图形轮廓线相交。
- 剖视图名称：注写在剖视图上方，如“×—×”。为便于读图时查找，还应在剖切符号附近注写相同的字母，如图 11-10（d）所示。

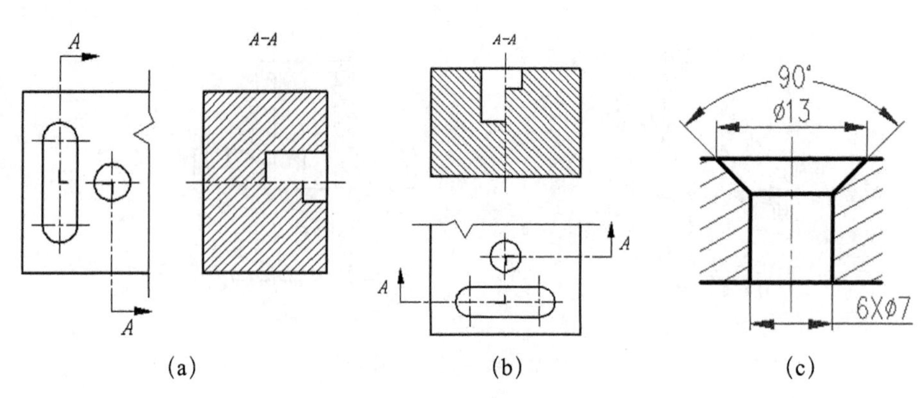

图11-11 剖面线画法

但在下列情况下，剖视图可以简化或省略标注。

- 当剖视图按投影关系配置，中间又没有其他图形隔开时，允许省略箭头。
- 当剖切平面与机件对称平面重合，且剖视图按投影关系配置，中间又没有其他图形隔开时，允许省略全部标注，如图 11-12 所示。

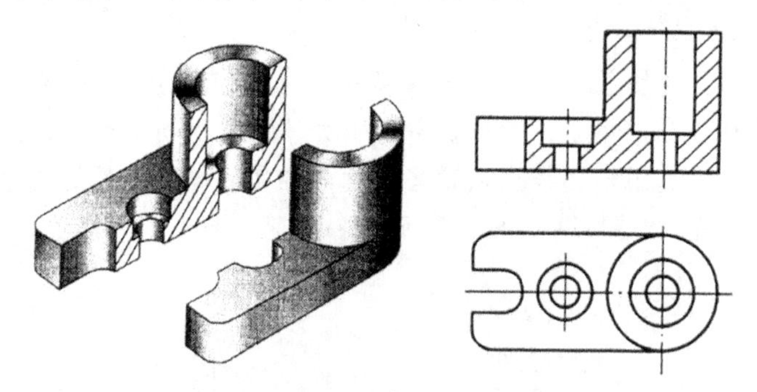

图11-12 省略全部标注的剖视图

11.3.3 剖视图的种类

国家标准（GB/T 17452）规定，剖视图分为全剖视图、半剖视图和局部剖视图。

1. 全剖视图

用剖切面完全地剖开机件所得到的剖视图称为全剖视图，简称全剖视。如图11-13所示的主视图是最基本的全剖视图，清晰地反映了机件内腔的结构形状。

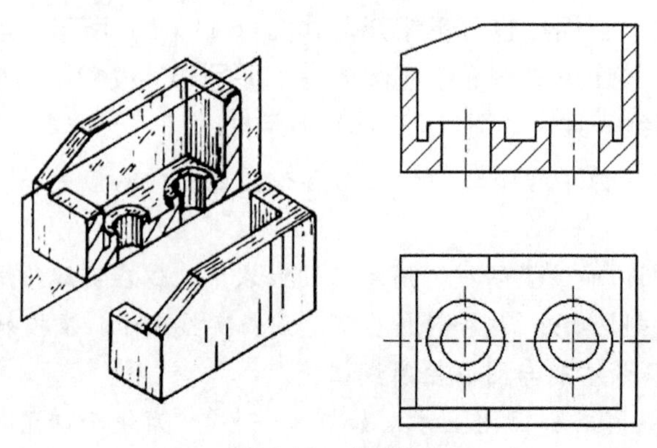

图11-13 全剖视图

全剖视图一般用于外形简单，或外形已在其他视图上表达清楚而内部结构复杂的不对称零件。对于一些由回转面构成外形的机件，为了使图形清晰和便于标注内部结构尺寸，也常用全剖视图表达。

2. 半剖视图

当机件具有对称平面时，向垂直于对称平面的投影面上投射所得的图形，可以对称中心线（细点划线）为界，一半画成剖视图表达内形，另一半画成普通视图表达外形，这种剖视图称为半剖视图，简称半剖视。

半剖视图主要用于内、外部形状都需要表达的对称机件。如图11-14所示的机件左右对称，为了清楚地表达其内、外部形状，主视图的一半画成剖视以表达其内部阶梯孔，另一半画成视图以表达其外形。而俯视图以前、后对称平面为界，一半画成剖视以表达凸台及其上面的小孔，另一半画成视图以表达顶板及其上四个小孔的形状及位置。

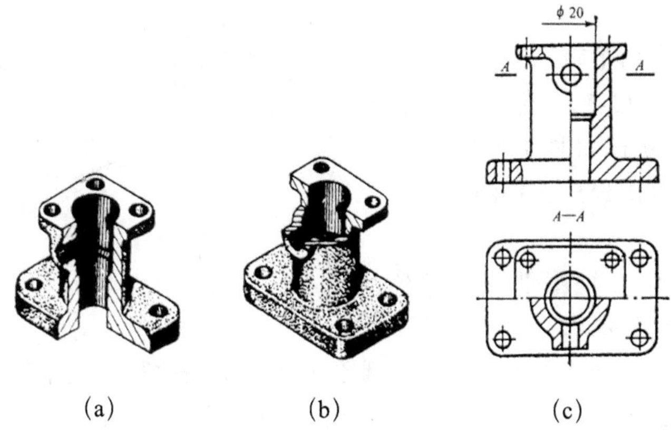

图11-14　半剖视图

注 意

在半剖视图中，由于图形对称，且内形已在半个剖视图中表达清楚，所以在半个视图中表示内形的虚线不再画出。半个剖视和半个视图的分界线是对称中心线，应画成细点划线，而不应画成粗实线。

如果机件的形状基本对称，且不对称部分已在其他视图上表达清楚时，也可画成半剖视图，如图11-15所示。

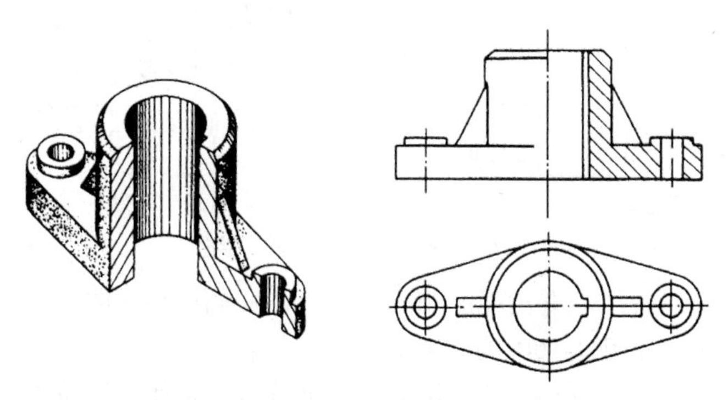

图11-15　用半剖视图表示基本对称的机件

半剖视图的标注方法与全剖视图相同。在图11-14（c）的俯视图中因机件上下不对称，所以需要在主视图上标注剖切位置，并在剖切符号旁标注字母“A”，但箭头可以省略，同时在俯视图的上方标注“A—A”。

在半剖视图中，由于半个视图中对称的虚线被省略，因此标注机件内部对称结构的尺寸时，其尺寸线应略超过对称中心线，并且只在尺寸线的一端画出箭头，如图11-14（c）主视图中标注的尺寸Φ20。

3. 局部剖视图

用剖切面局部剖开机件所得的剖视图称为局部剖视图，简称局部剖视，如图11-16所示。

局部剖视图主要用于内、外部结构形状都需表达的不对称机件。

局部剖视图还常用于表达机件上某些局部不可见结构，如图11-16所示主视图底板上的小孔等。对于实体机件上的键槽、销孔、螺孔等结构也可用局部剖视图表达，如图11-17所示。

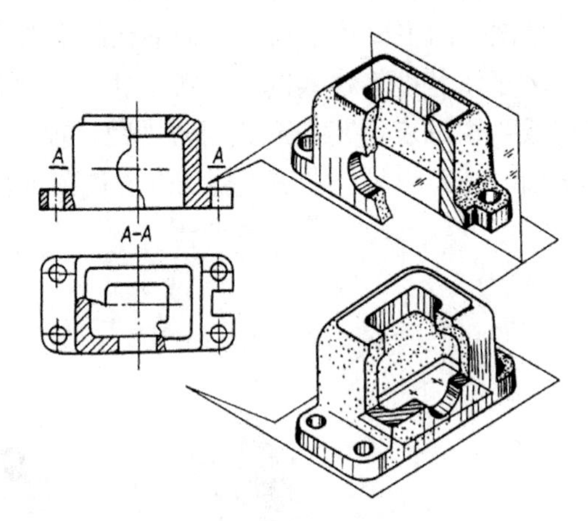

图11-16　局部剖视图

在局部剖视图中，视图部分与剖视部分的分界线用波浪线表示（如图11-17所示）。波浪线不可与图形上的其他轮廓线重合或用轮廓线代替，也不能画在轮廓线的延长线上。波浪线不能穿孔、穿槽而过，也不能画在轮廓线以外，如图11-18、图11-19所示。

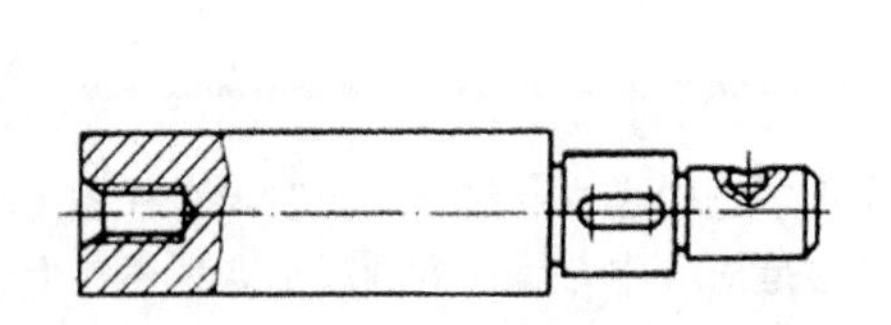
图11-17　实体机件上孔、槽的局部剖视图

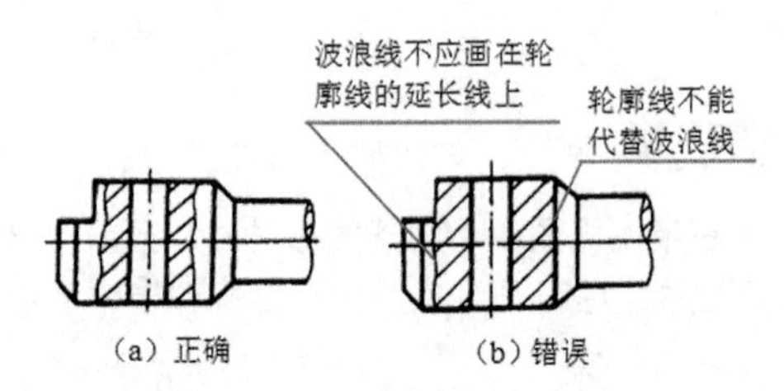

图11-18　局部剖视画法正误对比之一

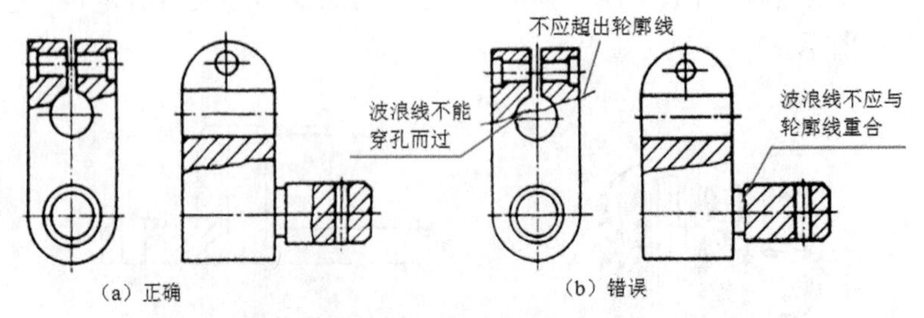

图11-19　局部剖视画法正误对比之二

局部剖视图的标注方法与全剖视图相同，但当单一剖切平面的剖切位置明显时，局部剖视图的标注可省略，如图11-16中的主视图。

局部剖视图的范围可大可小，非常灵活。运用恰当，可使表达重点突出，简明清晰。但同一机件的表达，局部剖视不宜过多，以免图形过于零乱。

11.4 绘制剖面图

剖面图也称断面图，主要用来表达机件某部分断面的结构形状。

11.4.1 剖面图基础知识

假想用剖切面将机件的某处切断，仅画出该剖切面与机件接触部分的图形，这种图形称为剖面图，也叫断面图，简称断面。

剖面图和剖视图的区别是，剖面图只画出机件断面的形状，而剖视图不但要画出断面的形状，而且还要画出剖切平面后方所有部分的投影，如图11-20所示。

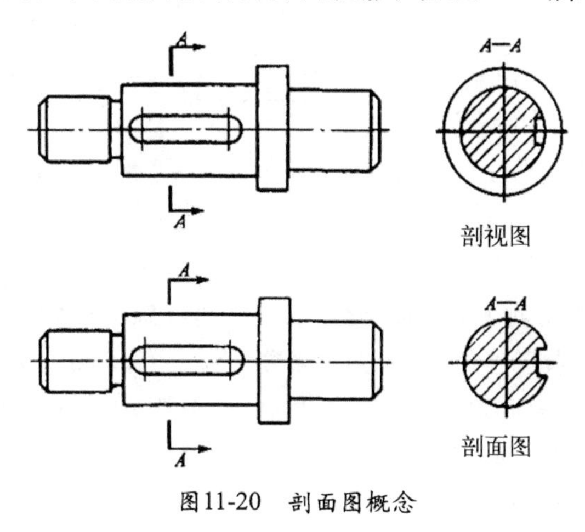

图11-20 剖面图概念

11.4.2 剖面图的种类、画法及标注

根据配置位置的不同，剖面图分为移出剖面图和重合剖面图两种。

1. 移出剖面图

画在视图之外的剖面图，称为移出剖面图，如图11-21所示。绘制移出剖面图时应注意以下几点。

- 移出剖面图的轮廓线用粗实线绘制，并尽量配置在剖切线或剖切符号延长线上，如图 11-21 所示。
- 剖面图形对称时也可画在视图的中断处，如图 11-21（b）所示。
- 必要时移出剖面图也可配置在其他适当位置，如图 11-21（c）中的“A—A”、“B—B”所示。
- 为了表示切断面的真实形状，剖切平面应与被剖切部分的主要轮廓垂直。由两个或多个相交的剖切平面剖切得出的移出剖面图，中间应断开，如图 11-21（d）所示。
- 在不致引起误解时，允许将图形旋转，其标注形式如图 11-21（e）所示。
- 当剖切平面通过回转面形成的孔或凹坑的轴线时，这些结构按剖视绘制，如图 11-21（a）、（c）所示。
- 当剖切平面通过非圆孔，会导致出现完全分离的两个剖面时，这些结构应按剖视绘制，如图 11-21（e）所示。

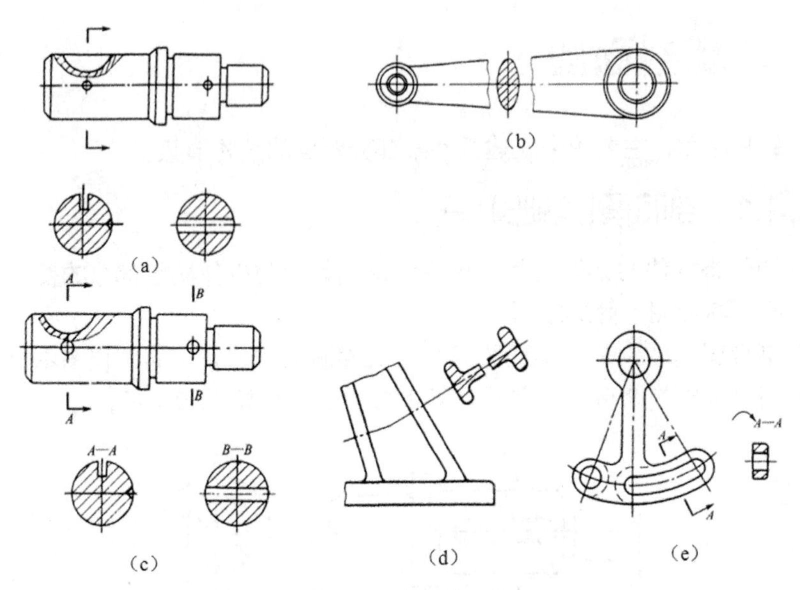

图11-21　移出剖面图

标注移出剖面图时，应注意以下几点。

- 移出剖面图一般应用剖切符号表示剖切位置，用箭头表示投射方向，并注上字母，在剖面图的上方应用同样的字母标出相应的名称“×—×”，如图 11-21 (c) 中的“A—A”断面。
- 移出剖面图配置在剖切符号延长线上时，对称剖面图省略标注；不对称剖面图可省略字母，如图 11-21 (a) 所示。
- 配置在视图中断处的对称移出剖面图不加任何标注，如图 11-21 (b) 所示。
- 按投影关系配置的不对称剖面图，以及移出剖面图不配置在剖切符号延长线上时，对称剖面图均可省略箭头，如图 11-21 (c) 中的“B—B”剖面图所示。

2. 重合剖面图

画在视图之内的剖面图，称为重合剖面图，如图11-22所示。绘制重合剖面图时，应注意以下几点。

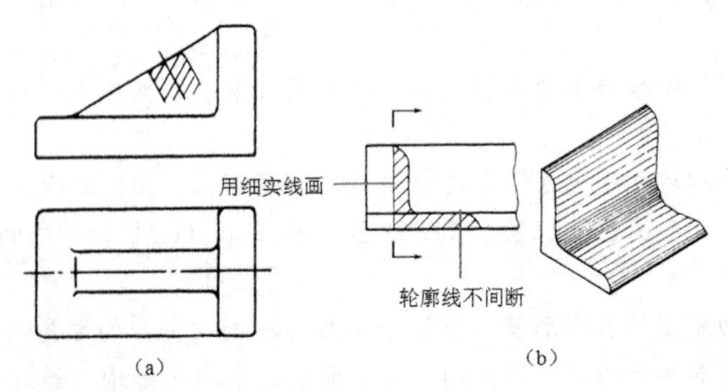

图11-22　重合剖面图

- 只有当断面形状简单，且不影响图形清晰的情况下，才采用重合剖面图。
- 重合剖面图直接画在视图内剖切位置处，其轮廓线用细实线绘制，如图 11-22 (a) 所示。
- 当视图中的轮廓线与重合断面的图形重叠时，视图中的轮廓线仍应连续画出，不可间断，如图 11-22 (b) 所示。

标注重合剖面图时，应注意以下几点。

- 重合剖面图的图形对称时不加任何标注，如图 11-22（a）所示。
- 配置在剖切符号上的不对称重合剖面图不必标注字母，如图 11-22（b）所示。

上机练习 绘制机件的全剖视图和其他视图

总的来说，全剖视图的绘制方法并无特别之处。不过，由于在绘制机件的全剖视图时通常还会绘制其他视图，因此，绘制这些视图时要注意它们之间的对应关系。

下面通过绘制如图11-23所示的机件全剖视图和其他视图，来进一步熟悉全剖视图的绘制方法。

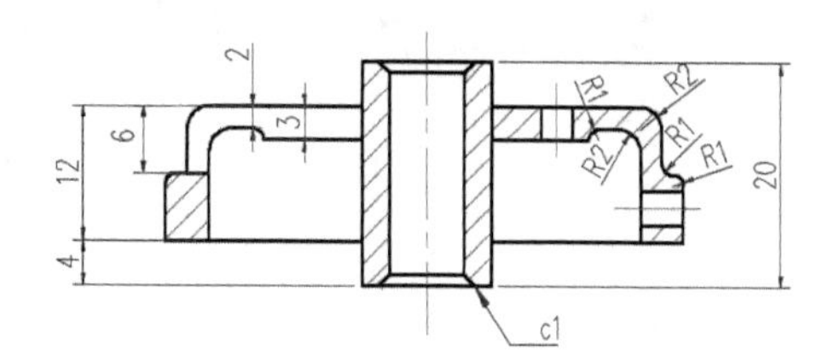

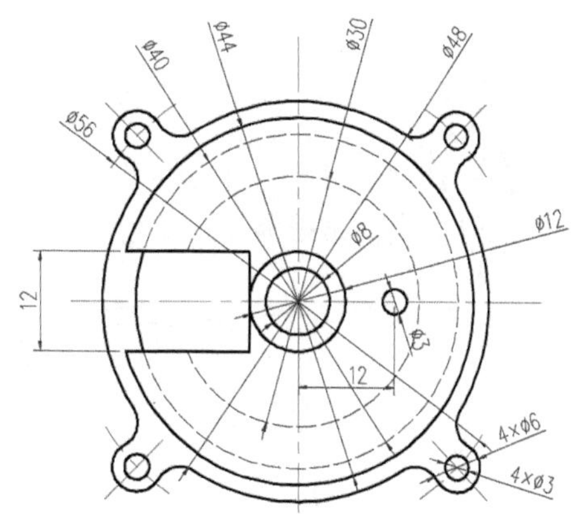

图11-23　机件全剖视图

1. 绘制俯视图

首先使用圆命令绘制一组同心圆，再利用直线、圆角、修剪和阵列命令绘制主视图中的螺孔与连接弧，最后使用矩形、修剪和圆命令绘制其他图形。

01 分别创建“定位线”、“虚线”和“剖面线”图层，并设置0层线宽为0.3mm；“定位线”层颜色为红色、线型为CENTER；“虚线”层颜色为蓝色、线型为ACAD-IS002W100；“剖面线”层颜色为品红色。

02 设置极轴的增量角为45°，将“定位线”作为当前层，执行“直线”命令（L），在绘图窗口绘制两条适当长度的垂直相交的定位线，作为零件的中心线。

03 设置0层为当前层，执行“圆”命令（C），拾取定位线的交点为圆心，分别以28，24，22，20，15，6，4为半径画7个同心圆。其中半径为28的为辅助圆，用定位线画出，半径为20和15的圆为不可见轮廓，用虚线画出，如图11-24所示。

04 执行“直线”命令（L），拾取圆心作为直线的起点，绘制一条45°的辅助线；执行“圆”命令（C），以辅助线和半径为28的辅助圆的交点为圆心，分别以1.5和3为半径，绘制两个同心圆，如图11-25所示。

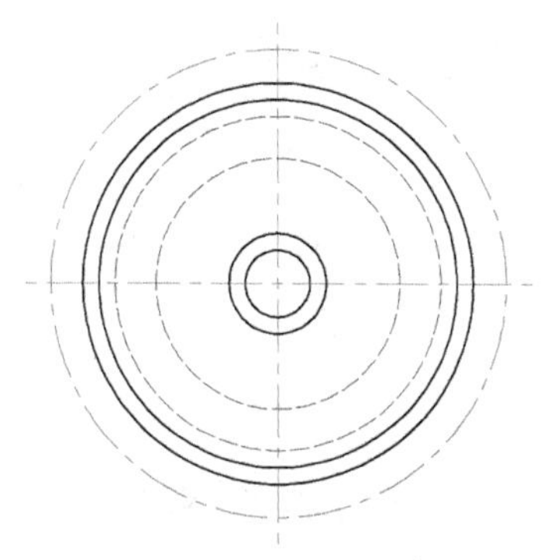

图11-24　绘制一组同心圆

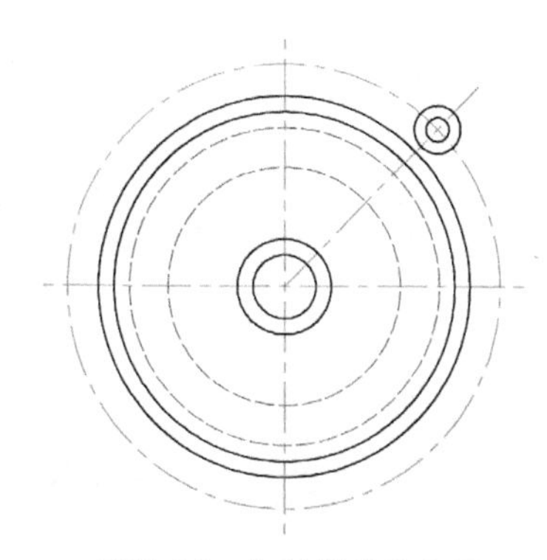

图11-25　绘制辅助线和圆

05 执行“圆角”命令（F），输入R设置圆角半径为3，输入M选择多个，然后单击半径为3的圆和半径为24的圆，对它们修圆角，如图11-26左图所示；再执行“修剪”命令（TR），修剪两圆中多余线条，结果如图11-26右图所示。

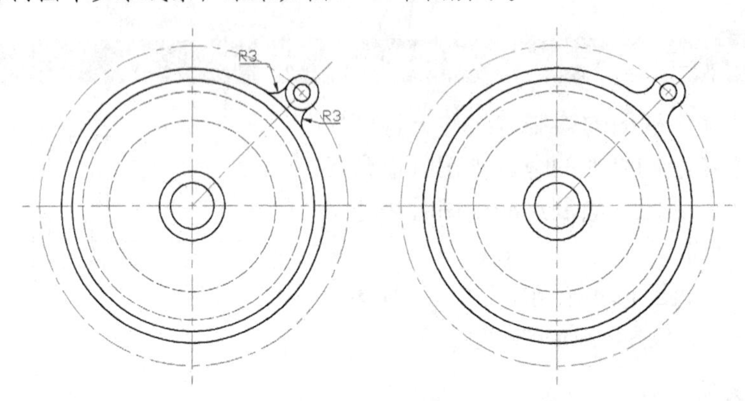

图11-26　为图形修圆角并进行修剪

06 执行“打断”命令（BR），打断半径为28的辅助圆；再单击辅助直线，利用夹点拉伸缩短直线，结果如图11-27所示。

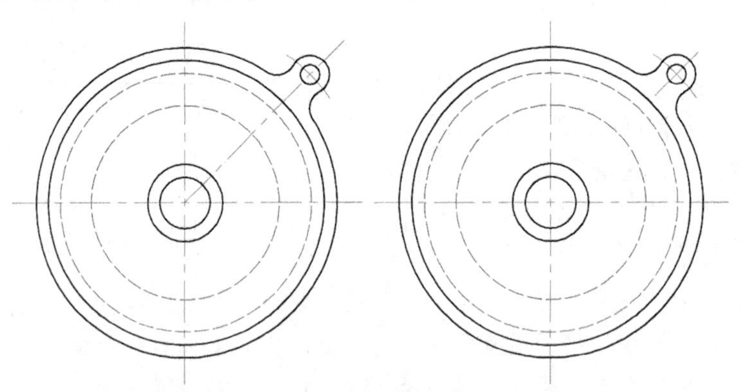

图11-27　打断圆并拉伸直线确定中心线

07 执行“阵列”命令（AR），选择右上角的同心圆对象，然后从弹出的快捷菜单中选择“极轴（PO）”选项，以一组同心圆的圆心为中心点，进行环形阵列，并在上侧的“阵列创建”面板中设置“项目(I)”为4，如图11-28左图所示；再执行“修剪”命令（TR），将多余的圆弧进行修剪，如图11-28右图所示。

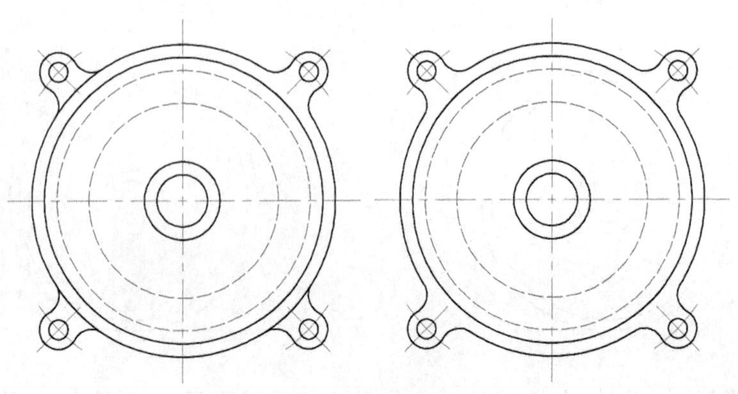

图11-28　阵列并修剪图形

08 使用直线、偏移、修剪等命令，画出俯视图左方宽度12的缺口，如图11-29所示。

09 设置当前层为0图层，使用“圆”工具，以水平和垂直定位线的交点为圆心，绘制一个半径为20的圆，然后利用“修剪”工具修剪圆；使用“圆”工具在距水平和垂直定位线交点右侧12的位置画出半径为1.5的圆，如图11-30所示。

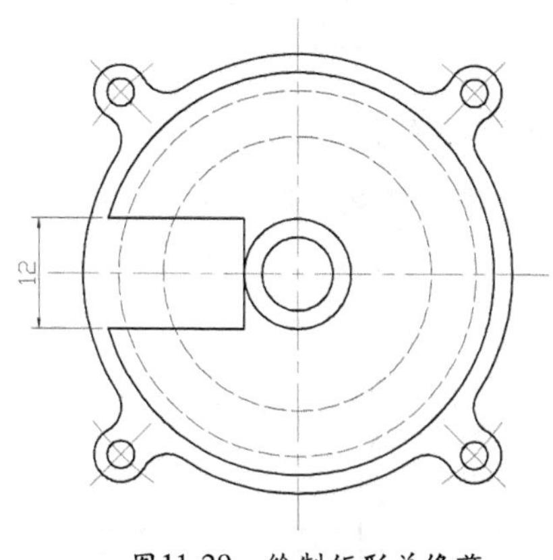

图11-29 绘制矩形并修剪

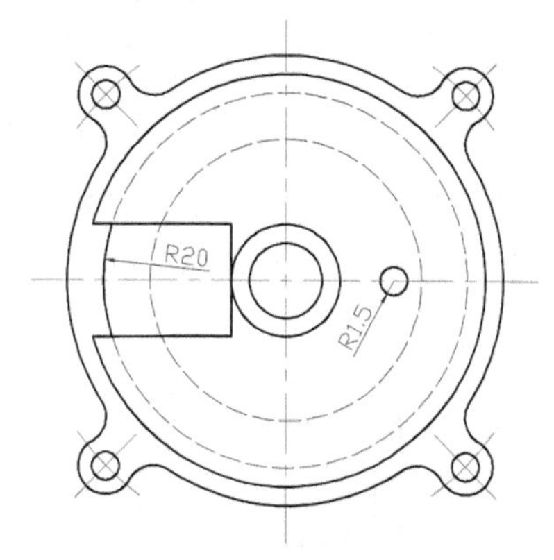

图11-30 绘制圆并修剪

2. 绘制主视图和剖视图

首先使用偏移命令偏移竖直中心线，再利用直线、圆和修剪命令绘制主视图右侧的大致轮廓，然后使用圆角、倒角和阵列、直线等命令绘制出主视图，最后为剖视图填充剖面线。

01 将“定位线”图层置为当前图层，使用“构造线”命令（XL），选择“垂直（V）”项，配合对象捕捉，绘制俯视图中的竖直构造线，如图11-31所示。

02 使用“直线”命令（L），在主视图中绘制一条水平直线，将该水平线段进行偏移，如图11-32所示。

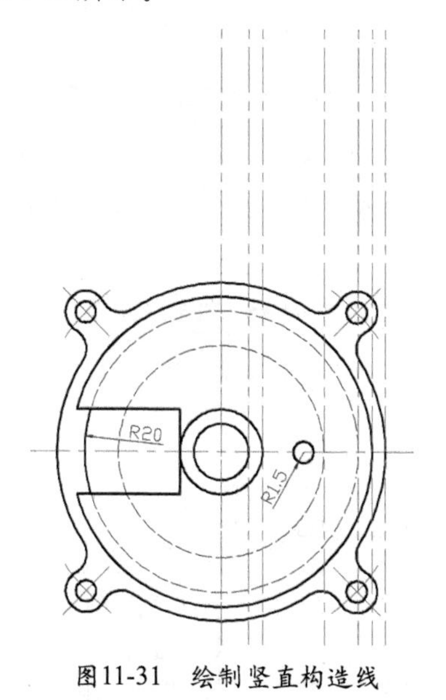

图11-31 绘制竖直构造线

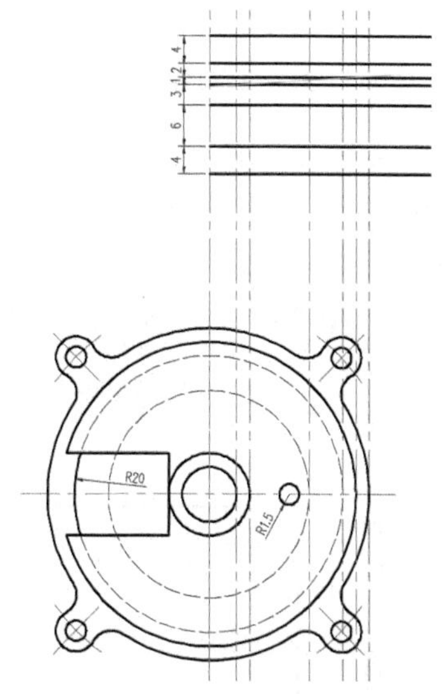

图11-32 绘制水平轮廓线

03 再使用修剪、圆角等命令，以绘制主视图右侧的大致轮廓，最后将轮廓图中的定位线层修改为图层0，如图11-33所示。

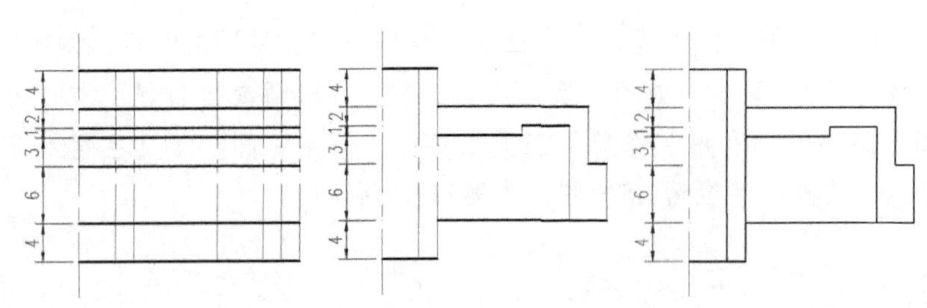

图11-33 绘制主视图右侧的轮廓

04 使用倒角、圆角等命令，对主视图中的各角进行修整，然后使用直线命令补画修倒角后的图形，如图11-34所示。

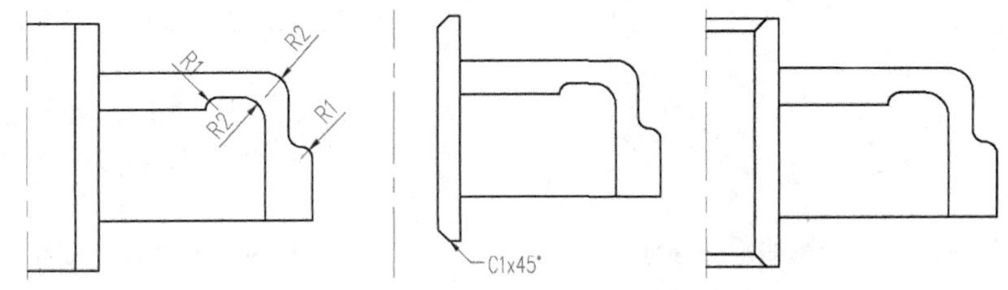

图11-34 修圆角和倒角并画直线

05 使用“镜像”命令（MI），将主视图中右侧轮廓线进行镜像复制，结果如图11-35所示。

06 使用“直线”命令（L），画出如图11-36所示孔部分的投影，并对主视图左侧部分进行修改，完成主视图的绘制。

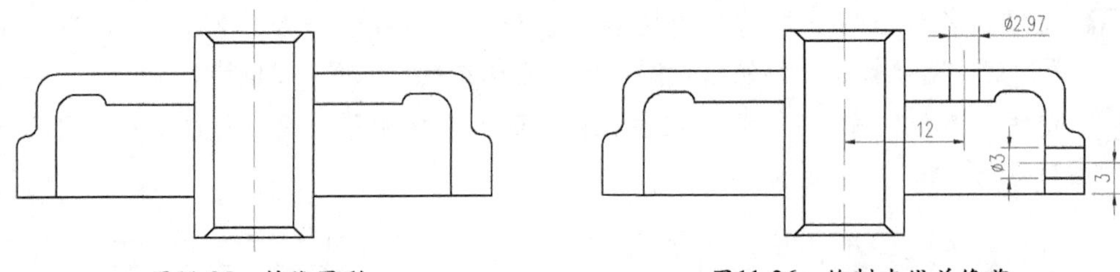

图11-35 镜像图形　　　　图11-36 绘制直线并修剪

07 将“剖面线”图层设置为当前图层，执行“图案填充”命令（H），打开“图案填充创建”选项卡，在其中选择ANSI31图案，比例为0.5，然后在主视图中选择要填充剖面线的区域即可，结果如图11-37所示。

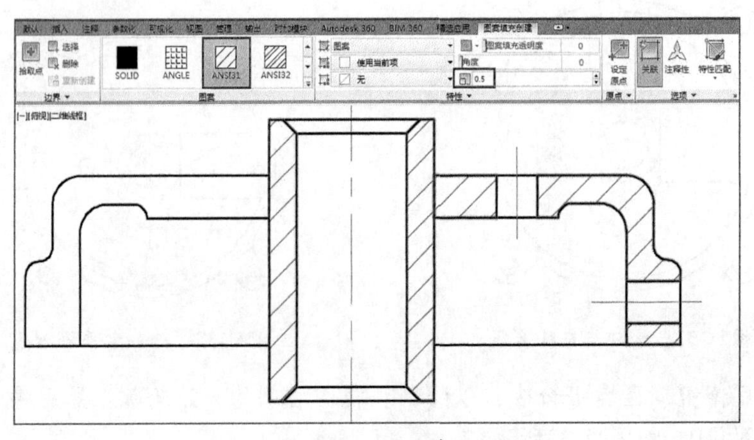

图11-37 剖面填充

本章小结

通过本章的学习，应掌握机械投影方法、视图的形成、剖视图和剖面图的基础知识，以及在AutoCAD中绘制和标注剖视图、剖面图的方法。在绘制此图时，应该充分利用三视图的关联性进行作图，这样能极大加快绘图速度。

思考与练习

1. 填空题

（1）假想用剖切面剖开机件，将处在观察者和剖切面之间的部分移去，而将其余部分向投影面投射所得的图形，称为_________，简称_________。

（2）剖切面与机件的接触部分称为_________，在剖面区域内应画出_________。

（3）用剖切面完全剖开机件所得到的剖视图称为______________。

（4）当机件具有对称平面时，向垂直于对称平面的投影面上投射所得的图形，可以以对称中心线为界，一半画成________，另一半画成_________，这样的图形称为_________。

（5）用剖切面局部剖开机件所得的剖视图称为_________，简称_________。

（6）假想用剖切面将机件的某处切断，仅画出该剖切面与机件接触部分的图形，这种图形称为_________，也叫_________，简称_________。根据配置位置的不同，剖面图分为______________和______________两种。

（7）画在视图之外的剖面图，称为_________；画在视图之内的剖面图，称为_______。

2. 思考题

（1）简述绘制机械剖视图的步骤。

（2）剖面图和剖视图的区别是什么？

（3）标注移出剖面图时，应注意哪些内容？

3. 操作题

绘制如图11-38所示的全剖视图和移出剖面。

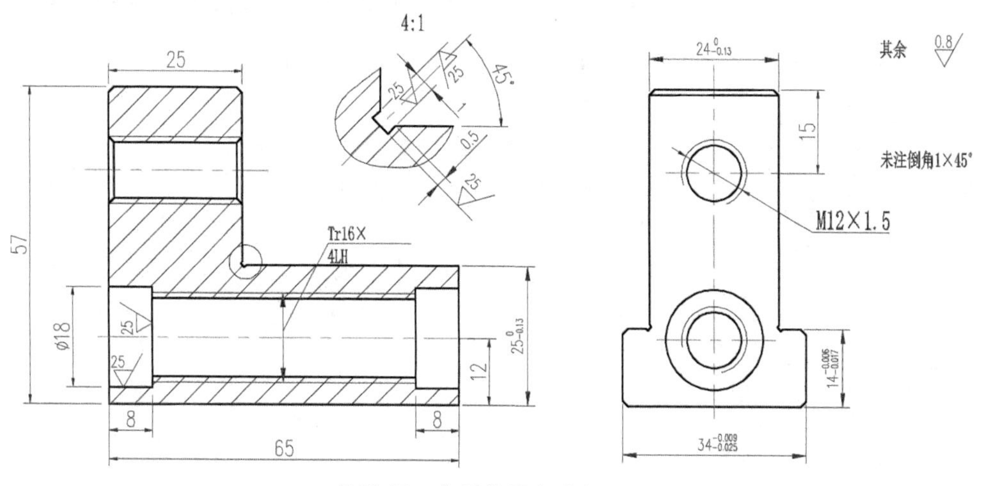

图11-38　全剖视图和移出剖面

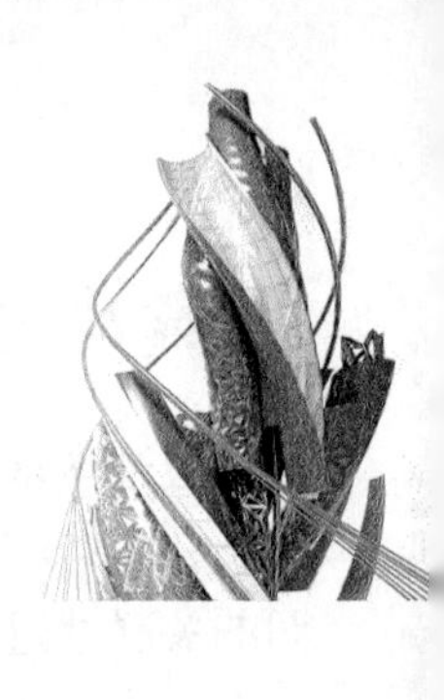

第12章 机械零件图与装配图的绘制

课前导读

从毛坯制造、机械加工工艺路线的制定、毛坯图和工序图的绘制，到加工检验和技术革新等，都要根据零件图来进行。装配图可以表达出一台机器或部件的工作原理和各零件之间的装配、连接关系，零件的主要结构以及技术要求等。零件图和装配图是设计和生产部门的重要技术文件，任何一台机器或部件都是由若干零件装配而成的。制造机器或部件，必须先按照零件图制造零件，然后将这些零件按一定的装配关系装配成机器或部件。

本章要点

- 熟悉机械零件图的基础知识
- 掌握典型零件图的绘制方法
- 熟悉机械装配图的基础知识
- 掌握机械装配图的绘制要点

12.1 机械零件图基础知识

机械是由零件装配而成的，零件的结构千变万化，但是用户可根据其几何特征分成4大类：轴套类零件、轮盘类零件、叉架类零件和箱体类零件。

表达零件结构形状、尺寸大小和技术要求的图样称为零件图。因此，图样中必须包括制造和检验该零件时所需要的全部资料，其具体内容如下。

- 一组视图：用一组视图（包括视图、剖视图、断面图、剖面图和局部放大视图等）正确、完整、清晰和简明地表达出零件各部分的结构形状。
- 尺寸数据：在零件图中，应正确、完整、清晰和合理地标注出零件的结构形状及其相互位置的大小。
- 技术要求：在零件图中，必须用规定的符号、数字和文字简明地表示出零件在制造和检验时所应达到的技术要求，如尺寸公差、形位公差、表面粗糙度及热处理等。
- 标题栏：在零件图中，用标题栏明确地写出零件名称、数量、比例、图号，以及设计、制图、校核人员的姓名和日期等。

12.2 典型零件图绘制分析

在对零件结构形状进行分析的基础上，首先根据零件的工作位置或加工位置，选择最能反映零件特征的视图作为主视图，然后再选择其他视图。选择其他视图时，应在能表达零件内外结构、形状的前提下尽量减少图形数量，以便画图和看图。

根据零件在机器或部件中的作用不同，其结构形状也多种多样。按零件的结构特点，一般将零件分为轴套类、轮盘类、叉架类、箱体类。在研究零件的视图选择和尺寸标注的方法时，综合分析这几种具有代表性的零件，从中找出规律性的东西，用以指导我们合理地选择视图及尺寸标注。

12.2.1 轴套类零件图绘制分析

这类零件包括各种用途的轴、杆、轴套等。轴一般是用来支承零件和传递动力的。套一般是装在轴上，起着轴向定位、传动或连接等作用。

1. 结构特点

轴套类零件结构形状较简单，多由回转体组成，且多有倒角、倒圆、退刀槽、键槽、螺纹、中心孔等结构，如图12-1所示。这类零件具有轴向尺寸大于径向尺寸的特点。

2. 视图选择

这类零件主要结构形状是回转体，一般只需一个基本视图——主视图。因轴套类零件大部分在车床上加工，所以多将轴线水平放置来画主视图，便于加工时图物对照，这样不仅符合加工位置要求，也基本符合轴的工作位置和形状特征原则。通常将轴的大端朝左，小端朝右，轴上的键槽、孔可朝前或朝上，形状和位置表达明确。除主视图外，又常用剖面图、局部视图和局部放大图来补充表达键槽、销孔、退刀槽等局部结构。

3. 尺寸标注

考虑基准重合原则，选择轴线是径向尺寸基准，重要轴肩或端面是轴向尺寸基准。由基准出发，正确、清晰、完整、合理地标注各段径向尺寸和轴向尺寸，在图12-1中，其径向以整体轴线为基准，轴向以φ44mm外圆的右端面为基准，该右端面在装配体里起轴向定位作用。

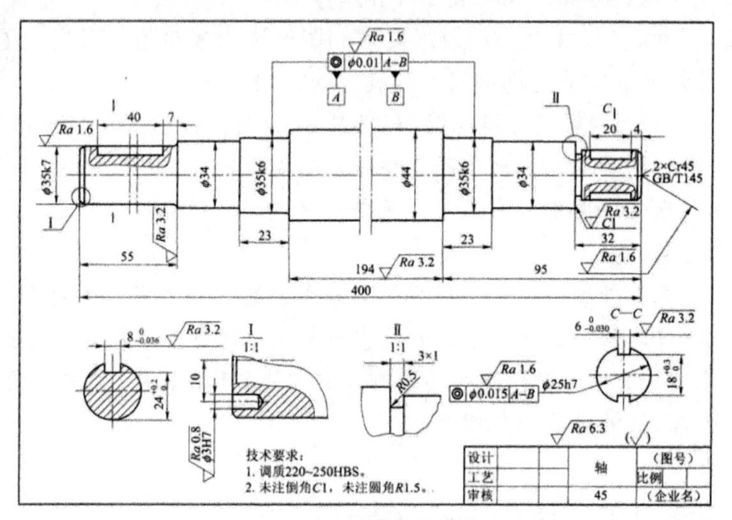

图12-1　轴套类零件图

▶ 12.2.2　轮盘类零件图绘制分析

这类零件包括各种用途的轮和盘盖。轮常见的有手轮、带轮、链轮等。盘盖常见的有法兰盘、端盖等。轮类一般用键、销与轴连接，用以传递扭矩。法兰盘、端盖用于支承、定位、密封等。

1. 结构特点

轮盘类零件主要结构形状由回转体组成，部分由方形构成。其上常有孔、肋板、槽、轮辐等结构，如图12-2所示。这类零件具有径向尺寸大于轴向尺寸的特点。

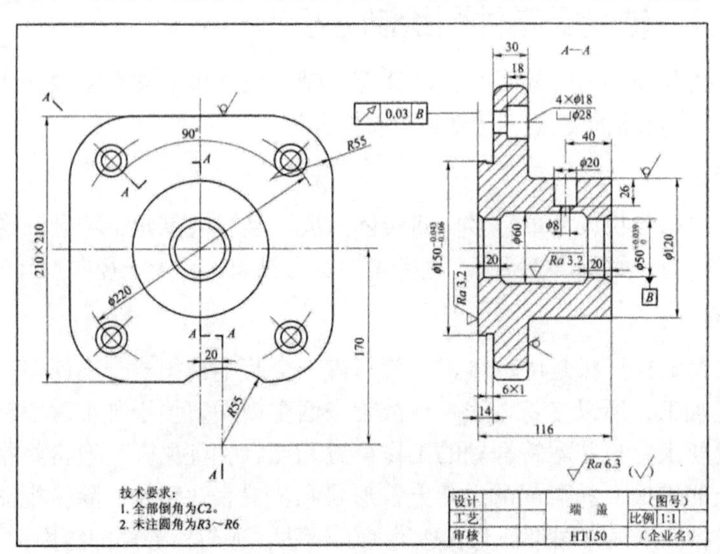

图12-2　轮盖类零件图

2. 视图选择

轮盖类零件多以车削为主，故按加工位置原则将轴线水平放置画主视图，主视图通常采用全剖表达内部形状。根据其结构特点，还需配置其他视图来表达零件的外部形状，如图12-2中采用左视图来表达零件的外形。对基本视图未能表达清楚的其他结构形状，可采用剖面图、局部放大图或局部视图表达。

3. 尺寸标注

主要尺寸基准：径向——整体轴线，方盘的高度、宽度方向、弧形缺口也以此轴线为基准。轴向——零件的最左端面为基准。轴向尺寸链分解：主体结构——116、14、30、开环；砂轮越程槽——14、6、开环；方盘上台阶孔——30、18、开环；内孔——116、20、开环、20；油板孔定位尺寸——40。

12.2.3 叉架类零件图绘制分析

这类零件包括各种用途的叉杆和支架零件。一般由支承部分、工作部分和连接部分组成，主要起连接、传动、支承等作用。常见的零件有拨叉、连杆、支架和摇臂等。

1. 结构特点

叉架类零件结构形状较为复杂又不规则，连接部分多是断面有变化的肋板结构，形状弯曲、曲率半径各异，扭转的较多，支承部分和工作部分多有油槽、螺孔和沉孔等结构，如图12-3所示。

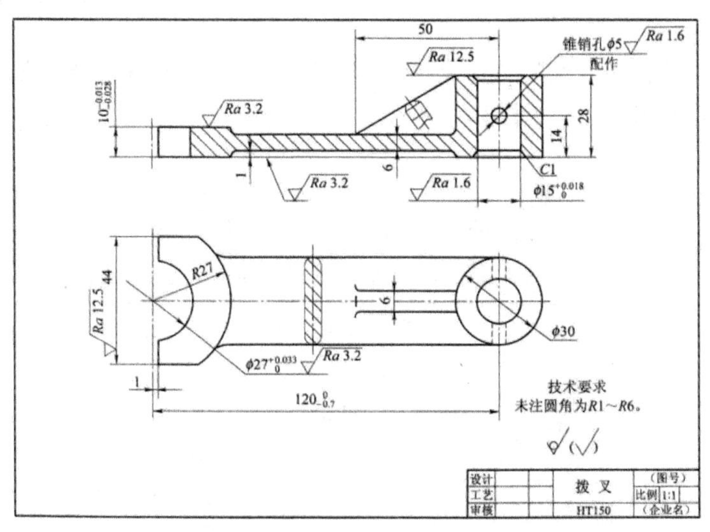

图12-3 托架零件图

2. 视图选择

因其结构形状较复杂，加工工序较多，难分主次，故选择主视图时，主要考虑工作位置和形状特征原则。若工作位置处于倾斜状态时，可将其位置放正画主视图。主视图表达了相互垂直的安装面、支承肋及夹紧用的螺孔等结构。左视图表达安装板的形状和安装孔的位置及支承肋的宽度，支承孔采用局部剖视。采用A向局部剖视表达夹紧螺孔部分的外形结构，用移出剖面表达支承肋的断面形状。综上分析，叉架类零件除选择必要的基本视图外，也常采用一些灵活的局部视图、局部剖视或剖面等表达方法。

3. 尺寸标注

长度方向——右端圆柱轴线，因为右边圆柱筒与轴装配而使拨叉在部件中定位，所以依此轴线作基准。

宽度方向——零件的前后对称面。

高度方向——零件的底面。

表面粗糙度——要求最高的是右端圆筒内孔与锥销孔的表面，Ra值1.6；其次各加工表面Ra值为3.2以及12.5，其他为毛坯面。

尺寸公差——Φ15上偏差±0.018，下偏差为0，查表得公差带代号为H7。Φ27上偏差±0.033，下偏差0，查表得公差带代号为H8。10的上偏差－0.013，下偏差为－0.028，公差带代号为f7。

12.2.4 箱体类零件图绘制分析

各种阀体、泵体、减速器箱体等都属于箱体类零件。箱体类零件是机器或部件的主要零件之一，起支承、定位、密封和包容其他零件的作用。

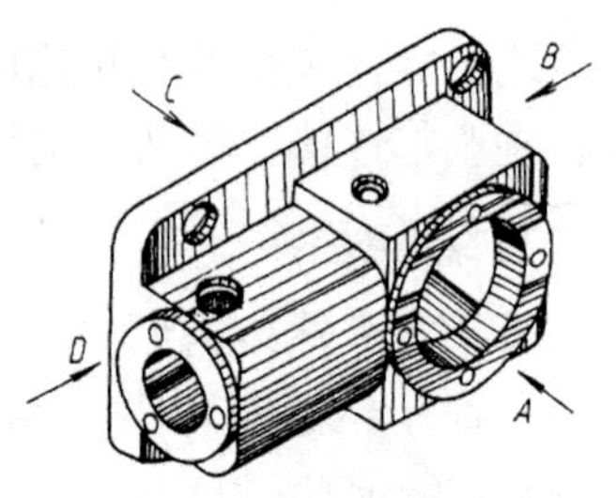

图12-4　箱体轴测图

1. 结构特点

箱体类零件的内外结构都较复杂，此类零件上多有安装底板、安装孔、螺孔、肋板、凸台等结构，如图12-4所示。

2. 视图选择

箱体类零件一般需要3个或3个以上的基本视图以及一些灵活的表达方法如局部视图、局部剖视、斜视图等来表达，如图12-5所示。

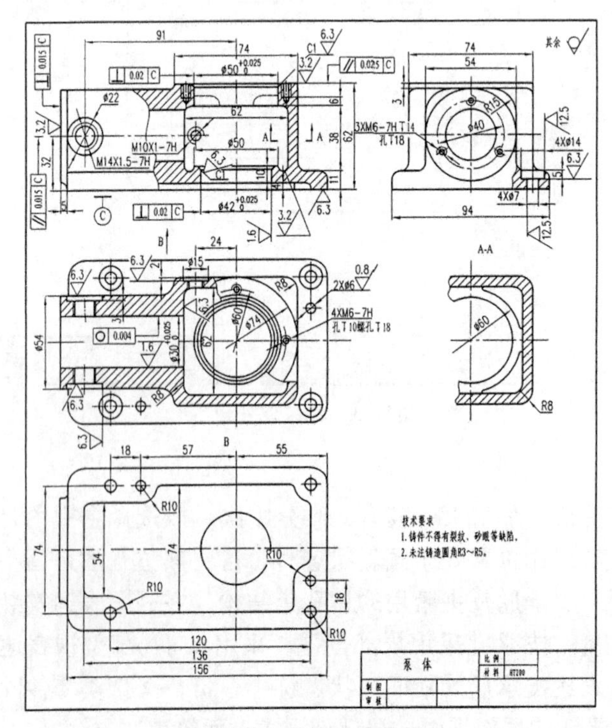

图12-5　箱体类零件图

主视图主要考虑“工作位置”和“形状特征”原则。因箱体类零件外形和内腔都很复杂，除主视图外，还需用其他视图来补充表达尚未清楚的结构，如采用俯视图、左视图、A—A剖视图和B向视图，并在主、俯、左3个视图中都采用了局部剖视。

3. 尺寸标注

箱体类零件结构形状较复杂，尺寸也较多，在此，只重点指出箱体类零件的长、宽、高3个方向的设计基准（即主要基准）及主要尺寸的标注。长度方向是以$\phi50^{+0.025}_{0}$和$\phi42^{+0.025}_{0}$两孔轴线为设计基准，标注长度方向尺寸74、91、24等；宽度方向以箱体前后对称面为设计基准，标注宽度方向尺寸$\phi30^{+0.021}_{0}$、&54、62等；高度方向以箱体底面为设计基准，标注高度方向尺寸32、11、62等。其余的尺寸按形体分析法从工艺基准（即辅助基准）出发标注，具体尺寸标注自行分析。

12.3 绘制装配图

表示机器或部件的图样称为装配图，如图12-6所示。在进行设计、装配、调整、检验、安装、使用和维修时，都需要装配图，它是设计部门提交给生产部门的重要技术文件。

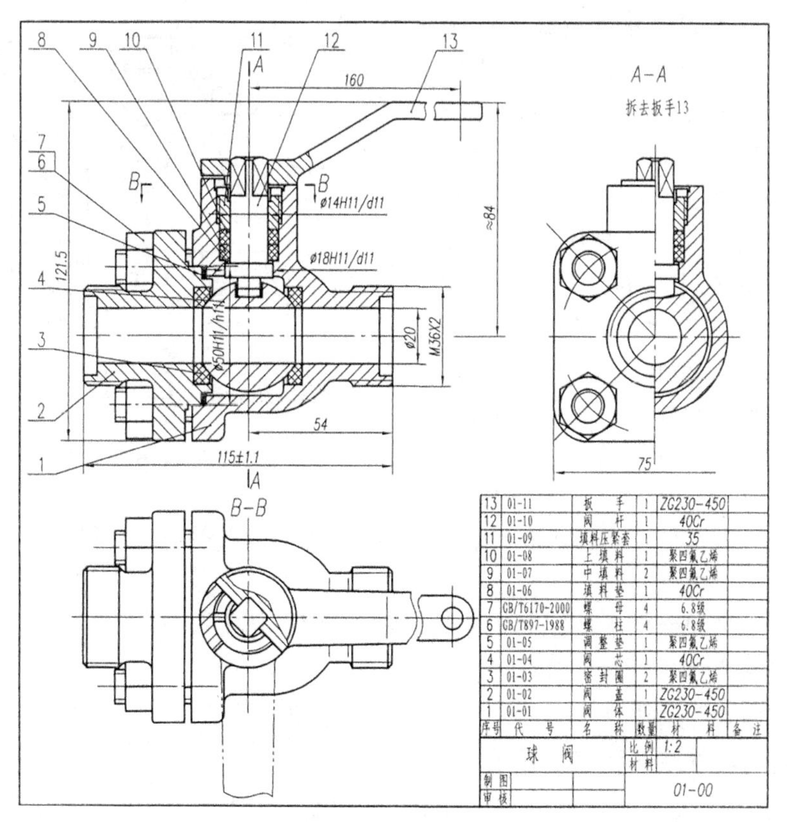

13	01-11	扳手	1	ZG230-450	
12	01-10	阀杆	1	40Cr	
11	01-09	填料压紧套	1	35	
10	01-08	上填料	1	聚四氟乙烯	
9	01-07	中填料	2	聚四氟乙烯	
8	01-06	填料垫	1	40Cr	
7	GB/T6170-2000	螺母	4	6.8级	
6	GB/T897-1988	螺柱	4	6.8级	
5	01-05	调整垫	1	聚四氟乙烯	
4	01-04	阀芯	1	40Cr	
3	01-03	密封圈	2	聚四氟乙烯	
2	01-02	阀盖	1	ZG230-450	
1	01-01	阀体	1	ZG230-450	
序号	代号	名称	数量	材料	备注

球阀	比例	1:2
	材料	
制图		01-00
审核		

图12-6 球阀装配图

12.3.1 装配图基础知识

装配图必须表达出一台机器或部件的工作原理和各零件之间的装配、连接关系、零件的主要结构以及技术要求等。一张完整的装配图需具有下列内容。

- 一组视图：清晰地表示出装配体的装配关系、工作原理和各零件的主要结构形状等。
- 必要的尺寸：包括装配体的规格、性能、装配、检验和安装时所必要的一些尺寸。
- 技术要求：用文字或符号表明装配体的性能、装配、调整要求、验收条件、试验和使用规则等。
- 标题栏、明细栏和零件（或部件）序号：在装配图中，应对每个不同的零部件编写序号，并在明细栏（也称明细表）中填写序号、名称、件数、材料和备注等内容。标题栏一般应包含机器或部件的名称、比例、图号及有关人员的签名和日期等。

12.3.2 装配图绘制要点

零件的各种表达方法，在表达机器或部件时也完全适用。但由于装配图和零件图所表达的重点不同，因此它有自己的规定和画法。下面介绍其中的基本规定和常用画法。

1. 绘制装配图的基本规定

为了在读装配图时能迅速区分不同的零件，并正确理解各零件之间的装配关系，在绘制装配图时应遵守下述规定。

- 装配图中相邻零件的接触面和配合面均画一条线，非接触面，不论间隙多小，必须画两条线。如图 12-7 中①所示为接触面和配合面的画法，②为非接触面的画法。
- 相邻金属零件的剖面线方向或间隙应有区别，但同一零件在各个视图中的剖面线方向和间隙必须一致，如图 12-7 中③所示。若零件的厚度小于或等于 2mm，允许用涂黑表示剖面符号，如图 12-7 中④所示。

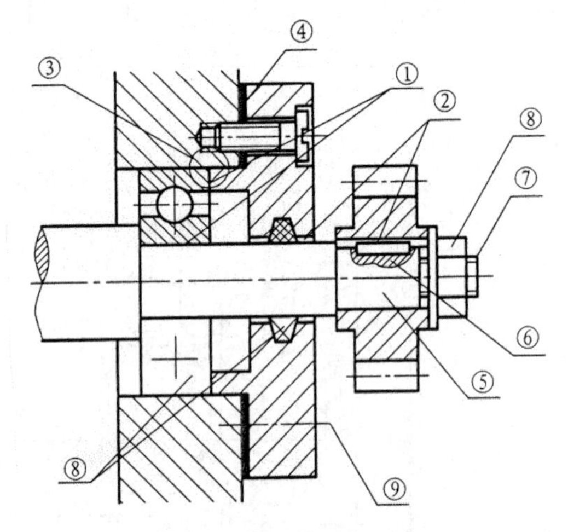

图12-7 装配图规定画法

- 装配图是由若干零件组成的，对于有若干相同的零件组，允许仅详细画几处，其余则以点画线表示中心位置。零件的工艺结构，如倒角、圆角、退刀槽等在装配图中允许不画。
- 对于螺纹紧固件以及轴、连杆、球、钩子、键、销等实心零件，当剖切平面通过其对称平面或轴线（沿纵向剖切）时，这些零件均按不剖绘制，如图 12-7 中⑤所示。需要特别表明零件的构造，如键槽、销孔等，则可用局部剖视，如图 12-7 中⑥所示。

2. 装配图的尺寸注法和技术要求

装配图不是制造零件的直接依据，因此，装配图中不需注出零件的全部尺寸，而只需标注出必要的尺寸。这些尺寸按其作用不同，大致可分为以下几类。

（1）性能（规格）尺寸

表示机器或部件性能（规格）尺寸，在设计时已经确定，也是设计、了解和选用该机器或部件的依据，如图12-6中球阀的公称直径φ20。

（2）装配尺寸

包括保证有关零件间配合性质的尺寸，保证零件间相对位置的尺寸，装配时进行加工的有关尺寸等。如图12-6中阀盖和阀体的配合尺寸φ50H11/h11等。

（3）安装尺寸

机器或部件安装时所需的尺寸，图12-6中与安装有关的尺寸有：≈84、54、M36×2等。

（4）外形尺寸

表示机器或部件外形轮廓的大小，即总长、总宽和总高，它为包装、运输和安装过程中所占的空间大小提供了数据。如图12-6中球阀的总长、总宽和总高分别为115±1.1、75和121.5等。

（5）其他重要尺寸

它们是在设计中确定，又不属于上述几类尺寸的一些重要尺寸，如主要零件的重要尺寸等。

上述5类尺寸之间并不是孤立无关的。实际上，有的尺寸往往同时具有多种作用，例如，球阀中的尺寸115±1.1，它既是外形尺寸，又与安装有关。此外，一张装配图中有时也并不全部具备上述5类尺寸。因此，对装配图中的尺寸需要具体分析，然后进行标注。

装配图的技术要求是指机器或部件在装配、安装、调试过程中有关数据和性能指标，以及在使用、维护和保养等方面的要求，一般用文字标注在明细栏的附近。

3. 装配图中的零部件序号和明细栏

为了便于读图和图样管理，以及做好生产准备工作，装配图中的所有零、部件都必须编写序号。装配图中的一个部件可只编写一个序号，同一装配图中相同的零、部件应编写同样的序号。此外，装配图中零、部件的序号应与明细栏中的序号一致。

（1）序号的编排方法

- 零、部件序号的表示方法如图 12-8 (a) 所示，即在指引线的水平线上或圆内注写序号，序号用 5 号字注写。同一装配图中编注序号的形式应一致。
- 指引线应自所指部分的可见轮廓内引出，并在末端画一圆点，如图 12-8 (a) 所示。若所指部分（很薄的零件或涂黑的剖面）内不便画圆点时，可在指引线的末端画出箭头，并指向该部分的轮廓，如图 12-8 (b) 所示。
- 指引线可以画成折线，但只可曲折一次，如图 12-8 (c) 所示。指引线相互不能相交，当通过有剖面的区域时，指引线不应与剖面线平行。
- 对于一组紧固件以及装配关系清楚的零件组，可以采用公共指引线，如图 12-9 所示。
- 相同的零、部件用一个序号，一般只标注一次。多处出现的相同的零、部件，必要时也可重复标注。

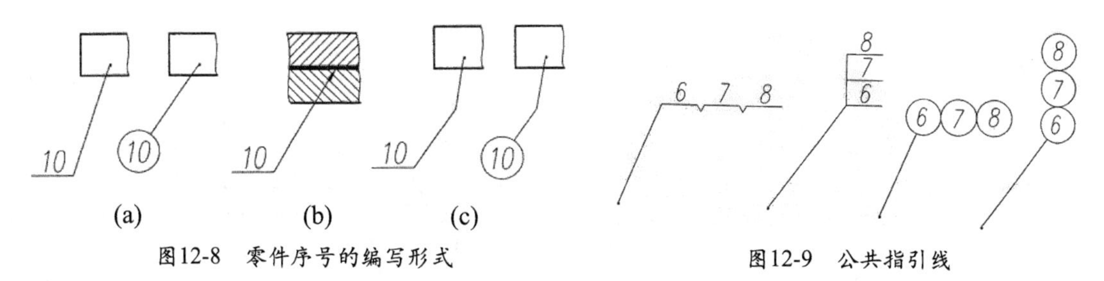

图12-8 零件序号的编写形式

图12-9 公共指引线

- 装配图中的序号应按水平或垂直方向排列整齐，并按顺时针或逆时针方向顺次排列，如图 12-6 所示。

（2）明细栏

- 明细栏一般放置在装配图中标题栏的上方，按由下而上的方向填写。当由下而上延伸位置不够时，可紧靠在标题栏的左边自下而上延续。
- 明细栏中的序号应与图中的零件序号一致。
- 明细栏中的字体采用 5 号字，最上面的边框线用细实线画。
- 明细栏格式如图 12-10 所示。

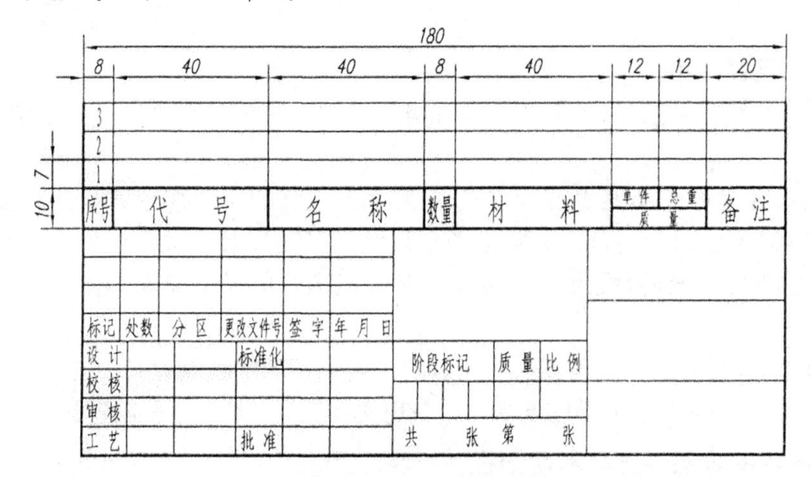

图12-10　明细栏

上机练习　绘制端盖零件图

端盖是机械制图中最常见的一种轮盘类零件，如图12-11所示，端盖主视图采用全剖视图，表达端盖类零件各孔的内部形状，左视图用来表达零件的外形。绘图时，要注意各视图之间的对应关系；至于标题栏，将直接插入事先准备好的图块，并修改属性即可。

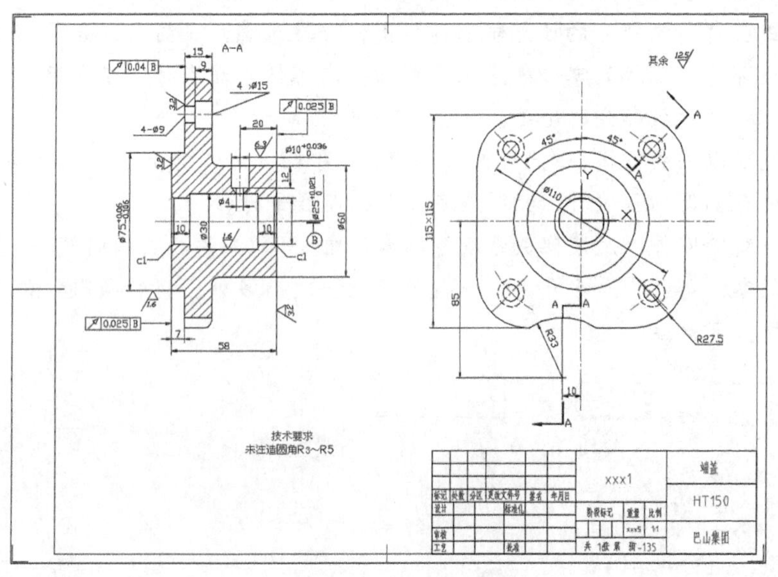

图12-11　端盖零件图

1. 绘制定位线和左视图

在绘制端盖的左视图时，可首先用圆命令绘制各同心圆。对于左视图中的螺孔，可先画出一个，再利用阵列命令生成其他几个螺孔。

01 新建“中心线”、“轮廓线”、“虚线”、“剖面线”、“标注”和“文字”图层，并设置各图层属性如下。

- 中心线：线型为CENTER，颜色为红色，其他默认。
- 轮廓线：线宽为0.3mm，其他默认。
- 虚线：颜色为蓝红，线型为DASHED2，其他默认。
- 剖面线：颜色为品红，其他默认。
- 标注：颜色为蓝色，其他默认。
- 文字：颜色为蓝色，其他默认。

02 将“中心线”图层设置为当前图层，执行“直线”命令（L），绘制两条中心线。将“轮廓线”图层设置为当前图层，执行“圆”命令（C），以垂直中心线与水平中心线的交点为圆心，分别绘制直径为25、30、60、75和110的同心圆，结果如图12-12所示。

03 设置极轴的增量角为45°，执行“圆”命令（C），捕捉圆心O，以45°极轴追踪线与大圆的交点为圆心，绘制直径为9和15的同心圆，结果如图12-13所示。

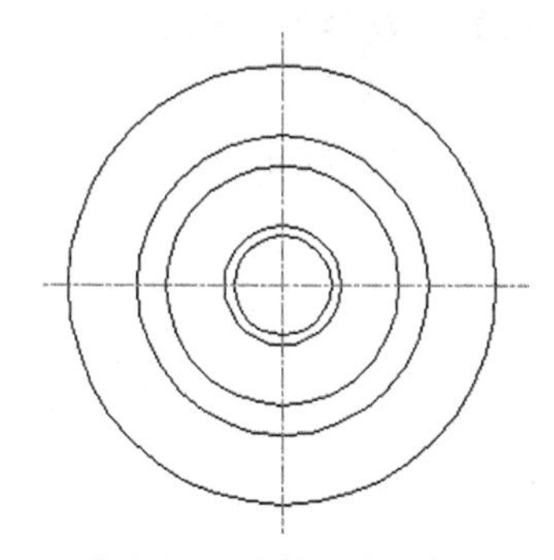

图12-12　绘制一组同心圆

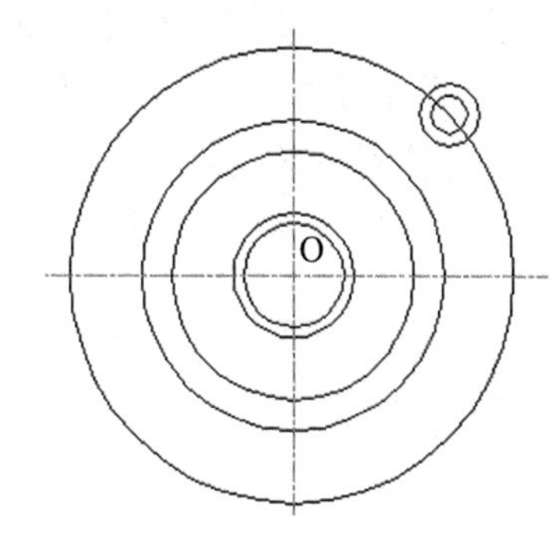

图12-13　绘制两个同心圆

04 执行“打断”命令（BR），打断大圆，如图12-14左图所示；再执行“阵列”命令（AR），将打断后的图形与刚绘制的两个同心圆作为阵列复制对象，以水平与垂直两中心线的交点为中心点，环形阵列复制图形，结果如图12-14右图所示。

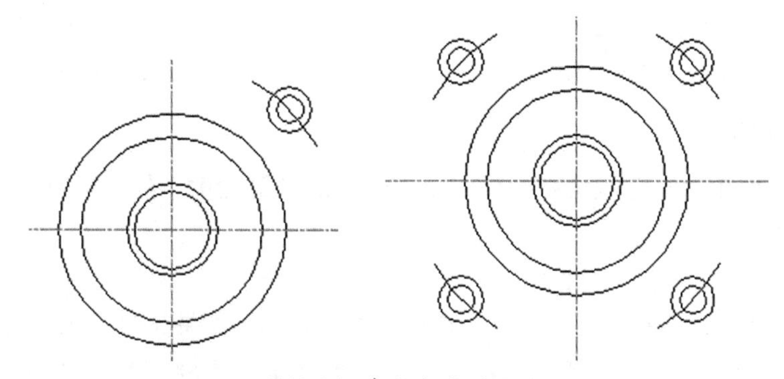

图12-14　打断和阵列图形

05 在命令行输入UCS命令，单击拾取圆心O作为新坐标原点，执行“矩形”命令

（REC），输入第一个角点坐标（－57.5,－57.5），输入第二个角点坐标（57.5,57.5），绘制一个115×115的矩形，如图12-15所示。

06 执行“偏移”命令（O），将水平中心线向下偏移85个单位，将垂直中心线向左偏移10个单位，以交点A为圆心，绘制半径为33的圆，如图12-16所示。

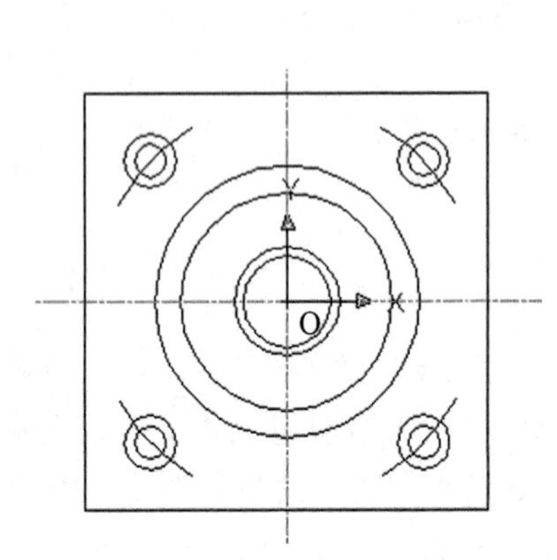

图12-15　新建坐标原点并绘制矩形

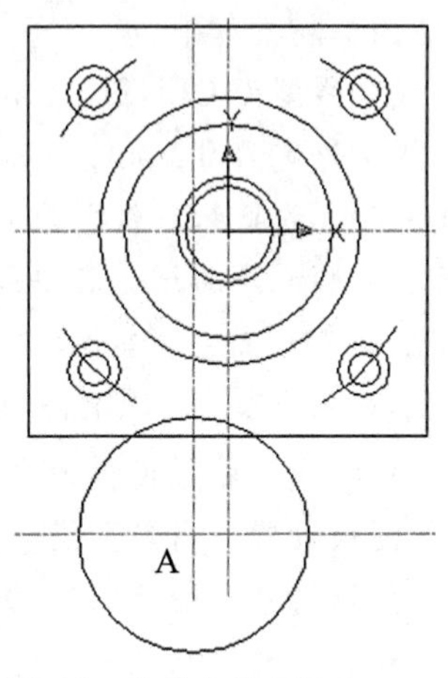

图12-16　偏移定位画圆

07 分别执行删除、修剪等命令，删除和修剪多余的线段和圆。然后执行“圆角”命令（F），设置圆角半径为27.5，对矩形修圆角，结果如图12-17所示。

08 将不可见圆用虚线表示，将孔中的线改为中心线层，并使用“直线”命令（L）绘制孔的另一中心线，结果如图12-18所示。左视图绘制完毕。

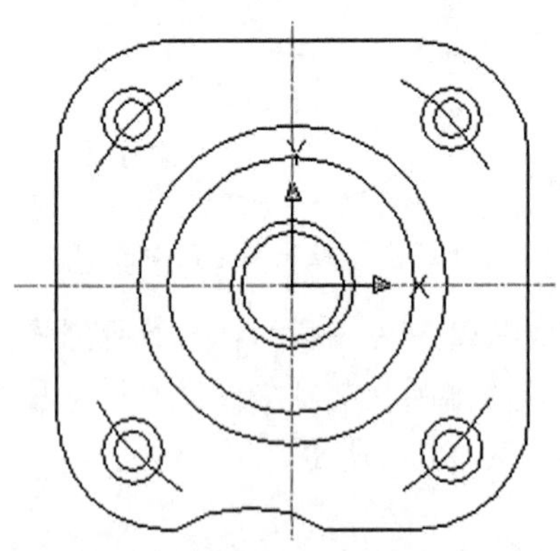

图12-17　删除和修剪多余图形并对矩形修圆角

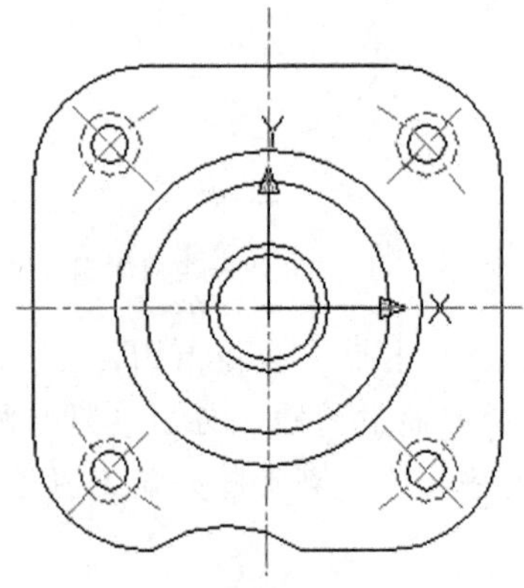

图12-18　修改图层并绘制中心线

2. 绘制主视图

首先利用极轴和对象追踪绘制主视图上半部分的外部轮廓，然后再利用偏移、修剪和镜像命令绘制其他图形。

01 执行“直线”命令（L），利用极轴和对象追踪，根据左视图中对应的点和图12-11中所标尺寸，绘制出主视图上半部分的外部轮廓，结果如图12-19所示。

02 继续执行“直线”命令（L），利用对象捕捉在左视图中对应点绘制直线，如图12-20左图所示。执行“修剪”命令（TR），修剪多余线段，并对图形修倒角，倒角距离为1，如图12-20右图所示。

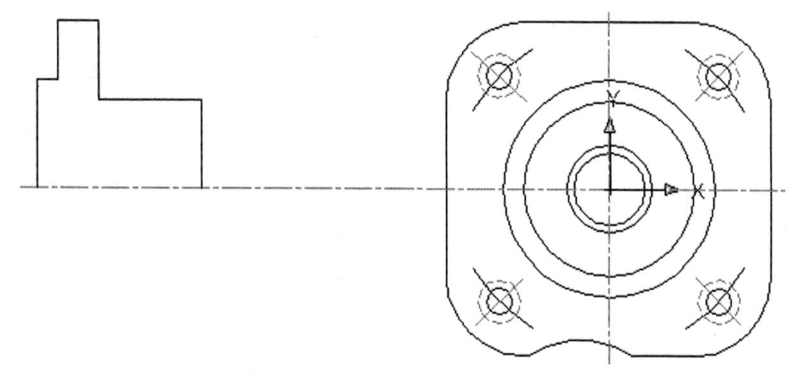

图12-19　使用直线工具绘制主视图上半部分轮廓

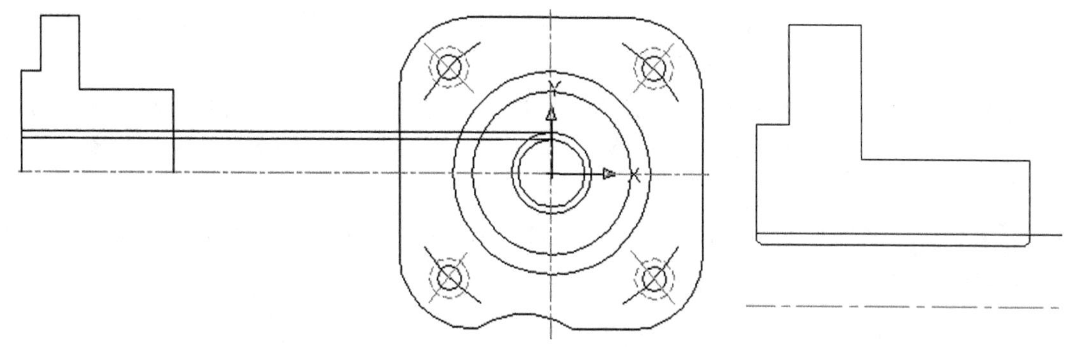

图12-20　绘制直线并进行修剪和倒角

03 执行“直线”命令（L），绘制倒角间的直线，然后根据图中尺寸绘制其他直线，结果如图12-21所示。

04 执行“修剪”命令（TR），修剪多余线段，结果如图12-22所示。

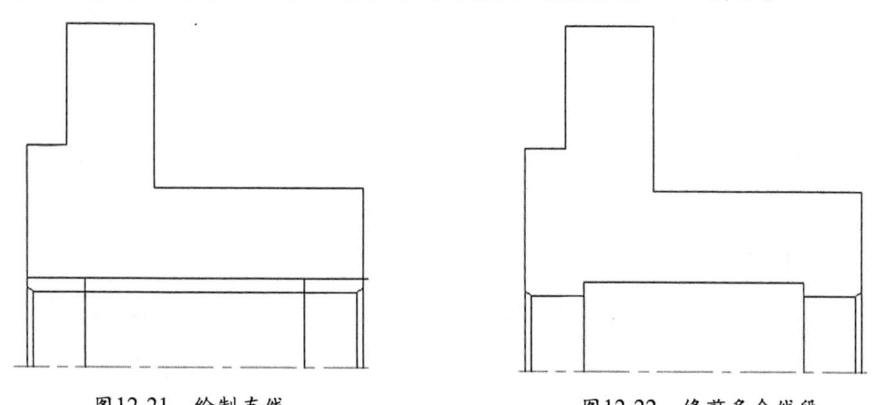

图12-21　绘制直线　　　　图12-22　修剪多余线段

05 执行“镜像”命令（MI），选中水平中心线以上的部分为对象，以中心线为对称轴，镜像复制图形，结果如图12-23所示。

06 执行“偏移”命令（O），将线段AB向上偏移4.5、7.5和19个单位，向下偏移4.5和7.5个单位，结果如图12-24所示。

07 利用夹点拉伸两竖直条直线，然后将线段AB修改为“中心线”层，结果如图12-25所示。

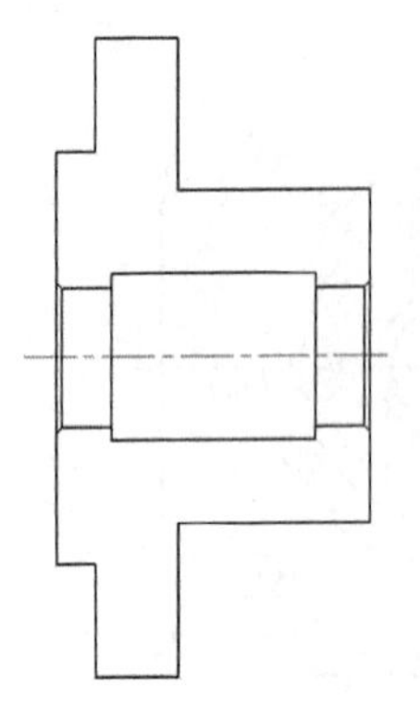

图12-23　镜像复制图形

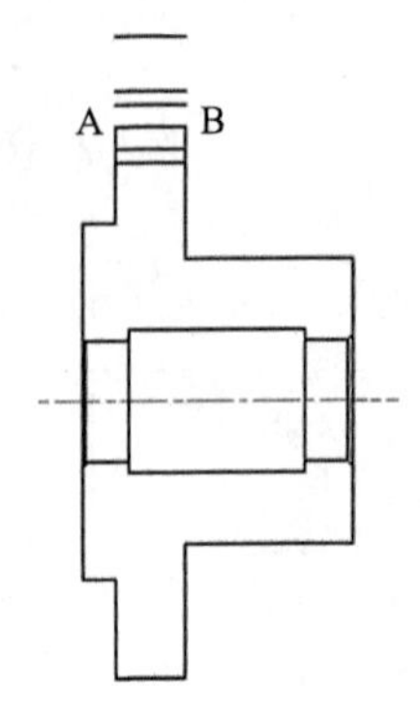

图12-24　修改全局线型比例因子

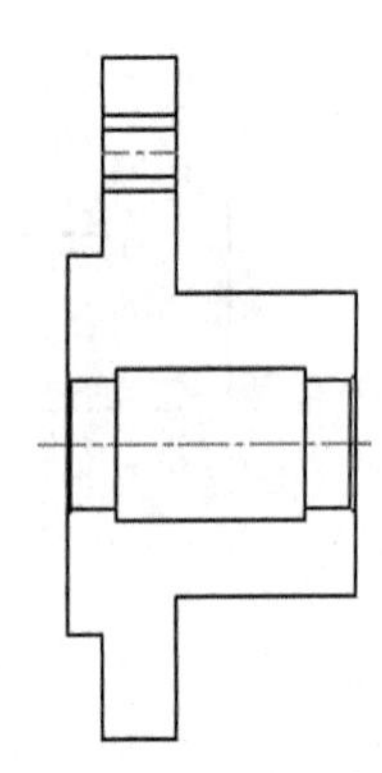

图12-25　拉伸直线并修改图层

08 执行“偏移”命令（O），将线段CD向左偏移9个单位，执行“修剪”命令（TR），修剪多余线段，结果如图12-26所示。

09 执行“偏移”命令（O），将线段AB向左偏移20个单位，再将偏移后的线段向右偏移2个和5个单位，将线段AC向下偏移12个单位。执行“修剪”命令（TR），修剪多余线段，结果如图12-27所示。

10 执行“镜像”命令（MI），镜像修剪后的图形，并使用直线工具绘制斜线，结果如图12-28所示。

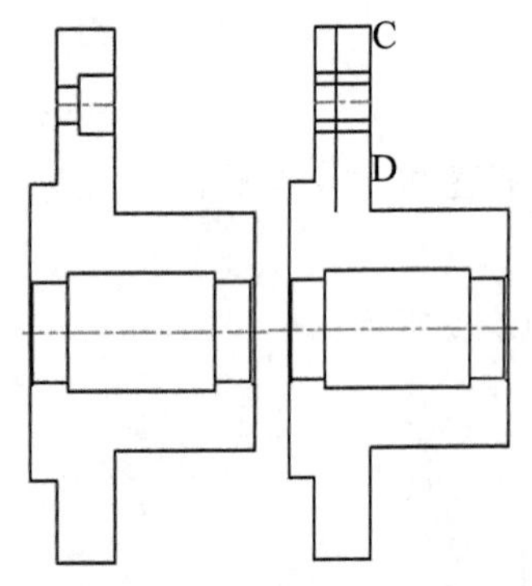

图12-26　偏移并修剪线段

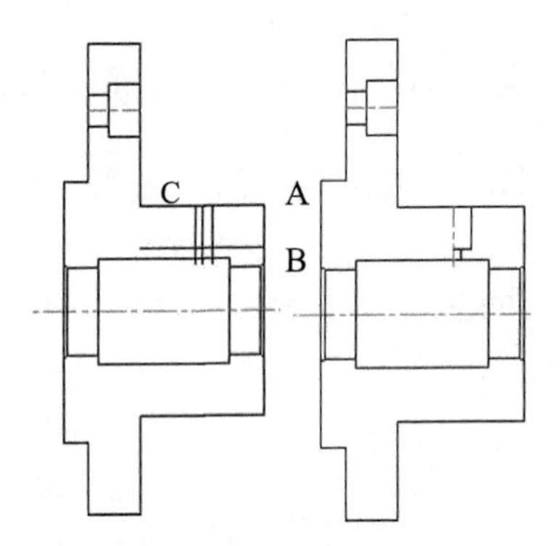

图12-27　偏移并修剪线段

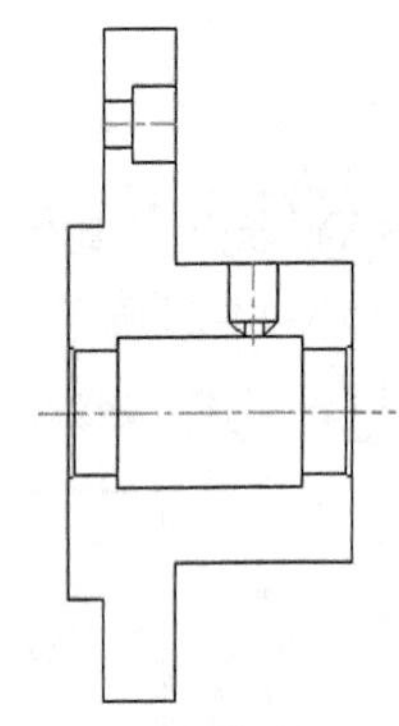

图12-28　镜像修剪后的图形

11 执行“直线”命令（L），根据左视图中对应的点，利用对象捕捉和极轴追踪绘制直线，结果如图12-29所示。

12 执行“圆角”命令（F），设置圆角半径为4，为图形修圆角，结果如图12-30所示。

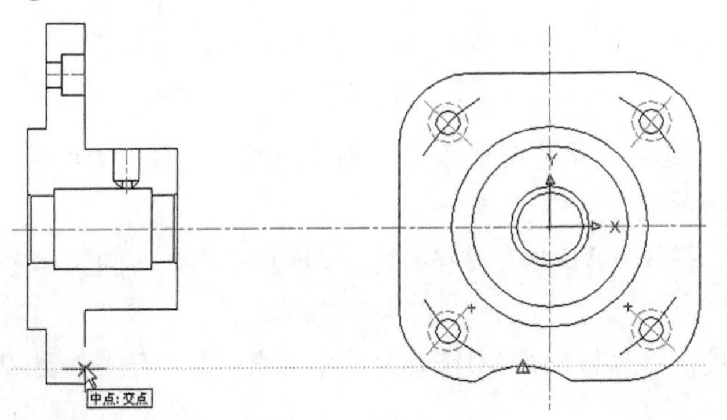

图12-29　绘制直线

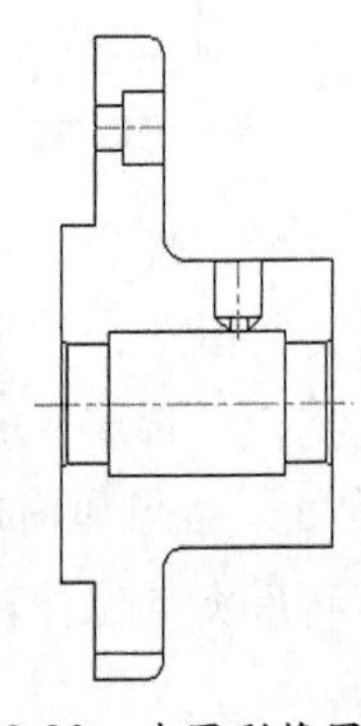

图12-30　为图形修圆角

⑬ 设置当前层为“剖面线”层，执行“图案填充”命令（H），选择ANSI31图案，在图中封闭区域单击确定剖面线位置，结果如图12-31所示。

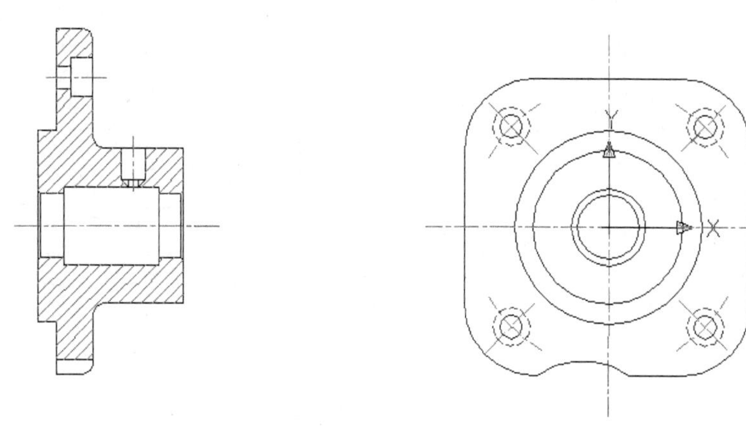

图12-31 绘制剖面线

3. 标注尺寸和书写文字

首先要设置好标注样式，然后利用标注工具对图形进行标注。可先标注不带公差的线型、直径和半径尺寸，再标注带公差的尺寸，接着标注引线、形位公差和绘制基准符号，最后插入粗糙度符号、输入文字和技术要求。

01 设置好标注样式，将“标注层”设置为当前层，执行“线性标注”命令（DLI）和“角度标注”命令（DAN），对左视图进行标注，如图12-32所示。

02 利用“直径标注”命令和“半径标注”命令标注左视图的直径和半径，再选中直径标注，右击夹点，从弹出的快捷菜单中选择“单独移动文字”选项，适当调整直径标注文字的位置，如图12-33所示。

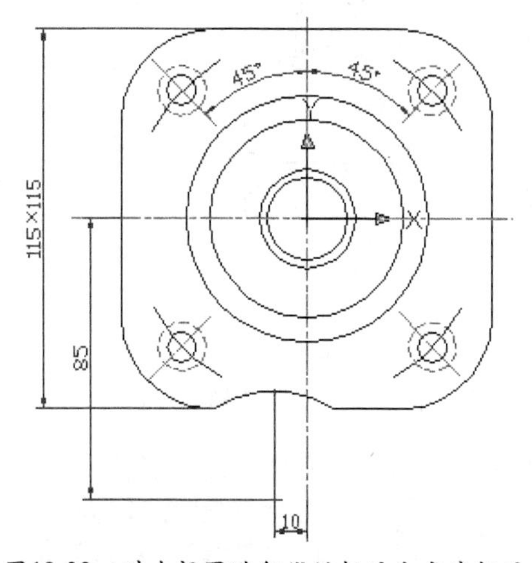

图12-32 对左视图进行线性标注和角度标注

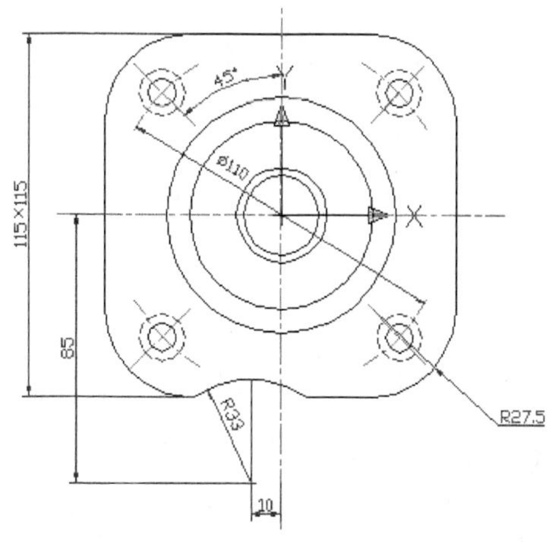

图12-33 标注直径和半径并调整标注文字位置

03 执行“多段线”命令（PL），绘制左视图剖切符号。注意在绘制中要设置不同的宽度，将绘制完的符号复制并旋转，如图12-34左图所示。

04 再执行“多段线”命令（PL），绘制左视图其他剖切符号，结果如图12-34右图所示。

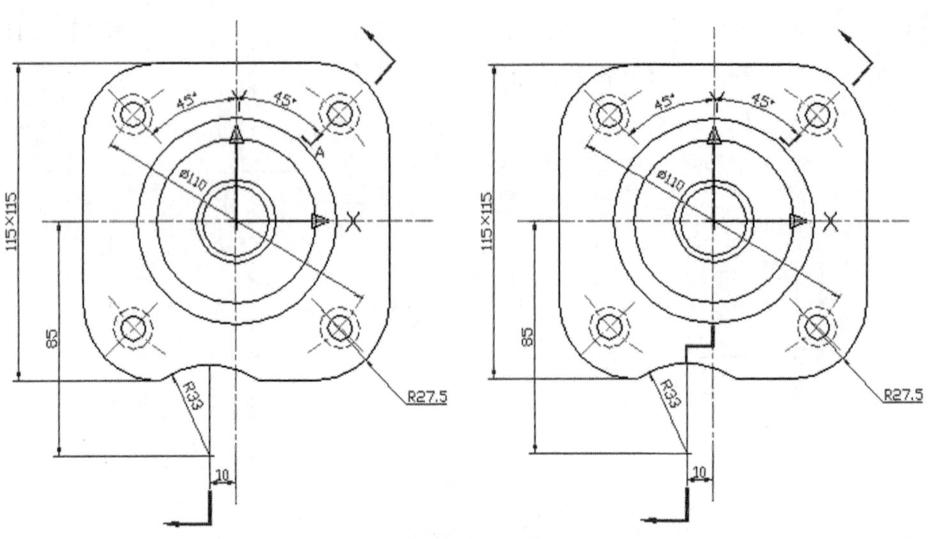

图12-34　绘制剖切符号

05 执行“线性标注”命令（DLI），对主视图进行标注，结果如图12-35所示。

06 创建一个带公差的标注样式，将其设置为当前标注样式，使用“线性标注”命令（DLI）对主视图进行标注。双击公差标注，打开“特性”面板修改公差，结果如图12-36所示。

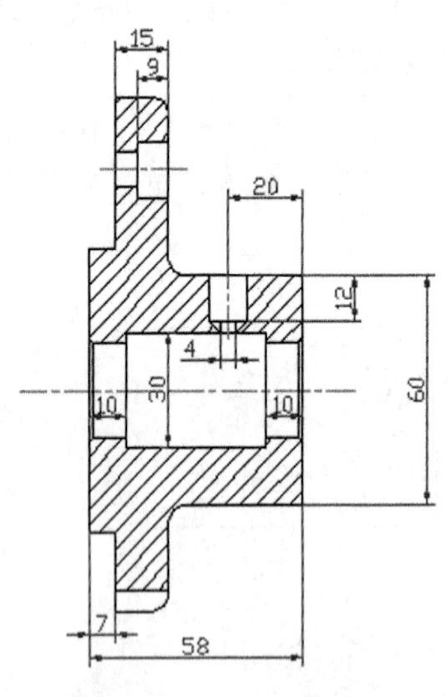

图12-35　修改文字样式

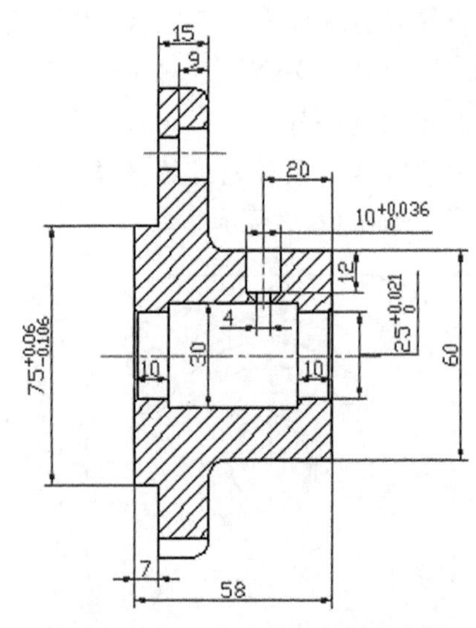

图12-36　标注公差并修改标注内容

07 执行“编辑标注”命令（DED），在命令行中输入N表示新建标注编辑，按Enter键后，系统将打开“文字编辑器”选项卡和文字编辑框，单击“符号”按钮@▾，从弹出的下拉列表中选择“直径（%%C）”，然后单击“关闭”按钮，如图12-37所示。

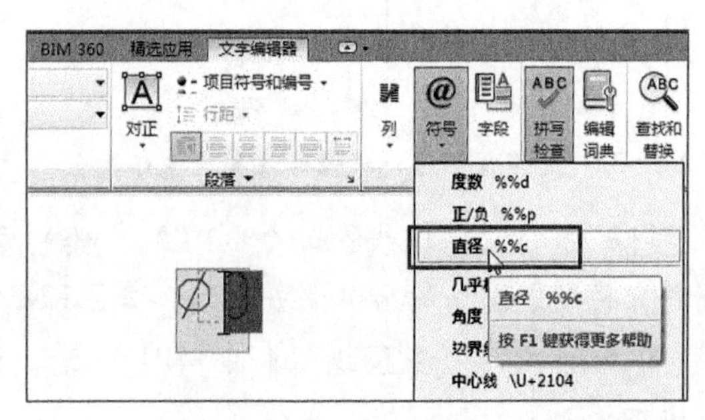

图12-37　新建标注

08 依次单击希望在尺寸文本前加“ϕ”符号的尺寸标注，然后右击确定，为所有选定标注的尺寸文本前加“ф” 符号，结果如图12-38所示。

09 在“注释”选项卡的“引线”面板中单击“多重引线”按钮，对主视图进行引线和形位公差标注，并使用直线、圆和文字工具绘制基准符号，结果如图12-39所示。

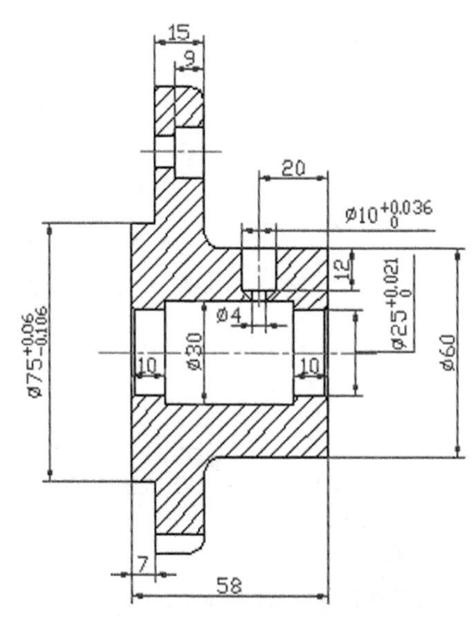

图12-38 为选定标注的尺寸文本前加“ф”

图12-39 引线和形位公差标注并绘制基准符号

10 绘制粗糙度符号并定义为带属性的块，执行“插入块”命令（I），插入定义的粗糙度块，标注表面粗糙度，如图12-40左图所示。

11 设置当前层为“文字层”，执行“多行文字”命令（MT），输入文字并在适当位置输入技术要求，如图12-40右图所示。

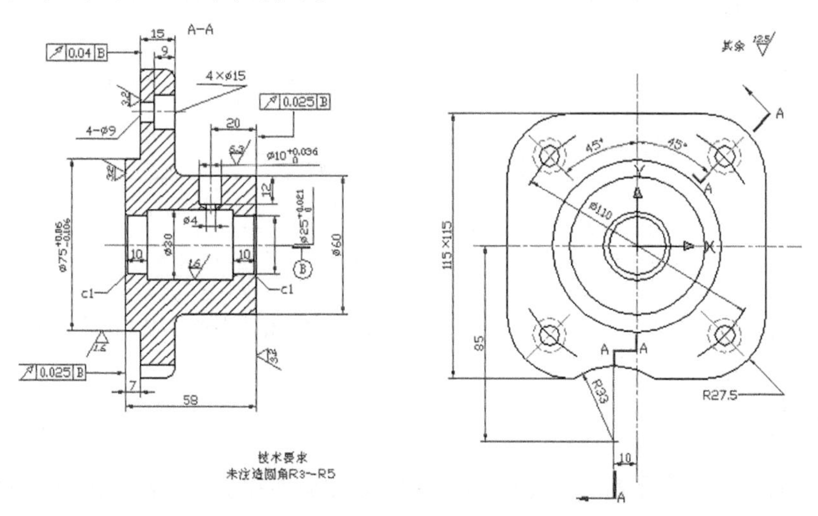

图12-40 标注表面粗糙度并输入技术要求

4. 创建图框和标题栏

在AutoCAD 2015中，系统提供了多种样板文件，其中就有符合我国国标的图框和标题栏样板，因此用户在“模型”空间绘制好图形后可在“图纸”空间直接调用它们，并利用编辑块属性命令来修改标题栏中的文字。

01 执行“插入块”命令（I），打开“插入”对话框，单击“浏览”按钮，找到“A3-机械图框”文件，然后单击“确定”按钮，如图12-41所示。

02 此时用图块对象“盖住”当前视图中的对象，如图12-42所示。

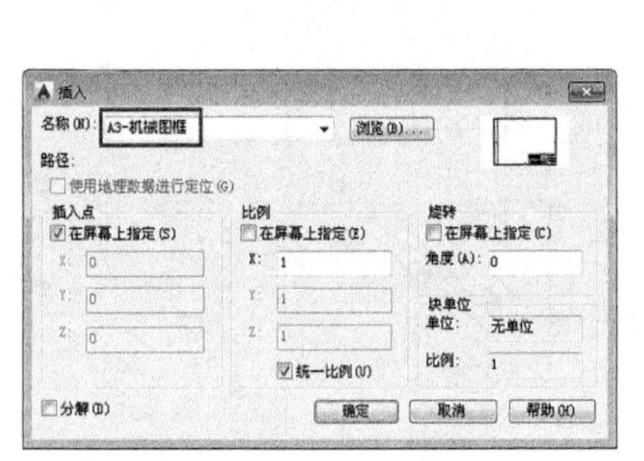

图12-41 插入图块

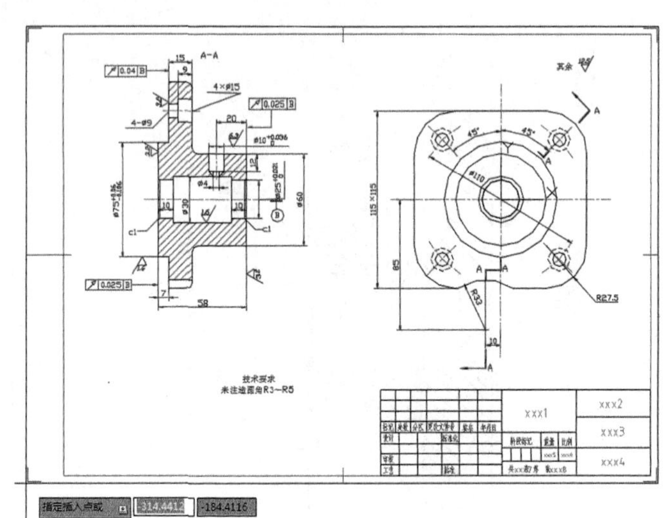

图12-42 插入图块盖住图形

03 确定插入的图块对象后，松开鼠标，将弹出“编辑属性”对话框，在其中输入相应的值即可，如图12-43所示。

04 单击“确定”按钮，则插入的“A3-机械图框”中的标题栏已经进行了相应的修改，如图12-44所示。至此，一个完整的端盖零件图样制作完成。

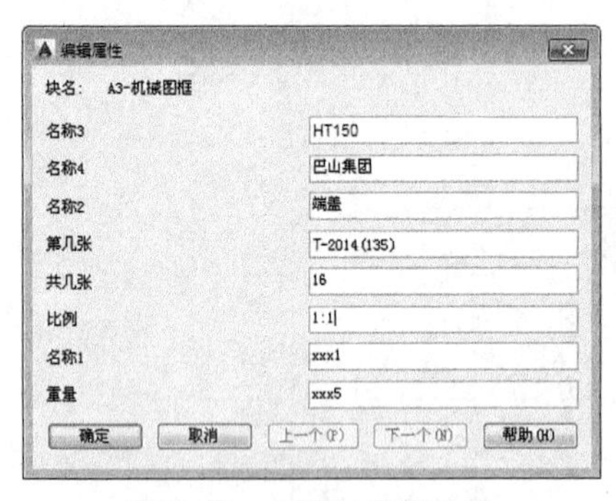

图12-43 编辑标题栏属性

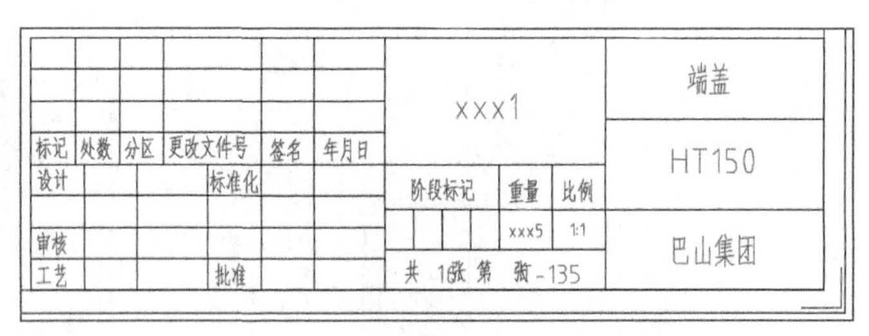

图12-44 修改标题属性后的标题栏

本章小结

通过本章的学习，应了解机械零件图和装配图的基础知识，掌握在AutoCAD中绘制机械制零件图和装配图的方法和技巧。

思考与练习

1. 填空题

（1）表达零件__________、__________和__________的图样称为零件图。

(2) 绘制零件图时，首先根据零件的__________，选择__________视图作为主视图，然后再选择其他视图。选择其他视图时，应在能表达__________、__________的前提下尽量减少__________，以便画图和看图。

(3) 按零件的结构特点，一般将零件分为__________、__________、__________和__________4类零件。

(4) 轮盘类零件多以车削为主，主视图通常采用__________表达内部形状，采用__________来表达零件的外形。

(5) 叉架类零件包括各种用途的__________和__________零件。一般由__________、__________和__________组成，主要起__________、__________、__________等作用。

(6) 表示机器或部件的图样，称为__________。

(7) 装配图中一般只要求标注__________、__________、__________、__________尺寸。

(8) 为了便于看图，做好生产准备工作和对图样的管理，必须对装配图中的零、部件编注__________，并在标题栏上方绘制__________。

(9) 明细栏中的__________应与图中的__________一致，并__________填写。

2. 简答题

(1) 零件图的具体内容包括哪些？

(2) 在每一张装配图中应包括哪些内容？

3. 操作题

绘制如图12-45所示的盘盖类零件图。

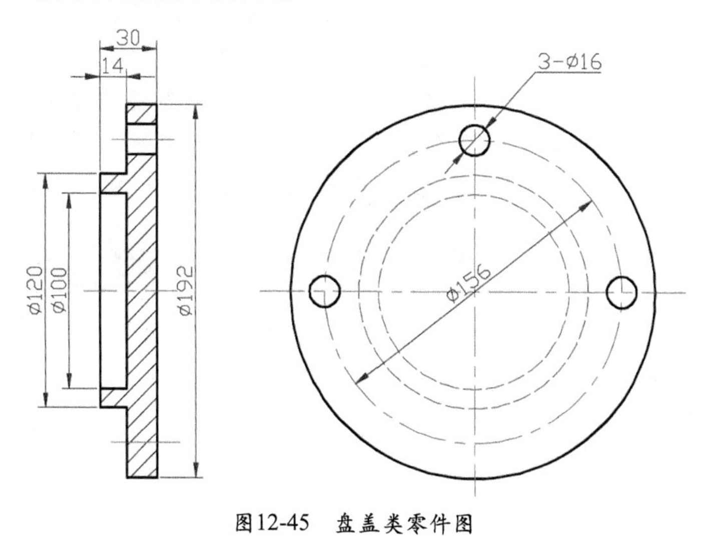

图12-45　盘盖类零件图

AutoCAD 2015

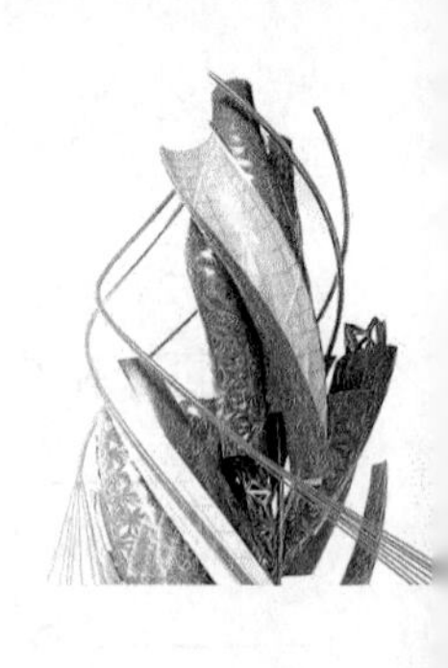

第13章 轴测图的绘制

课前导读

轴测图是一种能同时反映物体长、宽、高3个方向形状的单面投影图，富有立体感，能帮助人们更快、更清楚地认识产品的结构。轴测图并不是三维模型图，它本质上仍然是一种二维图形，只是由于采用的投影方向与投影物体间的位置较为特殊，而使投影视图上反映出更多的几何结构特征，并因此产生出一种三维立体感。因此，工程设计中广泛使用轴测图来表达设计思想。

本章要点

- 熟悉轴测图的基础知识
- 掌握轴测图的一般画法

13.1 轴测图基础知识

轴测图是一种单面投影图，在一个投影面上能同时反映出物体三个坐标面的形状，并接近于人们的视觉习惯，形象、逼真，富有立体感。但是轴测图一般不能反映出物体各表面的实形，因而度量性差，同时作图较复杂。因此，在工程上常把轴测图作为辅助图样，来说明机器的结构、安装、使用等情况；在设计中，用轴测图帮助构思、想象物体的形状，以弥补正投影图的不足。

用平行投影法，沿不平行于任一坐标面的方向，将物体连同确定其空间位置的直角坐标系向单一的投影面进行投射，所得的投影图能同时反映出3个坐标面，这样的图称为轴测投影图，简称轴测图，如图13-1所示。该投影面称为轴测投影面，空间直角坐标轴OX、OY、OZ在轴测投影面上的投影O_1X_1、O_1Y_1、O_1Z_1称为轴测投影轴，简称轴测轴；轴测轴之间的夹角$\angle X_1O_1Y_1$、$\angle X_1O_1Z_1$、$\angle Y_1O_1Z_1$称为轴间角。

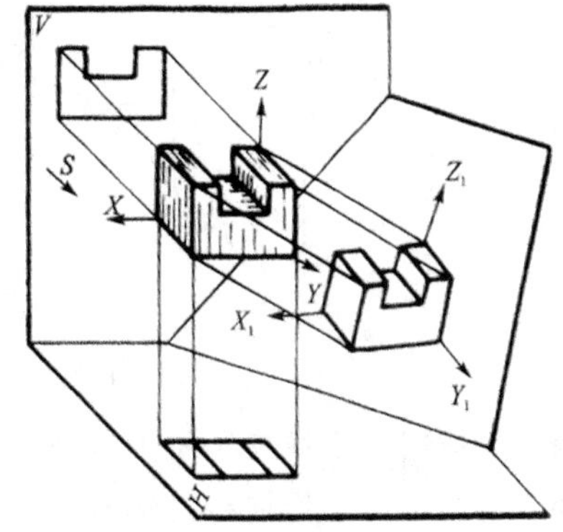

图13-1 轴测图的基本概念

13.1.1 轴测图的分类和视图

根据投射线方向和轴测投影面的位置不同，轴测图可分为两大类。

- 正轴测图：投射线方向垂直于轴测投影面。
- 斜轴测图：投射线方向倾斜于轴测投影面。

根据不同的轴向伸缩系数，每类又可分为3种。

- 正轴测图。
  - 正等轴测图（简称正等测）：p1 = q1 = r1。
  - 正二轴测图（简称正二测）：p1 = r1 ≠ q1。
  - 正三轴测图（简称正三测）：p1 ≠ q1 ≠ r1。
- 斜轴测图。
  - 斜等轴测图（简称斜等测）：p1 = q1 = r1。
  - 斜二轴测图（简称斜二测）：p1 = r1 ≠ q1。
  - 斜三轴测图（简称斜三测）：p1 ≠ q1 ≠ r1。

由于计算机绘图给轴测图的绘制带来了极大的方便，轴测图的分类已不像以前那样重要，但工程上常用的是两种轴测图：正等测和斜二测，如图13-2所示。

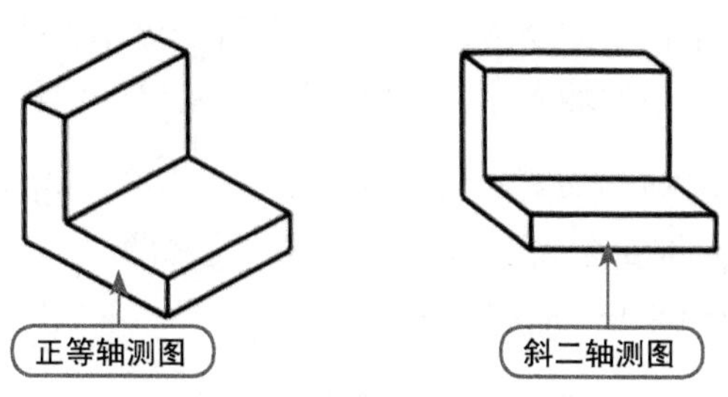

图13-2 轴测图的分类

13.1.2 轴测图的轴测面

在轴测投影视图中，正方体仅有3个面是可见的。因此，在绘图过程中，将以这3个面作为图形的轴测投影面，分别被称为左、右和顶轴测面。当切换到轴测面时，AutoCAD会自动改变光标的十字线，使其看起来是位于当前轴测面内，如图13-3所示。要在轴测面间进行切换，可以使用ISOPLANE命令、按F5键或按Ctrl+E快捷键。

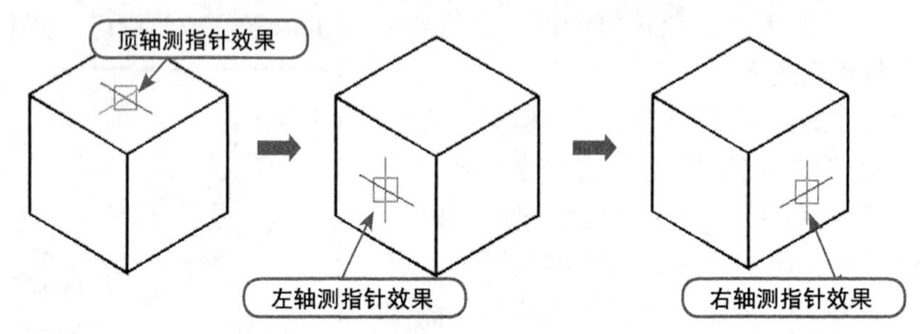

图13-3　轴测投影视图中光标的显示

- 左轴测面：捕捉和栅格沿 90° 和 150° 轴对齐。
- 顶轴测面：捕捉和栅格沿 30° 和 150° 轴对齐。
- 右轴测面：捕捉和栅格沿 30° 和 90° 轴对齐。

13.1.3 激活轴测投影模式

在AutoCAD环境中要绘制轴测图形，首先应进行激活设置才能进行绘制。执行“草图设置”命令（SE），打开“草图设置”对话框，在“捕捉和栅格”选项卡中选择“等轴测捕捉”单选按钮，然后单击“确定”按钮即可激活，如图13-4所示。

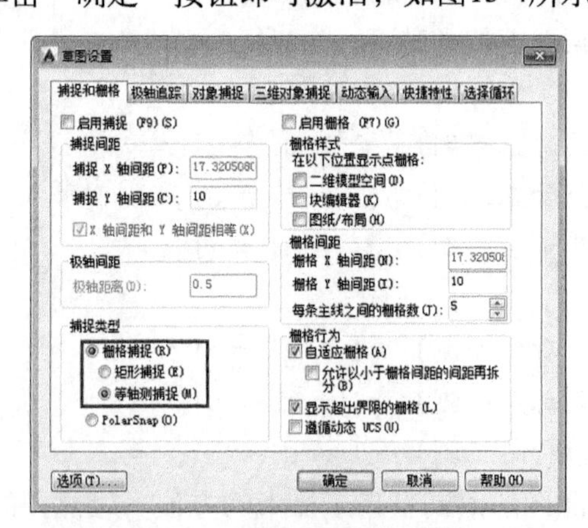

图13-4　激活轴测图绘图模式

另外，也可以在命令行中输入SNAP，根据命令行的提示选择“样式（S）”选项，再选择“等轴测（I）”选项，最后输入垂直间距为1，如图13-5所示。

指定捕捉间距或 [开(ON)/关(OFF)/纵横向间距(A)/样式(S)/类型(T)] <10.0000>: s

输入捕捉栅格类型 [标准(S)/等轴测(I)] <S>: i ← 2. 选择i　　1. 选择S

指定垂直间距 <10.0000>: 1 ← 3. 输入1

图13-5　通过命令方式激活

13.2 轴测图的一般画法

在AutoCAD中，要绘制轴测图，需要首先打开轴测投影模式，然后进行绘图。此外，要在轴测图中标注文字，必须使文字倾斜和旋转；要在轴测图中标注尺寸，除了要使标注文字倾斜和旋转外，还应倾斜尺寸线与尺寸界线。

13.2.1 轴测图中直线的绘制

当用户通过坐标的方式来绘制直线时，可按以下方法来绘制。

- 与X轴平行的线，极坐标角度应输入30°，如@50<30。
- 与Y轴平行的线，极坐标角度应输入150°，如@50<150。
- 与Z轴平行的线，极坐标角度应输入90°，如@50<90。
- 所有不与轴测轴平行的线，则必须先找出直线上的两个点，然后连线。

也可以打开正交状态进行画线，通过正交在水平与垂直间进行切换来绘制。

下面分步绘制支架的轴测图。首先，利用LINE命令绘制如图13-6所示的长方体轴测图，具体操作步骤如下。

01 首先在“草图设置”对话框的“捕捉与栅格”选项卡下选择“等轴测捕捉”单选按钮，来激活等轴测模式，如图13-7所示。

02 按F8键启动正交模式，按F5键转换为右轴测面。

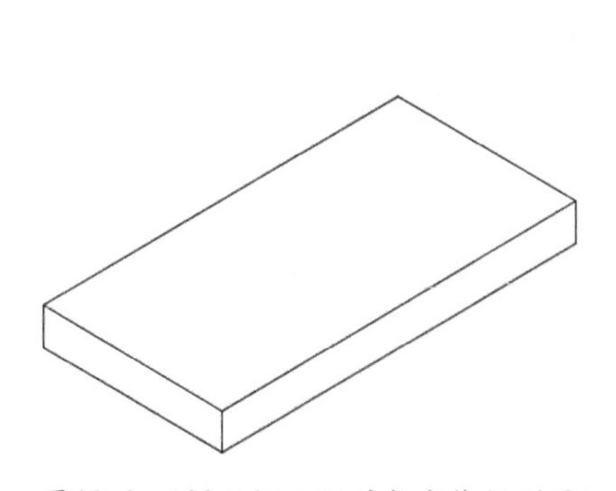

图13-6　100×05×10的长方体轴测图

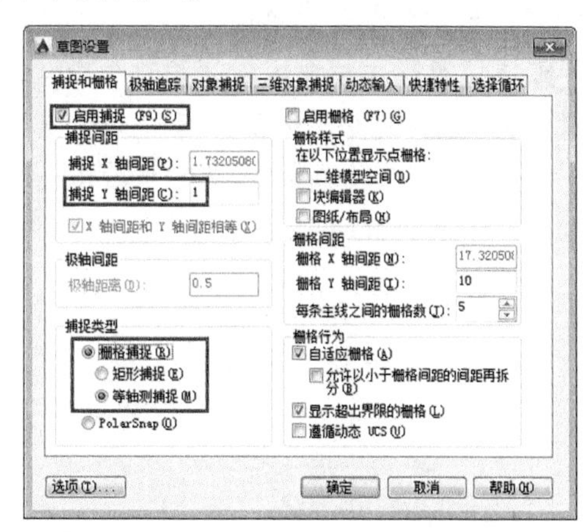

图13-7　“草图设置”对话框

03 执行LINE命令，在视图中拾取点1作为直线的起点。分别指定点2坐标（@100<30）、点3坐标（@10<90）、点4坐标（@－100<30），然后输入C并按Enter键，绘制出长方体右轴测面，如图13-8所示。

04 按两次F5键，切换到上轴测面。再次执行LINE命令，拾取图13-8中的点4，并指定点5坐标@50<150、点6坐标@100<30。然后拾取点3，绘制出长方体上轴测面，如图13-9所示。

05 按两次F5键，切换到左轴测面。再次执行LINE命令，拾取图13-9中的点1，确定点7的坐标（该点相对于点1的坐标为@50<150），然后拾取点5，绘制出长方体左轴测面，如图13-10所示。

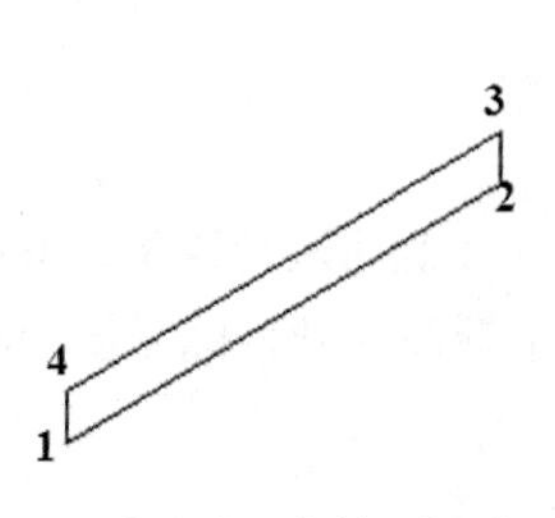

图13-8　绘制右轴测

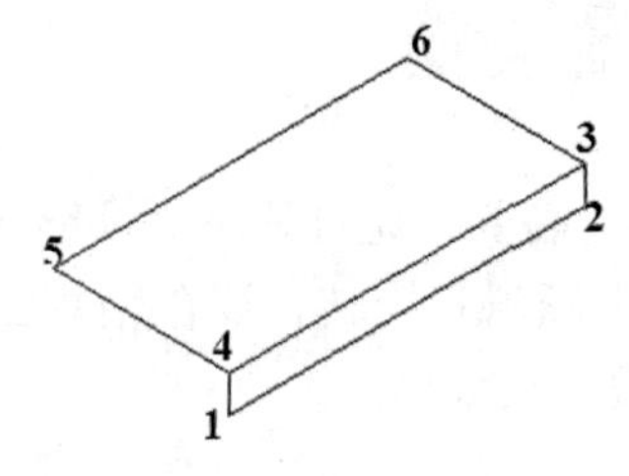

图13-9　绘制上轴测面

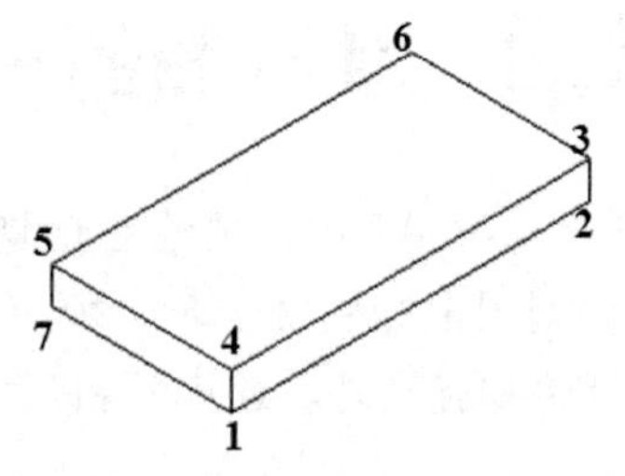

图13-10　绘制左轴测面

13.2.2　轴测图中圆的绘制

在正交视图中绘制的圆，在轴测图中将变为椭圆。因此，若要在一个轴测面内画圆，必须画一个椭圆，并且椭圆的轴在此等轴测面内。例如，利用ELLIPSE命令在前面绘制的长方体轴测图上绘制圆，具体操作步骤如下。

01 在命令行输入"草图设置"命令（SE），在"极轴追踪"选项卡中设置"增量角"为30，并选中"用所有极轴角设置追踪"单选按钮，如图13-11所示。

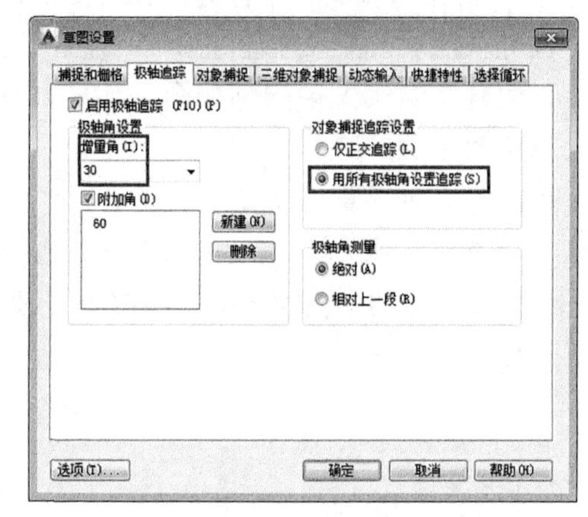

图13-11　设置极轴增量角

02 按F5键，切换到上轴测面，执行"椭圆"命令（EL），并在命令行中输入I，按Enter键，表示绘制等轴测圆。

03 捕捉图形中长方体上侧长边的中点，然后沿150°方向追踪输入25，单击确定圆心位置，如图13-12左图所示。指定等轴测圆的半径为10，结果如图13-12右图所示。

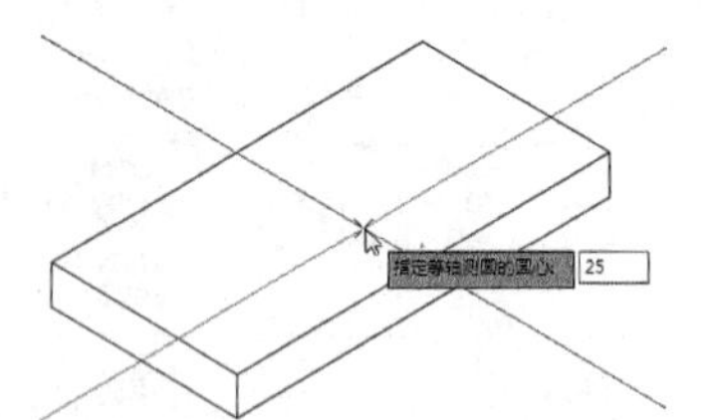

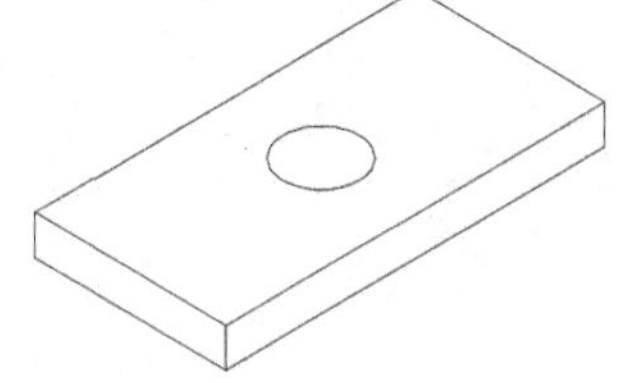

图13-12　绘制等轴测圆

注 意

画圆之前，一定要利用面转换工具，切换到与圆所在的平面对应的轴测面，这样才能使椭圆看起来像是在轴测面内，否则将显示不正确。

04 执行"椭圆"命令（EL），并在命令行输入I，然后在状态栏中设置"捕捉到圆心"，在图形中拾取圆心，绘制一个半径为20的等轴测圆，如图13-13所示。

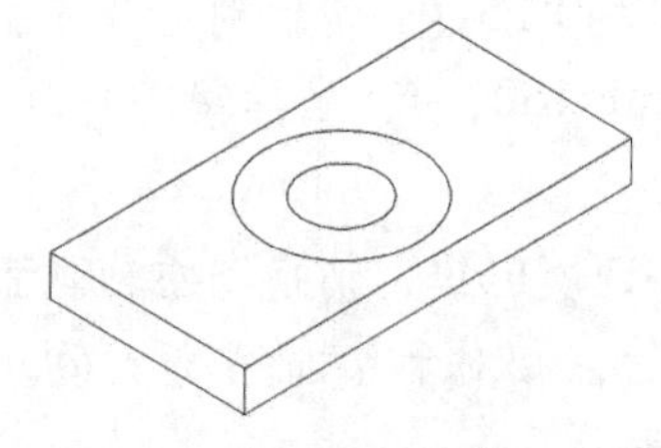

图13-13　绘制另一个等轴测圆

13.2.3 轴测图复制命令的的使用

在轴测投影模式下，复制命令主要用于复制图形和绘制平行线。需要特别注意的是，在轴测投影模式下，如果使用“偏移”命令（Offset）绘制平行线时，偏移距离为两条平行线之间的垂直距离，而不是沿30°方向上的距离。例如，要绘制如图13-14所示图形，可按如下步骤进行操作。

01 选择左侧竖直线段，执行“复制”命令（CO），按F8键切换到正交模式，将其沿330°方向追踪，并分别输入17和33复制两条直线，如图13-15左图所示。同样，选择右侧竖直线段，沿150°方向追踪，并输入33复制一条直线，结果如图13-15右图所示。

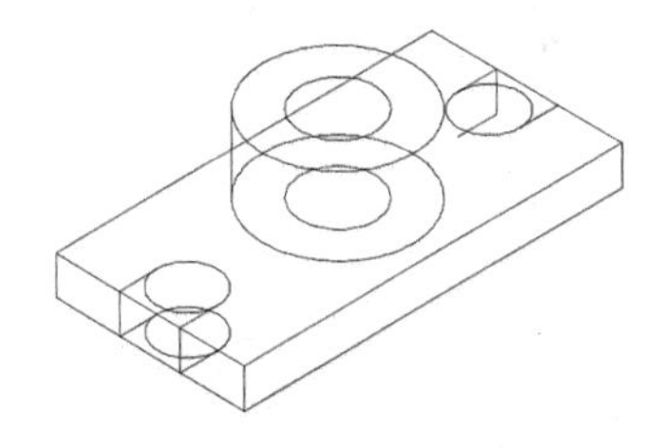

图13-14 通过复制绘制图形

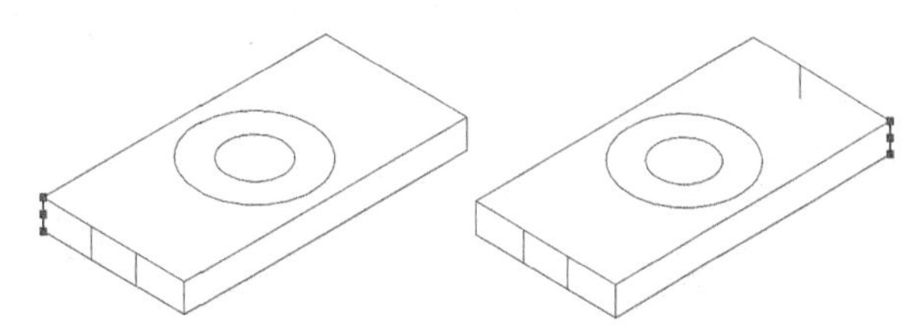

图13-15 复制直线

02 执行“直线”命令（L），然后在状态栏中设置“捕捉到象限点”，在图形中拾取大圆象限点A为直线的第一点，输入@20<90确定直线的第二点，按两次Enter键继续执行直线命令，指定交点B点为直线的第一点，输入@10<30确定直线的第二点，结果如图13-16所示。

03 执行“复制”命令（CO），选择两个等轴测圆，以点A为基点复制到C点，如图13-17所示。

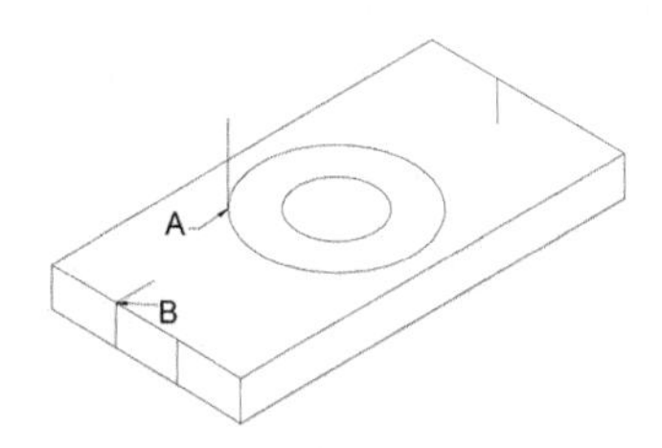

图13-16 绘制直线

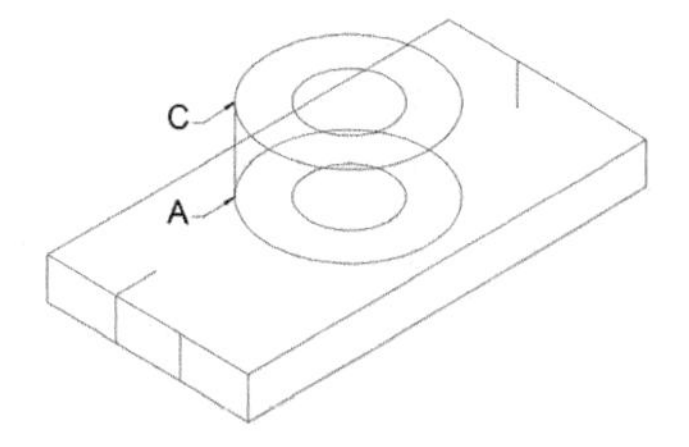

图13-17 复制等轴测圆

04 执行“椭圆”命令（EL），并在命令行输入I，捕捉直线AB的中点，沿极轴30°方向追踪输入10确定圆心，绘制一个半径为8的等轴测圆，结果如图13-18所示。

05 执行“复制”命令（CO），选择圆和直线，以点C为基点复制到D点，如图13-19所示。

06 参照前面两步的方法，执行“复制”命令（CO），完成图形右侧圆和直线的复制，如图13-20所示。

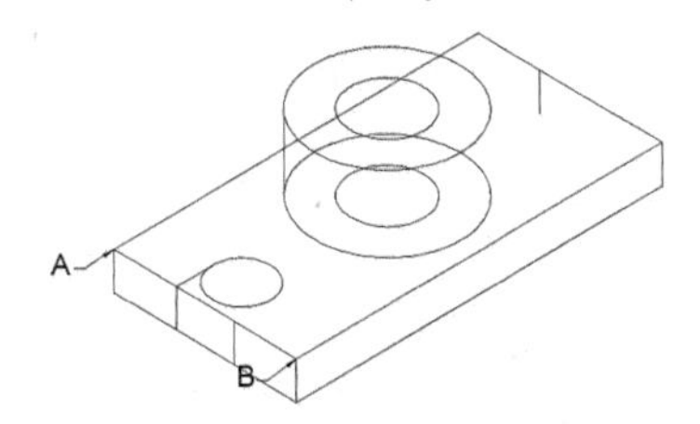

图13-18 绘制等轴测圆

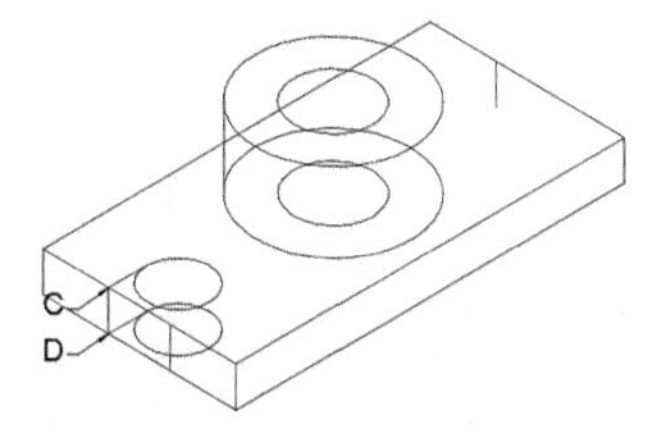

图13-19 复制等轴测圆和直线

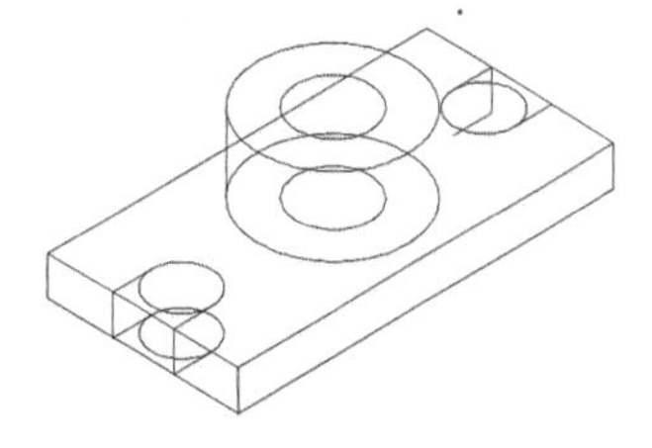

图13-20 复制支架另一侧等轴测圆和直线

13.2.4 轴测图中圆弧的绘制

圆弧在轴测投影视图中以椭圆弧的形式出现。绘制圆弧时，可首先绘制一个整圆，然后使用“修剪”或“打断”工具，去掉不需要的部分。下面使用“修剪”或“打断”工具，通过修剪前面绘制的图形得到圆角。

01 执行“修剪”命令（TR），按空格键表示修剪全部，按照如图13-21所示将左端上侧多余的圆弧进行修剪。

02 再执行“修剪”命令（TR），按空格键表示修剪全部，按照如图13-22所示将左端多余的圆弧和线段进行修剪。

03 使用同样方法，修剪支架的另一部分，结果如图13-23所示。

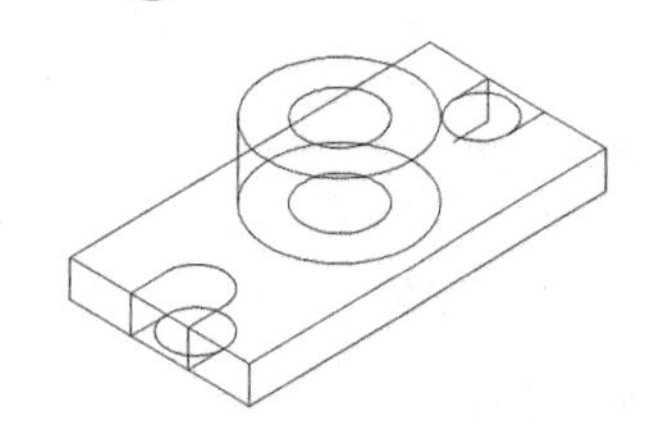

图13-21 修剪圆弧

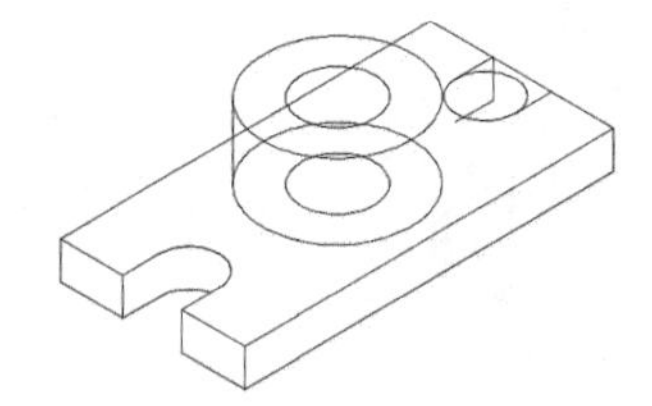

图13-22 修剪其他圆弧和直线

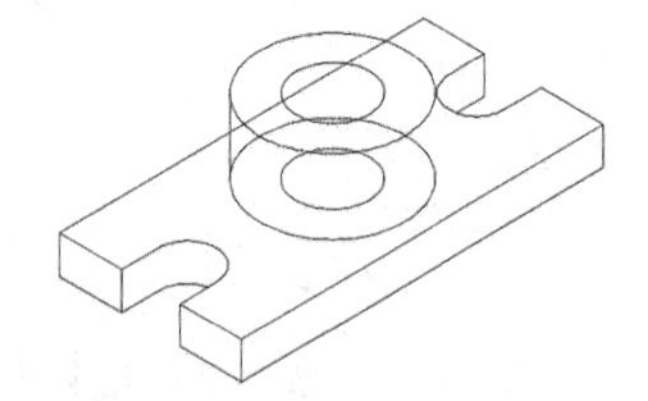

图13-23 修剪支架另一部分

13.2.5 轴测图公切线的绘制

在轴测图中，常使用轴测圆的外公切线来连接两个不在同一平面内的轴测圆或圆弧。绘制轴测圆的外公切线时，需要使用“捕捉到象限点”工具在图形中捕捉象限点。例如，要绘制如图13-24所示的轴测圆弧外公切线，可按如下步骤进行。

01 执行“直线”命令（L），设置“捕捉到象限点”，在轴测图中捕捉第一个象限点作为直线的起点，如图13-24左图所示。

02 再设置“捕捉到象限点”，在轴测图中捕捉第二个象限点作为直线的终点，如图13-24右图所示。

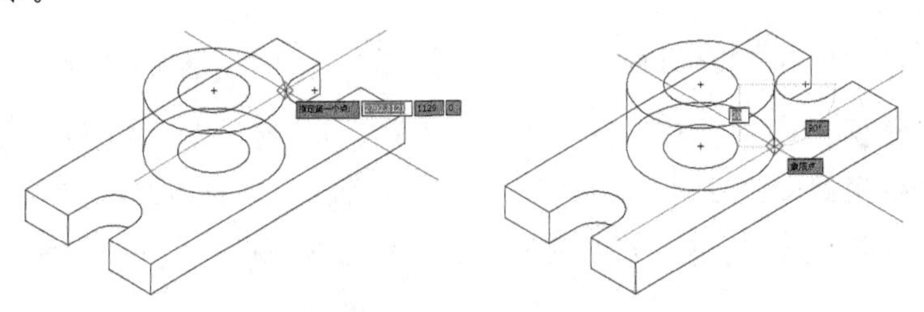

图13-24 绘制外公切线

03 执行“修剪”和“删除”命令，修剪图形并删除多余线条，结果如图13-25所示。

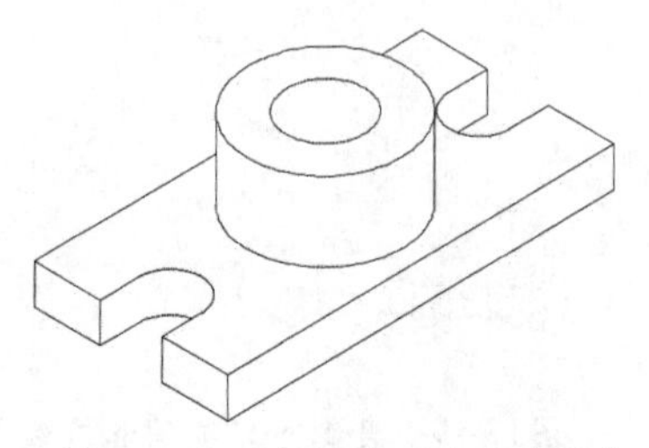

图13-25 修剪图形并删除多余线条

13.2.6 轴测图中平行线的绘制

轴测面内绘制平行线，不能直接使用“偏移”命令（OFFSET），因为“偏移”命令（OFFSET）中的偏移距离是两线之间的垂直距离，而沿30°方向之间的距离却不等于垂直距离。

为了避免操作出错，在轴测面内画平行线时，一般采用“复制”命令（COPY）或“偏移”命令（OFFSET）中的“通过（T）”选项；也可以结合自动捕捉、自动追踪及正交状态来作图，这样可以保证所画直线与轴测轴的方向一致。

例如，将如图13-26所示的（a）效果绘制成（b）和（c）的效果，即可以直接用“复制”命令（COPY）的方式完成。

注 意

在复制轴测图面中的对象时，可按F5键切换到相应的轴测面，并移动光标来指定移动的方向。

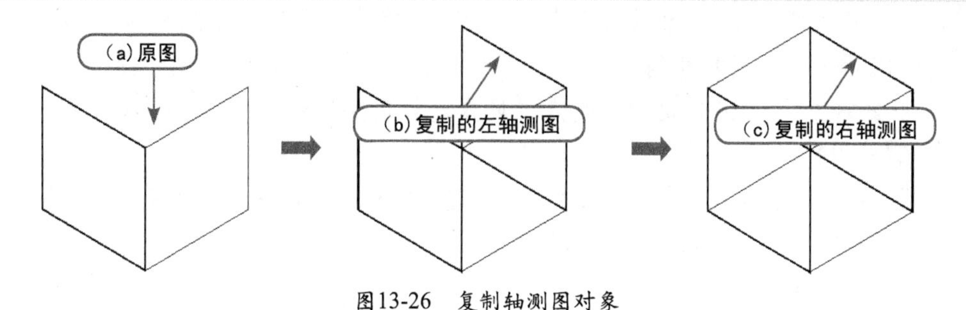

图13-26 复制轴测图对象

13.2.7 轴测图中圆角的绘制

在轴测图中经常要画线与线间的圆滑过渡，如倒圆角，此时过渡圆弧也得变为椭圆弧。方法是：在相应的位置上画一个完整的椭圆，然后使用修剪工具剪除多余的线段，如图13-27所示。

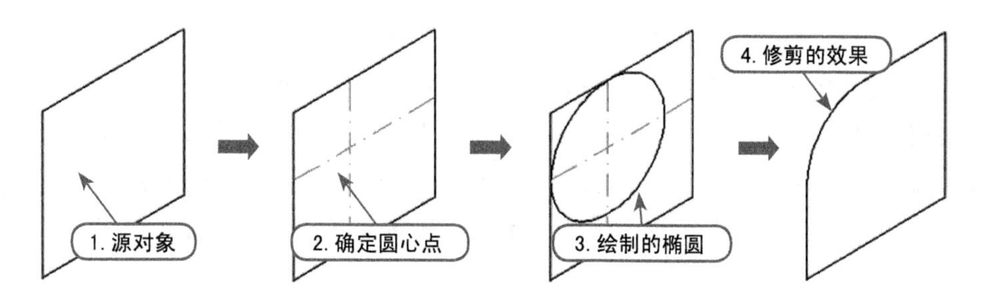

图13-27 轴测图中的圆滑过渡效果

13.2.8 轴测图中文字的标注

为了使文字看起来像在当前轴测面中，必须使用倾斜角和旋转角来设置文字，且字符倾斜角和文字基线旋转角为30°或−30°。倾斜角和旋转角的组合为（30,30）、（30,−30）、（−30,30）及（−30,−30）。例如，在前面绘制的支架轴测图上标注文字，具体操作步

骤如下。

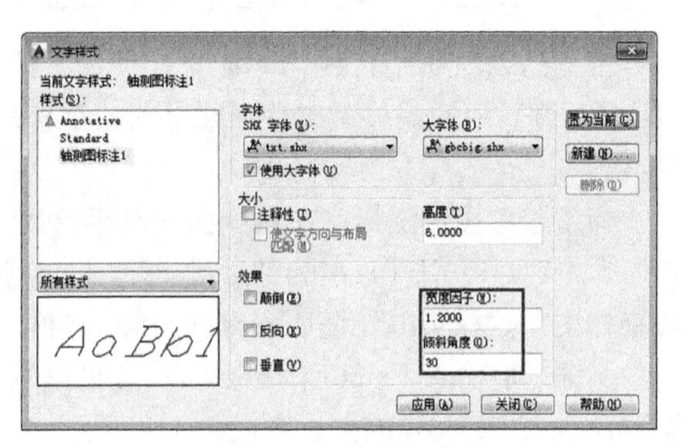

图13-28　创建文字样式

01 执行“文字样式”命令（ST），在“文字样式”对话框中单击“新建”按钮，创建“轴测图标注1”文字样式。在“大小”选项组设置“高度”为6，在“效果”选项组设置“宽度因子”为1.2、“倾斜角度”为30°，如图13-28所示。

02 使用同样的方法创建“轴测图标注2”文字样式，其设置同“轴测图标注1”文字样式，但设置字体的“倾斜角度”为－30°。

03 在“样式”列表框选择“轴测图标注1”文字样式，然后单击“置为当前”按钮，将该文字样式设置为当前文字样式，然后单击“关闭”按钮，关闭“文字样式”对话框。

04 新建“文字”图层，设置其颜色为红色，并将该层设置为当前层。

05 按F3键暂时关闭对象捕捉。执行“单行文字”命令（DT），输入S，选择文字样式为“轴测图标注1”，并指定文字起点，设置旋转角度为30°，然后输入文字“右轴测面”，如图13-29所示。

06 再次执“单行文字”命令（DT），指定文字起点，设置旋转角度为－30°，然后输入文字“上轴测面”，结果如图13-30所示。

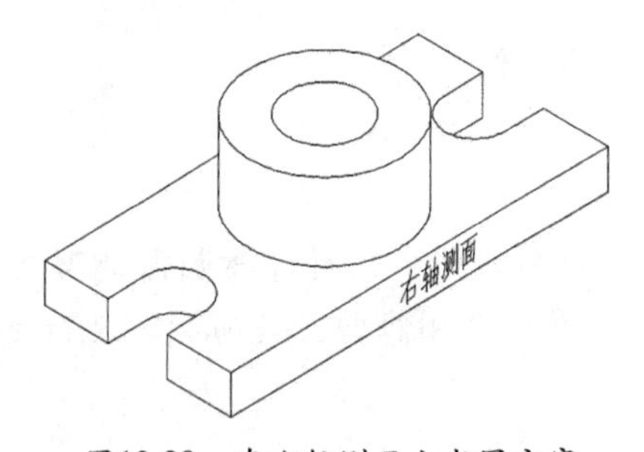

图13-29　在右轴测面上书写文字

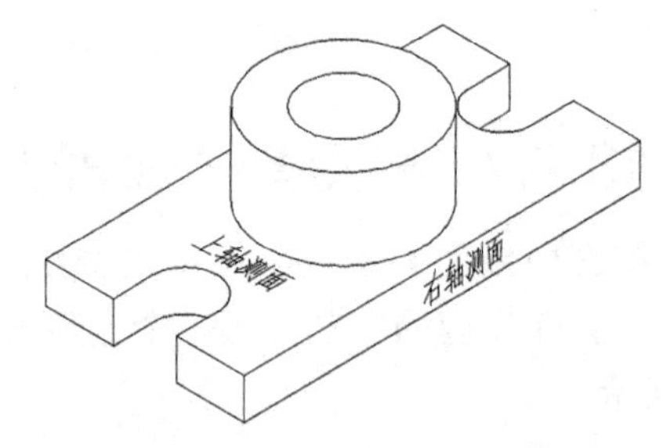

图13-30　在上轴测面上书写文字

07 再次执“单行文字”命令（DT），将文字样式设置为“轴测图标注2”，指定文字起点，设置旋转角度为－30°，然后输入文字“左轴测面”，结果如图13-31所示。

08 再次执“单行文字”命令（DT），将文字样式设置为“轴测图标注2”，指定文字起点，设置旋转角度为30°，然后输入文字“上轴测面”，结果如图13-32所示。

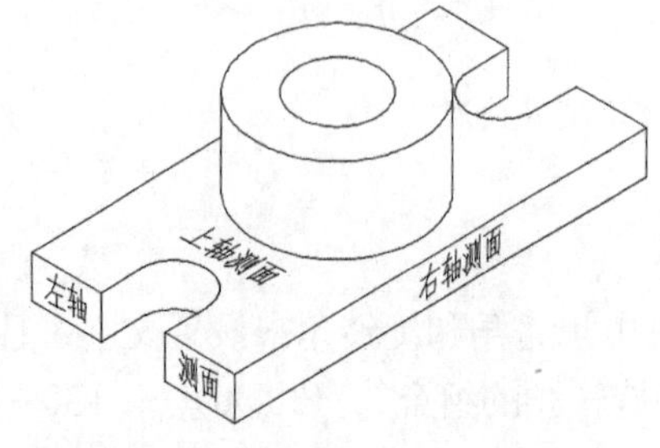

图13-31　在左轴测面上书写文字

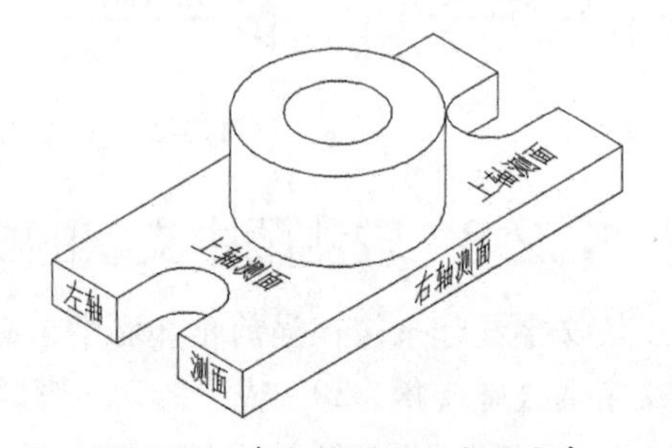

图13-32　在上轴测面上书写文字

13.2.9 轴测图中尺寸的标注

在轴测图中，为了使尺寸标注与轴测面相协调，需要将尺寸线、尺寸界线倾斜一定角度，使其与相对应的轴测轴平行。同样，尺寸文字也需要与轴测面相匹配，其特点如下。

- 在右轴测面中，若标注的尺寸线与X轴平行，则尺寸文字的倾斜角度为30°。
- 在左轴测面中，若标注的尺寸线与Z轴平行，则尺寸文字的倾斜角度为30°。
- 在上轴测面中，若标注的尺寸线与Y轴平行，则尺寸文字的倾斜角度为30°。
- 在右轴测面中，若标注的尺寸线与Z轴平行，则尺寸文字的倾斜角度为－30°。
- 在左轴测面中，若标注的尺寸线与Y轴平行，则尺寸文字的倾斜角度为－30°。
- 在上轴测面中，若标注的尺寸线与X轴平行，则尺寸文字的倾斜角度为－30°。

1. 标注轴测图的一般步骤

标注轴测图尺寸的一般步骤如下。

- 创建两种文字类型，其倾斜角分别为30°和－30°。
- 如果沿X或Y轴测投影轴画尺寸线，则可用“对齐标注”命令画出最初的尺寸标注。如果沿Z投影轴画尺寸线，这时既可以用“对齐标注”命令又可以用“线性标注”命令进行最初的标注。
- 标注完成后，可使用“编辑标注”命令（DIMEDIT）的“倾斜（O）”选项改变尺寸标注的倾斜角度。为了绘制位于左轴测面的尺寸线，可以把尺寸界线的倾斜角度设置为150°或－30°；若想绘制位于右轴测面的尺寸线，可以把尺寸界线的倾斜角度设置为30°或210°；为了绘制上轴测面的尺寸标注，需设置尺寸界线的倾斜角度为30°、－30°、150°或210°。
- 如果标注文字是水平方向，并且文字是平行尺寸线的，可使用“编辑标注”命令的“旋转（R）”选项，旋转标注文字到30°、－30°、90°、－90°、150°或210°，以使文字垂直或平行于尺寸线。
- 使用“编辑标注文字”命令（DIMTEDIT）或“编辑标注”命令的“旋转（R）”选项，可旋转标注文字的基线，使之与对应的轴测线平行。

2. 标注支架轴测图

了解轴测图中标注尺寸的方法后，对绘制的支架进行标注的操作步骤如下。

01 执行“标注样式”命令（DST），新建“轴测图尺寸标注1”样式，在“新建标注样式：轴测图尺寸标注1”对话框中设置标注样式，将“文字样式”设置为“轴测图标注1”，如图13-33所示。再新建“轴测图尺寸标注2”，并将“文字样式”设置为“轴测图标注2”，如图13-34所示。将“轴测图尺寸标注1”设置为当前标注样式。

02 新建“标注”图层，设置其颜色为蓝色，并将该层设置为当前层。

03 执行“对齐标注”命令（DAL），捕捉直线AB的两个端点创建对齐标注，如图13-35所示。

04 执行“编辑标注”命令（DED），输入O并按Enter键，选择图13-35中的尺寸标注100，并将其倾斜90°，倾斜后的标注如图13-36所示。

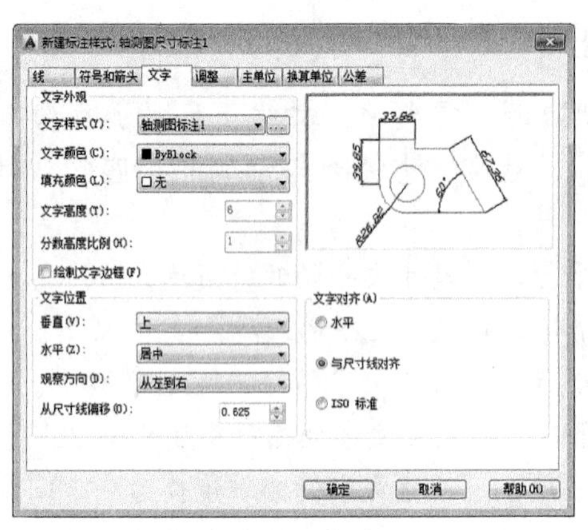

图13-33　新建“轴测图尺寸标注1”样式

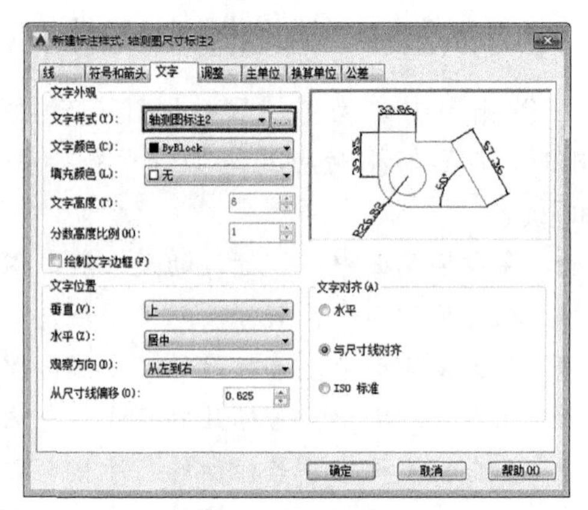

图13-34　新建“轴测图尺寸标注2”样式

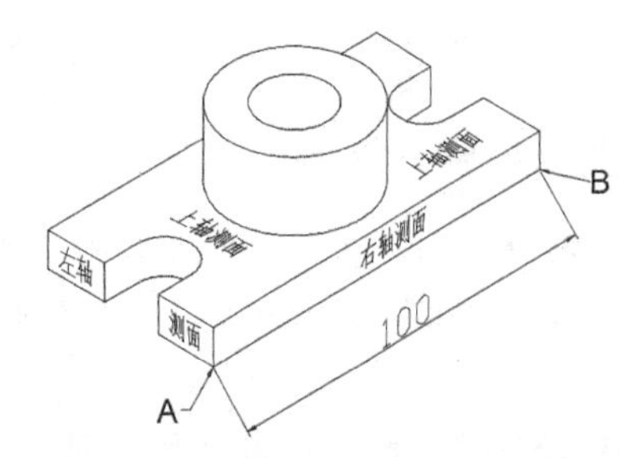

图13-35　创建对齐标注

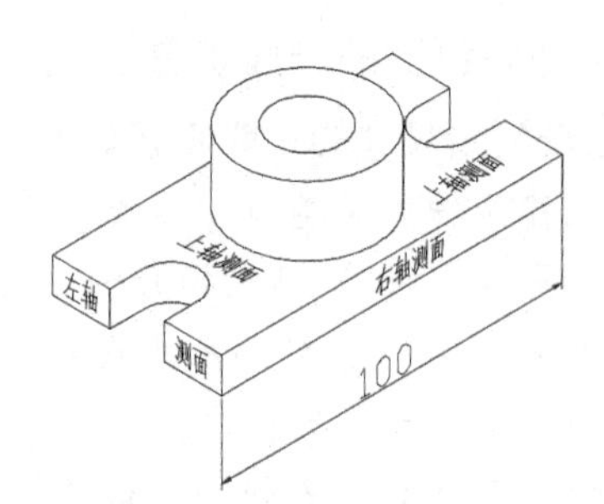

图13-36　倾斜尺寸标注

05 重复步骤3和步骤4，使用“对齐标注”命令（DAL）标注CD之间的距离，如图13-37左图所示，然后将尺寸标注倾斜150°，结果如图13-37右图所示。

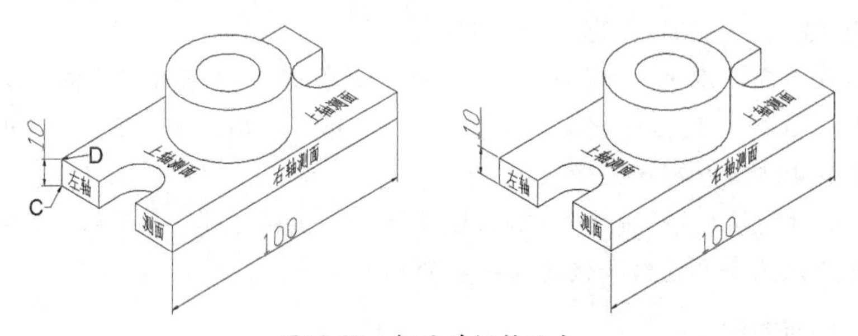

图13-37　标注并倾斜尺寸

06 使用同样的方法，标注如图13-38左图中EF之间的尺寸，并将其编辑成φ20，尺寸标注倾斜30°，结果如图13-38右图所示。

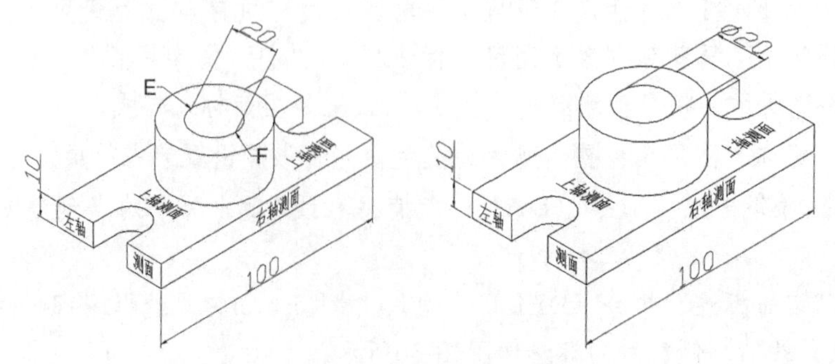

图13-38　在轴测图中标注直径尺寸

07 将“轴测图尺寸标注2”设置为当前标注样式，再次执行“对齐标注”命令（DAL），如图13-39左图的尺寸标注17；再执行DED命令，将尺寸标注倾斜90°，结果如图13-39右图所示。

08 使用同样方法标注其他尺寸，结果如图13-40（过程略）。

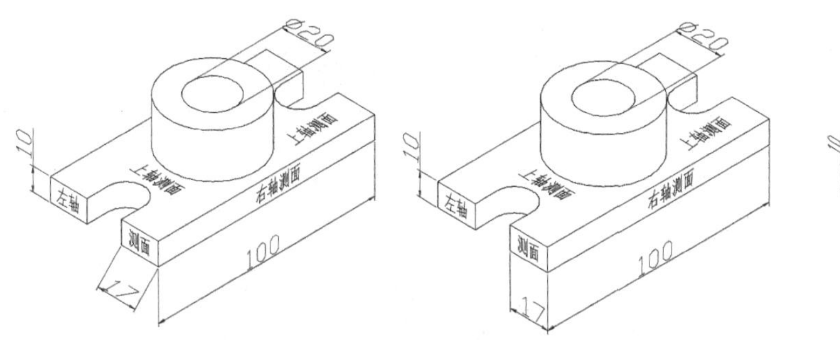

图13-39　在左轴测面中标注尺寸

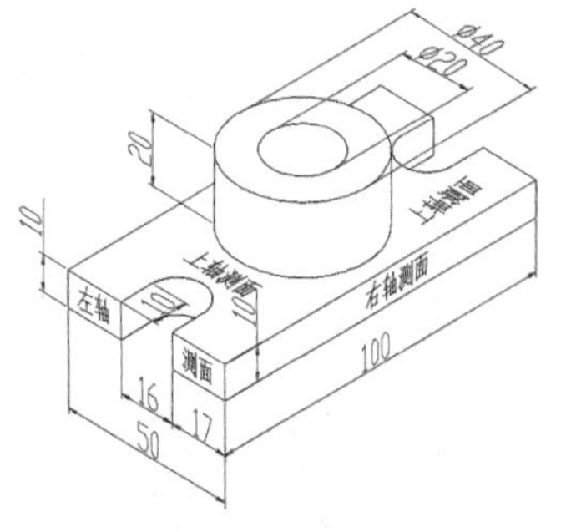

图13-40　标注其他尺寸

注 意

由于轴测图毕竟不是三维图形，所以，在轴测图中并不能完全真实地标识出图形中的所有尺寸。例如，在轴测图中无法标注圆弧半径或圆的直径，标注的某些长度并不是图形的真实长度。如果要真实地反映图形尺寸，可使用QLEADER命令进行手工标注，或对标注的尺寸值进行重新编辑。

上机练习　绘制复杂轴测图

首先打开“轴测图样板文件.dwt”文件，根据要求绘制下侧的底座轴测图对象，绘制折弯轴测对象，再绘制圆柱筒的轴测图对象，然后分别移至相应的位置，并进行相应的修剪操作，如图13-41所示。

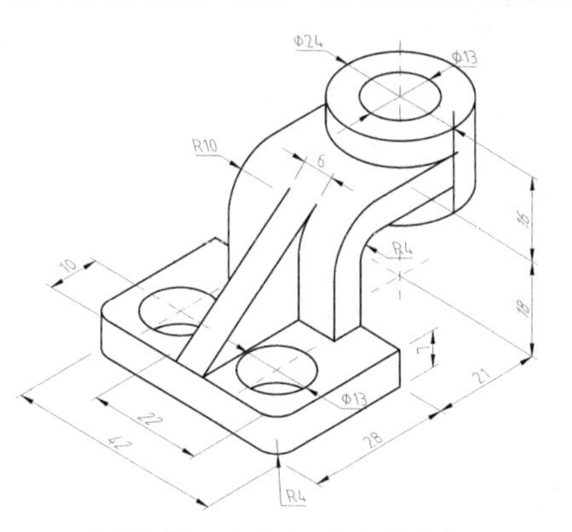

图13-41　复杂轴测图的绘制

01 启动AutoCAD软件，执行“文件”｜“打开”菜单命令，打开“轴测图样板文件.dwt”文件。

02 将“粗实线”图层置为当前图层，按F5键切换至顶轴测图，按F8键切换到“正交”模式，执行“直线”命令（L），绘制42mm×28mm的矩形对象。再执行“复制”命令（CO），将指定的线段向内复制4mm，并将复制的线段转换为“中心线”图层，如图13-42所示。

1. 绘制的顶轴测图

2. 复制的中心线

图13-42　绘制顶轴测图并复制中心线

03 执行“椭圆”命令（EL），选择“等轴测圆（I）”选项，并指定中心线的交点作为圆心点，绘制半径为4mm的两个圆对象。然后执行“修剪”命令（TR），将多余的线段和圆弧进行修剪，从而进行圆角操作，如图13-43所示。

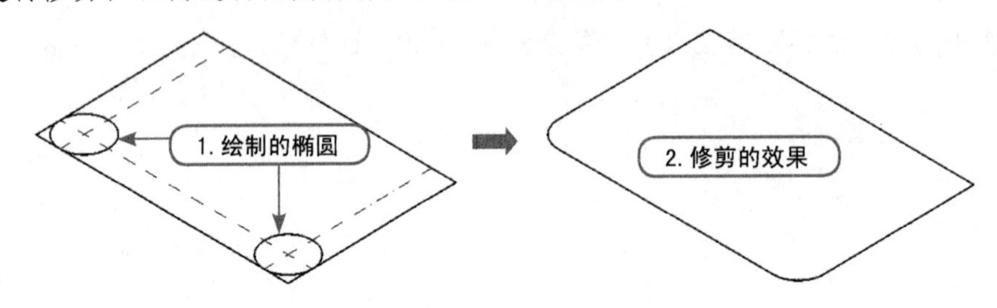

图13-43　进行圆角操作

04 执行“复制”命令（CO），将指定的线段向内复制10mm，且将复制的对象转换为中心线对象。再执行“椭圆”命令（EL），选择“等轴测圆（I）”选项，并指定中心线的交点作为圆心点，绘制半径为6.5mm的两个圆对象，如图13-44所示。

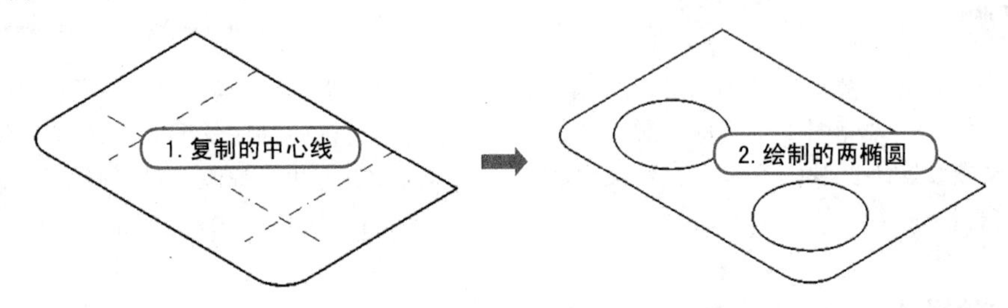

图13-44　复制的中心线并绘制圆

05 按F5键切换至右轴测图，执行“复制”命令（CO），将绘制的对象垂直向上复制，复制的距离为7mm。再执行“直线”命令（L），连接相应的直线段，然后执行“修剪”命令（TR），将多余的圆弧和直线段进行修剪，如图13-45所示。

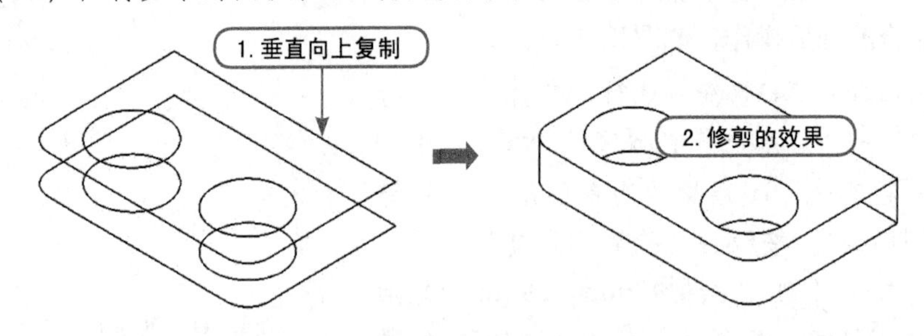

图13-45　复制对象并修剪

06 按F5键切换至右轴测图，执行“直线”命令（L），按照操作：指定起点——→指向上，输入22——→指向右，输入27——→指向下，输入6——→指向左，输入21——→指向下，输入16——→按C键闭合，从而绘制右轴测图效果，如图13-46所示。

07 按F5键切换至左轴测图再执行“复制”命令（CO），将绘制的右轴测图对象向左侧复制24，如图13-47所示。

08 按F5键切换至顶轴测图，执行“直线”命令（L），捕捉相应的交点进行连接，然后执行“修剪”命令（TR），将多余的线段进行修剪，如图13-48所示。

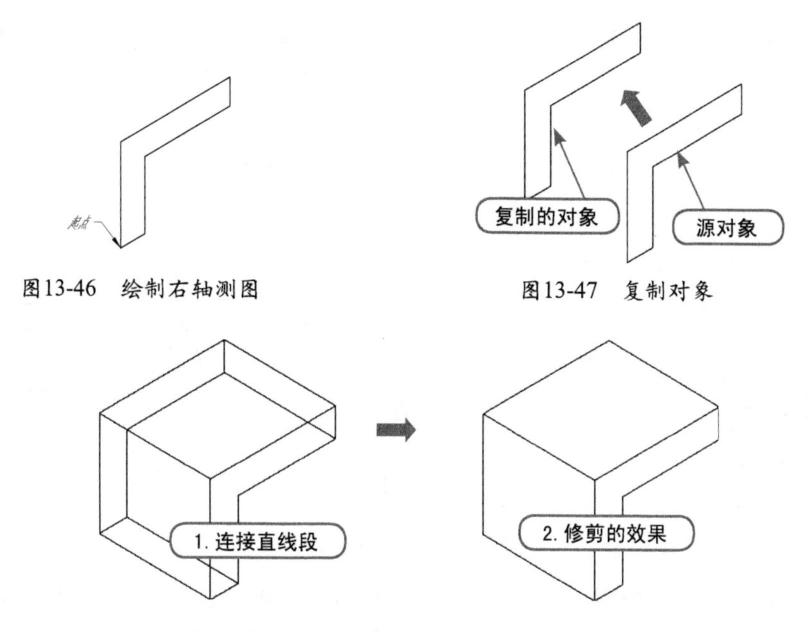

图13-46　绘制右轴测图

图13-47　复制对象

图13-48　连接直线并修剪

09 按F5键切换至右轴测图，再执行“复制”命令（CO），将指定的线段复制4mm，且将复制的对象转换为“中心线”图层。执行“椭圆”命令（EL），选择“等轴测圆（I）”选项，再捕捉中心点的交点，输入半径为4mm；同样再绘制半径为10mm的等轴测圆，如图13-49所示。

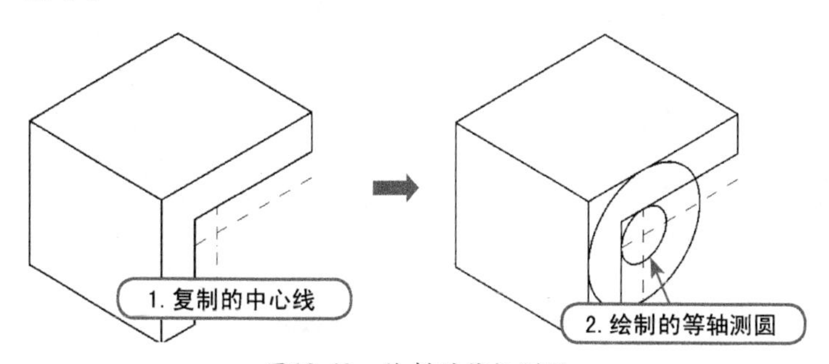

图13-49　绘制的等轴测圆

10 按F5键切换至左轴测图，执行“复制”命令（CO），将绘制半径为10mm的等轴测圆向左复制，复制的距离为24mm。然后执行“修剪”命令（TR），将多余的圆弧和直线段进行修剪，如图13-50所示。

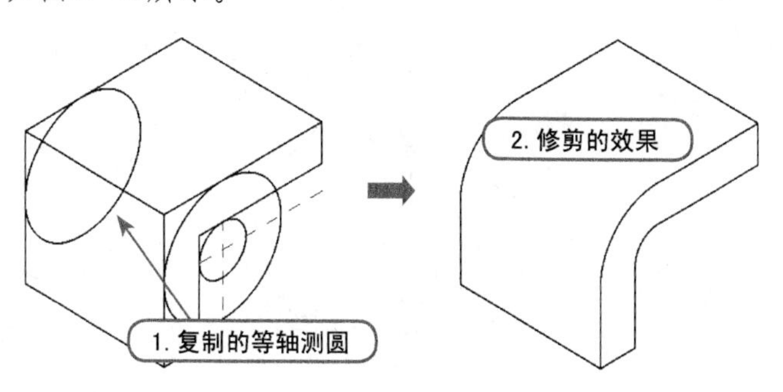

图13-50　复制等轴测圆并修剪

⑪ 按F5键切换至顶轴测图，执行“椭圆”命令（EL），选择“等轴测圆（I）”选项，再捕捉指定的交点，并输入半径为12mm；按F5键切换至右轴测图，执行“复制”命令（CO），选择等轴测圆垂直向上复制5mm，垂直向下复制11mm；然后执行修剪和直线命令，将多余的圆弧和直线段进行修剪，如图13-51所示。

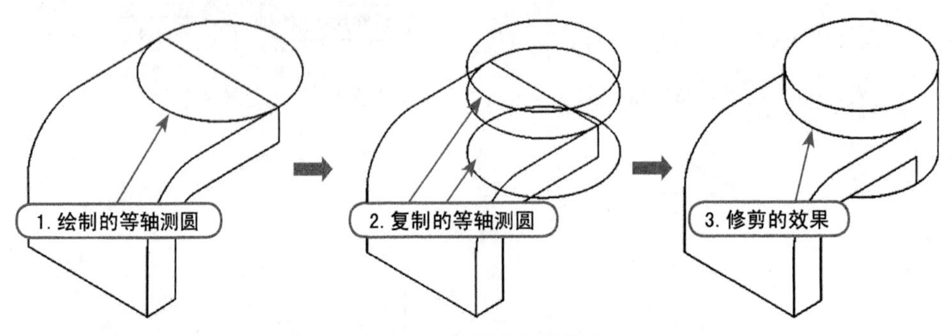

图13-51　复制对象并修剪

⑫ 按F5键切换至左轴测图，再执行“复制”命令（CO），将指定的中心线向左侧复制6mm。执行“移动”命令（M），将前面绘制的对象移至指定的中点位置。执行椭圆命令，在指定的位置绘制直径为13mm的等轴测圆对象。执行修剪命令，将多余线段进行修剪，如图13-52所示。

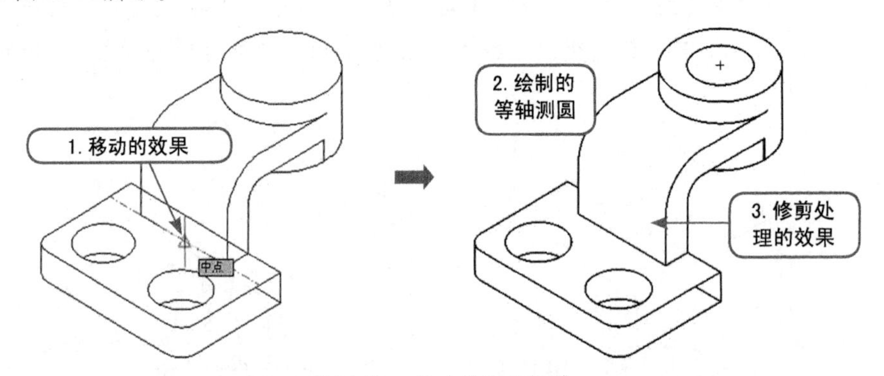

图13-52　移动并修剪操作

⑬ 按F5键切换至顶轴测图，执行“复制”命令（CO），将指定的直线和圆弧向左侧复制，复制的距离分别为8mm和6mm。再执行“直线”命令（L），捕捉相应的交点绘制直线段，如图13-53所示。

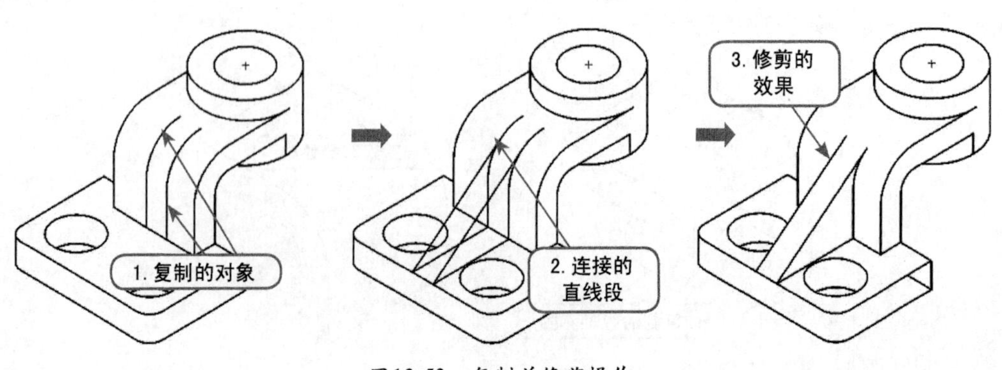

图13-53　复制并修剪操作

本章小结

通过本章的学习，读者应掌握轴测图的绘制方法，以及在轴测图中输入文字和对轴测图进行尺寸标注的方法。总的来说，在AutoCAD中绘制轴测图比较麻烦，因此，在实际工作中还是建议尽可能直接绘制三维图形，这样既方便又快捷。

思考与练习

1. 填充题

（1）在AutoCAD中，要绘制轴测图，应该首先进入__________模式。

（2）要进入轴测投影模式，可使用________与_______方法。

（3）在轴测投影模式中，轴测面包括_______、_______与_______，可以按_______键在各轴测面之间切换。

（4）要在轴测图中画圆，可通过画_______来实现。

（5）要在轴测图中画圆弧，通常的做法是_______。

（6）要在轴测图中输入文字，应该将文字_______。

2. 思考题

（1）要对轴测图标注尺寸，通常的步骤主要包括哪些？

（2）在轴测投影模式下，尽管捕捉和栅格已被旋转，但坐标系却未变化，因此，如果希望利用坐标定位点，通常应使用什么坐标表示方法？

3. 操作题

绘制并标注如图13-54所示轴测图。

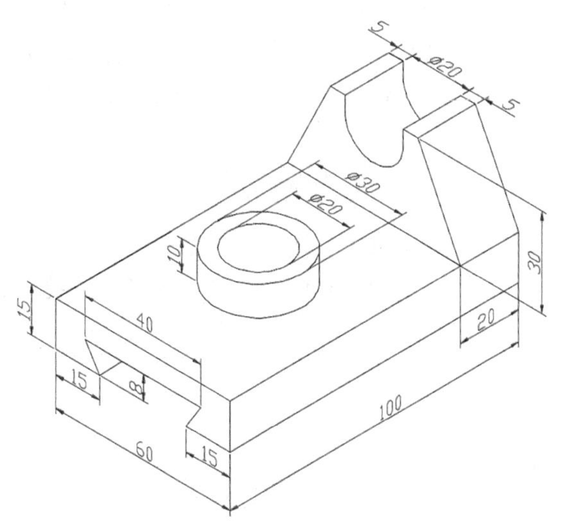

图13-54 绘制并标注轴测图

AutoCAD 2015

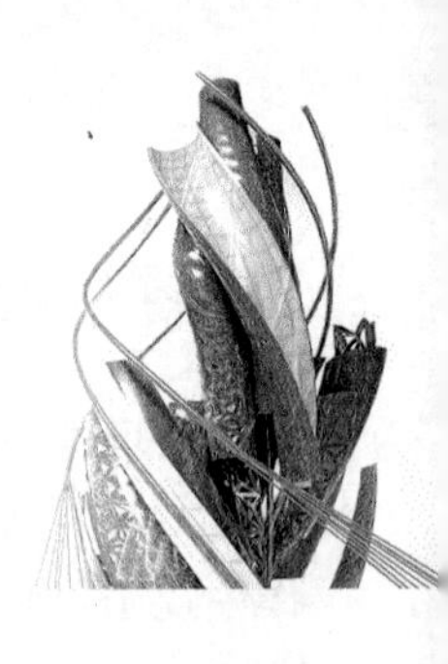

第14章 三维绘图基础

课前导读

利用AutoCAD，不仅能够绘制平面图形和轴测图，还可以绘制立体图形，如产品的造型图、建筑效果图等。在AutoCAD中，学好三维绘图的关键主要有3点：首先，必须树立良好的空间观念，即能够想象；其次，必须熟悉与三维绘图相关的一些基本概念和基本操作，如在三维空间拾取点的方法，在三维空间拾取点与在二维空间拾取点的异同，三维视图的调整方法，以及各种三维视图的意义；最后，还必须熟悉用于绘制和编辑三维图形的各种命令。

本章要点

- 了解三维模型的特点与绘制要点
- 掌握绘制三维图形的关键所在

14.1 AutoCAD中3种三维模型的特点

AutoCAD的三维造型有3种层次的建立方法，即线框、曲面和实体，也就是分别对应于用一维的线、二维的面和三维的体来构造形体。

14.1.1 线框模型的特点与绘制方法

线框模型没有面、体特征，它仅是三维对象的轮廓，由点、直线、曲线等对象组成，不能进行消隐、渲染等操作。创建对象的三维线框模型，实际上是在空间中通过指定各点的三维坐标来绘制各种边线。由于构成此种模型的每条边都必须单独绘制出来，因而这种建模方式非常耗时，如图14-1所示。

图14-1 线框模型

14.1.2 曲面模型的特点与绘制方法

顾名思义，曲面模型只有面信息，而没有体信息。在AutoCAD中，可以通过拉伸或旋转平面对象创建曲面模型，可以通过拉伸其夹点改变曲面形状。不过，与实体不同，无法对曲面进行布尔运算，并且用于编辑实体的编辑命令都无法用于编辑曲面，如图14-2所示。

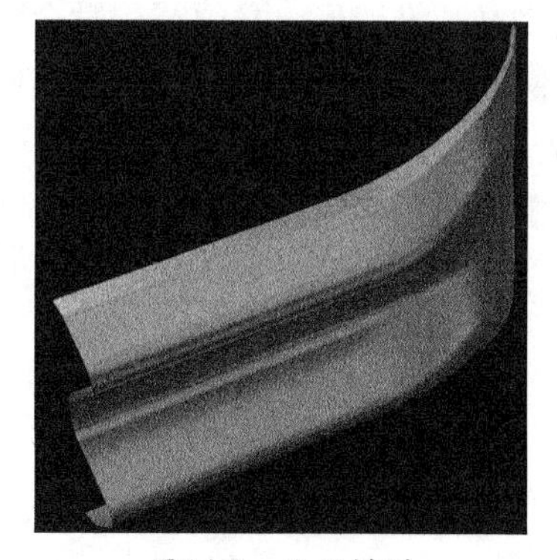

图14-2 曲面模型

14.1.3 实体模型的特点与绘制方法

实体模型具有线、面、体等特征，可进行消隐、渲染等操作，包含体积、质心、转动惯量等质量特性。能直接创建长方体、球体、锥体等基本立体，还可通过旋转、拉伸二维对象形成三维实体。各实体对象间可以执行各种运算操作（如对象相加、相减和求交集），从而创建各种复杂的实体对象，如图14-3所示。

图14-3 实体模型

14.2 三维绘图基础

在AutoCAD中，掌握观察三维图形的方法、灵活建立和使用三维坐标系、准确地在三维空间拾取点是绘制三维绘图的关键。本节就对它们进行详细介绍。

注 意

用户在AutoCAD 2015环境中进行三维网格、曲面、实体等操作时，应将其切换至AutoCAD的“三维基础”或“三维建模”空间模式中来进行操作，如图14-4所示。在本章中主要在这两个空间模式进行操作。

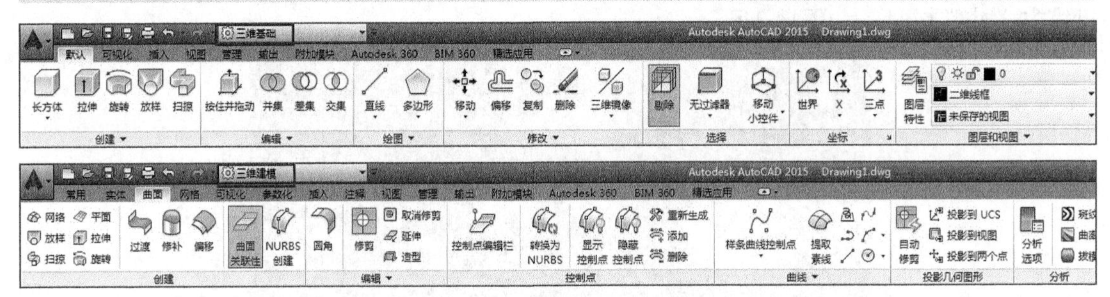

图14-4 AutoCAD的“三维基础”或“三维建模”空间模式

14.2.1 平面视图与三维视图

在AutoCAD中，从不同角度观察三维对象时，都可以得到不同的观察效果。因此，要想绘制好三维图形，必须首先学会观察三维视图。

例如，如果在平面坐标系中绘制球体，Z轴垂直于屏幕，视点位于屏幕正前方，此时仅能看到球体在XY平面上的投影，如图14-5所示。如果选择“西南等轴测”视图，调整视点至当前坐标平面的西南方，这时将看到一个三维球体，如图14-6所示。

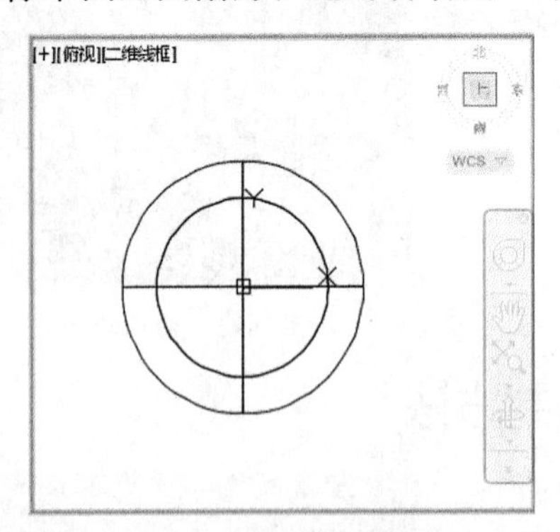

图14-5 球体平面视图

图14-6 球体三维视图

注 意

在“可视化”选项卡的“视图”面板中，或者在视口左上角的“视图”控件上单击，如图14-7所示，可针对当前图形生成前后、左右、上下6种标准平面视图，和西南、东南、东北、西北4种等轴测视图，如图14-7所示。不同的视图效果如图14-8所示。

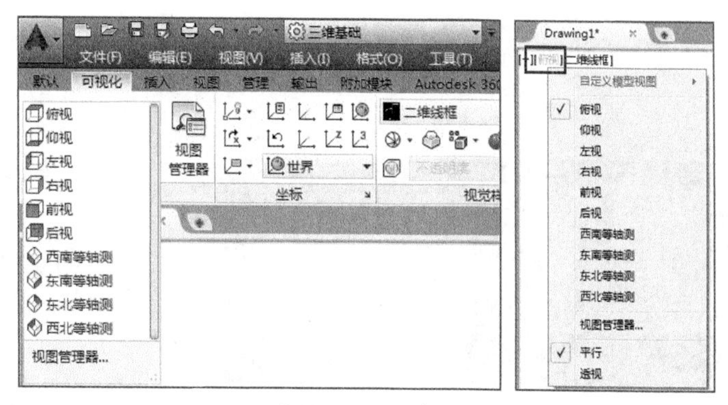

图14-7　10种视图

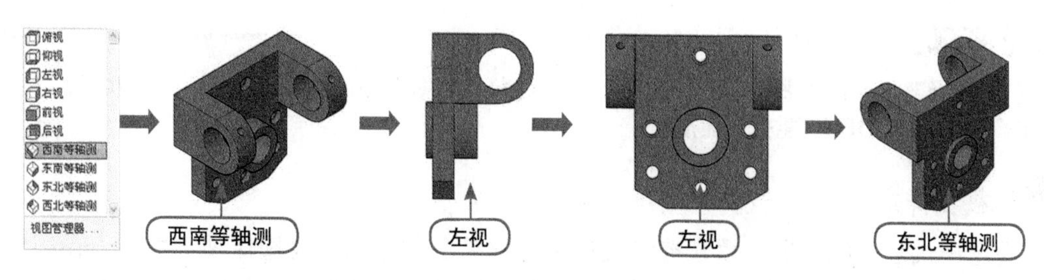

图14-8　不同的视图效果

14.2.2　图形消隐与视觉样式

绘制三维图形时，仍然可以使用前面介绍的ZOOM或PAN命令来缩放和平移视图。除此之外，还可以通过消隐或调整视觉样式来观察三维图形。

1. 消隐图形

在绘制三维实体时，为了更好地观察效果，可执行HIDE命令暂时隐藏位于实体背后被遮挡的部分，如图14-9所示。

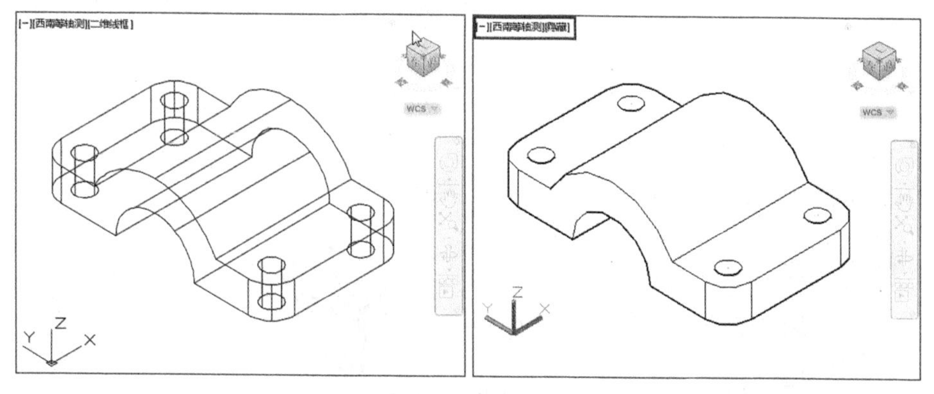

图14-9　消隐图形

要启动HIDE命令，有如下几种方法。

- 在“可视化”选项卡的“视觉样式”面板中单击“隐藏”按钮，如图 14-10 所示。
- 在视口左上角的“视觉样式”控件上单击，从弹出的菜单中选择“隐藏”命令，如图 14-11 所示。
- 直接在命令行中输入 HI。

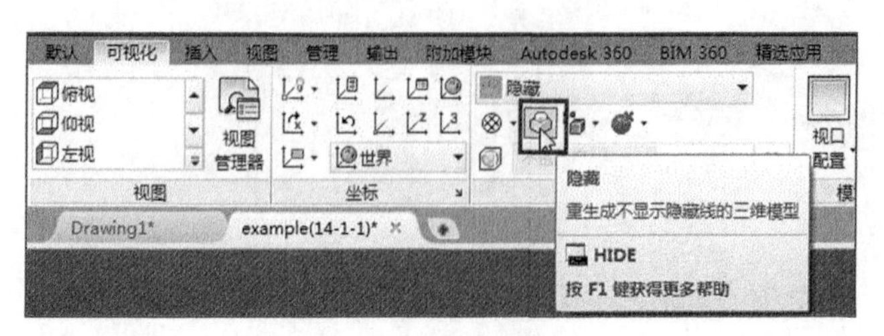

图14-10　单击“隐藏”按钮

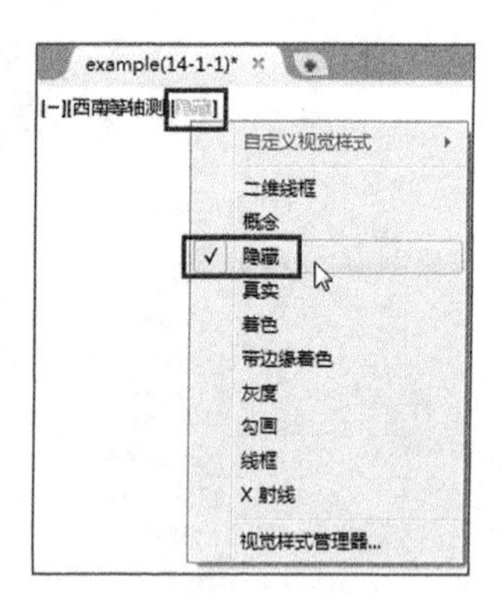

图14-11　选择“隐藏”命令

注 意

执行消隐操作之后，将无法再使用ZOOM和PAN命令缩放和平移视图，直到执行“重生成”命令（REGEN）重生成图形为止。

2. 视觉样式

视觉样式是一组设置，用来控制视口中边和着色的显示。要选择视觉样式，在视口左上角的“视觉样式”控件上单击，或者在“可视化”选项卡的“视觉样式”面板中单击“视觉样式”列表框，然后从列表中选择各选项，如图14-12所示。

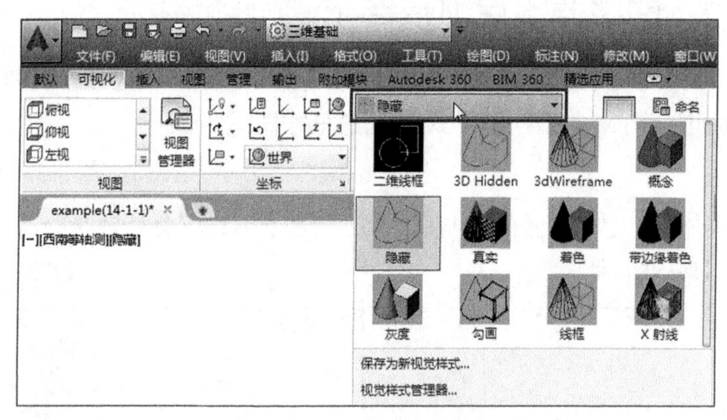

图14-12　CAD的视觉样式

各种视觉样式的效果如图14-13所示，各主要选项的含义如下。

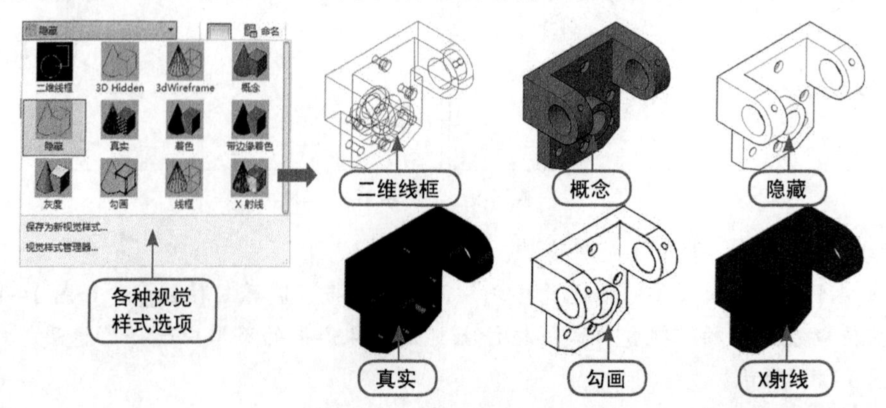

图14-13　CAD的视觉样式效果

- 二维线框：默认的对象显示方式，用直线和曲线表示对象边界，此时光栅、OLE对象、线型和线宽均可见。
- 三维线框(3dwireframe)：用直线和曲线表示对象边界，反白显示。
- 三维隐藏(3D Hidden)：以三维线框方式显示对象并消隐图形。
- 真实：着色多边形平面间对象，并使对象的边平滑化。此时显示已附着到对象的材质。
- 概念：着色多边形平面间对象，并使对象的边平滑化。着色时使用金属质感样式，一种冷色和暖色之间的过渡而不是从深色到浅色的过渡。效果缺乏真实感，但是可以更方便地查看模型的细节。

注 意

在着色视觉样式中来回移动模型时，跟随视点的两个平行光源将会照亮面。该默认光源被设计为照亮模型中的所有面，以便从视觉上可以辨别这些面。不过，仅在其他光源（包括阳光）关闭时，才能使用默认光源。

14.2.3 与三维视图显示相关的变量

在AutoCAD中，除了可以通过消隐视图或改变视觉样式改变三维视图外，还可以通过改变一些变量来调整三维视图的显示。

1. 改变三维图形的曲面轮廓素线

当实体中包含弯曲面时（如球体和圆柱体等），则曲面在线框模式下用线条的形式来显示，这些线条称为素线。

使用ISOLINES系统变量可以设置显示曲面所用的素线条数。ISOLINES变量的有效值范围为0～2047，默认值为4（此时系统用4条素线来表达一个曲面）。该值为0时，表示曲面没有素线，如果增加素线的条数，则会使图形看起来更接近三维实物，如图14-14所示。

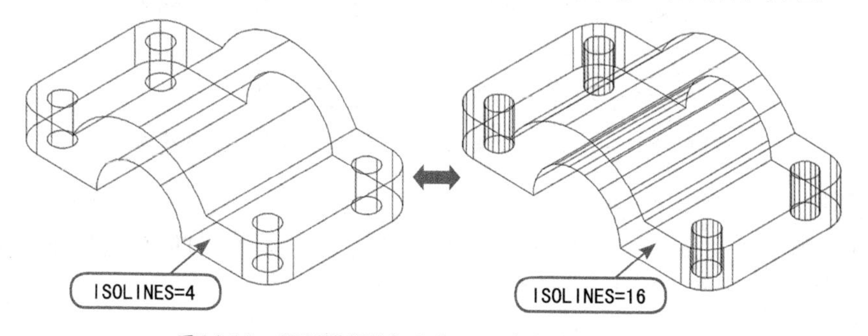

图14-14 ISOLINES变量值设置对实体显示的影响

注 意

当ISOLINES值设置较大时，实体的显示时间将变长。修改了ISOLINES值之后，必须执行REGEN（重生成）命令才可更新显示。

2. 以线框形式显示实体轮廓

使用DISPSILH系统变量可以以线框形式显示实体轮廓。此时需要将其值设置为1，并用HIDE或SHADEMODE命令将曲面的小平面隐藏，或者选择“视图”|“视觉样式”|“三

维隐藏”菜单来显示实体轮廓，如图14-15所示。

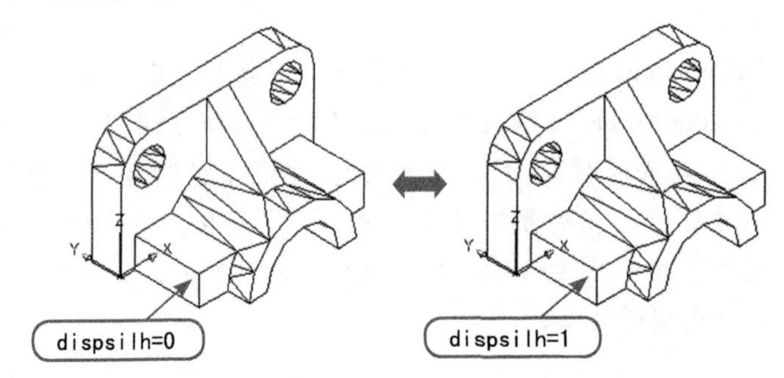

图14-15　DISPSILH变量值设置对实体轮廓显示的影响

使用DISPSILH变量时需注意以下几点。

- 修改 DISPSILH 值后，必须执行 HIDE 命令才能看出其效果。
- DISPSILH 设置适用于所有视口，但 HIDE 命令仅针对某个视口，因此在不同的视口中可以产生不同的消隐效果。
- 执行 REGEN 或 REGENALL 命令，可消除 HIDE 效果。

3. 改变实体表面的平滑度

在执行HIDE、SHADEMODE或RENDER命令时，可通过修改FACETRES系统变量值来改变实体表面的平滑度。该变量用于设置曲面的面数，取值范围为0.01～10，默认值为0.5。其中，值越大时，实体表面越平滑，如图14-16所示。

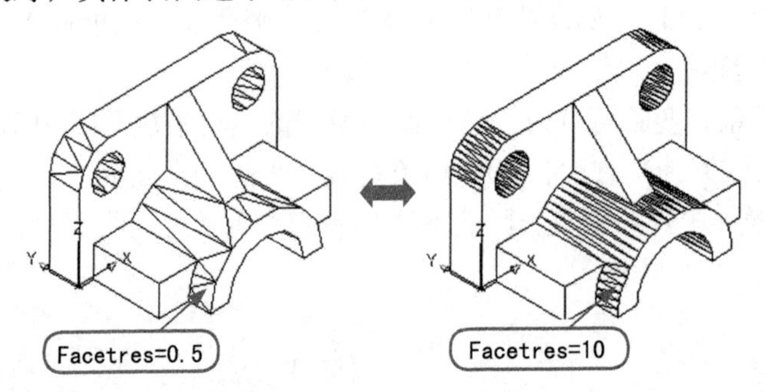

图14-16　FACETRES变量值设置对实体表面平滑度的影响

注 意

在执行HIDE、SHADEMODE或RENDER命令时，若想使FACETRES变量值设置生效，必须禁止轮廓显示，即必须将DISPSILH变量值设置为0。

14.2.4　使用动态观察交互查看三维对象

在“视图”选项卡下的“导航”面板中单击“动态观察”按钮后的下拉按钮，在下拉菜单中有3种动态观察的功能，如图14-17所示。

注 意

默认情况下，在“视图”选项卡下并没有显示“导航”面板，这时可右击“面板”，从弹出的快捷菜单中选中“导航”选项，将其显示出来，如图14-18所示。

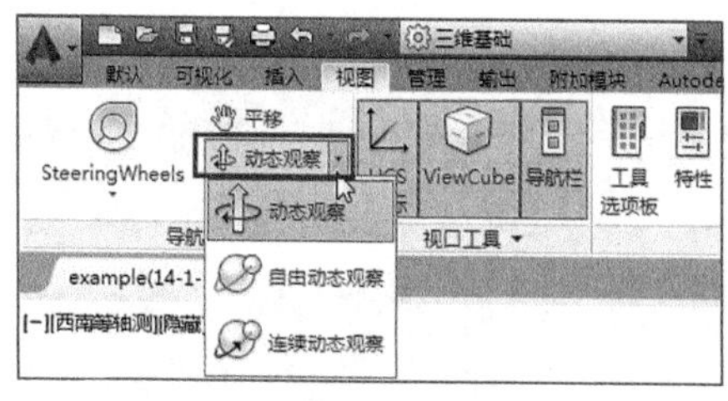

图14-17　动态观察的3种方式

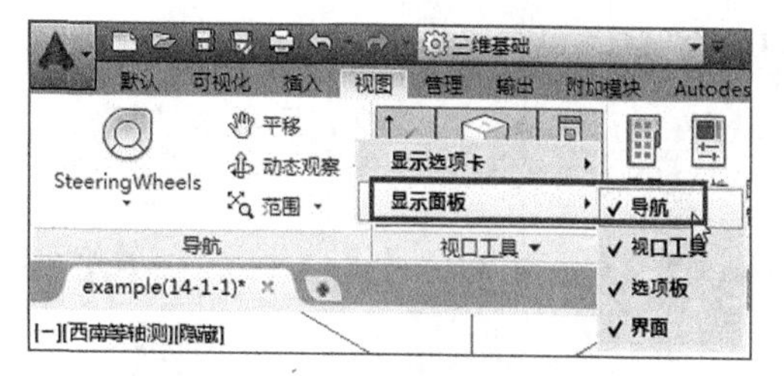

图14-18　显示“导航”面板

此时的目标点为视口中心，而不是正在查看的对象的中心。

AutoCAD为用户提供的3种动态观察器，操作时的效果如图14-19所示，其特点如下。

- 动态观察：选择该选项，系统将显示三维动态观察光标图标。此时将沿 XY 平面或 Z 轴约束三维动态观察。如果水平拖动光标，相机将平行于 XY 平面移动。如果垂直拖动光标，相机将沿 Z 轴移动。
- 自由动态观察：不参照平面，在任意方向上进行动态观察。通过将光标移至不同位置，可将相机绕目标点（视口中心）上下、左右或其他方向旋转。
- 连续动态观察：连续地进行动态观察。选择该选项，在绘图区域中单击并沿任意方向拖动。释放鼠标按钮后，开始动画演示。再次单击可结束动画演示。

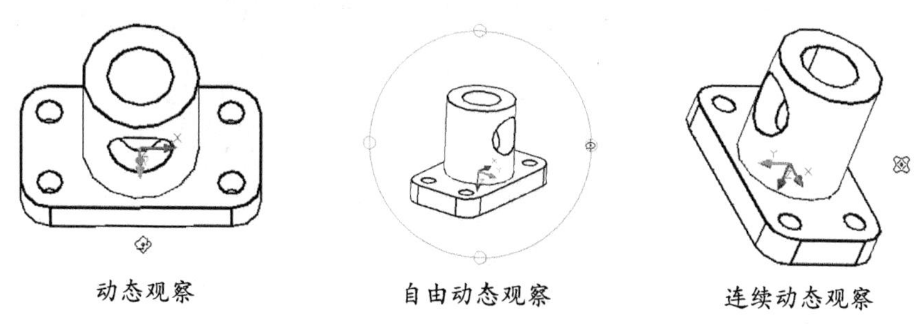

图14-19　在三维空间动态观察对象

14.2.5　变换坐标系的方法

在绘制三维图形时，需要经常变换坐标系，用于变换坐标系的命令是UCS。UCS坐标系可以在任意位置、沿任何方向建立UCS，从而使三维作图变得更加容易。

在AutoCAD中，多数2D命令只能在当前坐标系的XY平面或与XY平面平行的平面内执行。若想在三维空间的某一平面内使用2D命令，则应沿此平面位置创建新的UCS坐标系。

在“常用”选项卡的“坐标”面板中单击“世界”按钮，如图14-20所示，或者在命令行中输入UCS命令，然后在命令提示行中选择“新建（N）”选项，则将显示创建坐标系的各种方法。

```
命令: UCS
当前 UCS 名称: *俯视*
指定 UCS 的原点或 [面(F)/命名(NA)/对象(OB)/上一个(P)视图(V)/世界(W)/X/Y/Z/Z轴(ZA)] <世界>: n
指定新 UCS 的原点或 [Z 轴(ZA)/三点(3)/对象(OB)/面(F)/视图(V)/X/Y/Z] <0,0,0>:
```

注 意

要打开“坐标”面板，可右击该标签，从中选择“显示面板”|“坐标”选项，如图14-21所示。

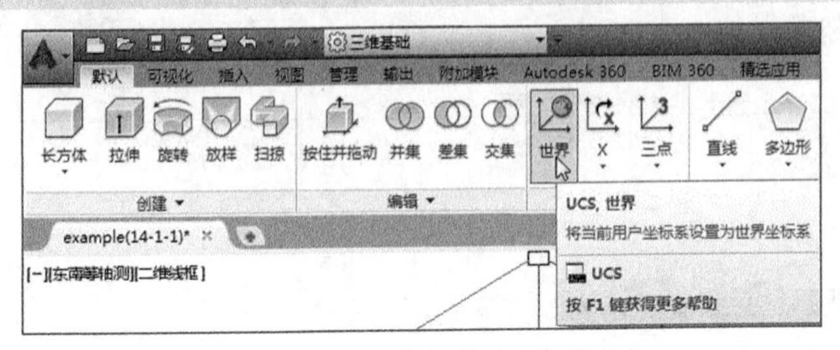

图14-20　单击“世界”按钮

图14-21　显示其他面板

当选择“新建（n）”选项后，所给出的新建UCS的各种方式的含义如下。

- Z轴（ZA）：表示用特定的Z轴正半轴来定义UCS。通过指定新的原点和位于新建Z轴正半轴上的点来定义新坐标系的Z轴方向。其命令行提示如下，建立的效果如图14-22所示。

```
指定新原点或 [对象(O)] <0,0,0>:                          // 确定新的坐标原点
在正 Z 轴范围上指定点 <100.0000,0.0000,31.0000>:          // 指定Z轴所在的方向
```

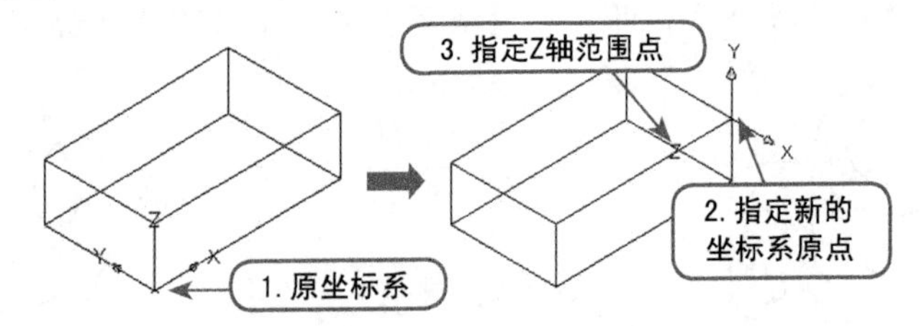

图14-22　通过原点与Z轴来建立UCS

- 三点（3）：表示通过3点的方式来定义新的UCS，此时需要指定新的UCS原点、X轴和Y轴的正方向。其命令行提示如下所示，视图效果如图14-23所示。

```
指定新原点 <0,0,0>:                                       // 指定新的坐标原点位置
在正 X 轴范围上指定点 <101.0000,0.0000,30.0000>:                  // 指定X轴
在 UCS XY 平面的正 Y 轴范围上指定点 <100.0000,-1.0000,30.0000>:   // 指定Y轴
```

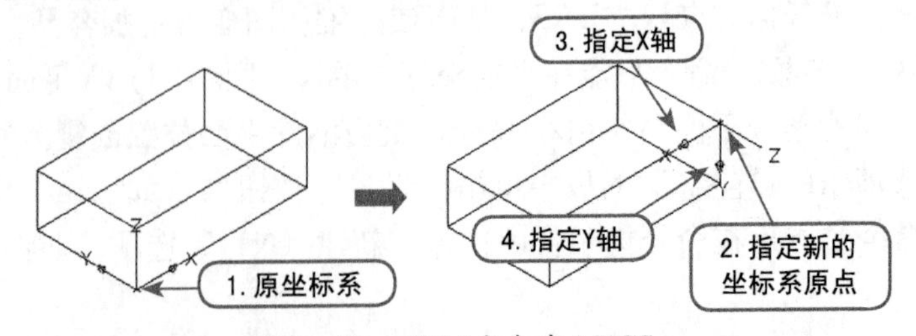

图14-23　通过3点来建立UCS

- 对象（OB）：表示根据选定的三维对象来定义新的坐标系，其新UCS的拉伸方向为选定对象的方向（X轴）。其命令行提示如下所示，视图效果如图14-24所示。

```
选择对齐 UCS 的对象:                                // 指定对象的X轴位置
```

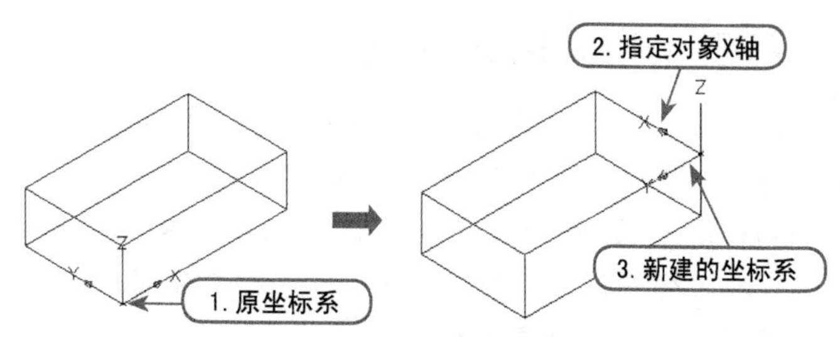

图14-24　指定对象的X轴来建立UCS

- 面（F）：表示将 UCS 与三维对象的选定面对齐。其命令行提示如下所示，视图效果如图 14-25 所示。

```
选择实体对象的面：                          // 指定对象的一个面来确定XY平面
```

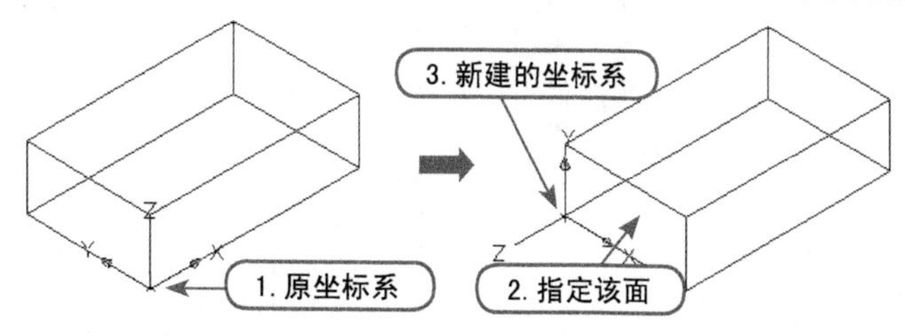

图14-25　指定对象的面来建立UCS

- 视图（V）：表示以平行于屏幕的平面为 XY 平面建立新的坐标系，但 UCS 的原点将保持不变。
- X/Y/Z：表示绕指定轴旋转当前 UCS。其命令行提示如下所示，视图效果如图 14-26 所示。

```
指定绕 X 轴的旋转角度 <90>:                // 输入绕指定的轴旋转的角度
```

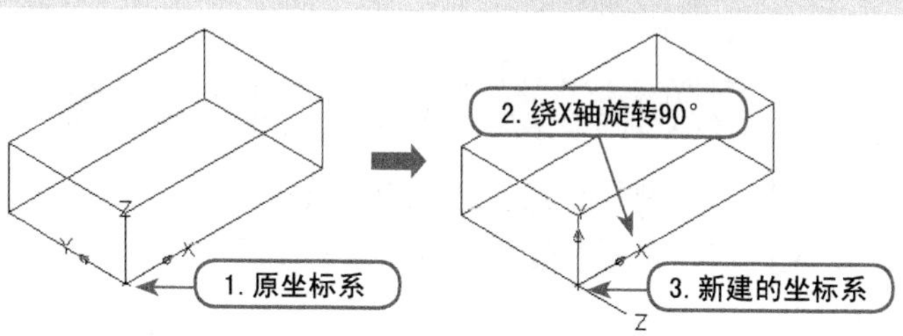

图14-26　绕指定轴旋转所建立的UCS

注 意

在UCS面板中单击“原点”按钮，使用鼠标在视图中指定新的坐标点，即可“移动”坐标原点，从而使所建立的UCS坐标系的XY平面保持不变，Z轴方向也不变，如图14-27所示。

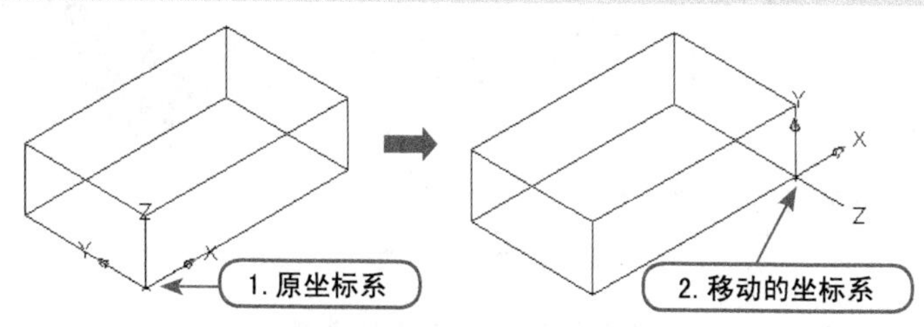

图14-27　移动坐标系原点

14.2.6 在三维空间拾取点的方法

如前所述，在AutoCAD中通常不能依赖观察来确定三维空间中的点，而只能通过输入点的Z坐标值或使用对象捕捉等方法来定位点，其特点如下。

- 输入Z值：当通过给定X、Y坐标值来指定点时，AutoCAD自动用当前高度值（默认为0）作为点的Z坐标值。因此，在三维空间中定位点的简单方法就是在指定点的X、Y坐标的同时指定点的Z坐标值。
- 使用对象捕捉：使用对象捕捉来拾取点时，无论当前高度设置为多少，AutoCAD将使用选择点的X、Y、Z坐标值。例如，使用圆心对象捕捉方式可以拾取圆柱顶部圆或底部圆的圆心，如图14-28所示。

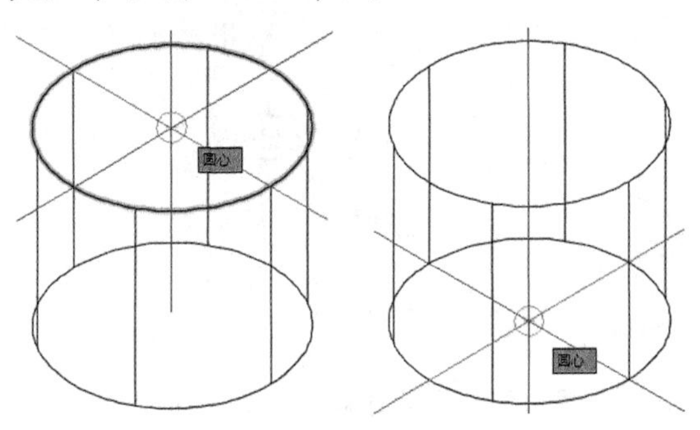

图14-28 捕捉圆柱的圆心

注 意

绘制三维图形时，尽量不要从三维对象的平面视图中进行对象捕捉。例如，在圆柱的平面视图中捕捉圆柱顶面或底面圆的圆心时，分不清该点位于顶面还是底面。为了避免混淆，捕捉点时最好使用两点分离的视图。

上机练习 绘制底座

在了解了绘制三维图形的关键知识后，下面就以如图14-29左图所示平面图来创建连叉模型图，以此来进一步理解和巩固所学知识，操作步骤如下。

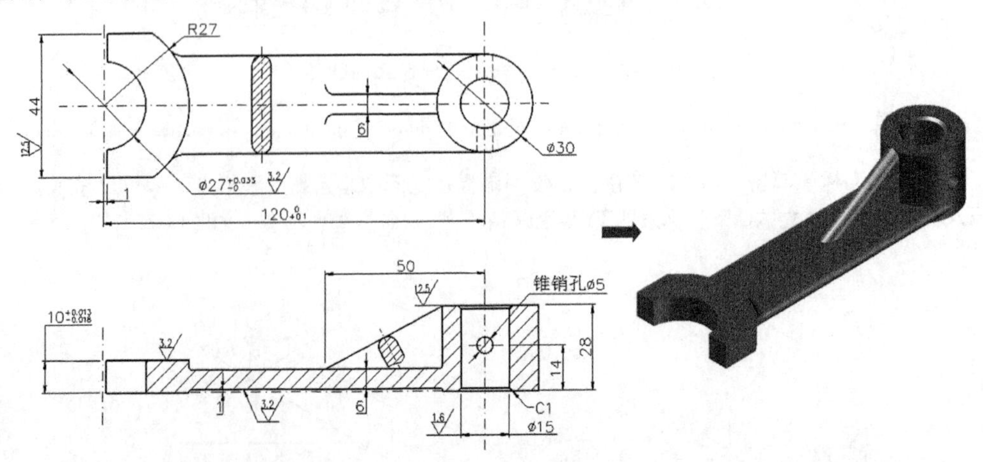

图14-29 连叉模型图效果

01 启动AutoCAD 2015软件，根据要求新建“实体”和“中心线”图层，如图14-30所示。

实体				253	Continuous	—— 0.30...	0	Color_...		
中心线				红	DASHDOT2	—— 0.20...	0	Color_1		

图14-30　新建图层

02 将“中心线”图层置为当前图层，执行“直线”命令（L），按照如图14-31所示来绘制中心线对象。

03 将“实体”图层置为当前图层，执行“圆”命令（C），按照如图14-32所示来绘制两组同心圆对象。

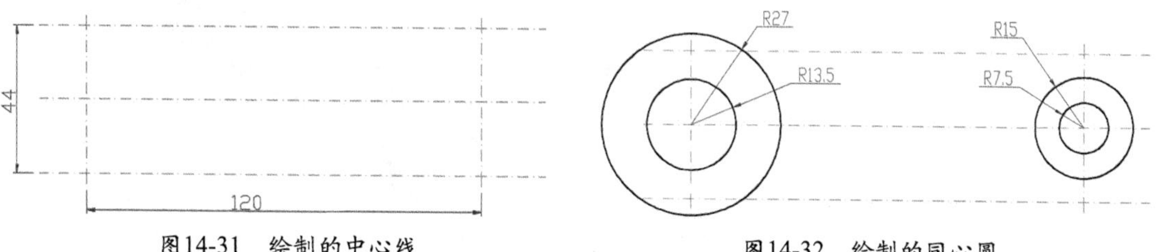

图14-31　绘制的中心线　　　　图14-32　绘制的同心圆

04 执行“直线”命令（L），按照如图14-33所示来绘制直线对象。

05 执行“修剪”命令（TR），按照如图14-34所示将多余的线段进行修剪。

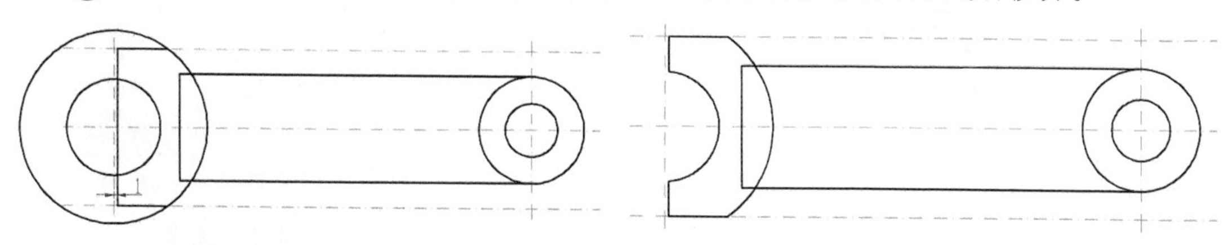

图14-33　绘制的直线　　　　图14-34　修剪的效果

06 执行“面域”命令（REG），将左侧的对象进行面域操作，再对其面域的对象进行“拉伸”命令（EX），拉伸的距离为10mm，如图14-35所示。

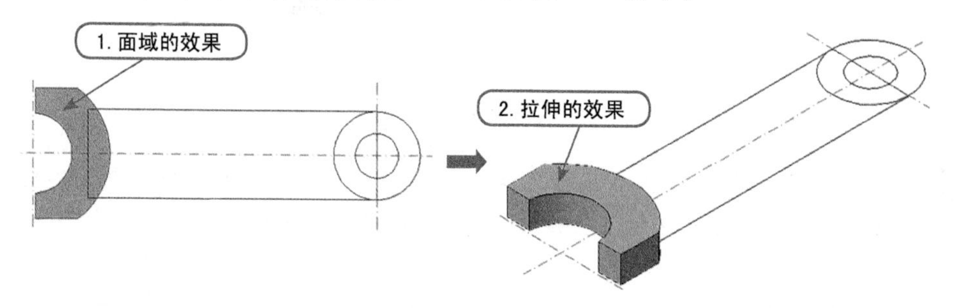

图14-35　面域并拉伸操作

07 同样，对中间的“矩形”对象进行面域操作（REG），并对其进行“拉伸”操作（EX），拉伸的距离为6mm；再执行“移动”命令（M），将拉伸的矩形实体向Z轴方向移动1mm，如图14-36所示。

08 同样，对右侧的两个圆对象进行面域操作，再对其进行拉伸28mm，如图14-37所示。

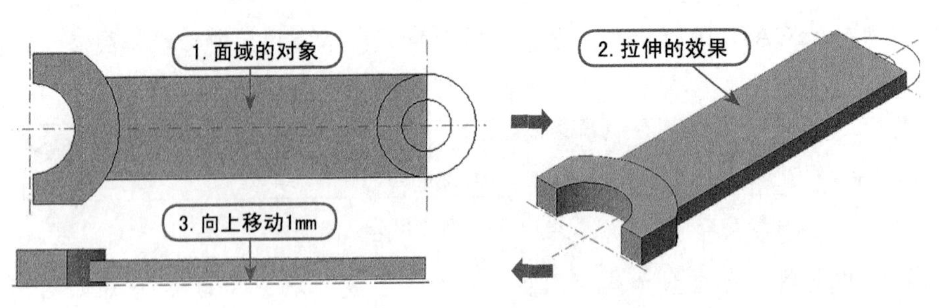

图14-36　面域并拉伸操作

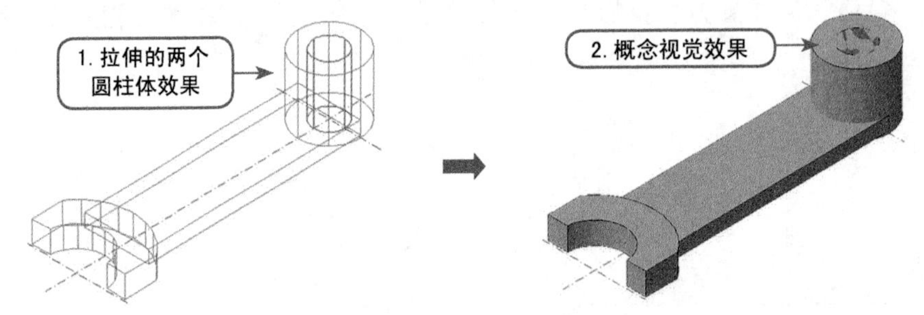

图14-37　拉伸的圆柱体

09 单击“并集”按钮，将左侧、中间和右侧的大圆3个实体对象进行并集操作；再单击“差集”按钮，将右侧的小圆柱体从主体中减去，如图14-38所示。

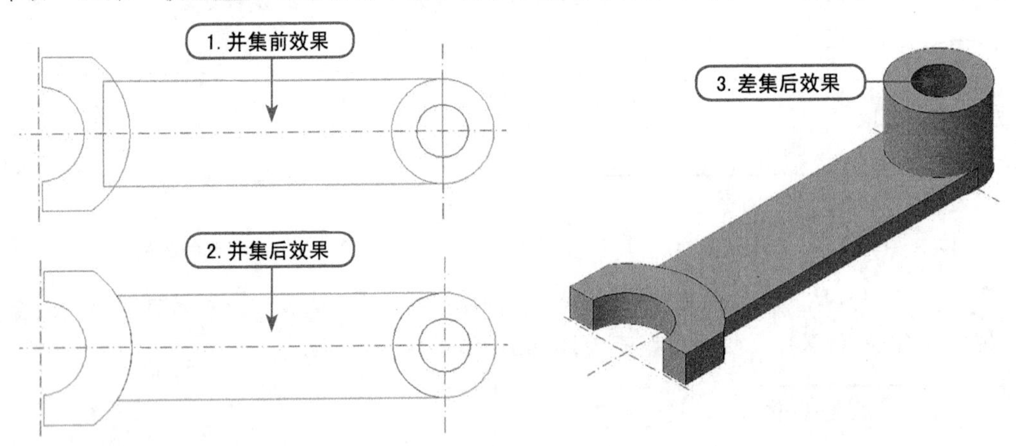

图14-38　并集和差集操作

10 切换到“前视图”和“二维线框”模式，绘制相应的轮廓对象，再对其进行面域和拉伸操作，拉伸时向－Z轴方向拉伸3mm，如图14-39所示。

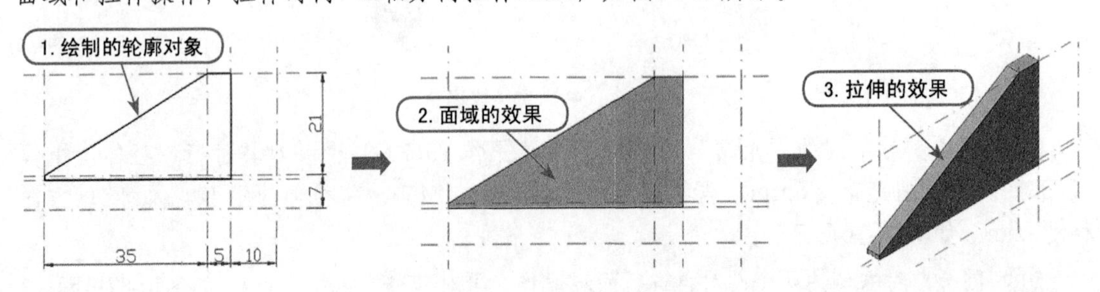

图14-39　绘制轮廓并拉伸

⑪ 在“实体编辑”面板中单击“拉伸面”按钮，将选择的面拉伸3mm。再执行“圆角”命令（F），将指定的棱角边按照半径为3mm进行圆角处理，如图14-40所示。

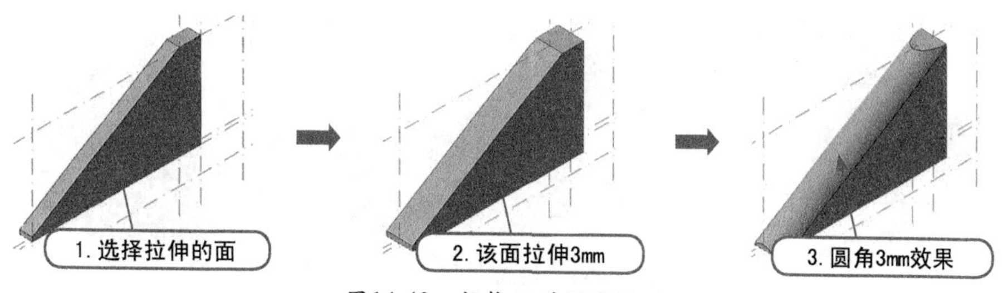

图14-40 拉伸面并圆角处理

⑫ 执行“移动”命令（M），将绘制的筋实体移至相应的位置，然后与主体进行并集操作，如图14-41所示。

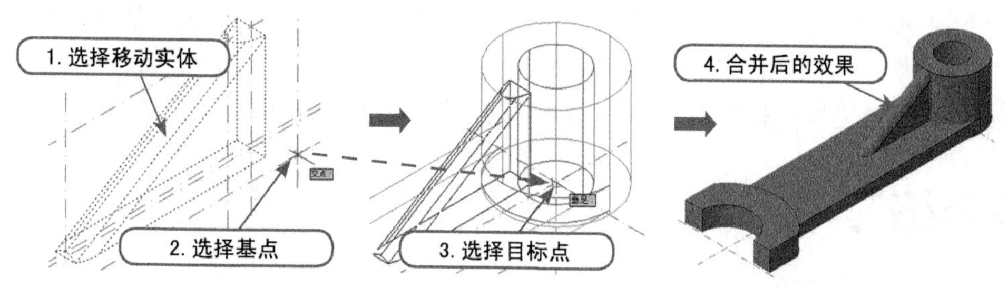

图14-41 移动实体与并集处理

⑬ 同样，切换到“前视图”和“二维线框”模式，绘制相应的圆对象，再对其进行进行面域和拉伸操作，拉伸时向－Z轴方向拉伸20mm；再单击“实体编辑”面板中的“拉伸面”按钮，将选择的面拉伸20mm，如图14-42所示。

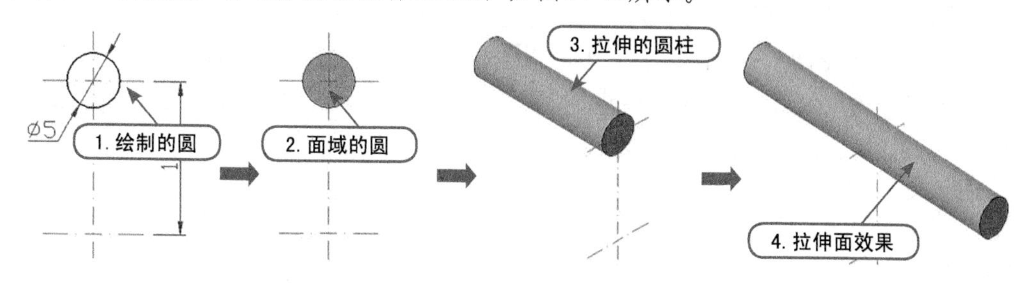

图14-42 创建的圆柱体

⑭ 执行“移动”命令（M），将绘制的小圆柱体移至相应的位置，然后与主体进行差集操作，如图14-43所示。

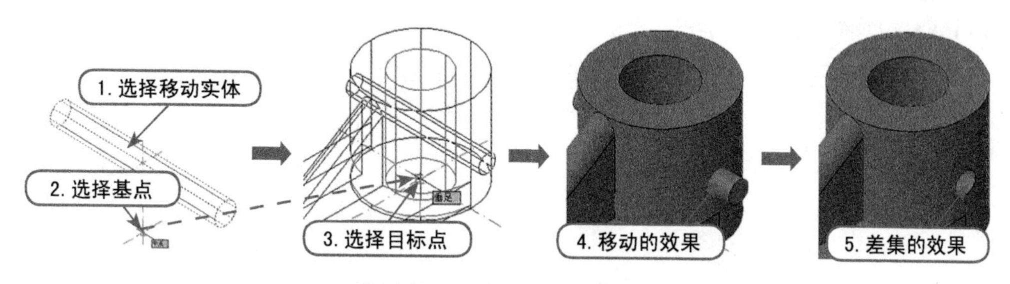

图14-43 移动实体与差集处理

⑮ 再根据平面图的要求，对其棱边按照半径为1mm和3mm进行圆角处理，以及对内圆柱按照距离为1mm进行倒角处理，如图14-44所示。

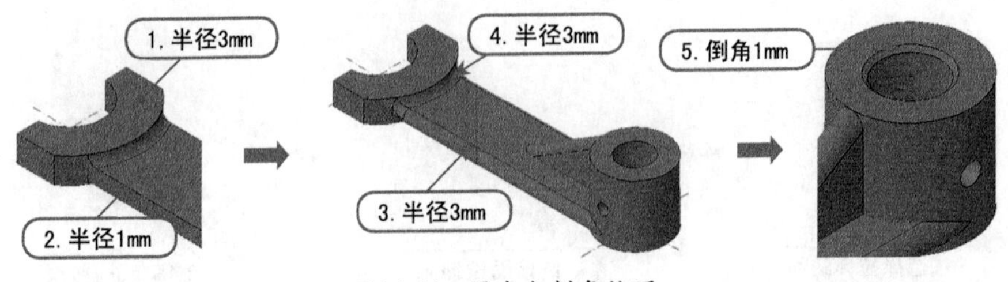

图14-44 圆角与倒角处理

本章小结

在AutoCAD中，树立正确的空间观念、灵活建立和使用三维坐标系、准确地在三维空间拾取点是整个三维绘图的基础。通过本章的学习，应了解并掌握视点的设置、变换坐标系的方法、在三维空间中拾取点的方法以及观察三维图形的方法。

思考与练习

1. 填空题

（1）在AutoCAD中，可以创建3类三维模型，它们分别是_____、______与______。

（2）视点是指____________________________，利用_______面板可生成各种标准视图和等轴测视图。

（3）要调整三维坐标系，可执行______________命令。

（4）要在三维空间中精确定位点，可使用_________与_________方法。

（5）AutoCAD提供了5种视觉样式，它们分别是______________、______________、______________、______________和______________。

（6）通过消隐图形，可隐藏_____________________________。

（7）控制实体显示的系统变量包括______________、______________与______________，其作用分别是______________、______________与______________。

2. 思考题

（1）在三维空间拾取点与在二维空间拾取点有什么不同？

（2）如果希望将当前坐标系绕Y轴顺时针旋转60°，该如何操作？

（3）简述变换坐标系的方法。

（4）如何使用动态UCS在三维实体的平面上创建对象？

AutoCAD 2015

第15章 实体模型的创建

课前导读

本章首先介绍如何直接使用系统提供的命令创建长方体、球体等基本实体，然后再讲述如何通过拉伸、旋转二维对象，以及执行实体并集、差集、交集等操作来创建各种复杂实体。为了绘制各种符合要求的复杂实体，还应学习实体的各种编辑方法、为三维对象标注尺寸的方法及如何渲染三维对象。

本章要点

- 掌握实体的绘制方法
- 掌握实体的编辑方法
- 掌握为三维对象标注尺寸的要点
- 了解三维对象的渲染方法

15.1 创建实体

在机械设计中，三维实体是最能够完整表达对象几何形状和物体特征的空间模型。与三维线框、网格曲面相比较，实体模式是一种高级的三维模型，它包含对象的信息量多，应用广泛，并且它最容易构造和编辑。

在AutoCAD中，除了可以直接使用系统提供的命令创建多段体、长方体、球体等基本实体外，还可通过拉伸、旋转二维对象创建一些复杂实体。

要创建或编辑三维模型实体，可切换到“实体”选项卡下，这样便于用户操作，如图15-1所示。

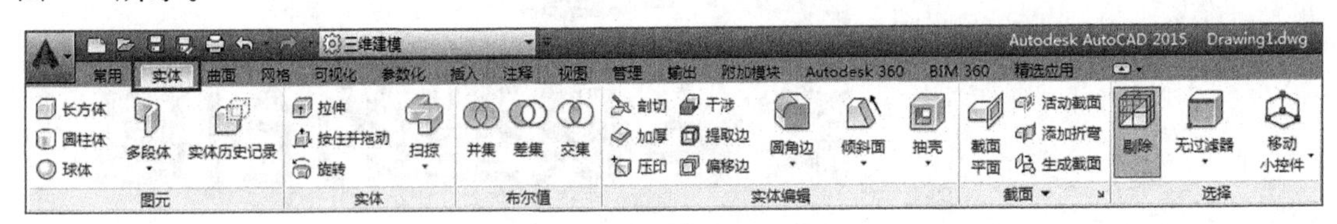

图15-1 “实体”选项卡内容

15.1.1 创建多段体

创建多段体与绘制多段线的方法相同。默认情况下，多段体始终带有一个矩形轮廓，用户可以指定轮廓的高度和宽度来进行创建，如在模型中创建墙体。

可以通过以下的方法来创建多段体对象。

- 在“实体”选项卡的“图元”面板中单击“多段体”按钮。
- 在命令行中输入 POLYSOLID（快捷键为 POL）。

当执行多段体命令后，按照如下提示即可创建多段体，如图15-2所示。

```
命令: _Polysolid                                            // 执行多段体命令
高度 = 80.000, 宽度 = 5.000, 对正 = 居中                    // 显示当前多段体的模式
指定起点或 [对象(O)/高度(H)/宽度(W)/对正(J)] <对象>: h      // 选择“高度(H)”选项
指定高度 <80.000>: 3900                                     // 指定多段体的高度
指定起点或 [对象(O)/高度(H)/宽度(W)/对正(J)] <对象>: w      // 选择“宽度(W)”选项
指定宽度 <5.000>: 120                                       // 指定多段体的宽度
高度 = 3900.000, 宽度 = 120.000, 对正 = 居中                // 显示所设置的参数值
指定起点或 [对象(O)/高度(H)/宽度(W)/对正(J)] <对象>:        // 按Enter键
选择对象:                                                   // 在视图中选择对象
```

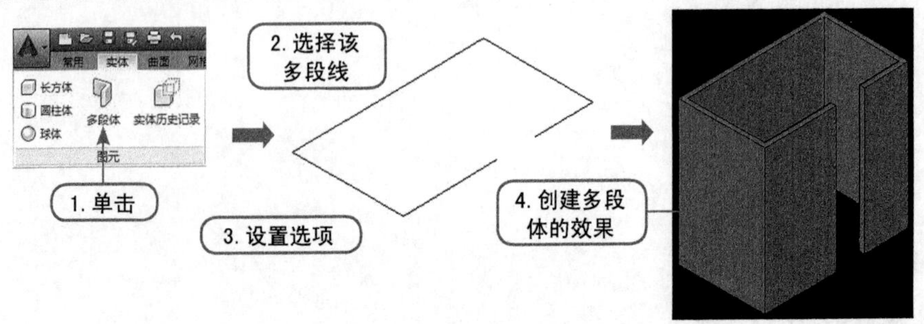

图15-2 创建的多段体

在创建多段体时，各选项的含义如下。

- 对象（O）：表示用视图中现有的直线、二维多段线、圆弧或圆等对象来创建多段体，如图 15-3 所示。

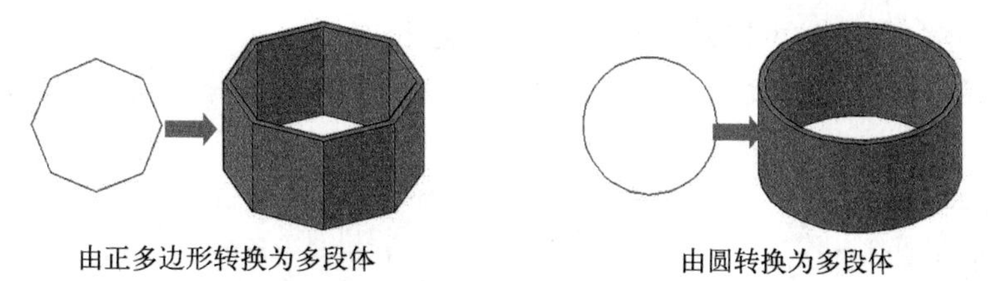

图15-3 通过对象创建多段体

- 高度（H）：用于设置多段体的高度，如图 15-4 所示。

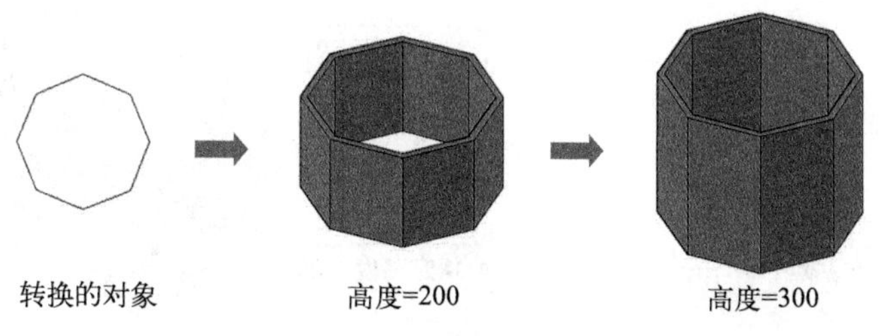

图15-4 设置不同的高度

- 宽度（W）：用于设置多段体的宽度，如图 15-5 所示。

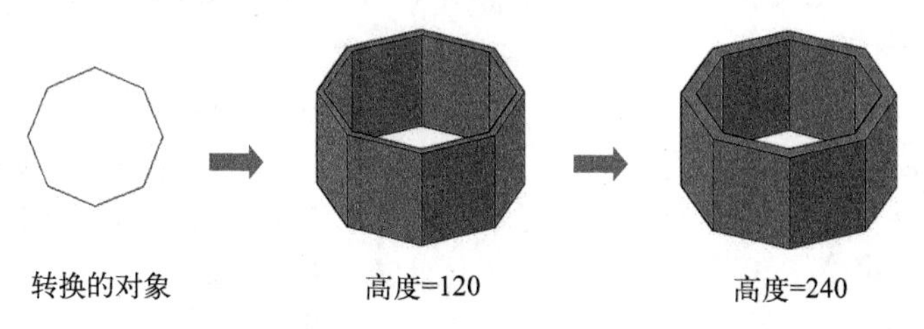

图15-5 设置不同的宽度

- 对正（J）：用于设置多段体的对齐方式，包括左对齐、居中对齐和右对齐，如图 15-6 所示。

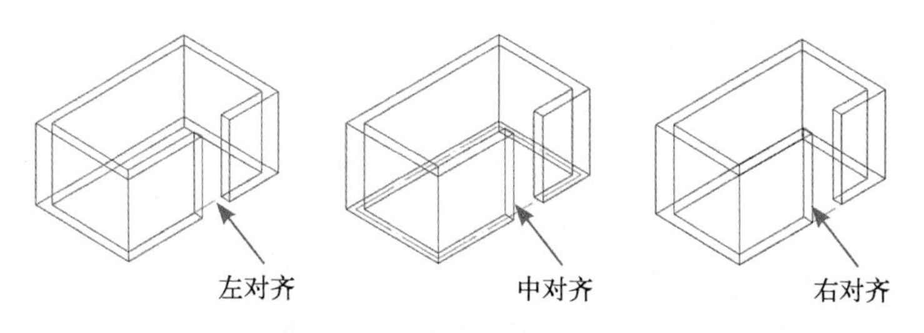

图15-6 设置不同的对齐方式

15.1.2 创建长方体

使用BOX命令可以绘制长方体或立方体。创建长方体的方法有多种：一是基于两点和一个高度来创建长方体；二是基于长度、宽度和高度来创建长方体；三是基于一个中心点、角点和高度来创建长方体。

可以通过以下的方法来执行创建长方体命令。

- 在“实体”选项卡的“图元”面板中单击“长方体”按钮。
- 在命令行中输入 BOX。

当执行长方体命令后，可按如下3种方式来创建长方体。

- 若基于两点和一个高度来创建长方体，可按如下提示进行创建，其创建的长方体如图 15-7 所示。

```
命令：_box                                    // 启动长方体命令
指定第一个角点或 [中心(C)]:                    // 指定长方体的一个基点
指定其他角点或 [立方体(C)/长度(L)]:            // 指定长方体的另一个基点
指定高度或 [两点(2P)] <80.000>: 2000          // 输入长方体的高度
```

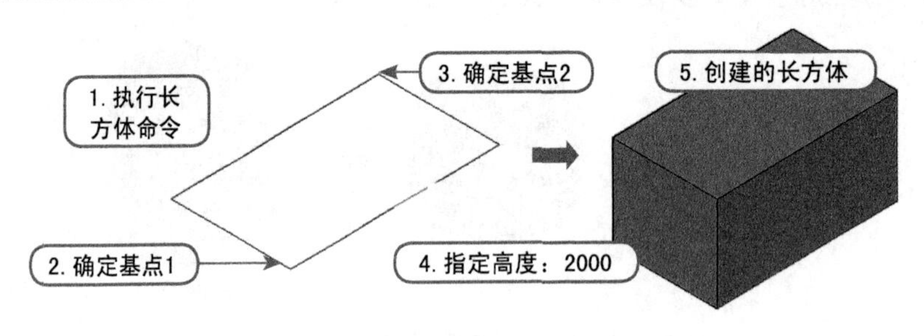

图15-7　基于两点和高度创建的长方体

- 若基于长度、宽度和高度来创建长方体，可按如下提示进行创建，其创建的长方体如图 15-8 所示。

```
命令：_box                                    // 启动长方体命令
指定第一个角点或 [中心(C)]:                    // 指定长方体的其中一角点
指定其他角点或 [立方体(C)/长度(L)]:L           // 选择“长度(L)”选项
指定长度：2250                                // 输入长度值
指定宽度：3900                                // 输入宽度值
指定高度或 [两点(2P)] <80.000>: 2000          // 输入高度值
```

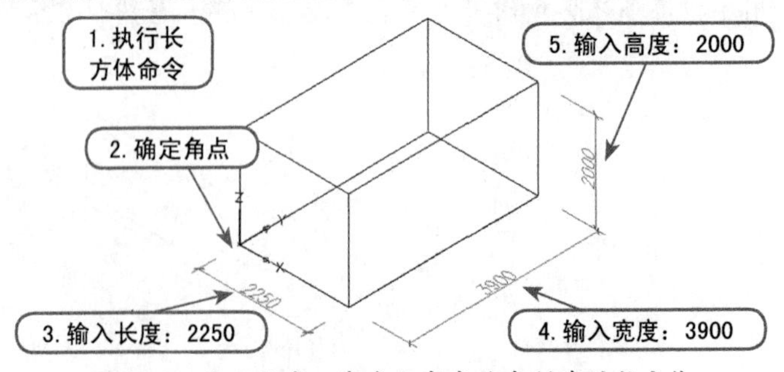

图15-8　基于长度、宽度和高度值来创建的长方体

- 若基于一个中心点、角点和高度来创建长方体，可按如下提示进行创建，其创建的长方体如图 15-9 所示。

```
命令：_box                                    // 启动长方体命令
指定第一个角点或 [中心(C)]: c                  // 选择“中心(C)”选项
指定中心:                                     // 指定中心点
```

```
指定角点或 [立方体(C)/长度(L)]:                        // 指定角点
指定高度或 [两点(2P)] <2000.000>: 1000                 // 输入长方体高度值
```

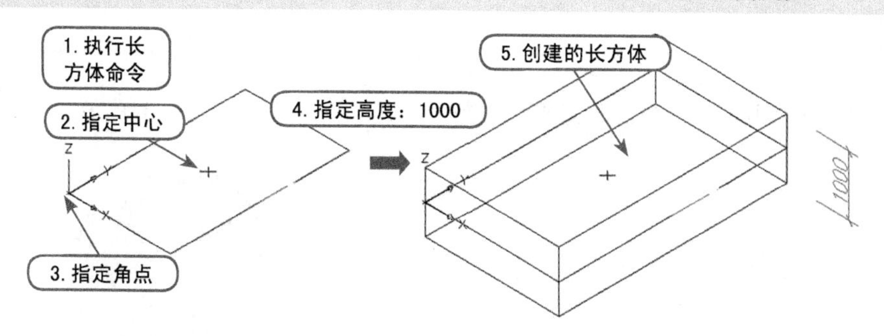

图15-9　基于一个中心点、角点和高度来创建长方体

如果在创建长方体时使用了“立方体”选项，将创建正方体。在AutoCAD中创建长方体时，其各边应分别与当前UCS坐标的X轴、Y轴和Z轴平等，在输入长方体的长度、宽度和高度时，可输入正、负值。

15.1.3　创建球体

在AutoCAD中创建球体非常简单，在指定圆心后，放置球体使其中心轴平行于当前用户坐标系 (UCS) 的 Z 轴。

用户可以通过以下的方法来创建球体对象。

- 在“实体”选项卡下的“图元”面板中单击“球体”按钮◯。
- 在命令行中输入 SPHERE。

当执行球体命令之后，按如下提示进行操作，即可创建球体，如图15-10所示。

```
命令: _sphere                                              // 启动球体命令
指定中心点或 [三点(3P)/两点(2P)/切点、切点、半径(T)]:      // 指定球体中心点
指定半径或 [直径(D)] <2109.538>: 1000                      // 输入球体的半径值
```

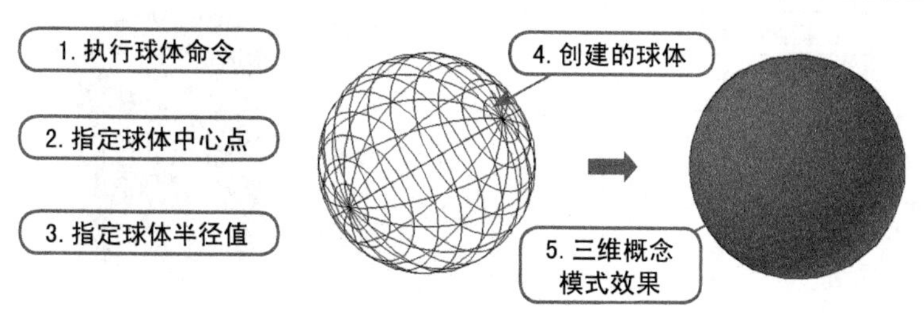

图15-10　创建的球体

在创建球体时，可通过以下任意一个选项来创建球体。

- 三点 (3P)：通过在三维空间的任意位置指定 3 个点来定义球体的圆周，这 3 个指定点还定义了圆周平面。
- 两点 (2P)：通过在三维空间的任意位置指定两个点来定义球体的圆周，圆周平面由第一个点的 Z 值定义。

● 切点、切点、半径(T)：定义具有指定半径，且与两个对象相切的球体，指定的切点投影在当前UCS上。

注 意

创建的三维实体，可通过ISOLINES变量来改变线框的数量，如图15-11所示。

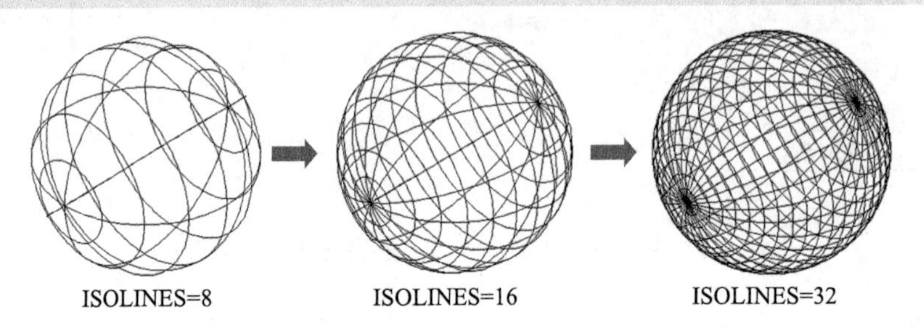

图15-11 改变线框的数量

15.1.4 创建圆柱体

在AutoCAD中，可以创建以圆或椭圆为底面的圆柱体，其创建的方法与创建圆锥体的方法大致相同。

可以通过以下的方法来创建圆柱体对象。

● 在“实体”选项卡的“图元”面板中单击“圆柱体”按钮。

● 在命令行中输入CYLINDER。

执行圆柱体命令后，根据如下提示进行操作，即可创建圆柱体，如图15-12所示。

```
命令: _cylinder                                          // 启动圆柱体命令
指定底面的中心点或 [三点(3P)/两点(2P)/切点、切点、半径(T)/椭圆(E)]:
                                                         // 指定底面中心点
指定底面半径或 [直径(D)] <500.000>: 500                  // 输入底面半径值
指定高度或 [两点(2P)/轴端点(A)] <1000.000>: 1000         // 输入圆柱体高度值
```

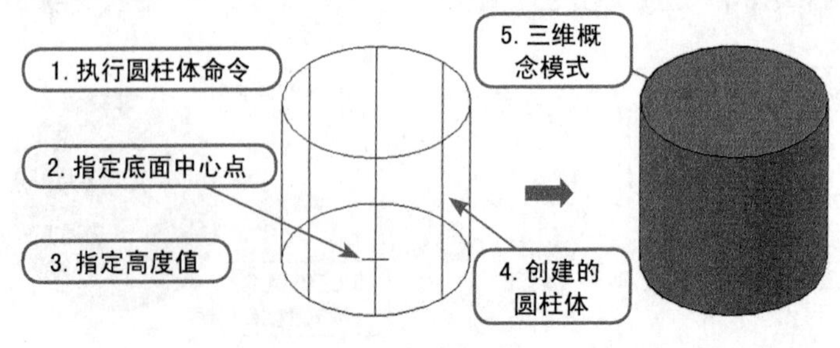

图15-12 创建的圆柱体

15.1.5 创建圆锥体

在AutoCAD中，可以以圆或椭圆为底面、将底面逐渐缩小到一点来创建实体圆锥体，也可以通过逐渐缩小到与底面平行的圆或椭圆平面来创建圆台。

可以通过以下的方法来创建圆锥体对象。

- 在“实体”选项卡的“图元”面板中单击“圆锥体”按钮。
- 在命令行中输入 CONE。

当执行圆锥体命令后，可按如下3种方式来创建圆锥体。

- 若以圆作为底面创建圆锥体，可按如下提示进行操作，其创建的圆锥体如图 15-13 所示。

```
命令： _cone                                                    // 启动圆锥体命令
指定底面的中心点或 [三点(3P)/两点(2P)/切点、切点、半径(T)/椭圆(E)]:
                                                                // 指定中心点
指定底面半径或 [直径(D)] <60.000>: 1000                          // 指定底面半径值
指定高度或 [两点(2P)/轴端点(A)/顶面半径(T)] <97.508>: 2000       // 输入圆锥高度
```

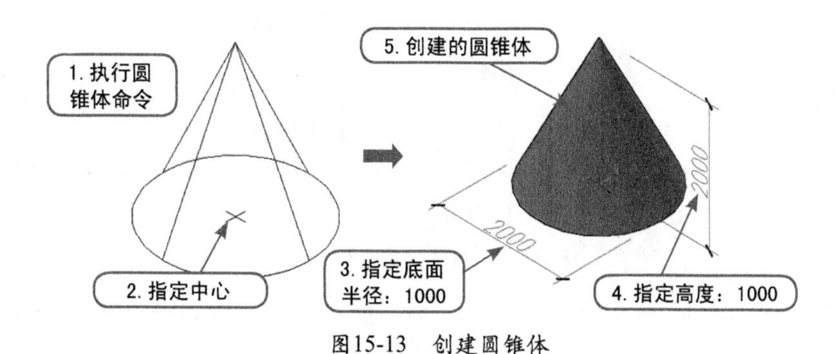

图15-13 创建圆锥体

- 若以椭圆作为底面创建圆锥体，可按如下提示进行操作，其创建的圆锥体如图 15-14 所示。

```
命令： _cone                                                 // 启动圆锥体命令
指定底面的中心点或 [三点(3P)/两点(2P)/切点、切点、半径(T)/椭圆(E)]: e
                                                             // 选择“椭圆(E)”选项
指定第一个轴的端点或 [中心(C)]:                               // 指定轴端点
指定第一个轴的其他端点: 2000                                  // 输入第一个轴的端点值
指定第二个轴的端点: 1000                                      // 输入第二个轴的端点值
指定高度或 [两点(2P)/轴端点(A)/顶面半径(T)] <2000.000>: 2000   // 输入高度值
```

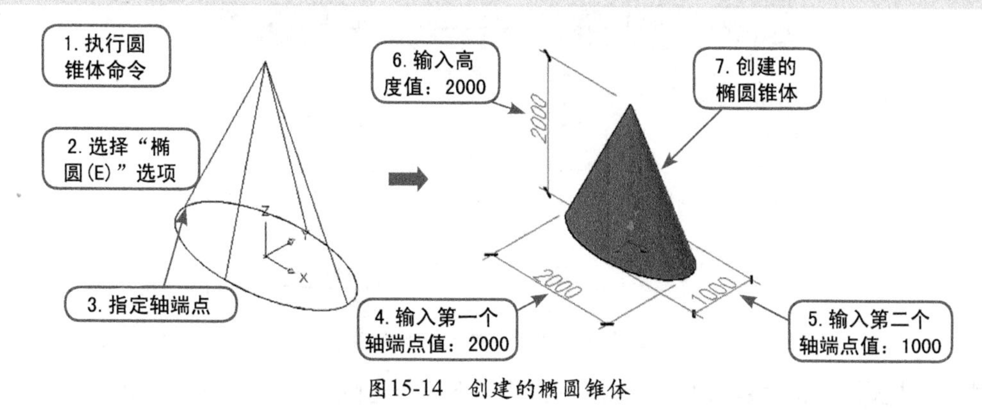

图15-14 创建的椭圆锥体

- 在指定圆锥体高度之前，选择“顶面半径（T）”选项，可以按照如下提示来创建圆台锥体，其创建的圆台锥体如图 15-15 所示。

```
命令: _cone                                               // 启动圆锥体命令
指定底面的中心点或 [三点(3P)/两点(2P)/切点、切点、半径(T)/椭圆(E)]:
                                                          // 指定圆锥底面圆心点
指定底面半径或 [直径(D)] <1000.000>: 1000                  // 输入底面半径值
指定高度或 [两点(2P)/轴端点(A)/顶面半径(T)] <80.000>: t
                                                          // 选择"顶面半径(T)"项
指定顶面半径 <0.000>: 500                                  // 输入顶面半径值
指定高度或 [两点(2P)/轴端点(A)] <2000.000>: 2000           // 输入圆台锥体的高度值
```

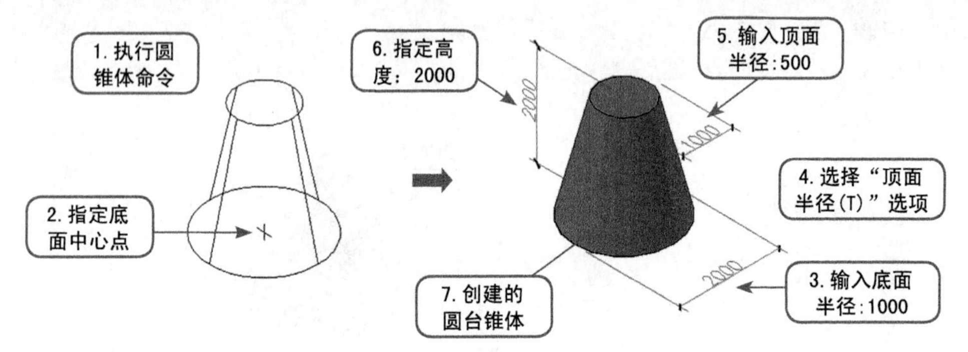

图15-15　创建的圆台锥体

注 意

默认情况下，圆锥体的底面位于当前 UCS 的 XY 平面上，圆锥体的高度与 Z 轴平行。但可以使用圆锥体命令（CONE）的"轴端点"选项确定圆锥体的高度和方向。

15.1.6　创建螺旋

在AutoCAD中，使用HELIX命令可以绘制螺旋。利用螺旋可以创建弹簧或螺钉。螺旋可以是开放的二维图形或三维图形。

可以通过以下的方法来创建螺旋对象。

- 在"常用"选项卡的"绘图"面板中单击"螺旋"按钮，如图 15-16 所示。
- 在命令行中输入 HELIX。

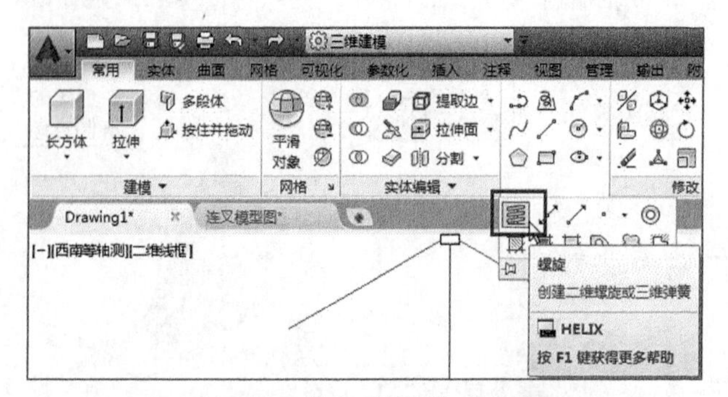

图15-16　单击"螺旋"按钮

执行螺旋命令后，根据如下提示进行操作，即可创建螺旋线，如图15-17所示。

```
命令: _Helix                                  // 启动螺旋命令
圈数 = 3.0000      扭曲=CCW
```

```
指定底面的中心点: 0,0,0                          // 指定底面中心点为原点(0,0,0)
指定底面半径或 [直径(D)] <20.0000>: 10           // 指定底面半径为10
指定顶面半径或 [直径(D)] <10.0000>: 30           // 指定顶面半径为30
指定螺旋高度或 [轴端点(A)/圈数(T)/圈高(H)/扭曲(W)] <10.0000>: 40
                                                 // 指定螺旋高度为40
```

注 意

如果将螺旋高度设置为0，将绘制二维螺旋线。如果将螺旋线的底面半径与顶面半径设置相等，那么将绘制圆柱螺旋线。同样，也可以利用夹点功能改变螺旋的各项参数，如图15-18所示。

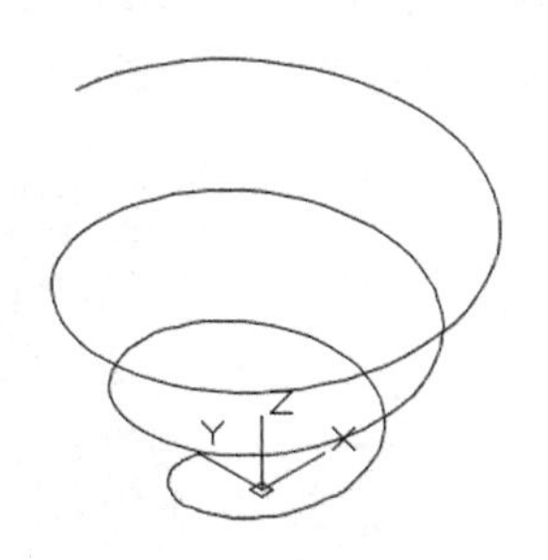

图15-17 创建的螺旋

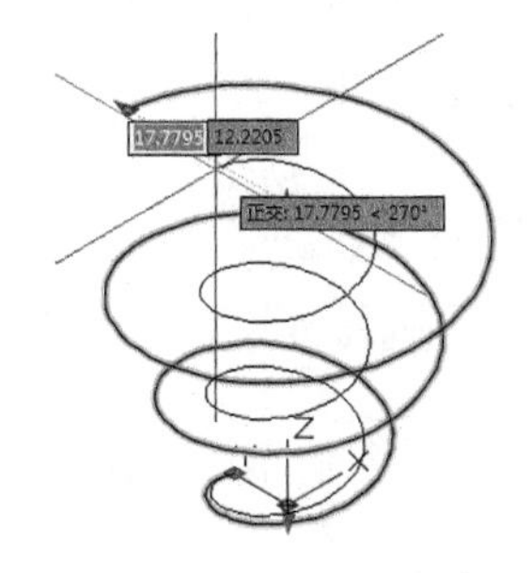

图15-18 利用夹点改变参数

15.1.7 通过拉伸创建实体

在AutoCAD中，用户可以将二维图形对象进行面域操作后，沿着指定的路径进行拉伸，或者指定拉伸对象的倾斜角度，或者改变拉伸的方向来创建拉伸实体。

可以通过以下的方法来拉伸实体。

- 在“实体”选项卡的“实体”面板中单击“拉伸”按钮。
- 在命令行中输入EXTRUDE（快捷键为EXT）。

执行拉伸实体命令后，根据如下提示进行操作，即可创建拉伸实体对象，如图15-19所示。

```
命令: _extrude                                         // 启动拉伸命令
当前线框密度:  ISOLINES=4                               // 显示当前线框密度
选择要拉伸的对象: 找到 1 个                              // 选择拉伸的面域对象
选择要拉伸的对象:                                        // 按Enter键结束选择
指定拉伸的高度或 [方向(D)/路径(P)/倾斜角(T)] <60.0000>: 60 // 输入拉伸高度
```

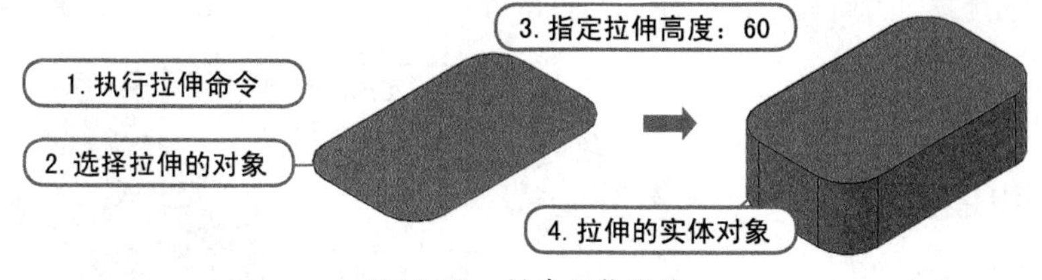

图15-19 创建拉伸实体

在创建拉伸实体时，其各选项的含义介绍如下。

- 方向(D)：通过指定两点确定对象的拉伸长度和方向，如图15-20所示。

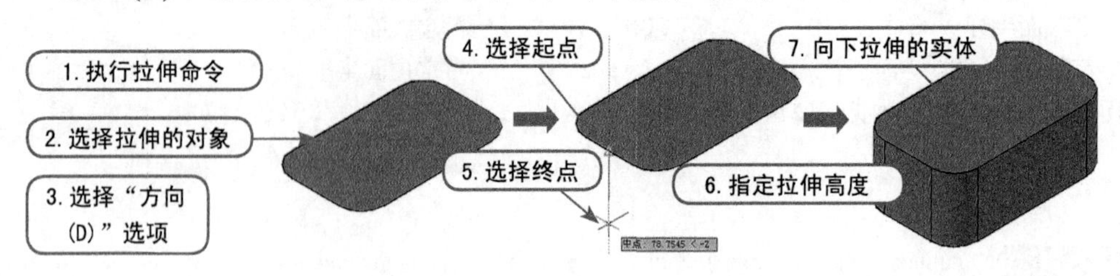

图15-20　确定拉伸方向及高度

- 路径(P)：用于选择拉伸路径。拉伸路径可以是直线、圆、圆弧、椭圆、椭圆弧、多段线或样条曲线。路径既不能与轮廓共面，也不能具有高曲率的区域。拉伸实体始于轮廓所在的平面，终于路径端点处与路径垂直的平面。路径的一个端点应该在轮廓平面上，否则，AutoCAD将移动路径到轮廓的中心，如图15-21所示。

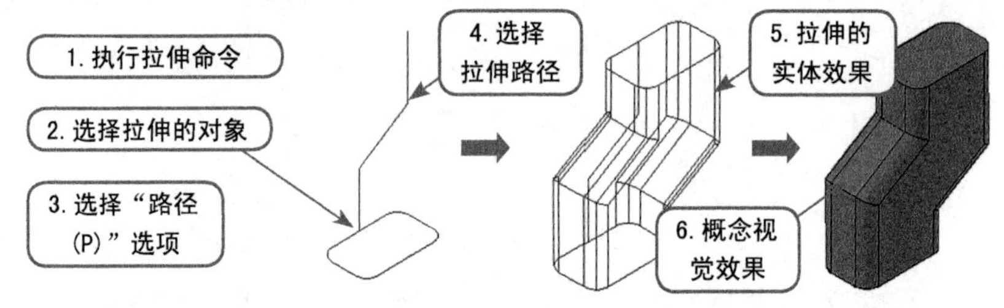

图15-21　沿路径拉伸实体

注 意

可以作为拉伸的路径包括直线、圆、圆弧、椭圆、椭圆弧、二维多段线、三维多段线、二维样条曲线、二维样条曲线、实体的边、曲面的边、螺旋等。

- 倾斜角(T)：用于确定对象拉伸的倾斜角度。正角度表示从基准对象逐渐变细地拉伸，而负角度则表示从基准对象逐渐变粗地拉伸。但过大的斜角，将导致对象或对象的一部分在到达拉伸高度之前就已经汇聚到一点，如图15-22所示。

```
命令: _extrude                                          // 启动拉伸命令
当前线框密度: ISOLINES=4
选择要拉伸的对象: 找到 1 个                              // 选择拉伸的对象
选择要拉伸的对象:                                        // 按Enter键结束选择
指定拉伸的高度或 [方向(D)/路径(P)/倾斜角(T)] <36.4362>: t
                                                         // 选择倾斜角(T)选项
指定拉伸的倾斜角度 <0>: 30                               // 输入倾斜角度值
指定拉伸的高度或 [方向(D)/路径(P)/倾斜角(T)] <36.4362>: 50   // 输入拉伸高度值
```

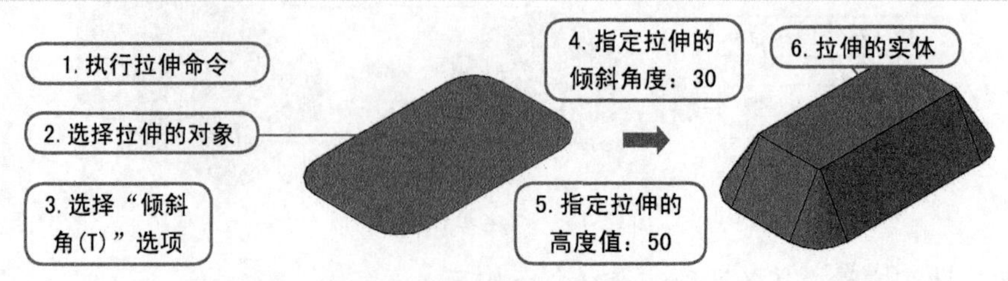

图15-22　创建倾斜角度的拉伸实体

注 意

如果拉伸闭合对象，则生成的对象为实体；如果拉伸开放对象，则生成的对象为曲面，如图15-23所示。

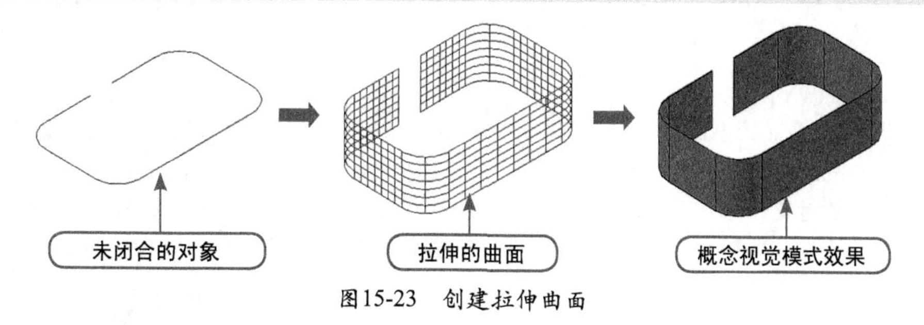

图15-23 创建拉伸曲面

15.1.8 通过旋转创建实体

在AutoCAD中，可以通过绕轴旋转开放或闭合对象来创建实体或曲面。

可以通过以下的方法来旋转实体。

- 在“实体”选项卡的“实体”面板中单击“旋转”按钮。
- 在命令行中输入 REVOLVE（快捷键为 REV）。

执行旋转实体命令后，根据如下提示进行操作，即可创建旋转实体对象，如图15-24所示。

```
命令: _revolve                                                    // 启动旋转命令
当前线框密度:  ISOLINES=4
选择要旋转的对象: 找到 1 个                                        // 选择旋转的对象
选择要旋转的对象:
指定轴起点或根据以下选项之一定义轴 [对象(O)/X/Y/Z] <对象>:        // 按Enter键
选择对象:                                                         // 选择旋转的轴对象
指定旋转角度或 [起点角度(ST)] <360>: -270                         // 输入旋转的角度
```

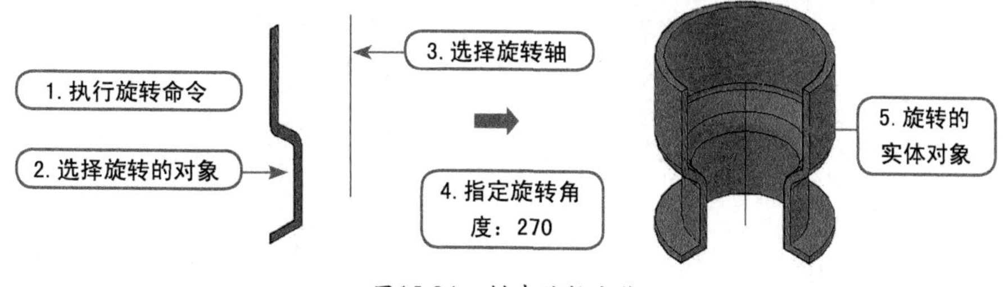

图15-24 创建旋转实体

注 意

如果要使用与多段线相交的直线或圆弧组成的轮廓创建实体，需在使用旋转命令（REVOLVE）前使用PEDIT的“合并”选项将它们转换为一个多段线对象。

15.1.9 通过扫掠创建实体

扫掠（SWEEP）命令用于沿指定路径以指定轮廓的形状（扫掠对象）绘制实体或曲面。可以扫掠多个对象，但是这些对象必须位于同一平面中。

可以通过以下的方法来扫掠实体。

- 在“实体”选项卡的“实体”面板中单击“扫掠”按钮。
- 在命令行中输入 SWEEP。

执行扫掠实体命令后，根据如下提示进行操作，即可创建扫掠实体对象，如图15-25所示。

```
命令：_sweep                                         // 启动扫掠命令
当前线框密度： ISOLINES=4                              // 显示线框密度
选择要扫掠的对象：找到 1 个                              // 选择扫掠对象
选择要扫掠的对象:                                      // 按Enter键结束选择
选择扫掠路径或 [对齐(A)/基点(B)/比例(S)/扭曲(T)]：        // 选择扫掠的路径
```

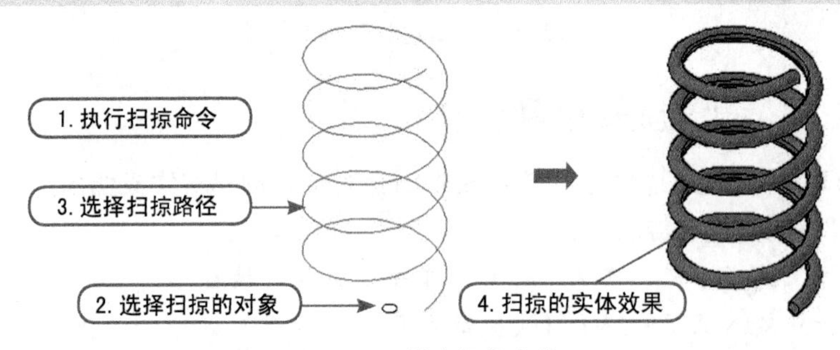

图15-25 创建扫掠实体

在创建扫掠实体时，其各选项的含义介绍如下。

- 对齐 (A)：用于设置扫掠前是否对齐垂直于路径的扫掠对象。
- 基点 (B)：用于设置扫掠基点。
- 比例 (S)：用于设置扫掠的前后端比例因子，如图 15-26 所示。
- 扭曲 (T)：用于设置扭曲角度或允许非平面扫掠路径倾斜。

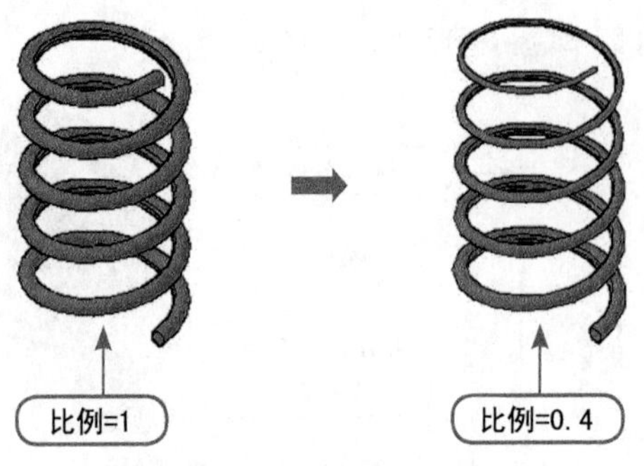

图15-26 不同的扫掠比例因子

注 意

可以使用DELOBJ 系统变量控制是否在创建实体或曲面后自动删除轮廓和扫掠路径，以及是否在删除轮廓和路径时进行提示。

15.1.10 通过放样创建实体

使用放样命令（LOFT），可以通过对包含两条或两条以上横截面曲线的一组曲线进行放样（绘制实体或曲面）来创建三维实体或曲面。其横截面（通常为曲线或直线）可以是开放的（例如圆弧），也可以是闭合的（例如圆）。使用放样命令（LOFT）时，至少必须指定两个横截面。

如果对一组闭合的横截面曲线进行放样，则生成实体。

可以通过以下的方法来放样实体。

- 在“实体”选项卡的“实体”面板中单击“放样”按钮。
- 在命令行中输入 LOFT。

执行放样实体命令后，根据如下提示进行操作，即可创建放样实体对象，如图15-27所示。

```
命令： _loft
当前线框密度： ISOLINES=4，闭合轮廓创建模式 = 实体
按放样次序选择横截面或 [点(PO)/合并多条边(J)/模式(MO)]： _MO 闭合轮廓创建模式 [实体(SO)/曲面(SU)] <实体>： _SO
按放样次序选择横截面或 [点(PO)/合并多条边(J)/模式(MO)]： 找到 1 个
按放样次序选择横截面或 [点(PO)/合并多条边(J)/模式(MO)]： 找到 1 个，总计 2 个
按放样次序选择横截面或 [点(PO)/合并多条边(J)/模式(MO)]： 找到 1 个，总计 3 个
按放样次序选择横截面或 [点(PO)/合并多条边(J)/模式(MO)]： 找到 1 个，总计 4 个
按放样次序选择横截面或 [点(PO)/合并多条边(J)/模式(MO)]：
 选中了 4 个横截面
输入选项 [导向(G)/路径(P)/仅横截面(C)/设置(S)] <仅横截面>： C
```

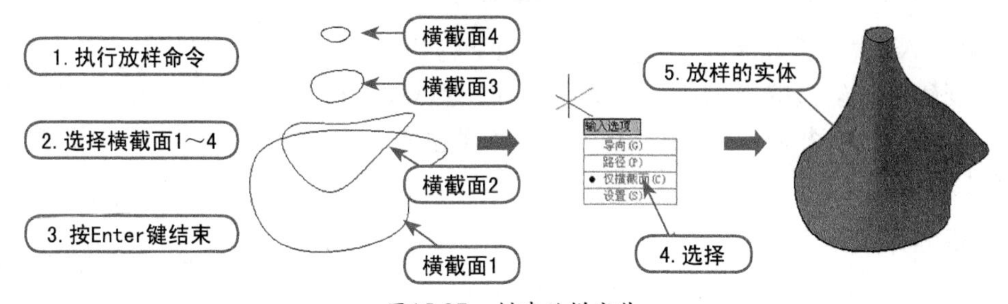

图15-27 创建放样实体

当选择好横截面对象后过，再选择“设置（S）”选项时，将弹出“放样设置”对话框，选择不同的选项将创建不同的放样效果，如图15-28所示。

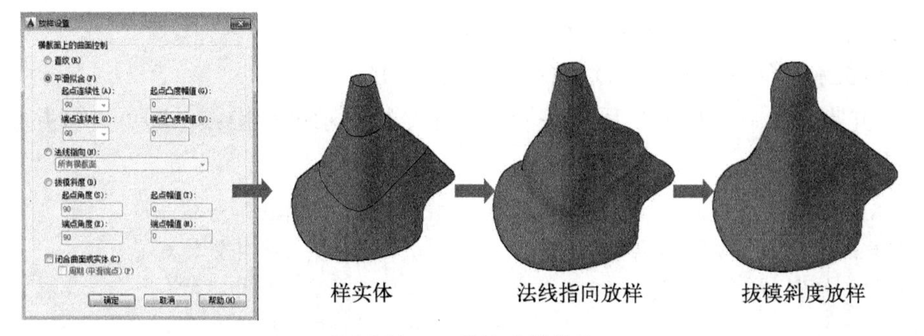

图15-28 不同的放样效果

创建放样实体或曲面时，可以使用的对象如表15-1所示。

表15-1　能够进行放样操作的对象

可以作为横截面使用的对象	可以作为放样路径使用的对象	可以作为引导使用的对象
直线	直线	直线
圆弧	圆弧	圆弧
椭圆弧	椭圆弧	椭圆弧
二维多段线	样条曲线	二维样条曲线
二维样条曲线	螺旋	二维多段线
圆	圆	三维多段线
椭圆	椭圆	
点（仅第一个和最后一个横截面）	二维多段线	
	三维多段线	

15.2 编辑实体

在AutoCAD中，不仅可以通过布尔运算创建复杂实体，对实体进行修圆角与倒角，还可以利用SOLIDEDIT命令对实体的面进行编辑。

15.2.1 通过布尔运算创建复杂实体

在AutoCAD中，系统提供了并集、差集和交集3种布尔运算，用于创建更加复杂的模型实体。要执行布尔运算，可在AutoCAD的“实体”选项卡的“布尔值”面板中单击相应的按钮，如图15-29所示。

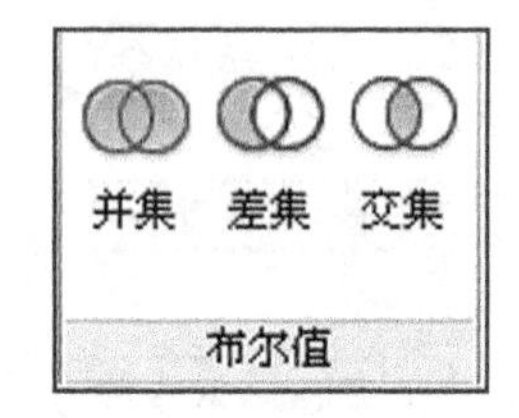

图15-29　“布尔值”面板

1. 并集运算

使用UNION命令，可以通过组合多个实体生成一个新实体。该命令主要用于将多个相交或相接触的对象组合在一起。当组合一些不相交的实体时，其显示效果看起来还是多个实体，但实际上却被当做一个对象。

要启动UNION命令，有如下几种方法。

- 在“布尔值”面板中单击“并集”按钮。
- 直接在命令行中输入UNION（快捷键为UNI）。

执行“并集”命令（UNI）后，按照如下命令行提示进行操作，即可进行并集运算，如图15-30所示。

```
命令：_union                          // 执行“并集”命令
选择对象：找到 1 个                    // 选择第一个并集对象
选择对象：找到 1 个，总计 2 个          // 选择第二个并集对象
选择对象：                            // 按空格键结束
```

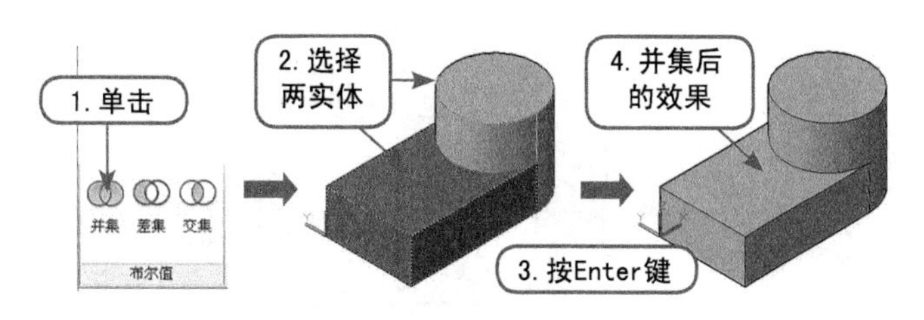

图15-30 并集操作

2. 差集运算

使用SUBTRACT命令，可以通过从一个或多个实体中减去一个或多个实体而生成一个新的实体。

要启动SUBTRACT命令，有如下几种方法。

- 在“布尔值”面板中单击“差集”按钮◎。
- 直接在命令行中输入 SUBTRACT（快捷键为 SU)。

执行“差集”命令（SU）后，按照如下命令行提示进行操作，即可进行差集运算，如图15-31所示。

```
命令： _subtract                          // 执行“差集”命令
选择要从中减去的实体、曲面和面域...
选择对象：找到 1 个                       // 选择从中减去的实体对象（长方体）
选择对象： 选择要减去的实体、曲面和面域...
选择对象：找到 1 个                       // 选择要减去的实体（圆柱体）
选择对象：                                // 按空格结束
```

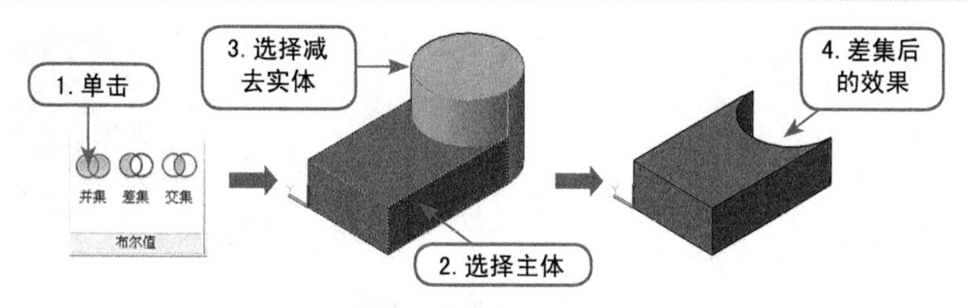

图15-31 差集操作

3. 交集运算

使用INTERSECT命令，可以创建一个实体，该实体是两个或多个实体的公共部分。

要启动INTERSECT命令，有如下几种方法。

- 在“布尔值”面板中单击“交集”按钮◎。
- 直接在命令行中输入 INTERSECT（快捷键为 IN)。

执行“交集”命令（IN）后，按照如下命令行提示进行操作，即可进行交集运算，如图15-32所示。

```
命令： _intersect                         // 执行“交集”命令
选择对象：找到 1 个                       // 选择对象1
选择对象：找到 1 个，总计 2 个            // 选择对象2
选择对象：                                // 按空格键结束
```

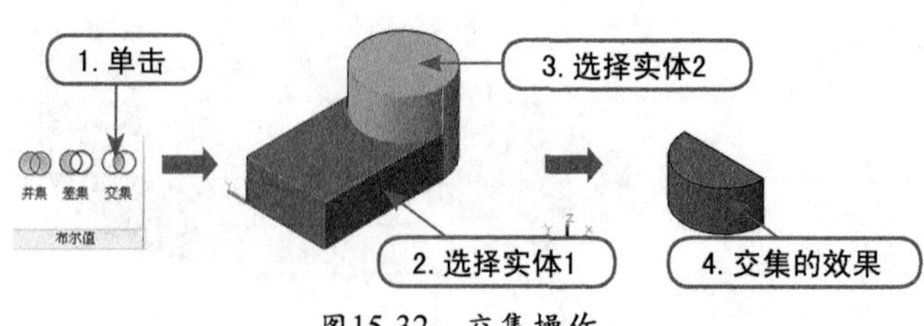

图15-32 交集操作

15.2.2 对实体修圆角与倒角

除了能对二维对象进行圆角与倒角操作外，同样可以用二维对象的圆角与倒角命令来对三维实体进行圆角与倒角操作。

在“实体”选项卡的“实体编辑”面板中单击“圆角边”按钮，然后按照如下提示，即可对实体的指定链边进行圆角操作，如图15-33所示。

```
命令: _fillet                                        // 启动圆角命令
当前设置: 模式 = 修剪, 半径 = 10.0000
选择第一个对象或 [放弃(U)/多段线(P)/半径(R)/修剪(T)/多个(M)]:
                                                     // 选择圆角的对象
输入圆角半径 <10.0000>: 1                            // 指定圆角的半径值
选择边或 [链(C)/半径(R)]: c                          // 选择“链(C)”选项
选择边链或 [边(E)/半径(R)]:                          // 选择的链边
```

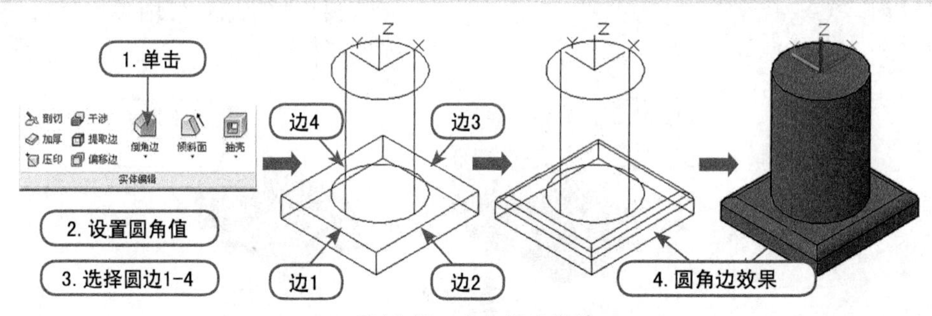

图15-33 实体圆角操作

同样，在“实体”选项卡下的“实体编辑”面板中单击“倒角边”按钮，按照如下提示即可对实体的指定链边进行倒角操作，如图15-34所示。

```
命令: _chamfer                                       // 启动倒角命令
("修剪"模式) 当前倒角距离 1 = 0.0000, 距离 2 = 0.0000
选择第一条直线或 [放弃(U)/多段线(P)/距离(D)/角度(A)/修剪(T)/方式(E)/多个(M)]: d
                                                     // 选择“距离(D)”选项
指定第一个倒角距离 <0.0000>: 1                       // 输入第一个倒角距离值
指定第二个倒角距离 <5.0000>: 1                       // 输入第二个倒角距离值
选择第一条直线或 [放弃(U)/多段线(P)/距离(D)/角度(A)/修剪(T)/方式(E)/多个(M)]:
基面选择...                                          // 选择要倒角的一个面
输入曲面选择选项 [下一个(N)/当前(OK)] <当前(OK)>: OK  // 选择当前 (OK) 选择项
指定基面的倒角距离 <1.0000>:                         // 指定基面倒角距离值
指定其他曲面的倒角距离 <1.0000>:                     // 指定其他的倒角距离值
```

选择边或［环(L)］：　　　　　　　　　　　　　　　// 依次选择要进行倒角的边

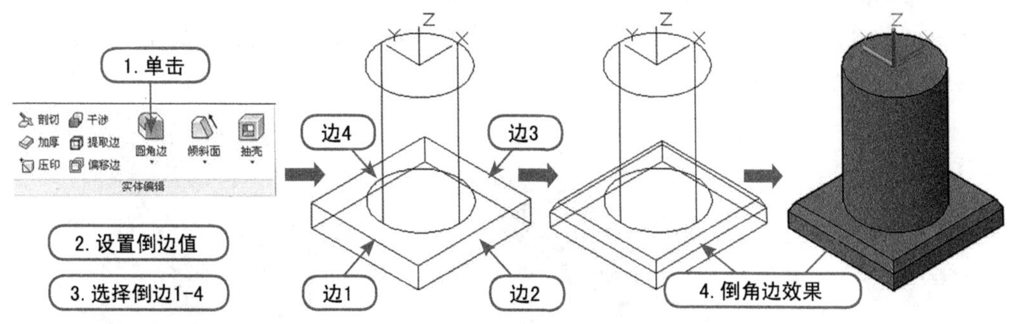

图15-34　实体倒角操作

15.2.3　编辑实体的面、边与体

在AutoCAD中，使用SOLIDEDIT命令，或选择“修改”|“实体编辑”菜单中的相关命令，可以对实体面进行拉伸、移动、偏移、删除、旋转、倾斜、着色和复制等操作，对实体边执行压印、着色和复制等操作，对实体执行清除、分割、抽壳和检查等操作。

1. 拉伸实体面

拉伸实体面与拉伸二维图形的方法相似，首先选择要拉伸的实体面，然后指定拉伸高度和倾斜角度，也可以通过指定路径拉伸。

要执行“拉伸面”操作，在“实体”选项卡的“实体编辑”面板中单击“拉伸面”按钮，然后按照如图15-35所示操作。

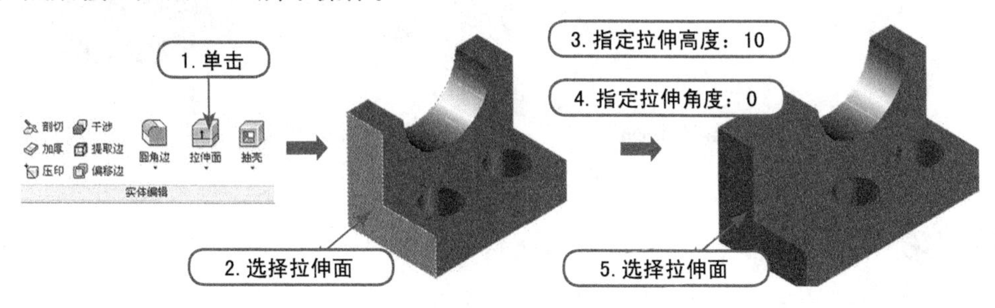

图15-35　拉伸面操作

注 意

如果用户需要将指定的面按照路径进行拉伸，应事先绘制好拉伸面的路径对象，但这时系统就不会提示输入拉伸的倾斜角度，如图15-36所示。

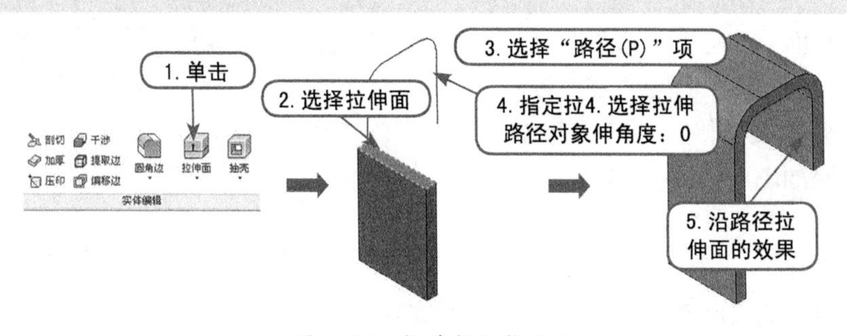

图15-36　按路径拉伸的面

2. 移动实体面

使用“移动面”命令，可以非常方便地移动三维实体上的孔。

要执行“移动面”操作，在“实体”选项卡的“实体编辑”面板中单击“移动面”按钮，然后按照如图15-37所示操作。

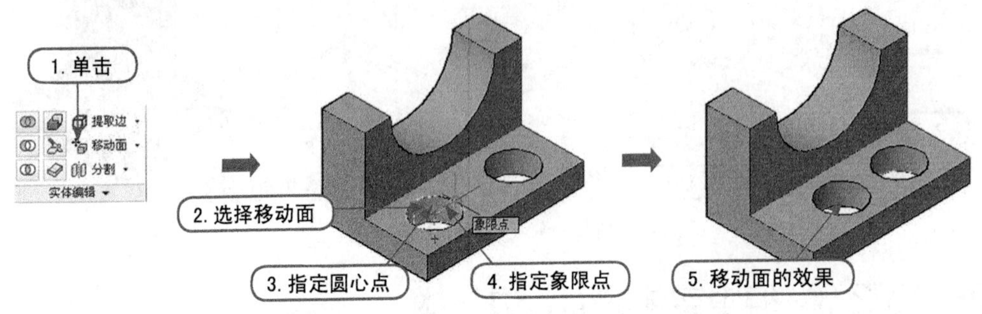

图15-37 移动面操作

3. 偏移实体面

使用“偏移面”命令，可以按指定的偏移距离从原始位置向内或向外均匀地偏移实体面。

要执行“偏移面”操作，在“实体”选项卡的“实体编辑”面板中单击“偏移面”按钮，然后按照如图15-38所示操作。

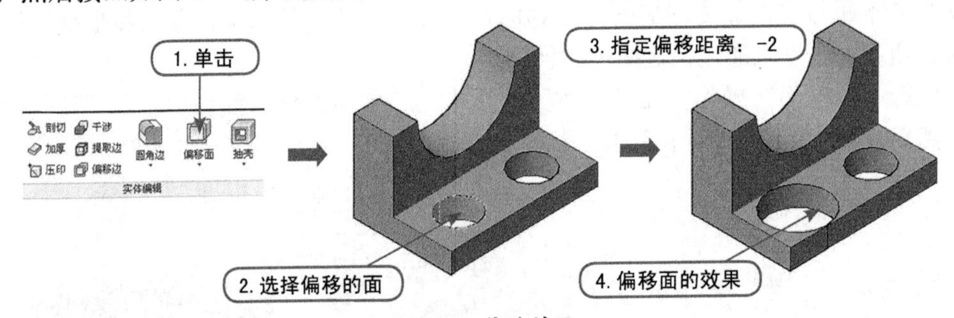

图15-38 偏移的面

注 意

如果在此输入偏移距离为正数，则指定的面将缩小。

4. 删除实体面

使用“删除面”命令，可以删除实体中所选内部面，但无法删除外部面。

5. 旋转实体面

使用“旋转面”命令，可以绕指定的旋转轴旋转选定的实体面。可以通过指定轴点、两点、一个对象、X/Y/Z轴（需指定旋转原点）或相当于当前视图视线的Z方向来确定旋转轴。

要执行“旋转面”操作，在“实体”选项卡的“实体编辑”面板中单击“旋转面”按钮，然后按照如图15-39所示操作。

注 意

只有实体的内表面才可以旋转，否则AutoCAD将给出无效提示。

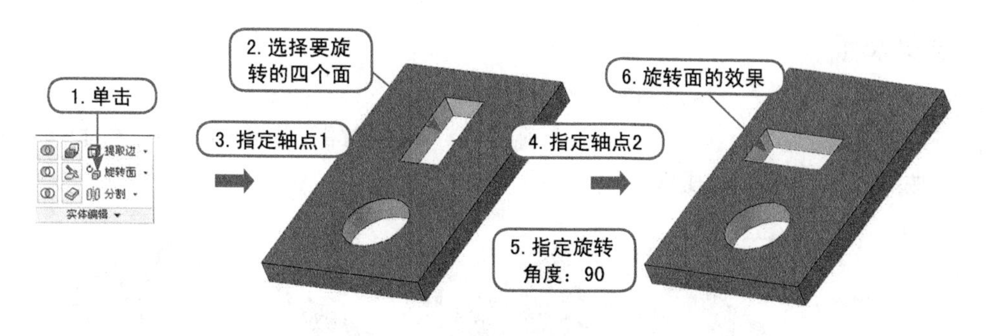

图15-39　旋转的面

6. 倾斜实体面

使用“倾斜面”命令，可以沿矢量方向以指定角度倾斜实体面。其中，正角度可以将面向内倾斜，负角度可以将面向外倾斜。但是，如果倾斜角度过大，剖面在到达指定高度前可能就已经倾斜成一点，这时将无法倾斜。

要执行“倾斜面”操作，在“实体”选项卡的“实体编辑”面板中单击“倾斜面”按钮，然后按照如图15-40所示操作。

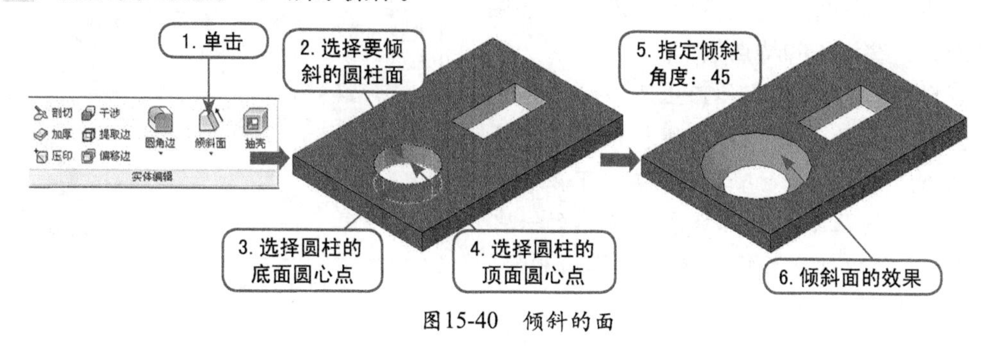

图15-40　倾斜的面

7. 着色实体面

使用“着色面”命令，可修改实体面的颜色。执行该命令时，应首先选择要着色的面，然后再选择颜色。执行该命令后，在二维线框视觉样式下，所选面的边颜色将被修改；在“真实”视觉样式下，可看到着色面效果。

8. 复制实体面

“复制面”命令，就是将指定的实体表面按指定的方向和距离复制一个单独面的操作。

要执行“复制面”操作，在“实体”选项卡的“实体编辑”面板中单击“复制面”按钮，然后按照如图15-41所示操作。

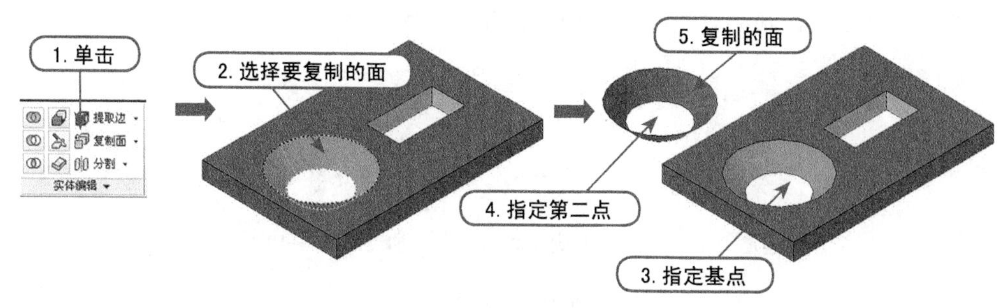

图15-41　复制的面

9. 复制实体边

“复制边”命令，就是对指定的实体边进行复制操作。

要执行“复制边”操作，在“实体”选项卡的“实体编辑”面板中单击“复制边”按钮，然后按照如图15-42所示操作。

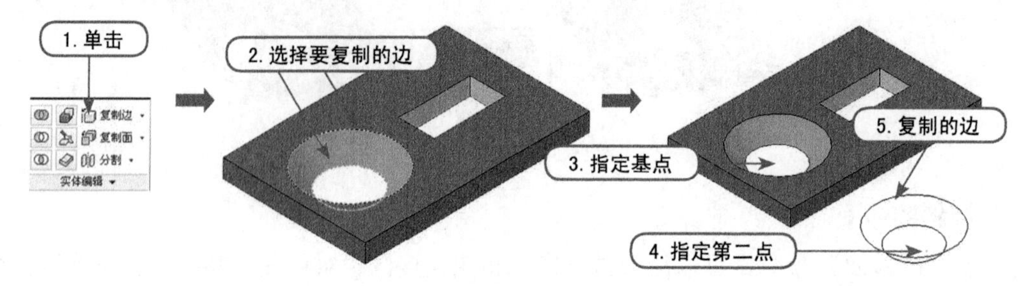

图15-42　复制的边

10. 实体的压印、清除、分割、抽壳和检查

在“实体编辑”面板中，还可以对实体进行压印、清除、分割、抽壳和检查操作，如图15-43所示。这些操作的特点如下。

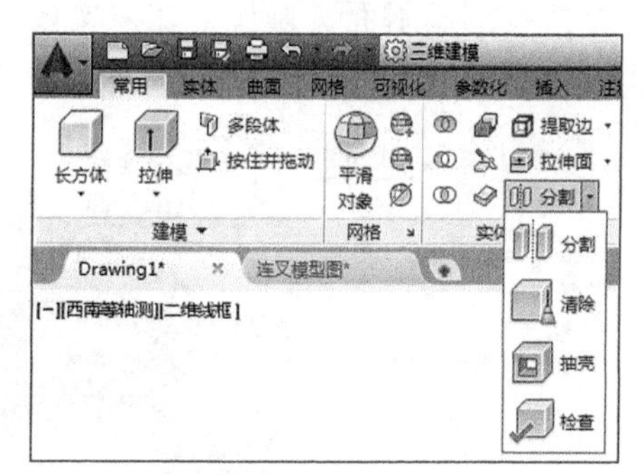

图15-43　实体编辑工具

- 压印：通过在三维实体面上压印圆弧、圆、直线、二维和三维多段线、椭圆、样条曲线、面域、体和三维实体，可在实体面上创建压痕（该对象成为实体的一部分）。压印对象必须与选定实体面相交，如图 15-44 所示。

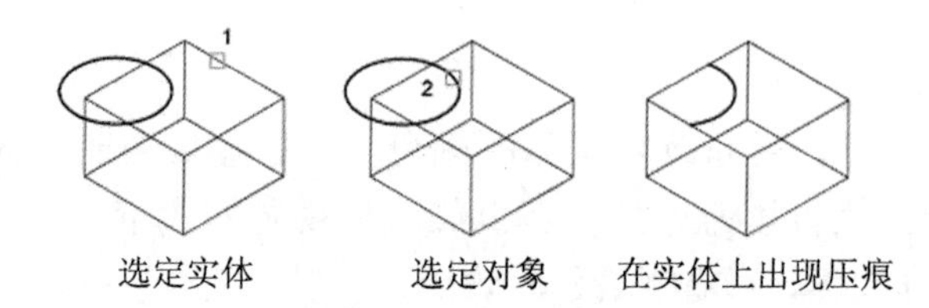

图15-44　压印操作

- 清除：删除实体中所有多余的边、顶点以及不使用的几何图形，但不删除压印边。
- 分割：用不相连的实体将一个三维实体对象分割为几个独立的三维实体对象。
- 抽壳：抽壳是用指定的厚度创建一个空的薄层。可以为所有面指定一个固定的薄层厚度，还可以在抽壳时删除某些面，如图 15-45 所示。

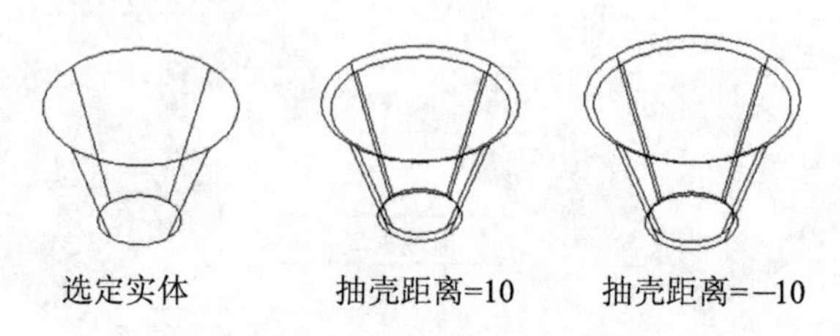

图15-45　抽壳操作

- 检查：通过检查操作，可以确认实体是否是有效的三维实体。对于有效的三维实体，对其进行修改不会导致 ACIS 失败错误信息。如果三维实体无效，则不能编辑对象。

15.2.4 实体的其他编辑方法

在AutoCAD中，除了可以使用SOLIDEDIT命令编辑实体、实体面和实体边以外，还可以使用系统提供的三维移动、三维阵列、三维镜像等命令来编辑实体。

1. 三维移动

“三维移动”命令（3DMOVE），是将选择的对象在三维空间内通过指定的距离或位移进行移动操作。可以使用移动夹点工具（如图15-46所示）将对象方便准确地移动到指定位置。

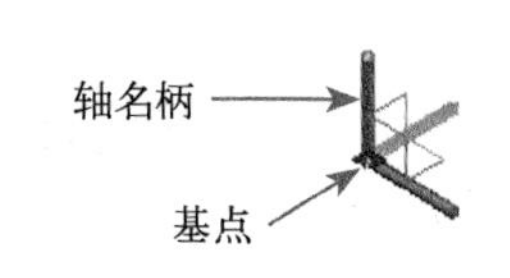

图15-46 移动夹点工具

在命令行中输入3DMOVE，其命令提示行如下，操作步骤如图15-47所示。

```
命令: _3dmove                                   // 执行“三维移动”命令
选择对象: 找到 1 个                              // 选择要移动的对象
选择对象:                                        // 按空格键
指定基点或 [位移(D)] <位移>:                      // 指定基点
指定第二个点或 <使用第一个点作为位移>:             // 指定第二点
正在重生成模型。
```

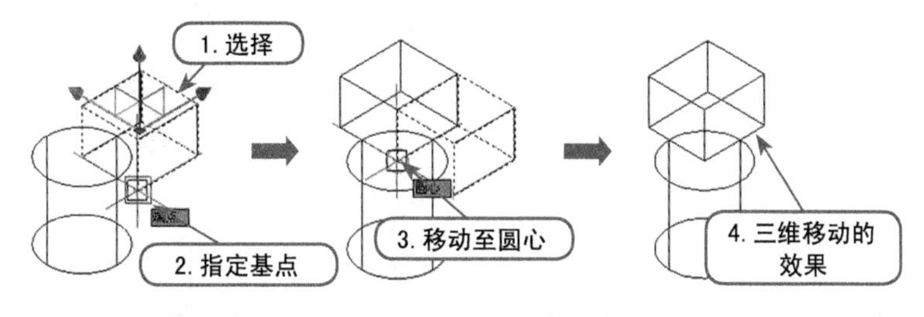

图15-47 三维移动操作

使用三维移动有如下两种约束方法。

- 沿轴移动：将光标移至轴句柄上，待轴句柄变为黄色时单击，接下来移动光标或输入值，此时对象将仅沿指定的轴移动。
- 沿平面移动：将光标移至两个轴的中间区域，待两个轴都变为黄色时单击，接下来移动光标或输入值，对象将仅沿指定的平面移动。

2. 三维旋转

“三维旋转”命令（3DROTATE），是将选择的对象绕三维空间中任意轴（X、Y或Z轴）、视图、对象或两点旋转。

在命令行中输入3DROTATE，其命令提示行如下，操作步骤如图15-48所示。

```
命令: _3drotate                        // 执行“三维旋转”命令
UCS 当前的正角方向:  ANGDIR=逆时针   ANGBASE=0
选择对象: 找到 1 个                     // 选择要旋转的对象
```

```
选择对象：                              // 按空格键
指定基点：                              // 指定基点
拾取旋转轴：                            // 选择X轴
指定角的起点或键入角度：                // 输入角度值
正在重生成模型。
```

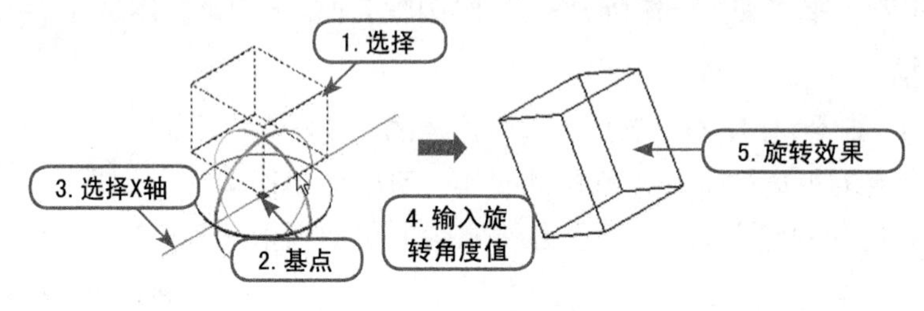

图15-48　三维旋转操作

3. 三维对齐

“三维对齐”命令（3DALIGN），是将选择的对象在三维空间中与其他对象进行对齐到面、边和点的操作。

在命令行中输入3DALIGN，然后按照如图15-49所示进行三维对齐操作。

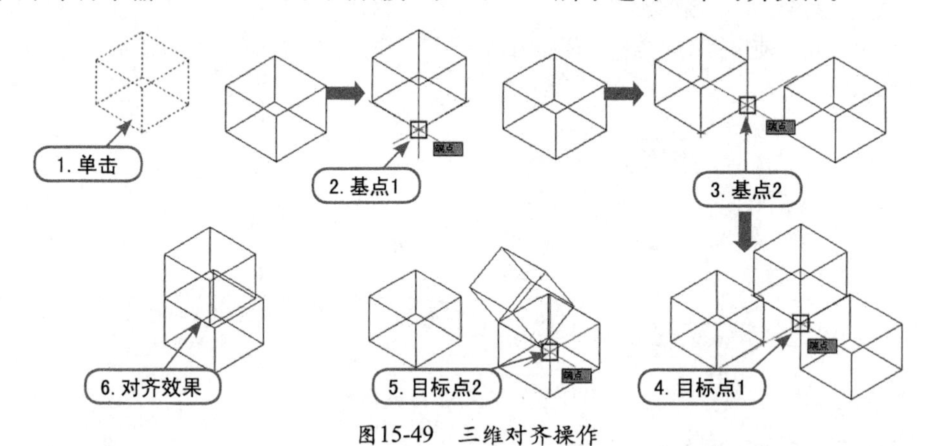

图15-49　三维对齐操作

4. 三维镜像

“三维镜像”命令（MIRROR3D），是将选择的对象按照指定的对象、轴、平面、确定点来进行镜像操作，从而得到一个新的三维实体。

在命令行中输入MIRROR3D，其命令提示行如下，操作步骤如图15-50所示。

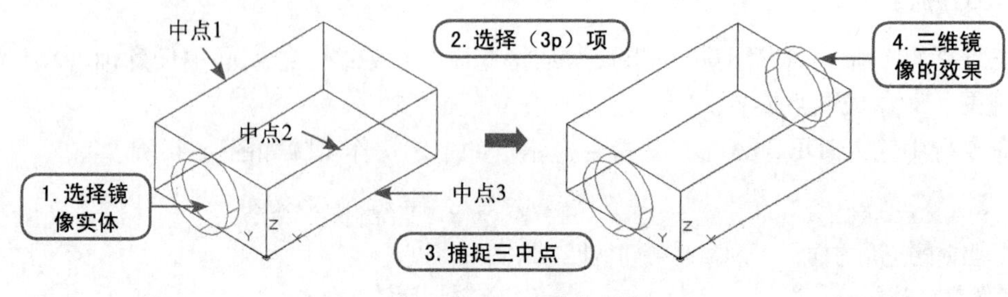

图15-50　三维镜像操作

```
命令: _mirror3d                          // 执行“三维镜像”命令
选择对象: 找到 1 个
选择对象:
指定镜像平面 (三点) 的第一个点或
    [对象(O)/最近的(L)/Z 轴(Z)/视图(V)/XY 平面(XY)/YZ 平面(YZ)/ZX 平面(ZX)/三
点(3)] <三点>: 3p
在镜像平面上指定第一点: 在镜像平面上指定第二点: 在镜像平面上指定第三点:
是否删除源对象? [是(Y)/否(N)] <否>: N
```

5. 三维阵列

“三维阵列”命令（3DARRAY），就是将实体在三维空间中进行阵列。对于矩形阵列，可以控制行、列和层的数目以及它们之间的距离；对于环形阵列，可以控制对象副本的数目并决定是否旋转副本；对于创建多个定距离的对象，阵列比复制要快。

在命令行中输入3DARRAY，其命令提示行如下，操作步骤如图15-51所示。

```
命令: _.ARRAY                                                  // 执行三维阵列命令
选择对象:   找到 1 个，总计 1 个                                // 选择阵列的对象
选择对象: 输入阵列类型 [矩形(R)/环形(P)] <R>: _R               // 选择“矩形(R)”项
输入行数 (---) <1>: 3
输入列数 (|||) <1>: 5
输入层数 (...) <1>: 2
指定行间距 (---): 50
指定列间距 (|||): 30
指定层间距 (...): 30
```

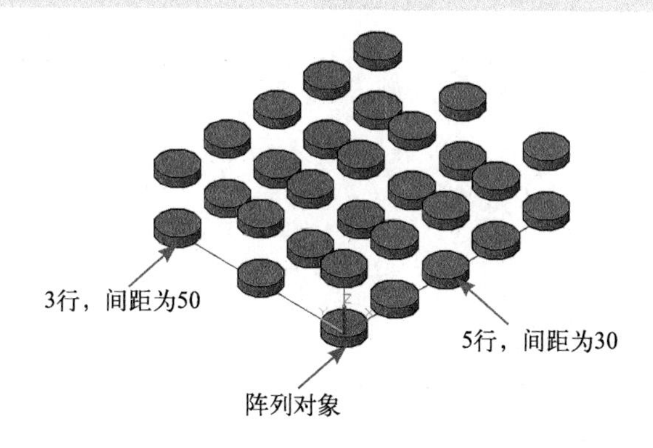

图15-51　三维矩形阵列效果

6. 剖切实体

使用“剖切”命令（SLICE），可以用某一切割面来剖切实体。其中，切割面可以通过三点定义，或是平行于XY、YZ、ZX的平面，或者某个对象。被剖切的实体可以保留其中某一部分。

在命令行中输入SLICE，其命令提示行如下，操作步骤如图15-52所示。

```
命令: _slice
选择要剖切的对象: 找到 1 个
```

选择要剖切的对象：
指定 切面 的起点或 [平面对象(O)/曲面(S)/Z 轴(Z)/视图(V)/XY(XY)/YZ(YZ)/ZX(ZX)/三点(3)] <三点>: yz
指定 YZ 平面上的点 <0,0,0>:
在所需的侧面上指定点或 [保留两个侧面(B)] <保留两个侧面>:

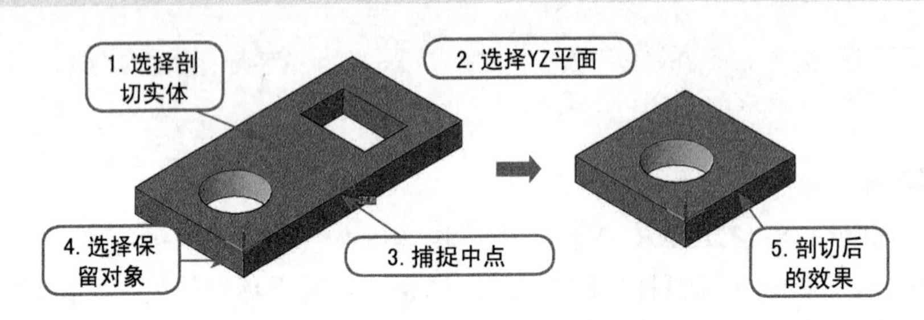

图15-52 剖切操作

注 意

进行剖切三维实体时，可以通过多种方法定义剪切平面。例如，可以指定三个点、一条轴、一个曲面或一个平面对象以用做剪切平面。可以保留剖切对象的一半，或两半均保留。如果选择网格对象，则可以先将其转换为实体或曲面，然后再进行剖切操作。

7. 加厚创建实体

"加厚"命令（THICKEN），将曲面转换为具有指定厚度的三维实体。如图15-53所示便是对其曲面加厚的效果。

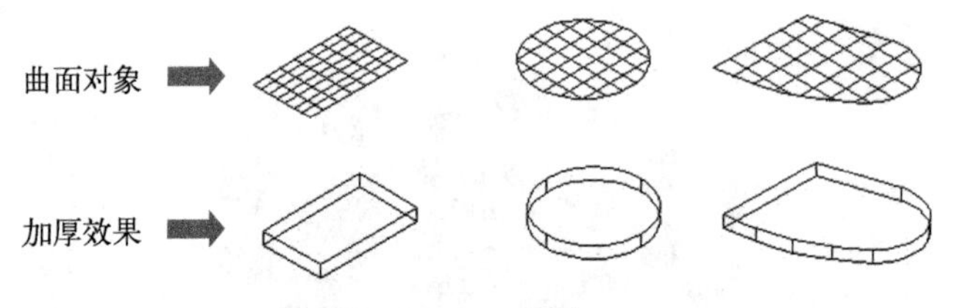

图15-53 加厚曲面

8. 转换为实体、曲面和提取边

在"常用"选项卡的"实体编辑"面板中，可以对对象进行转换为实体、曲面和提取边的操作，这些操作的特点如下。

- 转换为实体：执行该命令，可以将具有厚度的统一宽度多段线，闭合的、具有厚度的零宽度多段线，以及具有厚度的圆，转换为拉伸三维实体。
- 转换为曲面：通过该操作，可以将二维实体、面域、开放具有厚度的零宽度多段线、具有厚度的直线和圆弧，转换为曲面。
- 提取边 提取边：通过该操作，可以从面域、三维实体和曲面来创建线框几何体。此命令将提取选定对象或子对象上所有的边。

9. 使用夹点编辑实体

创建实体后，可以使用夹点更改实体的形状。例如，利用圆锥的各夹点可以分别调整圆锥底面、顶面半径，圆锥的高度，圆锥的位置等，如图15-54所示。

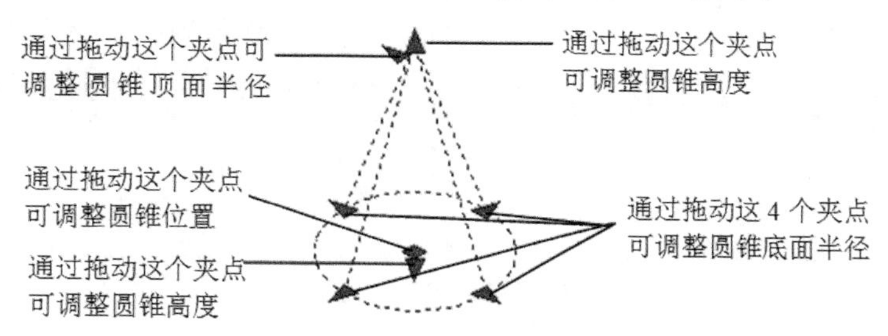

图15-54　使用夹点修改圆锥体

还可以在按住Ctrl键的同时单击选择实体边、面或顶点，然后拖动夹点以编辑边、面或顶点。例如，编辑长方体边、面和顶点的效果如图15-55所示。

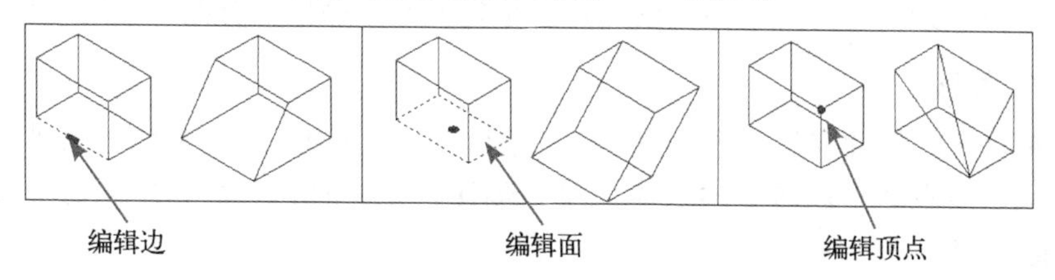

图15-55　利用夹点编辑长方体的边、面和顶点

另外，按住Ctrl键还可以选择复合实体（通过布尔运算得到的实体）的原始实体，然后可以通过编辑原始实体修改实体效果，如图15-56所示。

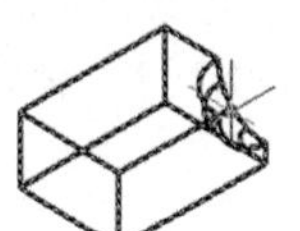
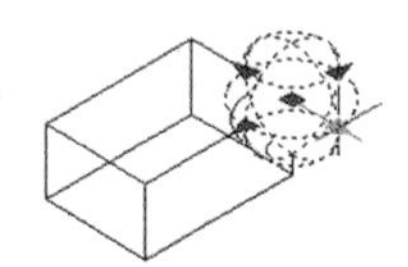
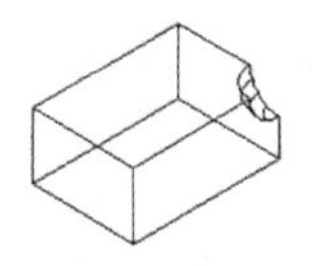

1. 将光标移至实体的合适位置　2. 按Ctrl键显示原始实体　3. 单击原始实体显示其夹点，利用夹点调整原始实体　4. 按Esc键退出实体效果已改变

图15-56　通过选择、编辑复合实体中的原始实体修改实体形状

15.3 三维对象的渲染

在AutoCAD中，使用RENDER命令可对场景或指定的三维对象进行渲染。在渲染过程中，可以设置光源位置、光源类型、光线强度、渲染背景、实体对象使用的材质等。模型经渲染处理后，其表面将显示出明暗色彩和光照效果，形成了非常逼真的图像，如图15-57所示。

图15-57　图形渲染效果

在对三维实体进行渲染时，应对其整个场景的光源、材质、贴图、环境等分别进行设置。在AutoCAD的“可视化”选项卡中，提供了渲染的相关面板和功能按钮，如图15-58所示。

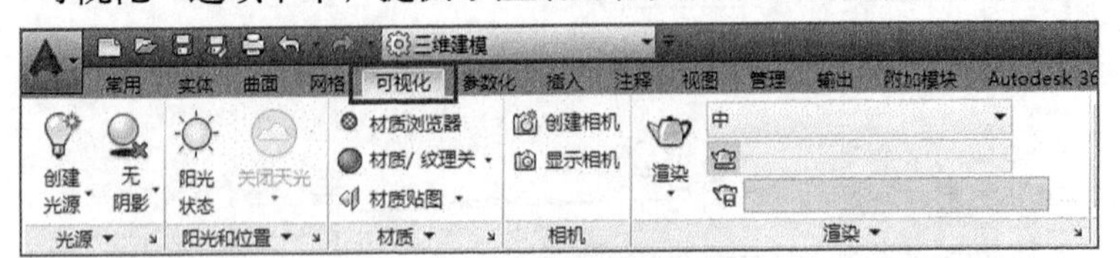

图15-58 “可视化”选项卡

15.3.1 设置光源

在对场景进行渲染时，灯光起着非常重要的作用，它直接影响最终的渲染效果。在AutoCAD环境中，光源分为点光源、聚光灯、平行光和光域网灯光4种类型。

1. 添加点光源

从点光源所在的位置向四周发射光线，并随着距离的增加强度减弱，其效果类似生活中的灯泡。通常用点光源获得基本照明效果。创建点光源时，只要指定光源放置位置和光源相关参数就可以了。

在“渲染”选项卡的“光源”面板中单击“点”按钮，根据如下提示进行操作，即可添加点光源，如图15-59所示。

```
命令: _pointlight                                    // 启动点光源
指定源位置 <0,0,0>:                                  // 指定点光源的位置
输入要更改的选项 [名称(N)/强度因子(I)/状态(S)/光度(P)/阴影(W)/衰减(A)/过滤颜色(C)/退出(X)] <退出>:
```

在执行添加点光源命令后，其命令提示行中各选项的含义如下。

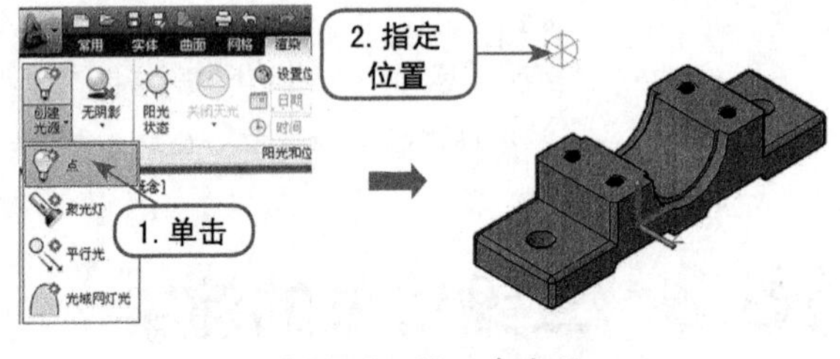

图15-59 添加点光源

- 名称(N)：用于指定新光源的名称，其默认名称为“点光源1”。
- 强度因子(I)：用于设置灯光的强度，即亮度。光的强度是大于0的实数，当光强为0时关闭该光源。
- 状态(S)：用于打开或关闭光源。如果图形中没有启用光源，则该设置没有影响。
- 光度(P)：用于测量可见光源的照度。当LIGHTINGUNITS系统变量为1或2时，光度可用。
- 阴影(W)：用于设置光源投射的阴影。
- 衰减(A)：用于控制光线如何随着距离的增加而减弱。距离点光源越远的对象，显得越暗。
- 过滤颜色(C)：用于指定光源的颜色。

2. 添加聚光灯

聚光灯按照一定的角度发射出一束锥形光，并随着距离的增加强度减弱，其效果类似生活中的探照灯。通常用聚光灯显示模型中特定的区域。创建聚光灯时，需要指定光源放

置位置和目标点。

在“渲染”选项卡的“光源”面板中单击“聚光灯”按钮后，根据如下提示进行操作，即可添加聚光灯，如图15-60所示。

```
命令: _spotlight                          // 启动聚光灯
指定源位置 <0,0,0>:                        // 指定聚光灯位置
指定目标位置 <0,0,-10>:                    // 指定目标光位置
输入要更改的选项 [名称(N)/强度因子(I)/状态(S)/光度(P)/聚光角(H)/照射角(F)/阴影(W)/衰减(A)/过滤颜色(C)/退出(X)] <退出>:
```

注 意

当添加了聚光灯过后，使用鼠标选择聚光点对象，则将显示出聚光灯的照射范围及相关的夹点，从而可以对其进行修改编辑操作，如图15-61所示。

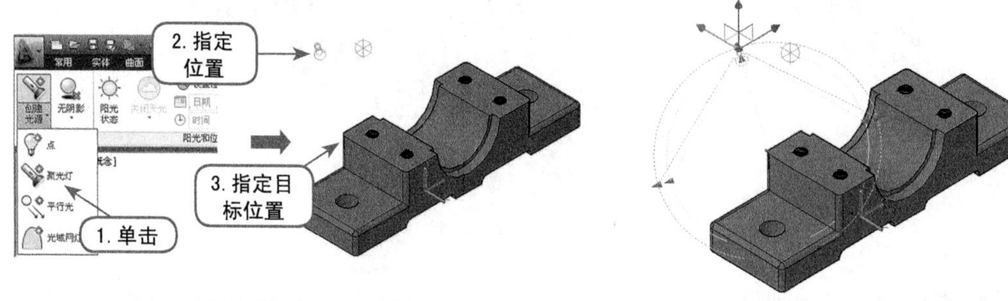

图15-60　添加聚光灯　　图15-61　聚光灯的编辑

3. 添加平行光

平行光像太阳发射的光线一样，随着距离的增加强度并不减弱。一般来说，平行光可以统一照亮对象或背景。但是要特别注意一点，那就是平行光不显示光线轮廓（光源符号），所以用户在视图上不能够看到平行光的具体位置。创建平行光时，必须指定两点（“来自”和“到”）来确定其方向。

在“渲染”选项卡的“光源”面板中单击“平行光”按钮，即可按照前面的方法来创建平行光。

4. 添加光域网灯光

光域网灯光，即天空灯，用来模拟日光效果照射到指定的实体表面上。

在“渲染”选项卡的“光源”面板中单击“光域网灯光”按钮，根据命令行提示，首先指定源位置，再指定目标位置（实体面），然后根据提示进行设置即可，如图15-62所示。

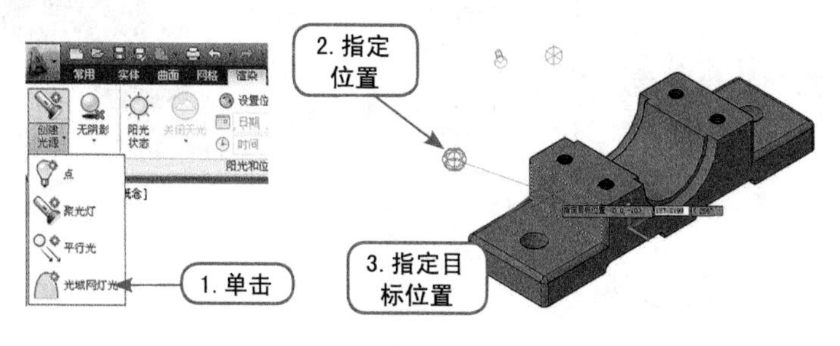

图15-62　添加光域网灯光

15.3.2 设置渲染材质

为了更加真实地反映物体表面的颜色、材料、纹理和透明度等效果，AutoCAD可以为指定的图形对象定义材质。

1. 创建材质

用户可以根据实际需要创建一种新的材质。在“渲染”选项卡的“材质”面板中单击“材质浏览器”按钮，将弹出“材质浏览器”面板，从而可以为选择的三维模型实体对象创建指定的材质对象，如图15-63所示。

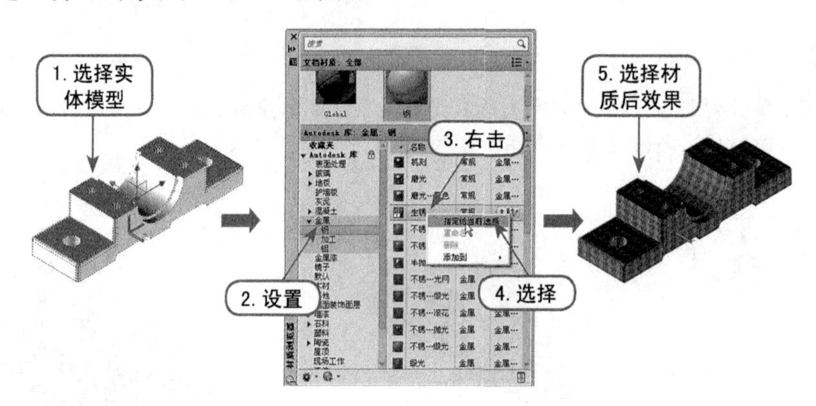

图15-63 创建材质

注 意

若已经为三维模型实体创建了材质对象，应将其转换为“真实”视觉模式，或者在“渲染”环境下查看创建材质后的效果。

2. 编辑材质

在“材质浏览器”面板中双击需要编辑的材质，即可打开“材质编辑器”面板。在“外观”选项卡中可以编辑材质外观，如颜色、折射、反射和粗糙度等；在“信息”选项卡中，可以对材质的信息进行编辑，如描述和关键字等，如图15-64所示。

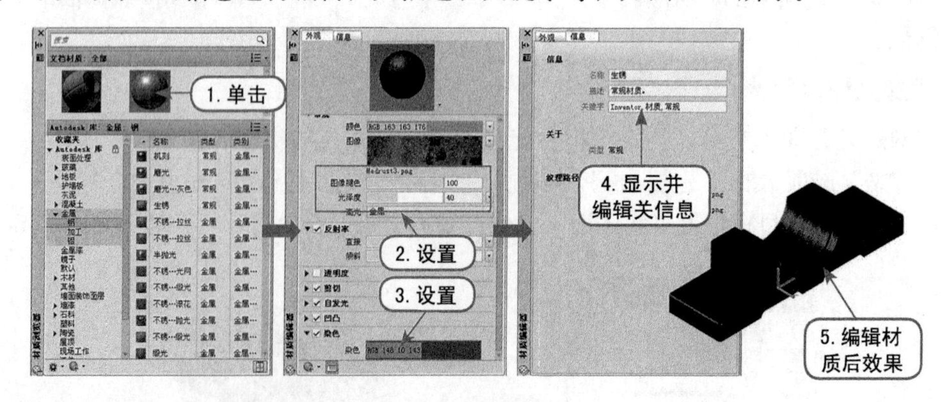

图15-64 编辑材质

15.3.3 渲染视图

当对三维实体模型添加了光源、设置好材质后，即可对其进行渲染操作，从而使所添加的光源和材质效果更加形象逼真。

1. 设置渲染环境

在AutoCAD中，在“渲染”选项卡的“渲染”面板中单击“环境”按钮，即可弹出如图15-65所示的“渲染环境”对话框，从而可以设置雾化效果或背景图像。

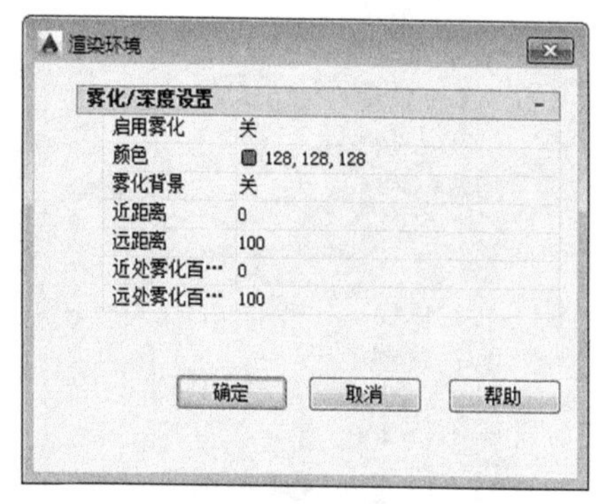

图15-65 “渲染环境”对话框

“渲染环境”对话框中各项参数的含义如下。

- 启用雾化：启用或关闭雾化。
- 颜色：指定雾化颜色。
- 雾化背景：设置雾化是否对背景起作用。
- 近距离：指定雾化开始处到相机的距离，该数值不能大于远距离设置。
- 远距离：指定雾化结束处到相机的距离，该数值不能小于近距离设置。
- 近处雾化百分比：指定近距离雾化的不透明度。
- 远处雾化百分比：指定远距离雾化的不透明度。

2. 创建渲染

在对模型的材质和环境设置好后，即可对其进行渲染操作。在“渲染”选项卡的“渲染”面板中单击“渲染”按钮，将弹出“渲染”窗口，如图15-66所示。“渲染”窗口中显示了当前视图中图形的渲染效果。在其右边的列表框中，显示了图像的质量、光源和材质等详细信息；在其下面的文件列表框中，显示了当前渲染图像的文件名称、大小、渲染时间等信息。

在“输出文件名称”文本区域右击某一渲染图形，将弹出快捷菜单，可以选择其中的命令保存、删除渲染图像，如图15-67所示。

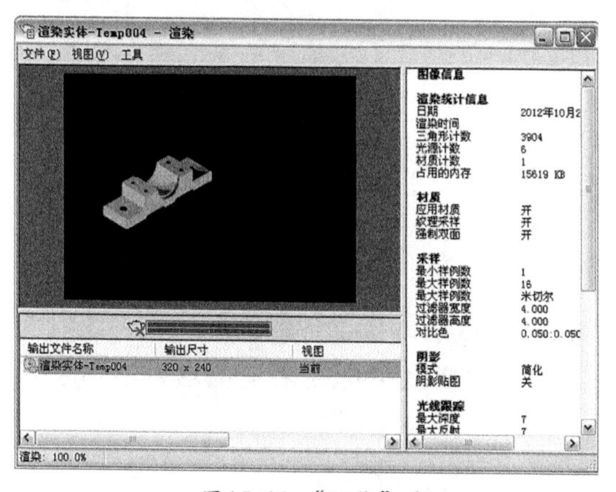

图15-66 “渲染”窗口

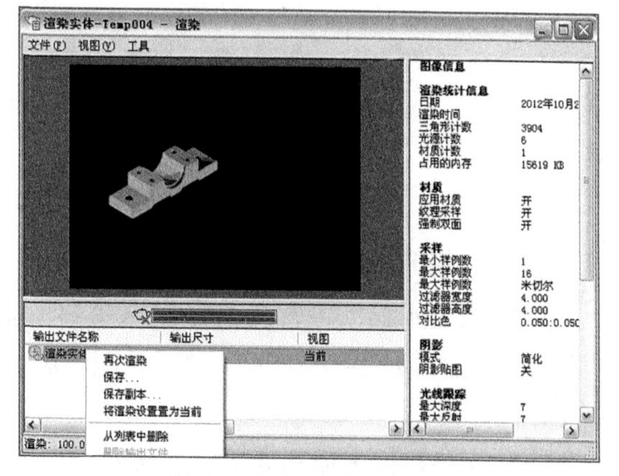

图15-67 渲染文件的处理

注 意

在“渲染”选项卡下的“渲染”面板中单击右下角的按钮，将弹出“高级渲染设置”面板，可以通过更多的设置项来设置渲染环境，如设置渲染的等级、输出尺寸、材质开关等，如图15-68所示。

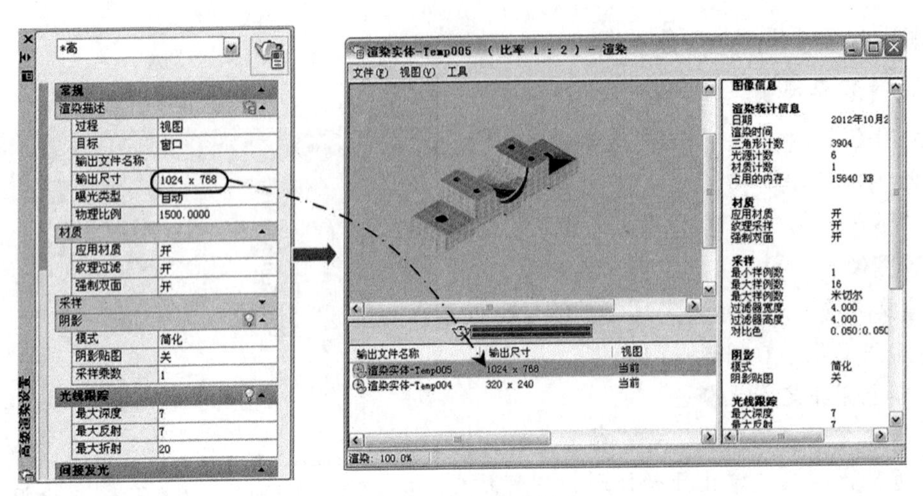

图15-68 高级渲染设置

上机练习 绘制轴承座并标注尺寸

在学习了三维对象绘制、编辑和尺寸标注要点之后，下面通过绘制和标注如图15-69所示的轴承座，进一步强化对三维绘图和尺寸标注的理解。

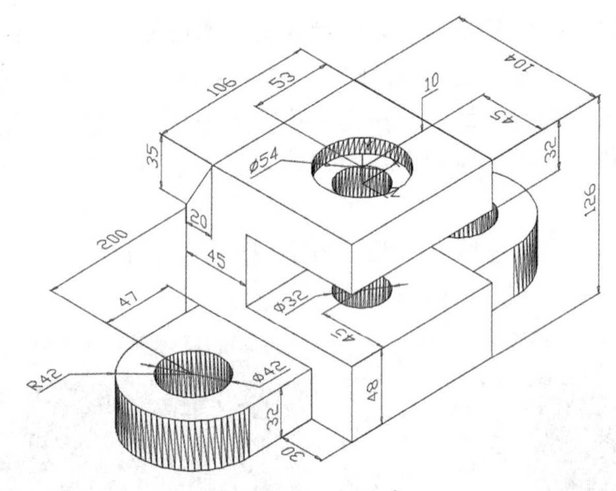

图15-69 轴承座

1. 绘制图形

绘制轴承座时，可首先绘制轴承底座与轴承体，然后绘制最上部的圆环体，再绘制侧边的拱形孔，最后绘制楔体。绘制过程中，应通过灵活变换坐标系来定位点，操作步骤如下。

01 在视口左上角选择“西南等轴测”视图，将平面视图转换为西南等轴测图。

02 单击“建模”面板中的“长方体”按钮，在绘图区域任意一点单击作为第一个角点，输入L，设置长方体的长度为106、宽度为124、高度为126，然后使用ZOOM命令适当放大图形显示，如图15-70所示。

03 在“坐标”面板中单击“原点”按钮，捕捉图15-71左图中的A点沿Z轴输入48，将坐标系移到该点，结果如图15-71右图所示。

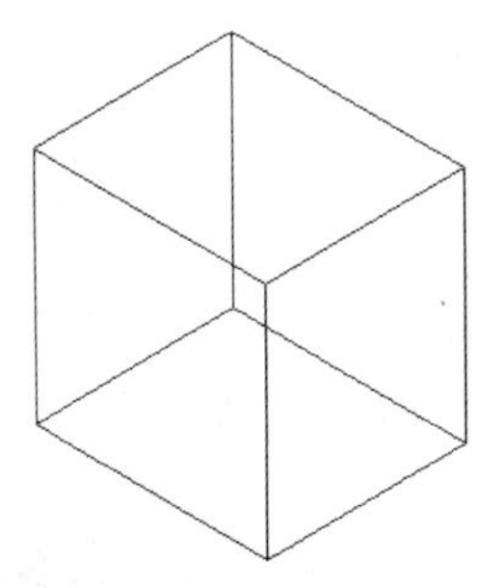

图15-70　绘制长方体

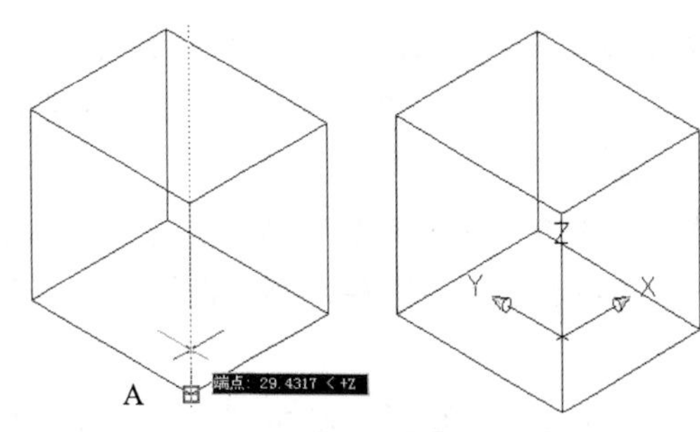

图15-71　新建坐标原点

04 单击“建模”面板中的“长方体”按钮，输入第一个角点的坐标（0,0,0），第二个角点的坐标（106,79,0），高度为46，结果如图15-72所示。

05 在“坐标”面板中单击“原点”按钮，拾取端点B作为新原点，单击“建模”面板中的“圆柱体”按钮，输入圆心坐标（53,45），按Enter键；输入半径27，按Enter键；输入高度－10，按Enter键，结果如图15-73所示。

06 按Enter键，继续绘制圆柱体。拾取绘制的圆柱体的底面圆心为圆柱体底面的中心点，设置圆柱体半径为16，高度为－126，结果如图15-74所示。

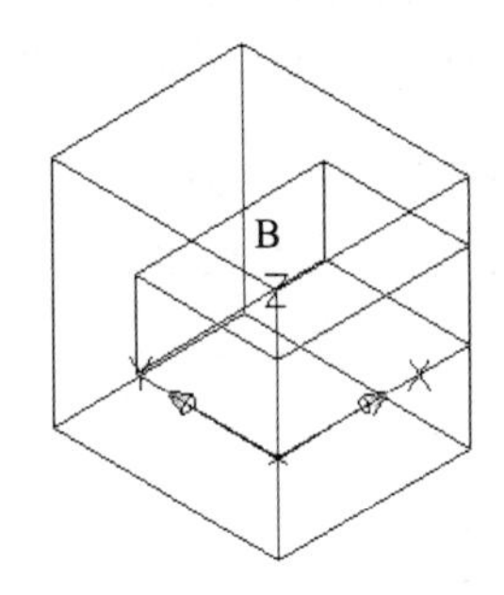

图15-72　绘制长方体

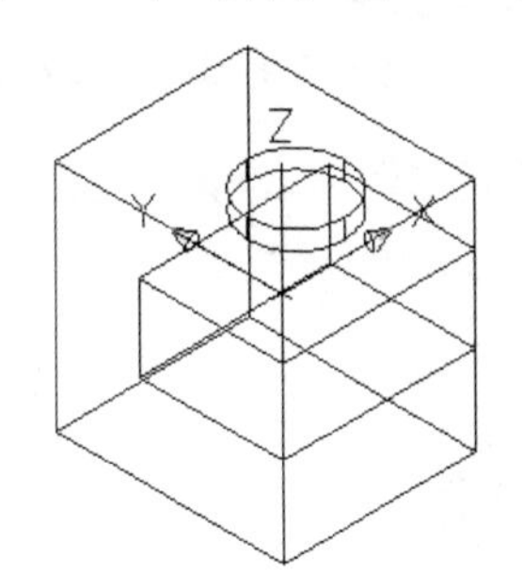

图15-73　绘制圆柱体

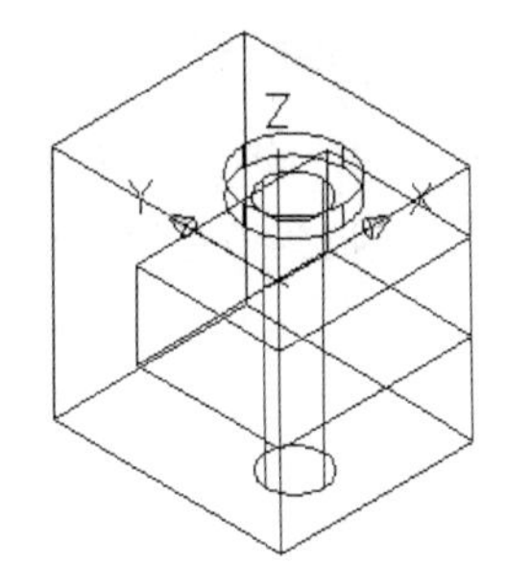

图15-74　绘制小圆柱体

07 单击“实体编辑”面板中的“差集”按钮，选择大长方体作为被减实体，减去小长方体以及两个圆柱体。执行HIDE命令，则差集效果如图15-75所示。

08 在“坐标”面板中单击“原点”按钮，拾取图15-75中的C点，将坐标系移到该点。

09 单击“实体编辑”面板中的“剖切”按钮，选择实体，分别输入剖切平面第一点坐标（0,－20），第二点坐标（0,0,－35），第三点坐标（106,0,－35），然后在保留的一侧单击，结果如图15-76所示。

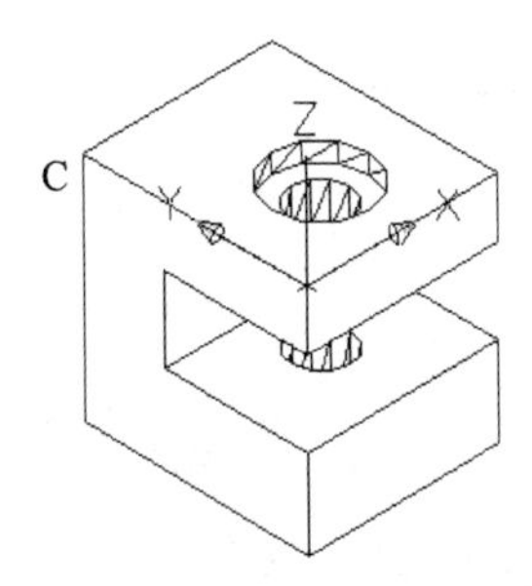

图15-75　差集和消隐图形

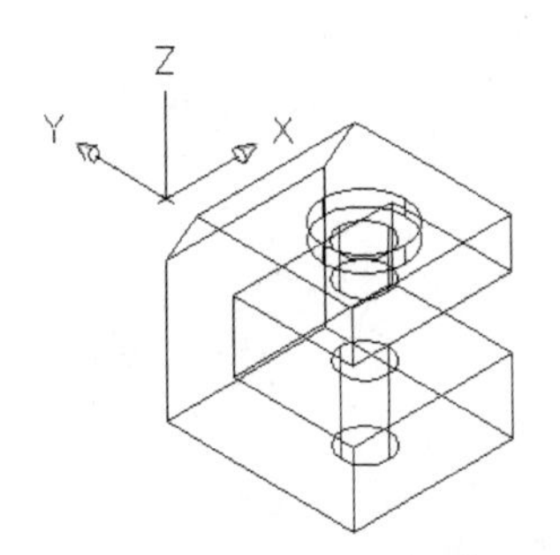

图15-76　剖切实体

10 输入UCS命令，将UCS原点移动到点D处。单击“绘图”面板中的“多段线”工具

，输入起点坐标为（0,30），沿180°极轴追踪线输入47，输入A表示绘制圆弧，沿90°极轴追踪线输入84绘制出圆弧，输入L表示绘制直线，沿0°极轴追踪线输入47，输入C闭合多段线，结果如图15-77所示。

11 单击“绘图”面板中的“圆”按钮，拾取圆弧的圆心，绘制半径为21的圆。单击“建模”面板中的“拉伸”按钮，选择多段线和圆，按Enter键，设置拉伸高度为32，结果如图15-78所示。

12 在“实体编辑”面板中单击“差集”按钮，选择多段线拉伸出的实体作为被减实体，减去圆拉伸出的实体。执行HIDE命令，则差集效果如图15-79所示。

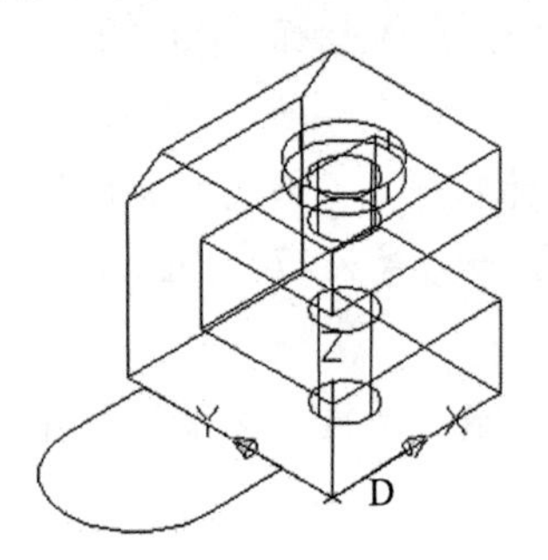

图15-77　绘制多段线

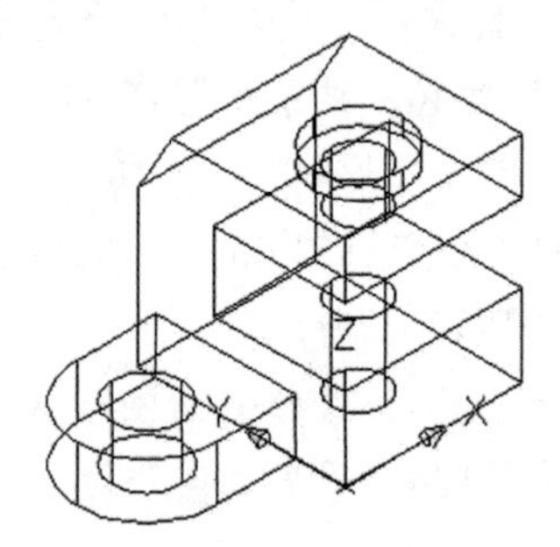

图15-78　绘制圆并拉伸多段线和圆

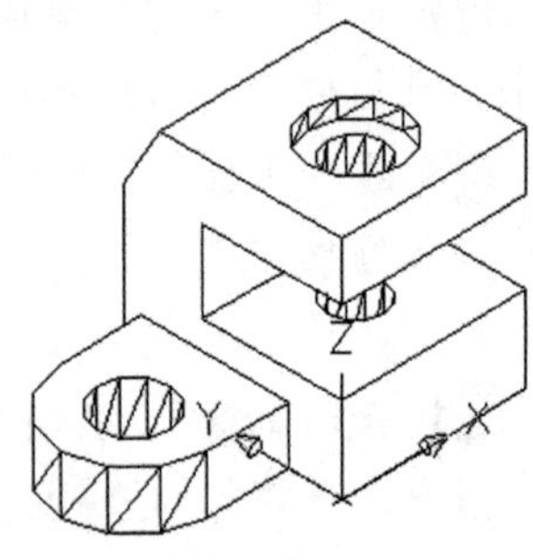

图15-79　对实体进行差集操作

13 单击“修改”面板中的“镜像”按钮，选择如图15-80右图所示实体，按Enter键，拾取如图15-80左图所示中点，按Enter键镜像复制实体，如图15-80左图所示。

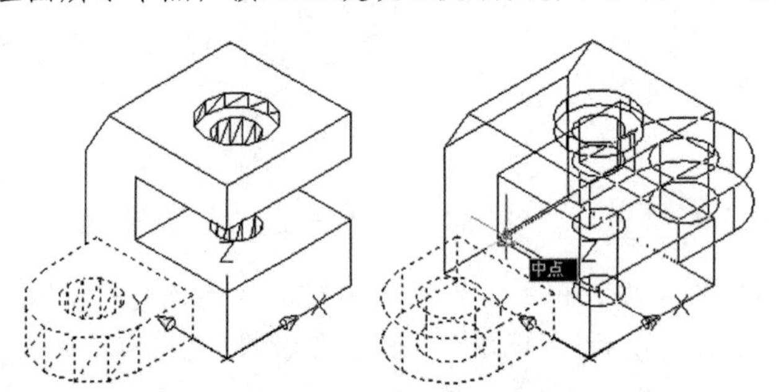

图15-80　镜像复制实体

14 选择全部实体，在“实体编辑”面板中单击“并集”按钮，对其执行布尔并集运算，如图15-81所示。

15 执行FACETRES命令，将FACETRES系统变量的值设置为10，以改变实体表面的平滑度。选择“消隐”命令，消隐图形，结果如图15-82所示。

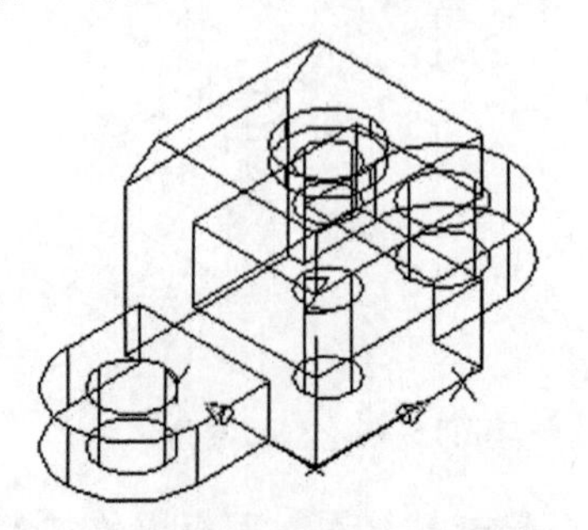

图15-81　对实体进行并集操作

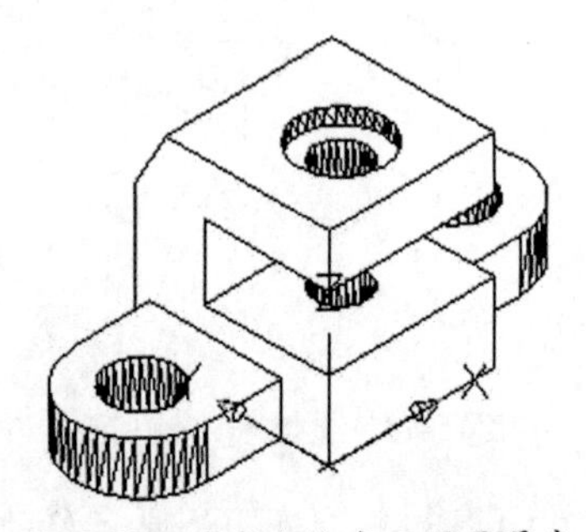

图15-82　改变实体表面的平滑度

2. 标注图形

标注尺寸也是绘制三维图形中不可缺少的一步。在AutoCAD中，尺寸标注都是针对二维图形来设计的，它并没有提供三维图形的尺寸标注，那么如何对三维图形进行尺寸标注呢？

要准确地标注出三维对象的尺寸，其核心是必须学会灵活变换坐标系，因为所有的尺寸标注都只能在当前坐标的XY平面中进行，操作步骤如下。

01 新建一个“标注”层，将其颜色设置为蓝色，并将该图层设置为当前图层。

02 执行“标注样式”命令（DST），打开“标注样式管理器”对话框。单击“修改”按钮，打开“修改标注样式”对话框，在“文字”选项卡中设置“文字高度”为7.5，将“从尺寸线偏移”修改为3，在“符号和箭头”选项卡中将“箭头大小”设置为3。

03 执行“线性标注”命令（DLI），在当前平面标注尺寸，如图15-83所示。

04 在“坐标”面板中单击“绕X旋转”按钮，按Enter键将坐标系绕X轴旋转90°，然后使用线性标注工具进行标注，如图15-84所示。

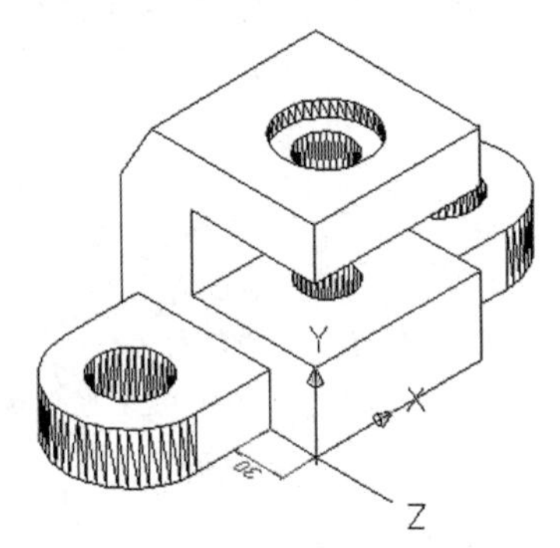

图15-83　在当前平面标注尺寸

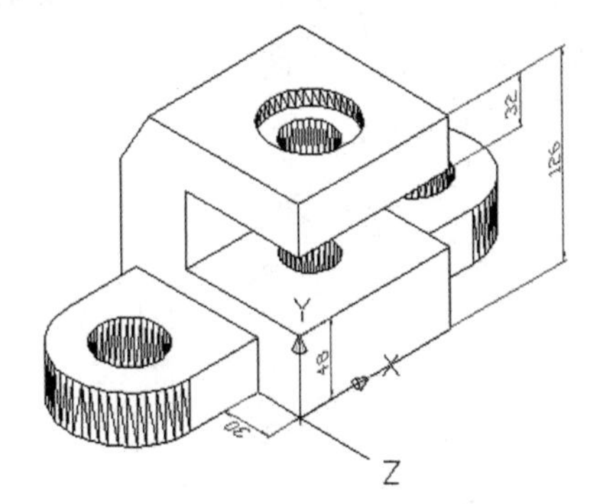

图15-84　将坐标系绕X轴旋转90°进行标注

05 执行UCS命令，拾取如图15-85所示端点A，将坐标系移动到点A处，然后使用线性标注工具进行标注，如图15-85所示。

06 执行UCS命令，拾取如图15-86所示圆心点B，将坐标系移动到圆心B处。在“坐标”面板中单击“绕X旋转”按钮，输入－90，将坐标系绕X轴旋转－90°然后使用直径工具和半径工具进行标注，如图15-86所示。

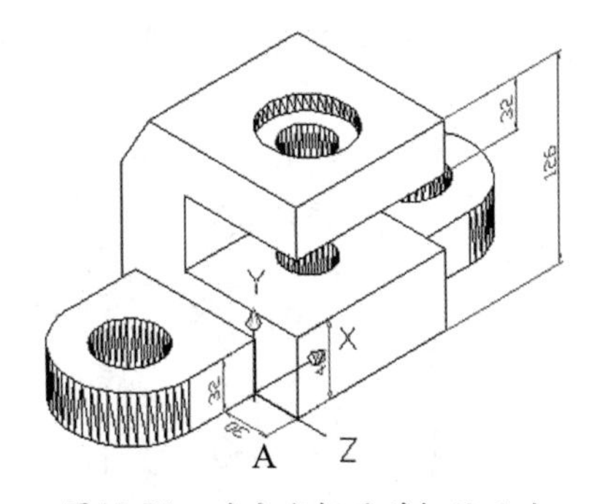

图15-85　改变坐标系并标注尺寸

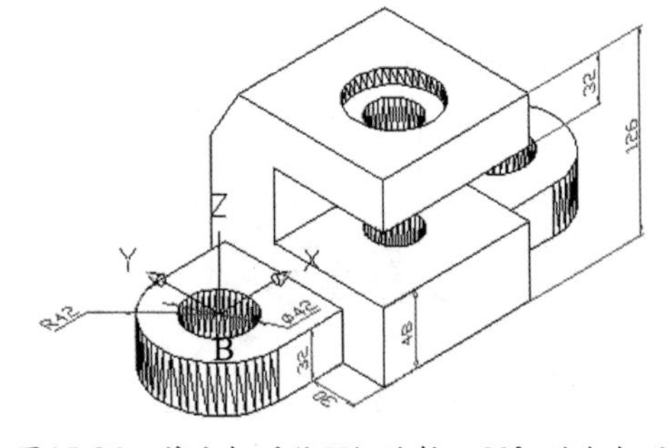

图15-86　将坐标系绕X轴旋转－90°进行标注

07 使用线性标注工具标注间距，并选择“消隐”菜单，消除隐藏线，结果如图15-87所示。

08 执行UCS命令，拾取如图15-88所示圆心点C，将坐标系移动到圆心C处，使用直径工具和线性工具标注该平面尺寸，如图15-88所示。

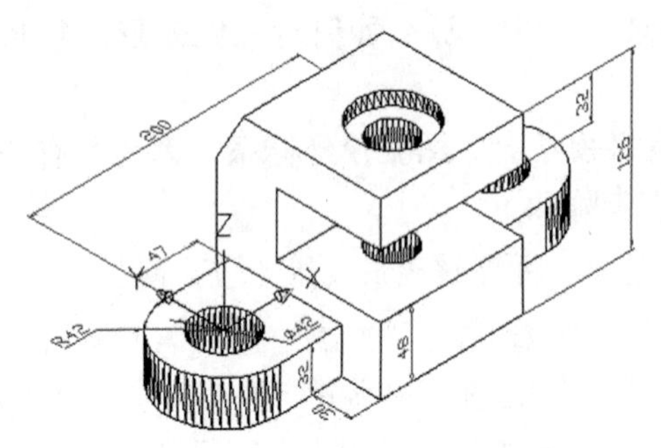

图15-87　使用线性标注工具标注间距

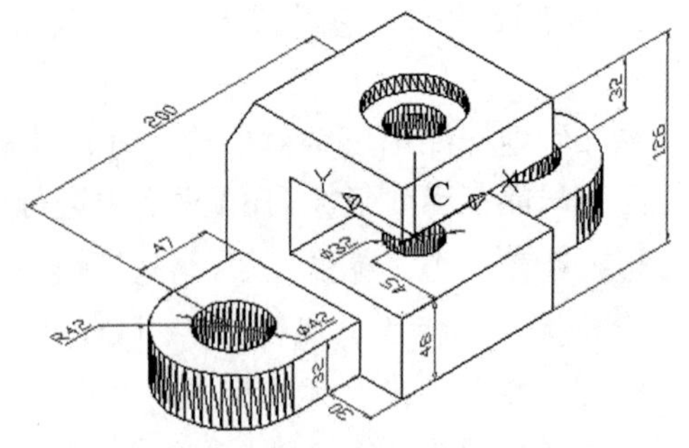

图15-88　移动坐标系并标注尺寸

09 执行UCS命令，拾取如图15-89所示端点D，将坐标系移动到点D处，使用线性工具标注该平面尺寸，如图15-89所示。

10 在“坐标”面板中单击“绕Y旋转”按钮，输入－90，将坐标系绕Y轴旋转－90°，然后使用线性工具进行标注，结果如图15-90所示。

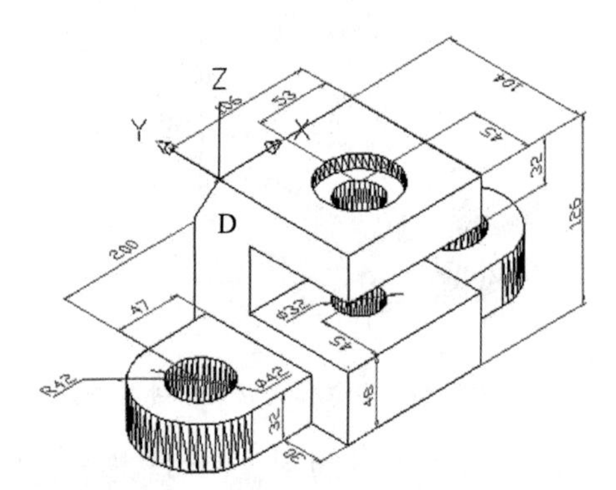

图15-89　移动坐标并标注尺寸

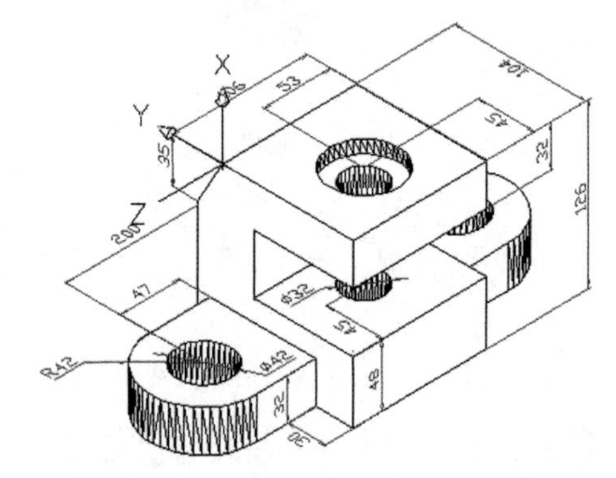

图15-90　旋转坐标系Y轴并标注尺寸

11 在“坐标”面板中单击“绕Z旋转”按钮，输入－90，将坐标系绕Z轴旋转－90°，然后使用线性工具进行标注，结果如图15-91所示。

12 移动UCS坐标原点到如图15-92所示的圆孔圆心处，在“坐标”面板中单击“绕Y旋转”按钮，输入90，将坐标系绕Y轴旋转90°，然后使用直径工具和线性工具进行标注，结果如图15-92所示。

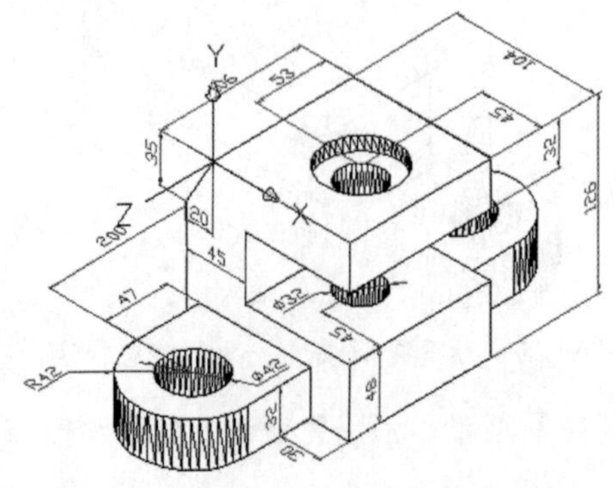

图15-91　旋转坐标系Z轴并标注尺寸

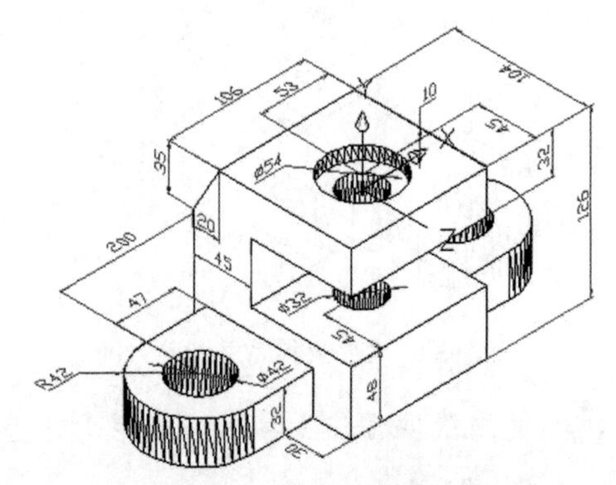

图15-92　旋转坐标系Y轴并标注尺寸

本章小结

通过本章的学习，应掌握基本实体的绘制方法，并能够通过拉伸、按住并拖动、扫掠、旋转、放样和布尔运算创建复杂实体，能够根据要求对实体的面进行编辑；应掌握使用三维阵列、镜像、旋转和对齐三维对象的方法，并能够对三维对象进行尺寸标注和渲染。

思考与练习

1. 填空题

（1）通过拉伸创建实体时，可以沿______与______进行拉伸。

（2）用于旋转的二维对象，可以是______、_______、______、______、______、_____及____。

（3）要使用扫掠方式创建实体，必须指定____________与___________。

（4）交集与干涉集的区别是_________________________。

（5）使用三维阵列复制对象时，应设置___________________参数。

（6）三维镜像与二维镜像命令的区别在于______________________________。

（7）为三维对象标注尺寸时，标注的尺寸只能位于_______________，因此，应该随时根据需要______________。

2. 思考题

（1）执行放样操作时，可以通过指定哪些对象来控制放样形状？

（2）通过按住并拖动创建实体与拉伸创建实体有何区别？

（3）如何通过扫掠创建实体或曲面？

（4）在对实体棱角修圆角时，需要指定哪些对象？

（5）在对实体棱角修倒角时，需要指定哪些对象？

（6）要对齐三维对象，应该设置哪些参数？

（7）要为渲染的对象附加材质，应该怎么办？

3. 操作题

绘制并标注如图15-93所示的图形。

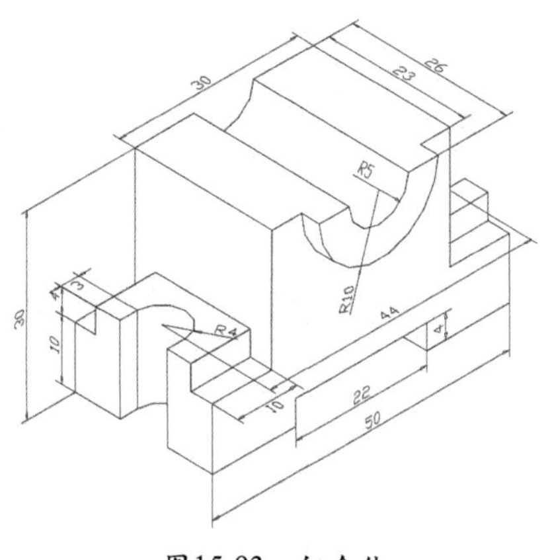

图15-93　组合体

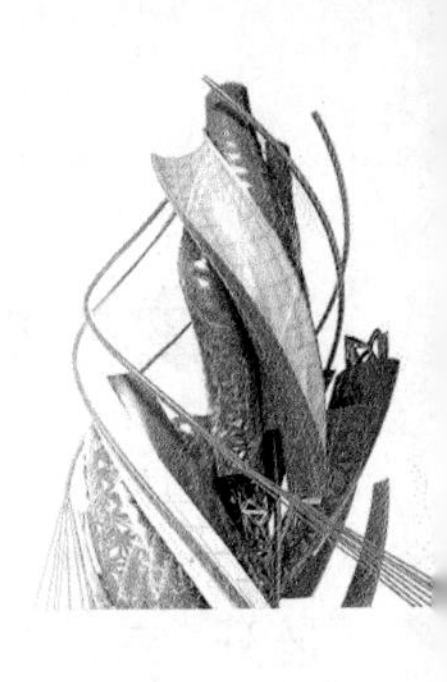

第16章 输出图纸

课前导读

在AutoCAD中，可直接使用“打印”命令打印图形，此时可选择打印设备，设置图纸尺寸、打印区域和打印比例等。不过，这些设置无法保存，因此，每次打印图形时都要重新设置。为此，AutoCAD提供了页面设置功能，每种页面设置中定义了使用的打印设备、打印样式表、图纸尺寸、打印区域和打印比例等。

此外，为了便于根据要求输出图纸，AutoCAD专门提供了一个图纸空间（默认情况下，是在模型空间中绘图的），可在该空间中安排图纸输出布局、对图形增加注释等，还可以利用图纸空间输出一个三维图形的多种视图。最后，AutoCAD还为用户提供了一组布局样板，可利用这些样板快速创建标准布局图。

本章要点

- 掌握打印图形的方法
- 掌握浮动视口
- 掌握使用布局样板快速创建布局图的方法

16.1 模型空间和图纸空间

图形的每个布局都代表一张单独的打印输出图纸，用户可以根据设计需要创建多个布局来显示不同的视图，而且可以在布局中创建多个浮动视口，对每个浮动视口中的视图设置不同的打印比例，也可以控制图层的可见性。

16.1.1 模型空间与图纸空间的概念

模型空间和布局空间（即图纸空间）是AutoCAD中两个具有不同作用的工作空间：模型空间主要用于图形的绘制和建模，图纸空间（布局）主要用于在打印输出图纸时对图形进行排列和编辑。

1. 模型空间

在AutoCAD 2015中新建或打开DWG图纸后，即可看到状态栏左侧的视图选项卡上显示有“模型”、“布局1”和“布局2”。在前面的各个章节中，所绘制或打开的图形内容，都是在模型空间中进行绘制或编辑操作的，其绘制的模型比例为1:1，如图16-1所示。

下面就针对“模型”空间的所有特征进行归纳。

- 在模型空间中，可以绘制全比例的二维图形和三维模型，并带有尺寸标注。
- 模型空间中，每个视口都包含对象的一个视图。例如，设置不同的视口会得到俯视图、正视图、侧视图和立体图等。
- 用 VPORTS 命令创建视口和视口设置，并可以保存起来，以备后用。
- 视口是平铺的，它们不能重叠，总是彼此相邻。
- 在某一时刻只有一个视口处于激活状态，十字光标只能出现在一个视口中，并且也只能编辑该活动的视口（平移、缩放等）。
- 只能打印活动的视口；如果 UCS 图标设置为 ON，该图标就会出现在每个视口中。
- 系统变量 MAXACTVP 决定了视口的范围是 2 ~ 64。

2. 图纸空间

在AutoCAD中，图纸空间是以布局的形式来使用的。一个图形文件可包含多个布局，每个布局代表一张单独的打印输出图纸，主要用于创建最终的打印布局，而不用于绘图或设计工作。在状态栏左侧选择“布局 n”选项卡，就能查看相应的布局，也就是指图纸空间，如图16-2所示。

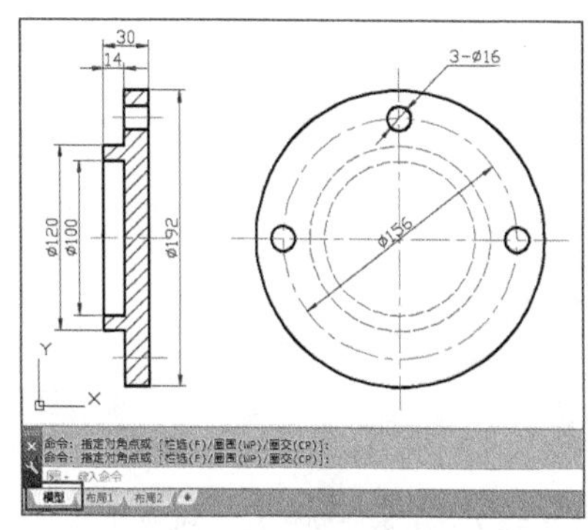

图16-1 模型空间

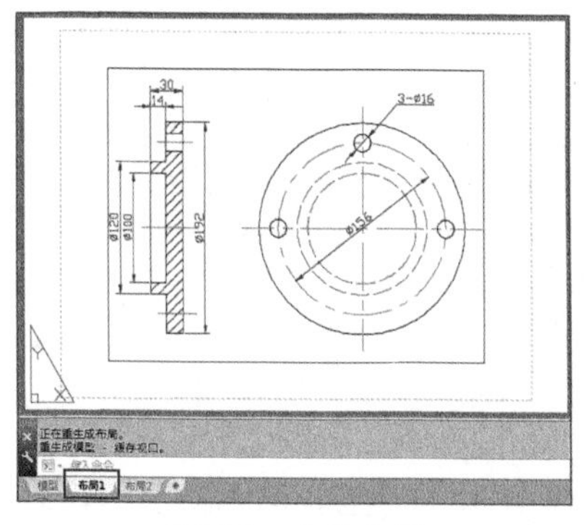

图16-2 布局空间

下面就针对“图纸”空间的所有特征进行归纳。

- VPORTS、PS、MS、和VPLAYER命令处于激活状态（只有激活了MS命令，才可使用PLAN、VPOINT和DVIEW命令）。
- 视口的边界是实体。可以删除、移动、缩放、拉伸视口。
- 视口的形状没有限制。如可以创建圆形视口、多边形视口或对象等。
- 视口不是平铺的，可以用各种方法将它们重叠、分离。
- 每个视口都在创建它的图层上，视口边界与层的颜色相同，但边界的线型总是实线。出图时如不想打印视口，可将其单独置于一图层上，冻结即可。
- 可以同时打印多个视口。
- 十字光标可以不断延伸，穿过整个图形屏幕，与每个视口无关。
- 可以通过MVIEW命令打开或关闭视口；使用SOLVIEW命令创建视口或者用VPORTS命令恢复在模型空间中保存的视口。
- 在打印图形且需要隐藏三维图形的隐藏线时，可以使用MVIEW命令并选择“隐藏(H)”选项，然后拾取要隐藏的视口边界即可。
- 系统变量MAXACTVP决定了活动状态下的视口数是64。

3. 模型与图纸空间的切换

可以通过AutoCAD提供的“模型”选项卡以及一个或多个“布局”选项卡进行模型空间和布局的切换。如图16-3所示是在状态栏左侧显示的布局和模型选项卡，即“模型”选项卡以及一个或多个“布局”选项卡。

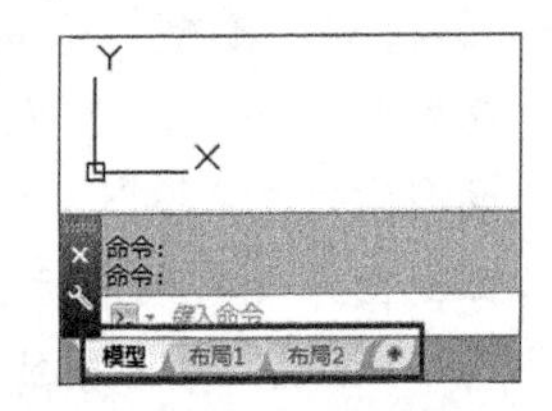

图16-3 模型与图纸空间的切换

16.1.2 在模型空间打印草图

模型空间是在AutoCAD中绘图的主要场所。在模型空间中可以绘制二维图形，也可以绘制三维实体造型，但是在模型空间中只能同时打印一个视口的图形对象。在AutoCAD中，一般使用模型空间输出草图。

例如，要在A4图纸中最大化居中打印如图16-4所示的零件图，具体操作步骤如下。

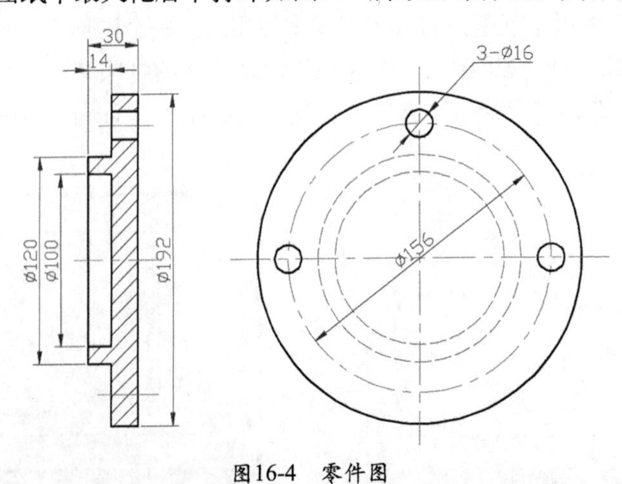

图16-4 零件图

01 在快速访问工具栏中单击“打印”按钮，打开“打印-模型”对话框。

02 在“打印机/绘图仪”选项卡中的“名称”下拉列表中选择当前使用的打印设备，如图16-5所示。

03 在“图纸尺寸”下拉列表中选择A4图纸。

04 在“打印区域”选项卡中的“打印范围”下拉列表中选择“范围”，以打印绘制的全部图形。

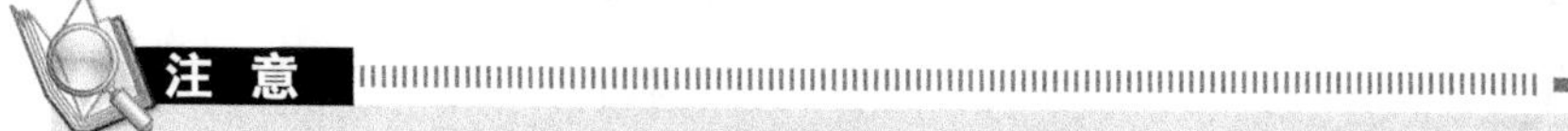

如果在“打印范围”下拉列表中选择“显示”，表示只打印视口中显示的图形。

05 在“打印偏移（原点设置在可打印区域）”选项卡选中☑居中打印(C)复选框，将图形在图纸中居中打印。

06 在“打印比例”选项卡选择合适的打印比例。默认情况下，☑布满图纸(I)复选框被选中，表示系统会自动根据选定的图纸尺寸，将图形按最大比例打印。如果需要的话，也可取消该复选框，在该复选框的下方自己设置打印比例，如图16-6所示。

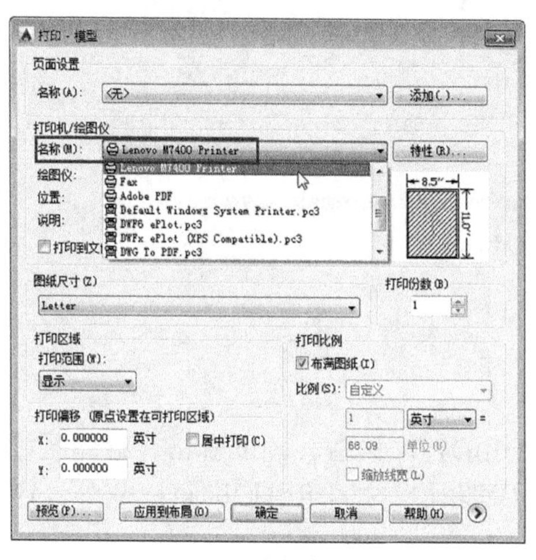

图16-5 选择打印设备

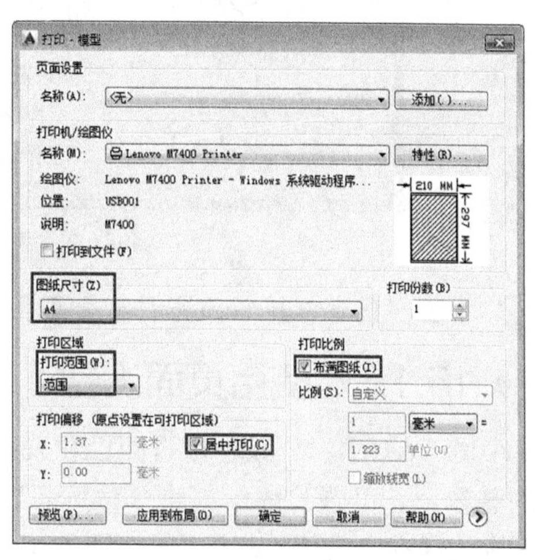

图16-6 设置打印区域和打印偏移

07 单击“预览”按钮，预览打印效果，如图16-7所示。预览结束后，可以按Esc键或Enter键返回“打印-模型”对话框。

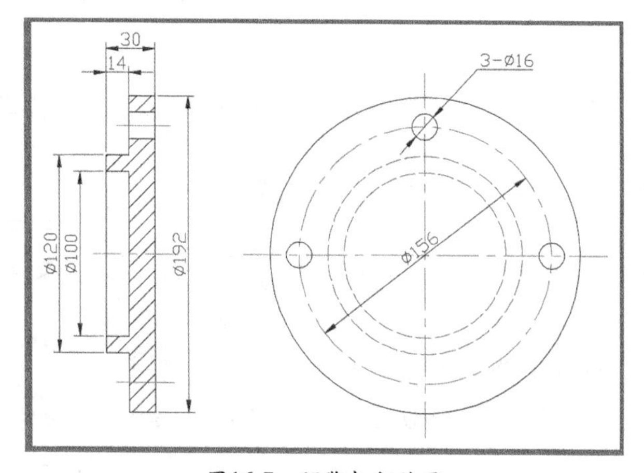

图16-7 预览打印效果

注 意

如果当前未指定打印机或绘图仪等输出设备，将无法进入打印预览窗口。在打印预览窗口中，单击鼠标右键将显示一个快捷菜单，选择其中的菜单项，可退出打印预览状态或者打印图纸，如图16-8所示。

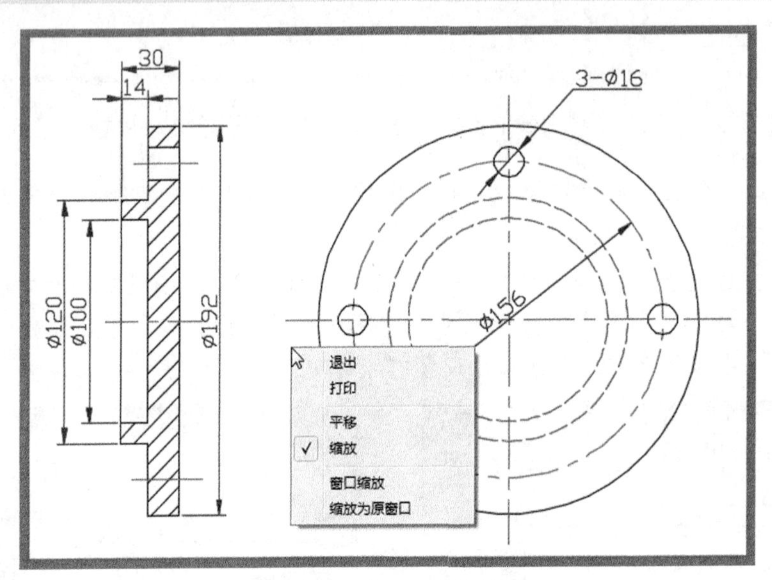

图16-8　预览画面快捷菜单

08 单击“确定”按钮，即可打印草图。

16.1.3　使用页面设置

在AutoCAD中，可以利用页面设置来保存使用的打印设备、图纸规格、打印区域和打印比例等参数。可以为图形创建多种页面设置，需要时直接调用它们即可。此外，还可以将页面设置保存为文件，从而在各图形之间共享。

注 意

如果不使用页面设置，每次打印图形时都要像前面那样设置打印设备、打印区域、打印比例等。

在模型空间利用“打印”命令打印图形时，系统使用的默认页面设置为“模型”。因此，可以通过设置“模型”页面设置来为在模型空间打印图形设置打印参数，其具体步骤如下。

01 单击窗口左上角的“菜单浏览器”按钮，然后选择“打印”｜“页面设置”命令；或者在“模型”选项卡中右击鼠标，从弹出的快捷菜单中选择“页面设置管理器”命令（如图16-9所示），将打开“页面设置管理器”对话框，如图16-10所示。

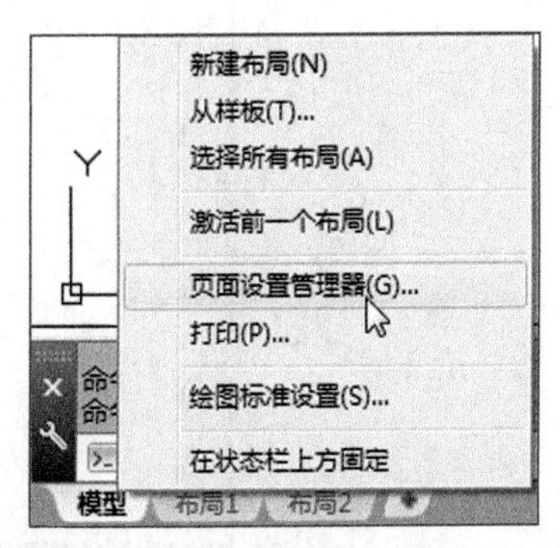

图16-9　选择页面设置

02 单击“修改”按钮，在打开的“页面设置-模型”对话框中设置打印设备、图纸尺寸、打印区域、打印比例、打印偏移、图形方向等参数，然后单击“确定”按钮，如图16-11所示。

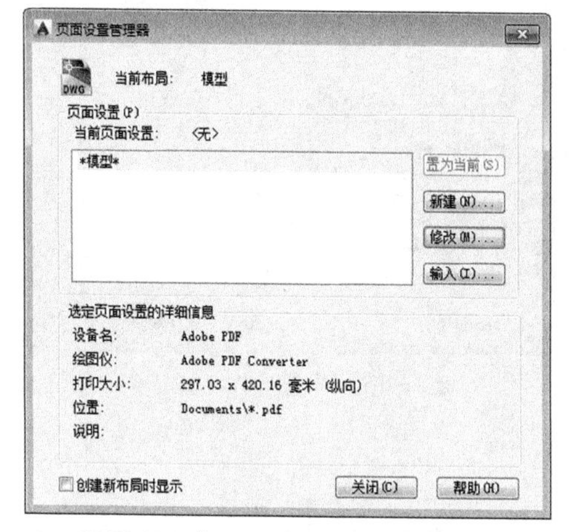

图16-10 “页面设置管理器”对话框

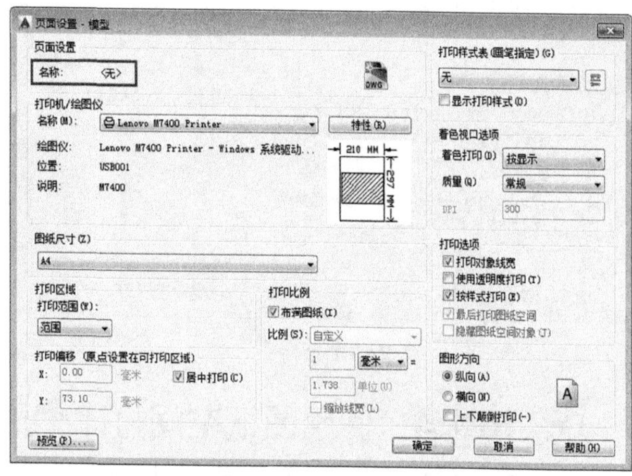

图16-11 “页面设置-模型”对话框

03 如果希望创建新页面设置，可单击“新建”按钮，将弹出“新建页面设置”对话框，在其中输入新页面名称，并单击“确定”按钮，如图16-12所示。

04 此时在打开的“页面设置-模型”对话框中，显示页面名称为“A3-纵向”，并设置新的打印设备、图纸尺寸、打印区域、打印比例、打印偏移、图形方向等参数，然后单击“确定”按钮，如图16-13所示。

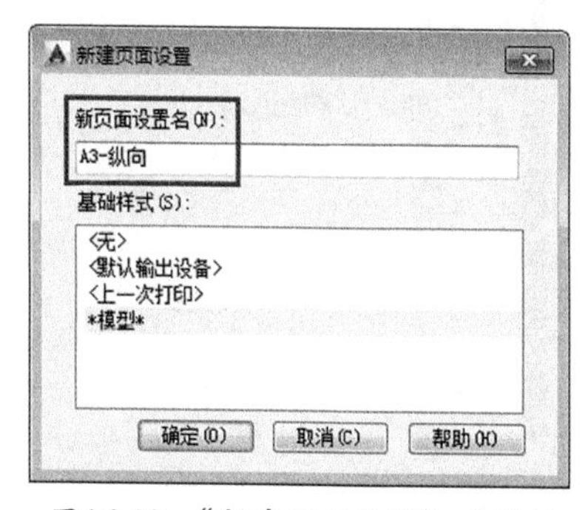

图16-12 “新建页面设置”对话框

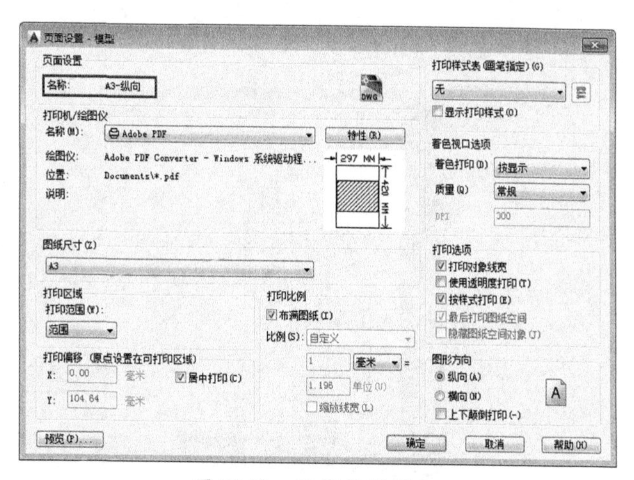

图16-13 设置新的页面

05 如果在“当前页面设置”列表框中有多种页面设置，可在选中某个页面设置后（“模型”除外）单击“置为当前”按钮，将其设置为当前使用的页面设置，此时当前使用的页面设置将由“模型”变为“A3-纵向”，如图16-14所示。

注 意

对于已经设置为新建的页面，可以在列表框中右击该页面，从弹出的快捷菜单中选择“删除”或“重命名”操作，如图16-15所示。

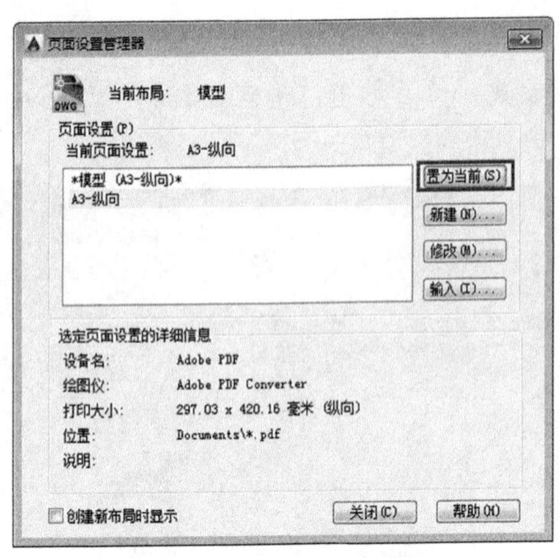

图16-14　置为当前

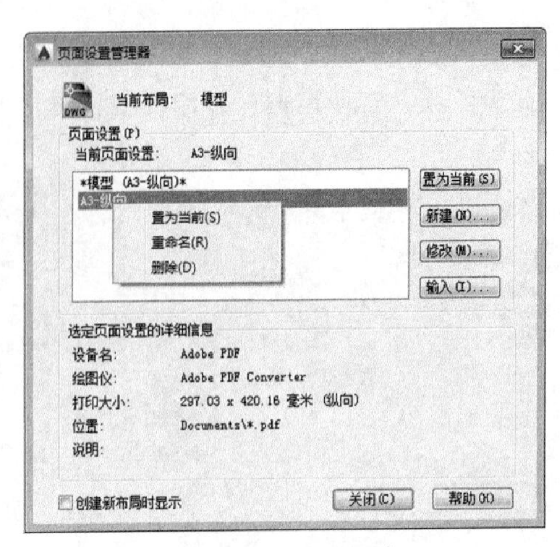

图16-15　页面操作

16.1.4　使用图纸空间打印图形

图纸空间有点类似平常使用的打印预览视图，其大小和方位完全模拟选择的图纸，因此图纸空间主要用来规划图形输出，如可在该空间规划图纸的尺寸、方位，安排图形的大小和位置，以及为图形添加图纸框、标题栏等注释信息等。同时，为了便于用户输出不同规格的图纸，可在图纸空间创建多种布局图。

下面通过实例，详细说明图纸空间的使用方法，操作步骤如下。

01 默认情况下，新建图形最开始都有两个布局选项卡，即“布局1”和“布局2”（位于绘图窗口的下方）。单击任意布局选项卡，都可创建布局图。此处单击“布局1”选项卡，结果如图16-16所示。

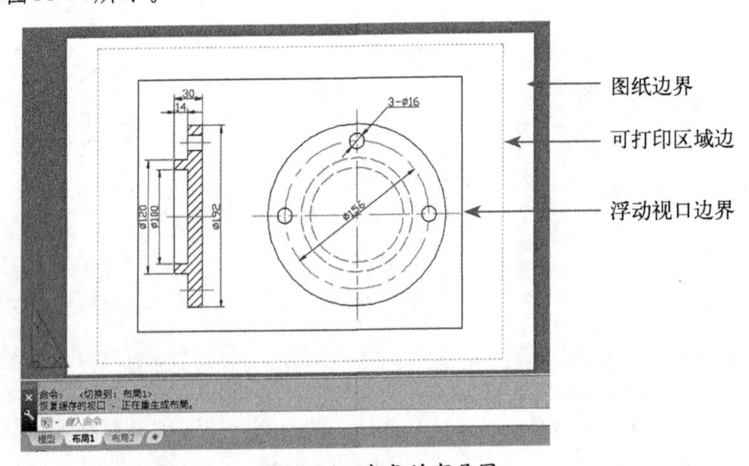

图16-16　生成的布局图

注 意

要在图纸空间显示模型空间的内容，必须依赖浮动视口。首次创建布局图时，系统会自动创建一个与图纸尺寸相适应的浮动视口，如图16-16所示。同样，可以通过页面设置来设置布局视图的打印设备、图纸尺寸、打印区域、打印比例、图形方向等。不过，与模型空间有所不同，图纸空间的打印比例通常应该设置为1：1。

02 在“布局1”选项卡中右击鼠标，从弹出的快捷菜单中选择“页面设置管理器”命令，打开“页面设置管理器”对话框，即可看到当前的页局为“布局1”，如图16-17所示。

03 单击“按钮”按钮，在打开的“页面设置-布局1”对话框中设置打印设备、图纸尺寸、打印区域、打印比例、打印偏移、图形方向等参数，如图16-18所示。

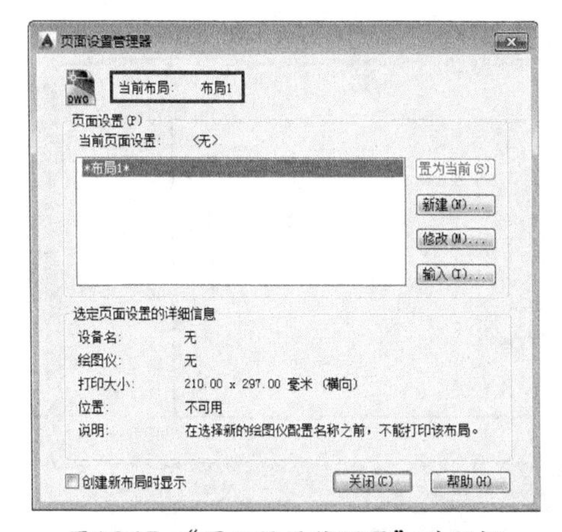

图16-17 “页面设置管理器”对话框

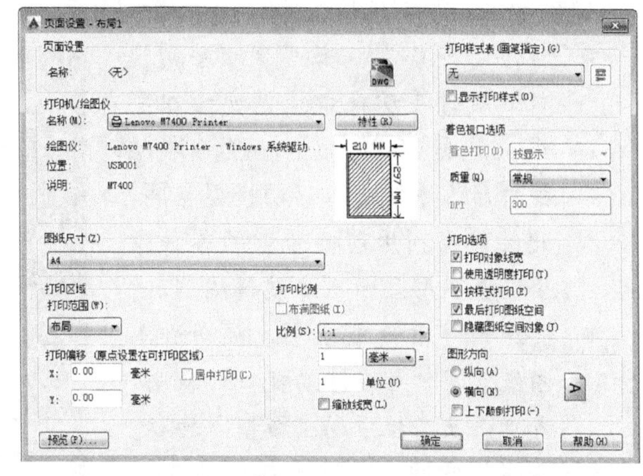

图16-18 “页面设置-布局1”对话框

04 依次单击“确定”按钮和“关闭”按钮。单击窗口左上角的“菜单浏览器”按钮，然后选择“打印”|“打印预览”命令，结果如图16-19所示。

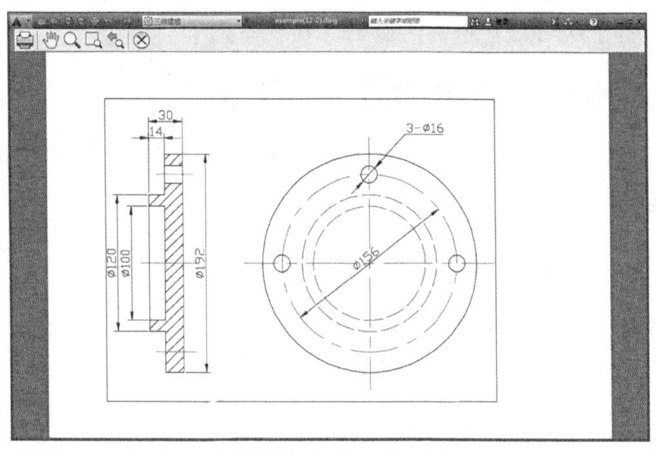

图16-19 打印预览画面

05 在打印预览画面中右击，从弹出的快捷菜单中选择“打印”，可直接打印图形。

注 意

单击窗口左上角的“菜单浏览器”按钮，然后选择“打印”|“打印”命令，可直接打印图形。

16.2 应用浮动视口

浮动视口相当于一个联系模型空间和图纸空间的桥梁，模型空间的内容必须通过浮动

视口才能显示在图纸空间。创建布局图时，系统会首先创建一个浮动视口。但是，可以根据需要删除、新建或调整浮动视口。

16.2.1 浮动视口的特点

概括起来，浮动视口主要有如下几个特点。

- 在浮动视口内双击可激活浮动视口，此时浮动视口边界变为粗实线，如图16-20所示。激活浮动视口后，系统进入浮动模型空间，此时可以利用前面介绍的各种命令调整图形显示或者编辑图形。
- 要退出浮动模型空间，重新进入图纸空间，可在浮动视口外双击，或单击状态栏中的"模型"按钮。
- 在图纸空间中，浮动视口边界与其他图形对象完全相同。例如，可以利用夹点调整浮动视口边界的大小，可以改变浮动视口边界所在图层，可以通过删除浮动视口边界删除浮动视口。另外，还可以利用命令创建新的浮动视口。

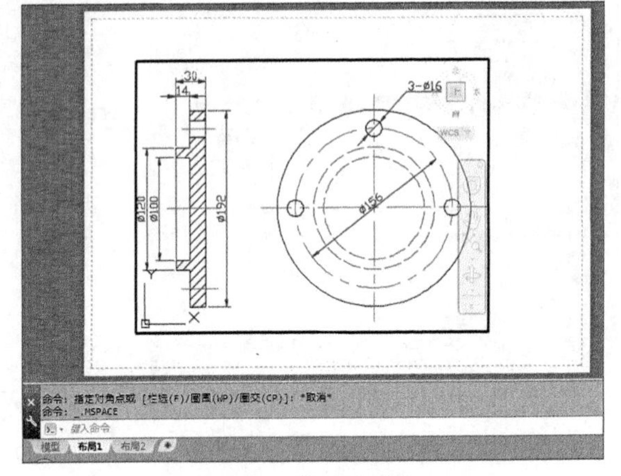

图16-20 激活浮动视口

16.2.2 删除、新建和调整浮动视口

在布局图中进入图纸空间，单击浮动视口边界，再单击"删除"按钮，或直接执行ERASE命令即可删除浮动视口。

进入图纸空间后，通过选择"视图"｜"视口"菜单中的选项，可以创建新的浮动视口，步骤如下。

01 打开一幅前面绘制的三维图形，单击"布局1"选项卡，切换到布局视图，如图16-21所示。

02 单击浮动视口边界，按Delete键，删除默认的浮动视口，如图16-22所示。

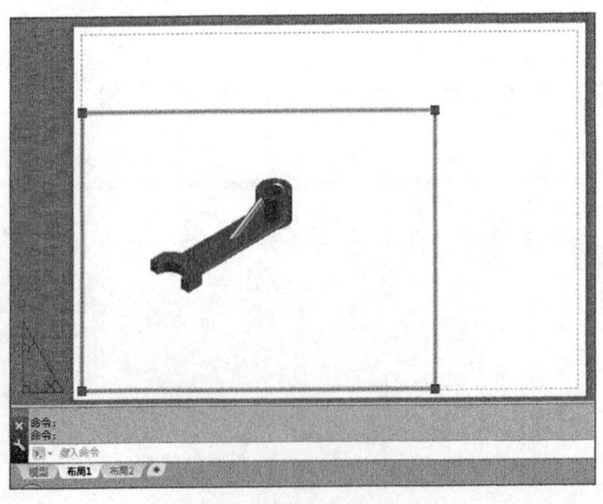

图16-21 "布局1"的效果

图16-22 删除当前视口的效果

03 选择“视图”|“视口”|“新建视口”菜单命令，打开“视口”对话框，然后按照如图16-23所示来创建新的视口。

04 单击“确定”按钮后，首先在图纸中单击两对角点，确定用于放置浮动视口的区域，此时系统自动在该区域创建3个浮动视口，如图16-24所示。

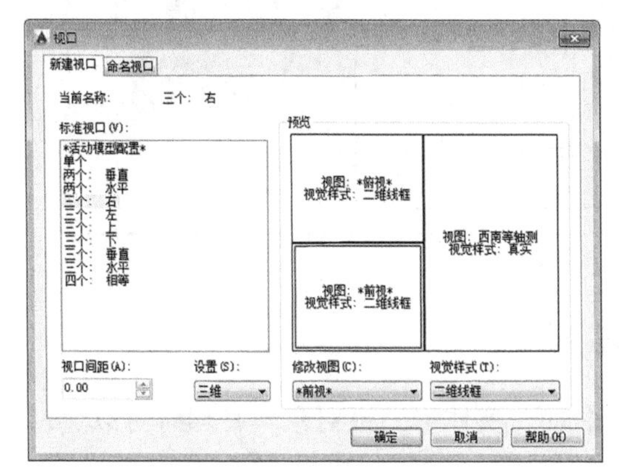

图16-23 选择视口类型

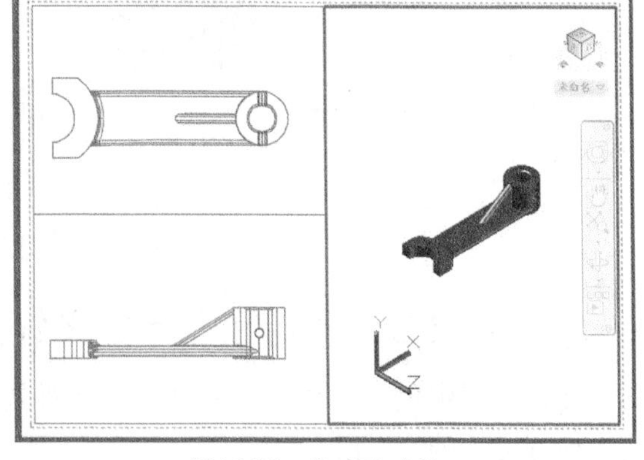

图16-24 新建浮动视口

注 意

如果有多个浮动视口，各浮动视口可以重叠或分离。如果某个浮动视口已被激活，只需在其他浮动视口单击即可激活其他浮动视口。不过，任何时候只能有一个浮动视口被激活。

16.2.3 创建多边形或其他形状浮动视口

进入图纸空间，选择“视图”|“视口”|“多边形视口”菜单命令，并通过反复单击指定多边形的各个顶点，可创建多边形形状浮动视口，如图16-25所示。

此外，还可将图纸空间中绘制的多段线、圆、面域、样条曲线或椭圆设置为浮动视口边界。如图16-26所示，首先删除一个浮动视口，然后在图纸空间中绘制一个圆，最后选择“视图”|“视口”|“对象”菜单命令，选择绘制的圆作为浮动视口边界的对象。

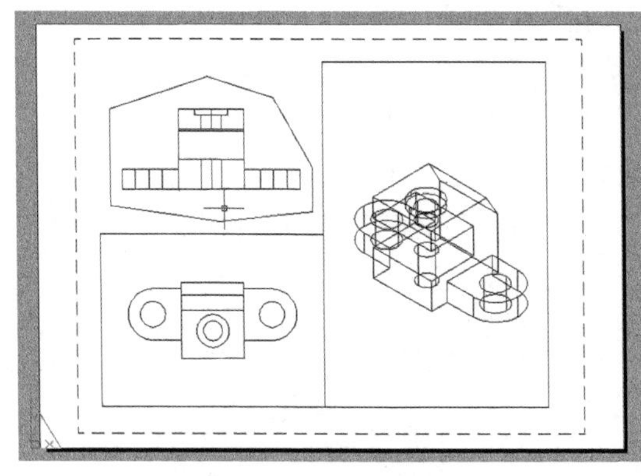

图16-25 多边形浮动视口

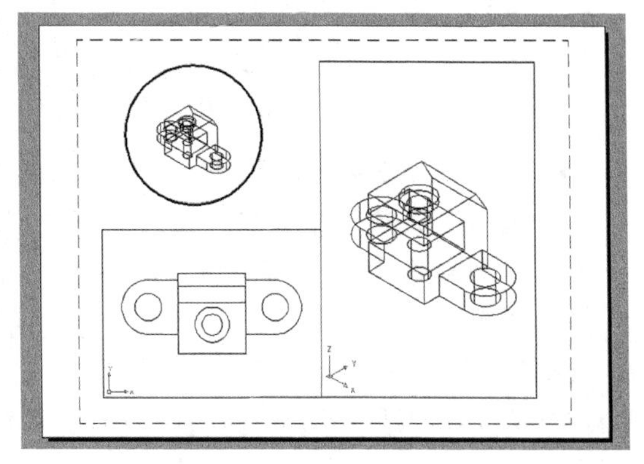

图16-26 根据对象创建浮动视口

16.2.4 浮动视口中层的控制

在浮动视口中，可利用“图层”面板中的图层控制下拉列表，或者在“图层特性管理器”面板的浮动视口中冻结或解冻图层，而不影响其他浮动视口，如图16-27所示。

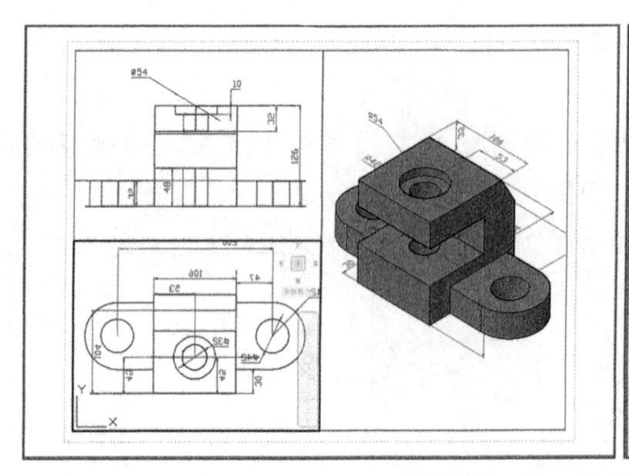
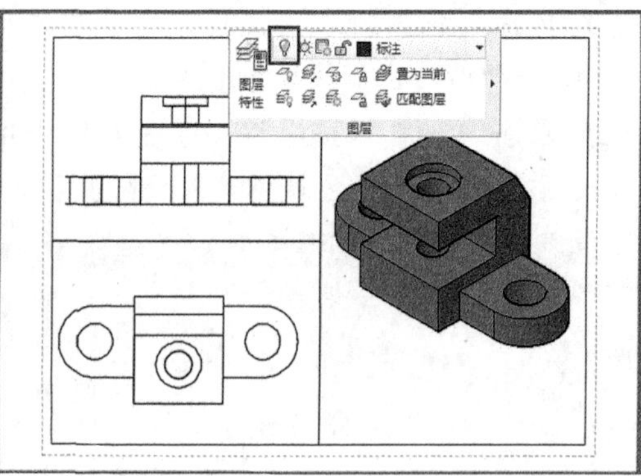

图16-27　在当前浮动视口中冻结图层

16.2.5　消隐出图与图形缩放

如果图形中包括三维面、网格、拉伸对象、曲面、实体等三维对象，打印时可以通过适当设置进行消隐出图。

- 要消除某个浮动视口中模型空间图形的隐藏线，可首先在图纸空间单击选择需要消除图形隐藏线的浮动视口，然后打开其“特性”面板，在“着色打印”下拉列表中选择“传统隐藏”选项，如图 16-28 左图所示。选择“打印预览”命令后，则该视口的效果如图 16-28 右图所示。

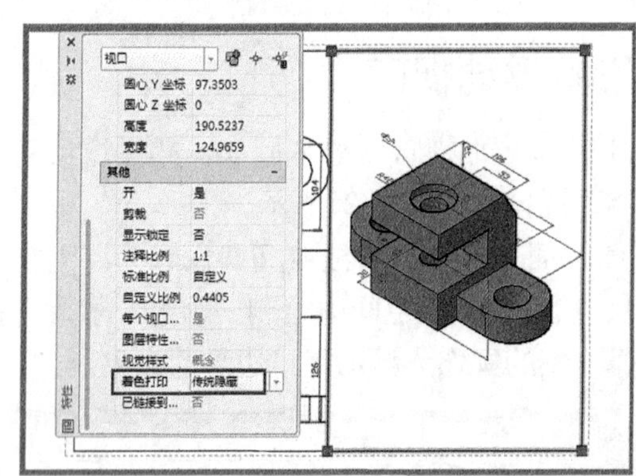
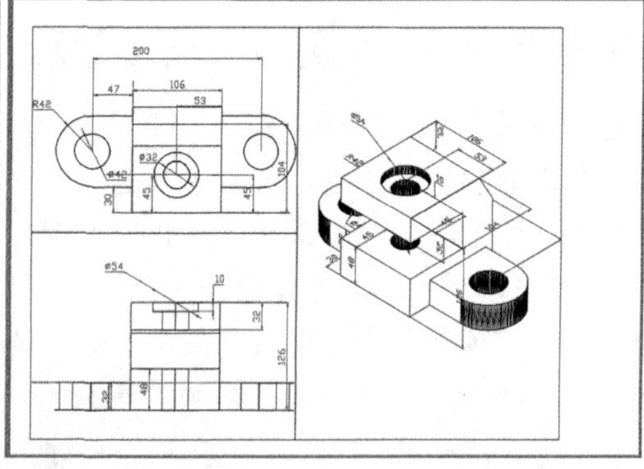

图16-28　通过设置浮动视口特性进行消隐出图

- 如果希望在输出图形时隐藏图纸空间中的对象，可在“页面设置”对话框的“打印选项”选项卡中选中“隐藏图纸空间对象”复选框，如图 16-29 所示。

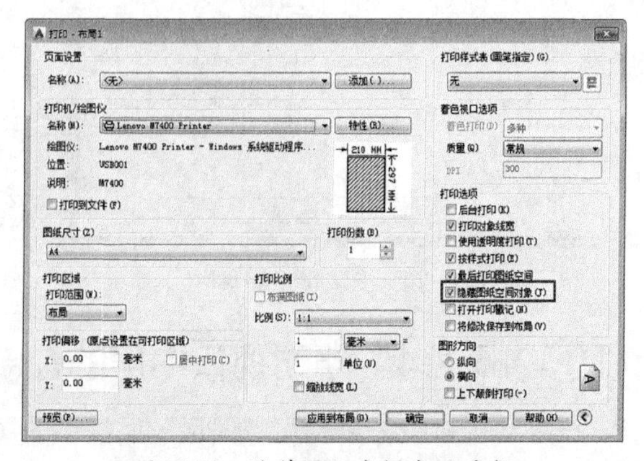

图16-29　隐藏图纸空间中的对象

此外，当用户在布局图中使用了多个浮动视口时，还可以为这些视口中的视图建立相同的缩放比例。为此，可选择要修改缩放比例的多个浮动视口（只适用于矩形视口），打开其“特性”面板，在“标准比例”下拉列表中选择某一比例，或者在“自定义比例”文本框中输入一个比例值，即可缩放多个浮动视口中的视图，如图16-30所示。

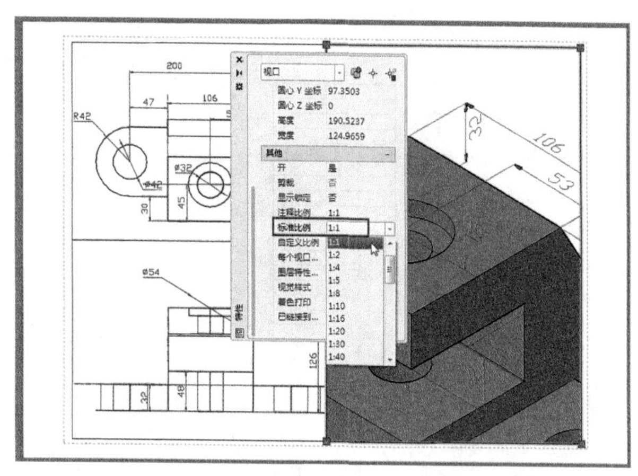

图16-30 为多个浮动视口设置相同的比例

16.3 使用布局样板快速创建布局图

布局样板是一类包含了特定图纸尺寸、标题栏和浮动视口的文件，利用布局样板可快速创建标准布局图。布局样板文件的扩展名为.dwt，AutoCAD提供了众多布局样板，以供用户设计新布局环境时使用。

通常情况下，由于布局样板大都包含了规范的标题栏，因此，在使用布局样板创建标准输出布局图后，只需简单地修改标题块属性，即可获得符合标准的图纸。

16.3.1 创建新的布局

在AutoCAD中，用户可以根据需要创建自己所需要的布局对象，以便今后形成一个统一的标准。要创建新的布局，其操作步骤如下。

01 创建或打开“机械制图模板.dwt”文档。

02 切换至“布局1”窗口并双击，将“布局1”的标签命名为“A3-机械”，如图16-31所示。

03 右击该布局，从弹出的快捷菜单中选择“页面设置管理器”命令，然后按照如图16-32所示来设置A3页面。

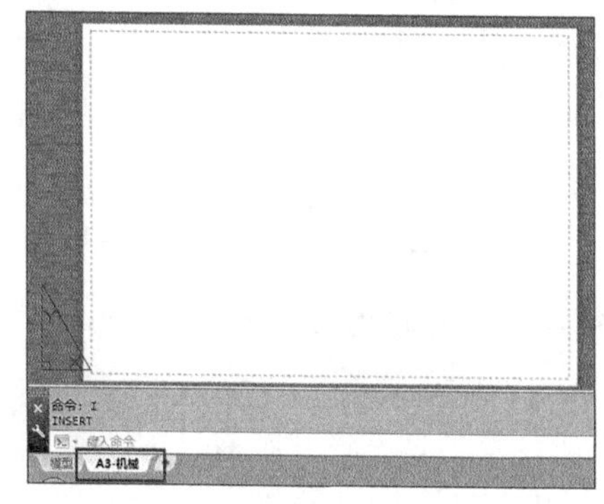

图16-31 布局标签重命名

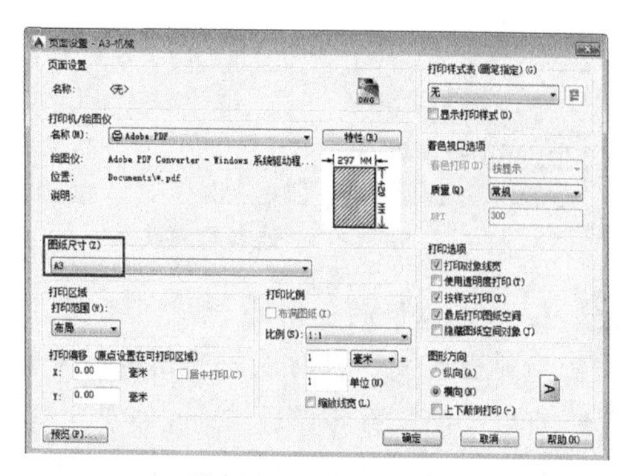

图16-32 设置A3页面

04 使用“矩形”命令（REC），绘制一个A3大小的矩形对象（420×297），如图16-33所示。

05 执行“插入”命令（I），将事先准备好的“标题栏及明细栏”图块插入至布局的右下角，并缩小0.7倍，如图16-34所示。

图16-33 绘制A3大小视口

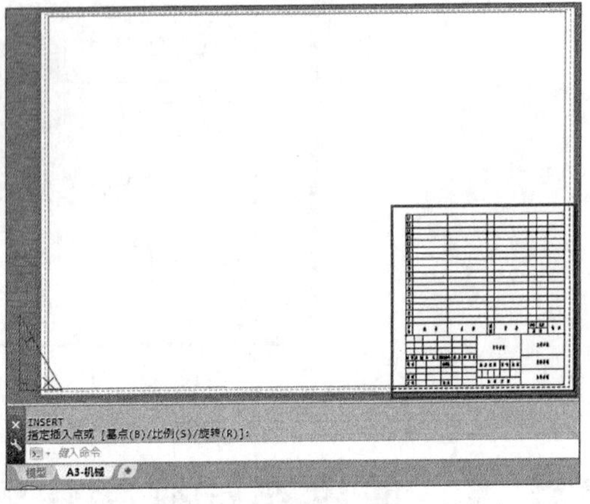

图16-34 插入标题栏

05 新建的布局视口创建完成后，按Ctrl+S快捷键将该样板文件保存。

16.3.2 使用系统内置布局样板

在AutoCAD中，系统提供了多种布局样板，其中就有符合我国国标的图框和标题栏样板，调用它们创建布局图的步骤如下。

01 新建或打开一个图形文件，选择“插入”｜“布局”｜“来自样板的布局”菜单命令，打开“从文件选择样板”对话框。

02 在布局样板文件列表框中选择所需的样板文件“机械制图模块”，如图16-35所示，然后单击“打开”按钮，此时将打开“插入布局”对话框，如图16-36所示。

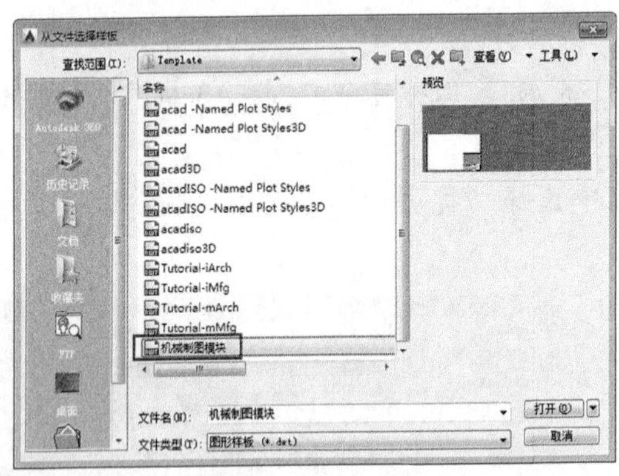

图16-35 选择样板文件

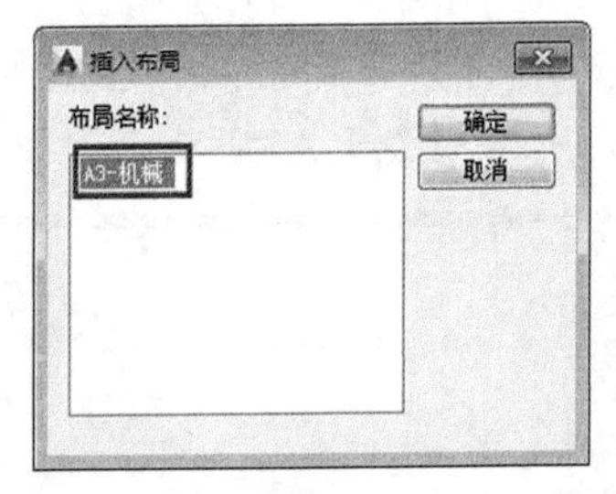

图16-36 “插入布局”对话框

03 在“插入布局”对话框的“布局名称”列表框中选择布局样板，然后单击“确定”按钮，则当前文件自动以此来创建一个新的布局，如图16-37所示。

04 使用“圆”命令（C），在布局中绘制一个圆对象，再选择“视图”｜“视口”｜“对象”菜单命令，将该圆对象转换为视口，如图16-38所示。

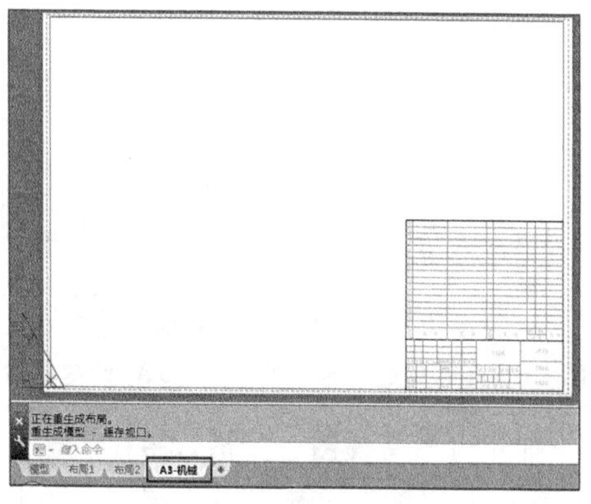

图16-37 创建的布局图

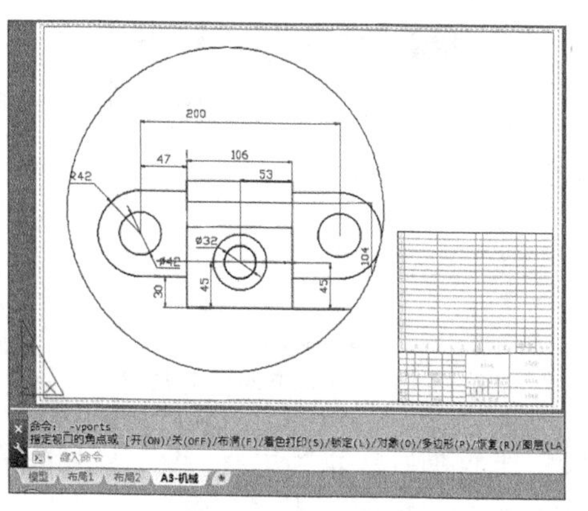

图16-38 创建的圆视口

16.3.3 使用布局向导创建布局图

选择“插入”｜“布局”｜“创建布局向导”菜单命令，可打开如图16-39所示“创建布局-开始”对话框，用户利用该对话框可快速创建布局图。在该对话框及其后续对话框中，可依次设置布局名称，选择打印机、图纸尺寸、方向、标题栏，定义浮动视口类型、指定浮动视口位置等。

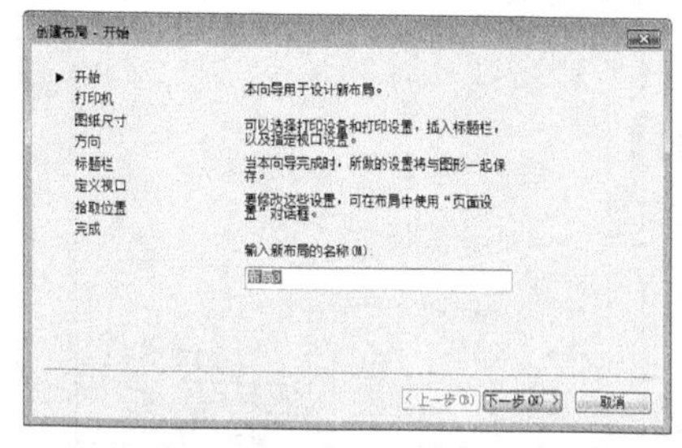

图16-39 “创建布局-开始”对话框

上机练习 在图纸空间输出轴承座图纸

下面以输出轴承座图纸为例，具体演示在图纸空间中输出图形的全过程，操作步骤如下。

01 按Ctrl+O快捷键，打开绘制的轴承座图形文件。

02 右击图形编辑区下面的“布局1”标签，从弹出的快捷菜单中选择“从样板”，如图16-40所示。

03 在打开的“从文件选择样板”对话框中选择“Gb_a3 Named Plot Styles.dwt”样板文件，如图16-41所示。单击“打开”按钮，在打开的如图16-42所示“插入布局”对话框中单击“确定”按钮，此时将在编辑区下面的标签栏中出现新建的布局名称“Gb A3标题栏”，如图16-43所示。

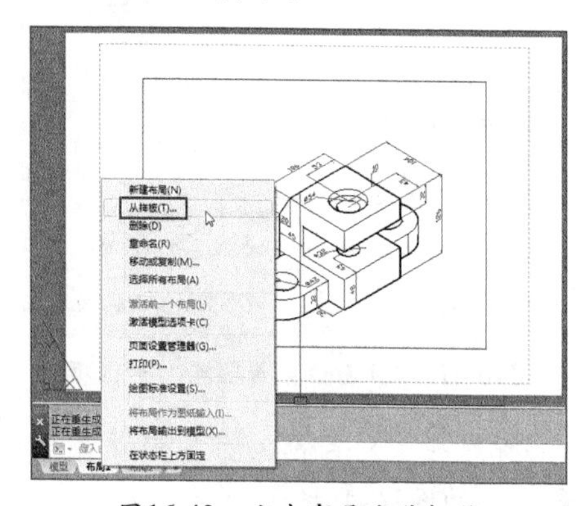

图16-40 右击布局名称标签

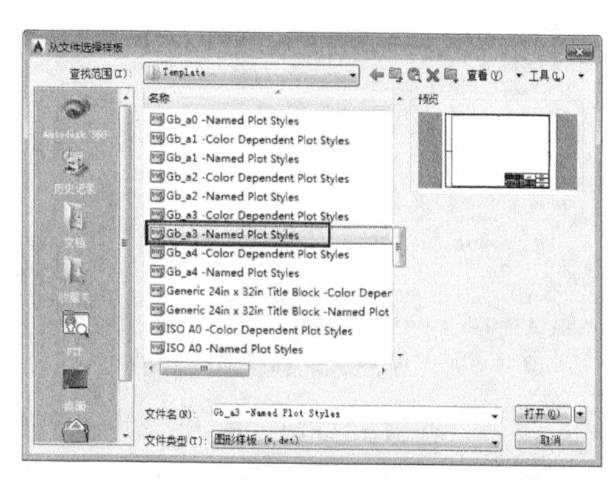

图16-41 “从文件选择样板”对话框

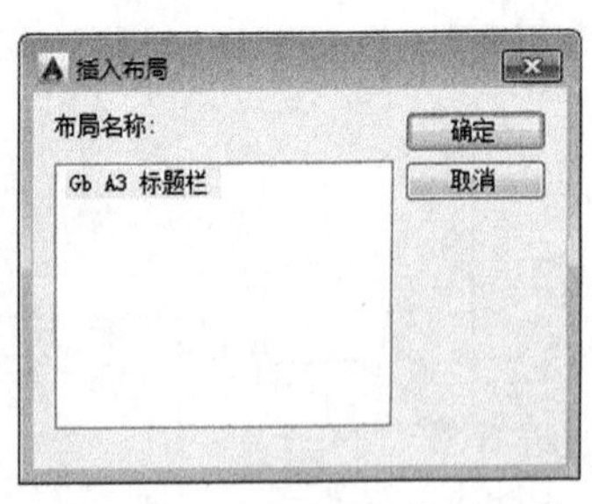

图16-42 “插入布局”对话框

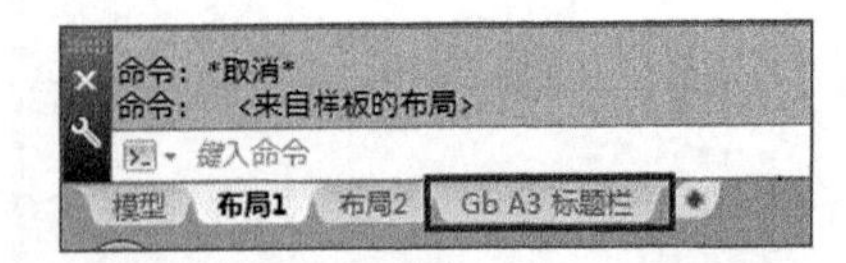

图16-43 出现新建的布局名称“Gb A3标题栏”

04 单击布局标签栏中的“Gb A3标题栏”，打开该布局视图，如图16-44所示。

05 选择“视图”｜“缩放”｜“全部”菜单命令，最大化显示布局视图；在状态栏上单击“图纸”按钮，进入浮动模型空间，然后切换至“西南等轴测”视图模式，显示图形的三维视图；最后选择“视图”｜“消隐”菜单，消隐视图，结果如图16-45所示。

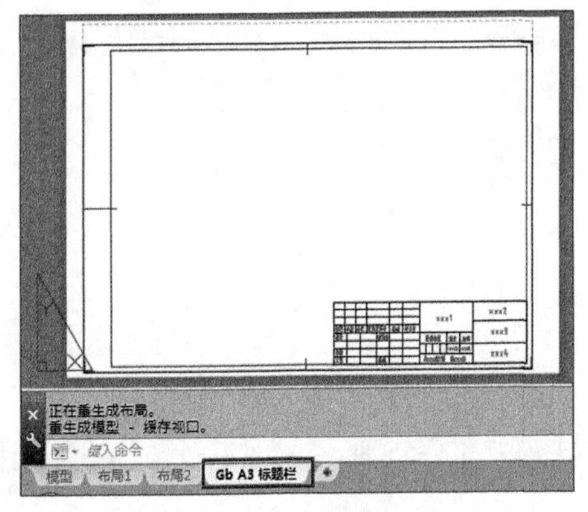

图16-44 打开新建布局视图

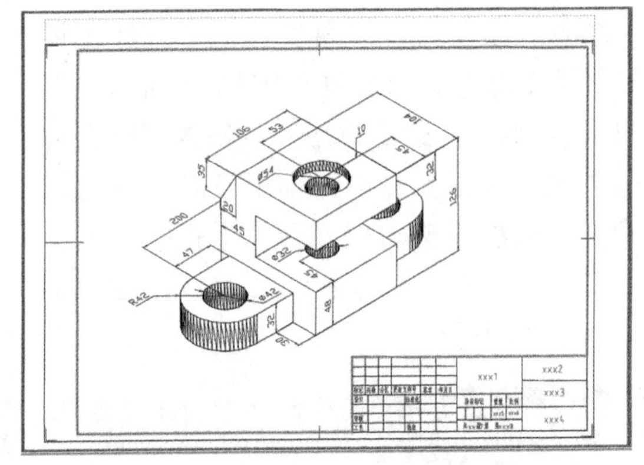

图16-45 进入浮动模型空间并调整视图

06 在浮动视口外双击进入图纸空间，双击标题栏，打开“增强属性编辑器”对话框，如图16-46所示。标题栏内容编辑完毕后，单击“确定”按钮关闭该对话框。

07 选择“页面设置管理器”命令，打开“页面设置管理器”对话框，如图16-47所示。

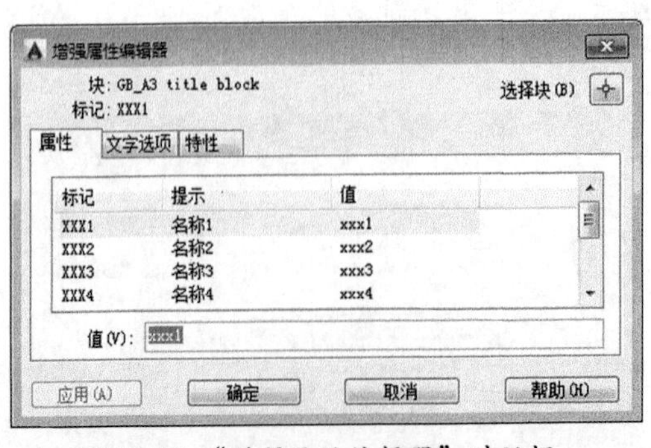

图16-46 “增强属性编辑器”对话框

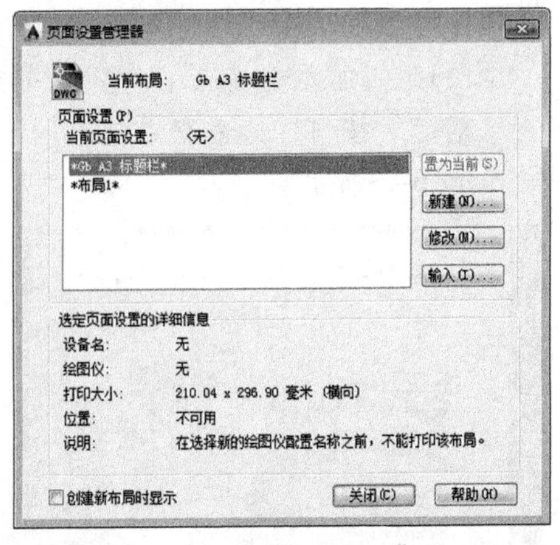

图16-47 “页面设置管理器”对话框

08 单击“修改”按钮，打开“页面设置- Gb A3标题栏”对话框，在其中设置好要使用的打印机或绘图仪设备、图纸尺寸、图形方向等参数，如图16-48所示。

09 单击“确定”按钮，关闭“页面设置- Gb A3标题栏”对话框，系统弹出如图16-49所示的询问对话框，询问是否将视口的“着色打印”更新为渲染或消隐。选择第一项，然后单击“关闭”按钮，关闭“页面设置管理器”对话框。

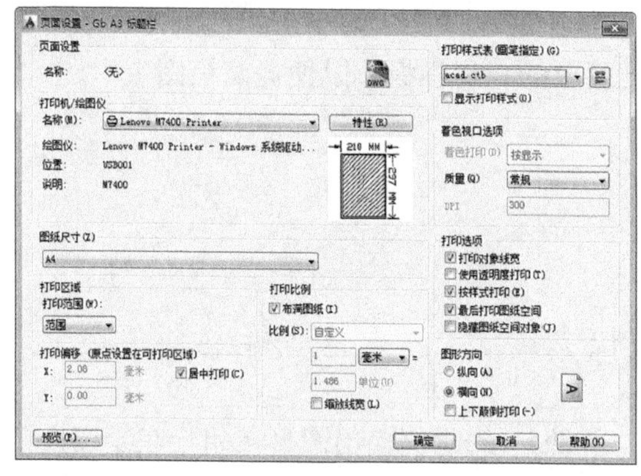

图16-48 “页面设置- Gb A3标题栏”对话框

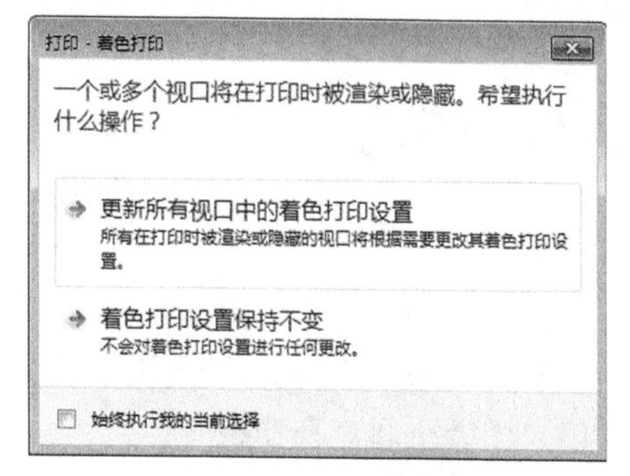

图16-49 询问对话框

10 在浮动视口中双击，进入浮动模型空间，执行HIDE命令，结果如图16-50所示。

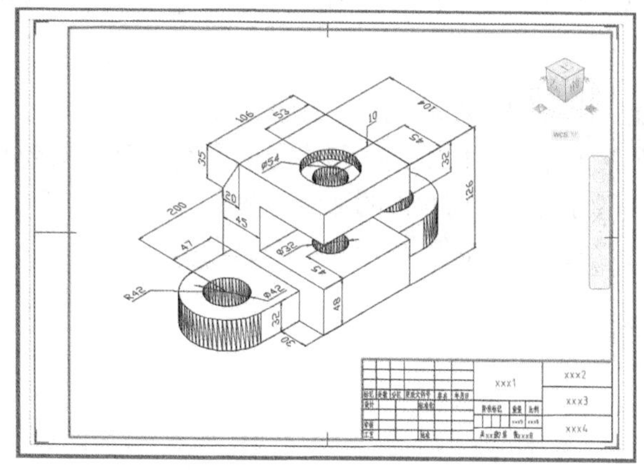

图16-50 进入浮动模型空间并消隐图形

11 在浮动视口外双击进入图纸空间，选择“打印预览”命令，进入打印预览视图。此时如果希望打印图纸，可单击鼠标右键，从弹出的快捷菜单中选择“打印”命令，如图16-51所示。

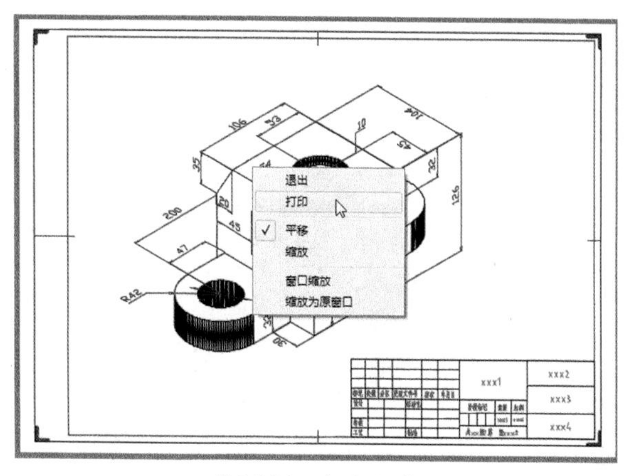

图16-51 打印预览

本章小结

在AutoCAD中绘图时，虽然可以直接在模型空间中打印图形，但是在很多情况下，需要在图纸空间中对图形进行适当处理后再输出。通过本章的学习，应掌握利用图纸空间输出图形的方法，并能够根据需要创建符合自己要求的布局样板，以便提高绘图效率。

思考与练习

1. 填空题

（1）在AutoCAD中，系统提供了两种出图方式：______________和______________。

（2）在AutoCAD中，工作空间可分为______________与______________。

（3）图纸空间完全模拟______________，按照1:1的比例输出图形，用于在绘图之前或之后安排图形的输出布局。

（4）要进入图纸空间，可以__________________________。

（5）要编辑浮动视口中的内容，应首先通过________________操作进入_______空间。

2. 思考题

（1）如果希望创建一个多边形浮动视口，应该怎么办？

（2）如果希望隐藏某个浮动视口中某些图层上的内容，可以怎么办？

（3）简述创建和使用自定义布局样板的通常步骤。

（4）如果希望输出三维图形的消隐图形，可以怎么办？

附录 习题答案

第1章

1. 填空题

（1）工程图 轴测图 三维图 注释和尺寸标注 渲染图形 输出图形

（2）菜单浏览器与快捷菜单 快速访问工具栏 标题栏与菜单栏 选项卡和面板 绘图窗口 命令行与文本窗口 状态栏

（3）选择菜单项 选择面板中的工具 选择工具栏中的工具 选择快捷菜单中的命令 直接在命令行输入命令

（4）绝对直角坐标 绝对极坐标 相对直角坐标 相对极坐标

2. 选择题

（1）B （2）B，D

第2章

1. 填空题

（1）“格式”|“点样式”

（2）指定点 水平(H) 垂直(V) 角度(A) 二等分(B) 偏移(O)

（3）射线 构造线 构造线

（4）数据点 拟合点

（5）一系列首尾相连的直线 圆弧

（6）颜色 线型 线宽

（7）打开/关闭 锁定/解锁 冻结/解冻

（8）全局比例因子 线型比例

（9）实时缩放 按住鼠标向上拖动将放大视图，向下拖动将缩小视图
实时平移 拖动鼠标

第3章

1. 填空题

(1) 倒角　标高　圆角　厚度　宽度

(2) 给定圆心和半径　给定圆心和直径　给定两点　给定三点　给定两个相切对象和半径　给定三个相切对象

(3) 使用默认的三点　起点圆心端点　起点圆心长度　起点圆心角度

(4) 使用工具选项板　使用BHATCH命令

第4章

1. 填空题

(1) 原点　对象　面　视图　Z轴矢量　三点　X/Y/Z

(2) 自动铺捉模式　临时铺捉模式

(3) 端点（END）　中点（MID）　交点（INT）　圆心（CEN）　捕捉延伸点（EXT）　象限点（QUA）

(4) 正交

(5) 指针输入　标注输入

第5章

1. 填空题

(1) 使用自左至右拖出的矩形选择窗口　使用自右向左拖出的交叉选择窗口

(2) 三

(3) 延伸边界　延伸对象

(4) 夹点移动　夹点镜像　夹点旋转　夹点缩放　夹点拉伸

第6章

1. 填空题

(1) 镜像轴

(2) 要删除端的端点

(3) 直线　圆弧　椭圆弧　样条曲线　多段线

(4) 0

第7章

1. 填空题

（1）块名　块的组成对象　在插入时要使用的插入基点

（2）BLOCK　WBLOCK

（3）INSERT命令插入已定义好的块

（4）使用INSERT命令

（5）选择“绘图”|“块”|“定义属性”菜单命令

（6）双击需要编辑的块

（7）插入点　缩放比例　旋转

第8章

1. 填空题

（1）单行文字　多行文字

（2）%%C　%%P

（3）单击“文字格式”工具栏中的“符号”按钮，从弹出的下拉列表中选择相应的符号即可

（4）格式和外观

第9章

1. 填空题

（1）尺寸文本　尺寸线　尺寸界线　尺寸箭头

（2）为所有尺寸标注建立单独的图层，以方便管理图形　专门为尺寸文本创建文本样式　创建合适的尺寸标注样式　设置并打开对象捕捉模式，利用各种尺寸标注命令标注尺寸

（3）“标注”|“标注样式”

（4）对齐标注

（5）弧长标注

（6）使用圆心标记

（7）M（多行文字）选项　T（文字）选项

（8）折弯标注

（9）线性　坐标　角度

(10) 标注原点

(11) 平行的线性标注　角度标注

(12) 折弯线　实际测量值　尺寸界线

第10章

1. 填空题

(1) 直线　样条曲线

(2) 基线　引线　箭头　内容

(3) 形状　轮廓　方向　位置　跳动的偏差

(4) 形状公差　位置公差

(5) 多重引线

(6) 移动标注文字到默认位置　修改标注内容　旋转标注文字　倾斜尺寸界线

(7) 移动　旋转

(8) 移动尺寸线　尺寸界线　标注文字的位置

第11章

1. 填空题

(1) 剖视图　剖视

(2) 剖面　剖面符号

(3) 全剖视图

(4) 剖视　视图　半剖视图

(5) 局部剖视图　局部剖视

(6) 剖面图　断面图　断面　移出剖面图　重合剖面图

(7) 移出剖面图　重合剖面图

第12章

1. 填空题

(1) 结构形状　尺寸大小　技术要求

(2) 工作位置或加工位置　最能反映零件特征　零件内外结构　形状　图形数量

(3) 轴套类　轮盘类　叉架类　箱（壳）体类

(4) 全剖　其他视图

（5）叉杆　支架　支撑部分　工作部分　连接部分　连接　传动　支承

（6）装配图

（7）性能（规格）尺寸　装配尺寸　安装尺寸　外形尺寸

（8）序号　明细栏

（9）序号　零件序号　采用5号字

第13章

1. 填空题

（1）轴测投影模式

（2）“草图设置”对话框　SNAP命令

（3）左轴测面　上轴测面　右轴测面　F5

（4）椭圆

（5）先绘制一个整圆，然后利用TRIM或BREAK命令，去掉不需要的部分

（6）倾斜和旋转

第14章

1. 填空题

（1）线框模型　曲面模型　实体模型

（2）观察图形的方向　视图

（3）UCS

（4）输入点的Z坐标值　对象捕捉

（5）二维线框　三维线框　三维隐藏　真实　概念

（6）位于实体背后而被遮挡的部分

（7）ISOLINES　DISPSILH FACETRES　改变三维图形的曲面轮廓素线　以线框形式显示实体轮廓　改变实体表面的平滑度

第15章

1. 填空题

（1）沿Z轴方向、通过指定路径

（2）封闭多段线　多边形　圆　椭圆　封闭样条曲线　圆环　面域

（3）可以扫掠的对象　可以用作扫掠路径的对象

（4）使用INTERSECT（交集）命令，创建的新实体是两个或多个实体的公共部分，它不保留原实体；INTERFERE（干涉）命令可将原实体保留下来，并用两个实体集合的交集生成一个新实体

（5）行数、列数、层数、行间距、列间距

（6）二维镜像命令是围绕用两点定义的镜像轴来镜像和镜像复制图形的，三维镜像命令是以某一平面作为镜像平面镜像选择对象。其中，镜像平面可以通过对象、Z轴、视图、XY、YZ、ZX平面或指定三点来定义

（7）XY平面上　转换坐标系

第16章

1. 填空题

（1）颜色相关打印样式　命名打印样式

（2）模型空间　图纸空间

（3）图纸页面

（4）通过单击绘图窗口下方的“布局”选项卡进入

（5）激活浮动视口　浮动模型